고분자 재료의 기본 원리

제3판

Christopher S. Brazel · Stephen L. Rosen 지음
이영관 · 윤호규 · 김성룡 · 김종학 옮김

WILEY 자유아카데미

서문

이 책은 화학과, 화학공학과, 재료공학과, 고분자공학과, 기계공학과 학문 분야의 학부생과 대학원 신입생에게, 고분자 재료의 주요 개념에 대한 소개 수준에서 확실하게 이해할 수 있도록 하기 위하여 기획되고 편집되었다. 제2판은 분자 수준의 고려 사항에서부터 벌크 성질, 기계적 성질 그리고 가공 방법에 이르기까지 자연스럽게 이어지도록 구성하였다. 제3판에서도 이러한 구성을 그대로 유지하고 있다. 저자는 최근 수년 동안 고분자 재료공학 수업에서 이 책을 이용하여 가르쳐 왔으며, 이 책에는 충분한 정보들이 학생들이 압도당하지 않도록 상세히 제시되어 있다고 생각한다(보다 더 상세한 수업은 고분자개론 수업의 범위를 넘어선다).

제3판을 개정하는 데 있어 큰 도전 중의 하나는, 원본을 편집하고 개선시키는 동안, 몇몇의 더욱 새로운 재료, 방법 및 고분자 과학을 둘러싼 이슈들을 포함시키는 것이며, 이들의 각 주제를 다루는 데 있어서 최종 결과물이 매우 간소화되고 이론과 방법들 간의 균형을 제공하는 것이다(물론 강의시에는 자신의 수업에 맞게 주제를 선택하고, 교재에서 다루는 내용에 소재를 추가할 것을 권유한다. 하지만 저자는 처음으로 재료를 배우는 학생들이, 강의자를 대신하여 책을 보충하기 위한 상당한 요구가 없고 많은 정보를 제공하지 않으면서 충분하고 확실한 읽을거리를 제공하여, 이 책의 중요한 부분을 한 학기 수업 동안 끝내기를 희망한다).

이 교재는 특히 화학공학과, 화학과, 재료공학과, 기계공학과의 학부 상급자나 대학원 신입생들에게 적합하다. 저자는 제2판을 이용하여 이러한 학생들이 혼합된 반을 대상으로 가르쳤고, 유기화학을 정식으로 교육받지 못한 학생들이나 재교육을 필요로 하는 사람들에게도 약간의 소개 자료(예를 들면 유기화학 구조)가 필요하다는 것을 느꼈다. 이번 제3판에서는 1장과 2장에 중축합에서 발견되는 몇 가지 구조에 강조를 둔, 유기 작용기에 대한 짧은 절이 포함되어 있다. 생물의 구성 요소도 역시 고분자라는 중요한 연관을 짓기 위해, 녹말과 폴리펩타이드를 포함하는 천연 고분자의 몇 가지 사례들이 그 구조와 예제에 포함되었다.

제3판에서는 이전 판을 약간 재구성하고 결합하였다. 이전 판에서의 3장과 4장을 합쳤고, 고분자 유변학과 이동 현상에 대한 약간의 상세한 정보를 줄여 학생들이 당황함 없이 자료에 접할 수 있도록 하였다. 일부 작은 절들이 제거되었고, 많은 경우에 고분자 분석의 기술들, 즉 가공 기술(3차원 프로토타이핑을 포함하는), 그리고 코팅 부분에서 마이크로 캡슐화의 포함과 같은 새로운 자료들이 추가되었다. 최신 중합 기술의 업데이트는, 잘 정의된 고분자들을 만들기 위한 최신 기술, 즉 원자 이동 라디칼 중합과 같이 최근에 생겨난 몇 개의 중합 기술을 포함하며, 비록 이러한 방법들이 다소 간략하게 다루어졌지만 학생들은 기술 발전의 기본 사항들과 다른 기술들과 비교하여 어떠한 강점들이 달성되었는지를 이해할 수 있다(대부분의 경우, 좀 더 공부하기를 원하는 이들을 위하여 참고문헌을 제공하였다).

고분자개론 수업을 가르치는 동안 저자가 가장 좋아했던 이 책의 몇 가지 사항들은 유지되었다. 이 부분에는 가공 방법들의 스케치와 함께 다른 제품들을 만들어 내기 위한 가공 방법들의 묘사, 분자에서 거대 분자까지 물리적 구조에 대한 배열 및 독자들에게 친숙한 예제들을 통하여 연결을 시도하는 책의 일반적인 경향들이 포함된다.

책 전체에 걸쳐 새로운 과제 문제들이 소개되어 있으며, 이들은 강의를 하는 데 있어 가장 유익한 부분임을 알 수 있을 것이다.

CHRISTOPHER S. BRAZEL

Tuscalooas, AL

August 2011

역자 서문

고분자의 용도가 점차 증가하고 있고 고분자 산업도 놀라운 속도로 발전하고 있지만, 고분자에 관한 기본 원리, 합성 방법, 고유 물성, 가공 방법들은 크게 변하지 않은 것이 사실이다. 우리나라는 다양한 고분자 관련 산업 분야에서 세계를 선도하고 있으며, 산업 전 분야에서 고분자 재료의 중요성이 커짐에 따라 학생들과 엔지니어들의 고분자 재료에 대한 관심이 높아지고 있다. 고분자 분야에 관심이 있는 독자들에게 조금이나마 도움을 주기 위해 '고분자 재료의 기본 원리'를 번역하게 되었다. 1982년 Stephen Rosen 교수가 초판을 발행한 이 책은, 세상에 소개된 이후로 30여년 동안 세계의 대학에서 고분자개론의 교과서로 많이 사용되어 왔으며, 역자들도 학부나 대학원 시절에 공부했던 교재이다.

이 책은 고분자의 기본 원리 및 합성, 고분자의 물성, 그리고 가공 등 고분자에 대한 핵심적인 내용들을 쉽고 명쾌하게 설명하고 있어, 고분자를 전공하는 독자들뿐 아니라, 화학과, 재료공학과, 기계공학과, 화학공학과 등을 전공하는 독자들도 고분자에 대한 주요 개념을 전체적으로 쉽게 이해할 수 있도록 저술되었다. 지금까지 세 번의 개정을 통해 일부 내용이 삭제되거나 추가되었지만, 초판 출판 당시의 내용이나 구성이 크게 변하지 않은 것이 매우 인상적이며, 각 장의 중간중간에 예제를 포함하여 학습한 내용에 대한 충분한 이해를 도모한 것이 이 책의 특징이다. 또한 제3편에는 국내 다른 번역서에 소개되지 않은 3D 프로토타이핑 가공 기술이나 캡슐화 코팅 기술과 같은 최신 기술들에 대한 내용이 포함되어 있다. 이 책은 고분자 재료의 기본 원리에서 시작하여 고분자의 물성이나 가공 방법까지 서로 연결되는 구조로 되어 있어, 독자들이 각 주제들을 순서대로 공부하면서 고분자 전반에 대하여 자연스럽게 이해할 수 있게 하였다. 이 책을 통하여 우리나라의 독자들이 고분자 지식을 쉽게 확장시켜 나가길 바라며, 앞으로 우리나라의 고분자 과학과 기술 발전에 더욱 큰 관심을 가져주기를 희망한다.

역자들은 독자들이 이 책을 공부하면서 고분자 재료의 기본 원리에 대해 쉽게 이해할 수 있기를 추구하였던 저자의 의도가 충분히 전달될 수 있도록 번역 과정에 많은 노력을 기울였다. 하지만 번역 과정에서 전문 용어의 선택을 비롯한, 여러모로 미흡한 점들이 존재하였음을 인정하며, 이에 대해 독자들의 넓은 이해와 조언을 부탁드린다. 출간 후에라도 수정 사항이 있을 경우에는 자유아카데미 홈페이지(www.freeaca.com) 자료실에 제공할 예정이다.

끝으로, 이 번역서가 출판되기까지 많은 시간을 할애하여 노력해 주신 자유아카데미 출판사 관계자분들에게 진심으로 감사의 말씀을 전한다.

역자 일동

차례

1장

서론

고분자는 재료과학 분야에서 상대적으로 새로운 재료임에도 불구하고, 지난 세기에 걸쳐 어디에서나 흔히 볼 수 있었다. 사실, 제2차 세계대전 이후 고분자 재료는 미국의 화학 산업에서 가장 빠르게 성장한 분야이다. 이 분야에서 일하는 기술 인력의 큰 비중에 걸맞게, 화학 분야 연구에 사용되는 비용 중 1/3 이상이 고분자에 사용된다고 평가된다. 초기 단계에서의 고분자에 관한 연구는 화학자, 화학공학자, 기계공학자, 재료공학자들이 화학적 구조와 고분자의 합성에 관하여 이해하고, 규모를 확대하고 가공 방법을 개발하며, 고분자 재료 영역에 존재하는 다양한 범위의 기계적 특성을 평가하는 다학제간 학문이었다. 고분자의 분자 구조는 일반화학 과정에서 공부해왔던 분자들보다 훨씬 더 복잡하다. 단지 분자량만 비교해 봐도 H_2O는 18, NaCl은 58이지만, 고분자들은 10,000에서 수천만까지의 분자량을 가진다(아마 가교 구조 중합체의 경우는 더 높을 것이다). 일반 세포 생물학 수업에서 봐왔던 많은 구조들은 고분자로 구성되어 있는데, 단백질, 다당류, 그리고 DNA는 모두 중요한 천연 고분자들이다. 재료과학 수업에서는 다른 합금들의 기계적인 거동을 이해하기 위해 금속의 결정 구조를 공부하였을 것이다(고분자들도 마찬가지로 결정을 형성할 수 있지만, 이렇게 거대한 고분자들이 결정 구조 안으로 정렬되려고 하는 것은 전혀 쉽지 않다). 고분자들은 다양한 분야에 적용될 수 있는 독특한 재료이다.

최근의 자동차는 300 lb(150 kg) 이상의 플라스틱을 포함하고 있으며, 이는 페인트, 다이어 고무, 또는 타이어나 좌석 시트의 섬유를 포함하지 않은 수치이다. 더 최근의 항공기는 많은 양의 고분자와 고분자 기반의 복합재료를 사용하고 있다. 자동차와 항공기 산업 분야에서는 연료를 절약해야 하고 무게를 줄여야 하는 필요성에 의해서, 고분자가 기존의 재료들을 대체해 나가게 될 것이다. 이와 마찬가지로, 건물 건설 산업(배관, 탄성 바닥재, 판자, 단열, 전기절연, 페인트, 장식용 합판)에서의 고분자 적용도 이미 성공적이라 할 수

Fundamental Principles of Polymeric Materials, Third Edition. Christopher S. Brazel and Stephen L. Rosen.

있으며 미래에는 더욱 그러할 것이다. 대형 쇼핑센터를 둘러보면 포장재(병, 필름, 쟁반), 의류(심지어 면도 고분자이다), 그리고 전자공학 산업에 이르기까지 고분자의 중요성이 빠르게 확산되고 있음을 알 수 있다. 제약용 코팅재료부터 놀이터 장비에 이르는 또 다른 많은 예를 들 수 있으며, 요약해서 말하면 부피 기반뿐만 아니라 **양적**(*mass*) 기반에서도 고분자의 사용은 기존의 금속의 사용을 앞지르고 있다.

사람들은 '자연적인' 것이 아니라고 하여 합성 고분자에 대해 반대한다. 보툴리눔 중독(botulism)도 자연적으로 발생하지만, 그렇다하여 특별히 바람직하다고 할 수 없다. 심각하게, 오늘날 사용되고 있는 모든 폴리에스터와 나일론 섬유들이 면과 울로 대체된다면 음식을 제공할 수 있는 충분한 경작지는 남아 있지 않을 것이며, 완전히 양들 천지나 목화밭으로 뒤덮일 것이다. 현대 사회에서 사용되는 많은 합성 고분자를 모두 천연 물질로 대체하는 것은 불가능하다.

대부분의 최신 고분자들은 석유로부터 얻어지기 때문에, 고분자는 에너지 자원에 크게 의존하게 된다. 그러나 고분자의 원재료는 석유와 천연 가스 총 사용량의 2% 미만을 차지하고, 합성 고분자 모두를 제거한다 하더라도 탄화수소 자원의 보전에 큰 영향을 미치지 않는다. 더 나아가, **전체**(*total*) 에너지 비용(원재료와 제조 및 운반에 드는 에너지를 더한 값)을 비교해 보았을 때, 고분자 제품이 전통적인 제품보다, 예로 플라스틱병이 유리병보다 훨씬 적게 든다. 또한 포장에 사용되는 폴리에틸렌 필름과 갈색 크래프트 종이(kraft paper) 포장재를 비교해 보면, 폴리에틸렌 고분자를 생산하는 공정에서 환경 오염 물질이 보다 덜 발생한다.

아이러니하게도, 고분자의 가장 중요한 특징 중의 하나인 화학적 안정성 때문에, 고분자는 일반적으로 쉽게 분해되지 않고, 이로 인해 환경 문제가 야기된다. 그 결과, 고분자의 사용은 점점 더 쓰레기와 부족한 매립지 공간의 사용을 촉진시킨다. 따라서 고분자 재료를 사용할 때 해결해야 하는 과제 중 하나는 재사용이 가능하거나 일회용 물품의 분해를 증가시키기 위한 효과적인 방법을 개발하는 것이다.

최근 들어 환경적으로 분해가 가능한 고분자가 개발되고 있지만, 이것은 근본적으로 낭비적인 접근이며, 제품 분해의 효과도 확신할 수 없다. 고분자는 근본적으로 그것들이 만들어진 탄화수소 자체와 동일한 발열량을 가지고 있기 때문에, 고분자 폐기물을 태우는 것은 이치에 맞다. 그럼에도 불구하고, 고분자는 수거되어야 하고 이러한 접근은 고분자를 생산하는 데 드는 값을 증가시킨다.

이것의 궁극적인 해결 방안은 재활용이다. 만약 버려진 고분자들이 재활용되려면, 그들은 먼저 수거되어야 한다. 불행하게도, 대부분의 고분자 폐기물에는 실제로 수십(아마 수백) 종의 고분자들이 섞여 있는 형태이며, 섞인 고분자들은 체더 치즈와 비슷한 기계적 특성을 가지고 있다. 그래서 적어도 응용이 요구되는 것(예를 들어, 자동차 범퍼, 꽃병)들을 위해서 폐기물 혼합물은 재활용 이전에 먼저 분리되어야 한다. 이를 위해서 몇몇의 자동차 제조사들은 자동차에 사용되는 플라스틱을 표준화하여 쉽게 제거하고 개조하며, 새로운 모델에 재사용할 수 있게 하였다. 만약 플라스틱으로 만들어진 탄산음료 병의 바닥을 본 적이 있다면, 플라스틱을 재활용하는 데 도움이 되는 식별자를 명확하게 볼 수 있었을 것이다. 다른 재료와 구분할 수 있도록 많은 플라스틱 상품에는 대부분 개조 번호가 있다.

폐기물에서 섞인 플라스틱들을 분리하는 공정이 개발되어 왔는데, 이것들 중에서 가장 간단한 것은 다양한 플라스틱의 밀도 차이를 이용하여 가라앉고 뜨게 하는 방법이다. 불행하게도, 많은 플라스틱 제품들이 발포되거나 도금되거나 또는 채워지기(비고분자 성분과 혼합되어서) 때문에, 밀도에 기초한 분리 방법이 쉽지는 않다. 다양한 고분자들 사이의 용해도 차이를 이용한 다른 분리 공정들도 있다. 중간 접근법으로는 버려진 고분자들을 새로운 고분자를 만들 수 있는 출발 물질이 되도록 화학적으로 분해하는 것이다. 버려진 고분자와 관련된 또 다른 방법으로는 생물화학적으로 분해 가능한 고분자 상품을 개발하는 것으로, 환경적으로 무한한 수명을 가지는 플라스틱을 줄일 수 있다.

고분자의 응용에는 (1) 플라스틱, (2) 고무 또는 탄성 중합체, (3) 섬유, (4) 표면 처리 및 보호 코팅, (5) 접착제의 다섯 가지 주요한 영역이 있다. 5개의 응용 분야가 모두 고분자에 기반하고, 많은 경우에 있어서 동일한 고분자가 둘 또는 그 이상 사용됨에도 불구하고, 5개의 각 산업들은 독자적으로 크게 성장하고 있다. Hermann Staudinger 박사[1, 2]가 1920년도에 고분자 재료의 일반 분자 구성을 설명하기 위해서 '거대 분자 가설'을 제시한 이후에 고분자 과학이 독립적인 기술로 진화하기 시작하였다(그는 뒤늦게 업적을 인정받아 1953년도에 화학 분야에서 노벨상을 받았다). 이후 온전하고 기본적인 기반 기술의 발전으로 확립되었다. 고분자 과학의 역사는 다른 곳에서도 자세히 서술되어 있다[3, 4].

지난 수십 년 사이에 고분자 영역을 확장하기 위한 많은 과학기술 노력이 있었고, 이를 뒷받침하기 위한 충분한 경제적인 고려도 있었다. 그러나 이 고분자 재료들은 전통적인 공학 재료와는 완전하게 다르고 매우 흥미로우며 유용한 특징을 지니고 있다. 따라서 전통적인 접근으로는 그 특성이 설명되거나 다루어질 수 없다. 다음 세 가지 간단한 실험을 보면 보다 명확해진다.

1. 실리콘 고분자인 실리 퍼티(silly putty)(부드럽고 모양을 바꿀 수 있는 고무와 같은 밝은 색의 공 장난감)를 공처럼 만들어서 떨어뜨리면 고무처럼 튀어오른다. 그러나 만약 공이 탁자 위에 놓아진다면, 점점 물웅덩이처럼 퍼질 것이다. 이 물질은 특정 상태에서는 탄성이 있는 고체처럼, 그리고 다른 상태에서는 점성이 있는 액체처럼 움직인다.
2. 만약 추가 고무 밴드에 매달려 있고, 이 밴드에 열이 가해진다면(밴드가 타지 않을 정

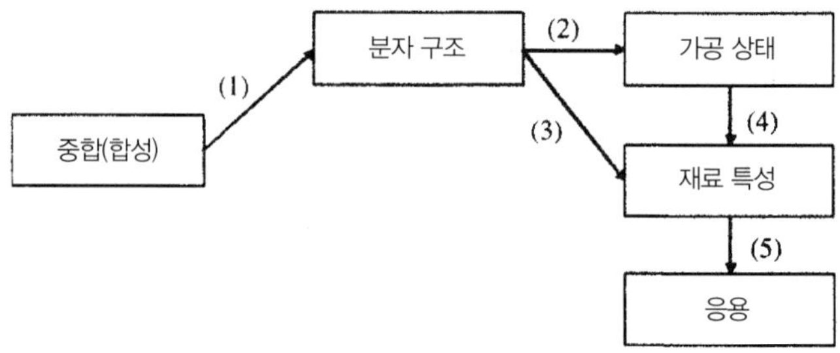

그림 1.1 고분자 과학과 기술에서 분자 구조의 중요성.

도로) 고무 밴드는 눈에 띄게 수축할 것이다. 고분자가 아닌 모든 재료들은 열을 가할 경우 열팽창이 일어난다(모든 온도 범위에서 상변화가 일어나지 않는다고 가정한 경우).

3. 회전하는 막대기를 용융 고분자 또는 상당히 농도가 높은 고분자 용액에 담그면, 액체는 막대기를 따라서 올라갈 것이다. 이 현상은 Weissenberg 효과에 의한 것으로, 고분자가 아닌 액체의 경우 원심력에 의해서 바깥으로 흘러나가서 막대기의 가장 높이가 낮은 곡선 형태의 표면을 만드는 것과 반대이다.

이러한 현상들이 우리에게 더 친숙한 재료에 대해서는 일반적이지 않지만, 이것은 완전하게 **고분자의 분자 구조**(*molecular structure*)에 따르는 논리적인 결과이다. 이 분자 구조는 고분자의 과학기술을 이해하는 데 중요한 요소이며 다음 장들에서 다뤄질 것이다.

그림 1.1은 앞으로 고려되어야 할 다음 질문들에 관한 것이다.

1. 어떻게 원하는 분자 구조를 얻는가?
2. 고분자 가공(예를 들어, 성형성) 특성이 어떻게 분자 구조에 의존하는가?
3. 재료의 특성(기계적, 화학적, 광학적 등)이 어떻게 분자 구조에 의존하는가?
4. 재료의 특성이 어떻게 고분자 가공 공정에 의존하는가?
5. 그 응용이 어떻게 그 재료의 특성에 의존하는가?

중합체(고분자)라는 단어는 그리스어로 '많은 구성 요소'를 의미한다. 엄밀하게 말해서, 이것은 상대적으로 많은 숫자의 작은 단위 또는 '체(mers)'로부터 형성된 큰 분자에 모두 적용될 수 있다. 예를 들어, 염화 소듐 결정에도 적용될 수 있다. 하지만 이것은 '체'들이 전자를 공유하는 공유 결합으로 결합한 재료에 가장 일반적으로(배타적으로) 적용된다. 이러한 목적에서 몇 가지 결합 원자가를 기억할 필요가 있다.

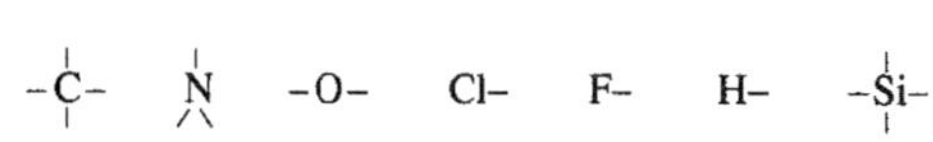

위와 같이 따르는 것을 확인하기 위해서는 모든 구조에서 '결합의 개수를 세는 것'이 바람직하다.

예제 1.1 탄소는 고분자에서 가장 흔한 원소이다. 왜 그럴까?

풀이 고분자를 만들기 위해서는 반복 단위를 이루고 있는 원자가 적어도 두 결합을 형성할 수 있어야 한다. 그렇기 때문에 H, F, Cl은 고분자를 끝내는 역할을 하고, 고분자 말단이나 곁사슬에 붙어 있는 작용기 안에 있을 수 있다. 고분자 구조를 이루기 위해서는 두 결합이면 충분하다. 하지만 오직 산소(O—O—O⋯)만 사용하는 것은 어떠한 기능성도 주지 못한다. C와 Si는 둘 다 네 결합을 만들 수 있다. 석유 자원으로부터 고분자를 얻어서 사용한 이후로 대부분의 고분자에서 탄소가 발견되었다. 네 결합 중 두 결합은 주사슬(C—C—C⋯)을 형성할 수 있도록 하며, 남은 두 결합은 고분자 각각의 독특한 특성을 가지도록 하는 다른 작용기가 포함될 수 있다.

고분자의 기본 구조는 주사슬과 곁사슬 그룹으로 구성된다(그림 1.2). 고분자의 한 쪽 끝에서 다른 쪽 끝까지 공유 결합으로 연결된 원자들이 고분자의 주사슬(종종 탄소뿐만 아니라 N, O, 또는 Si와 같은 원자를 포함한다)을 이룬다. 다른 모든 원자들은 곁사슬의 일부에 해당한다(H가 가장 간단한 것이고 메틸($-CH_3$) 또는 알코올(—OH)기가 결합할 수 있으며, 고분자를 구성하는 매우 다양한 구조를 만든다). 고분자들은 간편한 방법으로 긴 분자를 표현할 수 있도록 반복 단위에 기초해서 명명된다.

탄소는 고분자의 주사슬을 형성할 수 있고, 두 개의 곁사슬 그룹도 공유적으로 결합할 수 있기 때문에, 기초 유기화학이 고분자의 분자 구조를 이해하는 데 도움이 될 것이다. 비록 유기화학이 고분자에 대해 알기 위한 전제 조건은 아니지만, 유기 작용기와 관련한 기본적인 용어는 분자 구조나 중합 반응을 이해하는 데 도움이 될 것이다.

유기화학 물질은 그 구조에서 확인할 수 있듯이 일반적인 작용기(결합의 종류)에 기초하여 나누어진다(그림 1.3). 이러한 작용기들은 분자가 반응성이 있는지, 친수성(또는 소수성)인지, 어떻게 중합 반응에 참여할 수 있는지를 판단하는 데 도움이 된다. 알코올

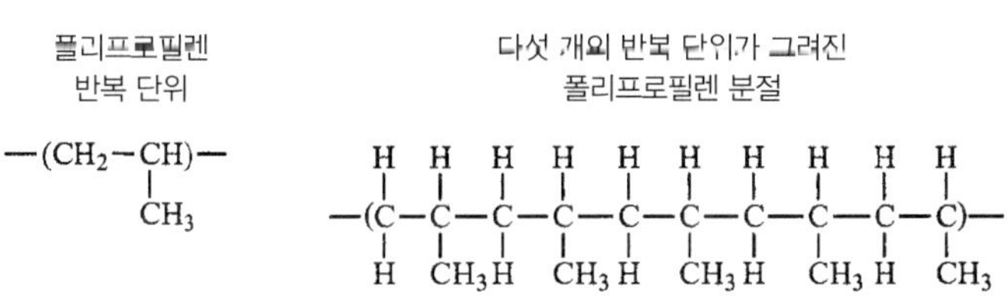

그림 1.2 모두 탄소로 이루어진 주사슬과 —H나 $-CH_3$ 말단기를 포함한 일반적인 고분자인 폴리프로필렌의 구조. 고정된 결합각은 그림에 나타낸 것보다 더 복잡한 3차원 구조를 이루고 있다.

(—OH)은 친숙한 작용기 중의 하나이며, 그것들은 카복실산(—COOH)과 반응하여 에스터 결합을 형성할 수 있다. 각각의 분자가 최소 두 개의 반응성이 있는 작용기를 가지고 있다면, 예를 들어 다이알코올(더 일반적으로는 다이올로 알려진)과 다이카복실산(다이산)은 반응하여, 고분자 주사슬을 따라 다수의 에스터 결합을 갖는 폴리에스터라는 연속적인 고분자를 생성할 수 있다. 또한 알코올은 폴리바이닐알코올에서처럼 고분자의 곁사슬 그룹에서도 발견될 수 있는데, 반응 후에도 —OH기가 온전하게 남아 있다.

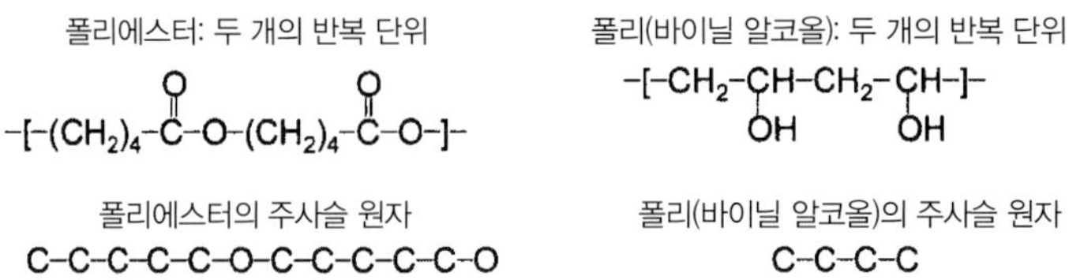

탄소 옆에 쓰여진 수소들은 고분자의 주사슬이 아닌 부분이다. 그들은 오로지 다른 한 원자(탄소)에만 결합할 수 있어서 더욱 정확하게 그리기 위해서는 폴리(바이닐 알코올)에서의 —OH기처럼 주사슬의 위아래에 수소를 표기해야 한다.

반응하여 고분자를 형성할 수 있는 작용기에는 알코올, 아민, 카복실산, 알켄이 포함된다. 비록 알케인(C—C 결합)은 고분자에서는 흔하지만, 주사슬과 곁사슬 모두에서 반응성이 존재하지 않는다. 고분자에서 흔히 발견되는 다른 결합으로는 아마이드(나일론 용), 에스터, 카보네이트, 이미드, 유레테인 등이 있다. 이 결합 중에서 마지막 3가지는 유기화학을 배운 사람일지라도 많이 접해보지 않았을 것이다. 왜냐하면 이 결합들은 전통 유기화학에서보다 고분자 분야에서 흔하기 때문이다. 유기화학에서의 작용기들에 대한 자세한 내용은 다른 온라인에서도 쉽게 찾을 수 있다[5,6].

고분자에서 발견되는 구조는 간단한 규칙이 없지만, 가장 일반적인 고분자들은 약간의 유기 작용기를 가지고 있어서, 이것들이 반복적으로 되풀이하여 거대 분자를 형성한다. 그림 1.3에 나타난 작용기 중에서 알케인, 에스터, 카보네이트, 아릴, 실레인, 아마이드, 그리고 이미드들이 고분자의 주사슬에서 흔하게 나타난다. 알코올, 카복실산, 아민 등은 단량체에서 반응성을 나타낼 수도 있고 고분자 곁사슬에 위치할 수도 있다.

또한 공유 결합으로 결합한 원자들이 전기 음성도에서 차이가 있을 때, 전자들은 그 원자들 사이에서 공평하게 공유되지 않는다는 것을 명심하라. 예를 들어 기체 상태에 있는 HCl에서 전자들은 전기 음성도가 큰 염소 원자 주변에 모여들어 분자 쌍극자를 발생한다.

$$\underset{\delta^+}{\mathrm{H}} \qquad \underset{\delta^-}{:\ddot{\underset{..}{\mathrm{Cl}}}:}$$

전기 음성도가 큰 산소, 질소, 염소 또는 플루오린 원자들(일반적으로 δ^-)을 포함하는

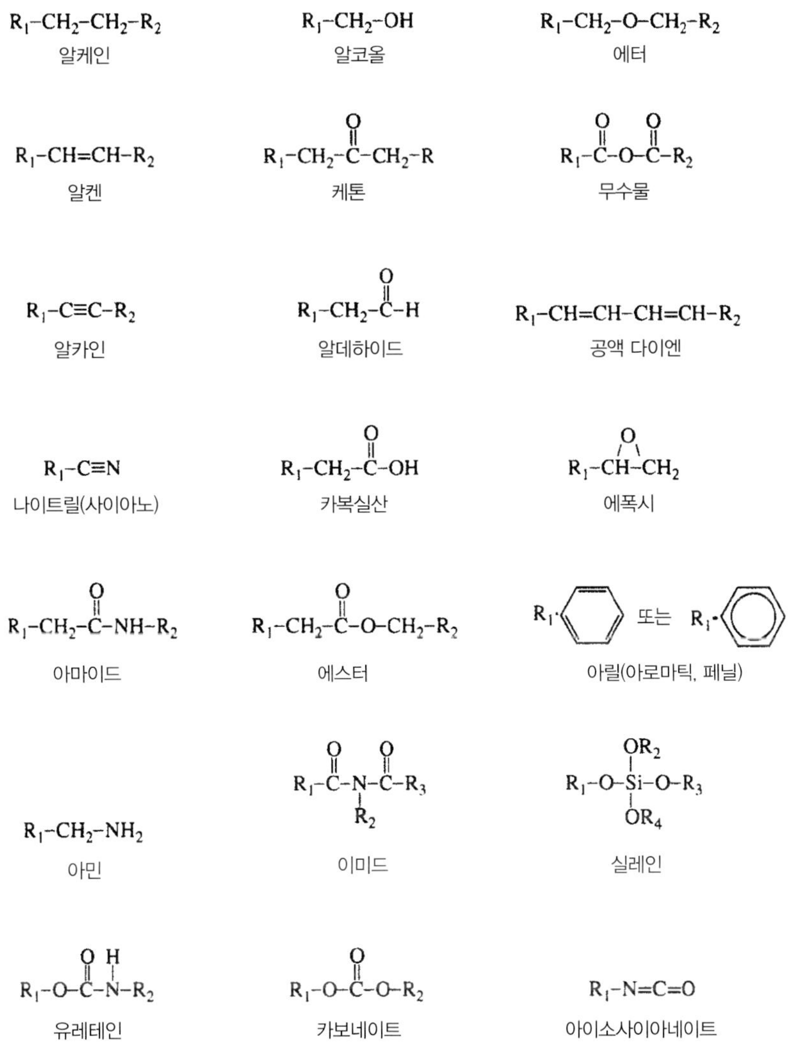

그림 1.3 일반적인 유기 작용기들(R_1과 R_2는 작용기와 연결되는 일반적인 유기 분자를 나타낸다).

고분자에서 상상될 수 있는 것처럼, 그 쌍극자들 사이에서의 정전기력은 고분자의 특성을 결정하는 데 중요한 역할을 할 수 있다. 이러한 원자들은 그들이 공유 결합하고 있는 다른 원자(주로 탄소)로부터 전자를 끌어당기며, 탄소 원자에 부분적 양전하(δ^+)를 갖도록 한다.

생물, 셀룰로스, 단백질 등에서 가장 중요한 구성 요소는 자연적으로 만들어지는 고분자(DNA 같은)이지만, 상업적으로 가장 중요한 고분자는 합성 고분자 또는 개질 천연 고분자이다.

문제

1 당신이 숙제를 하고 있는 공간에 대해 생각해 보시오(기숙사, 도서관, 카페, 술집 등등).

(a) 고분자로 이루어진 다섯 가지 물품을 찾아보시오.

(b) 고분자가 존재하지 않는다면, 여러분은 선택된 물품들을 어떻게 만들 것인가?

(c) 각각의 특정한 응용을 위해서 왜 다른 경쟁 재료들을 제치고 고분자가 선택되었다고 생각하는가?

2 자동차를 만드는 데 사용된 플라스틱을 생각해 보시오. 고분자로 만들어질 수 있는 자동차의 4가지 다른 부품들을 나열하고(차 외부, 엔진 아래, 차 내부를 고려하면 4가지보다 더 많다), 각각의 부품들에 대해 두 가지 중요한 물리적 또는 화학적 특징을 나열하시오. 예를 들어 플라스틱 컵 홀더에 사용되는 고분자는 정확한 모양으로 변형이 가능해야 하고 ~150°F까지 온도가 올라가도(만약 태양에 노출되거나 뜨거운 커피가 담기는 경우) 고무 상태로 변하면 안된다.

3 당신은 창문에 유리를 대체할 수 있는 고분자를 개발하고 싶다. 이를 위해서 고분자가 어떠한 특징을 지녀야 하는가?

4 염화 바이닐은 상업적으로 중요한 고분자인 폴리(염화 바이닐)(PVC)을 만들 수 있는 단량체이다. 이것은 C_2H_3Cl의 화학식을 가진다. 염화 바이닐의 구조를 그리고 쌍극자가 존재하는지 확인하시오.

5 아크릴로나이트릴 단량체인 C_3H_3N은 아크릴 섬유와 나이트릴 고무의 중요한 구성 요소이다. 이것은 고리 구조를 가지고 있지 않고 이중 결합을 한 개 가지고 있다.

(a) 아크릴로나이트릴의 구조를 그리고, 쌍극자가 존재하는지 확인하시오.

(b) 말단기는 무시하고, 폴리아크릴로나이트릴의 반복 구조를 그리시오.

6 폴리(옥틸 사이아노아크릴레이트)는 중요한 접착제이다. 인터넷을 이용하여 이 고분자의 반복 구조를 그리고, 어떠한 쌍극자가 존재하는지 보이시오. 또한 폴리(옥틸 사이아노아크릴레이트)로 만들어진 상표가 등록된 제품을 찾아보시오.

7 프로필렌(C_3H_6)은 가장 빠르게 성장하는 플라스틱인 폴리프로필렌을 만드는 데 사용되는 단량체이다. 이것은 이중 결합을 가지고 있다. 이것의 구조를 그리고, 어떠한 쌍극자가 존재하는지 확인하시오.

참고문헌

[1] Staudinger, H., *Ber. Dtsch. Chem. Ges.* **53**, 1073 (1920).

[2] Staudinger, H. and J. Fritsch, *Helv. Chim. Acta* **5**, 778 (1922).

[3] Morawetz, H., *Polymers: The Origins and Growth of a Science*, Wiley-Interscience, New York, 1985.

[4] Stahl, G.A., *CHEMTECH*, August 1984, 492.

[5] Richardson, P.N. and R.C. Kierstead, *SPE J.* **25**(9), 54 (1969).

[6] Leach, M.R., *Organic Functional Groups*, on website Chemistry Tutorials and Drills, www.chemistry-drills.com/functional-groups.php?q=simple, 2009.

I부

고분자 기초

I부에서는 고분자의 기초적인 구성 요소, 기본 구조, 명명법에 대해서 살펴본다. 우리는 먼저 고분자의 분자 구조, 명명법, 고분자 재료를 특징짓는 중요한 기술에 대하여 공부할 필요가 있다. 또한 I부에서는 고분자의 독특한 열적, 용액, 광학적 특성을 살펴본다.

I부에서 중요한 몇 가지 것들은 다음과 같다.

고분자는 거대하다 – 분자량이 1,000,000이 되는 것은 드문 일이 아니다.

고분자를 만들기 위해서는 반응성이 있는 유기 작용기가 필요하다.

고분자는 비틀리고, 돌려지고, 스펀지처럼 공간을 만들 수 있지만, 결정화될 수도 있다.

고분자의 분자량을 결정하는 것은 복잡하지만 중요하다.

고분자 구조와 조직은 재료가 결정화될 수 있는지의 여부를 결정한다.

왜 어떤 고분자들은 투명하고 다른 것은 불투명한가?

녹는점 이외에, 고분자는 다른 중요한 전이 온도를 가지고 있다: 유리 전이 온도

좋은 용매(양용매)에서는 고분자가 녹을 수 있지만, 낮은 농도에서조차도 용액은 빠르게 점성이 생긴다.

Fundamental Principles of Polymeric Materials, Third Edition. Christopher S. Brazel and Stephen L. Rosen.

2장

고분자의 종류

수많은 천연 고분자들과 합성 고분자들은 몇 가지 방법(열적 거동, 화학적 합성 방법, 그리고 구조 등)으로 분류된다. 아래에 이 분류 방법들을 간단하게 소개할 것이며, 고분자 과학과 기술에서 중요한 많은 용어들을 소개할 것이다.

2.1 온도에 대한 반응

고분자의 유형에 따른 분류는 고분자의 분자 구조에 대한 확실한 지식이 있기 오래 전인 가장 초기에 만들어졌다. 이 분류는 전적으로 가열과 냉각에 대한 고분자들의 반응을 근거로 한 현상학적인 것이다.

2.1.1 열가소성 고분자

어떤 고분자들은 가열에 의해 연화되며 이때 응력을 가하면 흐르게 만들 수 있다. 이후 이 고분자들을 다시 냉각하면 가역적으로 고체나 고무 성질을 되찾게 할 수 있다. 이러한 고분자들은 **열가소성 고분자**(*thermoplastics*)라고 한다. 고분자는 아니지만 얼음이나 땜납은 열가소성 고분자와 유사한 거동을 보인다.

상업적으로 가장 중요한 열가소성 고분자들에는 폴리에틸렌(PE, polyethylene), 폴리프로필렌(PP, polypropylene), 폴리(염화 비닐)[PVC, poly(vinyl chloride)], 폴리스타이렌(PS, polystyrene) 등이 있다. PE는 비닐봉지부터 세제 통까지 다양한 제품에 쓰이며, 모든 곁사슬 그룹들이 수소이기 때문에 다른 어떤 고분자보다도 가장 간단한 반복 구조를 가지고 있다. PP는 플라스틱 저장 용기와 같이 다양한 제품에서 찾을 수 있으며, 비닐봉지 및 파이프를 생산하는 데 다른 고분자와 경쟁적으로 사용된다. PVC는 단단한 배수관,

---

Fundamental Principles of Polymeric Materials, Third Edition. Christopher S. Brazel and Stephen L. Rosen.

샤워 커튼, 우비 등 다양한 분야에서 가장 흔히 사용되는 고분자이며, PS는 커피용 발포(foam) 컵이나 일회용 날붙이류에 사용되어 왔다. 이런 소재들이 열가소성 고분자이기 때문에, 이 소재들은 보통 중합 반응 이후 펠렛으로 만들어 나중에 용융하여 최종 제품으로 압출하거나 원하는 모양으로 만들 수 있다.

2.1.2 열경화성 고분자

다른 고분자들은 **일단**(once) 가열하여 부드러워지고 응력을 통해 흐를 수 있게 하더라도 열가소성 고분자처럼 가역적이지 않다. 즉 가열은 고분자들로 하여금 '경화(curing)' 반응을 일으키게 한다. 게다가 이런 **열경화성**(*thermosetting*) 고분자들은 궁극적으로 가열에 의해 부드럽게 되거나 흐르게 되지 않고 분해가 될 뿐이다(때때로 전기 기기가 합선되었을 경우 냄새에 의해 증명되는 것처럼). 비유하자면, 달걀이나 콘크리트는 열경화성 고분자처럼 거동한다. 열경화성 고분자를 계속 가열하면 궁극적으로 분해될 것이지만, 일반적으로 분해점 이하의 온도에서는 부드러워질 것이다.

상업적으로 중요한 열경화성 고분자에는 에폭시, 폴리에스터, 페놀 수지 등이 있다. 이러한 재료들은 (때때로 점성을 가진) 액체로 시작하여 경화를 통해 최종 형태로 굳어진다. 이런 재료들은 처음 만들어질 때 형태가 굳어지기 때문에, 고분자가 형성된 뒤로는 재가열하여 녹일 수 없고, 따라서 열에 의해 분해될 수밖에 없다.

천연 고무는 열가소성 고분자와 열경화성 고분자의 차이점을 보여 주는 전형적인 예이다. 유럽의 콜럼버스(Columbus)로부터 소개된 천연 고무는 열가소성 고분자이다. 즉 고무로 만들어진 제품들은 더운 날 부드러워지고 끈적끈적해지기 때문에 몇 세기 동안 상업적인 중요성이 없었다. 1839년에 굿이어(Charles Goodyear)는 황을 이용하여 이 고분자를 열경화성 고분자로 바꿀 수 있는 경화 반응을 발견하였다(그는 이것을 로마의 불의 신을 기려 **가황**(*vulcanization*)이라고 불렀다). 가황은 높은 온도에서도 고무의 유익한 특성들을 유지시킬 수 있는 것으로, 궁극적으로 고무의 큰 상업적 중요성을 가져다주었다.

2.2 합성 화학

고분자화학 분야의 선구적인 연구자들은 곧바로 축합 및 부가, 두 가지 형태의 익숙한 유기 반응들을 통해 고분자를 생산할 수 있음을 알아내었다. 중합 반응이 진행되는 동안 단량체들이 서로 반응하면서 새로운 구조들이 만들어진다.

- 이량체(dimer or 2-mer): 두 단량체의 결합물임.
- 삼량체(trimer or 3-mer): 세 단량체가 함께 결합됨. 그리고 다른 #-체(mer)의 숫자는

중합도와 관련이 있음.

- 올리고머(oligomer): 주사슬을 따라 10~20 또는 그에 상응한 수의 반복 단위를 가짐.

올리고머는 단지 작은 고분자이지만, 적은 수의 반복 단위를 가지므로 독특한 성질들을 나타낸다. 결국 충분히 반응한 후에 큰 고분자를 형성하는데, 여기서 고분자 주사슬을 따라 수천 또는 수만의 반복 단위가 연결되는 것이 일반적이다. 단량체로부터 고분자를 형성함에 있어서 기본적인 반복 단위는 동일하게 유지되지만, 재료는 액체(심지어 기체)의 단량체로부터 점도가 높은 액체 또는 고체의 올리고머를 거쳐 고체 고분자로 변한다.

몇 가지 기본적인 유기 작용기들(functional groups)은 고분자 합성에서 중요한 역할을 하기 때문에 다시 검토할 가치가 있다(그림 1.3). 축합 중합과 부가 중합으로부터 만들어진 화학 구조들이 조금 다르기 때문에, 중합 방법은 고분자를 설명하는 데 사용되는 주요한 분류 중 하나이다. 특정 작용기들(주로 알켄, 알코올, 카복실산, 아민을 포함)은 고분자 형성 반응에 참여하지만, 다른 어떤 작용기들(알케인, 아마이드, 에스터, 이미드, 유레테인)은 일반적으로 합성 후의 고분자 구조에서 더 많이 발견됨에 주목하라. 다른 작용기들은 반응에 참여하지 않지만, 곁사슬이나 고분자 주사슬에 포함되어 존재할 수 있다(예를 들어, 아릴기, 에터 등).

2.2.1 축합 중합

고분자는 작은 분자(가장 흔하게 물)가 떨어져 나오는 일반적인 유기 축합 반응에 의해 형성되는데, 이 고분자는 **축합 중합 고분자**(*condensation polymer*)로 알려져 있다. 유기 산과 유기 염기(이 경우 알코올)의 보통의 에스터화 반응을 아래와 같이 간단한 '올가미 밧줄 화학'으로 묘사하였다.

$$\text{R–O(H)} + \text{(HO)–}\overset{\overset{\text{O}}{\|}}{\text{C}}\text{–R}' \rightarrow \text{R–O–}\overset{\overset{\text{O}}{\|}}{\text{C}}\text{–R}' + H_2O$$

알코올 + 산 → 에스터

알코올의 $-$OH기와 산의 $\text{HO–}\overset{\overset{\text{O}}{\|}}{\text{C}}\text{–}$기는 반응에 참여하는 **작용기**(*functional group*)로 알려져 있다. R과 R′은 분자의 나머지 부분을 나타내는 약자로 포괄적인 유기기를 의미하며, 유기화학에 일반적으로 사용된다. 당연하게도, 이 반응을 통해 형성된 에스터는 아직 고분자가 아닌데, 이것은 우리가 두 개의 작은 분자들만 묶었고, '많은 부분들로 이루어짐'을 고려하지 않은 채 끝난 반응이기 때문이다.

이 시점에서 단량체 기능성의 개념을 소개하는 것이 필요하다. 기능성(functionality)이란 하나의 반응에서 한 개의 체(mer)가 다른 체들(mers)과 반응하여 형성할 수 있는 결합의 개수를 의미한다. 축합 중합에서 기능성은 체들에 있는 (유기) 작용기의 수와 같다. 이 기(카복실산, 알코올, 알데하이드나 아민과 같은)들은 반드시 반응이 일어나야 한다.

위의 예에서 반응물들은 단일 작용기(하나의 반응물에 하나의 알코올기, 그리고 다른 하나의 반응물에 하나의 카복실산기)를 가지며, 따라서 남은 분자들(R기)에 다른 작용기가 존재하지 않는다면 반응은 하나만의 결합(하나의 에스터 결합)을 형성하게 될 것이다. 그렇지만 만약 두 반응물이 모두 이작용기(difunctional)라면 무슨 일이 일어날지 생각해 보라. 반응은 반응물 양쪽 끝에서 진행하게 된다.

$$\underset{\text{다이올}}{x\,\mathrm{HO{-}R{-}OH}} + \underset{\text{다이산}}{x\,\mathrm{HO{-}\overset{\overset{\textstyle O}{\|}}{C}{-}R'{-}\overset{\overset{\textstyle O}{\|}}{C}{-}OH}} \rightarrow \underset{\text{폴리에스터}}{\mathrm{H{+}O{-}R{-}O{-}\overset{\overset{\textstyle O}{\|}}{C}{-}R'{-}\overset{\overset{\textstyle O}{\|}}{C}{+}_{x}OH}} + (2x-1)\,\mathrm{H_2O}$$

여기서 결과적으로 생성된 분자는 여전히 이작용기이다(왼쪽 끝에 알코올, 오른쪽 끝에 산; 에스터 결합($\mathrm{R{-}O{-}\overset{\overset{\textstyle O}{\|}}{C}{-}R'}$)은 중합 반응에 참여하지 않는다). 따라서 분자의 왼쪽 끝은 다른 다이산 분자와 반응할 수 있고, 분자의 오른쪽 끝은 다른 다이올 분자와 반응할 수 있다. 각 단계에서 성장하는 분자들은 이작용기로 남으며, 따라서 반응은 반응 혼합물에 있는 모든 알코올기와 산기가 함께 존재하는 한 지속될 수 있다(이것은 두 개의 큰 분자가 반응할 가능성도 포함하고 있다). 일단 이러한 충분히 많은 수의 분자들(수백 개에서 심지어 수백만 개의 '체')이 함께 축합되면 고분자가 만들어지는 것이다.

2.2.1.1 폴리에스터 일반적으로 *x*개의 다이올 분자와 *x*개의 다이산 분자의 **중축합**(*polycondensation*)을 통해 **폴리에스터**(*polyester*) 분자가 합성되며, 반응식은 위에 나타낸 바와 같다.

폴리에스터(많은 에스터 '체'가 있는) 분자에서 괄호 안의 구조는 반복 단위이며, 이 반복 구조를 통해 다른 고분자와 구분할 수 있다. $\mathrm{{+}O{-}\overset{\overset{\textstyle O}{\|}}{C}{+}}$ 결합은 모든 폴리에스터의 특징이다. 일반화된 유기기 R과 R′에는 폭넓고 다양한 것들이 사용될 수 있지만(고분자의 성질들에 따라서 다양하게), 반복 단위 구조에 $\mathrm{{+}O{-}\overset{\overset{\textstyle O}{\|}}{C}{+}}$ 에스터 결합이 있는 한, 이 고분자는 폴리에스터이다. 물론, 반응할 수 있는 다른 작용기들이 있고, 따라서 많은 다른 종류의 축합 고분자(폴리아마이드, 폴리이미드, 폴리에터 등)가 존재한다.

*x*는 **중합도**(*degree of polymerization*)이며, 고분자 사슬에서 똑같은 구슬들로서 연결된 반복 구조들의 수이다. 때때로 **사슬 길이**(*chain length*)로도 불리지만, 순수한 숫자이며 측정 가능한 길이가 아니다.

위의 명명법은 1930년대에 Du Pont에서 2개의 중요한 고분자들인 네오프렌(부가 중합체)과 나일론을 발명한, 그리고 현대 고분자 과학의 창시자들 중 한 명인 Wallace Hume Carothers로부터 소개되었다[1].

2.2.1.2 폴리아마이드(나일론) 축합 중합에서 또 다른 부분을 차지하는 작용기에는 아민기(−NH_2)가 있으며, 알코올의 수소와 비슷하게 아민기에 있는 하나의 수소는 카복실산과 반응하여 폴리아마이드(polyamide)(일반적으로 나일론으로 알려져 있다)를 생성한다.

$$x\,H{-}\overset{H}{\underset{|}{N}}{-}R{-}\overset{H}{\underset{|}{N}}{-}H + x\,HO{-}\overset{O}{\overset{\|}{C}}{-}R'{-}\overset{O}{\overset{\|}{C}}{-}OH \rightarrow H\!\left[N{-}R{-}N{-}\overset{O}{\overset{\|}{C}}{-}R'{-}\overset{O}{\overset{\|}{C}}\right]_x OH + (2x-1)\,H_2O$$

다이아민　　　　　다이산　　　　　폴리아마이드 또는 나일론

모든 나일론에는 $R{-}\overset{H}{N}{-}\overset{O}{\overset{\|}{C}}{-}R'$ 결합이 특징적으로 나타난다. 이 결합은 또한 두 개의 아미노산이 연결될 때 나타나는 펩타이드 결합으로도 알려져 있다. 천연 고분자의 일종인 단백질은 폴리펩타이드로부터 만들어지며, 나중에 다루게 될 것이다.

2.2.1.3 폴리이미드 폴리이미드(polyimide)는 사실상 폴리아마이드의 부분 집합이지만, 다이산 단량체의 카복실산기와 아민이 반응했을 때 만들어진다. 아래에 나타낸 바와 같이, 인접한 탄소(오쏘 위치에 있는)의 두 개의 산 그룹이 포함된 벤젠 고리는 하나의 아민과 축합하여 하나의 결합을 형성한다. 그 결과가 이미드 결합이다.

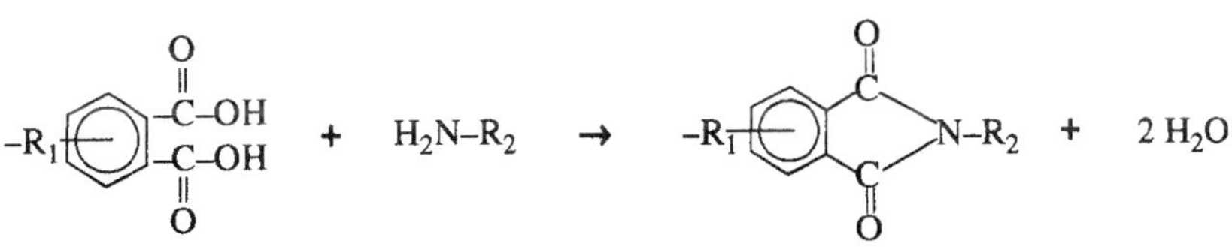

폴리아마이드나 폴리에스터에서의 다이산 기능과 이 반응에서의 다이산 기능을 비교해 보라. 여기서 폴리아마이드나 폴리에스터를 만들 때의 다이산은 양 끝에 분리되어 각각 반응하는 데 반해, 폴리이미드에서의 다이산은 단일 작용기로 작용한다. 하나의 폴리이미드를 만들기 위해 카복실산기는 반드시 서로 가까이 있어야 한다. 당연히 이것은 단일 결합으로만 형성된다. 폴리이미드를 형성하기 위해서는 R_1 작용기의 한 부분으로 또 다른 다이산이 있어야 하며, R_2 작용기 내에는 또 다른 아민이 있어야 한다.

2.2.1.4 폴리유레테인 폴리유레테인(polyurethane)은 두 아이소사이안산염(diisocyanate)과 두 알코올(다이올) 분자의 반응으로 만들어진다. 이 반응에서 알코올의 수소가 아이소사이안산염기의 질소 원자로 전이되며, 아이소사이안산염과 알코올의 산소 사이에 새로운 결합이 형성된다.

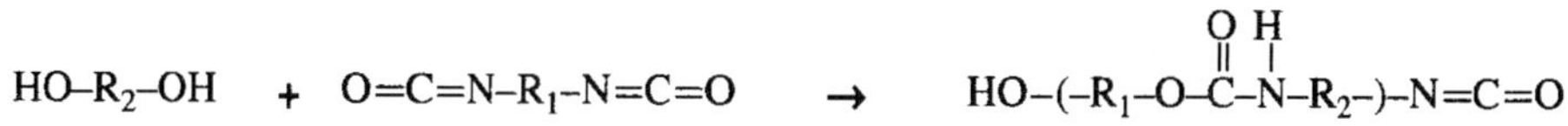

다이올 다이아이소사이안산염 폴리유레테인

폴리에스터, 폴리아마이드, 폴리이미드에서도 관찰되듯이 폴리유레테인 역시 주사슬 내에 특징적인 결합 −(O−C−N)−을 가지고 있으며(하나의 =O를 가진 탄소와 함께), 이 결합을 통해 쉽게 구분할 수 있다. 유레테인 결합 반응 후에도 말단기(알코올과 아이소사이안산염)는 여전히 고분자 사슬을 성장시키는 데 유용하다는 것에 유의하라.

2.2.1.5 폴리카보네이트 폴리카보네이트(polycarbonate)는 산업에서 매우 중요한 축합 고분자의 한 종류이다. 폴리카보네이트는 하나의 단량체가 하나의 탄소만 가지고 있다는 점에서 폴리에스터의 특별한 하위 사례이며, 결과적으로 아래의 특징적인 결합을 가진다.

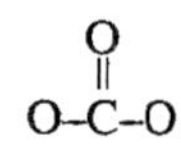

폴리카보네이트 생산을 위해서 필요한 반응에는 하나의 다이올(비스페놀-A)과 염화 다이산(다이카복실산과 비슷한 기능을 갖는)인 포스젠 반응이 있다(예제 2.4의 파트 N 참조).

2.2.1.6 세 개(또는 그 이상)의 기능성을 가진 단량체 위의 예들은 작용기가 두 개인 반응물들로부터 형성된 고분자들에 대한 것이다. 만약 둘 중 하나의 반응물이 하나의 작용기만 가진다면 어떠한 고분자도 생성되지 않을 것이다. 그러나 두 개 이상의 기능성을 가진 단량체가 있다면 고분자를 만들 수 있다. 예를 들어, 글리세롤은 폴리에스터화 반응에 사용될 수 있는 삼작용기(세 개의 알코올기) 분자이다. 이작용기 단량체는 선형 고분자를 형성하는 데 반해, 글리세롤의 폴리에스터화 반응은 3차원 그물 고분자를 형성할 수 있다. 따라서 세 개 또는 그 이상의 작용기를 가진 분자들은 이작용기 단량체처럼 선형 고분자를 만드는 대신에 그물(또는 가교) 구조의 고분자를 만드는 경향이 있다.

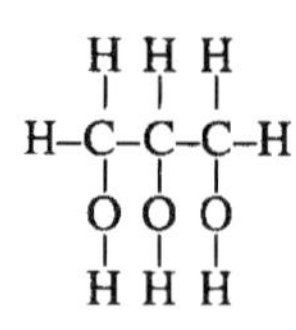

2.2.1.7 두 개의 다른 작용기를 가진 단량체 축합 중합 반응에서 출발 분자가 두 개(또는 그 이상)의 서로 다른 작용기를 갖고 있다면, 두 개의 서로 다른 단량체가 필요하지 않는 경우가 가능하다. 그런 단량체의 두 예로서 아미노산과 하이드록시산을 들 수 있다.

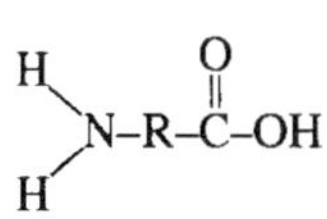

아미노산

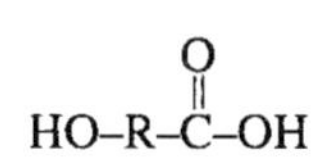

하이드록시산

생물학 시간에 배워서 알고 있듯이 아미노산은 **폴리펩타이드**(*polypeptide*)의 구성 요소이며, 여기서 폴리펩타이드는 고분자이기 때문에 '폴리'라는 접두사가 붙는다. 다중 폴리펩타이드는 단백질의 구조를 형성한다. 아미노산은 아민 작용기와 카복실산 작용기를 모두 가지고 있기 때문에, 아마이드 결합(또는 만약 α 아미노산의 경우 펩타이드 결합)을 만들기 위해서 하나의 아미노산은 다른 하나의 아미노산과 반응할 수 있다. 비슷하게, 하이드록시산은 축합 반응 후 폴리에스터를 형성할 수 있다. 하지만 이 반응은 항상 간단한 방식으로 진행되지는 않는다. 만약 R기가 충분히 크다면, 분자가 소위 '자신의 꼬리 물기'라고 불리는 모양을 형성할 수 있으며, 축합 반응 후 고분자 대신 고리 구조를 형성할 가능성이 있다.

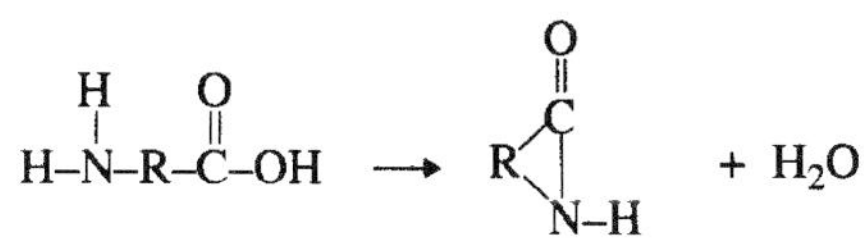

아미노산 락탐

이 고리 화합물은 이후 고리 절단 중합 반응이 가능하며, 고분자는 작은 분자(예를 들어 물)의 빠져나감이 없이 형성되는데, 이는 작은 분자들이 고리화 단계에서 이미 제거되었기 때문이다.

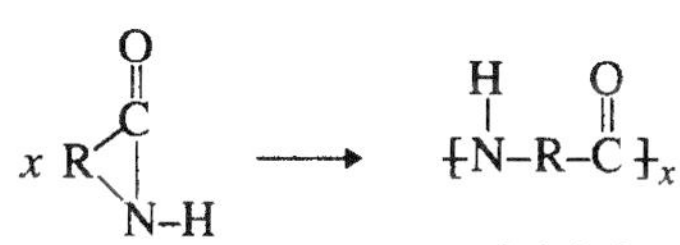

폴리아마이드

실제 중합 반응 단계에서는 작은 분자들이 제거되기 어렵지만 생성물들은 단량체로부터 직접적인 축합을 통해 형성된 것처럼 여겨지며, 대개는 축합 중합 고분자로 인식된다. 또한 매우 흥미로운 것은 모든 축합 중합 반응이 물을 부산물로 얻지는 않으며, 어떤 카복실산은 산 염화물을 만든다는 것이다(–OH 작용기가 염소 원자로 바뀌면서). 따라서 –OH 이탈기 대신에 –Cl기가 남고, 결과적으로 '축합 중합' 부산물로서 HCl을 생성한다.

이 경우에 있어서, 특징적인 나일론 결합 $\left(\overset{H}{\overset{|}{N}}-\overset{O}{\overset{\|}{C}}\right)$이 나뉘어져서 보이는 바와 같이 반복 단위에서의 나일론 결합이 명확하지 않음을 주목하라. 만약 두 번째 반복 단위를 첫 번째 반복 단위 옆에 둔다면 나일론 결합은 보다 분명해진다. 이것은 괄호의 위치를 임의적으로 나타낸 것으로, 고분자가 나일론이라는 사실을 모호하게 하면 안된다(괄호 안의 구조가 반복적인 '체(mer)'임에도 불구하고). 일반적인 합성 고분자와 생체를 구성하는 폴리펩타이드 사이의 중요한 차이점은, 대부분의 합성 고분자는 R기가 전반적으로 모두 동일한 반면에 폴리펩타이드는 20개의 서로 다른 아미노산(DNA를 통해 암호화된)의 서열을 통해 만

들어져 있다는 것이다.

비록 서로 다른 두 개의 작용기가 있는 단량체로 만들어지지는 않았더라도 천연 고분자의 다른 중요한 분류에는 다당류(말 그대로 폴리당)가 있다. 여기서 가장 일반적인 단량체는 포도당($C_6H_{12}O_6$)이며, 포도당이 글루코사이드 결합(축합 중합 반응)을 통해 서로 결합한다면, 녹말, 셀룰로스, 그리고 생물에 있어서 구조적인 강직성(특히 식물에서)과 에너지 저장에 중요한 고분자를 형성한다. 대부분의 녹말들은 쉽게 분해되어 생물의 에너지 저장에 사용될 수 있기 때문이다.

2.2.2 부가 중합

두 번째 고분자 형성 반응은 부가 중합 반응으로서, 생성물들은 **부가(또는 연쇄 또는 자유 라디칼) 고분자**(*addition polymer*)로 불린다. 부가 중합 반응에는 다음 두 가지 특징이 있다.

1. 어떠한 작은 분자도 떨어져 나오지 않는다. 따라서 반복 단위가 단량체와 동일한 화학식을 가진다.
2. 중합 반응은 이중 결합이 열림으로써 시작된다.[1]

일반적인 부가 중합 반응은 다음의 C=C 단량체로서 진행된다.

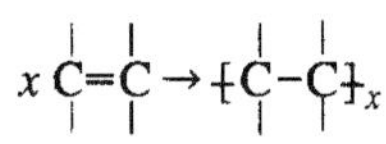

이중 결합이 '열리며', 다른 단량체들과 각각의 끝에서 결합이 형성된다. 따라서 일반적인 정의에 의해서, 탄소–탄소 **이중 결합**(*double bond*)은 **이작용기**(*difunctional*)가 된다(2개의 이중 결합을 가지고 있는 단량체는 4개의 작용기를 가지고 있다는 점에 주목하라. 따라서 이 유형의 단량체는 그물 구조를 형성하므로 가교제로도 불린다). 부가 고분자의 끝에서 무슨 일이 일어나는지에 대한 질문은 중합 반응 메커니즘을 다루는 9장에서 다룰 것이다. 또한 단량체와 고분자에서 흔히 볼 수 있는 탄소–산소 이중 결합은 부가 중합 반응에서 안정적이고 반응성이 없음에 주의하라.

바이닐 단량체는 이중 결합을 포함하고 있는 단량체 중 중요한 한 분류이다.

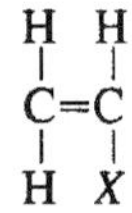

때때로 부가 중합은 바이닐 중합 반응으로 불린다. 표 2.1에 X를 대체할 수 있는 치환기

---

[1]비록 방향족 고리가 종종 로 표현되더라도, 이것은 공명–안정화 구조에는 적절하지 않은 표현이며, 부가 중합 반응에 대해 완전히 비활성이다. 방향족성 고리는 일반적인 이중 결합과의 혼동을 피하기 위해 흔히 로 표현된다. 이 책의 공간을 절약하기 위해, 우리는 종종 방향족성(또는 페닐) 고리를 ϕ로 표현할 것이다.

에 따른 상업적으로 중요한 몇 가지 바이닐 단량체를 열거하였다.

표 2.1 상업적으로 중요한 몇 가지 바이닐 단량체

단위체	$-X$
에틸렌	$-H$
스타이렌	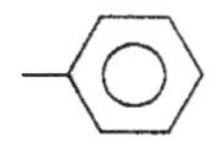
염화 바이닐	$-Cl$
프로필렌	$-CH_3$
아크릴로나이트릴	$-C\equiv N$

예제 2.1 젖산(lactic acid)은 다음 반응과 같이 탈수(dehydrated)하여 아크릴산을 생성할 수 있다.

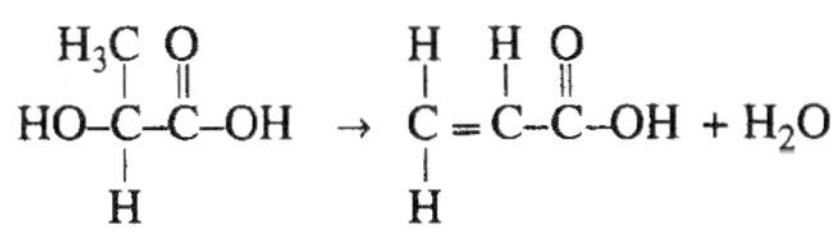

젖산　　　　아크릴산

두 산 모두 중합용 단량체로 사용될 수 있다. (A) 젖산, (B) 아크릴산으로 중합이 시작된다면 이때 형성될 수 있는 각각의 고분자에 대한 반복 단위의 구조식을 쓰시오.

풀이 젖산은 −OH와 −COOH 작용기를 가진 하이드록시산이다. 젖산은 물이 빠져나오면서 축합 고분자를 형성하게 될 것이고, 아래 결과를 얻게 될 것이다.

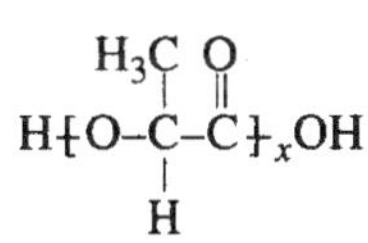

이것은 두 가지 서로 다른 작용기를 가진 단량체이기 때문에, 괄호 안의 구조에서 에스터 결합이 나누어져 있다.

아크릴산은 이중 결합을 가진 바이닐 단량체이다(1개의 카복실산만 가지고 있기 때문에 아크릴산은 축합 중합 반응으로 유용하지 않다). 아크릴산은 부가 중합 반응에 의해 다음과 같은 구조를 형성한다.

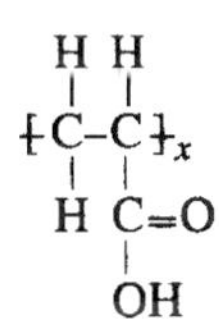

흥미롭게도 폴리젖산(poly(lactic acid), PLA)의 에스터 결합은 쉽게 가수 분해되어 고분

자를 분해시킨다. 따라서 이 고분자는 음식 포장재부터 의학 응용에서의 조직 공학 스캐폴드 범위까지 생분해성 플라스틱 제품에 응용되고 있다. 폴리아크릴산[poly(acrylic acid), PAA]은 분해되지는 않지만 곁사슬 카복실산기에 의해 극도로 친수성이 되며, 따라서 초흡수용 고분자(특히 기저귀에서 중요한)로 사용된다.

2개의 C=C 결합을 가진 대부분의 분자(다이알켄 또는 간단하게 다이엔)는 4개의 작용기를 가지고 있지만, **공액화 다이엔**(*conjugated diene*)에서는 두 개의 이중 결합들이 하나의 C−C 단일 결합으로 분리되어 2개의 작용기를 갖게 되며, 따라서 선형 구조의 고분자를 형성하게 된다. 공액화 다이엔 단량체는 중합 반응에서 독특한 특성을 갖는데, 이것은 두 개의 이중 결합이 마치 바이닐 중합에서처럼 하나의 이중 결합으로 작용하기 때문이다.

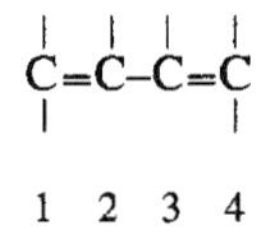

공액화 다이엔의 부가 중합 반응은 **불포화**(*unsaturated*) 고분자를 형성하거나 이중 결합을 포함한 고분자를 형성하며, 이중 결합은 고분자의 주사슬이나 곁사슬의 어느 하나에 위치할 수 있다. 게다가 공액화 다이엔의 중합 반응은 몇 가지 **구조 이성질체**(*structural isomer*)의 고분자를 형성할 수 있다. 단량체가 1번부터 4번까지의 탄소에 있는 치환기에 대해서 대칭이라면 이 단량체는 1,2-부가, 1,4-부가를 하게 된다. 만약 단량체가 비대칭이라면 3,4-부가에 의해 다른 구조의 이성질체를 형성하게 될 것이다(대칭 다이엔의 경우, 1,2와 3,4 반응은 같은 구조를 형성한다). 아래에 비대칭 공액화 다이엔인 아이소프렌(2-메틸-1,3-뷰타다이엔)의 부가 중합에 따른 구조 이성질체를 나타내었다.

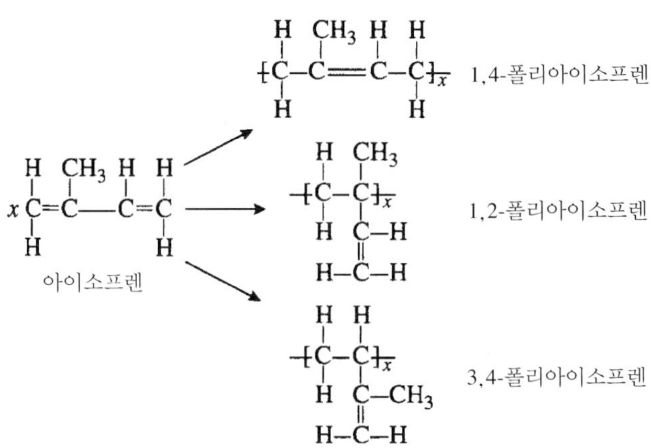

폴리아이소프렌은 신축성 있는 중요한 고무 소재로, 자연에서 발견된 최초 고무들 중 하나이다(따라서 다른 이름으로 '천연 고무'라고도 불린다). 폴리아이소프렌은 벨트와 자동차의 호스, 실험실 장갑, 고무 밴드 등에 사용된다. 1,2 그리고 3,4 반응은 다이엔 단량체

의 일부분이 바이닐 단량체에서 단순히 X기로 작용하기 때문에 종종 바이닐 부가로도 불린다.

2.3 구조

고분자의 분자 구조에 대한 이해가 증가함에 따라 세 개의 주요한 구조 범주가 생겨났다. 그림 2.1에 개략적으로 묘사되어 있다.

2.3.1 선형

만약 고분자가 정확히 이작용기 단량체로부터 만들어진다면 그 결과는 **선형**(*linear*) 고분자 사슬로 나타난다. 지름이 0.5 cm인 빨랫줄을 통해 그 규모를 가늠한다면 약 3 m의 길이가 될 것이다. 이 비유는 나쁘다고 할 수 없다. 사슬은 길고 유연하며, 근본적으로 1차원 구조이다. 하지만 그림에서도 알 수 있듯이 분자들이 반드시 기하학적으로 선형 구조일 필요는 없기 때문에, 선형이라는 용어는 다소 오해의 소지가 있을 수 있다. 이 거대 분자들이 어떻게 생겼는지에 대한 더 나은 비유들에는 스파게티나 엉킨 실 가닥을 들 수 있다. 동종 중합체–한 종류의 단량체로 구성된 고분자–의 명명법에서 보통 간단하게 '폴리'를 반복 단위 이름 앞에 붙이며, 특히 대부분의 부가 고분자들(예를 들어 폴리스타이렌)에 사용된다. 반복 단위가 한 단어 이상이라면 폴리(바이닐 알코올)과 같이 괄호를 사용하여 무엇이 반복 단위인지를 나타낸다. 많은 축합 고분자들은 이 규칙을 사용할 때 상당히 복잡한 이름을 가질 수 있기 때문에 대부분은 간단하게 그들의 분류(예를 들어 폴리에스터)나

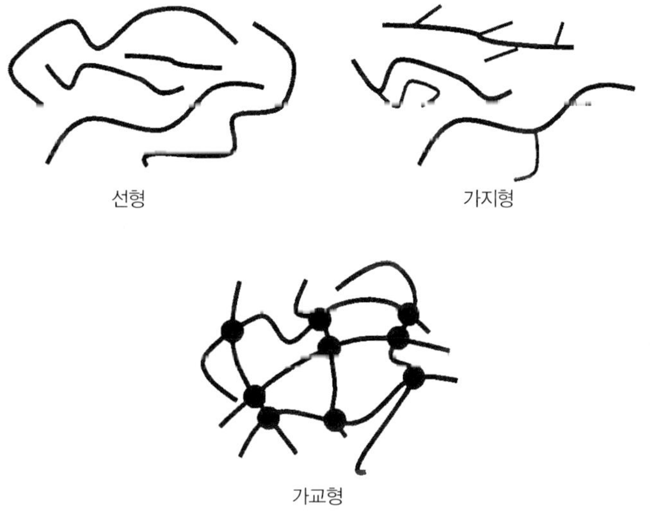

그림 2.1 고분자 구조의 개략적 묘사.

그들의 상품명(Dacron®, Nylon®, Lexan® 등)을 사용한다.

2.3.1.1 랜덤 공중합체 하나의 반복 단위만을 포함한 사슬로 이루어진 고분자는 **동종 중합체**(*homopolymer*) 또는 호모폴리머(부가 중합 반응 또는 축합 중합 반응으로 만들어진 많은 고분자를 포함)로 불린다. 하지만 만약 두 개의 서로 다른 반복 단위가 무작위한(random) 배열로 사슬을 이루고 있다면 고분자는 **랜덤 공중합체**(*random copolymer*) 또는 **통계학적 공중합체**(*statistical copolymer*), 또는 간단하게 **공중합체**(*copolymer*)라고 한다. 랜덤 공중합체는 두 개의 다른 바이닐 단량체 A와 B 혼합물의 부가 중합 반응을 통해 만들어지며('무질서도'는 A와 B의 상대적인 양과 반응성에 의존하며, 나중에 다룰 것이다), 아래와 같이 나타낼 수 있다

AABAAABBABAAB

이는 폴리(A-*co*-B)로 불리며, 더 많은 양이 존재하는 반복 단위가 먼저 적히게 된다. 예를 들어, 75% 뷰타다이엔과 25% 스타이렌으로 이루어진 합성 고무 랜덤 공중합체는 폴리(뷰타다이엔-*co*-스타이렌)으로 불린다. 당연하게도, 삼(3-) 그리고 더 많은 다중합체들 역시 가능하다. 자연에서는 일정한 규칙을 가지는 사중합체(4개의 염기들이 유전적인 암호화를 통해 배열된 복잡한 고분자인 RNA와 DNA)와, 20개의 서로 다른 반복 단위(아미노산)로 구성된 공중합체인 폴리펩타이드가 있다.

반드시 필요한 작용기를 가지고 있는 두 개의 다른 단량체(예를 들어, 다이산과 다이아민)를 사용하여 제조된 축합 중합 반응의 생성물은 하나의 반복 단위를 가지고 있기 때문에 공중합체가 아니다. 하지만 만약에 두 개의 다른 다이아민이 중합 반응에 사용된다면, 두 개의 구분되는 반복 단위가 있을 수 있기 때문에 이 경우 공중합체라는 용어를 사용할 수 있다.

예제 2.2 3 mol의 헥사메틸렌 다이아민(I)이 2 mol의 아디프산(II)과 1 mol의 세바식산(III)(sebacic acid)이 함께 축합되었을 때, 반복 단위를 나타내고 제조된 공중합체의 이름을 결정하시오.

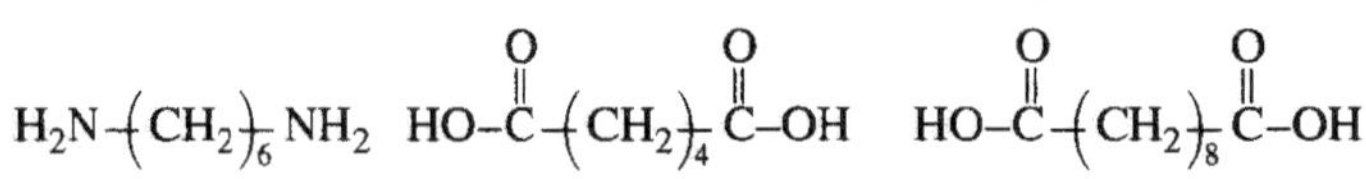

(I) (II) (III)

풀이 2개의 반복 단위는 아래와 같다.

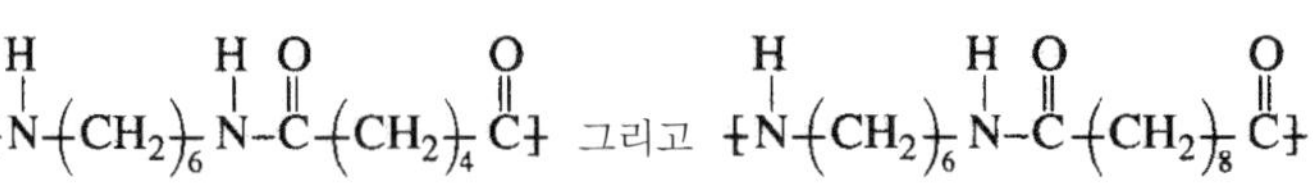

(I)과 (II)로부터 (I)과 (III)으로부터

이러한 두 가지 반복 단위를 가지고 있는 공중합체의 형식적인 이름은 (상당히 복잡하지만) 폴리(헥사메틸렌 아디파마이드-*co*-헥사메틸렌 세바카마이드)이다. 심지어 선형 동종중합체인 폴리(헥사메틸렌 아디파마이드)도 상당히 이름이 복잡하므로, 각 단량체에 있는 탄소의 숫자를 표현한 6을 사용하여 일반적으로 나일론 6,6이라고 부른다.

2.3.1.2 블록 공중합체 특정한 조건하에서 선형 사슬은 두 가지(혹은 더 많은)의 반복 단위로 이루어진 길고 연속성 있는 블록을 포함한 **블록 공중합체**(*block copolymer*)를 형성할 수 있다.

AAAAAAAAAAAAAAAAAAAAABBBBBBBBBBBBBBBBBBBBBBBB
AAAAAAAAAAAAAAABBBBBBBBBBBBBBBBBBBAAAAAAAAAAAAAAAA

이러한 구조들은 각각 다이블록 공중합체, 즉 폴리(A-*b*-B), 그리고 트라이블록 공중합체, 즉 폴리(A-*b*-B-*b*-A)로 불린다. 여기에서 '*b*'(블록을 의미)는 조직적인 구조를 나타내기 위해 'co'를 대체한다. 이러한 구조는 나노 기술에서도 중요한데, 몇몇 블록 공중합체는 A와 B 블록이 각각 코어와 쉘(core and shell)을 나노 구형 마이셀(nanospherical micelle)로 자기조립할 수 있기 때문이다(그림 2.2). A와 B기가 반대의 극성을 가질 때는 섞이는 것보다 분리되는 것을 선호하기 때문에 이러한 현상이 특히 잘 일어난다.

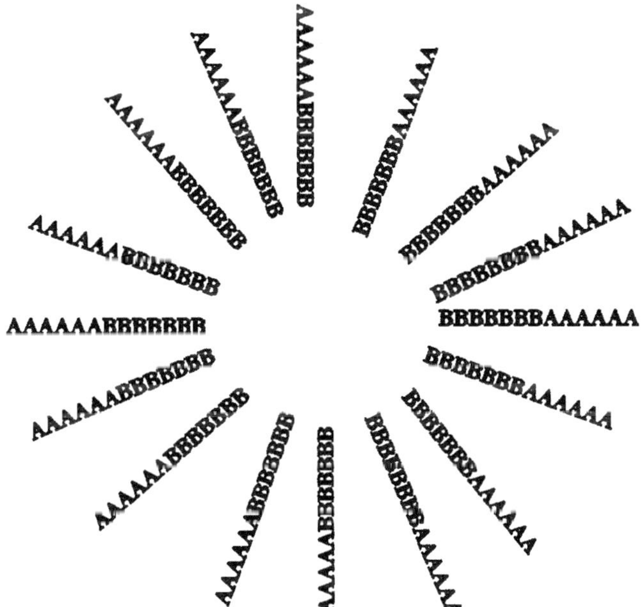

그림 2.2 마이셀로 자기조립하는 B 그룹의 중심부(코어)와 A 그룹의 코로나로 구성된 블록 공중합체.

2.3.2 가지형

만약 세 개(혹은 그 이상)의 작용기를 가진 분자들이 반응에 도입된다면(의도적으로 혹은 부반응을 통하여), 최종 고분자는 가지형 구조를 가지게 될 것이다. 이러한 예로 반복 단위가 'B'로 이루어진 가지들이 반복 단위가 'A'로 이루어진 선형의 주골격에 그래프트되는 것을 들 수 있다. 여기서 B는 A에 그래프트되었다고 말한다.

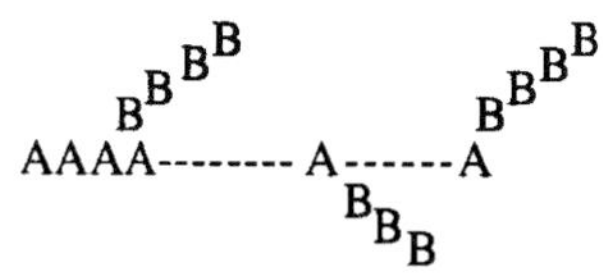

이 그래프트 공중합체는 주골격의 반복 단위가 먼저 배열되기 때문에 폴리(A-*g*-B)로 명명된다. 여기에서 '적은 분자'가 핵심임을 명심하라. 심지어 반응 혼합물에 0.1%보다 적은 함량의 세 가지 혹은 더 많은 작용기의 단량체가 포함된다면, 그물 구조나 가교 구조가 형성되기 쉽기 때문이다(특히 높은 반응 전환율에서).

2.3.3 가교형 또는 그물 구조

고분자 사슬들에 있는 가지들의 길이나 가지 생성 빈도가 증가하면서, 하나의 주골격 사슬의 가지들이 궁극적으로 다른 주골격 사슬에 도달할 가능성도 증가한다. 주골격 사슬들이 이러한 방식으로 연결되었을 때, 분자 구조는 모든 사슬들이 공유 결합으로 연결된 그물 구조가 된다. 이것은 3차원의 **가교 고분자**(*cross-linked polymer*)를 만들고 고분자의 전체 질량이 극도로 큰 하나의 분자가 된다! 대표적인 예로 볼링공을 들 수 있는데, 이는 가교 고분자로 이루어져 있으며 전체가 하나의 분자이다; 이것은 10^{27}g/mol 수준의 분자량을 가진다. 만약 누군가가 개별 분자들이 너무 작아서 맨눈으로 볼 수 없다고 말한다면 이를 기억하라.

가교 또는 네트워크 고분자들은 크게 두 가지 방식으로 만들어질 수 있다: (1) 충분히 많은 양의 세 개 혹은 더 많은 작용기의 단량체를 포함하는 반응물로 반응을 시작하거나 (2) 이미 형성된 선형 또는 가지형 분자들 사이에서 화학적으로 가교를 이루는 경우('경화')이다. 후자로는 가황 반응을 통해 천연 고무가 가교되는 것을 들 수 있다. 그리고 이 사실을 통해 '온도에 대한 반응'에 의한 현상학적 고분자 분류와 기초적인 분자 구조의 기본 개념과의 상관관계를 알 수 있다. 이 중요한 상관관계는 고분자의 결합에 대한 토의를 통해 설명할 것이다.

예제 2.3 (a) 선형의 불포화 폴리에스터가 에틸렌 글리콜(I)과 말레산 무수물(II)로부터 어떻게 형성되는지 보이고, (b) 선형의 불포화 폴리에스터가 스타이렌과 같은 바이닐 단량체와 어떻게 가교되는지 보이시오.

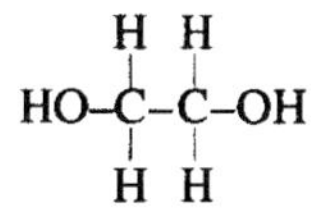

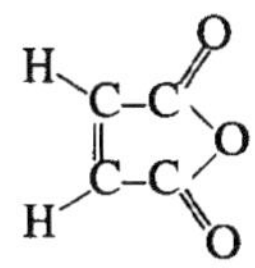

(I) (II)

풀이 첫째로, 산 무수물은 2개의 산 그룹으로부터 1 mol의 물이 분해되어 생성된 다이산이라는 것을 깨달아라(이것은 하나의 산 그룹이 다른 산 그룹과 축합하는 흔한 예이다. 보통 이러한 방법으로는 고분자를 형성할 수 없다). 산 무수물의 반응을 고려하면, (개념적으로) 이것은 다시 다이산으로 수화된다.

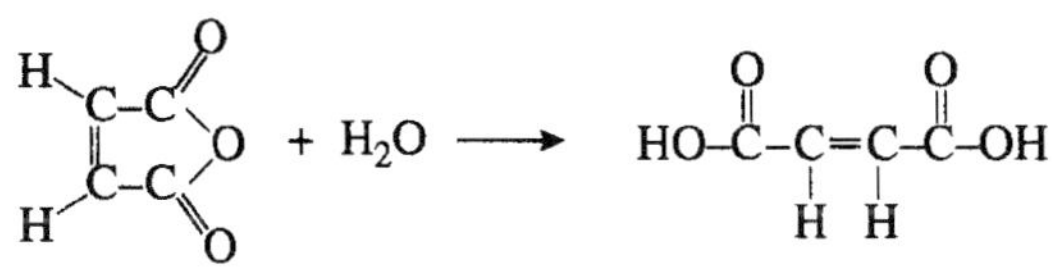

말레산 무수물 말레산

그 다음에 다이산과 다이올의 축합 반응을 통해 반복 단위당 하나의 이중 결합을 갖는 폴리에스터를 형성한다.

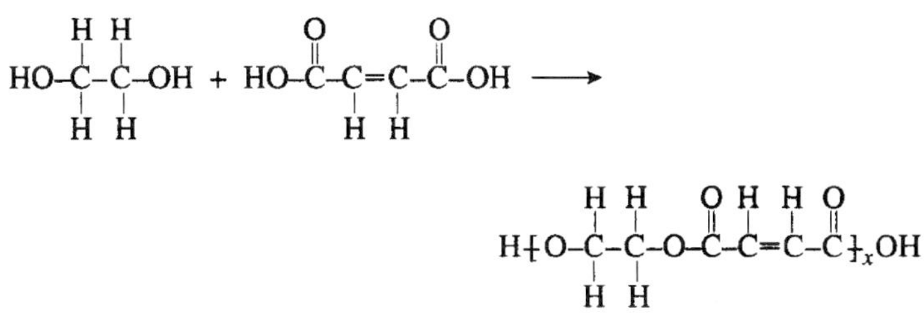

말레산의 이중 결합은 축합 중합에 대하여 비활성이다. 포화와 불포화의 반복 단위를 갖는 폴리에스터 공중합체를 형성하도록 포화 다이산, 예로 프탈산 무수물(Ⅲ)과 말레산 무수물의 혼합물을 이용함으로써, 불포화도(반복 단위당 이중 결합의 평균 개수)가 0부터 1까지 변화될 수 있음을 주목하라.

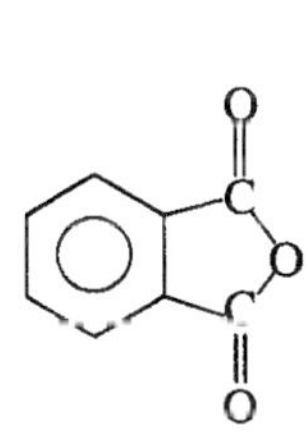

(III)

상업적으로, 중합도 x는 작게 유지되어(예를 들어 8~10 반복 단위) 생성물은 점성액이다. 선형 불포화 폴리에스터는 보통 스타이렌과 같은 액체 바이닐 단량체로 희석된다. 사용하기 전에, 부가 중합(10장에서 논의될)을 촉진시키는 개시제가 첨가되어 있어, 바이닐 단량체는 폴리에스터에 있는 이중 결합들과 부가 공중합을 하게 된다(16~20개의 작용기를 가지는데, 이는 이중 결합 숫자의 두 배에 해당한다). 이것은 강하게 가교된 단단한 그물 구조를 형성한다.

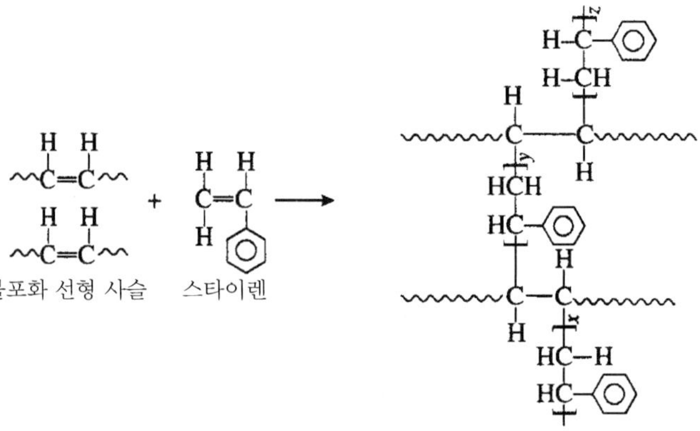

그물 구조

액체 상태의 폴리에스터-스타이렌 혼합물은 종종 유리섬유에 침투시켜 사용하며, 선박 선체, 자동차(Corvette) 차체, 그리고 소위 말하는 유리섬유 보강 물체(이것들이 바로 유리섬유 강화 폴리에스터의 복합 재료이다)를 만들기 위해 경화된다.

예제 2.4 고분자에 대한 단량체의 구조가 주어져 있다. 다음의 각 고분자들의 반복 단위의 구조식을 보이고 그것들을 구조와 화학적 형성 과정에 따라서 분류하시오. 이 모든 고분자는 상업적으로 중요하다. 대부분은 위에서 서술한 규칙들을 따르지만 몇몇은 그렇지 않으며, 그것들의 구조, 화학적 형성 과정 그리고 특유의 결합을 설명하기 위하여 여기에 포함하였다. 고분자의 이름과 출발 단량체는 아래의 표에 제시되어 있다.

파트	고분자 이름	단량체 구조	
A	폴리스타이렌	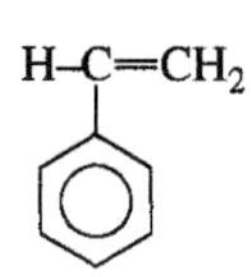 스타이렌	
B	폴리에틸렌	$H_2C = CH_2$ 에틸렌	
C	폴리(뷰틸렌 테레프탈레이트) (PBT)	$HO-(CH_2)_4-OH$ 뷰틸렌 글리콜 (1,4-뷰테인다이올)	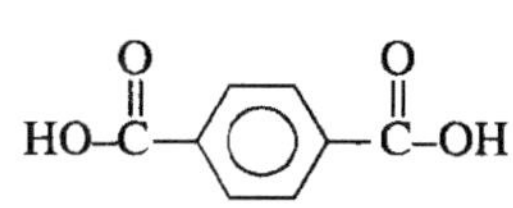 테레프탈산

(계속)

파트	고분자 이름	단량체 구조	
D	폴리(에틸렌 테레프탈레이트) (PET) (Dacron, Mylar®)	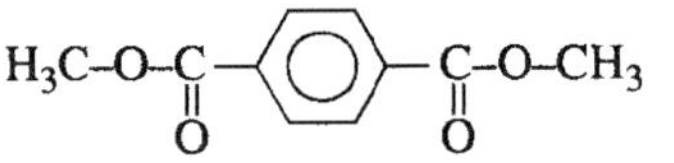 다이메틸 테레프탈레이트	$HO\text{—}(CH_2)_2\text{—}OH$ 에틸렌 글리콜
E	나일론 6,6(숫자는 다이아민과 다이산 각각에 있는 탄소 원자를 나타낸다)	$H_2N\text{—}(CH_2)_6\text{—}NH_2$ 헥사메틸렌 다이아민	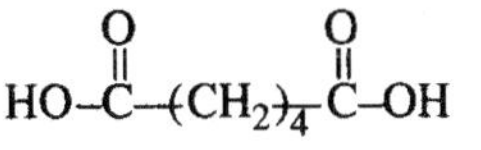 아디프산
F	나일론 6(단일 단량체로부터 만들어진)	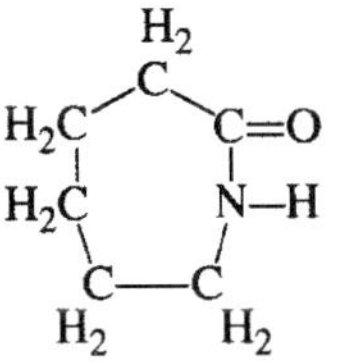 ε-카프로락탐	
G	글리프탈 (글리세롤 + 프탈산 무수물)	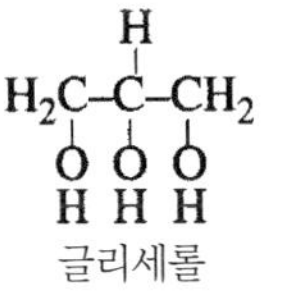 글리세롤	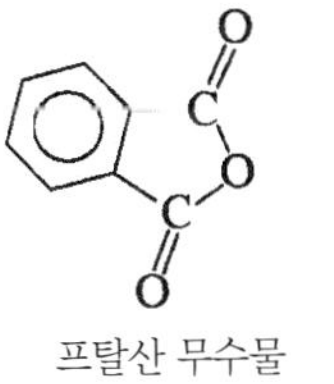 프탈산 무수물
H	폴리(다이알릴 프탈레이트)	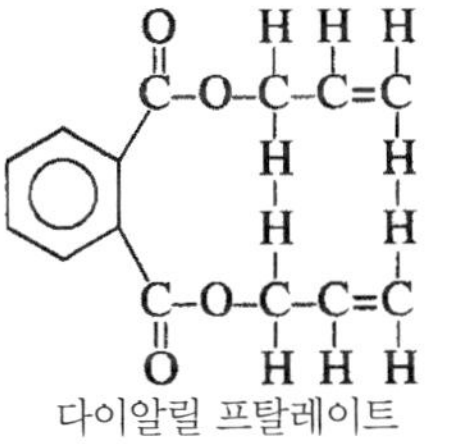 다이알릴 프탈레이트	
I	멜라민-폼알데하이드 (Melmac®, Formica®)	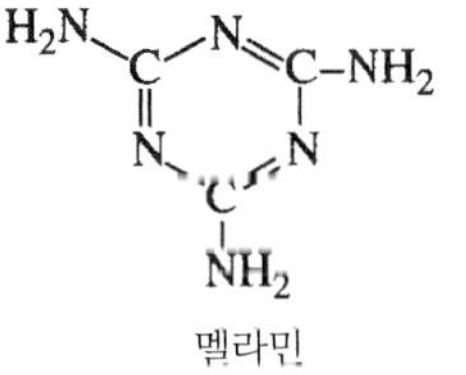 멜라민	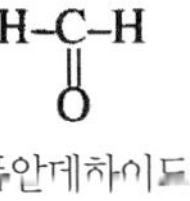 폼알데하이드
J	폴리테트라플루오로에틸렌 (Teflon TFE®)	$F_2C = CF_2$ 테트라플루오로에틸렌	
K	폴리(페닐렌 옥사이드) (PPO) (힌트: O_2 환경에서 중합된다)	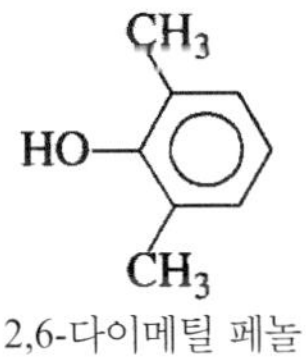 2,6-다이메틸 페놀	

(계속)

파트	고분자 이름	단량체 구조	
L	폴리프로필렌	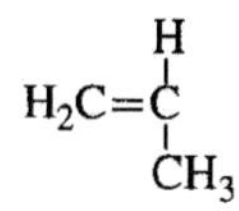 프로필렌	
M	아세탈(폴리폼알데하이드 또는 폴리옥시메틸렌) (Celcon®, Delrin®)	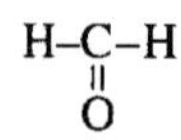 폼알데하이드	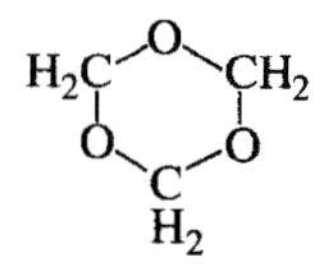 트라이옥세인
N	폴리카보네이트 (Calibre®, Lexan®, Makrolon®)	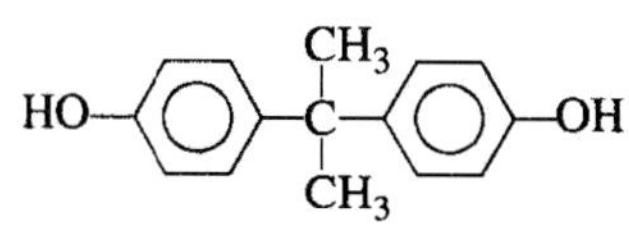 비스페놀A	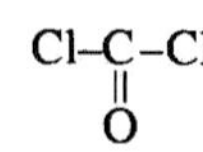 포스겐
O	에폭시 또는 페녹시	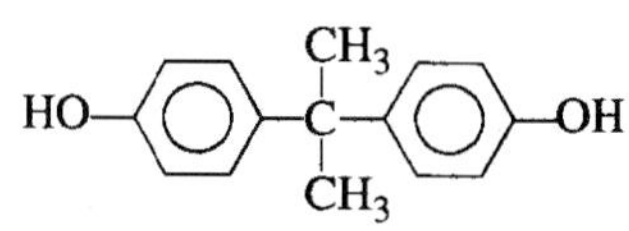 비스페놀A	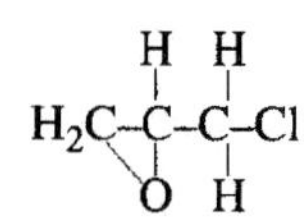 에피클로로하이드린
P	폴리(다이메틸실록세인) (실리콘 고무) (힌트 : H_2O 존재하에서 중합된다)	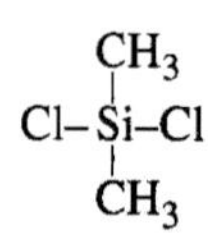 다이메틸 다이클로로실레인	
Q	폴리유레테인	HOROH 다이올 또는 글리콜	$O=C=N-R'-N=C=O$ 다이아이소사이아네이트
R	폴리이미드	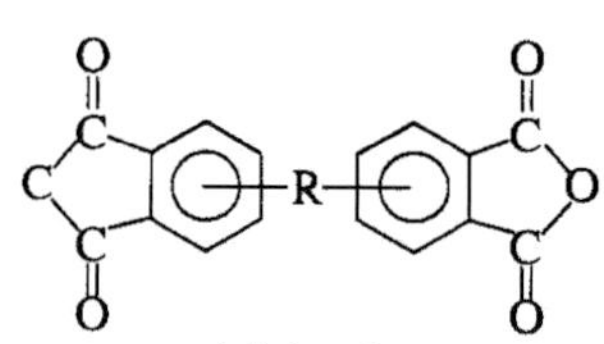 다이산 무수물	$H_2NR'NH_2$ 다이아민
S	폴리설폰	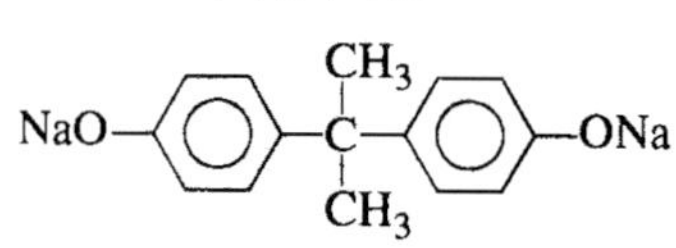	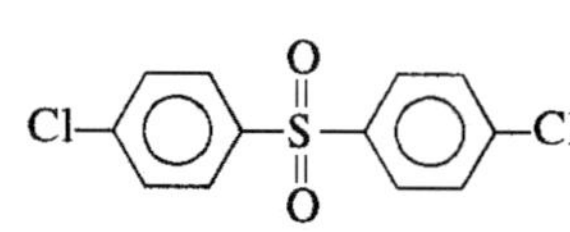

풀이 (표 2.2 참조).

표 2.2 예제 2.4의 풀이

파트	고분자 이름	고분자 구조	중합 유형	구조 유형	이탈기	견해
A	폴리스타이렌	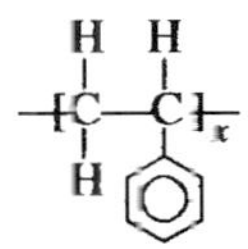	부가	선형	없음	
B	폴리에틸렌	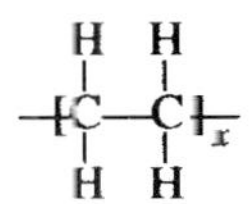	부가	선형 또는 부반응으로 생성된 가지형	없음	
C	폴리(뷰틸렌 테레프탈레이트)(PBT)	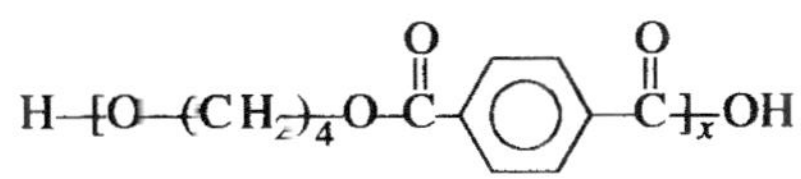	축합	선형	H_2O	
D	폴리(에틸렌 테레프탈레이트) (PET) (Dacron, Mylar)	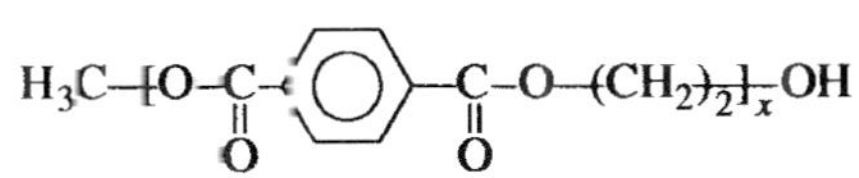	축합	선형	CH_3OH	물이 분리되면서 다이산으로부터도 만들어질 수 있음.
E	나일론 6,6	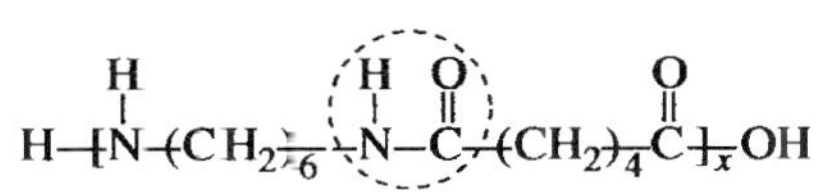	축합	선형	H_2O	특징적인 나일론 결합을 동그라미로 표시함.
F	나일론 6	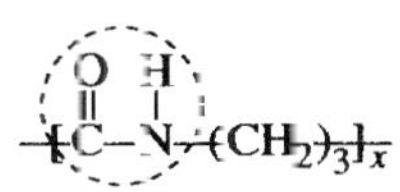	축합	선형	없음	카프로락탐의 아마이드가 분리됨.

표 2.2 (계속)

파트	고분자 이름	고분자 구조	중합 유형	구조 유형	이탈기	견해
G	글리프탈	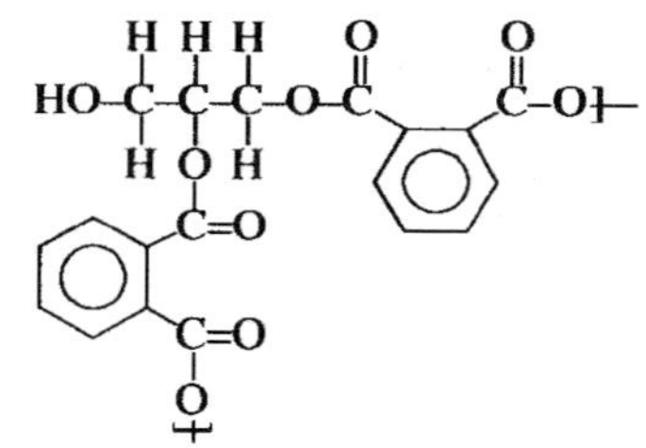	축합	가지형 또는 가교	없음	반응물의 비율에 따라서 구조가 결정되며, 보통 가교도가 높음(8장 참조).
H	폴리(다이알릴 프탈레이트)	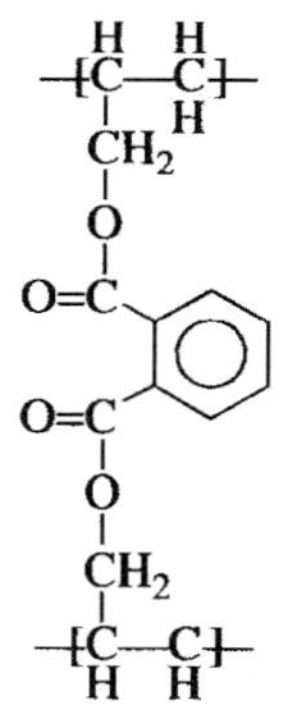	부가	가교	없음	단량체는 2개의 이중 결합을 가지고 있어 4개의 작용기를 가짐.
I	멜라민 폼알데하이드(Melmac, Formica)	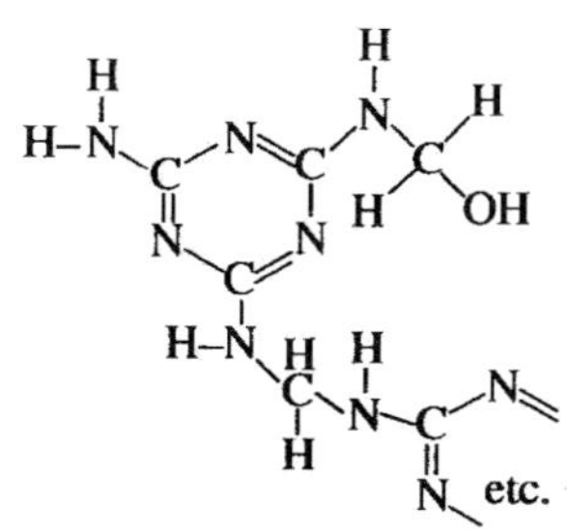	축합	가교	H_2O	폼알데하이드가 유레아 $(NH_2)_2CO$, 또는 페놀 ϕ-OH과 축합 중합을 할 때 비슷한 구조가 나타남.

표 2.2 (계속)

파트	고분자 이름	고분자 구조	중합 유형	구조 유형	이탈기	견해
J	폴리테트라플루오로에틸렌(Teflon TFE)	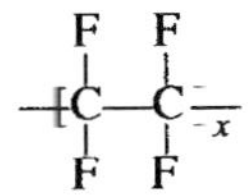	부가	선형	없음	
K	폴리(페닐렌 옥사이드)	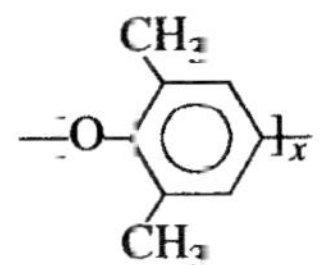	축합	선형	H_2O	산화 커플링 메커니즘
L	폴리프로필렌	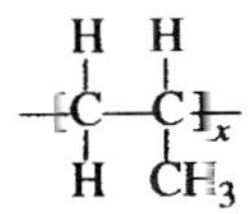	부가	선형	없음	
M	아세탈(Celcon®, Delrin®)	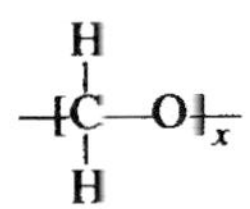	부가	선형	없음	부가 고분자를 형성하는 유일한 또 다른 이중 결합
N	폴리카보너이트(Calibre, Lexan, Makrolon)	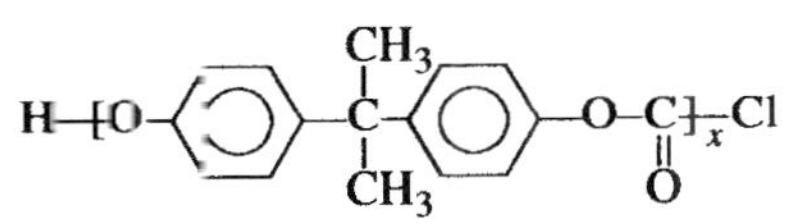	축합	선형	HCl(알코올과 산이라면, H_2O가 빠져나옴.)	특징적인 카보네이트 결합 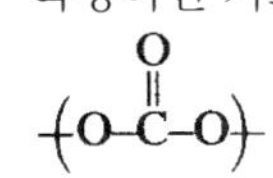
O	에폭시 또는 페녹시	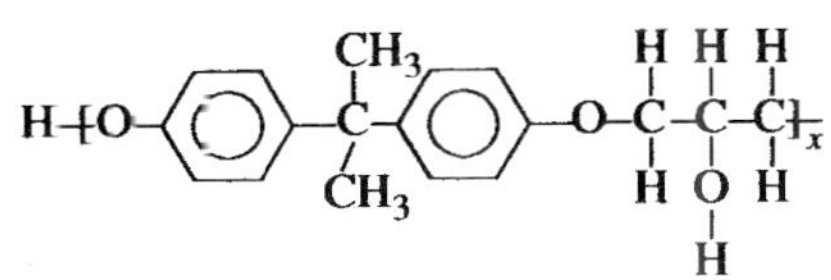	축합과 에폭사이드 고리 분해	선형	HCl	$x<8$이면 액체형 에폭시, $8<x<20$이면 고체형 에폭시, $x\approx100$이면 '페녹시' 플라스틱

표 2.2 (계속)

파트	고분자 이름	고분자 구조	중합 유형	구조 유형	이탈기	견해
		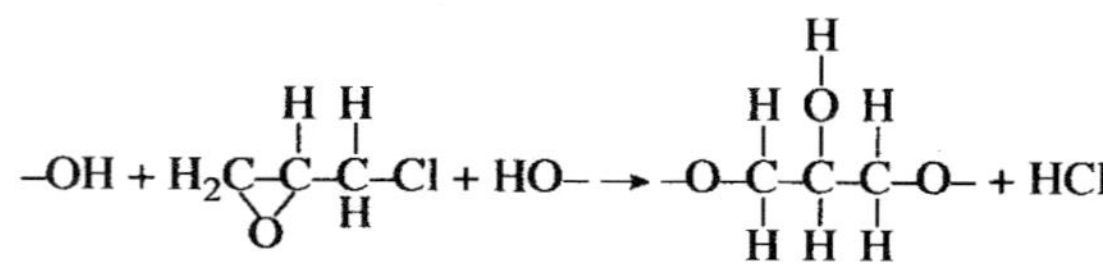	축합	선형	HCl	비스페놀 A 없이 부반응에서 얻어짐; 다이아민 또는 무수물의 −OH 말단기에 의해서 가교될 수 있음.
P	폴리(다이메틸 실록세인) (실리콘 고무)	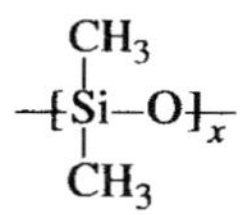	축합	선형	HCl	상업용 재료는 삼작용기의 가교제를 포함; 또한 아세테이트기로 Cl을 대체할 수 있음.
Q	폴리유레테인	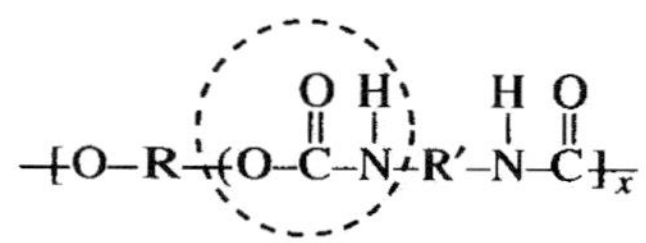	축합	선형	없음(C=N 기가 열림)	특징적인 유레테인 연결이 동그라미로 표시되어 있음. R과 R'은 다양하게 변함.
R	폴리이미드	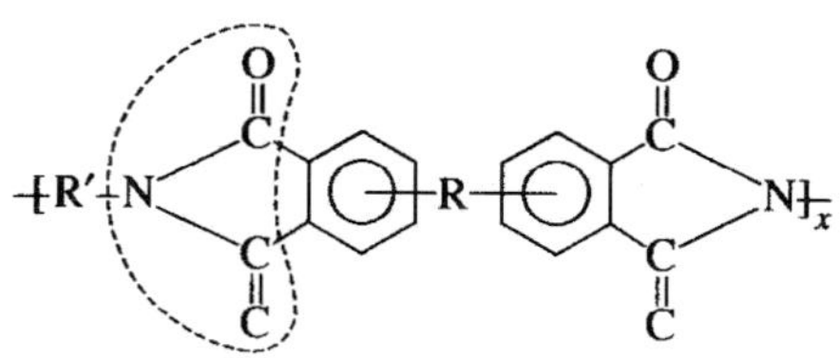	축합	선형! (그물 구조가 아님!) 양쪽 아민의 H가 무수물과 반응하여, 오직 2개의 작용기만을 가짐.	H_2O	특징적인 이미드 결합이 동그라미로 표시되어 있음.
S	폴리설폰	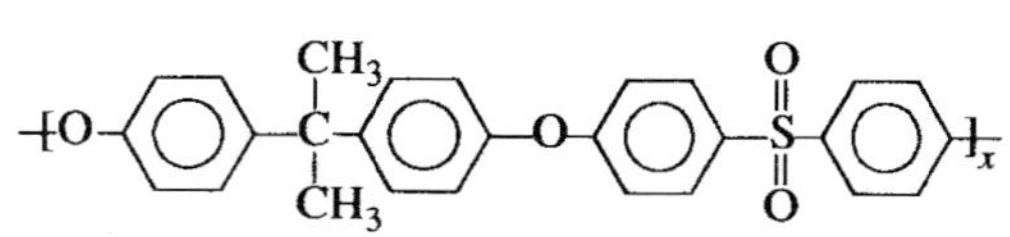	축합	선형	NaCl	

표 2.3 고분자의 다양한 응용 예

방탄 조끼
음식물 보관 용기와 병
가구 쿠션과 소파 덮개
카펫류와 바이닐 바닥재
약물 코팅(예를 들어, 젤라틴 캡슐)
페인트(라텍스와 오일 기반)
의류(거의 모든 종류)
껌
운동 용품
잠수복
바람막이 안전창
전자 기기의 포장

2.4 결론

이 장에서는 세 가지 범주로서 온도에 대한 반응(열경화성 수지와 열가소성 수지), 중합 기구(축합 중합과 부가 중합), 그리고 구조 조직(선형, 가지형 또는 그물 구조)을 이용하여 고분자를 분류하였다. 비록 이것들은 고분자를 설명하는 데 아주 편한 분류이지만, 다양한 조성과 구조에도 불구하고 비슷한 방식으로 거동하는 많은 고분자들이 있으며, 어떤 하나의 고분자에 대해서도 폭넓은 특성을 만들어 내는 변수들(분자량, 첨가제, 열 공정 이력 등)이 있다는 것에 대해서는 다른 장에서 다룰 것이다. 이 다양한 범위의 특성들로 인해 고분자는 수많은 응용에 적용될 수 있다(표 2.3). 예제 2.4의 특정 고분자의 응용을 연습 과제로 남겨 놓았다.

문제

1 40피트 길이의 '유리 섬유'로 이루어진 선체의 무게는 2000 kg이다. 이것의 60%는 완전히 경화된 가교 폴리에스터 수지이다(나머지 부분은 유리 강화 섬유, 안료, 충전제 등이다). 고분자의 분자량은 얼마인가? (g/gmol로 표기하시오.)

2 파이로멜리틱 이무수물, PMDA(pyromellitic dianhydride)는 다양한 중합 반응에서 쓸모가 많다.

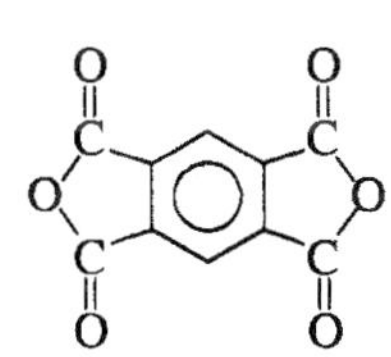

(a) 폴리에스터화 반응에서 이것의 작용기는 무엇인가? 구조적으로, PMDA와 글리콜(다이올)이 반응하였을 때 어떠한 종류의 고분자를 얻을 수 있을 것으로 기대되는가?

(b) PMDA와 헥사메틸렌 다이아민(예제 2.4의 파트 E)이 반응하였을 때, 형성되는 고분자의 반복 단위는 무엇인가?

3 열방성 액정 고분자 Xydar®는 테레프탈산(HOOC-ϕ-COOH), *p,p'*-다이하이드록시바이페닐(HO-ϕ-ϕ-OH)과 *p*-하이드록시벤조산(HO-ϕ-COOH)이 축합하여 만들어지는 것으로 보고되었다. 이 고분자에서 어떤 반복 단위가 있을 것으로 기대되는가?

4 예제 2.4에 아래의 물질을 추가하여 각각의 고분자의 반복 단위를 그리시오.

T. 폴리아크릴아마이드(PAAm) – 출발 단량체: 아크릴아마이드

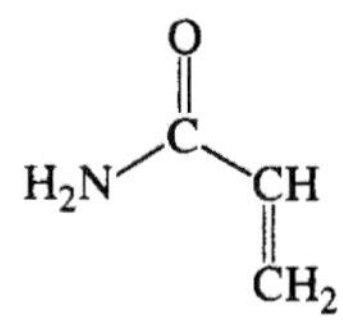

U. 폴리유레아–출발 단량체: 다이아민(파트 E 참조)과 다이아이소사이아네이트(파트 Q)

V. 폴리아릴레이트–출발 단량체: 테레프탈산(파트 C)과 비스페놀-A(파트 N)

W. 폴리페닐렌 설파이드(PPS)(Ryton®, Supec®)–출발 단량체: *para*-다이클로로벤젠과 Na_2S

X. 폴리(피발로락톤)(poly(pivalolactone))–출발 단량체

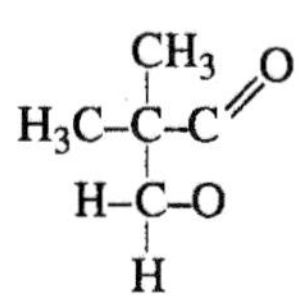

Y. 폴리(메틸 메타크릴레이트)(PMMA) – 출발 단량체: 메틸 메타크릴레이트

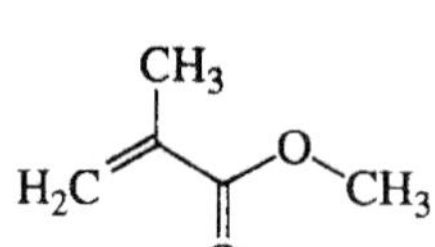

5 인터넷(Macrogalleria를 검색)이나 도서관 자료를 이용하여 예제 2.4와 문제 4번(A~Y)에 나와 있는 고분자를 사용하여 만들어진 통상의 제품 하나씩을 나열하시오.

6 스타이렌($H_2C{=}CH{-}\phi$)과 다이바이닐벤젠(DVB)($H_2C{=}CH{-}\phi{-}HC{=}CH_2$)을 함께 중합하면 가교된 고분자를 만들 수 있다. 만약 혼합물이 99 mol% 스타이렌과 1 mol% DVB로 중합이 종료되었다고 할 때,

(a) 가교점 간 반복 단위의 평균수 $\bar{x}_c$는 얼마인가?

(b) 가교점 간 평균 분자량 $\overline{M}_c$은 얼마인가?

(c) 가교 고분자의 화학 구조의 일부를 그리시오. ϕ는 벤젠 고리(C_6H_6 또는 스타이렌의 경우: C_6H_5 또는 DVB의 경우: C_6H_4)임을 기억하시오.

7 어떠한 고분자가 2 mol의 글리세린(예제 2.4의 파트 G)과 3 mol의 테레프탈산(예제 2.4의 파트 C)이 반응하여 만들어졌다(완전 반응을 가정한다). 고분자는 선형, 가지형, 가교 구조 중 무엇이 될 것인가? 최종 고분자의 분자량은 얼마인가?

8 아래에 나열되어 있는 5가지의 시약을 가지고 있다고 가정하시오. 이 장에서 논의된 반응만을 고려하고 이 반응들이 완전히, 그리고 비가역적으로 진행되었다고 가정하시오.

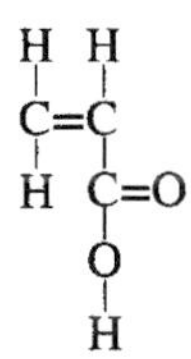
(I)

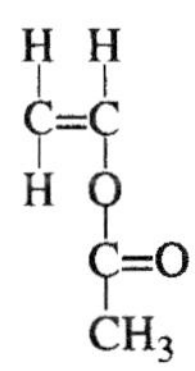
(II)

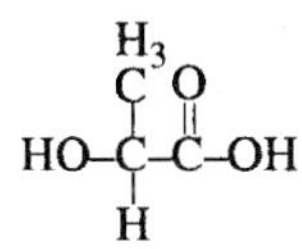
(III)

$HO\!-\!(CH_2)_2\!-\!OH$
(IV)

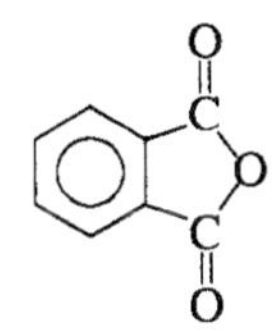
(V)

(a) 가교의 가능성 없이 주사슬을 따라 무작위로 분포된 가지를 가진 그래프트 공중합체가 어떻게 제조될 수 있는지 설명하시오. 주사슬과 가지의 반복 단위를 나타내시오.

(b) 블록 공중합체가 어떻게 제조될 수 있는지 설명하시오($A_xB_yA_z$, x, y 그리고 z는 반드시 같을 필요는 없다). A와 B의 반복 단위가 무엇인지 보이시오.

9 아이소사이아네이토에틸 메타크릴레이트(isocyanatoethyl methacrylate, IEM), 그리고 글리콜, HO−R−OH이 주어지고 이 장에서 논의한 반응만을 이용하여 다음을 해결하시오.

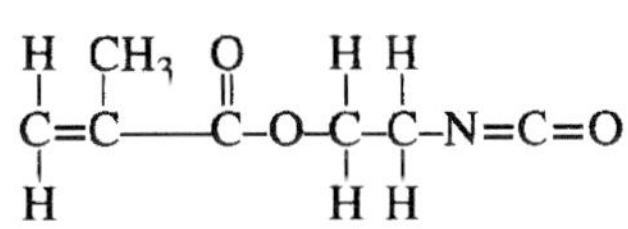

(a) 제조 가능한 모든 종류의 선형 동종 중합체의 반복 단위를 보이시오.

(b) 오직 IEM과 글리콜만을 사용하여 가교 고분자를 제조할 수 있는 두 가지 다른 방법을 설명하고 연관된 반응을 보이시오.

10 아크릴산(I), 아디프산(II), 그리고 프로필렌 글리콜(III)이 주어졌다.

$H_2C{=}CHOOH$ $\quad$ $HOOC\!-\!(CH_2)_4\!-\!COOH$ $\quad$ $HO\!-\!(CH_2)_3\!-\!OH$

(a) 제조 가능한 모든 선형 동종 중합체의 반복 단위를 보이시오.

(b) 가교 고분자를 제조할 수 있는 3가지 방법을 설명하시오(오직 I, II, III을 다시 사용하시오).

11 세바식산과 프로필렌 글리콜의 화학 구조를 찾으시오(교과서, 화학 핸드북이나 인터넷을 사용하시오). 이것들은 자유 라디칼(부가) 중합과 축합(단계 성장) 중합 중 어떤 반응에 의해 제조되는가? 고분자 주사슬의 반복 단위를 따르는 원자들의 순서를 쓰시오(곁사슬 그룹이나 고분자 사슬 끝에서만 발견할 수 있는 그룹은 포함하지 마시오).

12 나일론 6,6에서, 반복 구조 내 연속적으로 연결된 아마이드 연결 사이에 탄소(CH_2의)가 있다. 나일론-11은 NASA에서 전기 도금에 쓰이며 각 아마이드 연결 사이에 11개의 탄소를 가지고 있다. 두 가지 다른 단량체를 이용하여 제조하는 나일론 6,6과는 달리, 나일론-11은 단일 단량체 구조를 사용하여 만든다. 나일론-11을 제조하는 데 쓰이는 단량체를 그리시오. 고분자 주골격을 구성하고 있는 원자들의 배열은 어떠한가?(곁사슬 그룹이나 고분자 사슬 끝에서만 발견할 수 있는 그룹은 포함하지 마시오).

13 자동차 타이어의 측벽은 폴리아이소프렌 고무로 제조되고 가황 공정을 통해 완전히 가교된다.

(a) 단량체(아이소프렌)의 구조와, 중합되었을 때의 반복 단위를 그리시오.

(b) 가황 공정을 간략하게 설명하시오.

14 만약 문제 13번에서 폴리아이소프렌 타이어 측벽의 무게가 5 kg이라면, 가교된 폴리아이소프렌의 분자량은 g/gmol로 얼마인가? (답은 아마도 놀랍도록 클 것이다.)

15 수업 과제로서, 각 학생들은 아래의 목록으로부터 하나의 흔한 고분자를 선택해야만 하고 단량체와 고분자 구조들, 고분자의 물리적 특성들과 적용 분야 혹은 고분자가 쓰이는 상품을 포함한 한 장의 정보지를 준비해야 한다. 정보지는 수업에서 발표될 수 있으며, 복사되어 수업 강의 노트의 부분으로 사용될 수 있다.

폴리에틸렌(HDPE/LDPE)
폴리프로필렌, PP
폴리(에틸렌 테레프탈레이트), PET
폴리(테트라플루오로에틸렌), PTFE, 테플론
폴리(염화 바이닐), PVC
폴리스타이렌, PS
폴리(메틸 메타크릴레이트), PMMA
폴리카보네이트
폴리아마이드(나일론 6,6)
폴리유레테인, PU
폴리(아크릴산), PAA
폴리(*N*-바이닐 피롤리돈), PVP 또는 PNVP

폴리아이소프렌

폴리뷰타다이엔(*cis*, *trans*, 그리고 바이닐)

폴리(아크릴로나이트릴-뷰타다이엔-스타이렌), ABS

아라미드

폴리(사이아노아크릴레이트)

폴리(다이메틸 실록세인), 실리콘

폴리(에틸렌 옥사이드)

Macrogallereia 웹 사이트에 방문하면 고분자를 공부하는 데 많은 도움이 될 것이다.

참고문헌

[1] Hounshell, D.A. and J.K. Smith, Jr., *Invention and Technology*, Fall 1988, p. 40.

3장

고분자의 분자 구조

이 장에서는 고분자를 구성하는 결합의 종류를 알아보고, 약한 결합들이 재료의 특성에 어떻게 영향을 미치는지 살펴볼 것이다. 이러한 결합들의 배열과 고분자 주골격을 따라 이루어진 곁사슬 그룹에 의해, 고분자의 특성이 결정되는 데 매우 중요한 여러 종류의 이성질체(같은 화학식, 다른 원자 배열)가 존재할 수 있다.

3.1 결합의 종류

한 종류의 결합(금속 결합)만이 존재하는 금속과는 다르게, 고분자에서는 여러 가지 종류의 결합들이 원자를 붙들고 있다. 그 종류는 다음과 같다: (1) 1차 공유 결합, (2) 수소 결합, (3) 쌍극자 상호작용, (4) 반데르발스(van der Waals) 결합, (5) 이온 결합. 각각의 예를 그림 3.1에 나타내었다. 수소 결합, 쌍극자 상호작용, 반데르발스 결합, 그리고 이온 결합은 총괄하여 2차(또는 약한) 결합으로 불린다. 이들의 차이는 항상 명확하지만은 않다. 예를 들어 수소 결합은 매우 극단적인 쌍극자 상호작용으로 간주되기도 한다. 2차 결합은 일반적으로 약한 결합이고 다른 고분자 사슬 간에 발생하는 많은 결합(분자간 결합)의 원인이 된다.

3.2 결합 길이와 강도

결합의 종류와는 관계없이, 상호작용하는 두 원자 간의 거리의 함수로서 나타나는 위치 에너지는 그림 3.2에서와 같이 퍼텐셜 함수에 의해 정성적으로 표현된다. 상호작용의 중심부가 먼 거리로부터 가까워지면서 인력이 증가하여 원자들이 서로 끌어당기는 경향을 보인

Fundamental Principles of Polymeric Materials, Third Edition. Christopher S. Brazel and Stephen L. Rosen.

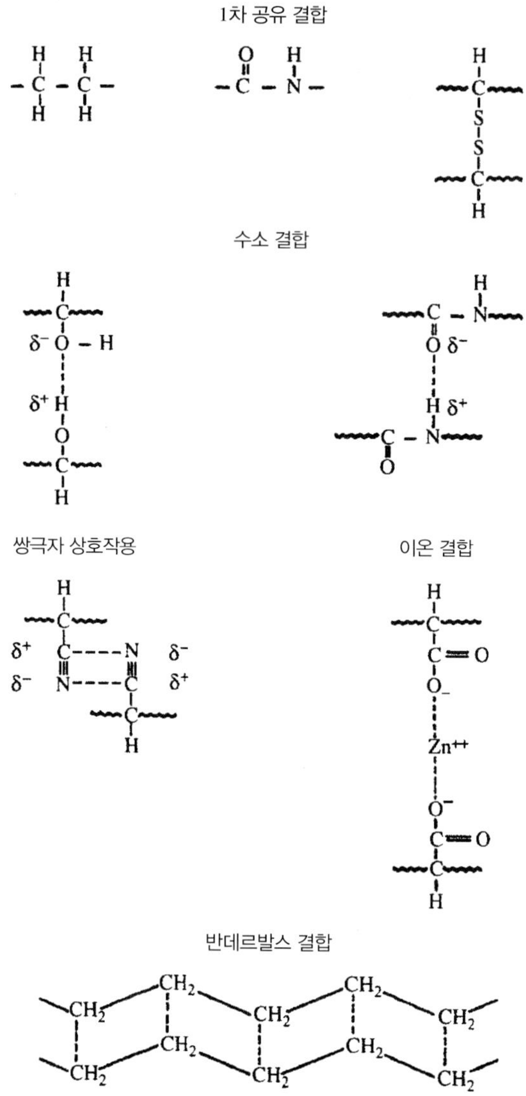

그림 3.1 고분자 계에서의 결합.

다(음의 위치 에너지). 거리 r_m을 지나 원자들이 서로 더 가까워지면서, 그들의 전기적 '분위기'가 상호작용하기 시작하고 강한 반발력이 형성된다. r_m에서 계는 최소의 위치 에너지에 도달하고, 가장 많이 존재할 수 있는, 또는 평형 거리라 할 수 있는 r_m은 평형 결합 길이가 된다. 위치 에너지 우물(potential energy well)의 '깊이' ε은 원자들의 결합을 끊고 완전히 분리시키기 위해 필요한 에너지이다.

표 3.1에 고분자 재료에서 볼 수 있는 대략적인 결합 강도와 결합의 원자간 거리가 나와 있다. 여기서 알아야 할 중요한 사실은 1차 공유 결합이 다른 결합들에 비해 매우 강하다

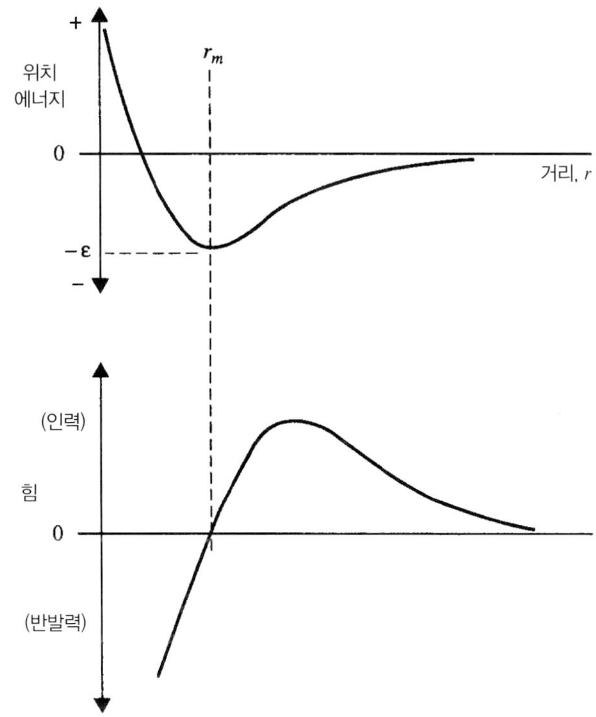

그림 3.2 원자간 위치 에너지와 힘.

는 것이다. 재료의 온도가 상승하고 그로 인해 열에너지(kT)[1]가 증가함에 따라, 1차 공유 결합은 가용한 열에너지가 그것의 해리 에너지를 넘어설 때 최종적으로 분해될 것이다.

3.3 결합과 온도에 대한 반응

선형 고분자와 가지형 고분자에는 오직 2차 결합만으로 각 고분자 사슬들이 서로 함께 묶여 있다(일시적인 기계적 엉킴은 무시하고). 따라서 온도가 높아질수록 사슬들을 묶고 있는 힘(유형 2~5의 약한 결합)이 매우 약해지고, 사슬들이 자유롭게 서로 미끄러지는 단계, 즉 응력이 적용된다면 **흐르는**(*flow*) 단계에 도달할 것이다. 따라서 **선형**(*linear*)과 **가지형**(*branched*) 고분자는 일반적으로 **열가소성 수지**(*thermoplastic*)이다. 한편, **그물 구조**(*network*)의 가교된 고분자에서는 주사슬 내에서의 결합과 같은 1차 공유 결합에 의해 묶여 있다. 열에너지가 공유 결합의 해리 에너지를 넘어설 때, 주사슬과 가교 결합은 무작위로 끊어지고, 따라서 고분자는 분해된다. 이러한 이유로 **가교된**(*crosslinked*) 고분자는 **열**

[1]참고: kT는 열역학에서의 대표적인 분자 에너지이다. k는 Boltzmann 상수이고 T는 절대 온도이다.

표 3.1 결합 변수[1, 2]

결합 종류	원자간 거리, r_m, nm	해리 에너지, ε, kcal/mol
공유 결합	0.1~0.2	50~200
수소 결합	0.2~0.3	3~7
쌍극자 상호작용	0.2~0.3	1.5~3
반데르발스 결합	0.3~0.5	0.5~2
이온 결합	0.2~0.3	10~20

경화성 수지(*thermosetting*)이다.

이러한 일반적인 현상에도 예외는 존재한다. 단일 결합의 세기(또는 강도)가 약하더라도, 2차 결합이 양적으로 많다면 만회하는 것이 종종 가능하다. 예를 들면, 폴리아크릴로나이트릴 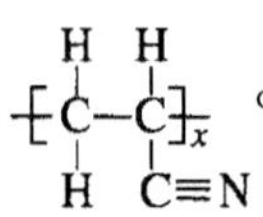 에는 주사슬의 모든 탄소 원자에 붙어 있는 곁사슬 나이트릴기들 사이에 강한 쌍극자 상호작용이 존재한다. 만약 이러한 2차 결합들을 하나하나(즉, 지퍼를 여는 것처럼) 끊을 수 있다면, 폴리아크릴로나이트릴은 전형적인 열가소성 수지와 같이 거동할 것이다. 물론, 이것은 불규칙적인 분자 배열이라는 고유 특성 때문에 불가능하다. 2차 결합이 끊어져서 사슬들이 충분히 자유롭게 흐를 수 있을 상황에서는 주사슬 내의 몇몇 탄소–탄소 공유 결합의 해리 에너지를 뛰어넘게 되고 이 재료는 분해될 것이다. 고분자의 극단적인 경직도도 이러한 거동에 기여한다. 셀룰로스는 부피가 크고 3개의 하이드록시기를 포함하는 복잡한 반복 단위를 가진다. 선형 구조이기는 하지만, 사슬은 경직되어 있고 강하게 수소 결합을 하고 있기 때문에 열가소성이 아니다. 만약 하이드록시기들이 질산, 아세트산 또는 뷰티르산과 같은 산과 반응한다면 생성된 셀룰로스의 유도체(셀룰로스 에스터)는 수소 결합이 감소했기 때문에 전형적인 열가소성처럼 거동할 것이다.

$$\underset{\text{셀룰로스}}{\left[\mathrm{R(OH)_3}\right]_x} + 3x\,\underset{\text{아세트산}}{\mathrm{HO{-}\overset{\overset{\displaystyle O}{\|}}{C}{-}CH_3}} \rightarrow \underset{\text{셀룰로스 아세테이트}}{\left[\mathrm{R(O{-}\overset{\overset{\displaystyle O}{\|}}{C}{-}CH_3)_3}\right]_x} + 3x\,\mathrm{H_2O}$$

여기서 셀룰로스, 글루코스 또는 $C_6H_{12}O_6$ 등의 기본적인 반복 단위에 있는 3개의 $-OH$기는 아세테이트 에스터로 전환된다. 이미 셀룰로스가 고분자이기 때문에, 아세테이트 에스터는 셀룰로스의 곁사슬을 개질하여, 셀룰로스 유도체의 구조가 좀 더 '활동하기 쉽게' 해준다. 이 결과물은 주로 제약용 코팅이나 수많은 식품, 그리고 소프트 아이스크림에 들어가는 성분으로도 사용된다.

$-(CF_2-CF_2)-$를 반복 단위로 갖는 폴리테트라플루오로에틸렌(Teflon, TFE)도 또 다

른 대표적인 열경화성 재료이다. 주사슬이 조밀하게 밀집되어 있고 2차 결합이 강하게 형성되어 있어서, 고분자에 열을 가했을 때에도 흐르지 않게 된다.

3.4 용매의 거동

고분자에 영향을 미치는 용매의 거동은 많은 점에서 열의 기동과 비슷하다. 고분자 사슬과 강한 2차 결합을 형성할 수 있는 용매는 사슬 사이로 침투하여 사슬 간의 2차 결합을 대체할 수 있고, 따라서 사슬들을 서로 떼어내고 선형 고분자와 가지형 고분자를 용해시킨다. 고분자–용매 사이의 2차 결합은 1차 공유 가교 결합보다 약하기 때문에, 가교된 고분자는 팽윤할 수는 있지만 용해성은 없다(고무 밴드를 밤새 톨루엔에 담가 두거나 혹은 기저귀 일부를 떼어 당신이 좋아하는 음료수를 떨어뜨려 보라). 팽윤되는 양은 가교된 정도를 측정하는 데 유용하다. 고무 밴드나 기저귀의 초흡수성 고분자처럼 약간 가교된 고분자는 엄청나게 팽윤하는 반면, 가교가 많이 된 에보나이트('단단한 고무') 볼링공 같은 경우 알아보기 힘들 만큼 적게 팽윤한다.

3.5 결합과 분자 구조

고분자의 화학적 특성은 고분자의 성질을 결정하는 데 있어 매우 중요하다는 것은 말할 나위도 없다. 여기에 필적할 만큼 중요한 것은 개개의 고분자 사슬 내에서 원자가 기하학적으로 배열하는 방법이다.

단백질의 구조를 살펴보면 서로 다른 종류의 결합들이 존재하고 고분자의 3차원 구조에 이들이 미치는 영향을 알 수 있다. 단백질(폴리펩타이드) 내에서의 결합은 여기에서 열거한 고분자에서의 결합과 같지만, 특히 약한 결합은 3차원 구조와 단백질의 생물학적 활동도에 아주 중요한 역할을 한다. 이 결합들은 상호작용에 따라서 4가지 단계로 분류된다(그림 3.3의 단백질에 나와 있다).

1. **1차 결합**(*primary bond*): 이는 공유 결합으로서, 단량체를 연결하고 고분자의 골격을 구성한다. 또한 반복 단위를 직선으로 펼쳐서 표현할 수 있기 때문에, 1차원적 구조라고 할 수 있다(1차원 구조를 글로 나타내기는 쉽지만, 위키피디아와 같이 표시되는 복잡한 3차원 고분자 구조를 대신하기는 어렵다).
2. **2차 결합**(*secondary bond*): 이는 인접한 반복 단위들 간의 약한 결합으로서, 약 10~20개의 반복 단위들이 관여한다. 수소 결합이 일반적이며 코일 혹은 지그재그 구조를 형성하는 데 영향을 미친다.

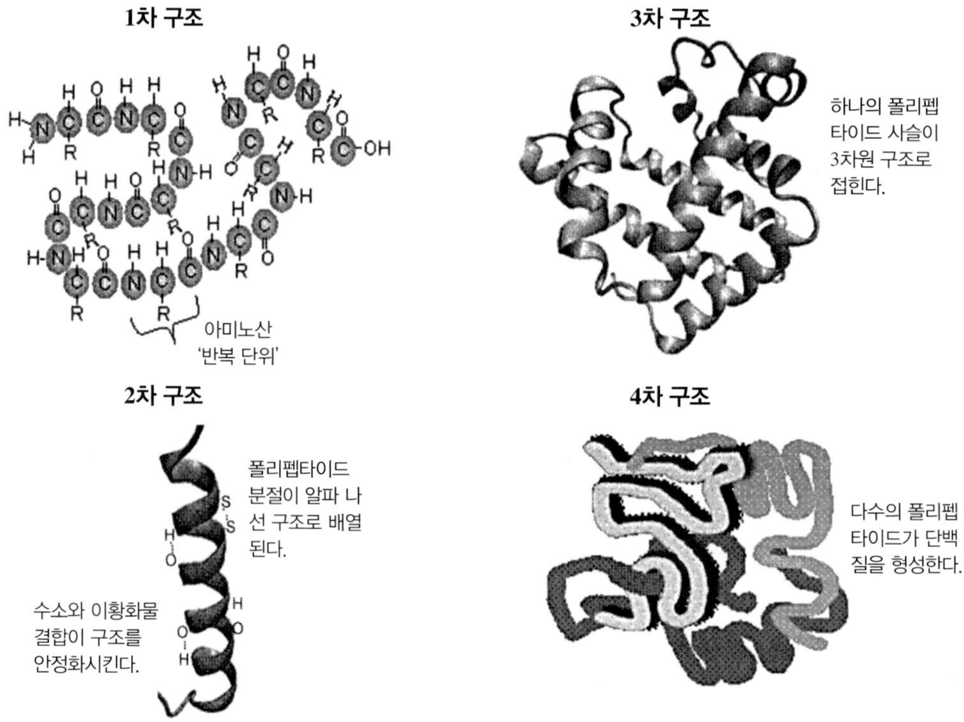

그림 3.3 고분자의 결합의 수준 및 구조적 배열에 관한 예(여기서는 폴리펩타이드). 1차 구조는 아미노산(단량체)을 연결하고 2차 구조에서는 약한 결합(알파 나선에서 관찰되는 수소 결합과 시스테인 이황화물 결합)을 통하여 구조를 형성하기 시작한다. 단백질에서는 더 높은 단계의 구조가 일반적이며, 각 단백질의 독특한 복잡한 모양을 이루게 한다. 합성 고분자 구조의 경우 훨씬 더 불규칙적이다.

3. **3차 결합**(*tertiary bond*): 이는 1차원 구조에서 멀리 떨어져 있는 반복 단위들 사이의 약한 분자내 결합들(고분자와 그 자체 사이의)이다(예를 들어, 3번째 반복 단위의 곁사슬 그룹에 있는 알코올과 8000번째 반복 단위에 있는 카복실산 사이의 수소 결합). 이 결합들로 인해 각각의 고분자들은 3차원적 구조에서 제자리를 유지할 수 있다.
4. **4차 결합**(*quaternary bond*): 이는 약한 분자 사이의 결합들(서로 다른 두 고분자 사이)이다. 고분자 재료의 3차원적 구조를 안정화시키며, 공유 결합(네트워크를 형성하게 하는)이 없어도 서로 다른 사슬을 연결한다. 상업용 동종 중합체는 단백질과 같은 구조적 복잡성을 보이지는 않지만, 결합이 깨지는 것은 근본적으로 모두 동일하다.

탄소 원자는 일반적으로(우리가 다루는 목적에 있어서) 4가이다. 메테인(CH_4)이나 사염화탄소(CCl_4)와 같이 4개의 똑같은 치환기가 탄소의 주위에 있는 경우 대칭적인 사면체의 기하학 구조를 갖는다. 만약 네 치환기 원자가 동일하지 않다면, 대칭은 깨지지만 일반적인 사면체 패턴은 유지될 것이다. 이는 두 개의 치환기가 고분자 골격에 붙어 있는 선형 고분자 사슬 내부의 각 탄소 원자에도 똑같이 적용된다. 만약 폴리에틸렌 사슬(일반적인 스파

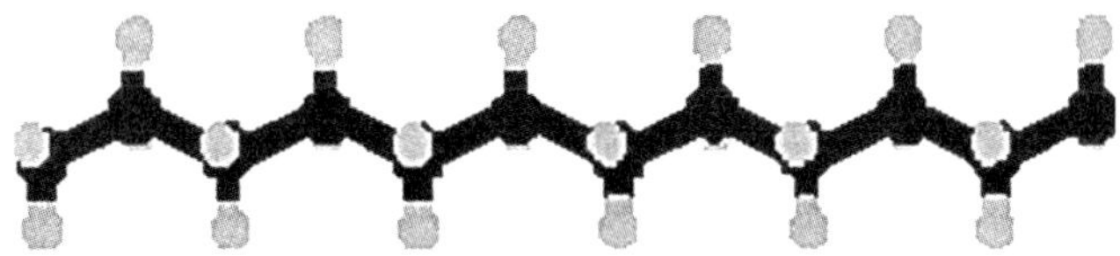

그림 3.4 폴리에틸렌 사슬의 기하학적 구조. 탄소 주사슬은 검정색이고, C–C–C 결합각은 109.5°이다. 그리고 회색의 수소 원자는 연이은 곁사슬 그룹의 반발력을 최소화시키는 방향으로 주사슬을 따라 교대로 위치한다.

게티 형태의 코일)을 편다면, 주사슬에 있는 탄소 원자는 평면에 지그재그 방식으로 위치하고, 수소 치환기도 다른 평면의 어느 한 쪽에 위치할 것이다(그림 3.4). 폴리에틸렌의 경우 모든 치환기가 동일하기 때문에 배열 가능한 경우의 수가 하나밖에 없다. 하지만 바이닐 고분자의 경우, 곁사슬 그룹이 위치할 수 있는 경우의 수가 다양하게 존재한다.

3.6 바이닐 고분자의 입체이성

바이닐 고분자의 이성(isomerism) 현상에 대해 설명하기에 앞서, 단량체($H_2C=CHX$, X는 Cl, −OH, 유기기 등)에서 X 그룹이 사슬의 탄소 원자들을 따라 머리–꼬리 방식으로 거의 전적으로 중합된다는 사실을 알아야 한다. 머리–머리(혹은 꼬리–꼬리) 연결이 가능하기는 하지만, 연속된 X 그룹들(X 그룹이 부피가 큰 경우)의 입체 장애 및 비슷한 극성을 갖는 그룹 사이의 정전기적 반발력으로 인해 대부분의 결합은 머리–꼬리 배열을 한다. 머리–머리 연결을 무시했을 때 X 곁사슬 그룹은 탄소 주사슬 평면에 3가지 방법으로 위치할 수 있다(그림 3.5 참조). 다음과 같은 세 가지 대표적인 **입체 이성질체**(*stereoisomer*)가 있다.

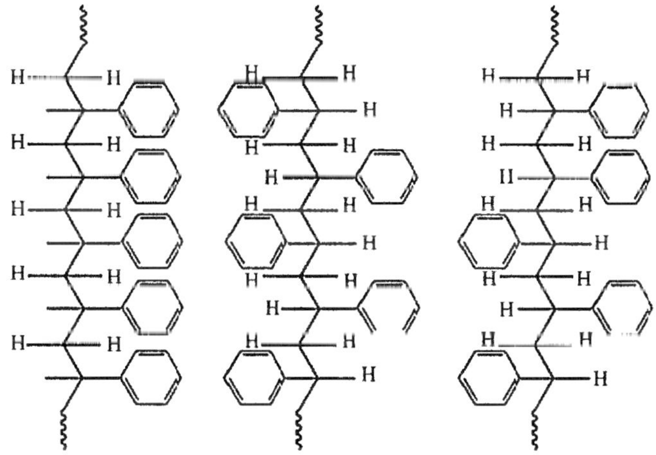

그림 3.5 폴리스타이렌의 입체 이성질체 – 아이소탁틱, 신디오탁틱, 아탁틱 구조.

1. **아탁틱**(*atactic*): X 그룹의 불규칙적 배열. 규칙성의 결여가 중요하다.
2. **아이소탁틱**(*isotactic*): 모든 X 그룹이 주사슬 평면의 한쪽에 정렬되어 있는 구조이다.
3. **신디오탁틱**(*syndiotactic*): X 그룹이 평면의 어느 한 쪽에 교대로 위치한다.

위 3가지 용어는 1964년 이 분야에서 노벨 화학상을 공동으로 수상한 Giulio Natta 박사에 의해 만들어졌다. 아탁틱 고분자가 가장 일반적이기는 하지만, **입체 규칙성**(*stereoregular*)이 있는 고분자(신디오탁틱과 아이소탁틱)도 배열과 조밀함(packing)(이로 인한 성질) 때문에 특정 응용에 있어서는 중요하다. 입체 규칙성 이성질체를 합성하는 방법에 대해서는 이 책의 II부에서 논의할 것이다.

이해를 위한 설명으로는 유용하지만, 주사슬에 있는 탄소 원자가 항상 평면 지그재그 배열을 하는 것은 아니다. 즉, 평면 지그재그 배열이 반드시 최소의 자유 에너지를 갖는 배열은 아니라는 것이다. 폴리에틸렌의 경우에는 해당이 되지만, 폴리프로필렌(메틸, $-CH_3$의 곁사슬 그룹들을 갖는)의 경우 아이소탁틱과 신디오탁틱의 아주 규칙적인 배열이 선호되며(최소 자유 에너지 배열), 골격이 나선으로 꼬여서 연속한 $-CH_3$ 그룹들 간의 거리가 최대로 유지되도록 한다. 그러나 아탁틱 고분자의 경우에는 규칙적인 꼬임이 부족해서 불규칙한 형태를 갖는다.

아탁틱 폴리프로필렌은 추잉 껌과 어느 정도 비슷한 밀도를 가지는 반면, 입체 규칙적인 폴리프로필렌은 단단하고 잘 휘지 않는 플라스틱이다. 이러한 규칙성(또는 규칙성 부족)이 기계적 성질에 엄청난 영향을 끼치는 것에 대해서는 다음 장에서 논의할 것이다.

위에서 기술한 입체 규칙성의 종류는 바이닐 단량체의 비대칭으로 인한 직접적인 결과이다. 이는 중합 반응에서 정해지며, 사슬이 결합 축에 대해 꼬이거나 회전하더라도, 한 가지 입체 이성질체의 3차원 기하학 구조를 다른 것으로 바꿀 수는 없다(분자 모델이 도움이 될 것이다).

X와 X′이 서로 다른 치환기인 HXC=CHX′이 단량체인 경우는 더 복잡해진다. 이는 Natta[3]에 의해 논의되었으나, 현재 상업적으로 중요하지는 않다.

예제 3.1 고리 절단 중합에 의해 산화 프로필렌으로부터 아이소탁틱 및 아탁틱 고분자가 합성되었다.

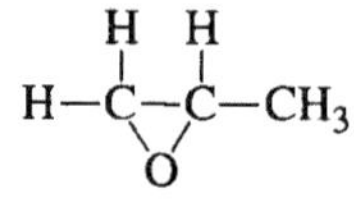

(a) 고분자의 일반적인 구조식을 쓰시오.

(b) 아탁틱, 아이소탁틱, 신디오탁틱 구조가 어떻게 다른지 나타내시오.

풀이

(a)

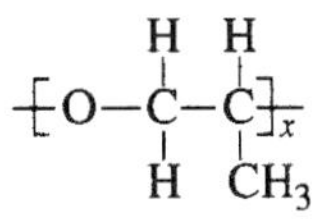

(b)

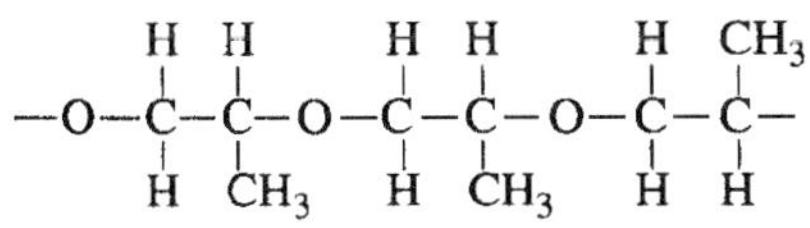

아탁틱

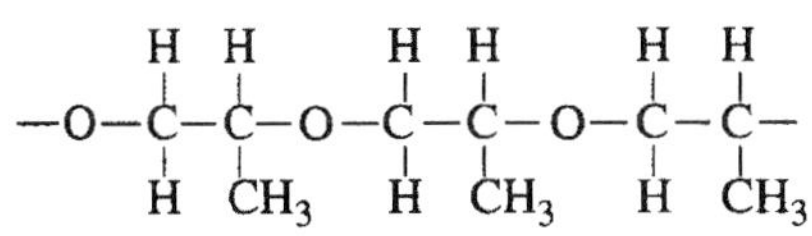

아이소탁틱

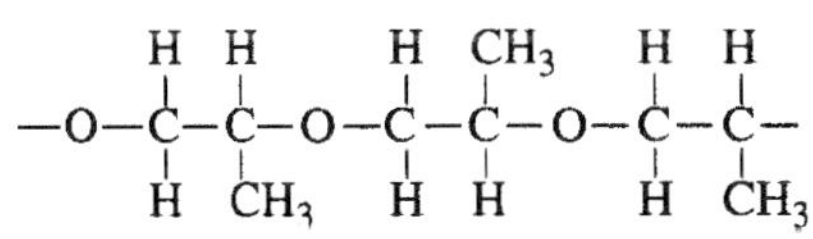

신디오탁틱

3.7 다이엔 고분자의 입체이성

폴리-1,4-다이엔에서 탄소–탄소 이중 결합은 경직되어 있고 회전이 불가능하기 때문에 또 다른 형태의 입체이성(stereoisomerism)이 생긴다. 이중 결합 탄소들에 붙어 있는 치환기는 그림 3.6의 1,4-폴리아이소프렌처럼 사슬의 같은 쪽에 있을 수도 있고(시스, *cis*) 반대편에 있을 수도 있다(트랜스, *trans*).

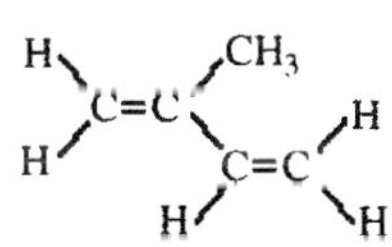

아이소프렌 단량체

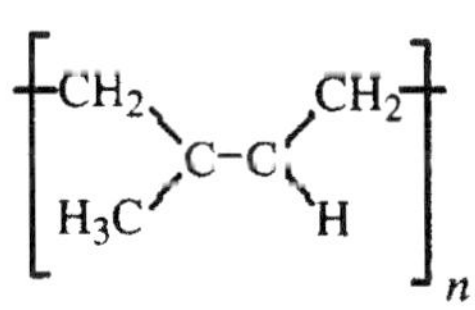

(a) 시스-폴리아이소프렌
(천연 고무)

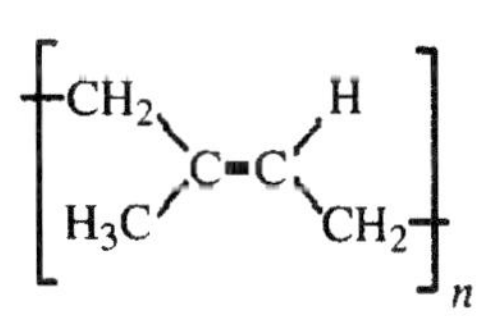

(b) 트랜스-폴리아이소프렌

그림 3.6 시스와 트랜스 이성질체는 아이소프렌의 중합으로부터 만들어진다.

시스-1,4-폴리아이소프렌의 사슬은 이중 결합에 인접한 치환기의 입체 간섭 때문에 매우 불규칙적인 배열이라고 가정할 수 있다. 이 입체 이성질체는 천연 고무(고무나무로부터 만드는)로 알려져 있으며, 고무 밴드에 이용된다. 트랜스-1,4-폴리아이소프렌 사슬은 규칙적인 구조이다. 이 고분자는 구타페르카(gutta–percha)로 알려져 있으며, 강인하지만 탄성 재료는 아니고, 오랫동안 골프공 커버로 사용되고 있다.

폴리-1,4-다이엔의 입체 이성질체는 반복 단위의 비대칭에 의존하지 않는다. 예제 3.2에 나타나 있는 것처럼 모든 탄소 치환기가 수소라고 하더라도, 뷰타다이엔에는 아탁틱, 신디오탁틱, 아이소탁틱의 이성질체가 존재할 수 있다.

예제 3.2 뷰타다이엔의 부가 중합으로부터 만들 수 있는 모든 가능한 구조와 입체 이성질체를 찾으시오.

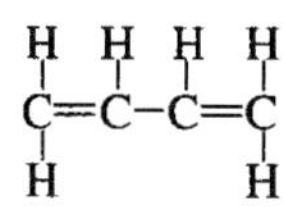

풀이 2장으로부터 뷰타다이엔은 1,4-부가 또는 1,2-부가 반응을 하는 것을 알 수 있다(3,4-부가는 1,2-부가의 결과와 같다). 1,4-고분자는 그림 3.6의 1,4-폴리아이소프렌처럼 시스와 트랜스의 이성질체를 갖는다. 1,2-고분자는 다른 바이닐 고분자처럼 아탁틱, 아이소탁틱, 신디오탁틱의 입체 이성질체를 갖는다. 1,4-고분자는 다른 구조로 되어 모든 탄소가 고분자 골격의 일부분이고 골격의 이중 결합에 남아 있는 치환기들은 모두 수소이므로 입체 이성질체를 가질 수 없다.

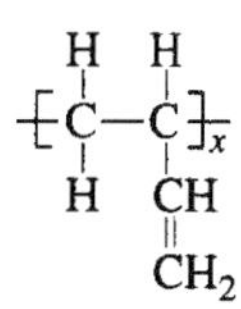

예제 3.3 클로로프렌의 부가 중합으로부터 만들 수 있는 모든 가능한 구조와 입체 이성질체를 찾으시오(이 고무상 고분자는 상업적으로 네오프렌으로 알려져 있으며 잠수복에 이용된다).

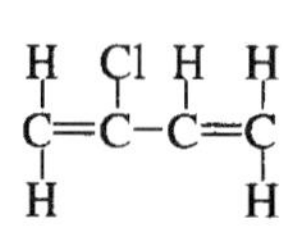

풀이 예제 3.2처럼 1,4-고분자는 시스와 트랜스의 입체 이성질체를 가질 수 있다(2가지 가능). 이 비대칭 다이엔 단량체는 또한 1,2-와 3,4-부가 반응 모두 가능하다.

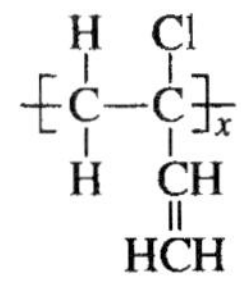

1, 2

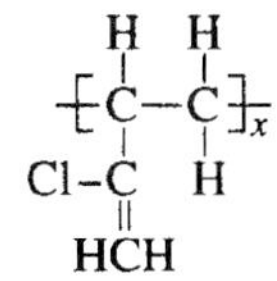

3, 4

각각의 구조 이성질체는 아탁틱, 아이소탁틱 또는 신디오탁틱의 입체 이성질체 모두를 가질 수 있다(6가지 이성질체 가능). 따라서 원칙적으로 최소한 **8개**의 다른 폴리클로로프렌의 이성질체가 있다.

3.8 요약

고분자 내의 결합은 금속보다 훨씬 더 복잡하다. 다양한 종류의 결합에 따라서, 그리고 이성질체에서 곁사슬 그룹이 구성되는 방식에 따라서 고분자는 다양한 성질을 가질 수 있으며, 이에 대한 자세한 설명은 뒷장에서 다룰 것이다.

문제

1 아래에 주어진 단량체에서,

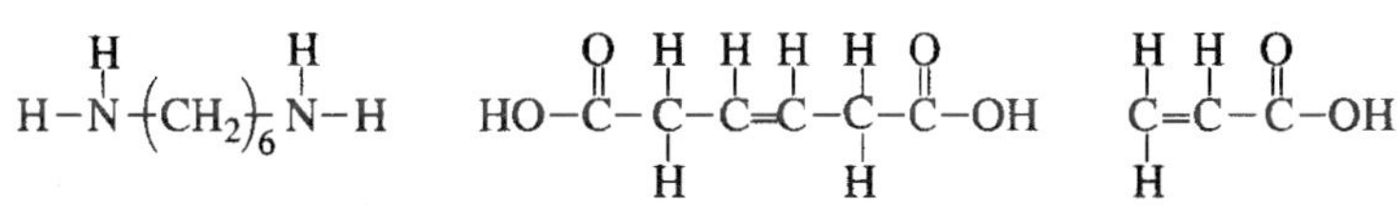

(a) 제조 가능한 모든 **선형 동종 중합체**(*linear homopolymer*)의 반복 단위를 제시하시오.

(b) 만약 있다면, 어떤 고분자가 시스와 트랜스 이성질체를 가질 수 있는가? 그려 보시오. 1,4-폴리다이엔에서 나타나는 이성 현상과는 어떻게 다른가?

(c) 어떤 고분자가 아이소탁틱과 신디오탁틱 이성질체를 가질 수 있는가? 그리시오.

2 말단기에 수소 원자를 포함하여 5개의 반복 단위를 가지고 있는 바이닐 알코올 올리고머에 대해 아이소탁틱과 신디오탁틱의 화학 구조를 그리시오.

3 (a) 트라이블록 고분자(triblock polymer)의 대표적인 폴리(에틸렌 옥사이드-*b*-프로필렌 옥사이드-*b*-에틸렌 옥사이드) PEO_m-PPO_n-PEO_m의 구조를 그리시오. 이 고분자는 계면 활성제로 이용되며 'Pluronic®'이라는 상표명을 가진다. 특히 $m = 99$, $n = 65$인 Pluronic F127을 이용하시오.

(b) 만약 결합각을 망가뜨리지 않고 Pluronic F127을 평면 지그재그 형태로 편다면, 고분자 주사슬의 모든 원자는 같은 면에 놓일 것이다. 이때 말단기(−H's)를 포함하여 고분자 사슬 길이를 구하시오.

결합	결합 길이, Å	결합 형태	결합 각도, °
C−C	1.54	C−C−C	109.5
C=C	1.34		
C−H	1.20	C−C=C	122
C−O	1.43		
C−N	1.47	C−O−C	108
C=O	1.23	O−C−C	110

참고문헌

[1] Platzer, N., *Ind. Eng. Chem.* **61**(5) 10, 1969.

[2] Miller, M.L., *The Structure of Polymers*. Reinhold, New York, 1966.

[3] Natta, G., *Sci. Am.* **205**(2), 33 (1961).

4장

고분자 형태학

앞장에서는 고분자 사슬에서 원자의 기하학적인 배열이 벌크 고분자의 성질에 크게 영향을 미칠 수 있다는 것을 확인하였다. 왜 그러한지 정확히 이해하기 위해서, 이 장에서는 고분자 사슬의 구조적 배열, 즉 **고분자 형태학**(*polymer morphology*)을 주제로 하여 소개하겠다.

공유 결합이 고분자를 이루고 있지만, 거대 분자(고분자의 또 다른 용어)로서 길게 펼쳐진 구조는 스파게티와 더 닮은 형태이며(그림 4.1), 선형 고분자의 골격이 불규칙적으로 꼬이고 돌려져 있다. 이것은 고분자의 '길이'는 완전히 펼쳐져 있는 고분자의 양말단기들 사이의 실제 거리가 아니라는 것을 의미한다. 고분자에 의해 차지되는 공간은 양말단간 거리 $<r>$과 선회 반경 $<r_g>$의 두 변수로 가장 잘 표현될 수 있다. 여기서 괄호 $< >$는 괄호 안의 해당 용어가 여러 고분자 사슬들에 걸친 통계적 평균값임을 나타낸다. $<r_g>$는 고분자 사슬의 중심(질량 무게 중심)으로부터 각 단량체 구성 단위까지의 평균 거리이다. 만약 고분자가 완벽하게 말려져 있다면 구의 반지름과 같을 것이다. $<r_g>$는 고분자에 의해 차지되는 3차원 공간을 나타내는 데 있어서 매우 유용한 용어이다.

말단간 거리는 하나의 고분자 사슬에 있어서 첫 번째와 마지막 반복 단위 사이의 물리적 길이이다. 이것은 두 가지 극단적인 경우를 가지고 있는데, 하나는 고분자가 결합 길이와 결합각의 제한 때문에 완전히 펼쳐져 있는 경우(그럴 가능성은 거의 없지만)이고, 다른 하나는 고분자가 꼬이고 돌려져 첫 번째와 마지막 반복 단위가 같은 위치에 있는 경우이다 ($r=0$). $<r>$을 통해 고분자 재료가 결합력이 약한 분자간(intermolecular) 결합들이 많고 뒤엉켜서 펼쳐진 형태의 섬유로 구성되었는지, 아니면 약한 분자내(intramolecular) 결합이 많은 뚜렷한 방울 형태의 고분자로 구성되었는지를 알 수 있기 때문에, $<r>$은 어느 정도 유용하다.

Fundamental Principles of Polymeric Materials, Third Edition. Christopher S. Brazel and Stephen L. Rosen.

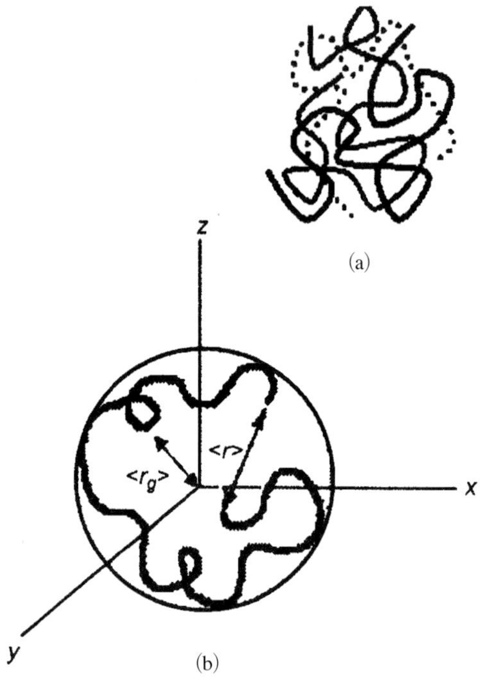

그림 4.1 (a) 불규칙하게 배향된 세 개의 고분자 사슬과 (b) 단일 고분자의 말단간 거리 $\langle r \rangle$의 표현. 또한 (b)에서 선회 반경 $\langle r_g \rangle$는 중심에서 각 단량체 구성 단위까지의 평균 거리를 나타낸다.

고분자 재료에서 개별 분자의 배열은 비결정질(불규칙적인)과 결정질의 일반적 영역으로 분류된다. 이번 장에서는 고분자 결정 형태에 대해서 다루고 결정(그리고 결정화도)이 고분자의 광학적, 기계적 성질에 어떻게 영향을 미치는지 서술하겠다.

4.1 비정질과 결정질 고분자

결정이란 무엇인가? 염과 금속의 경우, 고체일 때 대부분 결정으로 존재하기 때문에 상당히 간단하다. 원자의 배열은 결정 형태에 영향을 미칠 수 있지만(예를 들어 면심 입방체), 결정의 주된 영향은 원자가 규칙적인 배열을 갖도록 해주는 것이다. 고분자로 비유되는 조리된 스파게티를 다시 생각해 보면, 규칙적인 배열이 거의 불가능한 것처럼 보일 수 있다(특히 부피가 큰 곁사슬 그룹을 가지는 몇몇 고분자의 경우). 작은 곁사슬 그룹을 가지는 고분자(폴리에틸렌과 같은)의 경우에, 고분자의 커다란 분절들이 결정으로 배열할 수 있지만 100% 결정질 고분자는 없다.

고분자 결정의 정확한 특성에 대해서는 아직도 연구가 진행 중이지만, 고분자 결정에 대한 필요조건에 관해서는 많은 사실이 알려져 있다. 첫 번째로, 정렬되고 규칙적이며 3차원적 결정 격자로 사슬들이 밀집되도록 하기 위해서는 정렬되고 규칙적인 사슬 구조(아이소탁틱 또는 신디오탁틱 이성질체와 같은)가 필요하다. 그렇기 때문에 입체 규칙적인 고분자에서는 불규칙한 사슬 구조보다 상당한 크기의 결정 영역이 용이하게 많이 형성된다. 특히 곁사슬 그룹이 공간을 불규칙하게 차지한다면 결정화를 저해한다. 두 번째로, 사슬이 규칙적이라 하더라도, 결정 격자에서 사슬을 묶어 주는 2차 결합력이 충분히 강해서 열에너지에 의한 무질서화 효과를 극복해야 한다: 따라서 수소 결합이나 강한 쌍극자 상호작용은 결정화를 촉진시켜 주며 다른 조건이 같다면 결정의 용융 온도를 높여 준다.

X-선 회절 연구에 따르면 많은 고분자가 위의 기준을 만족하지 않으며, 결정의 흔적이 보이지 않는 완전한 **비정질**(*amorphous*)이다. 결정 격자의 규칙적이고 정돈된 배열과는 대조적으로, 비정질 고분자는 조리된 스파게티와 같이 불규칙적이고, 꼬이고 엉켜 있으며, 또한 '말려 있는(balled-up)' 제멋대로의 배열이라고 할 수 있다. 사슬 분절의 끊임없는 열운동 관점에서 볼 때 더 나은 비유로는 꿈틀거리는 애벌레를 들 수 있다. 후자의 비유는 렙테이션(reptation) 이론(뱀과 같이 긴 파충류의 운동을 따라 이름을 붙인)이라고 알려져 있는 고분자 거동에 대한 정량적 모델의 근거가 된다.

한편 많은 노력에도 불구하고, 그 누구도 완벽한 결정성 고분자를 제조하지 못했다. 특정한 경우에(부피가 큰 곁사슬 그룹이 없고 매우 규칙적인 고분자) 결정질의 함량이 98%까지 되는 경우는 있었지만, 최소한 몇 %의 비정질 영역이 항상 존재하였다. 금속의 경우, 결정 결함의 농도가 보통 백만분의 몇 파트(ppm) 수준이 일반적이어서 결정화도가 높은 고분자와 비교했을 때에도 금속은 완벽한 결정성으로 여겨진다. 흥미롭게도 최근에 개발된 비정질 금속으로 인해 금속들로부터 얻을 수 있는 재료 특성의 범위가 확장되었다. 금속 내의 결정 결함은 종종 파괴의 원인이 되는 반면에, 고분자는 공유 결합을 통해서 결정질과 비정질 영역이 연결되며, 둘 사이의 계면이 연속적으로 이루어진다. 결정 크기 및 결정화도(결정 비율 대 비정질 비율)를 조절하고 제어함으로써, 고무와 같이 부드러운 것에서부터(작은 결정을 갖는 주로 비정질) 단단하고 강한 것까지(대부분 결정), 고분자에 폭넓은 기계적 성질을 부여할 수 있다.

참고문헌 1~5에는 고분자의 결정질을 연구하는 데 사용된 기술들의 폭넓은 논의와 그 연구 결과에 대한 논평이 포함되어 있다.

4.2 결정질에 미치는 고분자 구조, 온도 및 용매의 영향

고분자 결정은 고분자 분절이 상당히 잘 정돈된 배열이다. 이들은 약한 결합에 의해 안정되어 있기 때문에, 이 결합들을 변하게 하거나 방해하는 것들은 결정화도를 감소시킨다.

가장 간단한 것은 온도의 효과이다. 모든 고체 결정은 온도가 오르면 결정을 같이 묶어 주는 결합이 끊어지며 용융 전이(T_m)에 도달한다. 고분자의 경우 오직 결정 영역만 용융되는 것이므로, 100% 비정질 고분자의 경우에는 T_m이 없다(그러나 온도가 계속 오르면 분해될 것이다). 고분자 구조에 미치는 온도의 영향은 매우 크기 때문에 6장에서는 이에 대한 내용만을 다루기로 한다.

용매 또한 고분자의 약한 결합을 방해할 수 있기 때문에, 용매가 결정에 미치는 영향은 용융과 비슷하다. 용매는 작은 분자(고분자와 비교했을 때)이므로 고분자 사이로 확산되고 새로운 약한 결합을 형성하여, 기존의 고분자-고분자 상호작용을 고분자-용매 상호작용으로 바꿀 수 있다. 고분자는 꽤 크기 때문에 용매화 과정은 매우 길 수 있다(어떤 경우에는 녹이는 데 몇 시간에서 며칠이 걸리기도 한다). 양용매, 특히 묽은 용액에서 고분자의 결정질은 사라진다. 용매의 건조(또는 용융된 고분자의 냉각)에 의해 고분자 사슬은 결정을 다시 형성할 수 있으며, 이때 결정의 크기와 결정화도는 용매의 증발(또는 냉각) 속도에 따라 변한다. 용액 내에서의 고분자 거동에 대해서는 7장에서 자세히 다룰 것이다.

고분자 결정에서 고분자 주골격이 규칙적 배열을 하고 있기 때문에, 곁가지(그리고 이들의 입체 규칙성)는 고분자가 결정화되는지의 여부에 큰 영향을 미친다. 큰 곁사슬(주골격에서 나온 큰 그룹)은 이러한 정렬을 방해한다. 따라서 아래에 있는 폴리(메틸 메타크릴레이트)와 같은 고분자들은 완전한 비정질이다. 특히 사슬의 정렬을 방해하는 거대한 곁가지를 갖는 대부분의 고분자들은 뚜렷한 결정성이 없다는 것을 알아야 한다. 불규칙적인 배열을 가지는 이러한 곁가지들(아탁틱 고분자) 또한 결정 형성을 방해한다. 반면에 약한 결합을 형성할 수 있는 유기 작용기들(예로 $-OH$)을 가지는 곁가지들은 고분자가 결정화되는 경향을 증가시킬 수 있다.

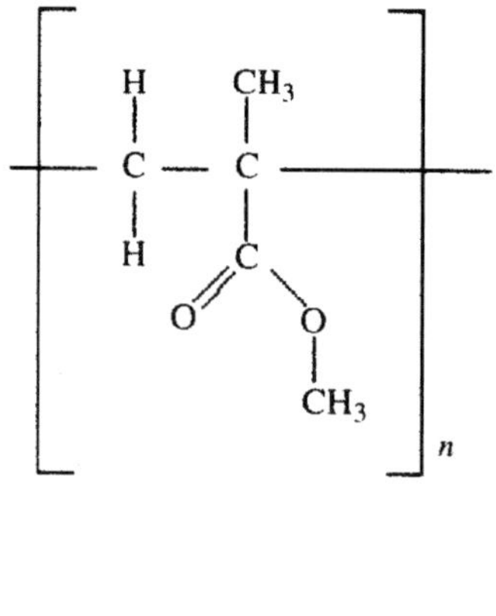

4.3 결정화도가 고분자 밀도에 미치는 영향

단순하게 오직 결정상과 비정질상만 존재한다고 가정해 보자. 주어진 고분자에서 각 상들의 성질은 일정하게 유지되지만 상대적인 양은 변할 수 있으며, 이것은 벌크 성질, 특히 기계적 성질에 크게 영향을 미칠 수 있다. 아래에 묘사되어 있는 폴리에틸렌은 자체의 간단한 반복 단위 구조($-CH_2-CH_2-$) 때문에 가장 결정화가 쉬운 고분자이다.

비정질 영역에 비해 결정질 영역의 고분자 사슬들이 더 효율적으로 빽빽하게 밀집되어 있기 때문에, 결정 영역은 더 높은 밀도를 가진다. 따라서 저밀도(0.92 g/cm^3) 폴리에틸렌은 약 43%의 결정화도를 나타내며, 반면에 고밀도(0.97 g/cm^3) 폴리에틸렌은 약 76%의 결정화도를 나타낸다. 사실상 밀도는 결정화도의 편리한 척도라고 할 수 있다. 전체 부피는 결정 및 비정질상의 부피를 더하면 되므로, 밀도와 결정화도는 다음 식과 같이 연관되어 있다.

$$\frac{1}{\rho} = \frac{w_c}{\rho_c} + \frac{w_a}{\rho_a} = \frac{w_c}{\rho_c} + \frac{(1 - w_c)}{\rho_a} \tag{4.1}$$

여기에서 w는 질량 분율을, 아래 첨자 c와 a는 각각 결정과 비정질상을 나타낸다.

폴리에틸렌의 경우, 결정화도에서의 차이는 중합 반응 중에 일어난 가지화(branching)에 의해 크게 영향을 받는다(6장에서 추후에 언급하겠지만 결정화도의 차이는 분자량과 냉각 속도에 의해서도 영향을 받는다). 가지점(branching point)은 그 주위에 있는 결정 격자의 정렬을 입체적으로 방해하여 결정화도를 낮춘다.

저밀도 폴리에틸렌(LDPE)은 전통적으로 고압 공정(25,000~50,000 psi)을 통해 만들어져 왔고 고밀도 폴리에틸렌(HDPE)은 저압 공정(~100 psi)을 통해 만들어져 왔다. 따라서 저밀도 폴리에틸렌은 종종 고압 폴리에틸렌으로, 고밀도 폴리에틸렌은 저압 폴리에틸렌으로 불리기도 한다. 현재는 저밀도 폴리에틸렌 또한 고밀도 폴리에틸렌에 쓰이는 것과 비슷하게 저압 공정으로도 만들어진다. 또한 작은 유기 그룹이 사슬 골격에 그래프트된 폴리에틸렌도 있다. 이러한 물질은 완벽한 정의는 아니지만 선형 저밀도 폴리에틸렌(LLDPE)으로 불린다. 만약 이것이 정말 선형이라면 낮은 밀도를 가질 수 없다.

전통적인(고압의) LDPE는 동종 중합체이다. 이것의 긴 '가지화된 곁사슬'들은 중합 반응 동안의 부반응에 의해 발생되는 반면, LLDPE에서는 한 개 또는 그 이상의 α-올레핀(1-뷰텐, 1-헥센, 1-옥텐 및 4-메틸-1-펜텐과 같은 탄화수소 X기의 바이닐 단량체) 중 일부분(8~10%)이 랜덤 공중합 반응 과정에 도입되어 짧은 곁사슬 가지를 형성한다. 이와 같은 방법은 (많은 공단량체(comonomer)의 추가에 의한) 초저밀도 폴리에틸렌(VLDPE) 또는 극저밀도 폴리에틸렌(ULDPE, 밀도$<$0.915 g/cm^3)의 제조 공정으로 확장될 수 있다. 가지화는 어느 정도까지 몇몇 특성에 영향을 준다. 예를 들어, LLDPE는 같은 밀도의 LDPE

표 4.1 폴리에틸렌의 물성에 미치는 결정화도의 영향[a]

물성	저밀도	중밀도	고밀도
밀도 범위, g/cm^3	0.910~0.925	0.926~0.940	0.941~0.965
결정화도(%)	42~53	54~63	64~80
가지화도($-CH_3$기 수/탄소 원자 1000개)	15~30	5~15	1~5
결정의 녹는점, °C	110~120	120~130	130~136
경도, 쇼어 D	41~46	50~60	60~70
인장 탄성률, psi, N/m^2	$0.14\sim0.38 \times 10^5$ $(0.97\sim2.6 \times 10^8)$	$0.25\sim0.55 \times 10^5$ $(1.7\sim3.8 \times 10^8)$	$0.6\sim1.8 \times 10^5$ $(4.1\sim12.4 \times 10^8)$
인장 강도, psi, N/m^2	600~2300 $(0.41\sim1.6 \times 10^7)$	1200~3500 $(0.83\sim2.4 \times 10^7)$	3100~5500 $(2.1\sim3.8 \times 10^7)$
굴곡 탄성률, psi, N/m^2	$0.08\sim0.6 \times 10^5$ $(0.34\sim4.1 \times 10^8)$	$0.6\sim1.15 \times 10^5$ $(4.1\sim7.9 \times 10^8)$	$1.0\sim2.6 \times 10^5$ $(6.9\sim18 \times 10^8)$

[a] 기계적 성질들은 결정화도 이외의 다른 인자(특히 분자량)에도 영향을 받을 수 있다는 사실을 잊지 말아야 한다.

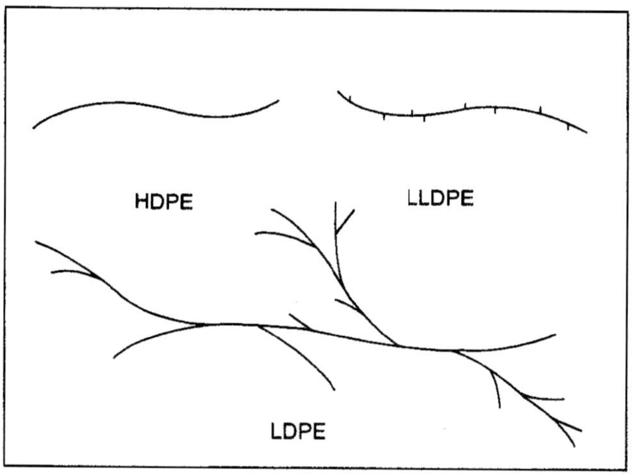

그림 4.2 다양한 폴리에틸렌의 분자 구조.

에 비해 더 강하고 질긴 필름을 형성한다. 표 4.1에 다양한 폴리에틸렌들이 정리되어 있고, 그것들의 분자 구조들은 그림 4.2에 나타나 있다. LLDPE에서와 같이 공단량체에 따라 밀도가 달라지는 경우, 식 4.1을 주의하여 사용해야 한다. 왜냐하면 ρ_a는 일반적으로 공중합체의 조성에 따라 변하기 때문이다.

4.4 기계적 특성에 미치는 결정질의 영향

비정질 영역에서보다 결정질 영역에서 고분자 사슬이 더 조밀하게 밀집되어 있기 때문에,

단위 면적당 응력을 지탱할 수 있는 사슬이 더 많다. 또한 결정 내에서 고분자 사슬들이 상대적으로 긴 거리에 걸쳐 밀접하고 규칙적으로 배열하고 있기 때문에, 그들을 서로 잡아 주는 2차 결합력이 누적되어 비정질 영역에 비해 결합력이 더 크다. 그러므로 결정질은 고분자의 강도와 경직도를 상당히 증가시킬 수 있다. 이러한 이유로, 결정화될 수 있는 입체 규칙성의 폴리프로필렌은 매우 단단하며 잘 휘지 않는 플라스틱인 반면에, 불규칙적이고 아탁틱 구조인 폴리프로필렌은 비정질이며 부드럽고 끈적끈적하다. 그리고 여기에 준하는 다른 것들도 결정질의 비율이 비정질보다 많을수록, 표 4.1에서 나타난 바와 같이 경도, 인장 탄성률 및 강도, 그리고 굴곡 강도가 증가하며, 더 강하고 더 단단하고, 경직이 된, 쉽게 변형되지 않는 고분자가 될 것이다. 이러한 인자들에 대해서는 16장에서 자세하게 다룰 것이다. 하지만 각 인자들은 폴리에틸렌의 결정화도가 증가할수록 높은 경향을 가진다.

4.5 광학적 특성에 미치는 결정질의 영향

고분자의 광학적 특성은 결정질에 의해 크게 영향을 받는다. 첨가제가 없는 고분자는 일반적으로 그림 4.3에 나타난 것처럼 투명하거나 흰색 또는 불투명(또는 투명과 불투명의 중간 정도인 반투명)하다. 빛이 서로 다른 굴절률을 가지는 두 상 사이를 통과할 때, 만약 불연속성의 크기가 가시광선의 파장(400~700 nm)과 비슷하거나 더 크다면, 일부분의 빛은 계면에서 산란된다. 얼음 덩어리는 투명하지만, 눈이 하얗게 보이는 이유도 빛이 눈을 통과할 때 공기와 눈 결정들 사이를 반복적으로 통과하기 때문이다. 이와 비슷하게, 결정성 고분자에서는 일반적으로 조밀한 결정성 영역이 비정질 영역보다 더 높은 굴절률을 갖는

그림 4.3 전형적인 투명, 반투명, 불투명한 플라스틱 제품들.

다. 따라서 결정성 고분자들에서는 빛이 한 상(결정질)에서 다른 상(비정질)으로 통과하면서 산란되기 때문에, **결정성 고분자는 불투명하거나 반투명하다.** 반면에 일반적으로 **투명한 고분자들은 완전한 비정질이며,** 간단하게 눈으로만 보더라도 고분자의 결정성에 대한 근거를 얻을 수 있다(비록 첨가제에 의해 고분자의 광학적 특성이 변하긴 하지만). 아이소탁틱 폴리(4-메틸-1-펜텐)의 경우 흥미로운 예외가 될 수 있다. 이 고분자의 경우 결정상과 비정질상의 굴절률(그리고 밀도)이 거의 동일하다. 빛에 대해서만은 이 고분자는 균질한 재료이며, 상당히 결정화도가 높지만 유일하게 투명한 고분자이다. 또한 고분자에 분산된 입자의 크기가 가시광선의 파장보다 더 작으면 산란은 감소하고, 결정이 매우 작고 결정화도가 낮은 고분자는 거의 투명하게 보일 것이며, 특히 얇은 박편에서는 더욱 그러할 것이다.

그러나 그 반대가 반드시 사실은 아니다; 즉 고분자가 투명하지 않은 것은 결정질에 기인하기 때문일 수는 있지만, 충전제와 같은 제2의 상이 첨가되어 생긴 결과일 수도 있다. 하지만 만약 고분자가 순수한 동종 중합체로만 되어 있다면 불투명함은 분명히 결정질에 의한 것이다. 그러므로, 상업용 스타이렌의 동종 중합체(폴리스타이렌)는 아탁틱 구조로서, 부피가 큰 페닐 곁사슬의 불규칙한 배열 때문에 비정질 재료이며, 따라서 완벽하게 투명하다. 아이러니하게도, 폴리스타이렌의 결정 선명도 때문에, 종종 '결정' 폴리스타이렌이라고 불린다. 즉 아이소탁틱 폴리스타이렌은 실험실에서 합성한 결정성 고분자이다. 이 고분자는 전형적인 폴리에틸렌의 외형적 특징인 하얗고 반투명한 성질을 가진다. 발포 폴리스타이렌(컵이나 땅콩 포장에 쓰이는)은 흰색을 띠는데, 이는 빛이 아탁틱 폴리스타이렌과 발포 공간 사이를 통과하기 때문이다. 고충격 폴리스타이렌에는 아탁틱 폴리스타이렌 연속상 안에 1~10 μm 크기의 폴리뷰타다이엔 고무 입자들이 분산되어 있다. 그러므로 각 상들은 완전히 비정질이고 투명하지만, 그들은 서로 다른 굴절률을 가지고 있어서 복합재료는 빛을 산란시켜 불투명한 흰색을 띤다.

예제 4.1 다음 사실을 설명하시오.

(a) 입체 특이성 촉매로 제조되는 폴리에틸렌과 폴리프로필렌은 딱딱하고 반투명한 플라스틱인 반면, 이 둘의 65−35 공중합체는 같은 방식으로 제조했을 때 부드럽고 투명한 고무가 된다.

(b) 어느 한 플라스틱이 (a)에서 언급한 폴리에틸렌 및 폴리프로필렌과 외형, 물리적 특성에서 비슷하지만, 65% 에틸렌과 35% 프로필렌으로 구성되어 있다. 이 플라스틱의 두 성분은 분해하지 않고는 어떠한 물리적 또는 화학적 방법으로도 서로를 분리할 수 없다.

풀이

(a) 이러한 촉매로 합성된 폴리에틸렌은 선형이며, 따라서 결정화도가 매우 높다. 또한 폴리프로필렌도 아이소탁틱 고분자이므로 결정화도가 매우 높다. 결정질은 고분자의 기계적 강도와 반투명도에 영향을 미친다. 에틸렌-프로필렌 고무(EPR)라고 불리는 65-35 공중합체는 랜덤 공중합체이므로, 프로필렌 단량체의 메틸 그룹($-CH_3$)이 사슬을 따라 불규칙적으로 배열되어 있다. 이 때문에 결정 격자가 규칙적으로 밀집되는 것을 방해하며, 비정질 고무 고분자가 되는 것이다.

(b) 구성 성분들이 분리될 수 없기 때문에, 이 성분들은 분명히 사슬 내에서 공유 결합으로 되어 있어야 한다. 결정성 고분자 특성을 나타내기 때문에, 프로필렌에서 나온 메틸 그룹($-CH_3$)이 (a)와 같은 랜덤 공중합체처럼 불규칙적으로 존재할 수 없다. 따라서 이 재료는 에틸렌과 입체 규칙성 폴리프로필렌의 블록 공중합체인 폴리(에틸렌-*b*-프로필렌)일 수밖에 없다. 긴 에틸렌 블록들이 폴리에틸렌 결정 격자로 밀집되고 프로필렌 블록들은 폴리프로필렌 결정 격자로 밀집된다.

4.6 고분자 결정 구조에 대한 모델들

4.6.1 줄무늬 마이셀 모델(Fringed Micelle Model)

줄무늬 마이셀(*fringed micelle*) 모델은 관찰된 결정('준결정'이라고 해야 하지만 거의 쓰지 않음)의 특성을 설명하기 위한 첫 시도였다(그림 4.4). 이 모델에서는 비정질 매트릭스에 줄무늬 마이셀, 또는 **결정질**(*crystallite*)로 알려진 영역이 잘 분산되어 있는 것으로 묘사된다. 수십 나노미터 크기의 결정은 작은 부피를 가지고, 사슬이 서로 평행하고 규칙적으로 배열되어 있으며 결정 격자로 단단히 밀집되어 있다. 그러나 사슬은 결정의 크기보다

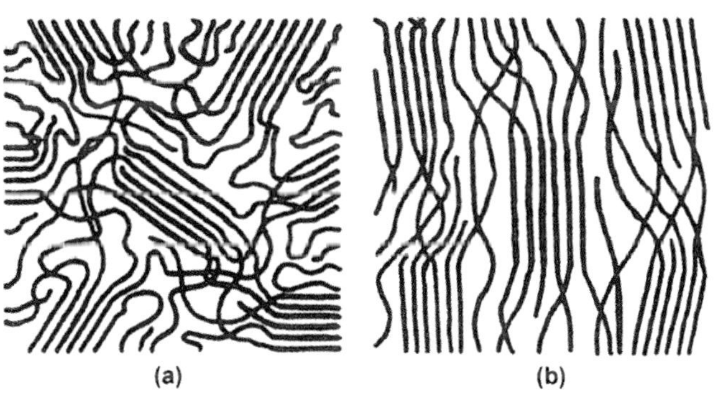

그림 4.4 줄무늬 마이셀 모델. (a) 배향되지 않은 사슬들, (b) 가해진 응력에 의해 배향된 사슬들.

몇 배 이상 길기 때문에, 사슬은 하나의 결정에서 비정질 영역을 통해 다른 결정으로 걸쳐 있다.

이 모델은 고분자에서 결정질과 비정질 재료가 공존한다는 것을 잘 설명하고 있으며, 또한 섬유들을 당길 때 결정성이 증가한다는 사실을 설명해 준다. 고분자를 연신하면 가해진 응력의 방향을 따라 사슬들이 정렬하고, 비정질 영역에서의 사슬 정렬이 증가하며, 결정화도가 향상된다(그림 4.4b). 사슬들이 한 결정에서 다른 결정으로 무작위로 통과하기 때문에, 완벽한 결정을 절대로 얻을 수 없다는 것을 쉽게 알 수 있다. 또한 이 모델을 통해 고분자 물성에 미치는 결정의 영향이 가교가 미치는 영향과 여러 면에서 비슷하다는 것을 알 수 있는데, 가교점처럼 결정들이 각각의 사슬들을 묶어 주고 있기 때문이다. 그러나 가교와는 다르게, 결정들은 고분자 사슬 간에 공유 결합을 형성하지 않고, 일반적으로 고분자가 분해되기 전에 녹을 것이며, 또한 사슬들과 강한 2차 결합을 형성하는 용매들에 의해서 녹을 수 있다(가교 고분자는 팽윤(swell)한다).

줄무늬 마이셀 모델은 새로운 정보를 통해 새로운 모델들이 개발됨에 따라 대체되어 왔다. 그럼에도 불구하고, 이 모델은 여전히 고분자의 기계적 특성에 미치는 결정질의 영향을 예측하는 데 효과적이다.

예제 4.2 바이닐 알코올 단량체는 불안정하기 때문에, 폴리(바이닐 알코올)(PVA)은 먼저 바이닐 아세테이트를 중합하여 폴리(바이닐 아세테이트)를 제조하고, 가수 분해를 통해 −OH 곁사슬을 형성하여 제조한다.

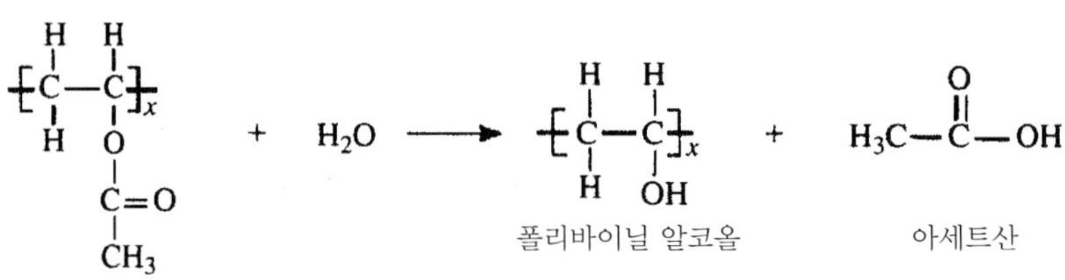

폴리바이닐 아세테이트 / 폴리바이닐 알코올 / 아세트산

최초의 아세테이트 그룹이 가수 분해되는 정도를 0%에서 100%까지를 갖도록 반응의 범위를 조절할 수 있다. 가수 분해가 전혀 되지 않은 순수한 폴리바이닐 아세테이트는 물에 녹지 않는다. 그러나 가수 분해 정도가 증가하면서 약 87% 가수 분해까지는 고분자가 물에 잘 녹게 되지만, 87% 이상 가수 분해되면 상온에서의 물에 대한 용해도는 다시 감소한다. 이러한 현상을 간단히 설명하시오.

풀이 일반적인 폴리(바이닐 아세테이트)는 아탁틱이며, 아세테이트 곁사슬 그룹의 불규칙적인 배열에 의해 고분자는 완전한 비정질이 된다. 물은 고분자의 소수성 그룹을 녹일 수 있을 만큼의 충분히 강한 2차 결합을 형성할 수 없다. PVA에서 아세테이트 그룹이 하이드록시기(더 친수성인)로 치환됨에 따라, 물과 수소 결합을 형성할 수 있는 자리가 늘어나게 되어 결과적으로 용해도가 증가한다. 높은 치환율에서는 더욱 치밀한 하이드록실 그룹들로 인해 사슬들이 결정 격자로 밀집될 수 있다. 하이드록실 그룹은 사슬들 사이의 수소 결합 자리를 제공하여 격자 안에서 서로를 단단히 고정시켜 주며, 따라서 물에 대한 용해도가 감소한다.

예제 4.3 다음의 실험을 설명하시오. 폴리(바이닐 알코올) 섬유의 끝에 한 개의 추가 매달려 있다. 추와 섬유의 일부분을 끓는 물이 들어 있는 비커에 담근다. 추가 매달려 있는 동안 이 상황은 안정하지만, 추가 비커 바닥에 닿을 때 섬유는 용해된다.

풀이 추가 섬유에 매달려 있는 한, 가해지는 응력에 의해 결정 격자에서의 사슬 배열이 유지되며, 열에너지 및 용매(물) 침투에 의한 무질서 효과를 막아 준다. 추가 바닥에 닿으면 응력이 제거되고, 물이 고분자 사슬에 침투하여 고분자 사슬을 용해시킨다.

4.6.2 라멜라(Lamellar) 결정[1~7]

고분자의 결정에 대한 최초의 직접적인 관찰은 묽은 용액으로부터의 단결정 성장에서 비롯되었다. 냉각하거나 용매를 증발시키는 과정에서 피라미드 또는 판상 모양의 고분자 결정(라멜라)이 묽은 용액으로부터 석출되었다(그림 4.5). 이 결정들은 변의 길이가 10 μm 수준이며, 두께는 단지 0.01 μm 정도이다. X-선 측정을 통해 고분자 사슬들이 결정의 넓은 평판면에 수직으로 배열되어 있다는 것을 밝혀내었다. 또한 사슬을 펼쳤을 때의 길이는 0.1 μm 정도인 것을 알아내었다. 하나의 사슬이 1/10 두께의 결정으로 어떻게 배열될 수 있었을까? 유일한 해답은 그림 4.5에 보이듯이 사슬들이 접혀져야 한다는 것이다. 두 가지 모델로부터 사슬 접힘이 설명된다: 고분자 사슬이 자체적으로 되접히거나, 또는 몇몇 사슬들이 결정 밖의 비정질 영역에서 짧은 거리로 배열되는 것이다.

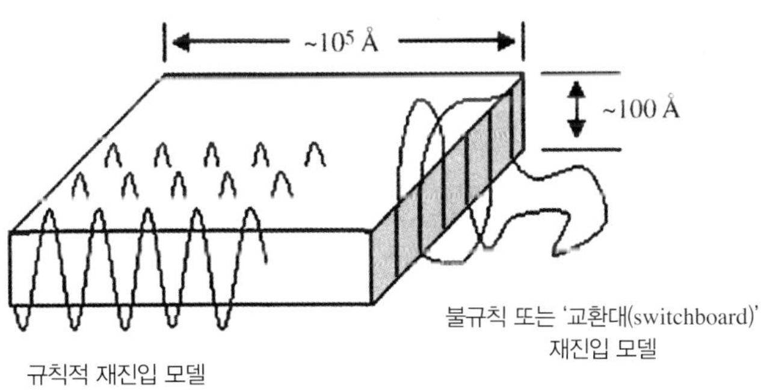

그림 4.5 평평한 라멜라 상태의 고분자 단결정. 사슬의 접힘에 대한 두 개념이 묘사되어 있다.

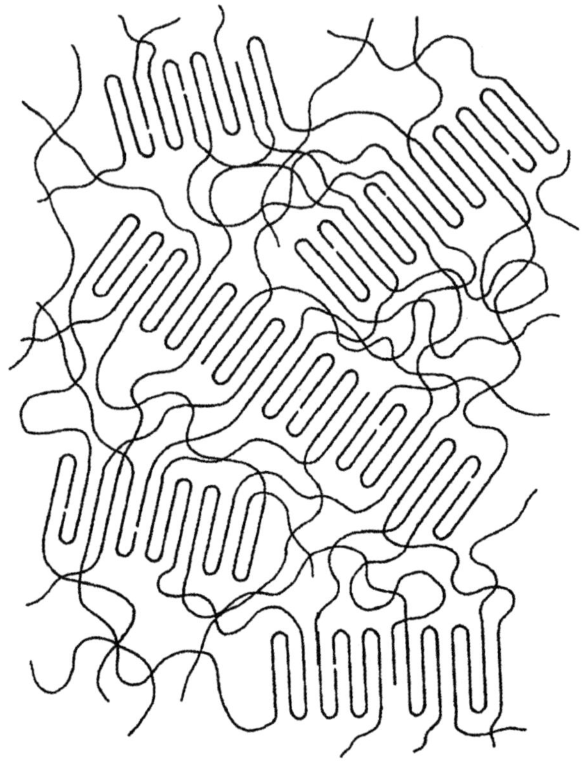

그림 4.6 라멜라 간의 비정질 사슬에 의해 연결된 사슬 접힘 구조의 라멜라를 보여 주는 절충 모델.

이 사슬 접힘 모델(folded-chain model)은 고분자 단결정에서 잘 입증되었다. 라멜라는 탄소 원자 50~60개 정도의 두께를 가지며, 재진입 접힘 부분에 약 5개의 탄소 원자가 있다. 직접적이거나 또는 간접적 재진입이거나 접힘 부분에 있는 원자들은 결정 격자의 일부분이 될 수 없다.

비슷한 라멜라 결정이 용융 고분자로부터 결정화된 벌크 고분자 시료에서도 존재하는 것으로 알려졌으며, 이 라멜라는 1 μm 두께까지 될 수 있다. 최근 결과에 따르면 결정성 라멜라와 비정질상 사이에 제3의 계면 영역이 존재한다. 계면상은 그 재료의 10~20% 정도 될 수 있다. 게다가 벌크(또는 용융) 상태로 결정화된 라멜라층에서는, 사슬의 직접적 재진입에 의한 접힘의 양은 많지 않다. 줄무늬 마이셀 모델에서와 같이 추가적인 배향에 따라 라멜라가 정렬하고 라멜라 사이에 존재하는 비정질 영역에서도 라멜라가 생성될 수 있는 것은 연신에 의해 결정화도가 증가하는 것과 비슷하게 설명된다.

4.6.3 구정(Spherulite)

고분자 사슬들이 정렬하여 결정을 형성할 뿐만 아니라, 이러한 결정들이 종종 응집되어

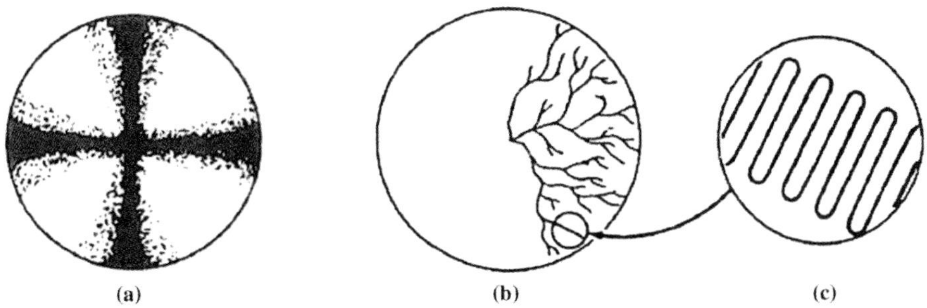

그림 4.7 구정: (a) 교차 편광 필터 사이를 통해 본 외형, (b) 라멜라 가지, (c) 라멜라 내의 사슬 배향.

서 **구정**(*spherulite*)으로 알려진 초분자 구조를 이루기도 한다. 구정은 여러 면에서 금속에서 발견되는 결정 구조와 비슷하다. 구정은 핵 생성 점을 중심으로 하여 다른 구정과 만날 때까지 반지름 방향으로 성장한다. 그러므로 구정의 크기는 핵 생성 점의 양으로 조절 가능한데, 많은 양의 핵 생성 자리가 있는 경우 양은 많지만 크기가 더 작은 구정이 생성된다. 일반적으로 약 0.01 mm의 지름을 가지며, 편광 필터 사이에서 관찰했을 때 몰타의 십자(Maltese cross) 형태가 나타난다(그림 4.7a). 그림 4.7은 고분자 사슬이 구정에서 어떻게 정렬되는지를 보여 준다.

커다란 구정은 고분자가 냉각하면서 형성될 수 있으며, 고분자의 취성(깨지기 쉬움)에 영향을 주고 또한 많은 빛을 산란시킨다. 취성을 최소화하고 투명도를 증가시키기 위해서는 핵 생성제를 추가하거나 급속 냉각(이는 핵 생성 속도를 증가시킨다)을 통해 더욱 작은 구정 생성을 촉진시키면 된다.

4.7 연신에 의한 사슬 결정

용융 상태로부터 결정화된 고분자(표 4.1에서 보는 바와 같이)는 일반적으로 거시적 관점에서 임의의 방향으로 배향된 사슬을 가진다. 하나의 결정 내에 있는 사슬들은 특정 방향으로 배열되어 있지만, 다수의 결정들을 함께 관찰하면 불규칙하게 배열되어 있다. 만약 거시적 관점에서 사슬들이 공통적으로 같은 방향성을 갖도록 그 축을 공유할 수 있다면, 이 재료는 사슬 배향 방향으로 탁월한 기계적 성능을 나타낸다는 것을 오래 전부터 알고 있었다. 그 이유는 사슬들이 응력을 시행하기 위해 매우 효율적으로 재배열되기 때문이다. 사실 섬유 인출은 어느 정도까지 이와 같은 사슬 배향을 하는 것이며, 실용화되는 이유이기도 하다.

신장 흐름(인출)을 받고 있는 동안 결정화되는 고분자는 사슬의 엉킴이 풀리고 흐름 방향으로 사슬이 재배열되려고 하며, 섬유 구조를 형성한다. 이것은 연신 사슬 결정(extended-chain crystal)으로 알려져 있으며, 결정 내의 사슬들이 먼 거리에 걸쳐 서로 평행하게 배열되어 있다[8]. 이러한 재료의 섬유가 더욱 연신된다면 초강도 섬유가 된다. 매우 큰 분자량을 가지는 고분자는 초강도 섬유를 만들기에 적합하다. 더 긴 사슬들은 더욱 쉽게 배열되며, 사슬 말단에 기인한 결정의 결함이 적다. 또한 상대적으로 묽은 용액으로부터 형성된 섬유는 쉽게 엉킴이 풀리고 사슬이 더 잘 배열한다.

이와 같은 방식으로 만들어진 선형 폴리에틸렌 섬유는 인장 탄성률(재료 강도의 척도로서, 16장에 자세하게 정의되어 있다)이 44 GPa(6.4×10^6 psi)로서, 철의 인장 탄성률인 206 GPa(30×10^6 psi)와 견줄 수 있지만 밀도는 7.6배나 작다. 인장 강도가 1.8 GPa(2.6×10^5 psi)인 PE 섬유는 이미 특허로 되어 있다[9]. 이러한 수치를 표 4.1에 있는 전형적인 HDPE와 비교해 보라.

연신 사슬 결정에서는 벌크 상태로부터 결정화된 고분자의 라멜라가 서로 연결되고, 묽은 용액에서 전단력에 의해 섬유가 성장되는데, 이는 '시시−케밥(shish kebab)' 구조의 코어('꼬치')에 상응한다[10].

4.8 액정 고분자

앞에서 언급했듯이, 만약 고분자 사슬이 고분자 결정화 전에 녹아 있는 상태에서 정렬될 수 있다면, 연신 사슬 결정화도는 높아질 것이며, 최소한 사슬 방향으로의 탁월한 기계적 특성을 부여할 것이다. 이것을 달성하는 또 다른 방법은 액상에서 정렬된 분자로부터 시작하는 것이다; 이것은 일반적으로 페닐 그룹을 갖는 딱딱한 단량체가 고분자의 주골격이 되면서 만들어진다. 이러한 액정 재료는 몇 년 전부터 알려져 왔으나, 최근까지도 상대적으로 작은 분자에서만 해당되었다. 하지만 현재는 액정 분자 배열을 갖는 몇몇 종류의 고분자가 알려졌으며, 이러한 액정에는 **유방성**(*lyotropic*)(용액에서 정렬됨)과 **열방성**(*thermotropic*)(용융 상태에서 정렬됨)이 있다[12].

케블라(Kevlar®)는 다음과 같은 반복 단위를 가지는 방향족 폴리아마이드('아라미드')이다.

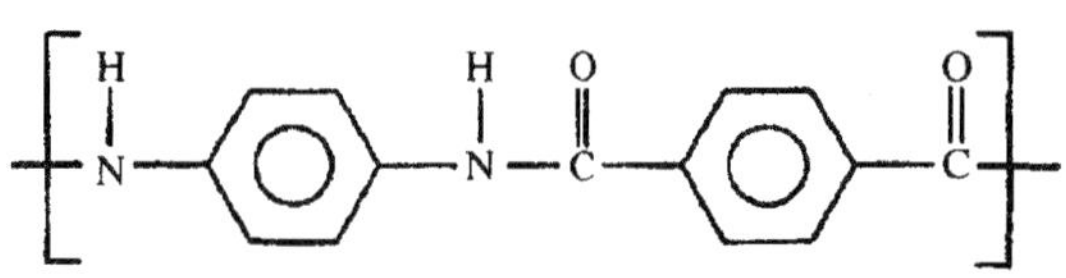

이 물질은 진한 황산과 유방성 액정 용액으로부터 섬유로 방사된다. 용액은 고분자로부터 산이 침출되는 욕조 안의 작은 구멍을 통해 압출된다(습식 방사 공정을 통해, 17장에서

표 4.2 액정 케블라(Kevlar) 49 섬유와 나일론 6,6 섬유의 비교[13]

	케블라 49	나일론 6,6
인장 강도, GPa, psi	$2.95(4.3\times10^5)$	$1.28(1.8\times10^5)$
인장 탄성률, GPa, psi	$130(19\times10^6)$	$6.2(3.0\times10^5)$
파단 신율, %	2.3	19

논의). 분자들이 결정화 전에 배향되기 때문에, 섬유들은 섬유 방향으로 높은 연신 사슬 결정화를 유지하며, 탁월한 기계적 강도를 부여한다. 표 4.2에서 이러한 섬유들의 특징과 전형적인 나일론 6,6 섬유의 특성을 비교하였다. 고작 1.44 g/cm^3 정도의 밀도를 가지면서 다른 강화 섬유(유리, 흑연 등)와 비교하여도 무게당 강도에서 뒤지지 않는 성능을 나타낸다. 그 결과 케블라(Kevlar) 섬유는 방탄 조끼나 타이어 코드(철을 대신하여 타이어의 강도를 증가시켜 주고 타이어 측벽의 펑크에 대한 저항까지도 올려 주는)와 같은 다른 다양한 제품에 사용되며, 또한 고강도 복합 재료의 강화제로 사용되기도 한다.

몇몇 열방성 방향족 폴리에스터 공중합제는 이미 상업화되어 있다. 벡트라(Vectra) A®는 다음과 같은 반복 단위를 가진다.

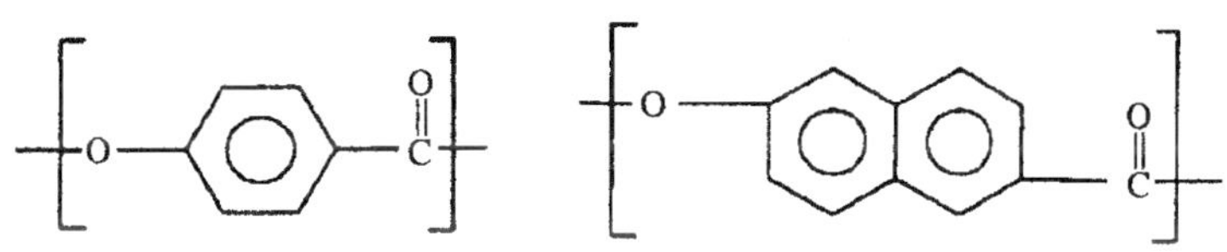

그리고 자이다(Xydar)는 다음과 같은 반복 단위를 가진다.

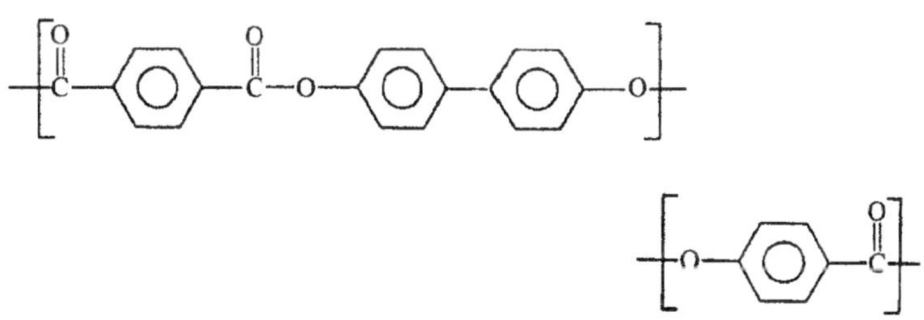

이러한 열방성 액정 고분자들은 높은 녹는점을 가지지만 다른 열가소성 수지와 같이 용융 가공된다. 연신 사슬 결정의 거시적인 배향성은 가공(성형, 압출 등)하는 동안 흐름의 방향에 의존한다. 연신 사슬 결정의 섬유적 특성 때문에, 이러한 플라스틱들은 적어도 사슬 방향에 대해 뛰어난 물리적 특성을 가지는 '자기 강화형 복합 재료'로서 거동한다. 에틸렌 글리콜, 테레프탈산 및 p-하이드록시벤조산[14]과 같은 액정 폴리에스터 공중합체 성형 시편들에 대한 물성을 표 4.3에 정리하였다. 표 4.3에 열거한 특성들은 흐름과 평행한 방향에서 통상 30% 유리 섬유 강화 열가소성 수지(나일론, 폴리에스터)와 견줄 만하다.

표 4.3 성형된 액정 폴리에스터 공중합체의 특성[14]

	흐름에 평행한 방향	흐름에 수직한 방향
인장 강도, MPa	107	28.4
연신율, %	8	10
굴곡 탄성률, GPa	11.8	1.67
선 팽창 계수, °C^{-1}	0	4.5×10^{-5}

위의 반복 단위를 가지는 액정의 거동은 명백하게 방향족 사슬에 의해 향상된다. 페닐 고리는 회전을 억제하여 견고하고 딱딱한 연신 사슬의 특성을 보이며, 거의 평면적이고 또 다른 페닐과 적층하기 쉽기 때문에, 액체와 고체 상태에서 넓은 범위에 걸쳐 규칙성이 향상된다.

열방성, 유방성 액정은 온도와 용매가 각각 변화되기 때문에 가역적인 방식으로 거동한다. 결정은 가역적으로 부서지고 재형성되기 때문에, 그 분자 배열이 잘 정렬된 상태에서 비정질로 변화된다. 이러한 종류의 고분자 결정들은 액정 디스플레이(LCD)의 형태로 전자 분야에서 다양한 용도로 사용되고 있다. 이러한 결정은 열, 전기, 또는 용액 성질의 변화에 따라 생길 수도, 없어질 수도 있다. 고분자가 결정에서 비정질로 변할 때의 불투명/투명 전이의 장점을 이용하여 투과형 표시 장치를 보이게 하거나 또는 안보이게 막을 수 있다(또는 많은 계산을 통해 반사광의 패턴을 교대로 바꿔 준다).

문제

1 식 4.1을 유도하시오.

2 X-선 회절 분석을 통해 25°C에서 폴리에틸렌이 a=0.7417 nm, b=0.4945 nm, c=0.2547 nm의 격자 상수를 가지는 체심 사방정계 단위정으로 결정화된다는 것을 알 수 있다. a, b, c축은 서로 직각이다. 사슬 축은 c방향과 일치하고 단위정당 2개의 반복 단위가 있다(하나는 중심에 놓여져 있고, 각 네 모서리에 1/4씩 존재한다). 폴리에틸렌의 결정 밀도를 계산하시오.

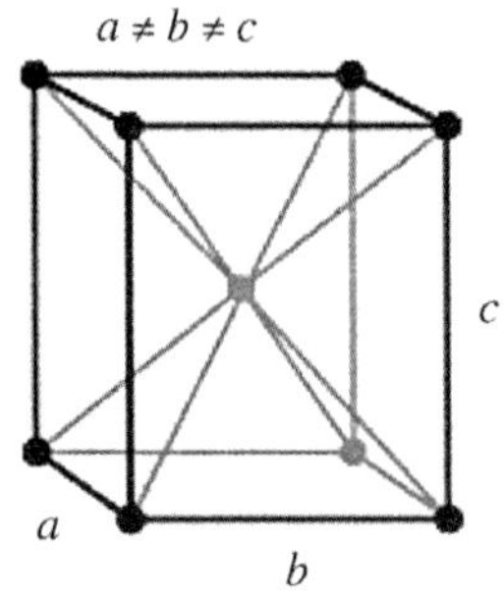

3 녹는점 이상에서의 값으로부터 외삽함으로써 25°C에서 비정질 폴리에틸렌의 밀도는 0.855 g/cm^3로 측정되었다. 이 값과 문제 4.2에 대한 답을 이용하여 다음을 측정하시오.

(a) 0.93 g/cm^3 폴리에틸렌 시료의 결정화도

(b) 72% 결정성 폴리에틸렌 시료의 밀도

4 100% 결정성 고분자의 이론적인 용융 엔탈피를 알고 있다고 가정하시오. 용융 엔탈피를 측정함으로써 실제 시료의 결정화도를 어떻게 구할 수 있는지 설명하시오.

5 표 4.1에서 '가지화 정도, CH_3기 수/탄소 원자 1000개' 항목은 같은 밀도를 갖는 폴리(에틸렌-*co*-프로필렌) 시료에 대한 그 수를 계산함으로써 구할 수 있다. 65%(무게) 에틸렌-35% 프로필렌 공중합체에서, 1000개 주사슬 C 원자당 몇 개의 CH_3 그룹이 존재하는가? 이 공중합체, 즉 에틸렌-프로필렌 고무(EPR)는 완전히 비정질이다. (**참고**: 사슬의 말단기는 무시해도 된다.)

6 금속이나 세라믹을 주로 다루는 전통적인 재료과학 개론 책에는 상당 부분을 결정 구조와 결정 결합에 대해 설명하고 있다. 이러한 주제들이 고분자에서도 다루어지지만, 여기서는 거의 언급되지 않았다. 고분자에서는 이것들이 왜 덜 중요한가?

7 식 4.1은 (준)결정질 고분자의 밀도와 구성 성분, 그리고 각 상의 밀도와 관련이 있다. 결정질 고분자의 인장 탄성률 E와 각 상의 인장 탄성률 E_c, E_a의 관계를 나타내는 두 가지 간단한 모델을 전개하시오. 각 상의 밀도와 % 결정화도는 주어져 있다. 각각의 모델은 두 상이 층상 구조를 이루고 있는 것으로 가정하시오(물론 이것은 너무 단순한 가정이다). 모델 하나에서는 그 층들이 가해진 응력의 수직 방향에 있다고 가정하고, 다른 하나에서는 그 응력에 평행하다고 가정한다.

8 케블라(4.7절)와 연신 사슬의 선형 폴리에틸렌(4.2절) 섬유 모두는 대단히 높은 값의 연신 사슬 결정화도를 가지고 있지만, 전자는 후자보다 약간 더 강하다. 왜 그러한가?

9 순수 나일론 6,6(2장, 예제 4E)은 불투명하다. 그러나 아이소프탈산(2개의 산 그룹이 페닐 고리의 메타 위치에 배열된 다이엇기산)이 아디프산으로 대체된다면, 그 고분자는 투명하다. 이를 설명하시오.

10 완전히 투명한 두 고분자가 물리적으로 섞여 있다. 이 혼합물 역시 완전히 투명하다. 이것은 무엇을 의미하는가? **힌트**: 한 가지 이상의 가능성이 있다.

참고문헌

[1] Schultz. J.M., *Polymer Material Science*, Prentice-Hall, Englewood Cliffs, NJ, 1974.

[2] Wunderlich, B., *Macromolecular Physics*, Vol. 1, *Crystal Structure*, *Morphology*, *Defects*, Academic, New York, 1973.

[3] Tadukoru, H. *Structure of Crystalline Polymers*, Wiley-Interscience, New York, 1979.

[4] Mandlekern, L. Chapter 4 in *Physical Properties of Polymers*, American Chemical Society, Washington, DC, 1984.

[5] Bovey, F.A., Chapter 5 in *Macromolecules: An Introduction to Polymers Science*, F.A. Boveyand F.H. Winslow (eds), Academic, New York, 1979.

[6] Geil, P.H., *Polymer Single Crystals*, Interscience, New York, 1963.

[7] Oppenlander, G.C., *Science* 159, 1311 (1968).

[8] Southern, J.H. and R.S. Porter, *J. Appl. Polym. Sci.* **14**, 2305 (1970); *J. Macromol. Sci. Phys.* **B4**, 541 (1970).

[9] Kavesh, S. and D.C. Prevorsek. U.S. Patent 4,413,110.

[10] Pennings, A.J., *J. Polym. Sci.* (*Symposia*) **59**, 55 (1977).

[11] Weiss R.A. and C.K. Ober (eds). *Liquid-Crystalline Polymers*, American Chemical Society, Washington, DC, 1990.

[12] Blumstein, A. (ed.) *Liquid Crystalline Order in Polymers*, Academic, New York, 1978.

[13] DuPont product literature.

[14] Menges, G. and G. Hahn, *Modern Plastics*, October 1981, p. 56.

5장

분자량 분석

5.1 도입

자연적으로 발생하는 고분자(예를 들면 단백질과 DNA)를 제외한 모든 고분자는 다양한 사슬 길이의 분포를 가지는 분자들로 구성된다. 물과 같이 명확한 구조(H_2O)와 분자량(18)을 가지는 분자에 비해, 한 시료를 이루는 고분자 사슬은 다양한 범위의 분자량을 가지는 분자들로 구성된다. 예를 들어 폴리(에틸렌 글리콜) 또는 PEG는 약 400의 분자량 범위를 가지는 것(실제로 약 9개의 반복 단위의 올리고머)이 종종 사용되며, PEG는 점성이 있는 액체인 반면, 분자량이 증가할수록 왁스와 같이 단단해지고(약 600), 고체 분말 형태를 형성할 수 있다(약 3000). 분자량은 고분자의 기계적, 화학적 성질과 크게 관련 있기 때문에, 전체적인 분자량의 분포에 대해서 정량적으로 분석하거나, 적어도 이러한 물질들의 평균 사슬 길이 또는 분자량을 정의하고 측정하는 것이 필요하다. 고분자의 기계적 성질에 미치는 분자량의 영향과 분자량의 분포에 관한 자세한 보고서들을 이용하길 바란다[1,2].

먼저, 사슬 길이 x와 반복 단위의 화학적 조성이 주어진 경우(반복 단위의 분자량은 M_r), 단일 고분자 사슬의 분자량 M을 쉽게 구할 수 있다.

$$M = xM_r \tag{5.1}$$

사슬 길이와 중합도는 통용하여 사용할 수 있으며, 둘다 x로 표현될 수 있음을 숙지하라.

고분자 사슬들의 집단을 생각할 때 평균 분자량을 반드시 고려해야 한다. 그러나 평균 분자량을 결정하는 방법은 사용자에 달려 있다. 보통 평균적으로(예로, 반에서 당신의 성적이라면), 각각의 사슬 분자량(또는 점수)을 더하고 사슬의 숫자(또는 과목 수)로 나눈다.

Fundamental Principles of Polymeric Materials, Third Edition. Christopher S. Brazel and Stephen L. Rosen.

$$M = W/N = \text{총 무게/사슬의 총 수} \tag{5.2}$$

이것은 분자량을 계산하는 지극히 타당한 방법이지만, 고분자가 어떻게 거동하는지 정확히 알기 위해서는 통계와 분포 방식 등을 고려해야 한다. 그러므로 이번 장에서는 분자량을 계산하는 여러 가지 방법들에 대해 논하고 분포도를 소개하며, 고분자 시료의 평균 분자량을 측정하거나 예측하는 데 사용되는 실험적 방법을 논의하겠다.

5.2 평균 분자량

대부분의 고분자가 분자량의 분포를 가지고 있기 때문에 **수평균**(*number-average*) 분자량 $\overline{M}_n$은 식 5.3과 같은 방식으로 정의될 수 있다.

$$\overline{M}_n = \frac{W}{N} = \frac{\sum_{x=1}^{\infty} n_x M_x}{\sum_{x=1}^{\infty} n_x} = \frac{n_1 M_1}{\sum n_x} + \frac{n_2 M_2}{\sum n_x} + \cdots = \sum_{x=1}^{\infty}\left(\frac{n_x}{N}\right) M_x \tag{5.3}$$

여기서, $W = \text{총 시료 무게} = \sum_{x=1}^{\infty} w_x = \sum_{x=1}^{\infty} n_x M_x$

$w_x = x$체(x-mer)의 총 무게

$N = \text{시료의 총 몰수(모든 크기의)} = \sum_{x=1}^{\infty} n_x$

$n_x = x$체(x-mer)의 몰수

$M_x = x$체(x-mer)의 분자량

$(n_x/N) = x$체(x-mer)의 몰분율

이 식이 복잡해 보이지만, 직접 사용해 보면 고분자 시료에서 모든 사슬의 평균 길이를 제공하는 점만 제외하면, 평균 점수 산출에 사용되는 일반식이라는 것을 알 수 있다. 사슬의 크기와 상관없이, 무게를 알고 있는 시료 내에 존재하는 몰수를 결정하는 분석 방법을 통해 수평균 분자량을 알 수 있다.

어떤 시료 내에 존재하는 각 크기의 분자 몰수를 세는 것보다는 각 크기 수준에서 존재하는 분자의 무게(중량)를 이용하여 평균을 정의하는 것이 가능하다. 이것이 무게 평균 분자량 $\overline{M}_w$이다. 큰 사슬은 작은 크기의 사슬보다 고분자의 강도 향상에 더 큰 기여를 하기 때문에 $\overline{M}_w$는 큰 분자량 사슬에 중점을 두며, 고분자의 기계적 성질을 평가할 때 특히 유용하다.

세 개의 사과와 다섯 개의 오렌지, 포도 한 송이가 들어 있는 그릇을 생각해 보자. 만약 포도알 하나를 개별적인 과일이라고 가정하면, 평균 크기('수평균 분자량')는 하나의 포도 알 크기에 가까워질 것이다. 하지만 그릇 내 질량의 대부분은 큰 사과와 오렌지 때문이므로, 무게 평균 크기는 큰 과일이 더 많은 질량을 차지하는 것으로 표현될 것이다. 고분자에 대한 무게 평균 분자량 $\overline{M}_w$는 다음과 같다.

$$\overline{M}_w = \frac{\sum w_x M_x}{\sum w_x} = \frac{w_1 M_1}{\sum w_x} + \frac{w_2 M_2}{\sum w_x} + \cdots = \sum \left(\frac{w_x}{W}\right) M_x = \frac{\sum n_x M_x^2}{\sum n_x M_x} \tag{5.4}$$

주어진 크기에서 각 분자의 무게를 구하면 무게 평균 분자량이 계산된다. 따라서 $\overline{M}_w$는 $\overline{M}_n$보다 크며 사과와 오렌지의 크기에 가까울 것이다.

수평균 분자량은 분자량 분포의 **첫 번째 구간**(*first moment*)이며 역학에서의 무게 중심(질량 분포의 첫 구간)과 유사하다. 분자량 분포의 **두 번째 구간**(*second moment*)인 무게 평균 분자량은 역학에서의 선회 반경에 상응한다. **세 번째 구간**(*third moment*)과 같은 더 높은 구간, 예를 들어 $\overline{M}_z$ 역시 정의되고 종종 사용된다.

식 5.1과 연관지어 볼 때 분자량보다는 사슬 길이 x 또는 중합도로 고분자의 크기를 나타내는 것이 편리할 때가 종종 있다. 따라서 $\bar{x}_n$과 $\bar{x}_w$도 평균 고분자 크기를 나타내는 데 사용될 수 있다.

$$M_x = mx \tag{5.5a}$$

$$\overline{M}_n = m\bar{x}_n \tag{5.5b}$$

$$\overline{M}_w = m\bar{x}_w \tag{5.5c}$$

여기서 m = 반복 단위의 분자량(M_r이라 불리기도 함)
$\bar{x}_n$= 수평균 중합도 또는 사슬 길이
$\bar{x}_w$= 무게 평균 중합도 또는 사슬 길이

(이러한 관계에서 분자의 말단기와 반복 단위 간의 차이는 무시된다. 말단기는 보통 큰 고분자에서 중요한 부분을 차지하지 않기 때문에 대부분의 경우에 무시되는 것이 타당하다.) 공중합체에 대해서도 이러한 관계를 적용할 수 있지만, 사슬 내에 있는 반복 단위의 평균 조성을 반영하기 위해서는 m이 수정되어야 한다. 사슬 길이를 이용하면, 식 5.3과 5.4는 다음과 같이 된다.

$$\bar{x}_n = \frac{\sum n_x x}{\sum n_x} = \sum \left(\frac{n_x}{N}\right) x \tag{5.3a}$$

$$\bar{x}_w = \frac{\sum n_x x^2}{\sum n_x x} = \sum \left(\frac{w_x}{W}\right) x \tag{5.4a}$$

$\overline{M}_w \geq \overline{M}_n$ ($\bar{x}_w \geq \bar{x}_n$)임을 알 수 있다. 모든 사슬이 정확히 같은 길이를 가지는 **단분산**

(*monodisperse*) 고분자인 경우에만 이 평균들은 같다. 비율 $\overline{M}_w/\overline{M}_n = \bar{x}_w/\bar{x}_n$은 **다분산 지수** (*polydispersity index*, PI)로 알려져 있다. PI는 분자량 분포의 폭의 척도이다. 단분산 시료는 1.0의 PI 값을 갖지만, 음이온 부가 반응에 의해 합성된 고분자는 1.02 값을 가지며, 몇몇 상업적 고분자의 경우 50 이상의 값을 갖기도 한다.

예제 5.1 단분산으로 분리한 선형 폴리(메틸 메타크릴레이트)(PMMA) A와 B의 분자량이 각각 100,000과 400,000이다. 혼합물 1은 무게 비율로 A와 B가 1:2로 이루어져 있다. 혼합물 2는 무게 비율로 A와 B가 2:1로 이루어져 있다. 혼합물 1과 2의 무게 평균 분자량과 수평균 분자량을 구하고 각각의 중합도를 구하시오. PMMA의 반복 단위는 $CH_2C(CH_3)COOCH_3$이고 분자량 m은 100이다.

풀이 혼합물 1에 대해

$$n_A = \frac{1}{100{,}000} = 1 \times 10^{-5}$$

$$n_B = \frac{2}{400{,}000} = 0.5 \times 10^{-5}$$

$$\overline{M}_n = \frac{\sum n_i M_i}{\sum n_i} = \frac{(1 \times 10^{-5})(10^5) + (0.5 \times 10^{-5})(4 \times 10^5)}{1 \times 10^{-5} + 0.5 \times 10^{-5}} = 2.0 \times 10^5$$

$$\overline{M}_w = \sum \left(\frac{w_i}{W}\right) M_i = \frac{1}{3}(1 \times 10^5) + \frac{2}{3}(4 \times 10^5) = 3 \times 10^5$$

PMMA의 $m = 100$이므로

5.5*b*와 5.5*c*에 의해

$$\bar{x}_w = \overline{M}_w/m = 3.0 \times 10^5/100 = 3.0 \times 10^3$$

$$\bar{x}_n = \overline{M}_n/m = 2.0 \times 10^5/100 = 2.0 \times 10^3$$

혼합물 2에 대해

$$n_A = \frac{2}{100{,}000} = 2 \times 10^{-5}$$

$$n_B = \frac{1}{400{,}000} = 0.25 \times 10^{-5}$$

$$\overline{M}_n = \frac{(2 \times 10^{-5})(10^5) + (0.25 \times 10^{-5})(4 \times 10^5)}{2 \times 10^{-5} + 0.25 \times 10^{-5}} = 1.33 \times 10^5$$

$$\overline{M}_w = \frac{2}{3}(1 \times 10^5) + \frac{1}{3}(4 \times 10^5) = 2 \times 10^5$$

또다시 PMMA의 $m = 100$이므로

$$\bar{x}_w = \overline{M}_w/m = 2 \times 10^5/100 = 2.0 \times 10^3$$

$$\bar{x}_n = \overline{M}_n/m = 1.33 \times 10^5/100 = 1.33 \times 10^3$$

예제 5.2 두 **다분산**(*polydisperse*) 시료들이 동일한 무게로 섞여 있다. 시료 A는 $\overline{M}_n$=100,000이고 $\overline{M}_w$=200,000이다. 시료 B는 $\overline{M}_n$=200,000이고 $\overline{M}_w$=400,000이다. 혼합물의 $\overline{M}_n$과 $\overline{M}_w$는 얼마인가?

풀이 먼저, 혼합물의 평균을 구하기 위한 일반적인 식을 유도해 보자.

$$\overline{M}_n \equiv \frac{W}{N} = \frac{\sum_i W_i}{\sum_i N_i}$$

여기서 첨자 i는 혼합물의 다양한 다분산 성분들을 가리킨다. 주어진 성분에 대하여,

$$N_i = \frac{W_i}{\overline{M}_{ni}}$$

$$\overline{M}_n(\text{혼합물}) = \frac{\sum_i W_i}{\sum_i (W_i/\overline{M}_{ni})} \tag{5.6}$$

$$\overline{M}_w = \frac{\sum w_x M_x}{W} = \frac{\sum_i \left(\sum_i w_x M_x\right)_i}{\sum_i W_i}$$

$$\overline{M}_{wi} = \frac{\left(\sum_x w_x M_x\right)_i}{W_i}$$

$$\overline{M}_w(\text{혼합물}) = \frac{\sum_i (\overline{M}_{wi} W_i)}{\sum_i W_i} = \sum_i \left(\frac{w_i}{\sum_i W_i}\right) \overline{M}_{wi} \tag{5.7}$$

여기서 $(w_i/\Sigma W_i)$은 혼합물 내 성분 i의 무게 분율이다. 이 경우에 W_A=1 g, W_B=1 g이라고 하자. 그러면

$$\overline{M}_n = \frac{W_A + W_B}{(W_A/\overline{M}_{n_A}) + (W_B/\overline{M}_{n_B})} = \frac{1+1}{(1/10^5) + (1/2 \times 10^5)} = 133{,}000$$

$$\overline{M}_w = \left(\frac{W_A}{W_A + W_B}\right)\overline{M}_{W_A} + \left(\frac{W_B}{W_A + W_B}\right)\overline{M}_{W_B}$$

$$= \left(\frac{1}{2}\right) 2 \times 10^5 + \left(\frac{1}{2}\right) 4 \times 10^5 = 300{,}000$$

혼합물 각 성분의 다분산 지수가 2.0이어도, 혼합물의 PI는 더 큰 값인 2.25임에 주의하라.

5.3 평균 분자량의 결정

고분자 시료 내 각 사슬의 분자량을 알고 있다면 모든 것이 쉬워질 것이지만, 이것을 측정하기는 매우 어렵다. 이러한 시도를 통해, 고분자의 분자량을 측정하거나 적어도 추정하는 여러 가지 다른 기술들이 발전해왔다[3]. 이 절에서는 분자량을 측정하는 일반적인 방법에 대해 다루고, 기기의 작동에 대한 개요와 (바라건대) 기기와 관련된 장점 및 한계에 대해 다루겠다.

일반적으로 평균 분자량의 측정 기술은 절대적인 방법과 상대적인 방법, 두 가지 범주로 나뉜다. 전자에서는 측정된 값이 이론적으로 평균 분자량과 바로 연관되고, 후자에서는 측정값이 분자량과 연관될 수는 있지만 정확한 관계는 절대적인 방법 중 하나를 이용하여 보정에 의해 계산되어야 한다.

이러한 기술들을 분류하는 또 다른 중요한 방법은 평균 분자량의 유형, 즉 $\overline{M}_n$ 또는 $\overline{M}_w$(또는 점도 평균 분자량 $\overline{M}_v$)이다. 분자량의 또 다른 유형인 가교 결합 간 분자량 $\overline{M}_c$는 가교 구조의 고분자에만 적용되며, 이에 대해서는 뒷장에서 논의한다. 이번 장에서 다루는 기술들과 그에 따라 결정되는 고분자 분자량의 종류는 표 5.1에 나와 있다.

5.3.1 절대적 방법

이 방법들은 한 시료에서 사슬의 총 몰수 N을 결정한다. 총 시료 무게 W를 알고 있다면, 다음과 같다.

$$\overline{M}_n = \frac{W}{N} \tag{5.8}$$

표 5.1 고분자의 평균 분자량을 결정하는 방법들[5]

방법	측정되는 분자량의 종류
말단기 분석법	$\overline{M}_n$
끓는점 오름	$\overline{M}_n$
어는점 내림	$\overline{M}_n$
삼투압	$\overline{M}_n$
빛산란	$\overline{M}_w$
초원심 분리(침전)	$\overline{M}_w$
점도 측정	$\overline{M}_v$
젤 투과 크로마토그래피	$\overline{M}_n$, $\overline{M}_w$, MWD 및 PI

5.3.1.1 말단기 분석법 고분자 사슬에 달린 말단기의 화학적 성질을 알고 있다면(축합 중합체의 경우와 같이), 표준 분석 기술법을 이용하여 말단기의 농도, 즉 고분자의 농도를 측정하고, 이를 이용하여 수평균 분자량을 직접적으로 구할 수 있다. 예를 들어, 화학량론적으로 등가인 단량체들을 회분식 반응에서 제조하는 선형 폴리에스터의 경우, 평균적으로 분자당 하나의 반응하지 않은 산기와 하나의 반응하지 않은 −OH기가 존재한다. 이 그룹들은 때때로 적절한 적정에 의해 분석될 수 있다. 만약에 한 부가 중합체가 불균화 반응에 의해 종결된다면(9장 참조), 두 고분자마다 하나의 이중 결합이 존재할 것이며, 이는 할로젠화 측정 또는 적외선 측정에 의해 정량적으로 검출될 것이다. 또 다른 가능한 방법으로는 방사성 인식이 가능한 개시제를 사용하여 각 사슬의 말단에 남아 있는 개시제의 양을 검출하는 것이다. 이러한 방법들은 말단기의 특성(화학적 구조)을 알아야 한다는 필요조건 외에도 한 가지 단점이 있다. 분자량이 증가할수록 말단기의 농도(단위 부피당 수)는 감소하고, 이에 따라 측정 결과에 대한 민감도가 급격하게 떨어진다. 이러한 이유 때문에 이 방법은 일반적으로 $\overline{M}_n < 10{,}000$ 범위의 작은 고분자로만 제한된다.

5.3.1.2 총괄성(colligative property) 측정 어떤 액체에 염을 첨가할 경우, 끓는점 오름이나 어는점 내림을 야기할 수 있다는 것을 일반화학 수업 시간에 들어보았을 것이다. 한 용매에 용질이 첨가될 때 이는 용매의 활동도(activity)와 화학 퍼텐셜(chemical potential)(부분 몰랄 Gibbs 자유 에너지)의 변화를 야기한다. 이 변화의 크기는 용질의 농도와 직접적인 관련이 있다. 예를 들어, 순수한 물이 끓을 때 액체와, 이것과 평형에 있는 증기의 화학 퍼텐셜은 같다. 만약 물에 소금이 첨가되면, 액체 상태인 물의 화학 퍼텐셜이 낮아진다. 소금물 위에 있는 순수한 수증기와의 평형을 회복하기 위해서, 계의 온도는 올라가야 하고 이에 따라 끓는점 오름이 야기된다. 같은 방식으로 에틸렌 글리콜 부동액을 첨가할 경우에는 물의 어는점이 낮아진다.

어는점 내림, 끓는점 오름, 그리고 세 번째 방법인 삼투압은 용액의 단위 부피당 고분자의 몰수를 결정하는 데 사용될 수 있고, 그로부터 수평균 분자량을 구할 수 있다. 세 가지 방법에 대한 적절한 열역학 식이 아래에 있다.

$$\lim_{c \to 0} \frac{\Delta T_b}{c} = \frac{RT^2}{\rho \Delta H_v \overline{M}_n} \quad \text{(끓는점 오름)} \tag{5.9}$$

$$\lim_{c \to 0} \frac{\Delta T_f}{c} = \frac{-RT^2}{\rho \Delta H_f \overline{M}_n} \quad \text{(어는점 내림)} \tag{5.10}$$

$$\lim_{c \to 0} \frac{\pi}{c} = \frac{RT}{\overline{M}_n} \quad \text{(삼투압)} \tag{5.11}$$

여기서

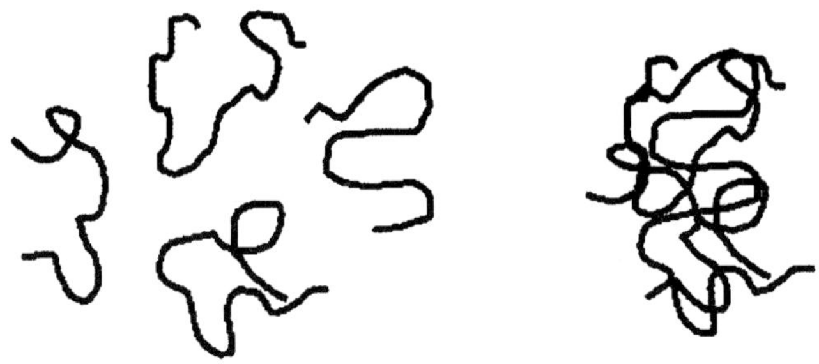

(a) (b)

그림 5.1 (a) 사슬 간 상호작용이 없는 묽은 용액에서의 고분자 사슬(사슬 내 상호작용은 있을 수 있다), (b) 사슬 간 상당한 상호작용이 있는 진한 고분자 용액.

c = 용질(고분자 농도), 질량/부피

T = 절대 온도

R = 기체 상수

ΔH_v = 용매의 증발 엔탈피

ΔH_f = 용매의 융해 엔탈피

ΔT_b = 끓는점 오름

ΔT_f = 어는점 내림

π = 삼투압

ρ = 밀도

열역학 식은 이상 용액, 즉 용질이 무한히 희석된 상태인 이상 용액에만 적용된다는 것에 주목해야 한다. 실제로, 농도 c가 1 wt% 미만이라면, 대부분의 경우 묽은(희석) 용액이라고 가정할 수 있다. 이 기술을 적용하기 위해서는 고분자가 양(좋은)용매에서는 완전히 용해되고, 반면에 나쁜 용매에서는 침전되어야 한다. 충분히 묽은 용액이 아닌 경우, 고분자 사슬들이 용액 내에서 상호작용하여(그림 5.1) 분자량 측정에 심각한 오류를 범하게 된다. 각각의 식에서, 서로 다른 농도에서 수집된 값을 농도에 대해 도시할 수 있으며, $c = 0$에서의 값을 이용하여 $\overline{M}_n$을 구할 수 있다.

어는점 내림과 끓는점 오름은 아주 작은 온도 차이를 정확하게 측정하는 것을 요구한다. 이 방법이 가끔 사용될 수는 있지만, 작은 온도 차이를 정확히 측정해야 하는 어려움 때문에 넓은 범위의 적용에 한계가 있다. 예를 들어, 0.0002°C의 ΔT_f는 25,000의 분자량을 가지는 고분자에서만 관찰될 수 있는 변화일 것이다. 반면에, 삼투압은 $\overline{M}_n$을 결정하는 데 가장 흔히 사용되는 절대적 방법이다. 그림 5.2에 삼투압 측정 시스템의 개략도가 나와 있다. 용액 용기와 용매 용기는 '반투'막에 의해 분리되며, 이것은 이상적으로 용매 분자

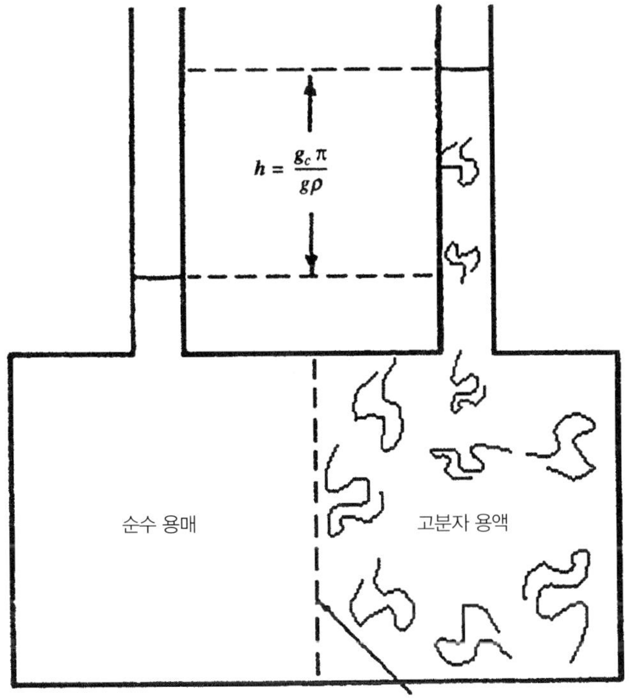

그림 5.2 삼투압계의 개략도.

만 통과시키고 용질 분자는 통과시키지 않는다. 용매는 막을 통과하여 묽은 용액으로 흐른다. 이것은 엔트로피를 증가시키기 위한 계의 자연적인 현상의 결과이며, 이를 통해 용액이 희석된다. 이러한 희석은 용액 용기 내의 압력이 증가하고 평형에 도달할 때까지 계속된다. 이 시점에서 두 용기에 있는 용매의 화학 퍼텐셜이 같고, 용기 사이의 압력 차이가 삼투압 π가 된다. 각각의 다양한 농도에서 측정하여 (π/c) 대 c의 그래프를 그리고 농도가 0일 때를 외삽함으로써, 식 5.11을 통해 수평균 분자량을 구할 수 있다.

막 삼투압 측정의 주요 어려움 중 하나는 적절한 반투막을 찾는 것이다. 보통의 셀로판이나 이것을 개질한 제품이 흔히 사용된다. 하지만 불행하게도 막이 너무 구조적으로 조밀하여 저분자량 사슬이 통과하지 못한다면, 용매의 통과 속도는 느리고 이에 따라 평형에 도달하는 시간이 오래 걸린다. 실제로 모든 막은 어떤 분포 내에 있는 저분자량의 일부 고분자만을 통과시킨다. 또한 평균 분자량이 증가할수록 π는 증가하여, 측정의 정확도 또한 감소한다. 이러한 요소들로 인해, 삼투압 측정 범위가 대개 $50{,}000 < \overline{M}_n < 1{,}000{,}000$으로 제한된다.

고속의 자동화된 막 삼투압계를 사용하면, 용기 내 각각의 유체 부피를 관찰할 수 있고, 외부에서 용액 용기에 삼투압을 가하여 용기 내의 용액이 흐르지 않게 할 수 있다. 이 방법은 막을 통과하는 흐름이 필요하지 않기 때문에, 측정 시간을 며칠에서 몇 시간 심지어 몇 분까지로 줄일 수 있다.

또 다른 관련된 총괄성 기법은 증기압 삼투압 측정이다. 순수 용매 저장소가 있는 항온 용기 안에 두 개의 서미스터(thermistor)를 배치하여 용매 증기로 대기를 포화시킨다. 용매 한 방울을 하나의 서미스터 위에 떨어뜨리고, 고분자 용액 한 방울을 다른 서미스터 위에 떨어뜨린다. 용액 내에서 용매의 낮은 화학 퍼텐셜 때문에 용매 증기는 용액 방울 위에서 응축하는데, 이때 응축열이 배출되어 순수 용매 방울에 비해 용액 방울은 상대적으로 따뜻해진다. 원칙적으로는 평형 ΔT는 열역학적으로 용액의 몰농도와 관련이 있으며, 이에 따라서 $\overline{M}_n$의 계산이 가능하다. 실제로는 열손실(주로 서미스터 납에 따른)로 인해, 상대적 기법(절대적 방법이 아니라)을 적용하여 기기를 보정해야 정확한 결과를 얻을 수 있다. 기본적으로 상용 기기에서는 $\overline{M}_n$의 최댓값이 40,000~50,000으로 제한된다[4].

5.3.1.3 무게 평균 측정 기법 지금까지 논의된 절대적 방법에서는 분자의 모양이나 크기에 관계없이, 용액의 단위 부피당 존재하는 분자의 수가 중요하였다. 또 다른 방법으로는 용액 내 분자의 평균 질량과 관계 있는 양을 측정하며, 그에 따라서 무게 평균 분자량을 구하는 것이다. 가장 일반적인 방법 중 하나는 **빛산란**(*light scattering*)이고, 이는 고분자에 의해 산란된 빛의 세기는 다른 인자들 중에서도 고분자 질량의 제곱에 비례한다는 사실을 토대로 하고 있다. 빛산란 측광기를 이용하여 산란된 빛의 세기를 산란각의 함수로서 측정한다(그림 5.3). 몇 가지 농도에서 측정이 이루어진다. 각도 0과 농도 0으로의 이중 외삽법(**Zimm 플롯법**(*Zimm plot*)으로 알려진)과 농도에 대한 용액의 굴절률의 상관성에 의해 $\overline{M}_w$를 구할 수 있다. 이 기법을 통해, 용매와 고분자의 상호작용 및 용액 내 고분자의 배열에 대한 정보를 얻을 수 있다. 이는 빛이 산란되는 양이 입자의 크기에 의존하기 때문이다. 빛산란 기법은 일반적으로 $10{,}000 < \overline{M}_w < 10{,}000{,}000$ 범위로 광범위하게 적용될 수 있다. 무게 평균 분자량은 초원심 분리기에 의해서도 얻을 수 있는데, 원심력장 내의 질량에 따라 분자가 분포된다.

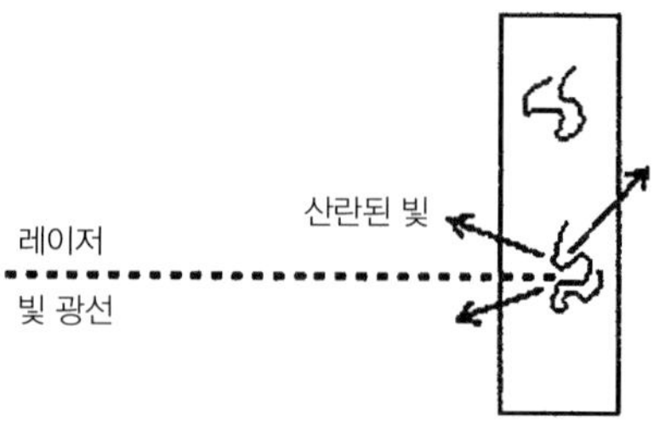

그림 5.3 묽은 용액 내 고분자의 $\overline{M}_w$를 측정하는 빛산란 실험.

빛산란과 침전(원심 분리에 의한) 기법(다음에서 설명할 대부분의 상대적인 방법들뿐만 아니라)으로 분자량을 정확히 측정하기 위해서는 묽은 용액이 필요하다는 것을 주목해야 한다. 만약 두 개의 고분자가 서로 엉켜 있다면 그 고분자들은 하나의 분자로 보일 것이고 더 높은 분자량의 결과로 왜곡될 것이다(이것이 많은 방법들에서 농도 0으로 외삽해야 하는 이유이다).

5.3.2 상대적 방법

여기서 논의될 분자량 측정 방법은 실험적으로 측정된 양으로부터 알려진 이론적 관계식을 이용하여 직접적으로 평균 분자량을 계산하는 것이다. 그러나 가끔 이 관계식이 알려져 있지 않고, 비록 분자량과 관련이 있다고 알려진 어떤 것이 측정된다 하더라도, 위에서 언급한 절대적 방법 중 하나를 사용하여 값을 보정해야 한다.

딱 들어맞는 사례가 용액의 점도이다. 상대적으로 적은 양의 고분자가 용해되었어도 점도가 크게 증가할 수 있다는 것은 잘 알려져 있다(젤로(Jell O®)를 만들어 본 적이 있는가?). 다른 조건들이 같다고 할 때, 큰 분자들은 작은 분자들보다 흐름을 더 방해할 것이고 더 높은 점도가 생기게 할 것이다. 고분자와 용매 사이의 상호작용은 용액 내 고분자의 배열과 고분자 사이의 엉키는 현상(entanglement)에 영향을 미치기 때문에, 용액의 점도는 용매의 점도, 온도, 용질의 농도뿐만 아니라 고분자와 용매의 종류에 따라 변할 것이다. 다음과 같이 함수 형태로 쓸 수 있다.

$$\eta = \eta(\eta_s, T, \text{고분자}, \text{용매}, c, \text{엉킴}, M)$$

여기서 η = 용액의 점도

η_s = 순수 용매의 점도

비점도(*specific viscosity*) η_{sp}를 이용하여 첨가된 용질(고분자)에 의한 부분적 점도 증가를 계산할 수 있고, 이를 통해 용매의 점도에 대한 영향을 제거할 수 있다.

$$\eta_{sp} = \frac{\eta - \eta_s}{\eta_s} = \frac{\eta}{\eta_s} - 1 = \eta_r - 1 \tag{5.12}$$

여기서 $\eta_r = \eta/\eta_s$은 **상대 점도**(*relative viscosity*)로 알려져 있다. 비슷하게, 비점도를 농도로 나눠 줌으로써 농도에 대해 정규화할 수 있으며, 이를 통해 **환원 점도**(*reduced viscosity*) η_{red}를 구할 수 있다.

$$\eta_{red} = \frac{\eta_{sp}}{c} = \frac{(\eta/\eta_s) - 1}{c} \tag{5.13}$$

점도에 미치는 엉킴의 영향을 제거하기 위해, 환원 점도를 농도 0으로 외삽하면 **고유 점도**(*intrinsic viscosity*) $[\eta]$를 구할 수 있다.

$$[\eta] = \lim_{c \to 0} \frac{(\eta/\eta_s) - 1}{c} \tag{5.14}$$

그리고 고유 점도는 용액 내 고분자의 분자량, 고분자–용매 계, 그리고 온도의 함수이어야 한다. 만약 특정한 고분자에 대해 특정 용매를 사용하여 일정한 온도에서 측정한다면, 고유 점도는 고분자의 분자량과 정량적으로 관련되어야만 한다.

Huggins는 묽은 고분자 용액(η_r<2)에 대한 환원 점도와 농도 간의 관계식을 제안하였다.

$$\frac{\eta_{sp}}{c} = [\eta] + k'[\eta]^2 c \quad \text{(Huggins 식)} \tag{5.15}$$

매우 흥미롭게도, k'은 다양한 고분자–용매 계에서 대략 0.4인 것으로 알려져 있는데, 이는 만약 고유 점도를 알고 있다면 농도에 대한 묽은 용액의 점도를 추정하는 편리한 수단으로 사용된다. **내재 점도**(*inherent viscosity*, η_{inh})의 정의에서 상대 점도의 자연 로그를 멱급수로 확장함으로써, Huggins 식과 비슷한 다음의 형태로 나타낼 수 있을 것이다.

$$\eta_{inh} = \frac{\ln \eta_r}{c} = [\eta] + k''[\eta]^2 c \tag{5.16}$$

여기서 $k'' = k' - 0.5$이다.

식 5.14에서의 고유 점도는 아래와 같은 다른 형태로 정의될 수 있다.

$$[\eta] = \lim_{c \to 0} \eta_{inh} = \lim_{c \to 0} \left[\frac{\ln(\eta/\eta_s)}{c}\right] \tag{5.17}$$

환원 점도와 내재 점도의 그래프는 식 5.16과 식 5.17에 따라, 적어도 낮은 농도에서는 농도와 선형 관계를 이루고, 고유 점도라는 공통적인 절편 값을 가진다(그림 5.4). 고분자 전해질에 따라서 예외가 발생하는데, 이것은 농도에 따라 이온화 정도와 이에 따른 고분자의 화학적 성질이 변화하기 때문이다.

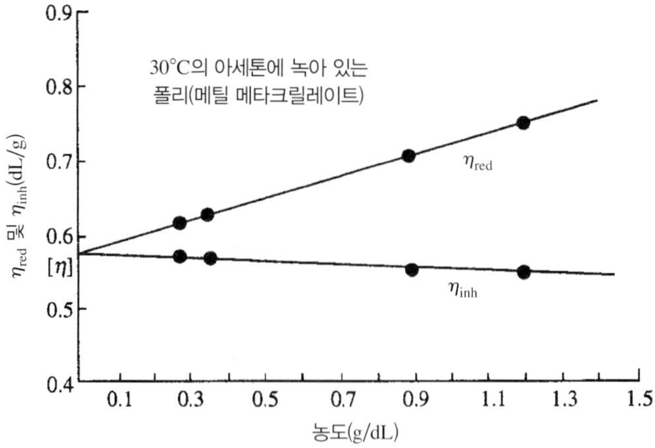

그림 5.4 고유 점도를 결정하기 위한 그래프(예제 5.3).

표 5.2 용액의 점도에 관한 용어[5]

양	일반 단위	일반 명칭	권고 명칭
η	센티푸아즈	용액 점도	용액 점도
η_s	센티푸아즈	용매 점도	용매 점도
$\eta_r = \eta/\eta_s$	무차원	상대 점도	점도 비율
$\eta_{sp} = (\eta - \eta_s)/\eta_s = \eta_r - 1$	무차원	비점도	–
$\eta_{red} = \eta_{sp}/c = \eta_r - 1/c$	dL/g	환원 점도	점도 수
$\eta_{inh} = \ln(\eta_r)/c$	dL/g	내재 점도	대수 점도 수
$[\eta] = \lim_{c \to 0} \eta_{red} = \lim_{c \to 0} \eta_{inh}$	dL/g	고유 점도	한계 점도 수

고유 점도가 농도의 역수 단위를 가지고 있다는 것을 주목하라. 비록 몇 가지 이상한 이유 때문에 농도 값들은 지금은 g/mL로 흔히 사용되지만, 전통적으로 g/dL(=100 mL)로 주어져 왔다. 사실, 상대 점도, 비점도, 환원 점도, 고유 점도, 그리고 내재 점도 값들은 징확한 점도 값들이 아니며, 점도의 단위를 가지고 있지 않다. 더 적절한 용어들이 제안되었지만, 널리 채택되지는 않았다. 표 5.2에는 정의된 다양한 양들과 일반적인 단위들이 요약되어 있다.

이제 고유 점도를 구하였으므로, 그것이 분자량과 어떤 관련이 있는가를 검토해야 한다. 절대적 방법 중 하나에 의해 분자량이 결정된, 단분산 고분자의 고유 점도에 관한 연구에 따르면, 분자량은 다음과 같은 간단한 관계식을 갖는다(그림 5.5).

$$[\eta]_x = K(M_x)^a \quad (0.5 < a < 1) \tag{5.18}$$

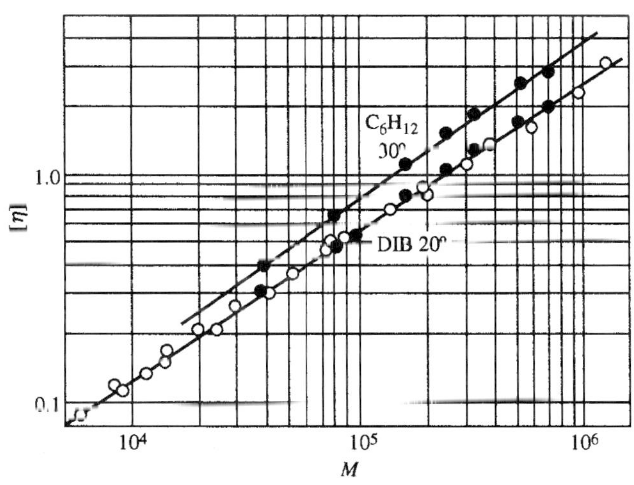

그림 5.5 30°C에서 사이클로헥세인, 그리고 20°C에서 다이아이소뷰틸렌에 녹아 있는 폴리아이소뷰틸렌의 고유 점도–분자량 관계. Reprinted from P.J. Flsory, *Principles of Polymer Chemistry*. Copyright 1953 by Cornell University. Used by permission of Cornell University Press.

여기서 아래 첨자 x는 특정한 분자량의 단분산 시료를 나타낸다. 식 5.18은 *Mark–Houwink–Sakurada*(MHS) 관계식으로 알려져 있다.

분리가 되지 않는 다분산 시료는 어떻게 되는가? 실험적으로, 단분산 시료들의 혼합물에 대해 측정된 고유 점도는 무게 평균이다.

$$[\eta] = \frac{\sum [\eta]_x w_x}{\sum w_x} = \sum \left(\frac{w_x}{W}\right)[\eta]_x \tag{5.19}$$

점도-평균(*viscosity-average*) 분자량 $\overline{M}_v$는 이 측정된 고유 점도를 이용하여 다음과 같이 정의된다.

$$\overline{M}_v = \left(\frac{[\eta]}{K}\right)^{1/a} = \left\{\frac{\sum M_x^a w_x}{W}\right\}^{1/a} = \left\{\frac{\sum M_x^a n_x M_x}{\sum n_x M_x}\right\}^{1/a} = \left\{\frac{\sum n_x M_x^{(1+a)}}{\sum n_x M_x}\right\} \tag{5.20}$$

$0.5<a<1.0$인 고분자들은 $\overline{M}_n<\overline{M}_v<\overline{M}_w$이지만, $\overline{M}_v$는 $\overline{M}_n$보다 $\overline{M}_w$에 더 가깝다. 만약 일련의 시료들의 분자량 분포가 많이 다르지 않다면, 즉 다양한 평균값들의 비율이 거의 동일하게 유지된다면, $[\eta]=K'(\overline{M}_w)^{a'}$와 같은 형태의 식들이 적용될 수 있을 것이다.

만약 $\overline{M}_v$가 우리가 정의한($\overline{M}_n$과 $\overline{M}_w$에 관한 식 5.3과 식 5.4) 분자량 평균값들과 다르다면, 왜 $\overline{M}_v$를 계산하려고 하는가? 점도는 고분자 용액에서 쉽게 측정되는 성질이고, $\overline{M}_v$는 중합 과정에서 품질 관리를 위해 사용될 수 있으므로, 여전히 꽤 유용하기 때문이다.

예제 5.3 다음은 30°C의 아세톤에 녹아 있는 폴리(메틸 메타크릴레이트)(PMMA)의 시료로부터 얻은 데이터이다.

η_r	c (g/100 mL)
1.170	0.275
1.215	0.344
1.629	0.896
1.892	1.199

30°C의 아세톤에 녹아 있는 PMMA의 경우, $[\eta]=5.83\times10^{-5}(\overline{M}_v)^{0.72}$이다. 이 시료의 $[\eta]$과 $\overline{M}_v$, 그리고 Huggins 식에서 상수인 k' 값을 구하시오.

풀이 위의 자료에서 계산 값들은 다음과 같이 주어진다.

η_{sp}	η_{red} (dL/g)	ln η_r	η_{inh} (dL/g)
0.170	0.618	0.157	0.571
0.215	0.625	0.195	0.567
0.629	0.702	0.488	0.545
0.892	0.744	0.638	0.532

그림 5.4에서, η_{red}와 η_{inh}는 농도에 따라 도시되고 0인 농도에서 공통적인 절편 값인 고유 점도 $[\eta] = 0.580$ dL/g로 외삽된다.

$$\overline{M}_v = \left(\frac{[\eta]}{5.83 \times 10^{-5}}\right)^{1/0.72} = \left(\frac{0.580}{5.83 \times 10^{-5}}\right)^{1.39} = 357,000$$

위에 있는 직선의 회귀 기울기는 0.137이다. 식 5.17로부터 $k' =$ 기울기$/[\eta]^2 = 0.408$ (무차원)을 얻을 수 있다.

예제 5.4 예제 5.1의 단분산으로 분리한 PMMA에서, 30°C의 아세톤에 녹아 있는 혼합물 1과 2의 $\overline{M}_v$를 계산하고, $\overline{M}_n$ 및 $\overline{M}_w$와 비교하시오(a는 예제 5.3에서 주어졌다).

풀이 식 5.20에서, 혼합물 1의 경우

$$\overline{M}_v = \left\{\sum\left(\frac{w_x}{W}\right)M_x^a\right\}^{1/a} = \left\{\frac{1}{3}(1 \times 10^5)^{0.72} + \frac{2}{3}(4 \times 10^5)^{0.72}\right\}^{1/0.72} = 288,000 \quad \begin{matrix}\overline{M}_n = 200,000 \\ \overline{M}_w = 300,000\end{matrix}$$

혼합물 2의 경우

$$\overline{M}_v = \left\{\frac{2}{3}(1 \times 10^5)^{0.72} + \frac{1}{3}(4 \times 10^5)^{0.72}\right\}^{1/0.72} = 187,000 \quad \begin{matrix}\overline{M}_n = 133,000 \\ \overline{M}_w = 200,000\end{matrix}$$

분자량 결정을 위한 점도는 보통 유리 모세관 점도계에서 측정되며, 여기서 용액은 중간 부분 아래의 모세관을 통해서 흐르게 된다. 일반적으로 많이 사용되는 두 가지 형태의 관인 Ostwald와 Ubbelohde가 그림 5.6에 묘사되어 있다(고분자 용액들은 비뉴턴 유체이기 때문에, 엄밀히 말하면 고유 점도는 제로 전단 또는 더 낮은 뉴턴 점도의 관점에서 정의되어야 한다(14장 참조). 일반적인 유리로 되어 있는 점도계에서는 전단 속도가 낮기 때문에, 이것은 거의 문제가 되지 않는다. 그러나 가끔 제로 전단 조건으로의 외삽이 요구된다).

이러한 형태의 점도계에서, 유체는 시간 선이 표시되어 있는 높은 부분 안으로 모세관을 통해 끌어 올려진다. 유체가 모세관(그림 5.6의 점도계들의 오른쪽 부분)을 통해 아래로 다시 흐르고, 이에 대한 흐름 시간이 기록된다. 이러한 흐름 시간들은 다음과 같은 형태의 식에 의해 점도와 연관된다.

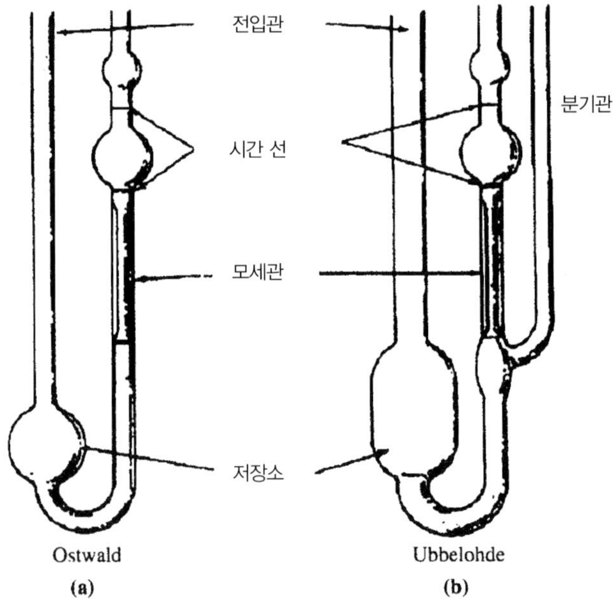

그림 5.6 묽은 용액 점도계. (a) Ostwald, (b) Ubbelohde.

$$\frac{\eta}{\rho} = v = at + \frac{b}{t} \tag{5.21}$$

여기서 a와 b는 기기 상수 값이고(보정을 통해 확인할 수 있다), ρ는 용액의 밀도, 그리고 v는 동적 점도이다(일반적인 단위는 cm^2/s이다). 마지막 항(b/t)인 운동 에너지 보정항은 1분이 넘어가는 흐름 시간에서 일반적으로 무시할 수 있고, 묽은 고분자 용액의 밀도가 용매의 밀도와 거의 차이가 없기 때문에, 용매 점도에 대한 묽은 고분자 용액의 점도 비율은 이러한 용액들에 대해 기록된 각각의 흐름 시간의 비율로 근사할 수 있다.

$$\frac{\eta}{\eta_s} \approx \frac{t}{t_s} \tag{5.22}$$

Ubbelohde 점도계는 유체 구동 헤드가 사용된 용액의 양과는 무관하다는 특별한 장점을 가지고 있다. 따라서 기기에서 희석하여 바로 사용될 수 있다.

고유 점도를 측정하기 위해 필요한 장비는 값이 싸며, 측정은 간단하고 빠르다. 식 5.18과 5.20의 MHS 상수인 K와 a는 매우 다양한 고분자-용매 계와 온도에 대해 광범위하게 표로 정리되어 있다(표 5.3)[6]. 심지어 더 간단한 장치들(컵 점도계와 같은 것-바닥에 고정된 구멍이 있는 금속 컵)도 빠른 점도 측정을 위해서 페인트와 같은 산업에서 흔히 사용된다. 회전 점도계와 같이 자동화된 점도계는 종종 분석용 실험실에서만 사용되고 있으며, 빠르고 정확한 결과를 제공한다.

표 5.3 몇 가지 선택된 고분자-용매 계에 대한 MHS 식의 K와 a 값들[6]

고분자	용매	온도	K (10^3 mL/g)	a
폴리스타이렌(PS)	테트라하이드로퓨란(THF)	22°C	11.0	0.725
폴리(메틸 메타크릴레이트)	아세톤	30°C	5.83	0.720
아탁틱 폴리프로필렌	벤젠	25°C	27.0	0.71
폴리(바이닐 알코올)	물	25°C	20.0	0.76
폴리(염화 바이닐)	THF	25°C	16.3	0.766
폴리(염화 바이닐)	THF	30°C	63.8	0.65

5.4 분자량 분포

또 다른 하나의 분자량 분석 기법(젤 투과 크로마토그래피)으로 넘어가기 전에, 분자량 분포에 대한 개념을 조금 더 깊게 탐구해 보자. 전형적인 합성 고분자는 1에서 아마도 수백만까지의 범위에 이르는 중합도 x를 가진 분자들의 혼합물로 이루어져 있을 것이다. 분자량 분포에서는, 시료의 각각의 크기 수준에서 분자의 몰(수) 또는 질량(무게) 분율이 명시된다(실제로, 몰수 또는 질량 등이 사용될 수 있지만, 이는 시료 크기에 따라 선형으로 변하는 외연량이다. 반면에, 시료 크기와 무관한, 내포량의 몰분율 또는 질량 분율들이 더 선호된다).

분자량 분포는 x-mer의 몰분율(n_x/N) 또는 질량 분율(w_x/W) 대 사슬 길이 x 또는 사슬 질량 M_x를 나타낸 그래프 형태로 종종 제시된다. x와 M_x는 반복 단위 분자량인 M_r의 일정한 상수만큼 크기 때문에, 사용되는 데에는 서로 거의 차이가 없다(식 5.1). x는 단지 적분

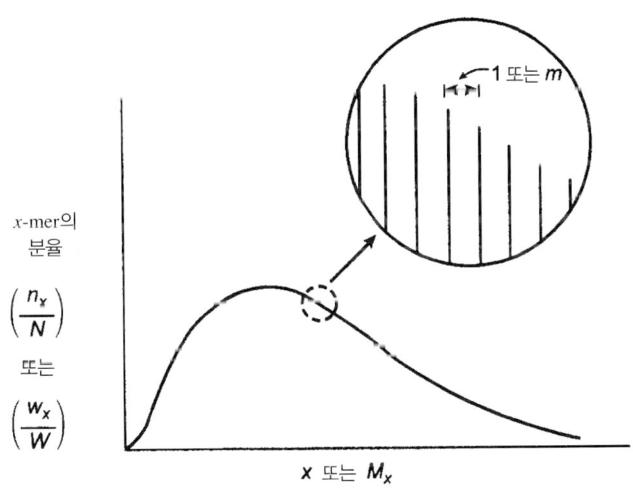

그림 5.7 실제 이산 분포와 이에 대한 일반적인 연속적 근사를 나타내는 분자량 분포.

값만을 가정할 수 있기 때문에, 실제 분포는 각 x를 적분한, 피크의 연속적인 값으로 구성되어야 하며, 또는 만약 M_x에 대한 분포가 그려진다면 분자량 M_r만큼 분리된 연속적인 피크로 구성되어야 한다. 그 피크의 높이는 그 특정 x-mer의 몰분율 또는 질량 분율 값을 나타낸다. 어떠한 분석 기법으로도 각각의 x-mer를 모두 분석할 수는 없기 때문에, 분포들은 그림 5.7에 그려진 것과 같이 뾰족한 피크의 최댓값들을 연결한 연속 곡선들로 그려진다(그리고 수학적으로 나타내어진다).

평균값들은 몰분율 또는 질량 분율 분포들의 어느 하나로부터 계산될 수 있다. 연속 분포에서, 식 5.3과 5.4에서의 더하기들은 각각에 대응하는 적분으로 대체되어야 한다(아래 첨자 x는 명확하게 하기 위해서, 그리고 분포들의 연속적인 성질 때문에 삭제하였다.)

몰(수)분율 분포(n/N)로부터,

$$\overline{M}_n = \text{첫 번째 구간} = \frac{\int_0^\infty nM\,dM}{\int_0^\infty n\,dM} = \frac{\int_0^\infty (n/N)M\,dM}{\int_0^\infty (n/N)dM} \tag{5.23}$$

$\overline{M}_n = m\bar{x}_n$이고 $M = mx$이므로

$$\bar{x}_n = \int_0^\infty \left(\frac{n}{N}\right) x\,dx \tag{5.24}$$

$\overline{M}_n$의 정의(식 5.3)에서 사용된 시그마(합의 기호)를 적분으로 대체한다는 것에 주목하라. 또한,

$$\int_0^\infty \left(\frac{n}{N}\right) dx = 1 \tag{5.25}$$

즉, 몰분율들의 합은 1이어야 한다. 또한,

$$\overline{M}_w = \text{두 번째 구간} = \frac{\int_0^\infty nM^2\,dM}{\int_0^\infty nM\,dM} = \frac{\int_0^\infty (n/N)M^2\,dM}{\int_0^\infty (n/N)M\,dM} \tag{5.26}$$

그리고 $\overline{M}_w = m\bar{x}_w$이기 때문에,

$$\bar{x}_w = \frac{\int_0^\infty (n/N)x^2\,dx}{\int_0^\infty (n/N)x\,dx} = \frac{1}{\bar{x}_n}\int_0^\infty \left(\frac{n}{N}\right) x^2 dx \tag{5.27}$$

만약 질량(무게) 분율 분포(w/W)가 알려져 있다면, 평균 분자량과 사슬 길이들은 다음과 같이 결정될 수 있다.

$$\overline{M}_n = \frac{\int_0^\infty nM\,dM}{\int_0^\infty n\,dM} = \frac{\int_0^\infty w\,dM}{\int_0^\infty (w/M)dM} = \frac{\int_0^\infty (w/W)dM}{\int_0^\infty (1/M)(w/W)dM} \tag{5.28}$$

$$\bar{x}_n = \frac{\int_0^\infty (w/W)dx}{\int_0^\infty (1/x)(w/W)dx} \tag{5.29}$$

$$\overline{M}_w = \frac{\int_0^\infty nM^2\, dM}{\int_0^\infty nM\, dM} = \frac{\int_0^\infty (nM)M\, dM}{\int_0^\infty (nM)dM} = \frac{\int_0^\infty wM\, dM}{\int_0^\infty w\, dM} = \frac{\int_0^\infty (w/W)M\, dM}{\int_0^\infty (w/W)dM} \tag{5.30}$$

$$\bar{x}_w = \int_0^\infty \left(\frac{w}{W}\right) x\, dx \tag{5.31}$$

다음에 주목하라.

$$\int_0^\infty \left(\frac{w}{W}\right) dx = 1 \tag{5.32}$$

즉, 질량 분율의 합은 1이어야 한다.

몰(수)분율 분포가 주어지면, 질량(무게) 분율이 계산될 수 있을 것이고, 그 반대도 가능하다. $w = nM$이고 $\overline{M}_n$의 정의(식 5.3)에 의해서 $W = N\overline{M}_n$이기 때문에 다음과 같다.

$$\frac{w}{W} = \frac{M}{\overline{M}_n}\left(\frac{n}{N}\right) = \frac{x}{\bar{x}_n}\left(\frac{n}{N}\right) \tag{5.33}$$

예제 5.5 실제 응용에서 많이 사용되는 사슬 길이의 분포에 대한 대표적 수식은 다음과 같다(나중에 알게 될 것이다).

$$\frac{n}{N} = \frac{1}{C} e^{-(x/c)}$$

여기서 C는 상수이다.

(a) 이 분포에 대하여 x_n을 구하시오.

(b) 이 분포에 대하여 $\bar{x}_w$를 구하고 다분산 지수 $\mathrm{PI} = \bar{x}_w/\bar{x}_n$를 구하시오

(c) 무게 분율 분포(w/W)의 식을 구하시오.

(d) $x/\bar{x}_n$에 대한 $(n/N)\,\bar{x}_n$과 $(w/W)\bar{x}_n$ 형태로 수분율 분포 및 무게 뷰율 뷰포를 그리시오

풀이 (a)

$$\bar{x}_n = \int_0^\infty \left(\frac{n}{N}\right) x\, dx = \frac{1}{C}\int_0^\infty xe^{-x/c} dx$$

다행스럽게도 위의 정적분은 표준 문헌에 정리되어 있다.

그 결과는 다음과 같다.

$$\bar{x}_n = C$$

(b)

$$\bar{x}_w = \frac{1}{\bar{x}_n}\int_0^\infty \left(\frac{n}{N}\right)x^2 dx = \frac{1}{\bar{x}_n^2}\int_0^\infty x^2 e^{-x/\bar{x}_n} dx$$

이 적분 또한 정리되어 있고, 다음과 같은 간단한 결과가 나온다.

$$\bar{x}_w = 2\,\bar{x}_n$$

즉, 이 분포에 대해 $\mathrm{PI} = \bar{x}_w/\bar{x}_n = 2$이다.

(c)

$$\frac{w}{W} = \left(\frac{n}{N}\right)\frac{x}{\bar{x}_n} = \frac{x}{\bar{x}_n^2}e^{-x/\bar{x}_n}$$

(d) 이 분포가 그림 5.8에 나타나 있다. 분자 수는 x에 따라서 지수적으로 감소하는 반면에, 분자 한 개의 질량은 x에 따라 선형으로 증가한다는 것에 주목하라. 따라서 이 경우에 무게 분율은 최댓값을 통과한다.

이 분포는 9장에서 특정한 종류의 중합 반응에 대하여 유도될 것이다.

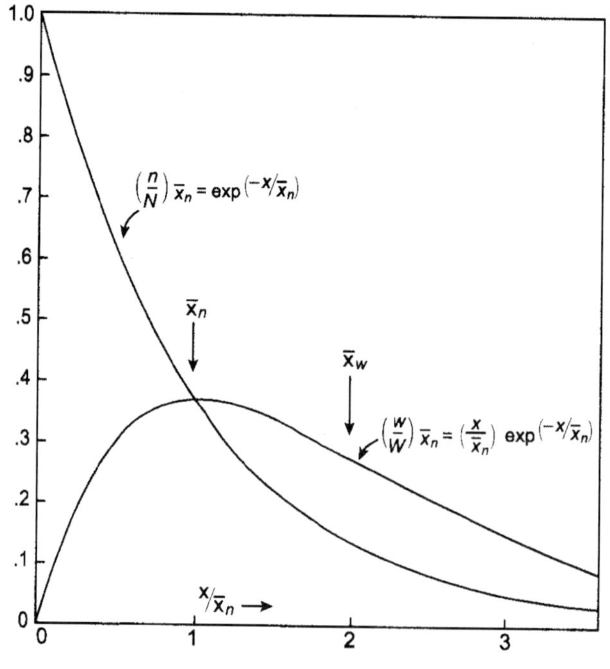

그림 5.8 간단한 형태로 도시된 예제 5.5의 분자량 분포.

5.5 젤 투과(또는 크기 배제) 크로마토그래피[7]

상당히 최근까지는, 분자량에 따라 어렵게 분별함으로써 고분자의 대략적인 분자량 분포를 결정한 뒤, 이전에 논의되었던 기법 중의 하나를 이용하여 각각의 분율 값들에 대한 분자량을 측정할 수 있었다. 이러한 분별 기법에 대한 기초들은 7장에서 논의할 것이다. 이 분별 기법들은 어렵고 시간을 많이 소비하는 경향이 있으므로, 일반적으로는 가능한 한 사용을 피하려고 한다.

그러나 요즘 젤 투과 크로마토그래피(gel permeation chromatography, GPC, 또는 크기 배제 크로마토그래피(size-exclusion chromatography, SEC)라고도 알려진)는 분자량 평균값들($\overline{M}_n$, $\overline{M}_w$, $\overline{M}_z$)과 이에 해당하는 분포를 빠르게 알아내는 수단으로서 확실히 자리를 잡아왔다. GPC는 다공성 기질(정지상으로 알려져 있는)의 입자로 충전된 하나의 컬럼, 또는 연속된 컬럼들을 사용한다. 젤 투과 크로마토그래피에서 젤이라는 용어는 사용된 용매에 의해 팽윤된 가교 고분자를 지칭한다. 가교 고분자는 가장 흔히 사용되는 기질이지만, 다른 것, 예를 들어 다공성 유리 비드와 같은 것 또한 사용된다. 그 컬럼은 일정한 온도로 유지되고, 용매(이동상으로 알려진)는 일정한 속도로 컬럼을 지나간다. 작동의 시작 시점에서, 적은 양의 고분자 용액이 컬럼에 들어가기 바로 전에 흐르고 있는 이동상으로 주입된다. 이동상 용매의 흐름을 통해 고분자는 컬럼을 통과하여 운반된다. 시료에서 크기가 작은 분자들은 기질 내 기공으로 접근이 용이하고, 기공의 안팎으로 확산하며, 컬럼의 입구부터 출구까지 구불구불하고 긴 경로를 만들게 된다. 크기가 큰 고분자 사슬들은 정지상 안의 기공 크기에 맞지 않기 때문에 외부로 돌아서 통과하며, 입구에서 출구까지 더 짧은 경로를 가지고 있기 때문에, 컬럼에서 먼저 용리된다. 이러한 원리에 의해 분자량이 다른 고분자 사슬들이 효과적으로 분리되고, 컬럼에서 용리되는 사슬의 분자량은 시간에 따라 감소한다.

농도에 민감한 검출기는 컬럼의 배출구에 배치된다. 가장 흔히 사용되는 검출기는 시차 굴절계(순수 용매와 고분자 용액 사이의 굴절률 차이를 측정하는)이지만, 고분자가 이러한 빛의 영역에서 검출될 수 있는 작용기를 가지고 있다면, 자외선(UV) 또는 적외선(IR) 검출기들 또한 유용하다. 검출기의 종류에 상관없이, 컬럼의 배출구에서 고분자의 **질량** 농도에 비례하는 어떤 양 Q를 측정하는 것은 필수적이다(Q는 M과 무관해야만 한다).

$$Q = kc \tag{5.34}$$

여기서, Q = 검출기 데이터 기록, k = 비례 상수, c = 고분자의 질량 농도(g/cm^3)

그러므로 GPC 곡선은, 시료 주입 후 검출기를 통과하는 용매의 부피인 v(이는 **용리**(*elution*) 또는 **머무름 부피**(*retention volume*)라고 불리는) 대 Q(흔히 임의의 스케일 값으로 사용하지만, 특정 시간에서 용리되는 사슬의 양에 관련이 있음)의 그래프로 나타난다. x축은 용리 부피를 용매의 부피 흐름 속도로 나눔으로써 시간으로 쉽게 바꿀 수 있다.

GPC 곡선의 예시가 그림 5.9에 나타나 있다. 이러한 곡선은 분포의 폭이 시료의 다분산성을 나타내기 때문에, 종종 품질 관리 목적을 위해서 바로 이용될 수 있다. 또한 알려진

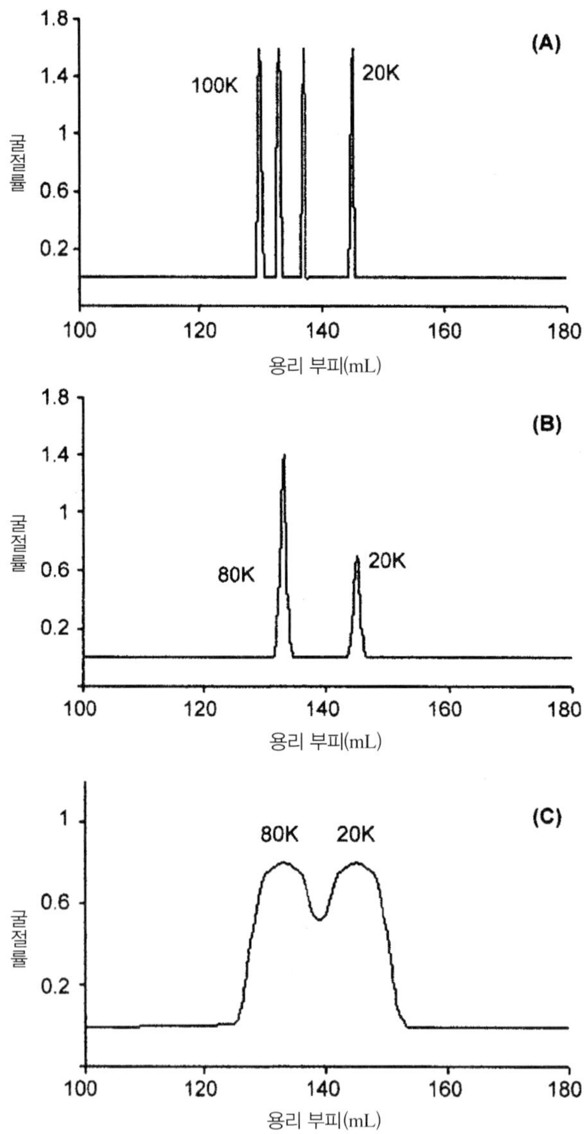

그림 5.9 GPC로부터 구한 전형적인 결과 묘사도. 용리 부피에 대한 굴절률(용리된 시료의 양에 비례하는)을 보여주는 세 가지 GPC 크로마토그램. (A) GPC를 보정하기 위해 사용되는 네 가지 단분산 폴리스타이렌 표준 시료, (B) 80,000과 20,000의 $\overline{M}_w$ 값을 가진 좁게 분산된 고분자의 2:1 고분자 블렌드를 포함한 시료, (C) 80,000과 20,000의 $\overline{M}_w$ 값을 가진 넓게 분산된 고분자 시료의 1:1 고분자 블렌드를 포함하는 시료. 용리 부피는 그림 5.10의 보정 곡선과 일치한다.

표준 재료에 대한 그래프와 직접적으로 대조하여 빠르게 정성 비교를 할 수도 있다. 이와 같은 비교는 공정에서 시정 조치를 취하기에 충분할 것일 수 있지만, GPC는 적절한 보정(calibration)을 통해 고분자 시료의 모든 평균 분자량($\overline{M}_n$, $\overline{M}_w$, $\overline{M}_z$)과 PI 값을 알아낼 수 있기 때문에, 정성적인 비교 이상으로 그 유용성이 확대된다. 추가적인 장점은 바로 GPC가 작은 분자량의 불순물 혹은 첨가물(가소제 또는 안정제와 같은–18장 참조)을 검출해 낼 수 있다는 점이다. 이러한 재료들은 스펙트럼의 끝부분에 있는 낮은 분자량(높은 v 혹은 긴 t)에서 피크를 나타낸다.

GPC 크로마토그램은 그림 5.9에 도시된 그래프들 중 하나처럼 나타날 것이다. GPC 데이터를 보정하기 위해서는 대부분 단분산의 폴리스타이렌 표준 시료를 사용한다. 만약 혼합물로 컬럼을 통과시키면, 가장 높은 분자량이 먼저 용리되면서 각 분자량의 표준에 해당하는 뾰족한 피크가 보이는 용리 곡선이 나타날 것이다. 컬럼을 보정한 이후에, 분자량 분포를 알지 못하는 고분자를 측정할 수 있다. 그림 5.9의 곡선 C에서는 다분산의 고분자 시료 혼합물이 매우 폭넓은 피크로 겹쳐 있지만, 곡선 B에서는 두 개의 좁게 분포된 시료들을 가진 하나의 시료가 나타나 있다(곡선들이 서로 겹치지 않고 곡선 아래의 면적은 각 분자량에 해당하는 고분자의 양에 비례한다는 것에 주목하라).

크로마토그래피의 피크 아래 전체 면적은 용리된 고분자의 양(질량)에 비례한다. 그러므로 고분자 혼합물에서 그 피크들이 용리(x)축에서 겹쳐지지 않는 한, 다른 성분들의 무게 분율을 추정하는 데 GPC를 이용할 수 있다.

GPC 측정을 위해서는 묽은 용액이 요구되고, 따라서 각 고분자의 분자들이 어떠한 엉킴 현상 없이 다공성 정지상을 통과한다는 점은 강조되어야 한다. 그래프트 또는 가지형 고분자들이 차지하는 유체 역학적 부피는 같은 분자량의 선형 고분자가 차지하는 부피보다는 다소 적기 때문에, GPC는 일반적으로 선형이 아닌 고분자에 대해서 $\overline{M}_n$과 $\overline{M}_w$ 값을 낮게 예측한다.

일반적인 GPC는 상대적인 방법이다. 그러므로 정량적인 결과를 제공하기 위해서는, M과 v(또는 용리 시간 t) 사이의 관계가 단분산의 고분자 표준 시료를 이용한 보정을 통해 확립되어야 한다. 보정 곡선이 그림 5.10에 나타나 있다. 일반적으로 데이터를 log M 대 v 형태의 그래프로 그릴 때, 곡선은 아주 넓은 영역에서 선형을 이루지만, 간혹 낮은 v(높은 M) 값에서는 급격히 휘어져 올라간다.

예제 5.6 낮은 v의 보정 곡선의 상승에 대한 물리적 중요성에 대해 논하시오.

풀이 곡선에서 급격히 증가하기 시작하는 시점은 컬럼 내부의 가장 큰 기공 사이즈에 의해 결정된다. 그 기공들에 비해서 매우 큰 사슬들은 컬럼을 같은 속도로 통과할 것이며,

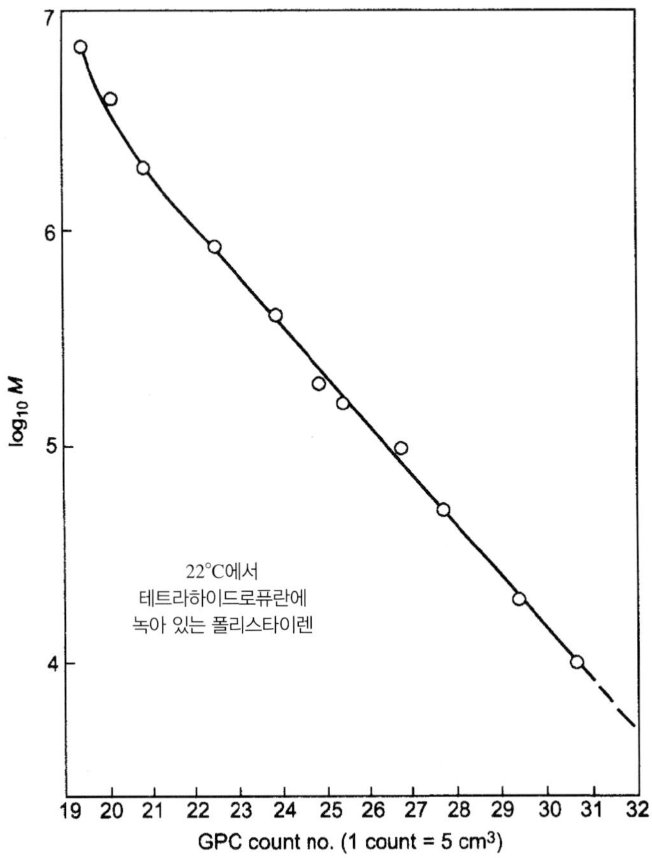

그림 5.10 GPC 보정 곡선. 22°C의 테트라하이드로퓨란에 녹아 있는, 좁은 다분산 지수($\overline{M}_w/\overline{M}_n$) <1.1를 갖는 폴리스타이렌 시료.

무한대의 기울기를 나타낼 것이다. 즉, 특정 컬럼 내부의 충전 재료들은 그 크기보다 큰 분자들을 구별할 수 없다. 만약, 분석하고자 하는 고분자 시료가 분자량이 높은 중요한 재료라면, 기존의 컬럼보다 더 큰 기공을 갖는 컬럼으로 교체하거나, 컬럼을 직렬로 추가하여 보정을 확장시키고 분리를 더 좋게 해야 한다.

엄밀히 말하면, 보정 곡선은 그 곡선을 확립하기 위해 사용된 특정 고분자, 용매, 온도, 흐름 속도, 그리고 컬럼 등에서만 적용된다. 하나라도 바뀌면, 그 보정은 더 이상 타당하지 않다. 대부분의 SEC(크기 배제 크로마토그래피) 보정이 폴리스타이렌을 통해 얻어지는데, 이것은 적절한 비용으로 필요한 단분산 표준 시료들을 손쉽게 구할 수 있기 때문이다. 만약에 다른 고분자를 분석하고자 할 때는 어떻게 해야 하겠는가? 만약, 절대 분자량이 필요한 것이 아니라면, 분자량은 보정에 사용된 폴리스타이렌(또는 또 다른 고분자) 표준 시료에 대하여 보고될 수 있다. 좀 더 정교한 접근법이 Grubisic 등[8]의 연구에서 제안되었다.

그들은 log([η]M)([η]M 값은 분자의 유체 역학적 부피에 정비례한다) 대 v의 그래프를 통해, 여러 가지의 다양한 고분자를 위한 하나의 보편적인 보정 곡선을 얻어냈다. 따라서 만약 폴리스타이렌 표준 시료들에 대한 SEC 용리 부피에 따라 고유 점도를 측정한다면(또는 식 5.18과, 문서상의 K, a 값을 이용하여 [η]을 계산한다면), 컬럼에 대한 보편적인 보정 곡선을 그릴 수 있다.

다른 고분자의 보정 곡선을 구하기 위해서는, 새로운 조건에서의 K, a 값을 알아야 한다.

$$[\eta]_0 M_0 = [\eta]M = KM^{(a+1)} \tag{5.35}$$

$$M = \left(\frac{[\eta]_0 M_0}{K}\right)^{1/(a+1)} \tag{5.36}$$

위 식에서 아래 첨자 0은 보정 조건, 즉 보편적인 보정 곡선에서의 값을 나타낸다.

Balke 등[9]은 $\overline{M}_n$, $\overline{M}_w$이 알려져 있는 하나의 다분산 시료만이 필요한 새로운 보정 방법을 제안하였다. 이 방법은 log$M$과 v 사이의 관계가 선형적이며, 따라서 기울기와 절편의 두 매개변수에 의해 결정될 수 있다고 가정한다. 주어진 GPC 곡선과 보정 곡선으로 $\overline{M}_n$과 $\overline{M}_w$를 계산해 낼 수 있다(아래 서술된 방법에 따라). 표준 시료에 대한 GPC 데이터를 가지고, 알려진(표준의) $\overline{M}_n$, $\overline{M}_w$가 얻어질 때까지 컴퓨터 프로그램을 이용하여 두 가지 보정 변수를 조정한다. 다시 말하면, 두 개의 알려진 평균 분자량을 이용하여 위의 두 가지 보정 변수를 구하는 것이다. 만약 보정 곡선이 직선이 아니라면(또는 알 수 있는 방법이 없다면), 심각한 오류가 발생할 수 있다.

대부분의 GPC 패키지에는 분자량 평균과 그 결과값 및 보정으로부터 분포를 계산하는 데 필요한 소프트웨어가 포함되어 있기 때문에, 간단히 적절한 버튼을 누르기만 하면 된다. 그럼에도 불구하고, 그 소프트웨어가 어떤 과정을 거치는지 또 한계점은 무엇인지를 알기 위해 아래 식들을 소개한다.

분자량 평균은 임의의 부피 증가분 Δv로 분리한 GPC 곡선과 보정으로부터 근사적으로 바로 구할 수 있다. 일반적으로, Δv는 5 cm^{3}이지만 작을수록 정확도가 증가한다. 부피 증가량 Δv에서의 고분자의 몰수를 n_i라고 한다면,

$$n_i = \frac{c_i \Delta v}{M_i} \tag{5.37}$$

여기서, c_i = i번째 부피 증가량에서의 고분자의 질량 농도

M_i = i번째 부피 증가량에서의 고분자의 분자량(기본적으로 작은 Δv를 가정했을 때) $c_i = Q_i/k$(식 5.34)이기 때문에,

$$n_i = \frac{Q_i \Delta v}{kM_i} \tag{5.38}$$

만약 부피 증가량 Δv가 일정하다면, 식 5.38을 식 5.3과 5.4에 적용함으로써 다음을 얻는다.

$$\overline{M}_n = \frac{\sum_i n_i M_i}{\sum_i n_i} = \frac{\sum_i Q_i}{\sum_i (Q_i/M_i)} \tag{5.39}$$

$$\overline{M}_w = \frac{\sum_i n_i M_i^2}{\sum_i n_i M_i} = \frac{\sum_i Q_i M_i}{\sum_i Q_i} \tag{5.40}$$

주목할 점은, 농도와 GPC 결과값 사이의 비례 상수 k는 약분되어서 구할 필요가 없다는 것이다. Q_i는 GPC 곡선에서 주어진 v에서 **기준선으로부터의 거리**(*distance above the baseline*)로서 일반적으로 구해진다(단위는 편의에 따라서). 기준선은 아마도 순수한 용매의 검출 값을 나타낼 것이다. 타당한 기준선을 구하는 것은 항상 쉬운 일은 아니며, 그 결과는 기준선 위치에 매우 민감할 수 있다. M_i는 같은 v에서 보정 곡선으로부터 얻어진다. 더 높은 정확도가 필요하다면 식 5.39와 5.40의 적분 형태가 사용될 수 있는데, 수치적으로 적분하면 다음과 같다.

$$\overline{M}_n = \frac{\int_0^\infty Q\, dv}{\int_0^\infty (Q/M)dv} \tag{5.41}$$

$$\overline{M}_w = \frac{\int_0^\infty QM\, dv}{\int_0^\infty Q\, dv} \tag{5.42}$$

대부분의 경우에, 위에서 계산된 평균값과 GPC 곡선으로부터 주어진 분포에 대한 정량적 정보가 모두 필요하다. 그러나 이 방법으로도 실제 분포를 구할 수 있다. 필요한 계산은 아래에 서술되어 있다.

$$\text{부피 증가 } dv\text{에서의 고분자의 몰수} = \frac{c\, dv}{M} = \frac{Q}{k}\frac{dv}{M}\frac{(\text{g/cm}^3)(\text{cm}^3)}{(\text{g/g mol})} \tag{5.43}$$

$$\text{단위 분자량 } M\text{당 고분자의 몰수} = \frac{c}{M}\frac{dv}{dM} = \frac{Q\, dv}{kM\, dM} \tag{5.44}$$

$$n = \text{분자량 구간 } m\text{에서의 고분자 몰수} = \frac{mc\, dv}{M\, dM} = \frac{Qm\, dv}{kM\, dM}$$

$$= \frac{mc}{2.303\, M^2}\left(\frac{dv}{d\log M}\right) = \frac{Qm}{2.303\, kM^2}\left(\frac{dv}{d\log M}\right) \tag{5.45}$$

다음을 주목하라.

$$\frac{dv}{d\log M} = \frac{1}{\text{보정 곡선의 기울기}}$$

앞의 계산에서는 분포의 올바른 높이를 계산하기 위해, 범위 m의 연속 GPC 곡선에 있는 모든 몰수의 고분자는 하나의 단일 피크에 속한다고 가정한다.

$$N = \int_0^\infty \frac{c}{M} dv = \frac{1}{k}\int_0^\infty \frac{Q}{M} dv \tag{5.46}$$

$$\frac{n}{N} = \frac{(Qm/2.303M^2)(dv/d\log M)}{\int_0^\infty (Q/M)dv} \tag{5.47}$$

w = 한 분자량 구간 $m=nM$에 있는 고분자의 무게

$$= \frac{mc}{2.303M}\left(\frac{dv}{d\log M}\right) = \frac{Qm}{2.303kM}\left(\frac{dv}{d\log M}\right) \tag{5.48}$$

$$W - \text{전체 시료의 무게} = \int_0^\infty c\,dv = \frac{1}{k}\int_0^\infty Q\,dv$$
$$= \frac{\text{GPC 곡선 아래의 면적}}{k} \tag{5.49}$$

$$\frac{w}{W} = \frac{(Qm/2.303M)(dv/d\log M)}{\int_0^\infty Q\,dv} \tag{5.50}$$

다시, 이 식들에서 k는 약분되어 사라진다. 일단 분포들이 구해지면, 5.4절에 있는 방법에 의해 정확한 평균값이 계산될 수 있다. 예를 들면, 식 5.47을 식 5.23과 5.26에 대입하면 식 5.41과 5.42가 얻어진다.

GPC 컬럼은 다양한 기공 크기 분포를 갖는 것들로 선택될 수 있다(따라서 수천부터 수백 만의 범위에 이르는 분자량을 분리할 수 있다). 대신에, 좁은 범위의 기공 크기 분포를 갖는 컬럼의 경우는 비슷한 분자량—1000에서 20,000 사이의—을 갖는 고분자를 더 잘 분리하기 위해 사용될 수 있다. 이러한 컬럼들은 흐르는 이동상으로 유기 용매(대부분의 중합체의 경우) 또는 물을 사용하도록 설계되어 있다. 어떤 컬럼을 선택할 것인가에 대한 판단은 고분자의 구조와 예상되는 분자량 분포에 의존하게 된다.

다각 레이저 빛산란 측광기가 종종 일반적인 농도 검출계에 추가되기도 한다. 이 조합은 GPC 용리 흐름에서 고분자의 분자량을 온라인 빛산란으로써 결정한다. 이 방법은 GPC가 보정 곡선이 필요 없는 절대적인 방법이 되게 한다. 유사하게, 컬럼 용리액의 온라인 고유 점도를 측정하는 시차 점도계를 상업적으로 이용할 수 있다[10]. 보편적인 보정 곡선의 세로 좌표는 $[\eta]M$임을 상기하라. 이 장치는 절대 분자량 분포를 제공하기 위해서 간단한 보정(사실상 특정한 컬럼, 온도, 용매 등의 보편적인 보정 곡선)이 필요하다. 또한 이 장치는

용액 상태에서 분자의 유체 역학적 부피에 대한 정보, 즉 가지화에 대한 정보를 제공하는데, 이것은 용액에서의 가지형 분자는 같은 분자량의 선형 분자보다 더 작은 유체 역학적 부피를 갖기 때문이다. 앞서 언급했듯이, GPC/SEC에 관해서는 다음의 중요한 주의점이 있다: 분자들이 그것의 크기에 기초하여 분리되기 때문에, 선형 고분자는 가지형이나 그래프트 고분자와는 다르게 정지상(충진 컬럼)을 흐를 것이다. 따라서 이와 같은 기법을 이용하여 분자량을 구할 때, 일반적으로 가지형, 그래프트 또는 덴드리머형(매우 심한 가지형) 고분자의 경우 정확도가 떨어진다.

5.6 요약

뒷장에서 밝히겠지만, 분자량은 고분자의 특성에 있어 지대한 영향을 미친다. 고분자는 똑같은 반복 단위의 연속으로 구성되기 때문에, 절대 분자량을 결정하는 전통적인 방법들은 적용할 수 없다. 그러므로 이 장에서는 고분자의 분자량을 측정 또는 예측하기 위한 몇 가지 기술들이 논의되었다. 사용되는 기술에 따라, 수평균 또는 무게 평균 분자량이 결정되는데, 이 기술은 고분자가 물리적으로 엉켜서 하나의 커다란 분자로 잘못 인식되지 않도록 묽은 용액을 필요로 할 정도로 매우 민감하다. 지금까지 논의된 기술 중 젤 투과 크로마토그래피는 고분자 시료의 크기 분포를 포함하는 가장 많은 정보를 주며, 고분자 시료의 $\overline{M}_n$, $\overline{M}_w$ 그리고 다분산 지수를 계산할 수 있게 한다.

문제

1 폴리(에틸렌 테레프탈레이트)의 사슬 길이(x)가 아래와 같이 주어졌을 때, 수평균 분자량, 무게 평균 분자량 및 다분산 지수를 구하시오. 이 계는 10개의 고분자 사슬로 이루어져 있으며, 반복 단위 길이는 각각 12, 25, 175, 186, 192, 194, 199, 200, 202, 212이다.

2 MIT(Monongahela Institute of Technology) 미식축구팀의 (극단적인) 공격 라인맨들의 몸무게는 다음과 같다.

Cussler	Split end	180 lb
Miller	Left tackle	270 lb
Westerberg	Left guard	256 lb
Brenner	Center	285 lb
Anderson	Right guard	260 lb
Jain	Right tackle	305 lb
Prieve	Tight end	250 lb

라인맨 몸무게의 수평균 및 무게 평균을 계산하시오.

3 말단기 분석법을 이용하여 분자량을 구하기 위해, 6.50 mol의 에테인다이아민($H_2N-CH_2CH_2-NH_2$)과 6.50 mol의 아디프산($HOOC-CH_2-CH_2-CH_2-CH_2-COOH$)을 반응시켰다. 반응 후, 남아 있는 산기(COOH)의 개수를 알기 위해, 수산화 소듐(COOH와 반응하는)과 지시 염료를 사용하여 적정하였다. 만약 고분자를 중화시키는 데 3.0 M의 수산화 소듐 용액 73.0 mL가 필요했다면, 고분자의 평균 분자량(M_n)은 얼마인가?

4 폴리스타이렌 시료의 분자량을 추정하기 위해 삼투압 실험이 이루어졌다. 톨루엔에 녹는 고분자의 농도를 변화시킬 때, 용액과 용매 사이의 높이 차를 측정하였다. 온도는 27°C이며 톨루엔의 비중이 0.8667이었다. 아래 데이터에 기초하여 폴리스타이렌(PS)의 분자량을 구하시오(그래프가 필요하다). 그렇게 구한 분자량은 $\overline{M}_n$인가 또는 $\overline{M}_w$인가?

농도, C_A, g/mL	삼투압, π_A, 용매의 높이(cm)
0.0320	0.70
0.0660	1.82
0.100	3.10
0.140	5.44
0.190	9.30

5 6명의 학생들이 톨루엔에 6개의 다른 농도로 녹아 있는 아탁틱 폴리스타이렌의 단분산 시료에 대한 점도 데이터를 측정하였다. 불행하게도, 측정 방법에 차이가 있어서 그들은 서로 다른 점도 결과를 보고하였다. 톨루엔의 밀도가 30°C에서는 0.8665 g/mL, 40°C에서는 0.8656 g/mL이다. 톨루엔의 점도는 30, 40°C에서 각각 0.5260, 0.4710 cP이다.

아래와 같이 각 용액에 대한 점도 측정 실험이 주어졌을 때, 위 고분자의 점도 평균 분자량 $\overline{M}_v$을 구하시오.

실험 1: 고분자가 톨루엔에 녹아 있는 농도 $C=0.1000$ g/dL; 내재 점도 = 0.060254 dL/g, 30°C

실험 2: C=0.0500 g/dL; 30°C에서 Ostwald 점도계를 이용했을 때, 흐름 시간은 4분 36.50초, 점도계의 보정 식 $\eta/\rho = at + bt$에서 a=0.001340, b=65.760(시간 단위는 초, 밀도 단위는 g/mL, 점도 단위는 cP)

실험 3: C=0.1100 g/mL; 40°C에서 용액의 점도=1.07360 cP

실험 4: C=0.1650 g/dL; 30°C에서 용액의 상대 점도=1.0130

실험 5: C=8.0 g/mL; 30°C에서 비점도=10.896

실험 6: C=0.0290 g/dL; 30°C에서 원뿔-평판 회전 점도계를 이용하여 구한 용액의 점도=0.52655 cP

30°C에서 아탁틱 폴리스타이렌의 MHS 상수: $K=0.2\times10^{-3}$ mL/g; $a=0.72$

$\overline{M}_v$를 구하는 각각의 실험의 타당성에 대해 논하시오.

주의: 부적절한 실험이 있더라도 무시하시오.

6 A와 B의 반복 단위로 구성된 공중합체가 있으며, A의 몰분율을 y_A이다. 각 반복 단위의 분자량은 각각 m_A, m_B이다. 이 공중합체에 대해 식 5.5*a*와 유사한 식을 구하시오. 이 경우 x는 두 가지 반복 단위들의 전체 수를 나타낸다.

7 사슬 길이의 **이산** 분포가 $1\leq x\leq a$ 구간에서는 각 종의 몰수가 같고 그 외의 구간에서는 아무것도 없다. 이 분포에 대한 $\bar{x}_n$, $\bar{x}_w$, 그리고 다분산 지수에 대한 표현식을 구하시오. **힌트** : 식 5.3*a*와 5.4*a*부터 시작하시오. 수학 표에 있는 급수의 합을 찾아봐야 할 것이다.

8 $0\leq x\leq a$의 구간에서 각 종의 몰수가 일정하고 그 이외 구간에서는 몰수가 0인, 사슬 길이의 **연속** 분포를 가지는 사슬을 고려하시오.

(a) $\bar{x}_n$, $\bar{x}_w$, 그리고 다분산 지수에 대한 식을 구하시오.

(b) 0과 a 사이에서 n/N의 일정한 값을 구하시오.

(c) 무게 분율 분포(w/W)에 관한 식을 x의 함수로 나타내고 그래프를 그리시오.

(d) $a\gg1$일 때에도 위의 문제 5.7에서 구한 답이 일치하는지 보이시오.

9 Crud Chemicals는 현재 저분자량의 혼합 탄화수소 오일($\overline{M}_n$=400)로 가소화된 폴리스타이렌 시료를 분석하기 위해 GPC를 사용하고 있다. 그것의 보정 곡선은 그림 5.10과 같으며, 지난 경험으로부터 가소화되지 않은 고분자의 경우에는 그림 5.9*c*와 같은 GPC 곡선을 나타낸다는 것을 알고 있다.

(a) 가소화된 물질의 경우 GPC 곡선이 어떻게 될 것인지 그리시오.

(b) 만약 $k_{\text{oil}}=0.70\ k_{\text{PS}}$(식 5.34에서)임을 알고 있다면, 위 시료에서 가소제의 무게 분율을 결정하기 위해 GPC 곡선을 이용할 수 있는가? 만약 그렇다면, 그 방법에 대해 상세히 설명하시오. 만약 그렇지 않다면, 어떤 다른 추가적인 정보가 필요한가?

10 사슬 길이의 가상적 분포가 아래와 같이 주어졌다.

$$\frac{n}{N}=C(1-10^{-3}x) \quad 0\leq x\leq 10^3$$

(a) 상수 C의 값을 구하시오.

(b) 이 분포에 대해 $\bar{x}_n$, $\bar{x}_w$ 그리고 다분산 지수를 계산하시오.

(c) 사슬의 무게 분율 w/W에 대한 표현식을 분자 길이 x의 함수로 구하고, 그 분포를 w/W 대 x로서 스케치하시오. 같은 그림에 n/N 대 x의 그래프도 그리시오.

11 어떤 사람들은 분자량 분포를 여기서 이용한 시차 형태보다는 누적(적분) 형태로 표현하는 것을 선호한다. 누적 분포는, 시료에서 사슬 길이$\leq x$ (또는 분자량$\leq M$)인 재료의 수분율 또는 무게 분율을 의미하므로, y축의 최댓값은 1이다.

예제 5.5에 있는 사슬 분포를 이용하여, 누적 몰 분포와 무게 분포를 $x/\bar{x}_n$에 대한 식으로 표현하고 그래프를 그리시오.

12 어떤 폴리스타이렌 시료의 사슬 길이 분포가 예제 5.5에서 주어진 것과 같다고 한다. 빛산란 측정법을 이용했을 때 분자량이 208,000이었다. 예제 5.5(c)의 결과를 이용하여 100 g의 폴리스타이렌 시료 내에 있는 $x=100$인 재료의 질량을 계산하시오.

13 상업적으로 사용되는 많은 고분자들은 사실상 둘, 또는 그 이상의 다른 분자량의 블렌드이므로 최곳값이 두 개(bimodal)인 분자량 분포로 구성되어 있다.

(a) 만약 고분자 A,B,C가 같은 무게로 블렌드되어 있다면, 이 블렌드의 새로운 $\overline{M}_n$, $\overline{M}_w$, 그리고 다분산 지수는 얼마인가?

	$\overline{M}_n$	$\overline{M}_w$	PDI
고분자 A	200,000	600,000	3.00
고분자 B	350,000	400,000	1.14
고분자 C	150,000	150,000	1.00

(b) 이 블렌드로 GPC 측정을 했을 때의 결과를 그래프로 그리시오. y축은 검출기의 강도(굴절률이나 흡광도)로서 GPC(젤 투과 크로마토그래피) 컬럼을 빠져나오는 고분자의 질량에 비례한다. x, y축을 표기하고, 그래프 곡선에도 블렌드에서 다른 고분자 A, B, C를 보여 줄 수 있도록 표시하시오. A, B, C를 나타내는 피크가 서로 겹칠 수 있다는 점에 유의하시오.

14 Crud chemicals에 다니는 사람들은 그들의 새로운 중합 가공법으로 만든 폴리스타이렌의 GPC 분석 결과를 기다리고 있다. GPC 컬럼에 첫 시료가 들어갈 때는 고요한 침묵마저 있었다. 갑자기, 차트의 펜이 움직이기 시작했고 모두의 놀라움과 함께 그림 5.11의 GPC 곡선이 나타났다.

그들은 이를 어떻게 활용할지 몰라서 당신을 조언자로 불렀다. 그들의 GPC는 22°C에서 THF(테트라하이드로퓨란)을 용매로 사용하였다. 그 보정 곡선은 그림 5.10과 같다.

(a) 그들 시료에 대한 수분율 분자량 분포를 그리고, 여기에 정량적인 최대 분자량이 포함되도록 하시오.

(b) 그들 시료의 $\overline{M}_n$과 $\overline{M}_w$를 계산하시오. 당신은 이산 방정식들을 이용하여 근사적으로 계산할 수 있지만, 진정 그들에게 깊은 인상을 주려면 연속 분포로 정확하게 계산해야 한다.

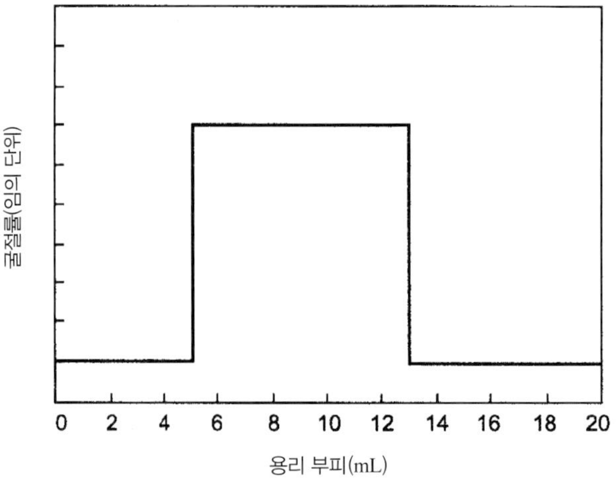

그림 5.11 폴리스타이렌의 GPC 크로마토그램의 원본 데이터.

15 예제 5.2에서 만든 고분자 혼합물을 생각하시오. 혼합물의 각 성분은 예제 5.5의 사슬 길이의 분포를 따른다. 간단하게 하기 위해, 반복 단위의 분자량 $m=100$이라고 가정한다. 혼합물에서 $x=10$ (n_{10}/N) 및 (w_{10}/W)인 재료의 몰분율을 구하시오.

참고문헌

[1] Martin, J.R., J.F. Johnson, and A.R. Cooper, *J. Macromol. Sci. Rev.* **C8**(1), 57 (1972).

[2] Nunes, R.W., J.R, Martin, and J.F. Johnson, *Polym. Eng. Sci.* **22**(4), 193 (1982).

[3] Collins, E.A., *et al.*, *Experiments in Polymer Science*, Wiley, New York, 1973.

[4] Burge, D.E., *American Laboratory Raw data from* GPC *Chromatogram of Polystyrene* **9**(7), 41 (1977).

[5] Billmeyer, F., *Textbook of Polymer Science*, 2nd ed., Wiley, New York, 1971, Chapter 3.

[6] Kurata, M. and Y. Tsunashima. Viscosity-molecular weight relationships and unperturbed dimensions of linear chain molecules, Chapter VII/1 in *Polymer Handbook*. 3rd ed., J Brandrupand E.H. Immergut (eds), Wiley, New York, 1975.

[7] Provder, T. (ed.), *Size Exclusion Chromatography*: *Methodology and Characterization of Polymers and Related Materials*, ACS Symposium Series No. 245, American Chemical Society, Washington, DC, 1984.

[8] Grubisic, Z. *et al.*, J. *Polym. Sci.* **B-5**, 753 (1967).

[9] Balke, S.T., *et al.*, *Ind. Eng. Chem.*, *Prod. Res. Dev.* **8**, 54 (1969).

[10] Yau, W.W. and S.W. Rementer, *J. Liquid Chromatogr.* **13**(4), 626; Wang, P.J. and B.S Glassbrenner, *ibid*, **11**(16) 3321 (1988).

6장

고분자의 열전이

6.1 도입

이 책을 읽는 독자는 열전이, 그 중에서도 특히 순수한 물질의 녹는점(또는 어는점)과 끓는점에 대해 친숙할 것이다. 고분자는 조금 더 복잡하다; 고분자들의 커다란 크기로 인해 **유리 전이 온도**(*glass transition temperature*)라는 새로운 용어에 대한 정의가 필요하고, 이것으로부터 유리상과 고무상 거동을 구분지을 수 있다. 또한, 고분자 시료의 다분산 지수로 인해 용융 온도가 범위로 나타나게 된다. 대신에, 고분자에 있어서 끓는점은 중요하지 않은데, 그 이유는 온도가 올라감에 따라 거대 분자들이 기체로 기화되기 전에 열분해가 일어나기 때문이다. 이 장에서는 고분자에서 관찰되는 독특한 열적 거동들에 대하여 집중해서 논의하고, 고분자들에 있어서 물리적 성질을 결정하는 데 열이력이 왜 중요한지에 대해 설명하겠다.

6.2 유리 전이

비정질 고분자가 독특한 두 가지 유형이 기계적 거동을 보인다는 점은 오래 전부터 알려져 왔다. Lucite®나 Plexiglas®로 상표가 등록된 폴리(메틸 메타크릴레이트)(PMMA)나 폴리스타이렌(PS) 등은 상온에서 견고하고 단단하며, 유리와 같은 성질을 띠는 플라스틱이다. 다른 고분자들, 예를 들어 폴리뷰타다이엔, 폴리(에틸 아크릴레이트), 폴리아이소프렌 등은 부드럽고 유연한 고무와 같은 재질이다. 하지만 만약 PS와 PMMA가 125°C 부근까지 가열된다면 전형적인 고무상 성질을 보인다; 고무공이 액체 질소 안에서 냉각될 때, 단단하고 유리와 같이 되면서 바닥에 튕기려고 하면 산산이 부서질 것이다. 따라서 비정질 고

Fundamental Principles of Polymeric Materials, Third Edition. Christopher S. Brazel and Stephen L. Rosen.

분자의 경우 특정 온도나 좁은 영역의 온도 범위가 존재하게 되는데, 이 온도 이하에서는 유리상으로 존재하고, 이 온도 이상에서는 고무상으로 존재한다. 이 온도는 **유리 전이 온도**(*glass transition temperature*), T_g라고 알려져 있다. 유리 전이 온도는 고분자의 특성이며, 적용하려는 온도가 유리 전이 온도보다 높은지 혹은 낮은지에 따라 고분자가 고무상으로 존재할지 혹은 유리상으로 존재할지가 결정된다. T_g는 고분자의 비정질 영역의 특성임을 주목하라; 하지만, 완전히 100% 결정 고분자는 존재하지 않으므로, T_g는 모든 고분자 재료에 존재하는 중요한 물성이다.

6.3 비정질 고분자에서의 분자 운동

유리 전이에서 분자적 운동의 기초를 이해하기 위해, 비정질 고분자 내부에서 일어나는 다양한 분자 운동을 네 가지 범주로 나눈다.

1. 전체 분자의 병진 운동. 이것으로 인해 흐를 수 있다.
2. 대략 40~50개의 탄소 원자가 이어져 있는 분절이 협동하여 꿈틀거리고(wriggling) 도약하는(jumping) 운동. 이로 인해 사슬이 풀리고 유연해질 수 있으며 재질에 탄성을 부여한다.
3. 주사슬을 따라 몇몇 원자들(다섯 또는 여섯, 또는 그쯤 되는)의 운동, 또는 주사슬에 연결되어 있는 곁사슬 그룹의 운동.
4. 결정 격자에서 일어나는 것처럼 평형 위치를 중심으로 발생하는 원자들의 진동. 단, 비정질 고분자에서 규칙적인 배열 안에 있지 않은 원자 중심들은 제외한다.

위의 1~4까지의 운동은 활성화 에너지가 감소하는(뿐만 아니라 운동에 참여하는 원자의 수가 줄어드는) 순서로 나열되어 있다. 즉, 운동을 유발하는 열적 에너지(kT[1])의 양이 적어지는 순서인 것이다. 유리 전이 온도는 1번과 2번 유형의 운동은 힘들고 단지 3번과 4번 유형의 운동을 가능하게 하는 에너지가 있는 온도로 여겨진다. 물론 모든 분자들이 주어진 온도에서 같은 에너지를 갖고 있는 것은 아니다. 분자들의 에너지는 Boltzmann 분포(Boltzmann distribution)를 따르는데, T_g보다 낮은 온도에서도 종종 2번이나 심지어 1번 유형의 운동이 존재하며, 이것은 극도로 매우 긴 시간 동안에 걸쳐 나타날 수 있다.

[1] kT는 Boltzmann 상수와 절대 온도의 곱이다. 이것은 분자 수준에서의 에너지와 관련되어 있으며, 물리화학에서 더 상세하게 논의된다.

6.4 T_g의 결정

어떻게 유리 전이 온도를 알 수 있는가? 흔한 방법은 온도에 따른 열역학적 특성들의 변화를 관찰하는 것인데, 가장 대표적인 것은 그림 6.1에 나타낸 바와 같이 비부피(specific volume)이다. 온도가 올라감에 따라 고분자는 팽창하고 유리 전이 온도 이상에서 온도에 대한 v의 기울기가 증가하는 변화가 생긴다.

이러한 방법에 의해 결정된 T_g 값은 냉각 속도나 승온 속도에 따라 어느 정도 변한다. 이 점은 길고 서로 엉켜 있는 고분자 사슬이 온도 변화에 즉각적으로 반응하지 못한다는 사실을 반영하며, 고분자에 대한 열역학적 측정의 어려움을 설명한다. 종종 평형에 도달하기까지 매우 긴 시간이 소요되며, 실제로 평형에 도달했다고 하더라도 언제 평형에 도달했는지 또는 평형 상태에 있는지 아닌지의 여부를 확신하기 어렵다. 엄밀하게 말하면, 유리 전이 온도는 평형 성질에 대한 관점에서 정의가 내려져야 하며, 적어도 온도 변화의 속도가 매우 낮은 조건에서 측정되어야 한다. 게다가, 물리적 성질에서 급격한 '변화'는 결코 관찰되지 않지만, T_g는 선형 구간의 외삽법에 의해 결정되는데, 2~3도 정도의 차이가 날 수 있다(그림 6.1에서 보이듯). 굴절률과 같은 다른 성질들도 역시 T_g를 구하는 데 사용될 수 있다.

비부피와 같은 열역학적 성질들은 유리 전이에서는 **기울기**(*slope*)가 변하지만, 다른 재료들에서와 마찬가지로 고분자 결정의 용융 온도에서는 온도에 따라 **불연속성**을 보인다(그림 6.2). 그러므로 유리 전이는 **2차**(*second-order*) 열역학적 전이(T에 대한 v는 연속적이지만 T에 대한 dv/dT는 불연속적이다)로 알려져 있고, 이와는 대조적으로 용융 온도는

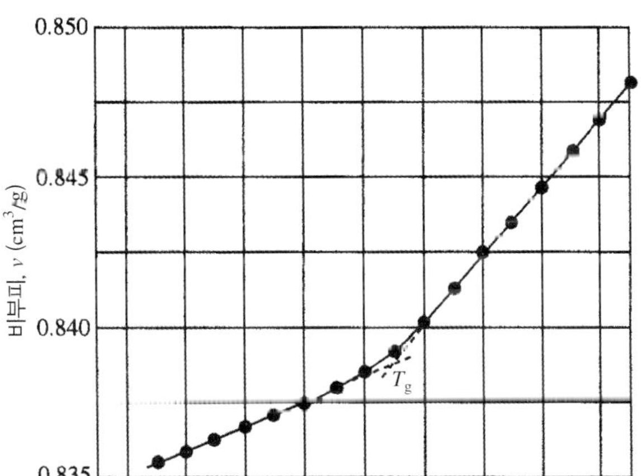

그림 6.1 폴리(바이닐 아세테이트)의 비부피(v) 대 온도[1].

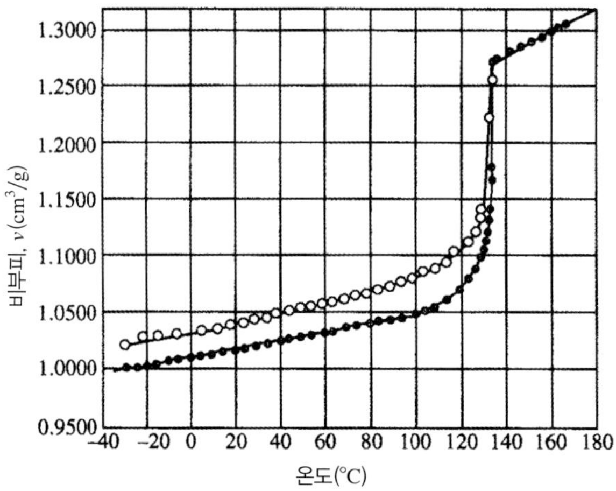

그림 6.2 선형 폴리에틸렌(Marlex-50)에 대한 비부피와 온도의 관계. ○: 테스트 전, 녹았다가 상온으로 천천히 냉각된 시편. ● : 테스트 전, 130°C에서 40일 동안 결정화되었다가 상온으로 냉각된 시편[2].

1차(*first-order*) 전이이다(T에 대한 v가 불연속적이다).

T_g는 비정질상을 특징으로 한다. 모든 고분자들은 적어도 어느 수준까지는 비정질을 포함하는 재료이기 때문에(고분자는 100% 결정상일 수는 없다), 모두 T_g를 나타낸다. 하지만 모든 고분자가 결정 용융 온도를 가지지는 않는데, 이는 어떤 고분자들은 결정화되지 않기 때문이다(많은 고분자들은 용융되기 전에 열분해될 것이다).

고분자에 있어서 전이는 시차 주사 열량계(differential scanning calorimetry, DSC)를 이용하여 빠르고 간편하게 분석할 수 있다[3]. 적은 양(~10 mg)의 고분자 시료와 비활성인 표준 물질(관심 있는 온도 범위에서 전이가 없는 물질)에 대해 온도를 관찰할 수 있는 열전대와 가열기가 있는 블록(block) 안에 고정시킨다. 여기서 관찰하는 열역학적 성질은 엔탈피이다. 각각의 가열기로 공급된 전력이 측정되고, 시료와 표준 물질은 프로그램된 승온 속도(전형적으로 5~20°C/min)로 가열되며, 이 둘 사이의 온도를 같게 유지하기 위해 전력이 조절된다. T_g에서는 시료의 열용량이 갑자기 증가하고 같은 온도를 유지하기 위해 더 많은 전력(표준 물질에 비해 상대적으로)이 필요하게 된다. 이렇게 시료(흡열성)로 유입되는 열유량의 차이는 DSC 곡선에서 급한 감소를 일으킨다(그림 6.3). T_m에서는 시료에 있는 결정들이 일정한 온도에서 녹기를 원하므로, 표준 물질과 온도를 같게 맞추기 위해서는 갑자기 많은 양의 열이 투입되어야 한다. 이 결과 특징적인 흡열성 용융 피크가 나타난다. 결정화는 많은 양의 열이 일정한 온도에서 방출되는 과정이므로 T_m과 비슷하지만 발열성 피크가 생긴다(이 피크는 결정화가 심하지 않거나 가열하기 전에 이미 결정화된 고분자에서는 발견되지 않는다). 시료로 들어가거나 또는 빠져 나가는 총 에너지를 측정함으로써 열용량 및 용융열을 구할 수 있다. 분해(흡열)와 산화(발열) 반응 또한 편리하게 연구될

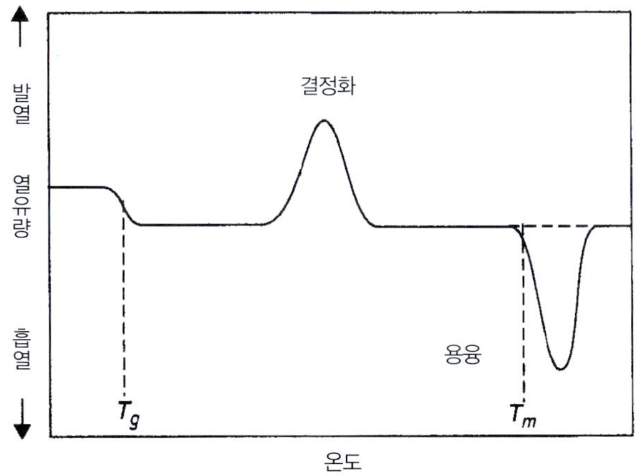

그림 6.3 개략적인 DSC 곡선. 상태 2(예제 6.8, 그림 6.5)로부터 상태 1로 재료가 가열될 때 관찰되는 것.

수 있다(뒤에서 논의하게 될 발열성 중합 반응처럼).

그림 6.3에서 온도 범위에 걸쳐 발생한 결정화 및 용융 피크가 보이며, 가열(또는 냉각) 속도에 의해 이 피크들은 넓어질 수도 있고(더 높은 dT/dt 속도를 사용하는 경우) 또는 좁게 될 수도 있다(느린 가열 또는 냉각을 사용하는 경우). 그러나 매우 느린 가열 속도에도 용융 전이는 한 온도에서 명확하게 정해지기보다는 어느 정도의 온도 범위에 걸쳐 나타날 것이다(예를 들어, 얼음과 같은 저분자량을 가지는 순수한 물질과는 대조적으로, 고분자 시료는 다분산성이기 때문에 결정 크기가 다양하고 사슬 상호 간의 엉킨 구조 및 복잡한 이차적 상호 작용이 존재하여 용융 피크가 넓게 된다).

DSC는 일정한 속도로 시료를 가열하도록 프로그램되어 있다. 속도를 빠르게 하면 측정 시간이 짧아져 시간을 줄일 수 있는 결과를 준다. 하지만, 불행하게도 고분자 사슬은 변화하는 온도에 즉각적으로 빠르게 반응할 수 없기 때문에, 빠른 속도로 측정하는 경우는 평형 상태에서 많이 벗어나게 된다. 문헌에 보고된 T_g 및 T_m이 차이가 나는 이유 중 하나는 이러한 값들이 승온 속도에 따라 변하기 때문이다. 정확한 평형 값에 도달하기 위해서는 매우 느린 승온 속도가 적용되어야 하지만, 그것보다 더 좋은 방법은 여러 개의 승온 속도로 측정하고, 이 값들을 통해 승온 속도를 '0'으로 외삽하여 역으로 추론하는 것이다. 하지만 시간과 노력이 수반되기 때문에 이 방법은 거의 이용되지 않는다. 새로운 DSC 모델에는 온도 조절 프로그램이 내장되어 있어 T_g와 T_m을 훨씬 더 정밀하게 측정할 수 있도록 미세한 조율이 가능하다. 동역학적 측정 방법들(16장 참조) 또한 열전이에 대한 유용한 정보들을 제공할 수 있다.

6.5 T_g에 영향을 미치는 인자들[4]

일반적으로 유리 전이 온도는 아래 다섯 가지 인자에 의존한다.

1. 고분자의 **자유 부피**(*free volume*) v_f, 즉 고분자 전체에 대한 겉보기 부피 중에서 고분자 자체가 실제로 차지하지 않는 공간을 말한다(주방용 스펀지를 분자 수준에서 생각해 보라). 이것은 $v_f = v - v_s$로 표현되며, v는 고분자 전체의 비부피이고 v_s는 고체상으로 꽉 들어찬 분자들 자체의 부피이다. v_f가 높을수록 분자들이 이리저리 움직일 수 있는 여유 공간이 더 많이 있으므로 T_g는 낮아진다. 모든 고분자의 경우, T_g에서 $v_f/v \approx 0.025$로 추정되었다.

예제 6.1 유리 전이 온도는 수천 psi의 압력에서 증가하는 것으로 관찰되었다. 왜 그런가?

풀이 높은 압력은 고분자를 압축시키고 v를 감소시킨다. v_s는 눈에 띄게 변화하지 않기 때문에 v_f가 감소한다.

---

2. 분자들 사이의 인력 – 분자들이 더욱 강하게 서로 묶여 있을수록 운동을 유발하는 데 필요한 열에너지가 더욱 많이 요구된다. 용해도 계수 δ(7장에서 명확하게 정의된)는 분자간 힘의 척도이며, 따라서 δ의 증가에 따라 T_g가 높아진다. 폴리아크릴로나이트릴은 사슬 간에 강한 극성 결합이 빈번하게 존재하기 때문에 열분해 온도보다 높은 T_g를 가지며, 이러한 이유로 선형이지만 열가소성은 아니다.

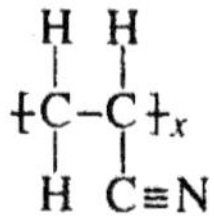

3. 고분자 사슬의 내부 운동, 즉 결합에 대해 회전할 수 있는 자유도를 의미한다. 그림 6.4는 고분자 사슬에서 결합에 대한 회전 각도의 함수로서의 위치 에너지를 보여 준다. 탄소–탄소 결합에 대하여, 각 탄소에는 다른 세 개의 결합이 있다(주사슬에 이중 결합이 없다고 가정하면): 두 개는 곁사슬 그룹이고 세 번째 결합은 고분자 골격과 연결이 된다. 임의로 $\theta_f = 0$으로 설정한 최소 에너지 배열은, 가장 덩치가 큰 치환기(사슬의 나머지들)가 가능한 서로 멀리 떨어져 있는 위치이다. 결합이 회전함에 따라 치환기들은 서로 가까운 위치로 이동하고 '낙타 혹을 넘기 위해' 에너지를 필요로 한다. 두 개의 사슬 치환기가 서로 지나가게 하기 위해 최대 에너지가 필요하며, 완전한 회전이 일어나려면 이 에너지는 반드시 있어야 한다. 이러한 회전은 1번과 2번 유형의 운동을 위해서 필수적이다.

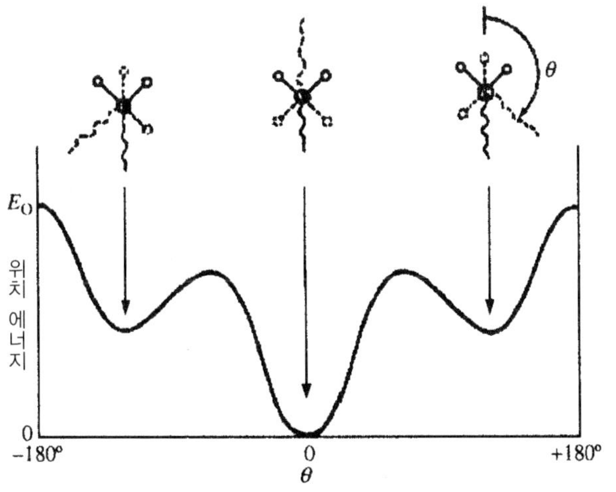

그림 6.4 고분자 사슬 골격에서 결합을 축으로 한 회전. 점선으로 표시된 치환기들은 후면에 위치한 탄소 원자이다.

표 6.1 몇몇 고분자들의 T_g에 미치는 위치 에너지의 영향[4]

고분자	δ	T_g(°C)	E_0(kcal/mol)
폴리다이메틸 실록세인	7.3	−120	~0
폴리에틸렌	7.9	−85(?)	3.3
폴리테트라플루오로에틸렌	6.2	>20	4.7

표 6.1은 대략적으로 같은 δ 값을 갖는 일련의 고분자들을 대상으로 하여 T_g가 위치 에너지 E_0에 따라 어떻게 증가하는지를 보여 준다. 실리콘 사슬에 있는 '회전' 에터 산소가 얼마나 자유롭게 회전을 할 수 있는지에 주목하라.

예제 6.2 폴리(α-메틸 스타이렌)은 PS보다 더 높은 T_g를 갖는다. 왜 그런가?

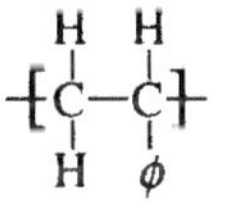

폴리스타이렌

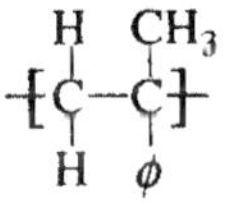

폴리(α-메틸 스타이렌)

풀이 메틸 그룹이 회전에 추가적인 입체 장애를 부여하여 더 높은 E_0를 갖게 한다.

4. 사슬의 강성(stiffness) - 감거나(coiling) 접기(folding) 어려운 사슬은 더 높은 T_g 값을 갖는다. 이 강성은 높은 E_0와 관련되어 있으므로 3번과 4번 유형의 영향을 분리시키기는 어렵다.

폴리이미드(예제 2.4R)와 같이 주사슬 내부가 평행한 결합으로 이루어진 고분자(사다리형 고분자)와 아라미드(4.8절 참조)와 같이 방향족 주사슬로 이루어진 고분자들은 극도로 단단한 사슬을 가지고 있으므로, 높은 T_g 값을 갖는 경향이 있다. 이러한 고분자들은 고온에서는 기계적으로 매우 우수하여 유용하지만, 동시에 가공이 매우 어려운 점이 있다.

5. 사슬 길이 – 고분자의 많은 기계적 성질들이 그러하듯, 유리 전이 온도는 실험에 근거한 다음의 관계식에 따라 변한다.

$$T_g = T_g^{\infty} - \frac{C}{x} \tag{6.1}$$

여기서 C는 특정 고분자에 대한 상수이고, T_g^{∞}는 무한히 긴 사슬에 대한 유리 전이 온도의 점근값이다. 이것은 사슬의 길이가 짧을수록 운동의 수월성이 증가한다는 것을 반영한다. x가 감소함에 따라 T_g가 감소하는 것은 상대적으로 짧은 사슬 길이에 대해서 두드러지게 나타난다. 대다수의 상업용 고분자들은 x가 충분히 큰 값을 갖기 때문에 $T_g \approx T_g^{\infty}$이다.

예제 6.3 위에서 설명된 측정에 따르면, 외부 가소제로 알려진 작은 분자량의 화합물(7장 참조)을 첨가하면 유리 전이 온도가 감소되어 고분자가 부드럽게 된다는 것을 보여 준다. 이를 설명하시오.

풀이 가소제 분자들은 고분자 사슬 사이를 파고들어 사슬을 떨어뜨려 놓고, 사슬이 움직일 수 있는 자유 부피를 증가시킨다(작은 가소제 분자들이 고분자 사슬의 운동을 방해하는 정도는 다른 사슬이 방해하는 정도보다 훨씬 적다). 또한 고분자 사슬들 사이에 2차 결합을 형성하여 1번과 2번 유형의 운동이 더 쉽게 일어나도록 한다.

6.6 T_g에 미치는 공중합의 영향

랜덤 공중합체의 유리 전이 온도는 동종 중합체의 T_g들 사이의 값을 가지며 그 조성에 따라 매우 단조롭게 변화한다. 이는 동종 중합체의 T_g 값들, 즉 T_{g1}, T_{g2}에 대한 값으로부터 실험적 관계식에 의해 매우 근사하게 어림잡을 수 있다.

$$\frac{1}{T_g} = \frac{w_1}{T_{g1}} + \frac{w_2}{T_{g2}} \tag{6.2}$$

w는 공중합체에 있는 단량체들의 무게 분율이다. 이 관계식은 비정질 재료의 양이 적어,

결정질 재료에 의해 전체 성질이 정해지는, 결정화도가 높은 고분자의 T_g를 예측하는 데 이용될 수 있다. 어떤 조성 범위에서 불규칙성에 의해 결정화가 방해되는 랜덤 공중합체의 경우, 식 6.2는 $w_1=1$ 또는 $w_2=1$로 외삽하여 사용될 수 있고, 이때 동종 중합체들의 T_g 값을 얻을 수 있다. 이 방법은 논란의 여지가 있는데, 왜냐하면 다량의 결정이 존재할 때 비정질 영역에서 분자의 응답이 결정에 의해 제한되지 않는다고 가정을 하기 때문이다. 사실상 결정성이 매우 높은 고분자(특히, 폴리에틸렌)의 T_g 값은 여전히 논쟁의 대상이다.

6.7 용융의 열역학

고분자에 있어서 결정의 용융 온도 T_m은 저분자량을 갖는 유기 화합물, 금속 및 세라믹에서 관찰되는 상변화와 유사하다.

용융 Gibbs 자유 에너지는 다음과 같이 주어진다.

$$\Delta G_m = \Delta H_m - T\Delta S_m \tag{6.3}$$

평형 상태일 때 결정의 용융 온도 T_m에서 $\Delta G=0$이므로

$$T_m = \frac{\Delta H_m}{\Delta S_m} \tag{6.4}$$

여기서 ΔH_m은 일정한 온도와 압력에서 결정의 결합 힘을 극복하는 데 필요한 에너지이고, 분자량이 높은 고분자의 사슬 길이와는 근본적으로 관계가 없다. 그러나 주어진 질량 또는 부피의 고분자에 대하여 사슬 길이가 짧아질수록 용융 과정에서 불규칙도가 증가하고, 혼합 엔트로피 변화 ΔS_m은 더욱 커진다(이 풀이와 연관하여 더욱 상세한 설명은 7장을 보라). 따라서 결정의 용융 온도는 사슬 길이가 짧아짐에 따라 낮아지고, 다분산성 고분자의 경우 사슬 길이의 분포로 인해 용융 온도의 분포가 생긴다.

또한 식 6.3은 결정 격자 안에 강하게 결합되어 있는 사슬은 높은 ΔH_m을 가지며, 따라서 예상대로 높은 T_m 값을 갖는 것을 보여 준다. 또한, 더 단단하고 움직이기 어려운 사슬들, 즉 녹는 과정에서 불규칙도가 낮아서 낮은 ΔS_m을 갖는 사슬들은 더 높은 T_m 값을 갖는 경향이 있다.

예제 6.4 '나일론 n' 계열에서 n은 변할 수 있는데, n 값이 변화에 따라 결정의 용융 온도가 어떻게 변하는지 논하시오.

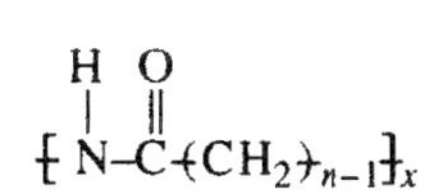

표 6.2 나일론의 n 계열에서 n 값에 따른 성질들의 변화

n	T_m(°C)	ρ(g/cm^3)	인장 강도(psi)	물 흡수 %, 24시간
6	216	1.14	12,000	1.7
11	185	1.04	8000	0.3
12	177	1.02	7500	0.25
∞(**PE**)	135	0.97	5500	nil

풀이 n 값이 증가할수록 사슬 간 수소 결합을 할 수 있는 나일론 결합의 수가 상대적으로 줄어들고, 따라서 ΔH_m과 결정의 용융 온도는 더 낮아진다. n이 무한대로 감에 따라 구조가 선형 폴리에틸렌의 구조에 근접한다. 이 경우 오직 반데르발스 힘에 의해 서로 묶여 있는 사슬이 되며, 이에 점근하는 최솟값으로 T_m이 주어진다.

표 6.2는 나일론 계열의 몇몇 상용 고분자에 대해 n에 따른 T_m과 다른 성질들의 변화에 대해 설명한다.

예제 6.5 다음의 선형 지방족 고분자를 고려하시오.

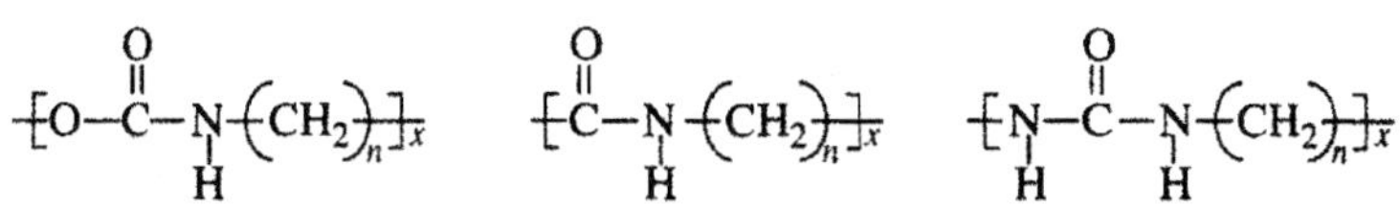

폴리유레테인 T_m < 폴리아마이드 T_m < 폴리유레아 T_m

주어진 n과 x 값에 대하여 결정의 용융 온도는 표시된 대로 왼쪽에서 오른쪽으로 갈수록 높아진다. 이를 설명하시오.

풀이 폴리유레테인 사슬은 회전 가능한 −O−를 포함하므로 가장 유연하며, 가장 큰 ΔS_m을 갖고 가장 낮은 T_m을 갖는다. 수소 결합 및 ΔH_m은 폴리유레테인과 폴리아마이드에서 대략적으로 비슷하다. 폴리유레아와 폴리아마이드는 비슷한 유연성을 가지는 사슬로 되어 있지만(회전하는 결합이 없다), 폴리유레아는 추가의 −NH−로 인해 더 강하고 더 많은 수소 결합을 형성하며, 따라서 폴리아마이드보다 더 높은 ΔH_m을 갖는다.

예제 6.6 실험에 따르면 일축 배향(연신)은 결정의 용융 온도를 상승시킨다. 이를 설명하시오.

풀이 용융 엔트로피 ΔS_m은 비정질과 결정질 재료의 엔트로피 간의 차이이다.

$$\Delta S_m = S_a - S_c$$

연신은 비정질 사슬을 연신하는 방향으로 정렬시키고, 규칙성을 증가시켜 S_a를 감소시

키며, 따라서 ΔS_m을 감소시킨다. 식 6.4에 따르면 이는 T_m을 상승시킨다.

예제 6.7 액정 폴리에스터(4.8절)는 비액정 폴리에스터에 비해 상당히 높은 T_m을 갖는다. 예를 들어 Xydar는 400°C 근처의 T_m을 갖는 반면, 예제 2.4D에서 보여 준 폴리(에틸렌 테레프탈레이트)는 267°C의 T_m을 갖고, 예제 2.4C에서 보여 준 폴리(뷰틸렌 테레프탈레이트)는 224°C의 T_m을 갖는다. 이를 설명하시오

풀이 보통의 폴리에스터, 특히 PET는 높은 ΔH_m 값을 가질 것으로 예상된다. 특히 PET는 극성의 에스터 연결 사이의 공간이 감소되기 때문이다. 따라서 이에 대한 설명은 엔트로피 변화(ΔS_m)에 근거해야 한다. 열방성 LCP는 정의에 의해 용융 상태에서 상당한 정렬을 유지하기 때문에, 그들은 용융 과정에서 불규칙도가 떨어지고, 따라서 비액정 폴리에스터보다 낮은 S_m 값을 갖는다.

결정의 용융 온도는 고분자의 결정화도에 따라 약간 상승한다. 예를 들어 저밀도 폴리에틸렌(약 50%가 결정성)은 대략 115°C의 T_m을 갖는 반면에, 고밀도 폴리에틸렌(약 80%가 결정성)은 대략 135°C에서 녹는다. 이것은 비정질 재료를 불순물로 취급하여 설명할 수 있다. 불순물의 도입은 보통의 재료에서 용융 온도를 낮춘다고 잘 알려져 있다. 이와 같은 원리로, 더 많은 양의 비정질 '불순물'이 도입되면 고분자 결정의 용융 온도는 낮아진다.

6.8 준안정 비정질 상태

고분자 사슬은 T_g 아래의 온도에서는 크게 경직되기 때문에, T_m을 지나 T_g 아래로 급속히 냉각시키면 평형 상태에서는 결정질이 될 것이 준안정 비정질 상태를 형성할 수도 있다. 이러한 급속한 냉각은 고분자 사슬을 불규칙하고 비정질 상태로 만드는 효율적인 방법이다. 이러한 재료가 T_g보다 낮은 온도에서 유지되는 한, 준안정 비정질 상태는 무한히 유지될 것이다. 만약 T_g보다 높은 온도(그리고 T_m보다 낮은 온도)에서 열처리된다면, 고분자 사슬은 격자에 채워지기 위해 필요한 이동성이 생겨 결정화하게 된다. 이러한 고분자의 거동을 통해 **열이력**(*thermal history*) 특성을 갖는 고분자를 구분할 수 있고, 이는 결정이 냉각 속도의 영향을 받는다는 것을 나타낸다.

예제 2.4D에 제시된 폴리(에틸렌 테레프탈레이트)는 부피가 큰 사슬 구조로 인해 결정화가 천천히 이루어지고, 이로 인해 비교적 쉽게 준안정 비정질 상태가 된다. 원한다면 용융 상태에서 서서히 냉각하거나, T_g와 T_m 사이의 온도에서 열처리하거나, 또는 조핵제를 첨가함으로써 결정화를 촉진할 수 있다. PET는 준안정 비정질 상태(탄산음료 병)와 결정 상

태(직물 섬유, 전자 레인지로 조리할 수 있는 식판, 성형 수지) 모두 상업적으로 중요하게 이용된다. 한편, 급속 냉각을 통해 결정화도를 상당히 감소시킬 수 있음에도 불구하고(그림 6.2), 더욱 유연한 사슬을 가지는 비정질 상태 폴리에틸렌을 생산하는 것은 아직까지도 성공하지 못하고 있다. 흥미로운 사실은, 금속공학자들은 특정한 합금을 급속 냉각시켜 비정질 금속을 생산할 수 있다는 것이다.

예제 6.8 폴리(에틸렌 테레프탈레이트) 또는 PET(Mylar, Dacron)가 300°C(상태 1)에서 상온으로 급속히 냉각된다. 그 결과 매우 단단하며 완전히 투명(상태 2)하게 된다. 이후 그 시료는 100°C(상태 3)로 가열되고, 물질이 서서히 반투명(상태 4)하게 될 때까지 온도가 유지된다. 이후 상온으로 냉각되자, 단단하지만 투명하지 않은 반투명(상태 5)한 상태가 된다. 이 PET 시료는 T_m=267°C이고 T_g=69°C이다. 결정성 고분자의 일반적인 비부피 대 온도 곡선을 그리시오. 이때 T_g와 T_m을 표시하고, PET 시료의 상태 1~5의 위치를 표시하시오.

풀이 그림 6.5는 결정성 고분자의 일반적인 *v* 대 *T* 곡선을 나타낸 것이다. 점선으로 표시된 상부는 급속 냉각을 통해 형성된 준안정 비정질 재료를 나타낸다. PET 시료의 열이력이 그림에 나와 있다. T_g 이하로의 급속 냉각을 통해 준안정 비정질 재료(투명, 상태 2)가 얻어진다; 하지만, 상태 3(T_g와 T_m 사이)으로 가열되면 시료는 열처리 과정을 거치게 되고 더욱 결정화 상태가 된다. 그림 6.3의 개략적인 DSC 곡선은 준안정 비정질 상태(상태 2)의 재료를 T_m 이상으로 가열(상태 1)하면서 DSC 측정을 하는 경우 관찰될 수 있는 곡선이다.

유리 전이 온도에서의 기울기 변화를 주목하라. 또한, 상태 3이 T_g보다 높으면 사슬들은 더욱 안정한 준결정 상태로 재배열하기에(결과적으로) 충분한 이동성을 갖게 될 것이다. 그러므로 (상태 2와 5를 비교할 때) 이러한 정보만으로는 PET의 분자량과 온도가 물성을

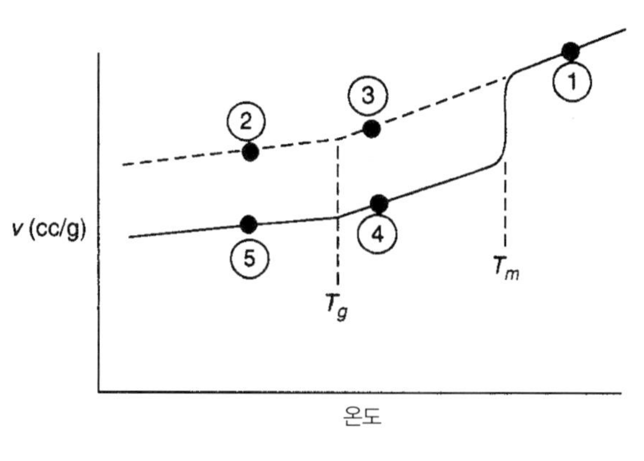

그림 6.5 결정성 고분자에 대한 비부피–온도 관계. 숫자들은 예제 6.8을 적용한 것이다.

결정한다고 단순히 결론을 내리기에는 충분하지 않다; 열이력은 결정화도에 영향을 주며, 이러한 결정화도는 재료의 물성(밀도, 광학적 특성 및 기계적 특성 등)에 상당한 영향을 미친다. 그러므로 이와 같은 예는 고분자가 열이력을 갖는 이유를 설명하는 중요한 예이다. 상태 1의 PET 시료를 서서히 냉각하여도 상태 5에 도달할 수 있다.

둘 또는 그 이상의 서로 다른 동종 중합체들의 혼합물인 고분자 **블렌드**(*blends*) 역시 흔히 이용되는 상용 재료이다. 가끔 드물게 고분자 간 결정질이 형성되는 경우를 제외하면, 블렌드에서서는 각 성분에 해당하는 T_g 및 T_m이 다수 나타난다.

6.9 열적 특성에 미치는 공중합의 영향

고분자 블렌드와 대조적으로 공중합체의 경우에는 오직 하나의 T_g와 T_m을 갖는다. 랜덤 공중합 반응이 T_g와 T_m에 미치는 영향은 매우 흥미로우며, 기술적으로 중요한 의미를 갖는다. 때때로, 두 개의 반복 단위가 동일한 결정 격자에 맞을 정도로 입체 구조가 비슷하면 랜덤 공중합체 결정의 용융 온도는 순수 동종 중합체의 용융 온도 사이에서 조성에 따라 선형적으로 변하게 된다. 하지만 일반적으로 동종 중합체들은 입체 구조의 차이 때문에 서로 다른 결정 격자를 형성한다. A에 반복 단위 B가 소량 불규칙하게 혼합되면 A 격자가 방해를 받아 동종 중합체 A보다 낮은 T_m을 가지게 되며, 반대의 경우도 마찬가지이다. 서로 비슷한 비율의 조성에서는, 이와 같은 방해 정도가 매우 강해서 결정이 형성되지 않고 완전히 비정질 공중합체가 될 것이다. 이와 같은 랜덤 공중합체 계의 상태도가 그림 6.6에 나와 있다.

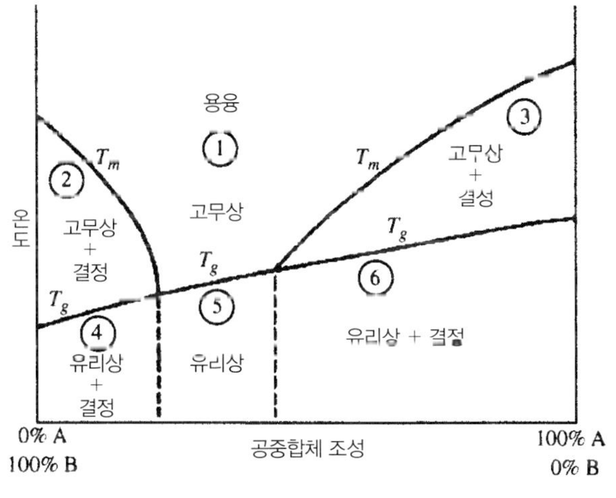

그림 6.6 랜덤 공중합체 계의 상태도.

그림 6.6에 나타낸 바와 같이 랜덤 공중합체의 물리적 특성은 그 조성과 온도에 따라 결정된다. 영역 1에서 고분자는 균질하고 비정질 상태이며, 만약 순수한 고분자인 경우라면 투명한 재료이다. 용융물과 고무상 거동 사이에서의 구분은 명확하지 않다; 고온에서, 재료는 더욱 쉽게 흐르며 낮은 탄성을 갖는다(고분자가 분해 온도에 이르지 않는다고 가정할 때). 다만 용융 고분자의 점도는 T_g 또는 T_m보다 높은 영역에서도 고분자가 아닌 다른 재료들에 비해서는 훨씬 크다는 것을 유념해야 한다.

영역 5에 속하는 공중합체는 보편적으로 비정질, 유리상 고분자이며, 대체로 딱딱하고 단단하지만 깨지기 쉬운 특성을 보인다. 또한, 순수 고분자인 경우 완전히 투명할 것이다. PMMA(Lucite, Plexiglas)와 PS는 이러한 특성을 갖는 대표적인 동종 중합체들이다.

영역 2와 3에 속하는 공중합체들은 비교적 부드러운 고무상의 비정질 매트릭스 안에 단단한 결정질들이 분산되어 있다. 일반적으로 결정과 비정질상들의 굴절률이 서로 다르기 때문에, 이 영역에 있는 재료들은 결정질의 크기, 결정화도, 그리고 시료의 두께 등에 따라 반투명에서 불투명까지 변할 것이다. 결정들이 사슬의 이동성을 제한하기 때문에, 재료는 탄성적이지 않지만 고무상 매질로 인해 유연성과 인성을 갖게 된다. 강성은 결정화도에 크게 영향을 받는다; 더 단단한 결정상이 많이 존재할수록 고분자의 강성은 더욱 커진다. 폴리에틸렌(예를 들어 유연한 눌러 짜낼 수 있는 병 또는 딱딱한 표백된 병)은 T_g와 T_m 사이에 상온이 있는 전형적인 고분자로서, 이와 같은 특성을 갖는 동종 중합체의 좋은 예라 할 수 있다.

영역 4와 6에 속하는 공중합체들은 비정질 유리상 매트릭스에 분산된 결정으로 구성되어 있다. 두 상 모두 단단한 특성을 갖기 때문에 재료는 딱딱하고 강하고 단단한 물성을 가지며 모두 불투명한 모습을 띤다. 나일론 6,6과 나일론 6은 상온이 모두 T_g와 T_m 아래에 있는 대표적인 동종 중합체들이다.

6.10 열적 특성에 미치는 첨가제의 영향

재료의 특성을 최종 생산품의 용도에 맞게 제작하기 위해 다양한 화합물들이 고분자 첨가제로 사용된다. 18장에서 자세히 다루겠지만, 첨가제에는 염료, 충전제, 가소제 등의 성분들이 포함된다. 이러한 첨가제들은 고분자 사슬 사이에 끼어들어가기 때문에(적어도 어느 정도는), 고분자-고분자 사이의 상호작용을 감소시키고 사슬 이동의 증가를 유발한다(같은 온도 조건에서 순수 고분자와 비교하여). 이와 같은 현상은 T_g를 떨어뜨린다(가소제와 같은 역할, 그림 6.7). 이러한 T_g의 감소는 첨가제와 고분자의 열역학적 적합성(compatibility)에 기인한다. 몇몇 충전제의 경우 이러한 정도가 작아서 T_g의 변화가 미미

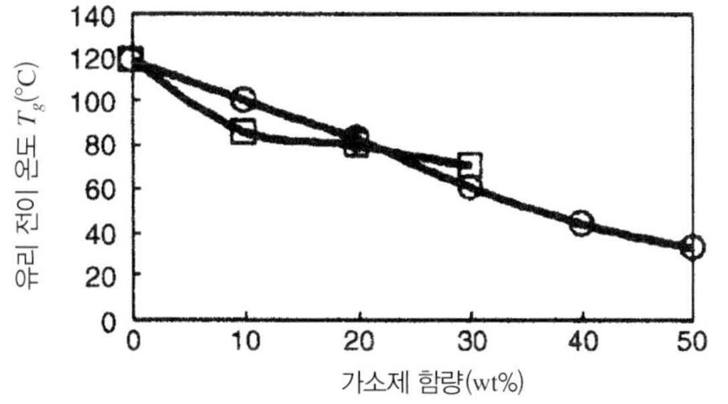

그림 6.7 다이옥틸 프탈레이트(DOP)(가소제)(□) 또는 이미다졸륨 이온성 액체 첨가제(hmimPF6)(○)의 첨가가 PMMA의 T_g에 미치는 영향 [5]. Reproduced by permission of the Royal Society of Chemistry.

할 수도 있으나, 고분자와 상호작용을 하는 화학 첨가제의 경우 T_g가 상당히 감소할 수도 있다. 고분자 용액과 고분자 첨가제의 열역학적 논의는 다음 장에서 상세히 다루게 될 것이다. 고분자의 용융 온도의 경우 첨가제의 영향을 크게 받지는 않지만, 첨가제가 규칙적인 결정의 형성을 방해하므로 결정화도(또는 결정 크기)는 현저히 감소할 것이다.

6.11 T_g와 T_m에 관한 일반적 관찰

대칭 반복 단위 또는 비대칭 반복 단위를 갖는 고분자들의 T_g와 T_m에 관한 몇몇 유용한 분석이 보고되었다. 예를 들어 폴리에틸렌 $-(CH_2-CH_2)-$, 폴리(바이닐리덴 클로라이드), 또는 Saran® $-(CH_2-CCl_2)-$과 같은 대칭 반복 단위를 갖는 고분자들의 $T_g/T_m \approx 1/2$이다(절대 온도 T에서). 반면에, 폴리프로필렌 $-(CH_2-CHCH_3)-$ 또는 폴리클로로트라이플루오로에틸렌 $-(CF_2-CFCl)-$과 같은 비대칭 반복 단위를 갖는 고분자들의 $T_g/T_m \approx 2/3$이다. 이러한 값들은 비록 개략적인 예상치이지만, 모든 경우에 있어서 $T_g < T_m$이다.

6.12 가교의 영향

지금까지는 비가교(주로 가지형보다는 선형) 고분자에 대한 논의가 이루어졌다. 고무 밴드에서와 같이 약한 가교는 재료 특성을 크게 변화시키지 않을 것이다. 하지만 비정질 용융 상태 또는 용액에서 더욱 강하게 가교가 이루어지면, 대부분의 경우 결정 격자의 형성에 필수적인 사슬의 정렬을 저해하여 결정을 감소시키거나 방해할 것이다. 이와 마찬가지로 가교는 사슬 이동성을 제한하여 겉보기 T_g를 증가시킨다. 만약 매 40~50개의 주사슬 원자보다 더 자주 가교점이 존재한다면 고무상 상태에 이르는 데 필요한 2번 유형의 운동은 일어날 수 없으며, 고분자는 T_g에 도달하기 전에 분해될 것이다.

6.13 고분자 열분해

이 장의 초반부에서 언급하였듯이, 몇몇 고분자들은 용융 온도에 이르기 전에 분해되기 시작한다. 모든 고분자들은 충분한 열을 받게 되면 결국 분해된다. 분해 과정은 골격을 따라 불규칙적으로 결합이 깨져서 $\overline{M}_n$과 $\overline{M}_w$를 작게 하는(또한 PI는 더 높아짐) 점만을 제외하면, 일종의 해중합(depolymerization)이라 할 수 있다. 고분자 분자량의 감소는 고분자의 기계적 강도를 떨어뜨린다. 다양한 응용 분야에서 확인할 수 있듯이, 고온에서 고분자를 안정적으로 유지시키기 위해 첨가제가 이용되기도 한다. 하지만 마이크로파를 이용하여 플라스틱 그릇을 분해시킨 경험이 있는 사람이라면, 유리 또는 금속 물질에 비해 고분자는 일반적인 온도에서도 상대적으로 쉽게 분해될 수 있다는 점을 이해할 것이다.

PVC는 열분해시 자기 촉매화(self-catalyze)하는 고분자의 하나이다. 온도가 160°C 근처가 되면 HCl이 열분해의 부산물로 생성되기 시작하며, 이는 PVC의 분해를 더욱 촉진시킨다. 이와 같은 이유로 인해 PVC는 고온에서 이용되지 않으며, 적당한 온도에서도 일반적으로 열안정제가 첨가된다.

열분해는 고분자 재활용에 매우 중요하다. 비록 열가소성 고분자를 녹여서 재활용하더라도, 온도 분포가 균일하지 않으면(또는 고분자를 가루로 만들면서 열을 가하는 경우) 일부 열분해가 일어나 $\overline{M}_n$과 $\overline{M}_w$가 감소할 수 있다. 이러한 이유로 재활용 고분자는 공원 벤치나 쇼핑백과 같이 기계적 강도가 덜 중요한 용도에 사용된다.

6.14 기타 열전이

고분자에서는 T_g와 T_m 이외에도 종종 다른 열전이가 관찰된다. 몇몇 고분자들은 한 개 이상의 결정 형태를 갖고 있으며, 결과적으로 각각의 평형 전이 온도가 존재한다. 이와 유사하게 몇몇 물질에서는 T_g보다 낮은 온도에서 이차 전이가 나타나기도 한다(T_g는 α 전이, 그 다음 낮은 온도의 전이를 β 전이, 그 다음을 γ 전이라고 명명한다). 이러한 현상은 원자단이 T_g에 이르기 위해 필요한 운동(3번 유형의 운동, 6.2절)보다는 작은 운동에 의해 기인한다. 이러한 전이는 물성에 상당한 영향을 줄 수 있다. 예를 들어 **강인한**(*tough*) 비정질 플라스틱(예를 들어 폴리카보네이트)은 상온보다 낮은 온도에서 이와 같은 전이를 갖는 데 반해, **깨지기 쉬운**(*brittle*) 비정질 플라스틱(예를 들어 PS와 PMMA)은 그렇지 않다.

T_g 이상에서 또 다른 전이의 존재에 대한 주장이 지속적으로 나오고는 있지만, 사실 여부는 여전히 논쟁이 되고 있다. 아마도 이러한 $\boldsymbol{T_{ll}}$(액체−액체 전이)은 1번과 2번 유형의 운동 사이의 경계를 의미할 것이다. 이는 다양한 계[6~8]에서 관찰된 바가 있으며, 모든 고

분자는 $T_{ll} \approx 1.2\ T_g$(절대 온도에서) 관계에 있다고 제안되었다[8]. 하지만 이러한 T_{ll}의 존재를 시사한 연구에 대해, T_{ll}의 존재가 시료 내의 불순물(용매 또는 반응하지 않은 단량체의 흔적) 또는 실험이나 자료 분석 기술상의 결함 때문이라는 주장도 제기되고 있다[9, 10].

문제

1 순수한 나일론 6,6(구조는 예제 2.4E를 통해 확인)은 상온에서 백색을 띠는 불투명한 플라스틱이다. 만약 아이소프탈산(HOOC−ϕ−COOH, 산이 첫째와 셋째 탄소의 **메타**(*meta*) 위치에 연결)이 아디프산 대신 중합된다면 단단하고 투명한 플라스틱이 생성된다. 위의 두 가지 산의 비율을 달리하면 일련의 폴리아마이드 공중합체들을 합성할 수 있다. 이러한 공중합체들에 대한 상태도를 그림 6.6과 같이 그리시오. 각 반복 단위의 조성에 대해 명확히 나타내고, 상온의 위치도 표시하시오.

2 준결정 고분자 시료에 대해 세 번의 DSC 측정이, 상온에서부터 시작하여 유리 전이 온도와 용융 온도 이상에 이르는 범위에 걸쳐 이루어졌다. 세 가지 승온 속도는 다음과 같다: 1°C/min, 5°C/min, 그리고 20°C/min. 승온 속도의 차이에 따라 T_g와 T_m이 어떻게 변할지 예상하여 정성적으로 DSC 그래프를 그리시오.

3 사출 성형에는 용융 고분자를 저온의 금속 금형으로 분출하는 과정이 포함되어 있다. 결정성 고분자(예를 들어 폴리프로필렌)가 두껍게 성형되면, 그 부위의 표면이 금형 벽으로부터 떨어져 가라앉는 '함몰 결함(sink marks)'이 종종 관찰된다.

(a) 이러한 현상이 일어나는 이유를 설명하시오. **힌트**: 고분자의 열확산도는 매우 낮다.

(b) 비정질(결정화할 수 없는) 고분자를 사출 성형하면 어떻게 될 것인가?

4 에틸렌 글리콜(예제 2.4D)과 비스페놀-A(예제 2.4N), 두 종류의 다이올은 시중에서 저렴하게 구할 수 있는 것들이다. 이염기산과의 폴리에스터화 반응을 통해 다음과 같은 목적을 달성하려면 어떤 다이올을 선택하겠는가?

(a) 투명 폴리에스터의 제조

(b) 높은 T_g를 달성

5 사출 성형을 했을 때, 튼튼하고 결정성이 높은 신규 고분자가 형성된다는 특허가 있다. 또한 이 특허에서는 이 물질이 $T_g > T_m$의 관계를 갖고 있다고 주장하고 있다. 이에 대하여 논의해 보시오.

6 메틸 메타크릴레이트(동종 중합체 $T_g = 105$°C) 60 wt%와 에틸 아크릴레이트(동종 중합체 $T_g = -23$°C) 40 wt%로 이루어진 비정질 유화 공중합체가 라텍스 페인트 조성의 수지로 제안되었다. 라텍스는 물에 부유되어 있는 매우 작은(≈1~10 μm) 크기의 고분자

입자들로 이루어져 있다. 페인트가 도포된 후에 이 입자들은 페인트의 물이 증발한 뒤 덩어리로 뭉쳐져 막을 형성해야 한다.

(a) 이 공중합체는 야외용 페인트에 적합한가?

(b) 실제로 이 공중합체를 기반으로 한 페인트의 조성에는 라텍스 입자에 녹아 있는 중간 휘발성 용매가 포함되어 있다. 이 용매는 페인트 도포 후 수 시간에 걸쳐 증발되도록 되어 있다. 이 용매의 역할은 무엇인가?

7 1,4-뷰테인다이올(HO$-$(CH_2)$_4$$-$OH)과 테레프탈산(HOOC$-\phi-$COOH)(파라(*para*) 또는 그 반대편 위치에 산이 연결된)의 합성을 통해 형성되는 높은 분자량의 선형 폴리에스터는 좋은 엔지니어링 플라스틱(높은 기계적 강도와 좋은 열안정성을 갖는 물질)이다. 하지만 이 재료들은 블리스터(튼튼하고 속이 비치는) 포장 재료로는 사용되지 않는다. 시중의 블리스터-포장재용 고분자는 위의 두 개의 단량체에 아이소프탈산(메타(*meta*)$-\phi-$($COOH$)$_2$)을 더해서 만들어진다. 이와 같은 용도의 차이점에 대하여 설명하시오.

8 폴리에틸렌($T_m = 135°C$, $T_g < T_{room}$)은 175°C에서 유기 과산화물과의 화학 반응을 통해 약간의 가교가 이루어질 수 있다. 이러한 가교된 폴리에틸렌으로부터 열수축 튜브가 형성된다. 상온에서부터 약 150°C까지 가열하게 되면, 이 지름이 약 3~4배 정도 수축하게 된다. 이 재료의 형성 및 사용에 필요한 열이력과, 가열시 수축을 일으키는 원동력에 관하여 설명하시오.

9 어떤 고분자를 T_g 이상의 온도로 가열한 뒤 이를 특정 온도로 급속히 냉각시키고, v가 측정될 때까지 유지함으로써 그림 6.1과 같은 그림을 얻는다. 냉각 후 1분 그리고 100시간이 지난 뒤 측정된 v에 대하여 v 대 T의 곡선을 도시하시오. 또한 이것이 T_g 값에 어떻게 영향을 미치는지 설명하시오.

10 MIT(Monongahela Institute of Technology)의 Irving Inept 교수는 일련의 고분자 표를 출판함으로써 그의 출판 목록을 증가시키고자 한다. Chemistry and Physics의 Thermodynamics 또는 CRC 편람 등의 증기표 등과 마찬가지로, 온도와 압력에 따른 다양한 고분자의 열역학적 특징들을 게재할 예정이다. 다음과 관련된 어려움에 대해 논하시오.

(a) 필수적인 자료를 구하는 것

(b) 출판된 자료의 수치들을 실제로 이용할 때 발생하는 문제점

11 그림 6.5에서 상태 2와 5의 재료들이 T_m 이상으로 가열될 때의 DSC 측정 결과를 도시하시오.

참고문헌

[1] Meares, P., *Trans. Faraday Soc*, **53**, 31 (1957).

[2] Mandelkern, L., *Rubber Chem. Technol.* **32**, 1392 (1959).

[3] Wunderlich, B., *Thermal Analysis*, Academic, San Diego, CA, 1990.

[4] Tobolsky, A.B., *Properties and Structure of Polymers*, Wiley, New York, 1960, Chapter 2.

[5] Scott, M.P., M. Rahman, and C.S. Brazel, *Eur. Polym. J.* **39**, 1947 (2003).

[6] Kumar, P.L., *et al.*, *Org. Coat. Plast. Chem.* **44**, 396 (1981).

[7] Ibar, J.P., *Polym. Prepr.* **22**(2), 405 (1981).

[8] Boyer, R.F., *Macromolecules* **15**(6), 1498 (1982).

[9] Plazek, D.J., *et al.*, *J. Polym. Sci.*, *Polym. Phys. Ed.* **20**(9), 1533, 1551, 1565, 1575 (1982).

[10] Loomis, L.D. and P. Zollar, *J. Polym. Sci.*, *Polym. Phys. Ed.* **21**(2), 241 (1983).

7장

고분자 용해도와 용액

7.1 도입

대부분의 사람들은 고분자를 고체 재료로 상기한다 – 고무 밴드, 자동차 타이어 그리고 식품 저장용 플라스틱 용기(Tupperware®)에 이르기까지 – 하지만 아크릴과 라텍스 페인트, 또는 케첩과 샐러드 드레싱, 또는 유정 시추액은 어떠한가? 고분자 용액에 관한 열역학과 통계학은 물리화학 분야 내에서도 흥미롭고 중요한 분야이며, 기존의 수많은 다양한 분야의 서적에서 다루는 주제이다. 물론 이 장에서는 본 주제에 대하여 자세하게 다루기는 어렵다. 대신 현실적인 관심사와 관련된 주제에 집중하고, 기본적인 기초에 대하여 정성적으로 전달하고자 한다. 다음은 가장 일반적인 세 가지 관심사이다.

1. 어떠한 용매들이 어떠한 고분자들을 용해시키는가?
2. 고분자와 용매 사이의 상호작용은 용액의 성질에 어떠한 영향을 미치는가?
3. 고분자 용액 특유의 성질을 이용한 분야에는 무엇이 있는가?

7.2 고분자 용해도에 관한 일반적인 법칙

이에 대한 논의를 고분자의 용해 현상에 관한 일반적인 정성적 관찰들을 열거함으로써 시작하자.

1. **비슷한 것끼리 용해시킨다**(*like dissolves like*). 즉, 극성 용매는 극성 고분자를 용해시키고, 비극성 용매는 비극성 고분자를 용해시키는 경향을 보인다. 고분자와 용매 사이의 화학적 유사성은 용해도에 대한 명확한 지표이다; 예를 들어, 폴리(바이닐 알코

Fundamental Principles of Polymeric Materials, Third Edition. Christopher S. Brazel and Stephen L. Rosen.

올) 또는 PVA $-(CH_2CHOH)_n-$는 물 H−O−H에 용해되며, 폴리스타이렌 또는 PS $-(CH_2CH\phi)_n-$는 톨루엔 $\phi-CH_3$에 용해될 것이다. 하지만 톨루엔은 PVA를 용해하지 않고 물은 PS를 용해하지 않을 것이다(발포 폴리스타이렌 컵에 커피를 마시는 사람에게는 다행스러운 소식일 것이다). 또한 대부분의 고분자는 그들의 단량체에 용해될 것이다.

2. 주어진 특정 온도와 용매에서, 고분자의 용해도는 그 분자량의 증가에 따라 감소할 것이다.
3. (a) 가교된 고분자는 용해되지 않는다(기껏해야 팽윤하는(swelling) 정도이다).; 선형 또는 가지형 고분자만이 용해될 수 있다.
   (b) 일반적으로 결정은 가교와 같은 역할을 하지만, 몇몇 경우에는 결정의 결합력을 극복하여 고분자를 용해시킬 정도로 강한 용매도 있다. 적당한 용매 내에서, 고분자가 결정의 용융 온도까지 가열되는 경우에도 용해도를 갖게 된다. 예를 들어, 상온에서는 어떠한 용매도 폴리에틸렌을 용해시키지 못한다. 하지만 100°C에서는 지방족, 방향족 그리고 염화 탄화수소 등 다양한 용매에 용해된다.
4. 한 용매에 대한 고분자의 용해 속도는 분자량의 증가에 따라 감소한다. 충분히 큰 분자량을 갖는 고분자의 경우, 비고분자 용질에 비해 수 배나 느리게 용해될 수도 있다(또한 고분자 사슬들이 상당히 엉켜 있는 경우, 용해되는 데 수 일이 걸릴 수도 있다).

위의 조항들 중 1, 2, 3은 **평형**(*equilibrium*)과 관련된 현상이며, 이는 대체로 열역학적으로 설명될 수 있다(적어도 원리적으로는). 반면, 4의 경우는 **속도**(*rate*)(또는 동력학) 현상이며, 이는 용매 내에서 고분자 사슬의 엉킴이 풀리는 속도와 확산 속도에 의해 좌우된다.

예제 7.1 ω-아미노산이라는 고분자는 '나일론 *n*'이라 불리며, 여기서 *n*은 사슬 내에서 연속되는 탄소 원자의 수를 의미한다. 아미노산들은 두 개의 활성 작용기를 갖고 있기 때문에 이러한 고분자들은 한 개의 단량체로부터 만들어진다. 일반적인 구조는 다음과 같다.

$$\left[\overset{\text{H}}{\underset{|}{\text{N}}}-\overset{\text{O}}{\overset{\|}{\text{C}}}\left(CH_2\right)_{n-1}\right]_x$$

이 고분자들은 준결정이며, 상온에서 물이나 헥세인과 같은 용매에 용해되지 않는다. 하지만 이들은 각각의 용매에 담가 두면 흡수량이 평형에 도달될 것이다. 고분자의 *n*에 따라 물과 헥세인의 흡수가 어떻게 그리고 왜 달라지는지 설명하시오.

풀이 물은 매우 극성이 강한 액체이며 헥세인은 비극성이다. 나일론의 극성은 사슬 내의 극성 나일론 결합의 상대적 비율에 의해 좌우된다. *n*이 증가하면 사슬의 극성은 감소하며

(더욱 탄화수소 친화성이 된다). 다시 말해 n의 증가에 따라 헥세인 흡수는 증가하게 되고 물 흡수는 감소하게 된다.

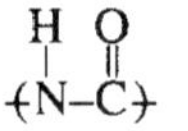

예제 7.2 드라이 클리닝 회사는 주름을 없애고 옷을 빳빳하게 하기 위해(집에서 다림질을 하는 것처럼) 녹말(천연 고분자)을 이용한다. 드라이 클리닝 과정 중, 옷의 세탁 과정과 뜨거운 다리미로 옷을 다리기 전에 녹말에 대해 용해도가 좋은 퍼클로로에틸렌(C_2Cl_4) 용액을 사용한다.

(a) 이 과정에서 녹말이 어떻게 작용하는지, 고분자의 열적 및 용액의 성질에 근거하여 설명하시오. 유리 전이 온도에 대한 용매와 열의 영향에 대해 논의하시오.

(b) 녹말은 습한 환경에서 가수 분해될 수 있고, 특히 기계적으로 튼튼하지 않기 때문에, 옷이 닳으면 옷에서 주름이 다시 나타나기 시작한다. Crud Chemicals의 한 과학자는 옷이 다시 주름지는 것을 막을 수 있는 새로운 아이디어를 제시하였다. 그 새로운 아이디어는 다림질에 사용되는 녹말 수용액 대신에 분해되지 않고 더 높은 유리 전이 온도를 가지는 PS 수용액을 사용하는 것이다. 이 새로운 아이디어는 왜 효과가 없을까?

풀이 (a) 녹말은 화학식이 $C_6H_{12}O_6$이며 헥소스(6탄당) 반복 단위(구체적으로 글루코스)를 기반으로 한 고분자이다.

녹말을 옷에 뿌릴 때 퍼클로로에틸렌 용액을 이용한다. 이때, 양(좋은)용매 작용에 의해 녹말의 T_g가 상당히 낮아진다. 이것은 녹말이 유연해져서 옷의 섬유로 잘 침투될 수 있음을 의미한다. 다리미에 의해 열이 가해질 때, 용매는 증발하게 되고 T_g는 높아진다. 표면을 다리미로 눌러 주면 녹말은 가해진 힘 방향으로 정렬되며, 또한 T_g는 이제 상온보다 높기 때문에 녹말은 뻣뻣해지고 유리상 상태가 되며 옷을 주름 없이 고정시킨다.

(b) 이것은 나쁜 아이디어가 아니다. 많은 의류 회사들은 더욱 단단한 섬유로 '주름 없는' 의류 상품을 만들지만, 물에 PS를 분산시켜 다림질하는 생각은 치명적인 결점을 지닌다: **PS는 물에 녹지 않는다.** PS는 물속에서 작은 액체 방울이나 강한 구를 형성한다(그리고 물은 용매가 아니며, 녹말과 같이 T_g를 감소시킬 수 없기 때문에 T_g는 변하지 않을 것이다). 옷을 다렸을 때, 스타이렌 미세 구는 단지 직물 위의 점들로 눌려질 것이며, 주름을 제거하기에는 그다지 효과적이지 못할 것이다.

7.3 고분자-용매 계의 전형적인 상 거동

그림 7.1은 계의 온도 대 고분자 함량과의 관계를 나타낸 그래프(열역학에서 흔히 사용되는 *T-x* 도표)로서, 전형적인 고분자-용매 계의 상태도를 나타낸다. 낮은 온도에서 일반적인 고분자는 대부분의 용매에 잘 녹지 않는다(균일한 용액을 형성하기 위해 고분자 사슬이 풀어져야 하기 때문에 용해 과정은 시간이 걸릴 수 있다). 그림은 낮은 온도에서는 2상계(two-phase system)를 나타내지만 더 높은 온도에서는 완전히 섞인 계를 나타낸다. 낮은 온도의 상 곡선(envelope)에서, 점선의 연결선은 평형 상태에 있는 상들의 조성을 연결한 것이다: 왼쪽은 용매가 많은 상(묽은 용액)이고 오른쪽은 고분자가 많은 상(팽윤한 고분자나 젤)이다. 온도가 올라감에 따라, 용매와 고분자 사이의 상호작용이 증가하고, 상들의 조성은 상부 임계 용해 온도(upper critical solution temperature, UCST)에서 같아질 때까지 서로 가까워진다. UCST 위의 온도에서는 전체 조성의 범위에서 균질한(단일상) 용액을 형성한다. 상 경계의 위치는 고분자의 분자량뿐만 아니라 고분자와 용매의 상호작용에도 의존한다.

그림 7.1의 윗부분에 나타낸 바와 같이, 최근에 하부 임계 용해 온도(lower critical solution temperature, LCST)를 나타내는 계들이 많이 보고되고 있다. 가열 이후 고분자 상이 용매로부터 분리될 때 흔치 않은 열역학적 성질이 나타난다(혹자는 UCST 위에 LCST를 두는 명명법에 대해 의문을 갖지만, 이것은 일반적으로 받아들여지는 정의이다). LCST들은 흔히 용매의 표준 끓는점보다 위에 존재하기 때문에 실험적으로 관찰되기는 더욱 어렵다.

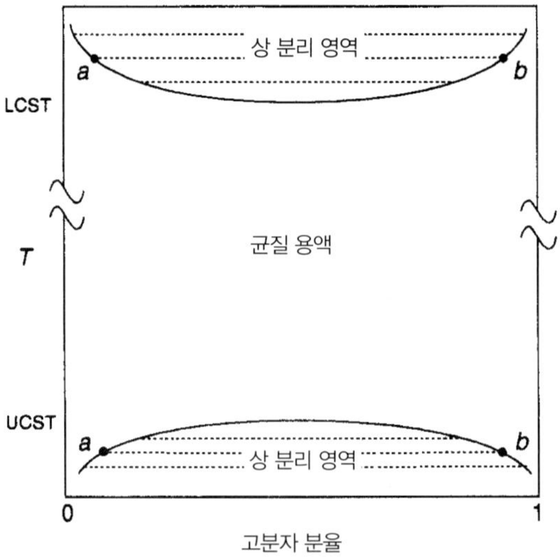

그림 7.1 고분자-용매 계의 개략적인 상태도. (a) 묽은 용액 상, (b) 팽윤 고분자 또는 '젤' 상.

특정 용매에서 고분자가 녹는다고 이야기할 때에는, 일반적으로 계가 LCST와 UCST 사이에 위치한다는 것을 의미한다. 즉 전체 조성 영역에 걸쳐 균질한 용액을 형성한다는 뜻이다. 하지만 UCST 아래와 LCST 위에 위치하더라도 조성 영역의 양쪽 극단(extreme)에서는 여전히 균질한 용액이 형성될 수 있음을 명심해야 한다.

7.4 고분자 용해도의 열역학적 기초

"녹느냐 녹지 않느냐. 그것이 문제로다."(W.S.께 사과드림). 그 답은 Gibbs 자유 에너지의 부호에 의해 결정된다. 일정한 온도와 압력에서 용액(상태 2)을 형성할 수 있는, 순수 고분자와 순수 용매(상태 1)의 혼합 과정을 생각해 보라.

$$\Delta G = \Delta H - T\Delta S \tag{7.1}$$

ΔG=혼합에 따른 Gibbs 자유 에너지의 변화

ΔH=혼합으로 인한 엔탈피의 변화

T=절대 온도

ΔS=혼합으로 인한 엔트로피의 변화

ΔG가 음수일 때만 용해 과정이 열역학적으로 실현가능할 것이다. 절대 온도는 정의에 의해 양수가 되어야 하고, 용해 과정 동안 엔트로피 변화는 일반적으로 양의 부호를 띤다(용액에 용해되었을 때 사슬들은 더욱 무질서해진다). 한 가지 가능한 예외에는, 용액에서 사슬이 결정으로 구조화되는 유방성(lyotropic) 액정 재료가 있다. 양수들의 곱($T\Delta S$) 앞에 음의 부호가 있다. 따라서 식 7.1의 세 번째 항($-T\Delta S$)은 용해도를 높게 해 준다. 엔탈피 변화(ΔH)는 양이나 음의 부호를 띨 수 있다. 양의 값 ΔH는 용매와 고분자가 "각자 스스로 존재하는 것을 더 선호함"을 뜻하는데, 이는 순수한 물질이 혼합 용액보다 더 낮은 에너지 상태에 있다는 것이다. 반면에 음의 값 ΔH는 용액이 더 낮은 에너지 상태에 있다는 것을 나타낸다. 후자의 상황이 적용된다면, 용해는 보상될 것이다. 용매와 고분자의 분자 사이에 수소 결합과 같은 특정 상호작용들이 형성될 때, ΔH는 보통 음의 부호를 띤다. 하지만 ΔH가 양의 부호를 띤다면, 고분자가 용해되기 위해서는 $\Delta H < T\Delta S$가 반드시 성립해야 한다(그리고 이것을 UCST 논의와 연결지어 생각해 보면, 온도를 올리는 것은 용해를 향상시키는 하나의 방법이 될 것이다).

고분자에 있어 특이한 한 가지는, 고분자 용액을 형성하는 과정에서의 엔트로피 변화는 일반적으로 동일한 질량이나 부피를 갖는 낮은 분자량의 용질이 녹을 때의 엔트로피 변화보다 상당히 더 작다는 것이다. 그 이유는 그림 7.2의 2차원 격자 모델에서 설명되고 있다.

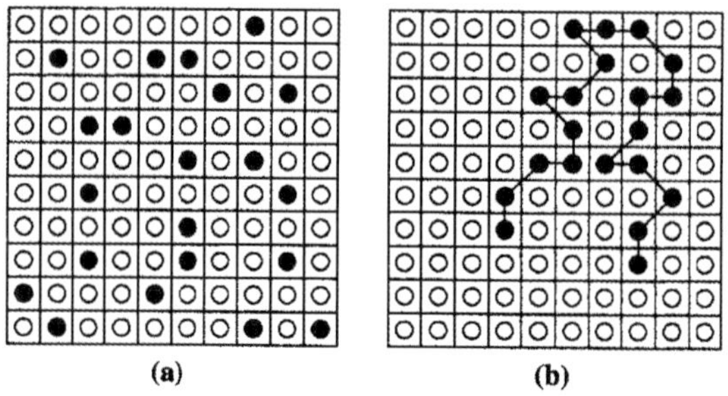

그림 7.2 용해도 격자 모델. (a) 낮은 분자량의 용질, (b) 고분자 용질. ○=용매, ●=용질

낮은 분자량의 용질 분자들은(즉 스타이렌 단량체, $CH_2=CH\phi$) 격자를 통해 무질서하게 배치될 수 있는데, 유일한 제약은 두 개(혹은 그 이상)의 분자들이 동시에 하나의 격자 공간을 차지할 수 없다는 점이다. 이것은 많은 수의 배열 가능성, 즉 높은 엔트로피를 야기한다. 하지만 고분자 용액에서 각각의 사슬 분절은 옆 사슬 분절에 인접한 격자 위치에만 배치되어야 하기 때문에, 이는 배열 가능성을 상당히 감소시킨다. 사슬들이 양용매에 자유롭게 존재하기 위해서는 고체 코일 또는 꼬임으로부터 풀어져야만 하기 때문에, 고분자가 용해되기 어려운 것이다. 격자로 돌아와서, 일정한 수의 사슬 분절(고분자와 동일한 질량이나 부피)에 대해 사슬이 더 갈라져서 사슬의 수가 많아질수록, 즉 분자량이 낮아질수록 용해에 따른 엔트로피가 더 높아진다는 점에 주목하라. 이것은 7.2절의 관찰 2인 분자량에 따른 용해도의 감소를 직접적으로 설명해 준다. 하지만 일반적으로 높은 분자량의 고분자들의 경우 $T\Delta S$ 항이 매우 작기 때문에, ΔH가 양의 부호를 띤다면 고분자가 용해되기 위해서는 ΔH가 상당히 작아야 한다. 따라서 특정 상호작용이 없을 경우, ΔH를 최소화시킨다면 고분자의 용해도를 기대할 수 있다.

7.5 용해도 계수

ΔH는 어떻게 추정될 수 있는가? **정규**(*regular*) 용액의 경우(용질과 용매가 특정 상호작용을 하지 않는 경우), 용액의 단위 부피당 **내부 에너지**(*internal energy*)의 변화는 아래와 같다.

$$\Delta H \approx \Delta E = \phi_1\phi_2(\delta_1 - \delta_2)^2 \; [=]\text{cal/cm}^3 \text{ soln} \tag{7.2}$$

여기서

ΔE=용액의 단위 부피당 내부 에너지 변화

ϕ_i=성분의 부피 분율

δ_i=**용해도 계수**(*solubility parameter*)

아래 첨자 1과 2는 보통(항상은 아니지만) 각각 용매와 용질(고분자)을 나타낸다. 용

해도 계수는 아래와 같이 정의된다.

$$\delta = (\text{CED})^{1/2} = (\Delta E_v / v)^{1/2} \tag{7.3}$$

CED=**응집 에너지 밀도**(*cohesive energy density*), 액체 상태에서 분자들이 서로를 잡고 있는 분자간 힘의 척도

ΔE_v=기화에 대한 내부 에너지의 몰당 변화

v=액체의 몰부피(cm^3/mol)

전통적으로 용해도 계수는 $(\text{cal/cm}^3)^{1/2}$=hildebrands(정규 용액 이론의 창시자를 기념하여)로 주어져 왔지만, 현재는 더욱 일반적으로 $(\text{MPa})^{1/2}$로 표기하며, 1 hildebrand=0.4889 $(\text{MPa})^{1/2}$이다.

일정한 부피와 압력에서 일어나는 과정의 경우, 내부 에너지와 엔탈피의 변화는 같다. 용액의 부피 변화는 보통 매우 작기 때문에, 용해도 계수는 대부분의 조건에서 고분자 용해를 예측하는 적절한 근사이다. 따라서 고분자와 용매의 용해도 계수를 알고 있다면, 식 7.2는 용액의 엔탈피를 예측하는 방법이 된다.

식 7.2는 ΔH를 음의 부호로 만드는 특정 상호작용이 없을 때만 적용되기 때문에, δ_1, δ_2(양의 부호이어야만 한다)의 크기와 무관하게 ΔH는 항상 양의 부호로 예측된다. 또한 식 7.2에서 보는 바와 같이, 용해도 계수들이 가능한 서로 비슷하게 된다면 ΔH는 최소화되고 용해도의 경향은 최대화된다. 매우 대략적인 경험 법칙에 의하면(혹은 체험적으로)

$$|\delta_1 - \delta_2| < 1\ (\text{cal/cm}^3)^{1/2}\ (\text{용해되기 위해서는}) \tag{7.4}$$

낮은 분자량을 가진 용매의 용해도 계수를 측정하는 것은 어렵지 않다. 반면에 고분자는 기화 온도에 도달하기 훨씬 전에 분해되기 때문에 ΔE_v 값을 직접적으로 구하는 것은 불가능하다. 다행스럽게도 이러한 어려움을 해결할 방법은 존재한다. 고분자가 용해되려고 하는

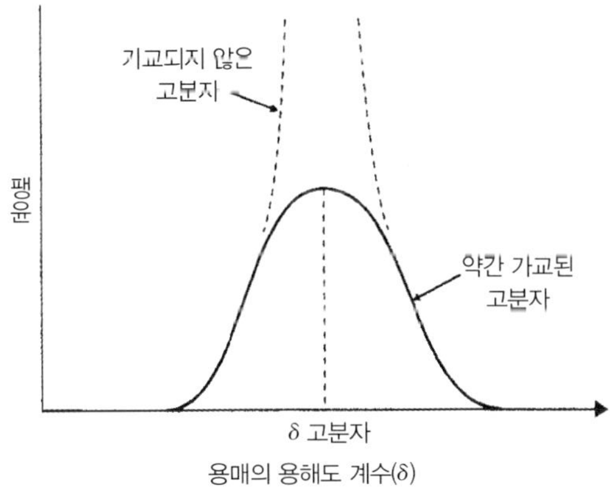

그림 7.3 여러 용매에서 약간 가교된 시료의 팽윤에 의한 고분자의 용해도 계수 결정.

경향은 고분자의 용해도 계수가 용매의 용해도 계수와 일치할 때 가장 강하다. 고분자가 약간 가교되면 고분자는 녹지 않고 팽윤될 것이다. 고분자와 용매의 용해도 계수가 일치할 때 최대의 팽윤이 관찰된다. 따라서 약간 가교된 시료를 용해도 계수가 알려진 일련의 용매들에 담금으로써 고분자의 용해도 계수를 구할 수 있다. 최대의 팽윤이 관찰되는 지점에서 용매의 δ 값을 고분자의 용해도 계수로 취하면 된다(그림 7.3).

용매 혼합물의 용해도 계수는 아래 식으로 쉽게 계산될 수 있다.

$$\delta_{\text{mix}} = \frac{\Sigma y_i v_i \delta_i}{\Sigma y_i v_i} = \Sigma \phi_i \delta_i \tag{7.5}$$

여기서

y_i=성분 i의 몰분율

v_i=성분 i의 몰부피

ϕ_i=성분 i의 부피 분율

식 7.5는 위에서 언급한 대로 고분자의 용해도 계수를 구하기 위해 혼합 용매를 준비하는 데 흔히 사용되어 왔다. 하지만 처음에 섞어 준 혼합 용매 조성이 팽윤된 고분자 내에서의 조성과 항상 똑같은 것은 아니기 때문에, 이 혼합 용매의 적용에 주의해야만 한다. 일반적으로 가교된 고분자는 우선적으로 더 좋은(δ 값이 더 가까운) 용매 성분을 흡수할 것이며, 이 현상은 **분할**(*partitioning*)이라고 알려져 있다. 용매에 대한 명확한 자료가 없을 경우에는 액체의 용해도 계수와 몰부피를 추정하기 위해 그룹 기여법(group-contribution method)을 사용할 수 있다[1].

용해도 계수 개념이 유용하다고 증명된 반면, 불행하게도 식 7.4에는 많은 예외들이 존재한다. 첫 번째로, 식 7.2를 도출하는 정규 용액 이론이 실제는 약간의 결점들을 가지고 있다. 두 번째로, 고분자의 용해도는 너무나 복잡한 현상이어서 단일 변수를 가지고 정량적으로 기술하기가 어렵다. 수소 결합과 쌍극자 모멘트에 대한 정량적 정보를 가진 용해도 계수들을 보충한 여러 기법들이 제안되어 왔다[2, 3]. 가장 단순한 것 중 하나는 용매를 수소 결합 능력에 따라 세 범주(약한, 중간의, 강한)로 분류하는 것이다. 세 가지 다른 δ 값들의 범위에 대해서는 각각의 고분자와 용매에 대해 잘 작성되어 있다. 그 수소 결합 범주의 δ 값들의 범위에 위치한 용매는 아마도 고분자를 녹일 것이다. 실제적인 적용에 널리 사용되는 또 다른 기법에 대해서는 다음 절에서 논의한다.

7.6 Hansen의 3차원 용해도 계수

Hansen에 따르면[4~7], 기화 시 내부 에너지의 전체 변화 ΔE_v는 세 가지 개별 기여들의 합으로 간주될 수 있다: 수소 결합(hydrogen bonding)으로 인한 ΔE_h, 영구 쌍극자 상호작용(permanent dipole interaction)으로 인한 ΔE_p, 분산력(dispersion, van der Waals 또는 London 힘)으로 인한 ΔE_d:

$$\Delta E_v = \Delta E_d + \Delta E_p + \Delta E_h \tag{7.6}$$

몰부피 v로 나누면

$$\frac{\Delta E_v}{v} = \frac{\Delta E_d}{v} + \frac{\Delta E_p}{v} + \frac{\Delta E_h}{v} \tag{7.7}$$

또는

$$\delta^2 = \delta_d^2 + \delta_p^2 + \delta_h^2 \tag{7.8}$$

$$\text{여기서} \quad \delta_j = (\Delta E_j / v)^{1/2}, \; j = d, \; p, \; h$$

따라서 용해도 계수 δ는 3차원 d, p, h 공간의 벡터로 생각될 수 있다. 식 7.8은 각 성분들로 표현되는 벡터 크기를 알려 준다. 그러므로 주어진 δ_{p1}, δ_{d1}, δ_{h1} 값의 용매는 원점에서 이 점까지의 벡터 δ를 가진 공간에서의 한 점을 나타낸다고 볼 수 있다.

고분자(성분 2로 명명되는)는 δ_{p2}, δ_{d2}, δ_{h2}로 나타낸다. 게다가, 순전히 실험에 기초해서, δ_d가 δ_p와 δ_h에 비해 두 배의 크기로 그려진다면, 그 고분자를 녹이는 모든 용매들은 점 (δ_{p2}, δ_{d2}, δ_{h2})을 둘러싼 반지름 R의 구 내부에 존재하게 된다.

R을 결정하기 위한 용해도 판단은 보통 상온에서 용매 5 cm^3 내에서 고분자 0.5 g을 이용하여 시각적으로 관찰하며 이루어진다. 그림 7.1에서 상 경계의 농도 및 온도 의존성이 주어진다면, 이것은 다소 임의적이지만 실제로 상당히 잘 맞는 것처럼 보인다. 왜냐하면 적당한 분자량의 고분자들에 대해 경계가 꽤 '평평(flat)'하기 때문이다.

고분자(δ_{p2}, δ_{d2}, δ_{h2})의 용해도 계수를 둘러싸는 구의 중심에서 용매(δ_{p1}, δ_{d1}, δ_{h1})를 나타내는 점까지의 벡터 크기를 계산함으로써, 식 7.4의 3차원 형태가 얻어진다. 식으로 계산된 값이 R보다 작다면, 고분자는 용해되는 것으로 간주한다.

$$[(\delta_{p1}-\delta_{p2})^2 + (\delta_{h1}-\delta_{h2})^2 + 4(\delta_{d1}-\delta_{d2})^2\,]^{1/2} < R \;\text{(용해되기 위해서는)} \tag{7.9}$$

(위 식에서의 4는 경험적으로, δ_d 크기를 두 배로 해야 구형의 용해도 곡선을 구할 수 있는 필요성에 의해 도입되었다.)

그림 7.4는 PS(δ_p=3.0, δ_d=8.6, δ_h=2.0, R=3.5, 모든 단위는 hildebrands)에 대한 용해도 구를 보여 준다. PS 구의 일부분은 음수 부호의 δ 영역으로 확장되는 것에 주목하라. 이 영역들의 물리적 의미에 대해서는 의문스럽다고 할 수 있다.

일반적인 고분자와 용매에 의해 걸쳐져 있는 δ_d 값의 범위는 상당히 작다. 따라서 실제적으로는 3차원 도식보다는, 반지름이 R인 고분자의 용해도 원에 대해 $\delta_h - \delta_p$ 좌표로 나

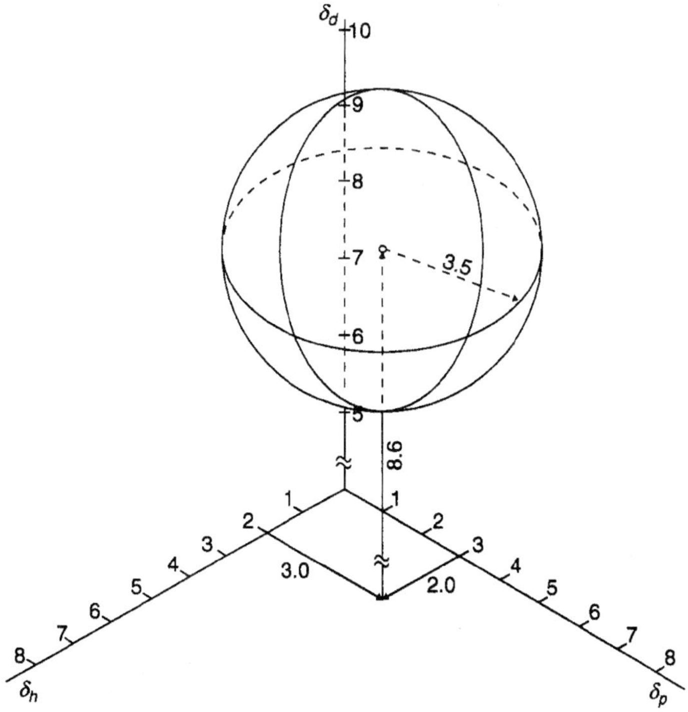

그림 7.4 PS(δ_d=8.6, δ_p=3.0, δ_h=2.0, R=3.5)에 대한 Hansen 용해도 구[5].

타내는 2차원으로 흔히 환산된다.

δ_p, δ_d, δ_h의 각 성분들의 값은 측정된 δ 값과 이론적인 계산, 모델 컴파운드에 대한 연구 및 많은 컴퓨터 보정을 통하여 발전되어 왔다. 용매에 대한 이 값들은 표로 잘 정리되어 있다 [4~9]. 비록 발표는 되었지만, 이 값들은 R과 함께 고분자에는 그다지 유용하지 않다. 혼합 용매는 식 7.5에 따라 각 δ_j 성분들의 무게 평균을 이용하여 구할 수 있다.

이러한 준실험적인 특성에도 불구하고, 3차원 용해도 계수는 실용 가치가 매우 큰 것으로 확인되었다. 특히 경제적, 생태적, 안전 제약 등의 특성이 매우 중요한 영역인 페인트 산업에서 용매의 선택은 더욱 그러하다. 용매와 고분자의 δ 값이 거의 완벽하게 일치하지만 고분자가 녹지 않을 경우(δ 벡터가 크기는 같으나 방향이 다른 경우)나, 두 비용매가 서로 혼합되어 양용매를 형성하는 경우(각 용매 성분이 구의 바깥에서 서로 반대쪽에 놓여 있지만, 혼합 용매는 구의 내부에 위치한 경우)를 설명하는 것이 가능하다. 무기 색소들 또한 δ 벡터들에 의해 나타낼 수 있다. 용매의 δ와 거의 유사한 δ 벡터를 가진 색소는 그 용매 내에서 안정한 현탁액을 형성하는 경향이 있다.

예제 7.3 고분자의 용해도 계수가 $\delta=9.95(\delta_p=7.0,\ \delta_d=5.0,\ \delta_h=5.0)$이고 용해도 구의 반지름은 $R=3.0$이다(단위는 모두 hildebrands). $\delta=10(\delta_p=8,\ \delta_d=6,\ \delta_h=0)$인 용매는 고분자를 녹일 것인가?

풀이 녹이지 않는다. 용매의 점은 $\delta_p-\delta_d$ 평면에 존재한다(즉 $\delta_h=0$). 이 평면에 가장 근접한 고분자 용해도 구의 거리는 $5.0-3.0=2.0$이다. 따라서 거의 동일한 δ를 가지고 있을지라도 용매는 고분자를 녹이지 않을 것이다.

7.7 Flory-Huggins 이론

고분자 용액의 이론적인 해석은 1942년 Flory[10]와 Huggins[11]에 의해 독립적이고 근본적으로, 그리고 동시에 시작되었다. **Flory-Huggins 이론**(*Flory-Huggins theory*)은 그림 7.2에 나타나 있는 격자 모델에 기반하고 있다. 낮은 분자량의 용질의 경우(그림 7.2a), 용질과 용매 분자가 거의 같은 부피를 가진다고 가정할 때 각각은 하나의 격자 자리를 차지한다. 고분자 용질의 경우(그림 7.2b), 고분자의 한 분절(segment)(반드시 그렇지는 않지만 대략적으로 반복 단위와 일치한다)은 용매 분자와 같은 부피를 가지며, 또한 하나의 격자 자리를 차지한다.

Flory와 Huggins는 통계적으로 격자 상에서 가능한 배열의 수를 계산함으로써, 몰수 n_1의 용매와 몰수 n_2의 용질이 용액을 형성할 때의 (외연적) 배열 엔트로피 변화(오직 기하학적 구조로 인한) ΔS^*를 다음과 같이 기술하였다.

$$\Delta S^* = -R(n_1 \ln\phi_1 + n_2 \ln\phi_2) \tag{7.10}$$

여기서 ϕ는 부피 분율이다.

$$\phi_1 = \frac{x_1 n_1}{x_1 n_1 + x_2 n_2} \tag{7.10a}$$

$$\phi_2 = \frac{x_2 n_2}{x_1 n_1 + x_2 n_2} \tag{7.10b}$$

x는 각 종의 분절들의 수이다. 보통 단량체 용매의 경우 $x_1=1$이다. 엄밀히 말하면, 다분산 고분자 용질의 경우, 분자량 분포에서 각 종에 대한 항이 식 7.10에 포함되어야 한다. 약간이 오차가 있지만, x_2는 보통 수평균 중합도 $\bar{x}_n$으로 표현된다(몰 대신에 부피 분율을 쓰는 것은 몰당 분절 부피가 동일하다는 것을 암시한다). 그림 7.2의 a와 b에서 ϕ_1, ϕ_2, n_1는 같고 단량체 용질의 경우 $n_2=20$ 분자이지만, 고분자 용질의 경우에는 1개의 분자만 있음을 주목하라.

예제 7.4 다음과 같은 조건에서 발생하는 배열 엔트로피 변화를 추정하시오.

(a) 톨루엔(T, $\phi-CH_3$) 500 g이 스타이렌(S, $\phi-CH=CH_2$) 단량체 500 g과 혼합될 때

(b) T 500 g이 $\overline{M}_n=100,000$인 PS 500 g과 혼합될 때

(c) $\overline{M}_n=100,000$인 PS 500 g이 $\overline{M}_n=100,000$인 폴리페닐렌 옥사이드(PPO)(예제 2.4K 참조) 500 g과 혼합될 때(높은 분자량의 두 고분자가 서로를 녹일 수 있는 드문 예들 중 하나이다.)

풀이 $M_T=92$, $M_S=104$. 이 값들과 고분자들에 대해 주어진 값들을 이용하면 $n_i=500\ \text{g}/M_i$이다. 다른 정보들이 없을 경우 분절의 수는 고분자의 반복 단위의 수와 같다고 가정해야 한다. 따라서 $x_i=\overline{M}_{ni}/m_i$이며, 여기서 m_i는 반복 단위의 분자량으로 $m_{PS}=104$, $m_{PPO}=120$이다. 이 값들을 이제 식 7.10, 7.10*a*, 7.10*b*에 대입할 수 있다. 그 결과들이 아래에 요약되어 있다($R=1.99$ cal/mol·K).

i	n_i(몰)	x_i	ϕ_i
(a) 톨루엔	5.44	1	0.531
스타이렌	4.81	1	0.469
	$\Delta S^*=14.1$ cal/K		
(b) 톨루엔	5.44	1	0.531
PS	0.005	962	0.469
	$\Delta S^*=6.85$ cal/K		
(c) PS	0.005	962	0.536
PPO	0.005	833	0.464
	$\Delta S^*=0.0138$ cal/K		

(c)의 결과는 고분자-고분자 용해에서 왜 근본적으로 음의 ΔH가 필요한지를 보여 준다.

(외연의) 혼합 엔탈피 ΔH를 위한 식은 격자 상에서 인접한 분자나 분절들 간의 상호작용의 변화, 특히 용매 쌍 [1,1]과 고분자 분절의 쌍 [2,2]의 상호작용을 혼합에 따른 [1,2]의 상호작용으로 대체함으로써 얻어진다.

$$\Delta H=\text{RT}\,\chi\phi_2 n_1 x_1 \quad [=]\text{cal} \tag{7.11}$$

χ는 **Flory-Huggins 고분자-용매 상호작용 계수**(*Flory-Huggins polymer-solvent interaction parameter*)이다. 먼저, χ는 용매 1몰당 상호작용의 엔탈피를 RT로 나눈 것으로 해석되었다. 식 7.2와 7.11을 같게 하고(식 7.2의 엔탈피는 용액의 단위 부피에 기반하고 있는 반면, 식 7.11에서 엔탈피는 외연량임을 명심하라) 식 7.10*a*를 이용하면, Flory-Huggins 계수는 용해도 계수와 아래와 같이 관련되어 있음을 알 수 있다.

$$\chi=\frac{v(\delta_1-\delta_2)^2}{\text{RT}} \tag{7.12}$$

v는 종 1과 2의 몰 분절 부피이다(서로 같다고 가정한다). 단량체 용매에 고분자가 녹는 경우(예를 들어 스타이렌에 의한 PS의 용해), v는 용매의 몰부피 v_1으로 간주된다. 용해도 계수에 대한 지식을 근거로 할 때, 식 7.12에서는 항상 $\chi \geq 0$임을 알 수 있다. 실제로는 음의 값도 관측되었다.

용액의 엔트로피가 완전 배열인 경우를 가정하면, 식 7.10과 7.11을 식 7.1에 대입하여 다음을 얻는다.

$$\Delta G = \mathrm{RT}(n_1 \ln \phi_1 + n_2 \ln \phi_2 + \chi \phi_2 n_1 x_1) \tag{7.13}$$

그리고 보통의 단량체 용매의 경우 $x_1=1$이다. 다분산 용질의 경우, 식 7.13 우변의 중간 항은 모든 용질 종의 합으로 대체된다. 하지만 단일 용질처럼 $x_2=\bar{x}_n$로 하여도 충분하다.

분자량이 큰 고분자가 전체 범위에 걸쳐 용해될 수 있는 척도를 Flory–Huggins 이론을 이용하여 표현하면 다음과 같다.

$$\chi \leq 0.5 \text{ (용해되기 위해서는)} \tag{7.14}$$

용액의 엔트로피에 미치는 기여에는 입체 배열뿐 아니라 상호작용이 있으며, 이 또한 χ 항에 포함되어 있기 때문에, χ는 용매 몰당 상호작용의 ΔG(엄밀히 말하면 ΔH보다는)를 RT로 나눈 것으로 간주된다. 그러므로 식 7.13 우변의 첫 번째 두 개의 항은 ΔG에 대한 입체 배열 엔트로피의 기여를 의미하며, 세 번째 항은 상호작용의 기여를 의미하고 엔탈피와 엔트로피의 영향을 모두 포함한다.

Flory–Huggins 이론은 고분자 계의 상평형을 묘사하는 데 매우 폭넓게 이용되었다. 예를 들어, 비록 실험 데이터와 잘 일치하지는 않지만, 그림 7.1에 나타나는 아래쪽 상 경계(UCST)를 정성적으로 설명하는 데 이용될 수 있다. 식 7.13을 n_1에 대하여 편미분을 하면(ϕ_1와 ϕ_2는 n_1에 관한 함수임을 명심하라) 용매에 대한 화학 퍼텐셜을 구할 수 있다. 이것은 상평형에서 χ 값을 실험적으로 구할 수 있게 해 주는 핵심적 양이다. 보다 더 심화된 내용은 이 장의 범위는 아니지만, 고분자 용액에 대한 모범적인 연구 주제이다[12~15].

오래 전부터 Flory–Huggins 이론의 한계점이 제기되어 왔다. 먼저, LCST를 예측할 수 없다(그림 7.1). χ 값이 온도에 의존하는 것은 그리 놀랄 일이 아니지만, 그 값이 분자량뿐만 아니라 농도에 대한 함수로 나타나기 때문에 이론을 실제 적용하기에는 제한이 있다. 혼합에 따른 어떤 부피 변화도 없다고 가정하고, 이것의 기초가 되는 통계적 분석이 매우 희박한 용액, 특히 나쁜 용매의 경우에는 적절하지 않기 때문에 이러한 결점이 발생된다. 결점을 해결하고자 많은 후속 연구가 진행되었으며, 그에 따라 격자 이론이 확장되었다[16,17].

많은 고분자–용매 계에 대한 χ의 실험적 값은 단일 값[9] 또는 조성에 대한 함수 값[8]으로 표로 잘 정리되어 왔다. 이러한 값과 식 7.14를 이용하여 용해도를 예측할 수 있다.

7.8 묽은 용액의 물성

지금까지 우리는 열역학적 해석을 다루었기 때문에, 고분자가 어떻게 용액으로 되는지에 대해 알고 있다. 하지만 고분자 사슬들이 용액 내에서 어떠한 구조를 이루고 있는지 아는 것 또한 중요하다. 고분자가 매우 묽은 용액에 녹아 있다고 가정하면, 고분자 사슬들은 거의 엉켜 있지 않다고 생각할 수 있다. 고분자 엉킴은 무차원인 Berry 수(Be), 즉 고유 점도와 농도의 곱이 1보다 클 때 일어난다[18].

$$\mathrm{Be} = [\eta]c > 1 \quad \text{(고분자 엉킴의 경우)} \tag{7.15}$$

일반적인 고분자–용매 계에서 이것은 몇몇 고분자에는 잘 적용된다.

'좋은(양)'(고분자와 용해도 계수 값이 매우 비슷한) 용매에서는 고분자 분절과 용매 분자 간의 2차 결합력이 강하며, 고분자 분자들은 용액 내로 분산되는 형태를 나타내게 될 것이다. '나쁜' 용매에서는 고분자 사슬 간의 인력이 사슬 분절과 용매와의 인력보다 더 강할 것이다. 즉, 사슬 분절들은 '자신들끼리 뭉치게' 되며 강하게 응집한다(그림 7.5에 나타나는 것과 같이).

좋은 용매에 고분자가 녹는 경우, 예를 들어 클로로폼(δ=9.2)에 폴리스타이렌(δ=9.3)을 녹이는 계를 생각해 보라. 여기에 메탄올(δ=14.5)과 같은 비용매(nonsolvent)를 넣는다. (비록 클로로폼과 메탄올은 용해도 계수 값이 서로 크게 다르더라도 모든 비율에서 상호 간에 잘 섞이는데, 이는 낮은 분자량의 화합물 용액에서는 엔트로피 변화가 높기 때문이다). 결국에는 혼합된 용매가 용액 상태를 유지하기에 힘든 점에 도달하고, 고분자 사

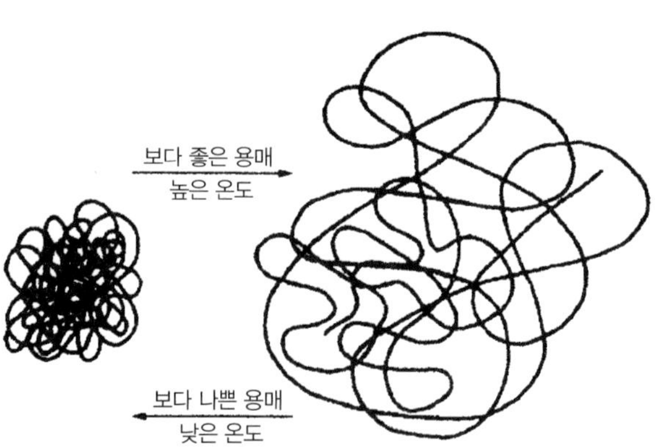

그림 7.5 용액에서 고분자 분자에 미치는 용매의 세기와 온도의 영향.

슬 간의 인력이 고분자와 용매 간의 인력보다 더 강하게 되어 고분자 침전물이 생성된다. $\Delta G=0$과 $\Delta H=T\Delta S$가 되는 용해도 직전의 지점에서 고분자는 매우 불안정한 상태이다. 이 지점은 온도와 고분자의 분자량(ΔS에 주된 영향을 주는), 그리고 고분자-용매 계(ΔH에 주된 영향을 주는)에 크게 의존한다. 온도나 고분자-용매 계를 조절하면 분자량에 따라 고분자를 분리할 수 있다. 즉 온도를 낮추거나 나쁜 용매를 넣어 주면 낮은 분자량의 고분자들이 연속적으로 침전된다.

분자량이 무한대인 극한에서는(ΔS의 영향이 최소인) $\Delta H=T\Delta S$이 되는 상황을 θ 조건 또는 Flory 조건이라고 한다. 특정한 용매 속에 무한한 분자량을 가진 고분자가 녹는 경우, θ 온도는 UCST와 같으며 이는 용액이 상이 분리되기 직전의 지점에 있다. 이러한 조건에서 고분자와 용매 간의 상호작용은 고분자-고분자 간의 상호작용과 같으며, 이러한 용액은 제2 비리얼 계수가 0이 되거나 MHS 지수(식 5.18) $a=0.5$가 되어, 용액은 소위 말하는 이상적 거동을 한다.

주어진 고분자에 대해 θ 조건은, 정해진 온도에서 θ 용매가 되도록 용매를 조정하여 도달하거나, 특정 용매에서 θ 온도 또는 Flory 온도에 도달하도록 온도를 조정하여 도달할 수 있다. 물론 어떤 실제 고분자는 무한의 값보다 낮은 분자량과 그에 따라 보다 커진 ΔS 때문에, θ 조건하에서도 여전히 녹아 있을 것이다.

우리의 예로 돌아가서, 고분자를 녹이기 좋은 용매에서 좋지 않은 용매로 바뀔 때, 고분자의 점도는 어떻게 될지 물음을 제기할 수 있다(명확한 비교를 위해, 비용매가 첨가되자마자, 고분자 농도를 일정하게 유지하기 위해 같은 양의 좋은 용매가 제거된 상황을 연상하라). 이 물음에 대해 정성적으로 답할 수 있다. 고분자의 분자를 경직된 구(실제로 그렇지 않지만)가 된다고 가정하고 다음과 같은 Einstein[19]이 고안한 수식을 적용함으로써 경직된 구가 포함되어 있는 묽은 현탁액의 점도를 구할 수 있다.

$$\eta=\eta_s(1+2.5\phi) \tag{7.16}$$

여기서 η는 현탁액(용액)의 점도, η_s는 용매의 점도, 그리고 ϕ는 고분자 구의 부피 분율이다. (우리는 여기서 낮은 분자량을 가진 액체의 점도는 서로 비슷하다. 즉 η_s가 변하지 않는다고 가정한다.) 좋은 용매에서 나쁜 용매로 바뀔수록 고분자의 분자는 뭉치게 되며, ϕ 값이 줄어들어 용액의 점도는 줄어든다. 따라서 용액의 점도는 용매의 세기를 변화시킴으로써 조절될 수 있다.

예제 7.5 용매의 '세기'(고분자를 잘 녹이는 좋은 용매와 그렇지 않은 나쁜 용매)가 다음에 어떻게 영향을 줄지 설명하시오.

(a) 특정 온도 T에서 고분자 시료의 고유 점도와 점도계를 통해 구한 분자량 $\overline{M}_v$.

(b) 삼투압 측정을 통해 결정된 고분자 시료의 분자량.

풀이 (a) 측정된 용액의 점도는 나쁜 용매에서의 값이 좋은 용매에서의 값보다 더 낮을 것이고, 이는 보다 더 낮은 고유 점도로 이어진다. 낮은 점도는 식 5.18의 MHS식을 사용해 계산하면 더 낮은 $\overline{M}_v$를 의미할 것이다.

(b) 만약 삼투막이 이상적이라면, 삼투압 측정기는 기하학적 구조와 관계없이 오직 단위 부피당 용질의 몰수만을 측정하기 때문에, 용매의 세기는 영향을 주지 않는다. 하지만 실제 막의 경우에는 몇몇의 가장 작은 입자들이 빠져나올 수 있다. 나쁜 용매에서는 분자들이 빽빽하게 뭉치게 되면서 더 많은 분자들이 막을 통과하게 한다. 이는 측정되는 삼투압을 낮추기 때문에 계산된 $\overline{M}_n$은 더 높은 값으로 이동된다.

비교적 나쁜 용매에서 고분자 용액의 점도에 대한 온도의 영향을 고려해 보라. 모든 단순 액체와 비슷하게, 용매의 점도 η_s 또한 온도가 상승함에 따라 감소한다. 하지만 온도의 상승은 고분자 사슬의 분절에 더 많은 열에너지를 제공하여 분자들이 더 잘 펼쳐지고 용액 내에서 더 높은 유효 ϕ를 야기한다. 그러므로 η_s와 ϕ에 미치는 온도의 영향은 상호보완적인 양상을 보이며, 온도 변화에 따른 점도 변화가 용매만의 경우보다 훨씬 적은 용액이 된다. 실제로 소위 다중 점도를 가지는 모터 오일(10W−40과 같은)을 제조하는 데 사용되는 첨가제는, 베이스 오일이 가장 낮은 엔진의 작동 온도에서 상대적으로 나쁜 용매가 되도록 조성을 조절한 고분자이다. 엔진이 가열되면서 고분자 사슬이 풀리게 되고, 이에 따라 오일만으로 얻을 수 있는 것보다 더 큰, 점도 저하에 대한 높은 저항이 생긴다(그리고 최소한 상업적으로 일컫는 '열적 고장'이 방지된다).

분자량이 알려진, 묽은 고분자 용액에서의 점도(낮은 전단 속도에서의)는 식 5.15, 5.16 그리고 5.18을 이용하고, 점도 측정으로부터 분자량을 알아내는 방법을 역으로 하면 계산될 수 있다.

7.9 고분자–고분자–일반적 용매 계

예제 7.4c에 서술되어 있는 것처럼, 한 고분자가 다른 고분자에 용해될 때의 ΔS는 매우 작다. 비록 최근 들어 더 많은 예들이 보고되고 있지만, 이러한 이유 때문에 한 고분자가 다른 고분자에 녹는 경우는 매우 드물다. 이러한 용해가 일어날 때는 보편적으로 강한 인력(예를 들어 큰 음의 ΔH), 대개는 고분자 간의 수소 결합에 의해 발생된다. 고분자–고분자 상용성에 대한 논문이 폭넓게 보고되었다[20, 21].

두 개의 고분자가 서로를 녹이지 못하는 극히 일반적인 경우, 이를 동시에 녹이는 공용

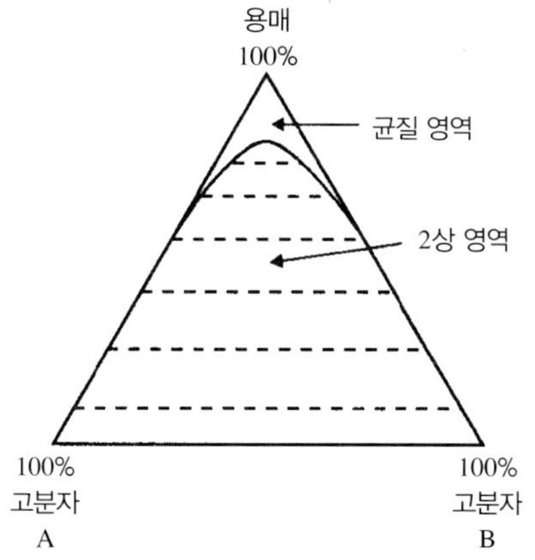

그림 7.6 고분자-고분자-일반적 용매의 전형적인 삼성분계 상태도. 점선의 연결선은 평형 상태 상의 조성을 연결한다.

매가 첨가될 때조차도(한 고분자에 대해서는 무한대로 녹일 수 있는 용매), 수 퍼센트 농도 이상에서는 두 개의 고분자가 균질한 상으로 동시에 존재할 수 없다. 이러한 계에 대한 개략적 상태도가 그림 7.6에 나타나 있다. 수 퍼센트 농도 이상에서는(정확한 값은 고분자와 용매의 화학적 성질과 고분자의 분자량에 의존한다), 평형을 이룬 두 상이 형성되고 각 상에는 거의 순수한 하나의 고분자만이 포함된다. 이러한 결과는 두 개 이상의 고분자가 섞일 때에도 적용된다. 일반적으로 각 고분자는 분리된 상으로 공존할 것이다. 이러한 사실은 혼합된 플라스틱 폐기물을 분리 및 재활용할 수 있다는 이전의 제안에 기초한 것이다 [22].

7.10 고분자 용액, 현탁액 그리고 에멀션

어떤 고분자–용매 계에서, UCST와 LCST 사이의 온도가 주어지고 좋은 용매를 사용한다면, 균질한 용액이 형성될 것이다. 고분자가 추가되면 점도는 확실히 증가하지만, 잘 용해된 고분자는 그 사슬이 팽창하고 풀리며, 고분자–용매 상호작용이 발생할 것이다. 열역학적으로 서로 상용성이 적은 고분자–용매 계에서는, 고분자–고분자 간의 상호작용이 강하게 작용하여 각각의 사슬들이 강하게 꼬여 있고, 결국 석출된 고체 고분자와 용매로 구성되어 있는 두 개의 상이 얻어질 것이다. **현탁액**(*suspension*)은 혼합 에너지를 도입함으로써 얻을 수 있는데, 이 에너지는 단지 비용매 안에서 녹지 않는 고분자가 잘 펼쳐지게만 해준다. 혼합을 멈추면 고분자는 다시 침전될 것이다(전통적인 이탈리안 샐러드 드레싱에서의 물과 기름을 생각해 보라). 고분자 **에멀션**(*emulsion*)에서는 두 개의 명확한 영역을 가지는-한쪽은 용매와 친화적이며 다른 쪽은 고분자와 친화적인-**계면 활성제**(*surfactant*)를 추가해 줌으로써 이러한 침전을 막을 수 있다. 계면 활성제는 고분자 상과 용매 상 계면을 감싸고 있어 안정적인 에멀션 상태를 유지하도록 해준다(섞이기 위해 더 이상 흔들지 않아도 되는 샐러드 드레싱을 생각해 보라). 고분자 현탁액과 에멀션 모두 반응과 최종 생성물에 있어서 중요하며, 뒷 장에서 논의될 것이다.

7.11 농축 용액: 가소제

지금까지 우리는 비교적 묽은 고분자 용액을 다루었다. 이제 고분자가 용액의 주요한 구성 성분인 경우를 생각해 보자. 순수한 비정질의 고분자는 뒤엉킨 고분자 사슬 덩어리로 이루어져 있다. 이 덩어리가 변형될 수 있는 정도는 고분자 사슬이 풀려 서로 미끄러질 수 있는 가능성에 의존한다. 이러한 변형 정도를 증대시키는 방법 중 하나로는, 온도를 올려 고분자 사슬 분절의 움직임을 증가시키는 것이 있다. 다른 방법으로는 **외부 가소제**(*external plasticizer*)로 낮은 분자량을 가지는 액체(보통 휘발성이 낮은)를 고분자에 추가해 주는 방법이 있다. 가소제는 고분자 사슬과 2차 결합을 형성하여 사슬 사이를 벌려 떨어뜨림으로써, 고분자-고분자 간의 2차 결합력을 감소시킨다. 가소제는 고분자가 움직일 수 있는 공간을 제공하여 더욱 부드럽고 변형되기 쉬운 상태를 형성한다. 이는 가소제의 주요 기능 중 하나인 T_g를 낮추는 것과 같다.

예제 7.6 만약 당신이 야구 중계에서 “이러한 습한 밤에는 공이 생각보다 멀리 날아가지 않는다.” 또는 “습한 저녁에는 투수는 더 무거운 공을 던진다.”라는 해설을 듣는다면, 거기에 과학적인 원리가 있는지 궁금해 할 것이다. 습한 공기의 성질이라는 측면은 이것을 설명하기에 충분한 근거가 되지 않는다(유체 역학적으로). 당신은 야구공의 성질을 고려하여 이것이 타당함을 보일 수 있는가? 야구공은 매우 단단히 감긴 털실로 이루어져 있다. 천연 고분자인 양모는 물리적 그리고 화학적으로 나일론과 매우 비슷하다(예제 7.1 참조).

풀이 양모의 극성 부분은 물과 결합하여 수소 결합을 만든다. 습도가 높을수록 양모 내 평형 습도는 점점 올라갈 것이며, 이는 무거운 공이 되는 원인이다. 또한 흡수된 물은 양모에 대한 가소제로 작용할 것이며, 공을 더 부드럽게 하고 탄성을 줄일 것이다. 시합 시작 전에 야구공을 물에 적신다면 어떻게 될지 생각해 보시오.

예제 7.6에 관한 정량적 결과는 Sports Illustrated라는 유명 전문 잡지 중 수영복 사진 사이에서 확인될 수 있으며, 야구공의 질량 및 탄성력에 대한 습도의 영향에 대해 보고되었다

[23].

- 화씨 212°F에서 24시간 동안 열을 가한 공은 무게 12 g이 줄어들고 5.8%의 힘을 얻었다.
- 24시간 동안 증기로 가득한 촉촉한 방에 있었던 공은 무게 11 g이 늘어나고 17.4%의 탄력이 줄어들었다.

열과 습도에 의한 섬유의 가역적 가소화는 증기-다림질 섬유 공정에도 적용된다. 다림질에 풀(녹말과 같은)을 이용함으로써 옷의 가소화를 일으키며, 물이 증발되면서 점점 뻣뻣해진다(예제 7.2 참조).

열역학적으로 고분자와 상용성이 나쁜 가소제는 상용성이 좋은 것보다 효과적이며, 주어진 수준에서 점도를 낮추는 효과가 있다(더 작은 ϕ, 더 적은 엉킴). 하지만 고분자에 덜 강하게 결합하기 때문에 시간이 지날수록 쉽게 빠져 나와 고분자를 경직시킨다. 이는 초기에 수입된 자동차에서 나타난 익숙한 문제이다. 햇볕 아래 주차되었을 때, 기름진 가소제 필름이 창문에 응축되며, 또한 시간이 더 지날수록 가소제가 빠져 나와 차량의 덮개와 대시보드에 균열이 생기게 된다(더운 날에 새 자동차의 냄새는 대부분 천천히 증발하는 가소제 때문이다). 따라서 가소제의 효율과 성능 간에 균형이 맞아야 한다. 또한 성능 관점에서 가소제는 낮은 휘발성을 가져야 한다. 그러므로 일반적으로 가소제는 용매보다 높은 분자량을 갖지만(일반적인 유기 용매는 100 또는 미만이지만, 가소제는 400~600), 고분자보다는 훨씬 작다.

부드러운(T_g가 매우 낮은, 6장 참조) 동종 중합체를 만들 수 있는 단량체를 이용하여 랜덤 공중합체를 제조할 경우, 합성된 공중합체는 **내부적으로 가소화**(*internally plasticized*)될 수 있다. 이 현상이 일어났을 때 어떠한 영구적인 문제는 없다. 공중합체의 조성을 조정함으로써, 특정 온도에서 목표했던 물성을 가지도록 할 수 있다. 이 온도 이상에서는 공중합체가 의도한 것보다 부드러울 것이고, 이보다 낮은 온도에서는 더욱 단단해질 것이다. 외부 가소제를 추가하면, 다중 점도 모터 오일에서와 같은 정도의 온도적 보상을 얻을 수 있고, 따라서 넓은 온도 범위에서 재료에 유연성을 부여할 수 있다.

가장 보편적인 외부 가소화된 고분자는 폴리(염화 바이닐)(PVC)($-CH_2CHCl-$)이다. PVC의 가소화에 쓰이는 선형적인 가소제는 다이옥틸 프탈레이트(DOP)이며, 프탈산과 아이소-옥틸 알코올의 다이에스터이다. (참고: DOP는 산업에서 보다 흔한 용어이지만, IUPAC 명명법으로는 다이(2-에틸 헥실) 프탈레이트 또는 DEHP이다.)

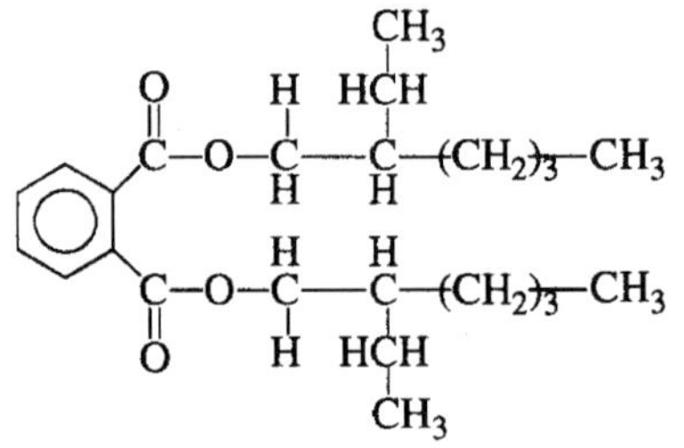

PVC는 높은 염소 함량 때문에 본질적으로 내화성을 가진다(고분자가 내화성을 가지도록 하는 방법은 18장 참조). PVC에 탄화수소 가소제를 첨가하면 PVC의 가연성을 증가시킨다(많은 가소제들은 20% 또는 그 이상의 무게 분율을 포함하기 때문에 특별히 중요하다). 그러므로 염소화된 왁스와 트라이크레실 포스페이트(tricresyl phosphate, TCP)와 같은 인산 에스터 등이 내화성을 유지하기 위한 가소제로 쓰인다. 분자량이 1000 정도 되는 올리고머와 같은 고분자 가소제들은 낮은 휘발성과 좋은 성능을 제공한다. 순수한 고분자 내에서 낮은 분자량의 함량이 있으면, 이것은 종종 의도하지 않았던 가소제로서 역할을 할 수 있다.

또한 에폭시화된 가소제는 PVC를 안정화시키는 중요한 역할을 한다. PVC가 열화될 때 HCl은 열화를 더 촉진시키는 촉매 역할을 한다. 그뿐만 아니라 HCl은 주조 기계, 금형, 압출 성형기 등의 금속으로 이루어진 것들을 부식시킨다. 에폭시 가소제는 다불포화의 식물성 기름을 에폭시화시켜 만들어진다.

옥시레인 고리

옥시레인 고리(*oxirane ring*)는 HCl을 흡수하며 열화를 최소화한다(이것은 매우 복잡한 현상을 간략화한 것이다)[24].

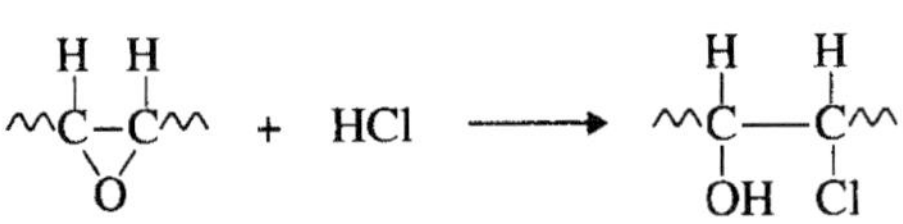

에폭시화된 가소제는 식물성 기름으로부터 추출하기 때문에, FDA 승인을 받아 식품과 접촉하는 용도에도 가끔 이용될 수 있다. 가소제에 관한 많은 연구가 진행되고 있다[25].

가소화되지 않은(또는 거의) PVC는 매우 딱딱한 물질로, 파이프나 기계조립, 주택 벽널 보강재, 창문 틀, 병 등에 사용된다. 가소화된 PVC의 성질은 가소화된 정도에 매우 크게 의존한다. 가소화된 PVC는 개스킷 물질, 소파 덮개(Naugahyde®), 전선 케이블 피복, 샤워 커튼, 급수용 호스 그리고 포장 필름 등에 쓰인다.

플라스티졸(*plastisol*)은 흥미로운 물질이며 가소화된 PVC의 유용한 기술적 응용에 해당한다. 일반적인 조성은 다이옥틸 프탈레이트(DOP) 100 phr(per hundred parts polymer resin)과 안정제, 그리고 색소 등으로 구성된다. 비록 PVC가 상온에서 열역학적으로 DOP에 용해가 가능하지만, 높은 분자량의 PVC의 용해 속도는 매우 느리다. 그러므로 처음에 플라스티졸은 매우 작은 PVC 입자가 가소제에 분산되어 있는 우유와 같이 희부연 현탁액이 된다. 용액보다는 현탁액이기 때문에, 점도는 가소제에 비해 매우 크며(식 6.16), 이는 붓질, 침지, 그리고 롤링 등에 의해 기판이나 금형에 응용될 수 있다. 350°F(175°C)로 가열되었을 때, 고분자를 휘저어 주면 용해 과정이 더욱 빠르게 증가한다. 만약 충전제나 안료가 없다면 플라스티졸이 투명하기 때문에 용해 과정을 눈으로 관찰할 수 있다. 상온으로 냉각되면 용액의 점도는 너무 높아, 실제 용도에 사용할 수 있는 유연한 고체가 될 것이다. 플라스티졸의 예로는 인형의 '피부', 장난감 고무 완구, 그리고 식기 건조 선반의 덮개 등이 있다. 바이닐 폼(foam)은 용융 전의 플라스티졸에 공기를 넣어줌으로써 만들 수 있다.

초기 현탁액의 점도는, 가소제에 대해 휘발성 유기 희석제를 넣어 **유기졸**(*organosol*)을 만들거나, 물속에 가소제를 넣어 **하이드로졸**(*hydrosol*)을 형성하도록 휘저어 줌으로써 낮출 수 있다. 두 경우 모두 가열하면 희석제는 증발한다.

가소화된 고분자에 대한 보다 많은 논의는 18장에 나와 있다.

문제

1 Crud Chemicals는 폴리스타이렌(PS)(δ=9.3)의 품질 검사에 GPC를 이용한다. 보통 컬럼은 25°C에서 구동되며 테트라하이드로퓨란(THF)(δ=9.1) 용매를 이용한다. 전직 직원이 떠나기 전에 그들도 모르게 그들의 THF에 메탄올(δ=14.5)을 섞어 오염시켰다. 그는 기술적으로 매우 정교하게 하였기 때문에, 고분자를 침전시키지 않고 기존 용액 상태를 잘 유지시켰다. 이것이 계산된 평균 분자량에 어떻게 그리고 왜 영향을 미칠까?

2 Crud의 분석 실험실은 위의 용매 문제를 해결하였지만, 그들이 모르는 사이에 GPC 컬럼의 온도 제어기가 고장나서, 컬럼 온도가 45°C까지 올라갔다. 이것이 PS의 계산된 평균 분자량에 어떻게 그리고 왜 영향을 미칠까?

3 Crud의 실험실은 이제 GPC 컬럼을 이용하여(문제 7.1로부터) 스타이렌(75%)과 아크릴로나이트릴(25%)로 이루어진 공중합체를 분석하고자 한다. 공중합체에 대한 단분산 보정 표준 시료가 없어, Crud의 연구자들은 현재 가지고 있는 PS를 보정으로 사용하였다. 이것이 평균 분자량에 어떻게 그리고 왜 영향을 미칠까?

4 Hansen의 삼차원/용해도 계수 개략도에 따르면, 다음 중 어떤 용매가 PS를 녹일 것인가(그림 7.4)? 이는 식 7.4로부터 예측하는 것과 얼마나 잘 부합하는가?

용매	δ_d	δ_p	δ_h
n-헥세인	7.28	0	0
스타이렌	9.09	0.49	2.0
메틸 클로라이드	7.48	3.0	1.9
아세톤	7.58	5.08	3.4
에틸아세테이트	7.72	2.6	3.5
아이소프로판올	7.72	3.0	8.02
페놀	8.80	2.9	7.28

모든 δ 값의 단위는 $(\mathrm{cal/cm^3})^{1/2}$=hildebrands이다.

5 상평형에 대한 일반 열역학적 기준을 이용하여, 그림 7.1에서 아래쪽 상의 곡선을 설명할 수 있는 식을 Flory–Huggins 이론의 관점에서 유도하시오.

6 식 7.12를 유도하시오.

7 고분자의 분자량이 그림 7.1에 나타난 상태도에 어떻게 영향을 미칠지 정성적으로 그림을 그리시오.

8 삼성분계 상태도(그림 7.6)가 (a) 고분자의 분자량과 (b) 온도에 따라 어떻게 영향을 받을지 정성적으로 그림을 그리시오. 고분자는 용매 계에서 UCST 거동을 한다고 가정하시오.

9 그림 7.6은 고분자–고분자–일반 용매 계의 삼성분계 상태도를 나타낸다. 고분자–용매–비용매 계에 대한 삼성분계 상태도를 정성적으로 그리시오. 연결선을 포함시키고, 이 두 개의 상태도에 미치는 온도와 고분자 분자량의 영향에 대해 설명하시오. 용매와 비용매는 모든 비율에서 녹을 수 있으며, 고분자는 UCST 거동을 한다고 가정하시오.

10 고분자의 용해도 계수는 점도 측정을 통해 구할 수 있다. 어떻게 구할 수 있을지 설명하시오.

11 소량의 잘게 분리된 고분자를 액체가 들어 있는 비커에 넣는다. 비커의 덮개를 덮고 내용물의 우윳빛 외관의 변화 없이 수시간 동안 자석으로 저어 준다. 비커의 덮개를 벗긴 뒤 계속 저어 준다. 비커의 내용물이 시간이 갈수록 점점 투명해진다. 이를 설명하시오(여기에 적어도 두 가지 가능성이 있다).

12 혼합된 열가소성 플라스틱 폐기물은 온도를 변화시키면서 단일 용매로 추출함으로써 분리가 가능하다고 제안되었다. 즉, 고분자 A는 가장 낮은 온도인 T_A에서 혼합물로부터 추출되고, 고분자 B는 보다 높은 온도인 T_B에서 추출되어, 거의 순수한 고분자를 회수할 수 있다. 이 제안에 대해 열역학적인 가능성을 설명하시오.

13 당신은 Tiger Woods와의 골프 시합을 준비하고 있다. Tiger와 경쟁하기 위해 Tiger의

골프공을 양용매에 담가, 티로부터 공이 날아가는 거리를 줄이기로 하였다. 경기 조작을 위한 것으로, Tiger의 티샷으로부터 골프공으로의 운동량 전달을 줄이기 위해 공 내부 재료를 팽윤시킬 적절한 용매를 찾으시오(또한 당신이 선택한 용매가 Surlyn® 코팅층을 침투할지 생각하고, 노출 시간이 매우 짧아 코팅층의 변화는 없지만 용매는 침투할 수 있게 한다). 참고: 당신은 골프공 속이 무엇으로 이루어져 있으며, 이를 팽윤시킬 수 있는 용매가 무엇인지 하나 이상 정해야 한다. DuPont의 웹사이트에 들어가 Surlyn에 대한 내약품성 정보를 찾아야 한다. 용매는 골프공 속의 유리 전이 온도를 증가시킬까 또는 감소시킬까?

참고문헌

[1] Fedors, R.F., *Polym. Eng. Sci.* **14**, 147, 472 (1974).

[2] Beerbower, A., L.A. Kaye, and D.A. *Pattison*, *Chem. Eng*. **74**(26), 118 (1967).

[3] Seymour, R.B., *Modern Plastics* **48**(10), 150 (1971).

[4] Hansen, C.M., *J. Paint. Technol.* **39**(505), 104 (1967).

[5] Hansen, C.M., *The Three Dimensional Solubility Parameter and Solvent Diffusion Coefficient*, Danishi Technical Press, Copenhagen, Denmark, 1967.

[6] Hansen, C.M. and A. Beerbower, Solubility parameters, in *Encyclopedia of Chemical Technology*, Suppl. Vol., 2nd ed., Wiley, New York, 1971.

[7] Hansen, C.M., *Ind. Eng. Chem. Prod. Res. Dev.* **8**, 2 (1969).

[8] Brandrup, J. and E.H. Immergut (eds), *Polymer Handbook*, 3rd ed., Wiley-Interscience, New York, 1989.

[9] Barton, A.F.M., *Handbook of Polymer-Liquid Interaction Parameters and Solubility Parameters*, CRC Press, Boca Raton, FL, 1990.

[10] Flory, P.J., *J. Chem. Phys.* **10**, 51 (1942).

[11] Huggins, M.L., *Ann. N.Y. Acad. Sci.* **43**, 1 (1942).

[12] Flory, P.J., *Principles of Polymer Chemistry*, Cornell University Press, Ithaca, NY, 1953.

[13] Morawetz. H., *Molecules in Solution*, Wiley-Interscience, New York, 1975

[14] Tompa, H., *Polymer Solutions*, Butterworths, London, 1956.

[15] Kwei, T.K., Macromolecules in solution, Chapter 4 in *Macromolecules: An Introduction to Polymer Science*, F. A. Boveyand F.H. Winslow (eds), Academic, New York, 1979.

[16] Sanchez, I.C. and R.H. Lacombe, *Macromolecules* **11**(6), 1145 (1978).

[17] Pesci, A.l. and K.F. Freed, *J. Chem. Phys.* **90**(3), 2017 (1989).

[18] Hager, B.L. and G.C. Berry, *J. Polym. Sci.: Polym. Phys. Ed.* **20**, 911 (1982).

[19] Einstein, A., *Ann. Phys.* **19**, 289 (1906); **34**, 591 (1911).

[20] Olabisi, O., L.M. Robeson, and M.T. Shaw, *Polymer-Polymer Miscibility*, Academic, New York, 1979.

[21] Coleman, M.M., J.F. Graf, and P.C. Paniter, *Specific Interactions and the Miscibility of Polymer Blends*, Technomic, Lancaster, PA, 1991.

[22] Sperber, R.J. and S.L. Rosen, *Polym. Eng. Sci.* **16**(4), 246 (1976).

[23] *Sports Illustrated*, Time, Inc., July 20, 1970, p. 22.

[24] Anderson, D.F. and D.A. McKenzie, *J. Polymer Sci.: A-1*, **8**, 2905 (1970).

[25] Rahman, M. and C.S. Brazel, *Prog. Polym. Sci.*, **29**, 1223 (2004).

II부

고분자 합성

I부에서는 고분자의 분자 구조와 고분자 형성에 필요한 작용기를 소개하였다. 또한 결정화도, 열적 거동, 용해도를 이해하기 위해 필요한 중요 화학적 특성도 소개하였다. II부에서는 반응 메커니즘 및 중합체 형성에 영향을 주는 요소에 대해 논할 것이다. 우리는 이미 2장에서 기본적인 중합 메커니즘은 축합(또는 단계 성장) 중합(8장)과 자유 라디칼(또는 부가) 중합(9장)이라는 것을 알았다. 더욱 독특한 구조를 만들 수 있는 몇몇의 고급 중합법은 10장에서 다룬다. 11장에서는 공중합체 사슬의 성장이 완전히 무작위가 아니므로 공중합 반응성비의 개념에 대해 소개한다. 마지막으로 12장에서는 고분자 합성의 산업적 방법, 필요 장비, 그리고 분자량이 큰 점성 물질을 다룰 때의 어려움들이 어떻게 해결될 수 있는지에 대해 논한다. 이 책의 II부는 중합 반응 공학으로 여겨도 좋다.

Fundamental Principles of Polymeric Materials, Third Edition. Christopher S. Brazel and Stephen L. Rosen.

8장

단계 성장(축합) 중합

8.1 도입

중합 반응은 사슬이 성장하는 메커니즘에 따라 두 개의 범주로 나눌 수 있다. 축합 중합으로 알려진 **단계 성장 중합**(*step-growth polymerization*) 반응에서는 **어떤**(*any*) 길이의 x와 y 사슬들이 결합하여 더 긴 사슬을 형성할 수 있다.

$$x\text{-mer} + y\text{-mer} \rightarrow (x + y)\text{-mer} \qquad \text{(단계 성장)} \tag{8.1a}$$

연쇄 성장(*chain-growth*) 중합(부가 또는 자유 라디칼(free-radical)로 알려진) 반응에서는 x 길이를 가진 사슬은 단지 단량체 분자만을 추가하여 성장을 지속할 수 있다.

$$x\text{-mer} + \text{단량체} \rightarrow (x + 1)\text{-mer} \qquad \text{(연쇄 성장)} \tag{8.1b}$$

이러한 두 가지 메커니즘은 일반적으로 단계 성장에서는 카복실산, 아민, 알코올 등과 같은 다양한 유기 작용기가 요구되고, 연쇄 성장에서는 알켄과 같은 유기 작용기가 요구된다. 2장에서 알 수 있었듯이 또 다른 구별은, 연쇄 성장 고분자는 단량체와 반복 단위의 분자량이 일반적으로 같고, 대부분 단계 성장 고분자는 반복 단위의 분자량이 더 (물의 축합으로 인하여) 작다. 어떤 축합 중합은 물 분자를 배출하지 않기 때문에 이것이 항상 옳지는 않다(예제 2.4F, 2.4Q 참조). 9장과 10장에서는 연쇄 성장 중합에 대하여 다룰 것이므로 이번 장에서는 단계 성장 중합에 대해 다루기로 한다.

중합 반응의 형태와 상관없이, 일반적으로 사슬 말단에 있는 작용기의 반응성은 통상 식 8.1*a*, 8.1*b*에서의 x 및 y 사슬의 길이와는 무관하다는 것을 기초로 하여 정량적으로 처리한다. 실험적으로 x는 5나 6보다는 매우 크다는 것이 가장 적합한 가정이다. 대부분의 고분자는 실제 x의 수백 배(또는 그 이상) 성장하므로 이 가정은 오류가 거의 없이 수학적 처리를 단순화할 수 있다. 이것을 기본 개념으로 하여, 우리는 중합 반응을 더욱 자세하고 정량적으로 처리할 수 있다.

8.2 선형 단계 성장 중합의 통계학

이작용기 단량체들이 화학량적 등가를 갖는다고 가정하여 두 단량체의 선형 단계 성장 반응을 고려해 보면, 다음 식과 같이 나타낼 수 있다.

$$\frac{x}{2}\mathrm{ARA} + \frac{x}{2}\mathrm{BR'B} \rightarrow \mathrm{ARA}\{\mathrm{BR'B} - \mathrm{ARA}\}_{(\frac{x}{2}-1)}\mathrm{BR'B}^* \tag{8.2a}$$

$$x\mathrm{ARB} \rightarrow \mathrm{ARB}\{\mathrm{ARB}\}_{x-2}\mathrm{ARB} \tag{8.2b}$$

여기서 A와 B는 상호보완적인 작용기를 의미한다. 또한 x는 반복 단위보다는 **잔여 단량체**(*monomer residues*)의 수 또는 사슬에 있는 **구조적 단위**(*structural units*)의 수를 나타내기 위해 사용되는 것임을 유의하라([BR′B−ARA] 또는 [ARB][1] 중 하나가 될 것이다).

위의 고분자 분자의 각각은 총 xA 그룹을 포함한다.

> **하나의 반응하지 않은**(미반응)(*one unreacted*) A 그룹(말단에 있는)과
> $x-1$ **반응한**(*reacted*) A 그룹들

따라서 x는 위에 나열한 어느 하나의 반복 단위를 가진 중합도를 나타낸다.

중합 반응 중 어느 특정 시점에서 반응 혼합물의 부피를 고려하면, 고분자 사슬 길이와 평균 분자량을 찾기 위한 통계적인 분석을 사용할 수 있다. 이 분석을 위해 아래와 같이 정의한다.

p = 반응한 하나의 A 그룹을 발견할 확률
= 반응물에 존재하는 A 그룹들의 수 또는 몰분율
= A 그룹들의 반응 **전환율**(*conversion*) 또는 반응의 정도
$(1-p)$ = 반응하지 않은 하나의 A 그룹을 발견할 확률
N = (전체 크기에서) 반응물에 존재하는 총 분자 수
n_x = 반응한 그리고 반응하지 않은 xA 그룹 모두를 포함하는 분자의 수

$$\left(N = \sum_{x-1}^{\infty} n_x\right)$$

xA 그룹들(반응한 것과 반응하지 않은 것)을 가진 한 분자를 발견할 총 확률은 반응물 내에 존재하는 이 분자들의 몰분율 또는 수분율 n_x/N과 동일하다. 이는 $x-1$ 반응한 A 그룹들과 하나의 반응하지 않은 A 그룹을 가진 한 분자를 발견할 확률과 같다. 전체 확률은

[1]이 형태의 반응으로 형성된 어떤 분자들은 2개의 A 그룹으로 끝날 것이다. 그러나 이들 각각의 경우 동일한 화학량을 유지하기 위해서 두 개의 B 그룹으로 끝나는 중합체가 하나 있어야 한다. 그래서 식 8.2a는 평균 반응을 나타낸다.

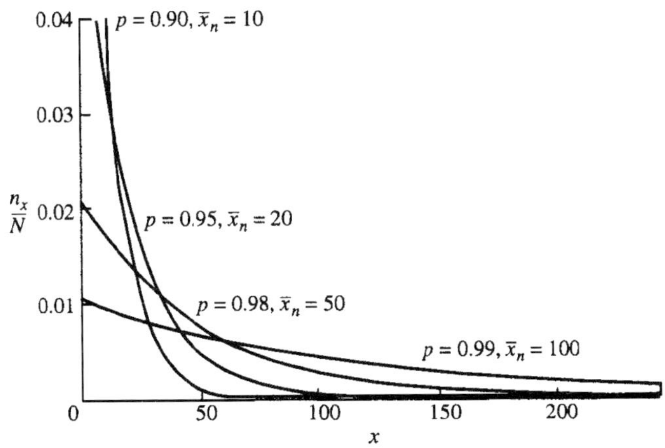

그림 8.1 다른 전환에서 선형 단계 성장 고분자에 대한 몰분율 분포(식 8.3).

개별 확률의 곱이므로,

$$\frac{n_x}{N} = p^{(x-1)}(1-p) = \text{몰분율(수분율)}\ x\text{-mer} \tag{8.3}$$

이것을 **최대 확률 분포**(*most probable distribution*)라고 한다. 이는 길이가 다른 사슬들이 무작위로 반응하여 나타나는 결과로서, 반응하는 동안 어느 때라도 다양한 길이의 고분자를 생산할 것이다. 반응이 진행됨에 따라 전환율은 증가하여 더욱 긴 사슬이 만들어진다. 그림 8.1에 몇 개의 전환율 p에 대한 분포를 나타내었다. 어느 전환율에서든 항상 짧은 사슬이 많고 긴 사슬은 적다는 것, 즉 사슬이 길면 길수록 사슬의 수는 더욱 적어진다는 것에 주목하라. 또한 긴 사슬의 분율이 전환율에 따라 증가하는 반면에 짧은 사슬들의 분율은 전환율에 따라 감소한다. 왜냐하면 전환율이 증가하면 짧은 사슬들이 모여 긴 사슬을 형성하기 때문이다.

각각의 성장하는 고분자 사슬은 두 개의 작용기(사슬의 각 말단에 하나)를 가지고 있기 때문에, 단계 성장 중합에서는 단량체, 올리고머 또는 어떤 길이 x의 고분자들 사이의 반응이 포함될 수 있다.

1-mer + 1-mer → 2-mer
2-mer + 3-mer → 5-mer
5-mer + 95-mer → 100-mer

이것이 성장하는 사슬에 오직 단량체들(1-mers)만 부가하는 연쇄 성장 중합(9장)과 대조되는 단계 성장 중합 반응의 독특한 특성이다(식 8.2*b*).

8.3 수평균 사슬 길이

중합 반응에서 사슬 길이의 분포는 항상 발생하기 때문에, 사슬 길이의 평균을 조사하는 것은 흥미로운 일이다. 반응물에서의 각 분자는 보통 하나의 반응하지 않은 A 그룹을 갖는다. 만약 N_0가 반응물 내에서 최초의 분자 수라면, 반응 시작 단계에서는 N_0의 반응하지 않은 A 그룹이 있다. 일정 시간 반응이 이루어진 후에는 보다 적은 수의 분자들(N)이 존재한다. 따라서 N개의 반응하지 않은 A 그룹이 존재하므로 A 그룹의 N_0-N이 반응한 것이다.

$$p = \frac{N_0 - N}{N_0} = \text{반응한 A 그룹의 분율} \tag{8.4}$$

최초 단량체 분자 N_0는 반응물 내에 존재하는 N 분자 중에 분포되어 있기 때문에 분자당 잔여 단량체의 평균 개수 $\bar{x}_n$는 다음과 같이 주어진다.

$$\bar{x}_n = \frac{N_0}{N} = \text{분자당 잔여 단량체의 평균 개수} \tag{8.5}$$

식 8.4와 8.5를 결합하면 다음과 같다.

$$\bar{x}_n = \frac{1}{1-p} \text{ (Carothers 식)} \tag{8.6}$$

이러한 비교적 간단한 결론은 1930년대에, 나일론의 발견자이며 고분자 과학의 창시자 중의 한 사람인 W. H. Carothers에 의해 산출되었다(식 5.24를 식 8.3에 대입함으로써 더 많은 시간과 노력을 필요로 하는 방식으로도 같은 결과를 얻을 수 있다). 전형적인 선형 고분자의 $\bar{x}_n$ 값이 최소 100 이상이어야 유용한 기계적 특성을 얻을 수 있다는 것을 알게 되면 이 식의 중요성이 명백해진다. 이것은 완벽한 화학량론적 등가에서 이작용기의 단량체가 반응한다는 가정하에 적어도 99% 이상의 전환율이 요구된다. 이와 같은 고전환율은 대부분의 유기 반응에서 전례가 없지만, 높은 분자량의 축합 중합체를 얻기 위해서는 필수적이다.

축합 반응은 가역적이기 때문에, 고전환율로 반응을 이끌기 위해 낮은 분자량의 생성물(대부분 축합된 물)을 효율적으로 제거(열과 진공 또는 2차 반응에 의해)하지 않는다면 많은 단계 성장 중합은 저전환율에서 평형에 도달할 것이다.

예제 8.1 Crud Chemicals는 하이드록시산 HORCOOH를 회분식 반응기에서 축합하여 선형 폴리에스터를 생산하고 있다. 반응물에서 제거되는 물의 양을 측정함으로써 반응의 진행을 알 수 있을 것이라고 생각하였다. 순수한 단량체를 가정하고, 또한 축합되는 모든 물이 제거되고 측정될 수 있다고 가정하여, 반응기에 투입되는 단량체의 몰수 N_0 및 반응 시작 이후 발생된 물의 총 몰수 M을 이용하여 고분자의 $\bar{x}_n$의 관계식을 유도하시오.

풀이 이 중축합 반응에서 각각 반응된 $-OH$(또는 $-COOH$) 그룹이 하나의 물 분자를 생산한다. 그러므로 반응한 $-OH$(또는 $-COOH$) 그룹의 몰수는 M이다. 반응한 그룹(어느 한 종류의)을 발견할 수 있는 확률은 아래와 같다.

$$p = \frac{M}{N_0} = \frac{\text{반응한 } -\text{OH 그룹의 몰수}}{\text{전체 } -\text{OH 그룹의 몰수}}$$

Carothers 식 8.6에 대입하면 다음을 얻는다.

$$\bar{x}_n = \frac{1}{1-(M/N_0)}$$

지금까지 우리는 A와 B 그룹의 화학량론적 균형이 있는 고분자에 대해서만 논의하였다(예제 8.1에서 보듯이 하이드록시산과 같은 단량체들에 대해서는 항상 맞다). 그러나 만약 A와 B 그룹의 수가 동등하지 않다면, 형성되는 사슬의 길이는 감소될 것이다(100% 전환율에서조차도!). 유사하게 불균형한 화학량론적 공급의 결과를 비유적으로 설명하기 위해서, 교실에서 각 학생을 단량체-소녀는 AA이고 소년은 BB-로 가정하자. 그들은 소녀-소년-소녀 등의 순으로 손을 연결해야만 한다. 소년과 소녀의 수가 동등하다면, 모든 손이 연결되어 완벽한 고리를 만들 수 있다. 그러나 교실 안에 소녀의 수가 적다면, 소녀의 A 손들은 모두 연결되고 몇몇의 B 손들은 연결되지 않고 남아 있을 것이다. 이는 축합 고분자의 분자량에 심각한 저하를 초래하며, 단계 성장 고분자의 반응기 설계에 매우 중요하다. 우리는 식 8.7을 유도하기 위해 예제 8.1과 비슷한 (그러나 더욱 포괄적인) 추론을 사용할 수 있다.

$$\bar{x}_n = \frac{1+r}{2r(1-p)+(1-r)} = \frac{1+r}{1+r-2rp} \tag{8.7}$$

여기서 $r = N_{A0}/N_{B0}$는 작용기의 화학량론적 비이다(A는 한계 반응물이기 때문에 r은 항상 1보다 작거나 같고, p는 반응한 A 그룹의 분율을 나타낸다).

화학량론적 불균형의 효과를 검토하기 위해 완전한 전환율, 즉 $p=1$의 제한된 경우를 고려하면 식 8.7은 다음과 같이 된다.

$$(\bar{x}_n)_{max} = \frac{1+r}{1-r} \quad (p = 1\text{에 대해}) \tag{8.8}$$

A와 B 그룹이 화학량론적 등가로 공급된다면($r=1$), 모든 반응 분자는 본질적으로 무한한 분자량의 단일 분자 형태로 결합된다. r이 0.99로 감소하면 $(\bar{x}_n)_{max}$는 199로 감소되고 $r=0.95$일 때 $(\bar{x}_n)_{max}$는 39로 감소한다. 이는 매우 중요한 개념이다! 유용한 재료에 필요한 큰 사슬 길이에 도달하기 위해서, 단계 성장 중합에서는 화학량론적 등가이거나 여기에 매

우 근접한 작용기가 반드시 있어야 한다. 일반적인 산업 순도 수준과 칭량 기술의 정확도를 고려하면, 이것은 항상 달성하기 쉬운 것만은 아니다. 이 문제를 피하는 방법은 화학량론적 등가가 성립하는 단량체로서, ARB형의 이작용기 단량체를 사용하는 것이다. 이것은 항상 실현 가능한 것은 아니기 때문에, 많은 단계 성장 중합 반응은 또한 신중한 반응기 설계가 요구된다. 예를 들어, 아디프산(ARA)과 헥사메틸렌 다이아민(BR′B)을 단량체로 이용하는(예제 2.4E 참조) 나일론 6,6의 생산에서, 단량체는 완벽한 1:1 비율의 이온염('나일론염')을 형성하는데, 이는 중합 전의 결정화에 의해 신중하게 정제된다. 나일론을 형성하기 위한 또 다른 방법은 액상 형태로 있는 각각의 단량체를 이용하여 계면 중합하는 것이다(12장 참고). 또한 초기의 화학량론적 불균형에도 불구하고, 과량의 반응물을 제거함으로써 사슬 길이를 길게 할 수 있다. 예를 들어 폴리에스터가 다이산과 과량의 글리콜로부터 만들어진다면, 반응은 모든 사슬이 글리콜의 −OH 그룹에 의해 덮인 시점에서 중지되어야 한다. 그러나 만약 글리콜이 가해진 열과 진공에 의해 충분히 휘발된다면, 아마도 사슬은 과량의 글리콜이 제거되면서 더욱 결합할 것이다.

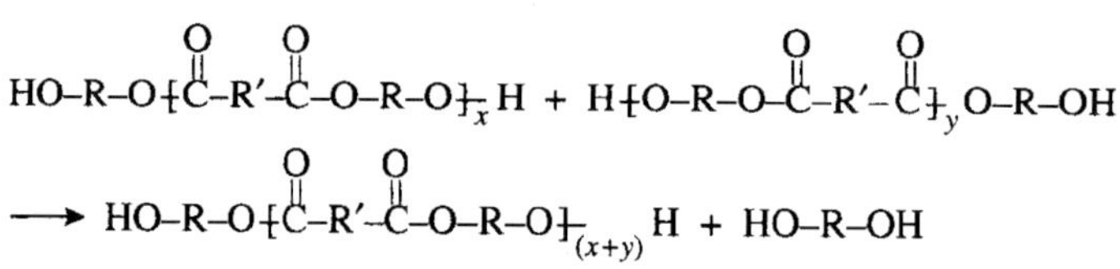

한편으로는, 단량체 중 하나를 과량으로 하거나 일작용기 단량체를 의도적으로 도입하여 r을 감소시키는 것이 사슬의 길이를 원하는 만큼 제한하는 편리한 수단이 된다.

8.4 무게 기준에 따른 사슬 길이

선형 단계 성장 고분자에서 사슬 길이의 분포에 관한 앞에서의 전개(5장)는, 비록 완벽하게 타당할지라도 어떤 의미에서는 오해의 소지가 있다. 왜냐하면 해당하는 사슬 길이를 분자의 **수**(*number*)로 묘사하고, 하나의 단량체나 수백의 단량체 단위로 구성된 사슬들을 각각 하나의 분자로 세었기 때문이다. 예를 들면 하나의 단량체 분자와 하나의 100-mer로 구성된 혼합물에서, 각각의 수 또는 몰분율의 값은 1/2이다. 이것을 살펴볼 수 있는 또 다른 방법은 반응물에 존재하는 다양한 사슬 길이의 상대적인 무게를 알아보는 것이다. 이 기준으로 보면, 혼합물에서 단량체의 무게 분율은 단지 1/101이다(이는 단량체와 반복 단위가 같은 분자량을 갖는다는 가정에서이다). 축합 반응 중에 나오는 작은 분자의 무게를 무시함으로써 식 5.33, 8.3 그리고 8.6을 결합하여 사슬 길이의 무게 분율 분포를 매우 간단하게 얻을 수 있다.

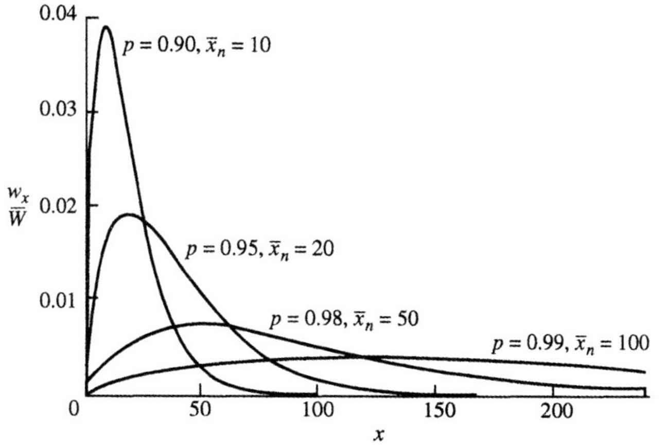

그림 8.2 선형 단계 성장 고분자에서의 무게 분율 분포.

$$\frac{w_x}{W} = xp^{(x-1)}(1-p)^2 \tag{8.9}$$

이 '매우 개연성이 있는' 무게 분율 분포도를 그림 8.2에 나타내었다. 비록 작은 분자들(단량체, 이량체, 삼량체 등)이 가장 많더라도, 그들의 통합 무게는 전체 무게에 비해 미미하다. 단계 성장 중합에서는 전형적으로 매우 적은 수의 단량체가 남는데, 대부분의 단량체가 반응하여 적어도 이량체 또는 삼량체 등을 형성하기 때문이라는 것을 유의해야 한다. 이것은 전환율이 증가함에 따라 오직 거대한 분자량의 고분자와 단량체들이 혼재하는 연쇄 성장 중합(9장)과 대비되는 매우 중요한 점이다. 위 그림에서 피크는 $x = -1/(\ln P) \approx 1/(1-P)$에 있는데, 이것은 바로 가장 많은 무게에 존재하는 x-mer는 대략 $\bar{x}_n$이라는 것이다. 이 유도에서 하나의 축합 분자를 무시한다는 것은(반응과 미반응 A 그룹들은 똑같은 무게를 갖지 않지만, 그들의 각각은 하나의 잔여 단량체의 일부이다) 낮은 x에서의 큰 오차를 야기할 수 있다. 정확한 해법은 매우 복잡하다[1].

무게 평균 사슬 길이 $\bar{x}_w$는 수분포 식 8.3을 식 6.23에 대입한 뒤 p를 상수로 놓고 적분하여 얻을 수 있다.

$$\bar{x}_x = \frac{\int_0^\infty (n_x/N)x^2\,dx}{\int_0^\infty (n_x/N)x\,dx} = \frac{\int_0^\infty x^2 p^{(x-1)}dx}{\int_0^\infty xp^{(x-1)}dx} = \frac{1+p}{1-p} \tag{8.10}$$

(위의 적분식의 산출은 광적인 수학자들에게 좋은 연습문제이다!) 식 8.10과 8.6을 결합하면 전환율로 표현되는 다분산 지수를 얻는다.

$$\frac{\bar{x}_w}{\bar{x}_n} = 1 + p \quad (0 \leq p \leq 1) \tag{8.11}$$

8.5 젤 형성

만일 단계 성장 중합 반응에 작용기가 $f > 2$인 단량체가 포함되어 있고 반응이 충분히 높은 전환율까지 진행된다면, 가교 네트워크 또는 **젤**(*gel*)이 형성될 것이다(그림 8.3). 이런 맥락에서, 젤이란 반응물 전체로 확장되는 본질적으로 무한대 분자량의 분자로 정의된다. 열경화성 고분자의 생산에서는, 젤이 형성되거나, 또는 생산물이 성형될 수 없거나 공정이 더 진행될 수 없는 전환율 이전에 반응이 종료되어야 한다(가교는 이후에 금형에서 완료된다). 그러므로 이 **젤화점**(*gel point*)의 전환율을 예측하는 것은 매우 중요하다.

다작용기 단량체는 예를 들어 아래와 같이 A_f로 표현된다.

$f = 3$ $f = 4$

반면, 반응 혼합물은 ARA와 BR′B 형태의 이작용기 단량체로 구성된다. 젤 네트워크 내에서 다작용기 단량체는 **분기 단위**(*branch unit*)의 역할을 한다. 이 분기 단위들은 이작용기 단위의 선형 분절로 이루어진 **사슬**(*chain*)과 연결되어 있어, 다른 분기 단위 혹은 미반응 말단의 어느 하나에 이를 수 있다(그림 8.4).

분기 계수(branching coefficient) α는 한 분기 단위에 주어진 작용기가 사슬에 의하여 또 다른 분기 단위에 연결되는 확률(가능성)로 정의한다.

두 가지 가정에 기초하여 더 나은 분석이 이루어진다. (1) 모든 작용기는 같은 반응성을 갖는다. 그러나 이것이 항상 맞을 수는 없다. 예를 들면 글리세린($HOCH_2-CH(OH)-CH_2OH$)

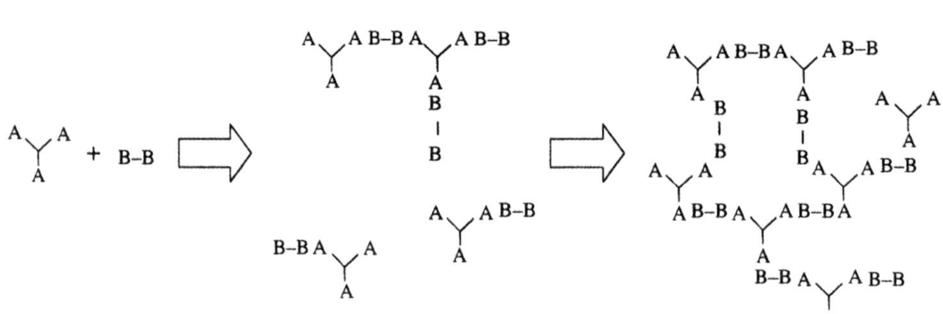

시작 단량체

낮은 전환율,
선형과 가지형 고분자

높은 전환율,
가교 결합 고분자

그림 8.3 다작용기 A와 이작용기 B 단량체의 시간에 따른 반응 과정. 먼저 가교되지 않은 작은 고분자가 생성되지만, 충분한 A와 B 그룹이 반응하면서 단단한 그물 구조가 형성된다.

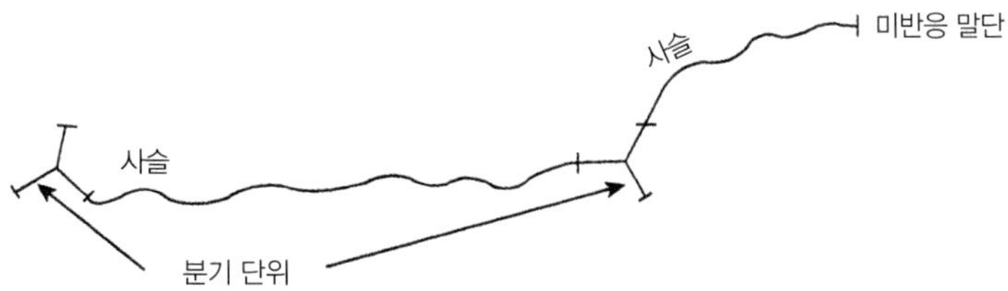

그림 8.4 두 개의 분기점을 갖는 성장하는 고분자 사슬. 이 분기점은 추가된 삼작용기 단량체의 위치를 가리킨다.

의 2차(중앙의) 하이드록시기의 반응성은 입체 장애 때문에 1차(끝)의 하이드록시기만큼 반응성이 높지 않을 수 있다. (2) 더욱이, 분자내 축합(또는 고분자 뒤물기 반응(back-biting), 즉 **같은 분자내**(*on the same molecule*)에 있는 A 그룹과 B 그룹 간의 반응)은 일어나지 않는다. 다시 말하자면, 하나의 A와 하나의 B 사이의 각 반응에 의해 반응물 내에서 분자의 수가 하나 감소한다.

다음 반응을 생각하자.

$$\mathrm{AA + BB + A}_f \rightarrow \underset{\substack{\uparrow\\1}}{\overset{\text{분기 단위}}{\mathrm{A}_{f-1}\mathrm{A}-}}[\mathrm{BB}\underset{\substack{\uparrow\\2}}{-}\mathrm{AA}\underset{\substack{\uparrow\\3}}{-}]_i\overset{\text{선형 사슬}}{}\mathrm{BB}\underset{\substack{\uparrow\\4}}{-}\overset{\text{분기 단위}}{\mathrm{AA}_{f-1}}$$

여기서 다음과 같이 정의한다.

ρ = 분기 단위들 A_f에서 총 A 그룹의 분율

$(1-\rho)$ = 이작용기 AA 분자들에서 총 A 그룹의 분율

p_A = 하나의 반응한 A 그룹을 발견할 확률

p_B = 하나의 반응한 B 그룹을 발견할 확률

위 반응의 오른쪽에 제시된 고분자에서 숫자로 표시된 각 결합 유형을 발견할 확률을 아래 표로 나타내었다.

결합	생성 확률	
1	p_A	B와 반응하는 A의 확률
2	$p_B(1-\rho)$	AA의 A와 반응하는 B의 확률
3	p_A	B와 반응하는 A의 확률
4	$p_B\,\rho$	A_f의 A와 반응하는 B의 확률

그러므로 왼쪽부터 오른쪽으로 1-유형의 1번 결합, *i*-유형의 2번 결합들, *i*-유형의 3번 결합들, 1-유형의 4번 결합을 갖는 사슬을 발견할 확률은 다음과 같다.

$$p_A[p_B(1-\rho)p_A]^i p_B\rho$$

분기 단위를 연결하는 관점에서, i는 0과 무한 사이의 어느 값이나 가질 수 있다. 따라서 분기 단위와 연결되는 어떤 i의 사슬을 발견할 확률을 얻기 위해서는 모든 i를 합산하여 분기 계수를 찾아야 한다.

$$\alpha = \sum_{i=0}^{\infty} p_A[p_B(1-\rho)p_A]^i p_B\rho = \frac{p_A p_B \rho}{1 - p_A p_B(1-\rho)} \tag{8.12}$$

여기서,

$$r = \frac{N_{A0}}{N_{B0}} \tag{8.13}$$

$$p_A = \frac{N_{A0} - N_A}{N_{A0}} \tag{8.14}$$

$$p_B = \frac{N_{B0} - N_B}{N_{B0}} \tag{8.15}$$

반응의 화학량론에 의해, 반응한 A 그룹의 수는 반응한 B 그룹의 수와 같아야 한다.

$$N_{A0} - N_A = N_{B0} - N_B \tag{8.16}$$

그러므로

$$p_B = \frac{N_{A0}}{N_{B0}} p_A = r p_A \tag{8.17}$$

그리고 α는 다음과 같다.

$$\alpha = \frac{r p_A^2 \rho}{1 - r p_A^2(1-\rho)} = \frac{p_B^2 \rho}{r - p_B^2(1-\rho)} \tag{8.18}$$

위의 오른쪽 고분자 내 말단의 분기 단위는 $(f-1)$개의 반응하지 않은 작용기를 갖는다. 만약 미반응 A 그룹 중 최소 하나라도 다른 분기 단위와 연결된다면, 그때는 젤이 형성된다. 분기 단위의 모든 미반응 A 그룹은 통계적으로 동일하므로, 반응물 내의 모든 분기 단위는 사슬로 연결될 것이며, 이것이 젤에 대한 우리의 정의이다(일반적으로 젤 네트워크에 걸쳐 약간의 단량체와 선형 사슬이 떠다닐 것이다. 즉 반응물은 젤화점에서 단분자가 아니다). 이것은 $\alpha(f-1) \geq 1$인 경우, 즉 주어진 작용기가 또 하나의 분기 단위와 연결되는 사슬을 발견할 확률과, 잔여 미반응 작용기 수와의 곱이 확실해질 때 발생한다. 따라서 젤화에 대한 분기 계수의 임계값은 다음과 같다.

$$\alpha_c = \frac{1}{f-1} \tag{8.19}$$

식 8.18과 8.19를 연립하면 젤화점 전환율 ρ_c가 주어진다.

예제 8.2 2 mol의 글리세린과 3 mol의 프탈산 무수물로 구성된 반응물의 젤화점 전환율을 계산하시오.

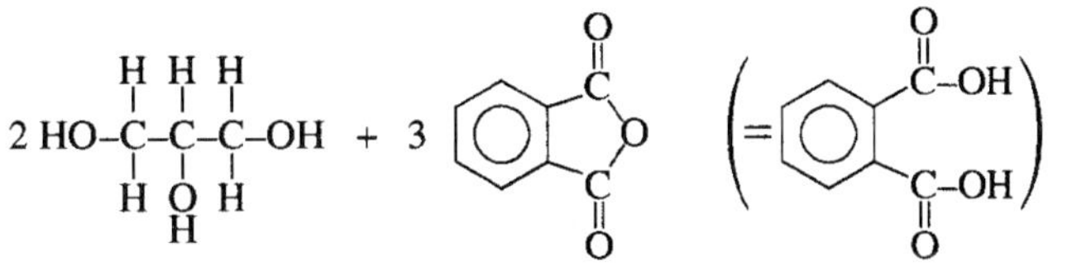

풀이 편의상 A는 다작용기 단량체에 있는 작용기로 정한다. 여기서 A=OH, f=3, 그리고 $\alpha_c = 0.5$(식 8.19)이다. 이 문제에서는 이작용기인 AA 분자가 없음에 주의하시오. 또한 $N_{A0} = N_{B0}$, 즉 $r=1$이다. 모든 A(−OH) 그룹이 다작용기(글리세린) 분자에 있으므로 $\rho=1$이다. 이 값들을 식 8.18에 대입하면 $p_A=0.707$이다.

예제 8.2에서의 시스템에 대한 젤화점의 전환율을 실험적으로 구하면 $p_A=0.765$이다. 이는 반응물 내에서 발생하는 기포가 멈추는 곳을 전환율로서 측정한 것이다. 실험적 결과와 이론적 결과의 차이는 약간의 분자내 축합(뒤물기)과 글리세린 분자의 중앙에 있는 2차 하이드록시기의 낮은 반응성에 의한 것으로 설명될 수 있다. 또한 Bobalek 등[3]은 반응물 내에서 큰 분자가 성장함에 따라, 진정 무한대 분자량의 젤 네트워크가 형성되기 전에 그 분자의 분자량은 용액으로부터 침전이 일어날 만큼 충분히 커진다(1 μm 지름의 입자가 대략 10^{11} g/mol의 분자량을 갖는다)는 것을 보였다. 기포의 증가를 방지하고 이러한 침전 입자를 연결하기 위해서 더 높은 전환율이 실험적으로 필요하였다.

그러나 이에 상관없이 젤화점 전환율의 이론적 계산은 일반적으로 **하한**(*lower limit*), 또는 가장 적게 잡은 값으로 나타나며, 실제로 안전이 보장되는 여유를 준다. 가끔 명백한 예외가 나타날 수도 있다. 농축 용액에서 사슬의 물리적 엉킴에 의해 이론적으로 예견한 것보다 낮은 전환율에서 마치 가교된 젤처럼 고분자가 거동할 수 있다. 또한 불포화 폴리에스터 수지의 제조에서(예제 2.3), 축합 반응의 비활성으로 가정되는 이중 결합이 축합 중합 중에 가교 반응에 참여한다. 사실상 이것은 축합 단독의 경우보다 f 값을 매우 크게 만들며, 예상보다 빠른 젤화를 야기한다. 이에 대응하는 일반적인 방법은 중축합(단계 성장) 반응 중에 부가 반응 억제제(9장)를 포함시킴으로써 추가적인 가교가 일어나지 못하게 하는 것이다.

예제 8.3 1 mol의 프탈산 무수물(II)과 1 mol의 BTDA(III)가 반응할 때, 젤 생성에 필요한 에틸렌 글리콜(I)의 최소 몰수를 계산하시오.

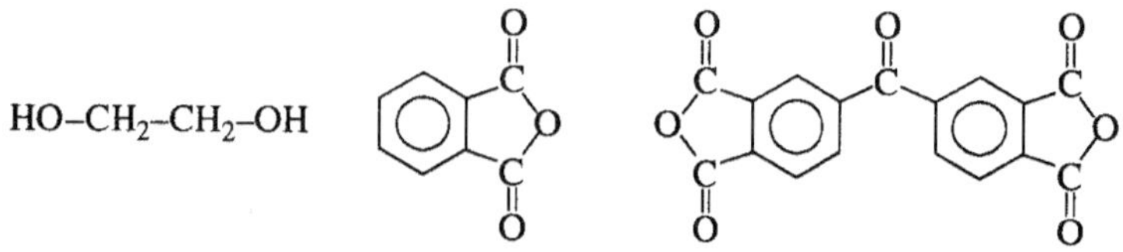

(I) (II) (III)

풀이 먼저 BTDA(III)는 이무수물이므로 사작용기의 산이 될 수 있음을 알아야 한다. 여기서도 편의상 A를 다작용기 단량체의 작용기로 한다. A = COOH, (I) = BB, (II) = AA, (III) = A_4이다.

젤화의 경향성은 전환율에 따라, 그리고 반응물에 존재하는 (I)의 최소 몰수가 증가함에 따라 증가한다. A 그룹이 화학량론적으로 과잉이면, B는 제한된 반응물이 될 것이다. 그러므로

$$\text{(I)가 최소일 때} \quad (p_B)_{max} = 1.0$$

그리고 식 8.19로부터

$$\alpha_c = \frac{1}{f-1} = \frac{1}{4-1} = \frac{1}{3}$$

여기에서

$$\rho = \frac{\text{(III)에서 A의 몰수}}{[\text{(II)+(III)]에서 A의 몰수}} = \frac{4}{6} = \frac{2}{3}$$

젤화점에서 $p_B = 1$이고 $\rho = 2/3$이므로 식 8.18을 이용하면

$$\frac{1}{3} = \frac{rp_A^2\rho}{1 - rp_A^2(1-\rho)} = \frac{p_B^2\rho}{r - p_B^2(1-\rho)}$$

$$r = \frac{7}{3} = \frac{N_{A0}}{N_{B0}}$$

$$N_{B0} = \frac{N_{A0}}{r} = 6\left(\frac{3}{7}\right) = \frac{18}{7}$$

그러나 $N_{B0} = 2N_I$, 즉 글리콜 몰당 2 mol의 하이드록시기가 있으므로 다음과 같다.

$$N_I = \frac{N_{B0}}{2} = \frac{18}{14} = \frac{9}{7} \text{ mol}$$

8.6 중축합의 반응 속도론

우리는 이제 단계 성장 고분자 생성의 화학에 대해, 그리고 고분자 사슬의 길이와 반응 전환율 사이의 관계에 대해 알고 있다. 그러나 이러한 반응들이 얼마나 오랫동안 일어나는가? 중축합 반응의 속도론은 일반적인 축합 반응과 유사하다. 식 8.7에서와 같이 평균 사슬 길이는 선형 중축합의 전환율과 연관이 있고, 전환율은 반응 속도론 표현에 따라 주어지기 때문에 $\bar{x}_n$는 반응 시간과 직접적으로 관계하며, 따라서 반응 시간을 제한함으로써 조절할 수 있다. 유사하게 젤화점에 도달하는 시간 또한 속도 표현식과 식 8.18 및 8.19와 관련이 있다. 반응 속도는 예제 8.4에서 보여 준 것과 같이 단량체의 농도와 온도를 포함한 몇가지 변수들에 의존한다(온도의 상승은 반응 속도 상수를 올리고 반응 속도를 빠르게 하는 Arrhenius 거동을 통해서, 9장 참조).

예제 8.4 반응기 A와 B 그룹의 농도에 비례하는 속도를 갖는 2차, 비가역 중축합 반응의 경우에, 화학량론적 등가 반응에서 전환율과 수평균 사슬 길이에 관한 표현식을 시간의 함수로서 나타내시오.

풀이 2차 반응에 대해, 일정한 부피를 가정하면

$$\frac{-d[\mathrm{A}]}{dt} = k[\mathrm{A}][\mathrm{B}] \tag{8.20}$$

여기서 k는 반응 속도 상수이고, 괄호는 농도를 나타낸다. $[\mathrm{A}]_0 = [\mathrm{B}]_0$일 때, 항상 $[\mathrm{A}] = [\mathrm{B}]$이며, 따라서

$$\frac{-d[\mathrm{A}]}{dt} = k[\mathrm{A}]^2 \tag{8.21}$$

변수를 분리하고 $t = 0$일 때 $[\mathrm{A}] = [\mathrm{A}]_0$이고 $t = t$일 때 $[\mathrm{A}] = [\mathrm{A}]$의 구간 사이를 적분하면 다음과 같다.

$$\frac{1}{[\mathrm{A}]} - \frac{1}{[\mathrm{A}]_0} = kt \tag{8.22}$$

또한

$$p = ([\mathrm{A}]_0 - [\mathrm{A}])/[\mathrm{A}]_0 = ([\mathrm{A}]_0 kt)/(1 + [\mathrm{A}]_0 kt) \tag{8.23}$$

이므로, 식 8.6과 8.23을 결합하면 아래 식과 같다.

$$\bar{x}_n = 1 + [\mathrm{A}]_0 kt \tag{8.24}$$

그러므로 수평균 사슬 길이는 시간에 따라 선형적으로 증가한다.

앞의 예제에서는 두 가지 주의 사항이 따른다. 첫째, **비가역**(*irreversible*) 속도 표현을 씀으로써, 축합의 어느 분자도 연속적이고 효율적으로 반응물에서 제거되고 있어서 해중합은 없다고 가정하였다. 둘째, 모든 단계 성장 반응이 2차 반응은 아니다. 예를 들면 몇몇의 폴리에스터화는 그들 자신의 산 그룹에 의해 촉진되므로, 하이드록시기의 농도에서는 1차, 산에서는 2차, 그리고 전체적으로 3차 반응이다. 촉매(중축합에서는 보통 산 또는 염기)가 쓰인다면 아마도 속도는 첨가한 촉매의 농도에 비례할 것이다.

참고문헌 4와 5에서 여기서 소개한 단계 성장 중합 개념을 더욱 확장해서 응용할 수 있는 포괄적이고 자세한 내용을 공부할 수 있을 것이다.

문제

1 Crud Chemicals는 단작용기 B를 등몰의 AA, BB 반응 혼합물에 첨가함으로써 선형 중축합 반응에서 사슬의 길이를 제한하기를 원한다. AA나 BB의 몰당 N_B몰의 B가 첨가될 때, 100% 전환율에서 가능한 최대 수평균 사슬 길이 $(\bar{x}_n)_{max}$에 대한 표현식을 구하시오.

2 1 mol의 하이드록시뷰티르산(HO−$(CH_2)_3$−COOH)이 50% 전환율이 되도록 반응기에 넣었다.

(a) 몇 mol의 미반응 COOH 그룹이 반응기에 남겠는가? 몇 mol의 미반응 단량체가 반응기에 남겠는가?

(b) 반응 혼합물의 평균 $\overline{M}_n$, $\overline{M}_w$ 그리고 PDI의 값은 얼마인가?

3 회분식 반응기에서 20 kg의 비스페놀 A와 15 kg의 포스젠(예제 2.4N)을 혼합하여 폴리카보네이트를 만든다. 이 고분자의 최대 수평균 사슬 길이 $\bar{x}_n$과 최대 수평균 분자량 $\overline{M}_n$은 얼마인가?

4 (a) 예제 8.3에서 1 mol의 프탈산 무수물과 1 mol의 BTDA가 반응하여 젤이 형성되도록 하기 위해 반응물에 첨가되는 에틸렌 글리콜의 최대 몰수를 계산하시오.

(b) 최대 전환율에서 A_4, AA, BB 계에 대한 삼각형의 3원 도해를 정성적으로 스케치하여 젤과 젤이 아닌 영역을 나타내시오(3원 도해 예시는 그림 7.6에 나타나 있다). 여기에 (a)의 풀이와 예제 8.3의 풀이의 위치를 표시하시오.

(c) 각각의 경우에서 '경계를 넘어' 젤이 형성되는 것을 막기 위해 어떤 일이 일어나는지 서술하시오.

5 3 mol의 에틸렌 글리콜(예제 2.4D)과 1 mol의 4작용기의 뷰틸 이무수물(예제 2.4R, R 그룹을 $(CH_2)_4$로 대체한)과의 반응에 대한 젤화점 전환율(제한된 반응물에 기초한)을 계산하시오.

6 (a) 식 8.18을, 원래의 분석에 존재하는 A_f, A−A, B−B에 더하여, 단일 작용기 B가 있는 축합 반응 회분기를 다루기 위한 식으로 변환하시오. 하나의 부가적인 화학량론 변수를 포함시켜야 할 필요가 있을 것이다.

$$\beta = \text{B−B 분자에 있는 전체 B의 분율}$$

(b) 글리세린, 프탈산 무수물 그리고 건성유를 축합하여 유성 페인트를 만들었다. 건성유는 불포화 단유기산 R−COOH(즉 아마씨 기름)이다. R에 있는 이중 결합의 부가 반응 후에 페인트 필름이 가교되었다. 위의 응용 시 고분자가 용해성이 있어야 하므로, 축합 반응 동안 젤이 형성되도록 할 수 없다. 글리세린/프탈산 무수물이 2/3 비율일때, 축합 반응 동안 젤 형성을 막기 위해 반응물에 들어가는 최소한의 건성유의 양은 얼마인가?

(c) (b)의 A_f, B−B, B 계 형태에 대하여, 그림 7.6과 유사한 3원 도해를 정성적으로 스케치하여 최대 전환율에서 젤과 젤이 아닌 조성의 영역을 보이시오. 도해에 (b)의 풀이를 나타내시오.

7 (a) 최대 전환율에서 1 mol의 BB와 1 mol의 A_3 혼합물의 젤화를 막기 위해 첨가되어야 하는 단일 작용기 A의 몰수를 구하시오.

(b) 최대 전환율에서 젤과 젤이 아닌 조성의 영역을 보이는 A_3, BB, A 시스템에 대한 3원 도해를 스케치하시오. (a)의 풀이를 도해에 나타내시오.

8 8.5절의 생성결합 확률 표를, 원래의 분석에 존재하는 AA, BB, A_f에 더하여, 단일 작용기 A가 포함되는 반응물을 다루기 위한 결합 확률로 변환하시오. 하나의 부가적인 화학량론 변수가 필요할 것이다.

$$\alpha = \text{단일 작용기 A에 있는 A 그룹의 분율}$$

9 예제 8.2를 보시오. 1 mol의 글리세린이 주어졌을 때, 젤을 형성할 확률에 따른 프탈산 무수물의 몰 범위는 어떻게 변화될 것인가?

10 최대 전환율에서 A_3, BB, B 시스템에 대한 젤과 젤이 아닌 경계를 계산하고 영역을 표현하는 3원 도해를 그리시오.

11 Crud Chemicals은 금형에서 중합을 촉진하는 촉매가 첨가된 AB−유형의 단량체로 구성된 주형용 수지를 만들고 있다. 이 재료는 많은 유용한 특성을 지니지만, 열저항성과 내용제성이 부족하다. 가교를 유발하는 4작용기 단량체를 첨가하여 열저항성과 내용제성을 개선하고자 한다. 유감스럽게도 촉매가 작동할 것인지, 젤을 형성하기 위해 최소한 얼마만큼의 A_4가 필요한지를 계산할 수 있는 사람이 없다; 그래서 그들이 당신을 자문 위원으로서 요청하였다. 그들을 위하여 이 제안을 평가하시오.

12 단계 성장 중합이 다음과 같은 초기 조성으로 시작되었다.

A_3	1 mol
AA	1 mol
B	1 mol
BB	2 mol

$p_A=0.5$일 때, 단일 BB에 의해 하나의 분기 단위에 연결된 또 다른 분기 단위를 발견할 확률을 구하시오.

13 각 1 mol의 글리세린, 에틸렌 글리콜, 프로필렌 글리콜과 반응할 때, 젤을 형성하기 위해 필요한 프탈산 무수물의 최소 몰수를 계산하시오.

14 자신의 산 그룹에 의해 촉매화되는, 즉 COOH에 대해 2차, 그리고 OH에 대해 1차인 선형 폴리에스터화에 대해 시간에 대한 $\bar{x}_n$의 표현식을 구하시오. 일정 부피에서, 그리고 $[A]_0=[B]_0$에서 비가역 반응이라고 가정하시오.

15 예제 8.2의 반응이 8.6절에서 서술한 속도론을 따른다고 가정하고, 젤화점 t_{gel}에 도달하는 시간에 대한 표현식(속도 상수 k로 나타나는)을 구하시오.

참고문헌

[1] Grethlein. H.E., *Ind. Eng. Chem. Fund.* **8**, 206 (1969).

[2] Flory, P.J., *Principles of Polymer Chemistry*, Cornell University Press, Ithaca, NY, 1953.

[3] Bobalek, E.G., *et al.*, *J. Appl. Polym. Sci.* **8**, 625 (1964).

[4] Gupta, S.K. and A. Kumar, *Reaction Engineering of Step-Growth Polymerizations*, Plenum, New York, 1987.

[5] Odian, G., *Principles of Polymerization*, Wiley, New York, 1991.

9장

자유 라디칼 부가 중합(연쇄 성장)

9.1 도입

부가 중합 중에 가장 중요한 유형 중 하나인 자유 라디칼 부가 중합은, **비공유 전자**(*unshared electron*)를 갖고 전기적으로 중성 종인 **자유 라디칼**(*free-radical*)의 작용에 의해 개시된다. 자유 라디칼은 매우 높은 반응성을 나타내며, 이 유형의 부가 중합은 개시 반응을 통해 자유 라디칼이 형성되면서 시작된다. 앞으로의 설명에서 단일 점(·)은 단일 전자 또는 자유 라디칼을 의미한다. 단일 결합이나 공유 전자 한 쌍은 (:)로 나타내거나, 또는 전자 배열을 나타낼 필요가 없이 보통 공유 결합을 의미하는 기호(−)로 나타낸다. 이중 결합 또는 두 개의 공유 전자쌍은 :: 또는 =로 표현한다.

부가 중합의 개시를 위한 자유 라디칼은 보통 하나의 화학 개시제가 분해되면서 생성된다. 이러한 개시제는 분해를 촉진하는데, 사용하는 방법에 따라 **열**(*thermal*)개시제, **산화 환원**(*redox*) 개시제, **광**(*photo*)개시제로 분류된다.

열개시제는 유기 과산화물, 아조 화합물과 같은 화합물의 열적 분해를 통해 자유 라디칼을 형성한다. 열개시제의 두 가지 일반적인 예는 과산화 벤조일(benzoyl peroxide)과 아조비스아이소뷰티로나이트릴(azobisisobutyronitrile)이다.

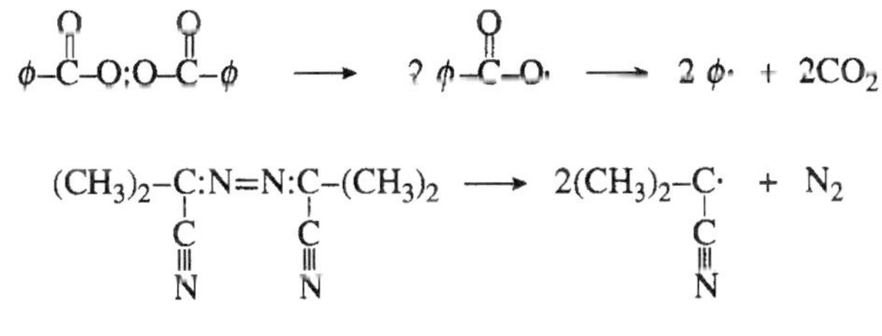

이러한 반응을 시작하기 위해서는 적당히 높은 온도(70~100°C)가 필요하다.

산화 환원 개시제는 일반적으로 *N,N,N′,N′*-테트라메틸 에틸렌 다이아민과 같은 촉진제와 결합한, 과산화 황산 암모늄 등의 화학 물질을 사용하여 산화−환원 반응에 의해 자유

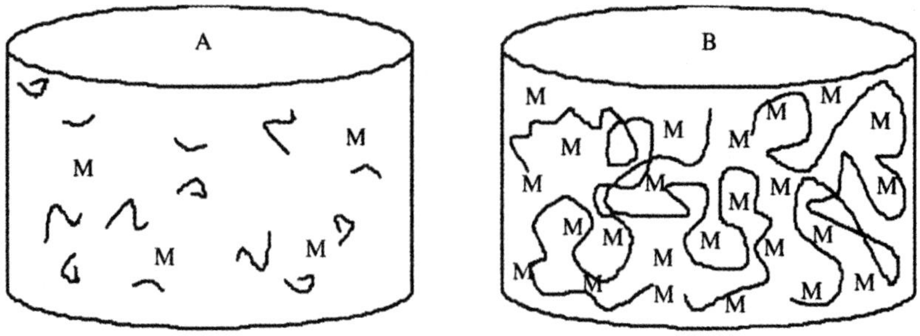

그림 9.1 50% 전환율에서의 반응기 내용물 비교: (a) 단계 성장 또는 축합 중합, (b) 부가 중합 또는 자유 라디칼 중합. M = 단량체.

라디칼을 형성한다. 이러한 반응은 낮은 온도에서 중합을 시작할 수 있다. 광개시제의 사용은 흔치 않지만, 보통 자외선 노출에 의해 자유 라디칼을 형성한다. 각각의 경우에서 하나의 개시제 분자는 보통 기체의 형성과 함께 두 개의 자유 라디칼을 생성한다. 개시제로부터 자유 라디칼이 형성되면, 중합을 시작할 수 있다. 어떤 사슬 길이의 두 단위 사이에서 축합이 발생할 수 있는 단계 성장 중합과는 대조적으로, 부가 중합은 성장하는 중합체 사슬에, 한 번에 하나의 단량체가 부가된다(그림 9.1). 이것은 큰 사슬을 형성하기 위한 중요한 결과를 내포하고 있다: 부가 중합에서 반응이 진행되는 동안, 어떤 특정 시간에 남아 있는 단량체는 (증발에 의해) 쉽게 분리될 수 있다. 그래서 기계적으로 유용하게 사용되는 고분자량의 중합체가 남는다(심지어 다소 낮은 전환율에서도). 단계 성장 중합체를 상기해 보라. 적당한 분자량의 고분자를 얻기 위해 최고의 전환율 99%가 요구된다.

9.2 중합 메커니즘

일반적으로 I로 표현되는 개시제 분자는 속도 상수 k_d에 따라 1차 분해가 일어나며, 이 분해의 결과로 두 개의 자유 라디칼 2R· 을 형성한다.

$$I \xrightarrow{k_d} 2\mathrm{R}\cdot \quad \text{분해} \tag{9.1}$$

이 반응은 속도 상수 k_d를 가진다. 형성된 라디칼이 단량체에 부가되면 전자가 풍부한 이중 결합으로부터 전자를 잡아, 단량체와 단일 결합(R−C)을 형성하지만, 이때 부가된 단량체의 반대편 말단에는 비공유 전자가 남는다.

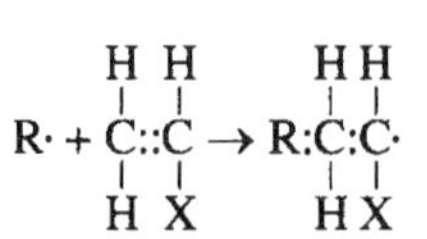
부가(활성화)

이는 다음과 같이 축약하여 나타낼 수 있다.

$$\mathrm{R}\cdot + M \xrightarrow{k_a} P_1\cdot \quad \text{부가} \tag{9.2}$$

여기서 M은 단량체이고, $P_1\cdot$은 이중 결합을 이루었던 다른 쪽 탄소에 붙은 자유 라디칼을 가지며, 하나의 반복 단위를 가지고 성장하고 있는 중합체를 나타낸다. 부가에 대한 속도 상수는 k_a이다. 개시제 라디칼은 실제로 단량체와 결합하므로, 중합체가 이 방법에 의해 형성될 때, 그 말단 그룹은 통상적인 고분자의 반복 단위와는 다르다는 것에 유의하라. 다행히 대부분 중합체의 큰 크기로 인해 개시제에 의해 공급된 말단 그룹은 일반적으로 중요하지 않아 보통 무시된다. 식 9.2에서 주목해야 할 또 다른 중요한 점은 부가 반응의 생성물이 여전히 자유 라디칼이라는 것이다. 따라서 이것은 또 다른 단량체 단위를 부가하여 사슬을 성장하도록 만든다.

$$P_1\cdot + M \xrightarrow{k_p} P_2\cdot$$

사슬 말단에 비공유 전자가 계속 유지되며, 또 다른 단량체 단위를 부가시킨다.

$$P_2\cdot + M \xrightarrow{k_p} P_3\cdot$$

일반적으로, 이 성장 단계는 다음과 같이 나타낼 수 있다.

$$P_x\cdot + M \xrightarrow{k_p} P_{(x+1)}\cdot \quad \text{성장} \tag{9.3}$$

여기서 k_p는 성장 단계에서의 속도 상수를 뜻한다. 우리는 다시 각 성장 반응에 동일한 k_p를 사용함으로써 반응성은 사슬 길이와 관계가 없는 것으로 가정하였다.

사슬들은 반응 혼합물에서 유용하고 접근 가능한 단량체가 존재하는 한 지속적으로 성장한다. 이 반응은 두 가지 방법 중 하나를 이용한 종결 단계에 의해 종료된다. 비공유 전자를 지닌 두 개의 사슬은 서로 충돌하여, 그들 사이에 단일 결합을 형성하면서 하나로 붙을 수 있다(결합).

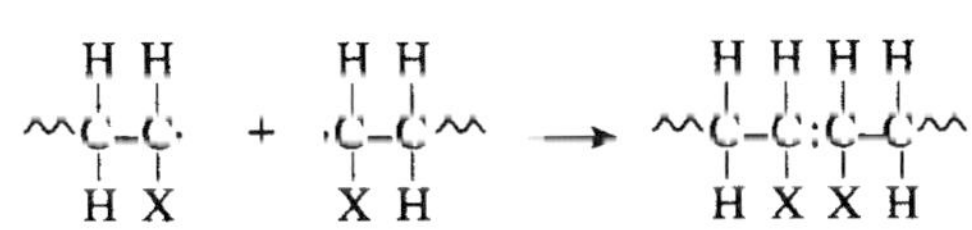

$$P_x\cdot + P_y\cdot \xrightarrow{k_{tc}} P_{(x+y)} \quad \text{결합} \tag{9.4a}$$

여기에서 $P_{(x+y)}$는 $(x+y)$의 반복 단위를 가진 반응이 종결된 고분자 사슬이나, 또는 하나의 사슬이 다른 사슬의 끝에서 두 번째 탄소로부터 양성자를 끌어옴으로써 길이가 x, y인 반응이 종결된 고분자 2개를 만들 수 있다(불균화).

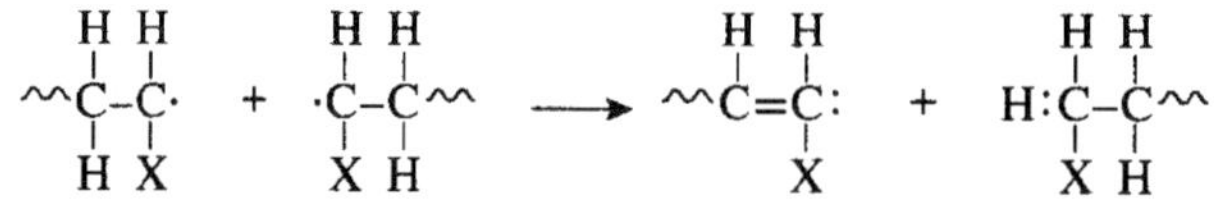

$$P_x\cdot + P_y\cdot \xrightarrow{k_{td}} P_x + P_y \quad \text{불균화} \tag{9.4b}$$

각 종결 반응의 상대적인 비율은 특정 중합체 및 반응 온도에 따라 다르지만, 대부분의 경우 둘 중 하나의 반응이 지배적으로 일어난다. 자유 라디칼 중합 반응을 종결시키는 또 다른 잠재적인 방법은 사슬 이동이다. 이는 9.6절에 설명되는 것처럼, 용매 등과 같이 반응 혼합물에 존재하는 다른 종에 자유 라디칼이 전이되는 것이다.

9.3 부가 중합에서의 젤화

8장의 상당 부분은 젤화점 전환율 α_c 등을 포함하여, 단계 성장 중합에 의한 젤화와 고분자 네트워크의 형성 및 반응에 대해 설명하고 있다. 자유 라디칼 중합에서는 모든 단량체가 같은 반응 작용기(알켄 이중 결합)를 가지고 있다. 오직 한 개의 C=C를 가지고 있는 단량체는 선형 고분자를 만들지만, 두 개 또는 그 이상의 알켄을 가진 단량체는 보통 가지점과 가교 결합된 네트워크를 형성하게 된다. 이러한 다작용기 단량체를 **가교제**(*crosslinking agent*)라고 하며, 성공적으로 네트워크를 형성하기 위해서는 단지 1 mol%(또는 그 이하)로 첨가될 필요가 있다. 자유 라디칼 중합체는 길게 성장하는 사슬에 단량체를 부가하기 때문에, 이러한 가교제들은 또 다른 단량체로서 부가되고 심지어 낮은 전환율에서도(특히 가교제의 양이 많을 경우) 가교 결합된 네트워크를 형성하기 시작한다. 3단계 메커니즘(개시, 성장, 그리고 종결)은 대체로 위에서 언급한 것과 같다. 이러한 고분자의 구조를 결정짓는 데 가장 중요한 변수는 첨가된 가교제의 분율과 그들의 작용기(이중 결합의 수)이다. 이 결과 얻어진 구조는 가교점 사이의 분자량을 의미하는 $\overline{M}_c$에 의해 특징지어진다. 높은 농도의 가교제를 사용해 만들어진 젤은 보통 쉽게 균열이 생기는 반면, 가볍게 가교된 젤은 양용매에서 상당히 팽윤(swell)될 것이다. 자유 라디칼 중합에 의해 만들어지는 네트워크는 젤화점 전환율이 그다지 중요하지 않기 때문에, 이 장에서는 더 이상 논의하지 않기로 한다.

9.4 균질 중합의 속도론

자유 라디칼 중합은 균질(단일 상) 또는 불균질(다수의 상) 혼합물의 어느 하나에서 모두 일어날 수 있다. 이 절에서 우리는 오직 균질 반응만을 고려할 것이며, 이 반응에서 단량체를 대량으로 반응시키거나, 단량체, 개시제, 그리고 모든 길이의 중합체를 단일 상으로 용해시킬 수 있는 양용매를 사용할 것이다. 중합 속도를 결정하기 위해서는 중합 메커니즘에 포함된 각 단계(개시, 부가, 성장 및 종결)의 속도를 고려해야만 한다.

실제로는, 식 9.1에 의해 형성된 라디칼들이 모두 반응 (9.2)에서와 같이 연쇄 성장을 개시하는 데 쓰이는 것은 아니다. 일부는 역반응을 통해 재결합하거나 또 다른 일부는 부반응에 의해 소비되기도 한다. 따라서 실제로 반응 (9.1)과 (9.2)를 통해 연쇄 성장을 개시하는 단계에서 형성된 라디칼의 분율, f는 속도식을 정의하는 데 매우 중요한 인자이다.

$$r_i = \left(\frac{1}{V}\right)\left(\frac{dP_1\cdot}{dt}\right) = 2fk_d[I] \quad \text{개시 속도} \tag{9.5}$$

여기에서 V는 반응물의 부피이고, $P_1\cdot$는 $x=1$일 때의 사슬 라디칼의 몰이며, $[I]$는 개시제 농도(몰/부피)이다. 여기에 사용된 표기법에서, 괄호가 없는 종의 양 Q는 종의 몰수를 의미하고, 대괄호가 있는 $[Q]$는 종의 **몰농도**(*molar concentration*)를 뜻한다. Q와 $[Q]$ 사이에는 다음과 같은 관계가 있다.

$$[Q] = \frac{Q}{V} \tag{9.6}$$

명쾌하게 언급되지는 않지만, 식 9.5는 반응 (9.2)가 반응 (9.1)보다 훨씬 더 빠르게 일어난다는 일반적으로 타당한 가정에 기초하고 있다. 즉 개시제의 분해가 **속도 조절 인자**(*rate controlling*)인 것이다. 그러므로 개시제 라디칼은 형성되자마자 단량체 분자를 잡아 연쇄 성장을 시작하기 때문에 k_a는 속도식에 나타내지 않는다.

반응 (9.3)에 따라, 성장 단계에서의 단량체 제거 속도는 다음과 같다.

$$r_p = -\left(\frac{1}{V}\right)\left(\frac{dM}{dt}\right)_p = k_p[M][P\cdot] \quad \text{성장 속도} \tag{9.7}$$

여기서 M은 단량체의 몰이며, $[P\cdot]$는 성장하고 있는 모든 길이의 사슬 라디칼의 총 농도이다.

$$[P\cdot] = \sum_{x=1}^{\infty}[P_x\cdot] \tag{9.8}$$

사슬 라디칼의 제거 속도는 두 종결 반응(결합, 불균화)의 속도의 합이다. 두 종결 반응 모두 2차 반응이기 때문에 다음과 같이 나타낼 수 있다.

$$r_t = -\left(\frac{1}{V}\right)\left(\frac{dP\cdot}{dt}\right) = 2k_t[P\cdot]^2 \quad \text{종결 속도} \tag{9.9}$$

종결 속도 상수 k_t는 종결 반응의 결합 속도 상수(k_{tc})와 불균화 속도 상수(k_{td})를 더한 값이다.

$$k_t = k_{tc} + k_{td} \tag{9.10}$$

불행히도, 미지수 $[P\cdot]$가 식에 존재한다. 이것은 반응하는 동안 측정될 수 없지만, 이 반응에서의 사슬 라디칼과 같은 전이 종들의 농도가 반응 동안 $d[P\cdot]/dt=0$와 같이 일정하다는 정상 상태 농도를 가정함으로써 반응 속도식으로부터 제거될 수 있다. $[P\cdot]$이 일정하게 유지되기 위해서는 사슬 라디칼들이 제거되는 속도와 생성되는 속도가 같아야 한다. 따라서 우리는 개시와 종결의 속도가 같다($r_i=r_t$)고 가정한다. 또는

$$2fk_d[I] = 2k_t[P\cdot]^2 \tag{9.11}$$

이를 통해 사슬 라디칼 농도는 다음과 같이 유도된다.

$$[P\cdot] = \left(\frac{fk_d[I]}{k_t}\right)^{1/2} \tag{9.12}$$

이를 식 9.7에 대입하면 성장 반응에서의 단량체 소비 속도에 대한 식이 주어진다.

$$r_p = -\left(\frac{1}{V}\right)\left(\frac{dM}{dt}\right)_p = k_p\left(\frac{fk_d}{k_t}\right)^{1/2}[I]^{1/2}[M] \tag{9.13}$$

식 9.2와 같이 부가 단계에서 단량체 한 분자는 소모되지만, 이 양은 긴 사슬에서 소모되는 것에 비해 워낙 미미하기 때문에, 식 9.13이 중합의 전체 속도, 즉 단량체가 고분자로 전환될 때의 속도로 표현될 수 있다.

식 9.13은 균질한 자유 라디칼 중합에 대한 고전적인 속도 표현식이다. 이 식은 특히 묽은 용액에서 매우 유용한 근사로 사용되었지만, 때때로 편차가 관찰되었다. 현재 이러한 많은 편차들은 종결 반응이 확산에 의해 제어되기 때문에 발생되는 것임이 명백해졌다. 그러므로 k_t는 실제로 일정한 것이 아니라 중합이 진행됨에 따라 시시각각 감소하는 것이다. 현실적인 관점에서, 특정 경우에 이들의 편차는 큰 의미가 될 수 있다. 이에 대한 것은 12장 중합 과정의 실행에서 다룰 것이다.

때로는 **단량체 전환율**(*monomer conversion*) X를 이용하여 작업하는 것이 더 편리한 경우도 있다. 전환율의 정의를 이용하여 나타내면

$$X \equiv \frac{M_0 - M}{M_0} \tag{9.14}$$

그리고 M에 대해 식 9.6을 이용하여 식 9.13을 다음과 같이 다시 쓸 수 있다.

$$\frac{dX}{dt} = k_p\left(\frac{fk_d}{k_l}\right)^{1/2}[I]^{1/2}(1-X) \tag{9.13a}$$

여기에 사용된 X는 8장의 단계 성장 고분자에서 사용된 p와는 매우 다른 수량임에 유의하라. 여기서 X는 고분자를 형성하는 반응에서 **단량체 분자**(*monomer molecules*)의 분율이다. 수량 p는 **작용기**(*functional groups*)의 분율을 의미한다(단량체이거나 성장하는 중합체

사슬의 부분이거나 관계없이). 단계 성장 중합에서 각 단량체 분자는 독립적으로 반응하는 여러 개의 작용기를 가지고 있으므로, p는 반응하는 단량체의 분율이 아니다(이중 결합의 양쪽이 순차적으로 반응하는 자유 라디칼 부가 중합과 비교해 보라).

식 9.13a을 적분하면 시간의 함수로서 전환율을 얻을 수 있다. 때때로 등온 회분식 반응의 개시 단계 연구에 사용되는 형태는 $t=0$에서 초기 조건 $X=0$일 때의 개시제 농도 $[I]_0$가 일정하다고 가정함으로써 얻어진다.

$$X = 1 - \exp\left\{-k_p\left(\frac{fk_d}{k_l}\right)^{1/2}[I]_0^{1/2}t\right\} \quad \text{일정한 } [I] \tag{9.15}$$

$[I]$가 일정하다는 가정은 두 가지 이유로 높은 전환율에서는 현실적이지 않을 수 있다. 먼저, 개시제 농도는 시간에 따라 크게 감소할 수 있다. 둘째, 반응물의 부피는 일반적으로 전환율에 따라 변화한다. 대부분의 액상 부가 중합은 순수한 단량체($X=0$)로부터 중합체($X=1$)가 될 때 10~20%의 밀도가 증가한다(물론 비활성 용매 중에서의 반응은 이를 줄일 수 있다).

우리는 1차의 개시제 분해를 포함할 수 있다.

$$\left(\frac{1}{V}\right)\left(\frac{dI}{dt}\right) = -k_d[I] = -k_d\left(\frac{I}{V}\right) \tag{9.16a}$$

그리고 $I=I_0$를 이용하여 $t=0$에서 적분하면 다음과 같이 얻을 수 있다.

$$I = I_0\exp(-k_d t) \tag{9.16b}$$

이때 Levenspiel[1]에 의해 설명된 바와 같이 반응물의 부피가 선형적으로 변화한다고 가정하자.

$$V = V_0(1+\varepsilon X) \tag{9.17}$$

여기에서 ε은 부피가 $X=0$에서 $X=1$로 될 때의 분율 변화이고, V_0는 $X=0$에서의 반응물의 부피이다. 식 9.6(I에 대한), 9.13, 9.16b 그리고 9.17을 조합하면 다음과 같이 주어진다.

$$\frac{dX}{dt} = k_p\left(\frac{fk_d}{k_t}\right)^{1/2}[I]_0^{1/2}\frac{1-X}{(1+\varepsilon X)^{1/2}}\exp\left(-\frac{k_d t}{2}\right) \tag{9.18}$$

식 9.18에서 변수들은 분리될 수 있으며, 적어도 시간에 대해 적분될 수 있다. 이는 다음과 같이 주어진다.

$$\int_0^x \frac{(1+\varepsilon X)^{1/2}}{1-X}dX = \left(\frac{2k_p}{k_d}\right)\left(\frac{fk_d}{k_t}\right)^{1/2}[I]_0^{1/2}\left[1-\exp\left(\frac{-k_d t}{2}\right)\right] \tag{9.19}$$

불행히도 식 9.19의 좌변은 적분하기가 쉽지 않다. X를 t에 대한 함수로서 분명하게 표현하는 것은 매우 어려우므로, $X(t)$는 통상적으로 수치 계산법이나 컴퓨터를 이용한 방법을 통해 계산한다.

부피 변화를 무시할 수 있다면($\varepsilon=0$), 우리는 명쾌하게 적분을 풀어서 아래와 같은 식을 얻을 수 있다.

$$X = 1 - \exp\left\{\left(\frac{2k_p}{k_d}\right)\left(\frac{fk_d}{k_t}\right)[I]_0^{1/2}\left[\exp\left(\frac{-k_d t}{2}\right) - 1\right]\right\} \quad (\varepsilon = 0) \tag{9.20}$$

이는 식 9.15와 비교했을 때 몇 가지 흥미롭고 중요한 의미를 가지고 있다. $t=\infty$로 두면 $[I]_o$에 따른 최대 달성 전환율이 있음을 보여 준다.

$$X_{\max} = 1 - \exp\left\{-\left(\frac{2k_p}{k_d}\right)\left(\frac{fk_d}{k_t}\right)^{1/2}[I]_0^{1/2}\right\} \quad (\varepsilon = 0) \tag{9.21}$$

이 '완전 정지(dead-stop)' 상태는 기본적으로 개시제가 단량체보다 모두 먼저 사용되므로 발생하는 문제이지만, 이는 항상 무한한 시간이라는 제한에서 완전한 전환율을 예측하는 식 9.15에 의해 표현되지 않는다. 그러므로 식 9.15의 사용은 낮은 전환율에서는 결과에 상당히 근접하지만, 높은 전환율에서는 식 9.19 또는 9.20에 비해 상당한 오차를 야기할 수 있다.

예제 9.1 등온, 회분식 반응기에서, 순수한 스타이렌과 아조비스아이소뷰티로나이트릴을 60°C에서 균질 중합하기 위해,

(a) 아래에 주어진 정보를 이용하여 전환율 대 시간의 그래프를 그리고, 식 9.15, 9.19 및 9.20들을 비교하시오.

(b) 식 9.15, 9.19 및 9.20을 사용하여, 전환율이 90%에 도달하는 데 걸리는 시간을 계산하고 각각을 비교하시오. 그리고

(c) 90%의 전환율을 달성하기 위해 필요한 최소 $[I]_0$를 결정하시오. 식 9.15에 따르면, 최소가 존재하지 않음을 유의하라.

데이터: $k_p^2/k_t = 1.18 \times 10^{-3}\ \text{L/mol}$,
$k_d = 0.96 \times 10^{-5}\ \text{s}$
$[I]_0 = 0.05\ \text{mol/L}$
$f = 1$
$\varepsilon = -0.136$(단량체로부터 중합체를 형성할 때 13.6% 수축됨)
$\xi=1$로 가정하시오(대부분 결합에 의해 반응이 종결됨).

풀이 (a) 식 9.15($[I]$ 일정)와 9.20(V 일정)은 분석적으로 해결될 수 있지만, 식 9.19($[I]$와 V 모두 변함)는 수치 해석이 요구된다. 그 결과들을 그림 9.2에 나타내었다. 그림에서 식 9.19와 9.20은 거의 구별할 수 없다. 부피 수축은 농도를 증가시키고 반응 속도를 약간 증

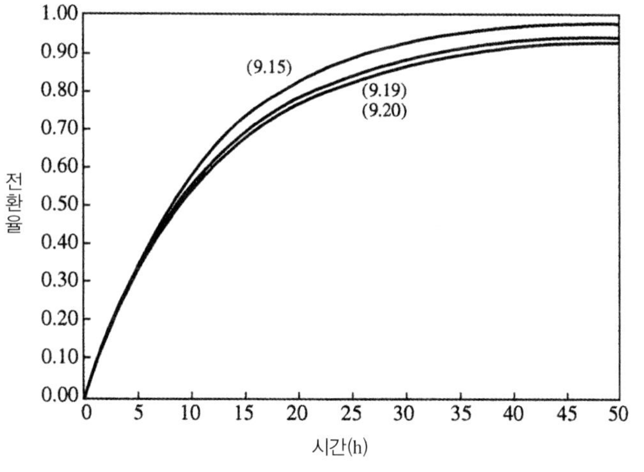

그림 9.2 등온 회분식 자유 라디칼 중합에 대한 전환율 대 시간(예제 9.2의 자료). 식 9.15에서 $[I]_0$ = 일정, 식 9.19에서 $\varepsilon = -0.136$, 식 9.20에서 $\varepsilon = 0$.

가시킨다는 것에 주목하라.

(b) 식 9.19의 수치 해석을 통해 90%의 전환율에 도달하기까지 34.0시간이 걸린다는 것을 알 수 있다. 개시제 분해를 무시하고 식 9.15를 t에 대해 풀면, 26.9시간이 나오고(이는 21%나 낮다!), 부피 변화를 무시하고 식 9.20을 풀면, 36.1시간이 나온다(6.2%나 높다). 많은 경우에, 부피 변화를 무시하여 생기는 오차는 알려진 속도 상수의 정확한 값보다 적을 것이다. 그러나 그 오차는 전환율이 높을수록 증가할 것이다.

(c) $t = \infty$일 때, 식 9.19의 수치 해석을 통해 90% 전환율을 위한 최소 $[I]_0$는 0.00989 mol/L임을 알 수 있다. $X_{max} = 0.90$일 때, 식 9.21을 풀면 $[I]_0$는 0.0108로 주어진다. 부피 변화를 무시함으로써 9.07%의 오차를 발생시켰다.

부반응에 의해 고전적인 속도론으로부터 편차가 발생한다. 이러한 부반응을 일으키는 물질은 일반적으로 **억제제**(*inhibitor*) 또는 **지연제**(*retarder*)로 분류된다(비록 **촉매제**(*accelerator*) 역시 부반응에 사용될 수 있지만). 억제제는 반응의 시작을 지연시키지만, 한번 시작되고 나면 반응은 정상적인 속도로 진행된다. 액상 바이닐 단량체는 일반적으로 수송할 때 중합되는 것을 방지하기 위해서 백만 부당 몇 부 정도의 억제제가 함께 실린다. 지연제는 반응이 일어나기 전에 반응 혼합물이 작용하도록 허용할 수 있는 반응 속도를 늦춘다. 몇몇 화학 물질들은 억제제와 지연제 효과를 모두 나타낸다. 이들은 그림 9.3에 도시되어 있다. 산소는 자유 라디칼 제거제이기 때문에 자유 라디칼 중합에서 억제제로 작용한다. 그러므로 이러한 반응들은 일반적으로 질소 분위기하에서 수행된다.

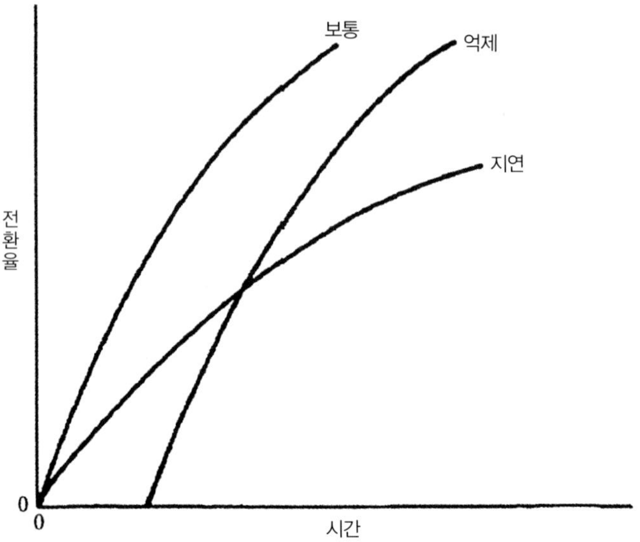

그림 9.3 개시제 또는 억제제로 인한 반응 거동의 변화.

9.5 순간 평균 사슬 길이

단계 성장 중합 반응에서와 마찬가지로, 사슬 길이에 관한 종결 반응의 본질적인 무작위적 성질 때문에, 자유 라디칼 부가 중합에서도 사슬 길이는 분포를 이룬다. 수평균 사슬 길이는 주로 속도론적 사슬 길이 ν로 표현되는데, 이는 개시 라디칼에 의해 사슬이 개시되는 속도에 대한 성장하는 사슬에 단량체가 부가되는 속도의 비율, 즉 어느 특정 순간에서 성장하는 사슬 라디칼당 결합하는 단량체의 평균 개수를 의미한다.[1] 따라서 그것은 단량체 중합에서 개시 라디칼의 효율을 나타낸다.

$$\nu = \frac{r_p}{r_i} = \frac{k_p[M]}{2(fk_d k_t)^{1/2}[I]^{1/2}} \tag{9.22}$$

성장하는 사슬이 불균화에 의해 지배적으로 종결되는 경우에는, 이 과정에서 사슬 길이에 변화가 없지만, 결합에 의해 지배적으로 종결된다면 성장하는 사슬은 평균적으로 종결 후에 두 배의 길이가 된다. 그러므로

$$\bar{x}_n = \nu \quad \text{불균화에 의한 종결} \tag{9.23a}$$

$$\bar{x}_n = 2\nu \quad \text{결합에 의한 종결} \tag{9.23b}$$

---

[1] ν는 반응기에 남아 있는 단량체($X=1$)는 무시하고, 성장하는 중합체 사슬만을 나타낸다는 것에 유의하라. 이것은 8장에서 연쇄 성장 중합의 $\bar{x}_n$ 계산과는 다르다. 그러나 반응 마지막 부분에 남아 있는 단량체는 중합체로부터 분리된다고 가정하면 자유 라디칼 중합으로 형성된 중합체 사슬의 길이는 반영된다.

평균 사슬 길이는 더 일반적으로 ξ을 이용하여 표현되는데, 이는 종결 반응당 생성된 죽은 사슬(dead polymer)의 평균수로서, 종결 반응 속도에 대한 죽은 사슬의 형성 속도의 비와 같다. 각 불균화 반응은 **두**(*two*) 개의 죽은 사슬을 생성하고, 각 결합 반응은 **한**(*one*) 개의 죽은 사슬을 생성하기 때문에

$$\text{죽은 사슬의 형성 속도} = (2k_{td} + k_{tc})[P\cdot]^2 \tag{9.24}$$

$$\text{종결 반응 속도} = (k_{tc} + k_{td})[P\cdot]^2 \tag{9.25}$$

$$\xi = \frac{k_{tc} + 2k_{td}}{k_{tc} + k_{td}} = \frac{k_{tc} + 2k_{td}}{k_t} \tag{9.26}$$

순간 수평균 사슬 길이는 죽은 사슬의 형성 속도에 대한, 모든 사슬에 단량체가 부가되는 속도(r_p)의 비이다.

$$\bar{x}_n = \frac{k_p[P\cdot][M]}{(2k_{td} + k_{tc})[P\cdot]^2} = \frac{k_p[M]}{\xi(fk_d k_t)^{1/2}[I]^{1/2}} \tag{9.27a}$$

$k_{td} \gg k_{tc}$일 때 ξ=2이고, $k_{td} \ll k_{tc}$일 때 ξ=1로서 이전의 결과와 중복되지만, 식 9.27*a*는 혼합된 종결 반응의 다양한 정도를 다룰 수 있게 해 준다.

$\bar{x}_n$이 특정 고분자의 기계적 성질을 결정하는 가장 중요한 요소 중 하나라는 것을 상기한다면, 식 9.27*a*의 중요한 점은 무엇일까? 성장 사슬은 다른 성장 사슬과 반응하여 종결하거나, 또는 다른 단량체 단위를 추가하고 그 성장을 계속할 수도 있다. 사슬 성장은 [*M*]에 비례하기 때문에, 사슬 라디칼의 주변에 있는 단량체 분자들이 많으면 많을수록 다른 단량체를 부가할 수 있는 확률은 더 높아진다. 반면에, 가용한 단량체들과 경쟁적인 환경에 있는 개시제들이 많으면 많을수록 [*I*]의 제곱근에 역비례하여 평균적으로 더 짧은 사슬을 형성할 것이다. 식 9.13은 [*M*]과 [*I*] 모두를 증가시킴으로써 중합 속도를 증가시킬 수 있음(항상 경제적으로 바람직한 목표)을 보여 준다. 여기서 전자([*M*])가 후자보다 더 효율적이다. 그러나 반응 조건에서 순수한 단량체의 밀도에 의해 설정되는 [*M*]에는 상한이 있다. 그래서 종종 더 높은 속도를 얻기 위해 [*I*]를 증가시키고 싶게 만든다. 그러나 식 9.27*a*에 따르면, [*I*]의 증가는 불가피하게도 $\bar{x}_n$을 낮춘다. 즉 $\bar{x}_n$과 중합 속도 모두에서 최고의 결과를 얻을 수는 없는 것이다.

9.6 속도와 사슬 길이의 온도 의존성

각 단계의 반응에서 각각의 속도 상수의 온도 의존성은 Arrhenius의 식에 의해 나타낼 수 있다고 가정할 수 있다.

$$k_i = A_i \exp\left(\frac{-E_i}{RT}\right) \tag{9.28}$$

여기서 k_i는 특정 단계 반응에서의 속도 상수이고, A_i는 빈도 인자이며, E_i는 활성화 에너지이다. 이 관계식은 화학 반응 속도에서 일반적으로 이용되는 식이며, 온도가 10°C씩 증가하면, 속도는 어림잡아 약 두 배로 증가한다(약 300 K 온도에 해당). 대부분의 부가 중합은 발열 반응이기 때문에 중합이 일어나는 동안 반응 혼합물의 온도는 상승한다. 이는 결과적으로 운동 속도 상수를 증가시키고, 온도를 더욱 빠르게 상승시켜서 반응을 제어할 수 없는 결과를 초래한다. 이는 연쇄 반응 종결이 예상보다 더 빠르게 발생되어 낮은 분자량의 고분자를 형성하게 만드는 **Trommsdorff 효과**와 관련 있다. 이와 관련한 것은 12장 **중합 과정의 실행**(*Polymerization Practice*)에서 보다 자세히 다뤄진다.

만약 f의 온도 의존도를 무시하면, 식 9.13은 다음과 같이 표현된다.

$$r_p = C\exp\left[\frac{-(E_p + E_d/2 - E_t/2)}{RT}\right] \tag{9.29}$$

여기서 C는 온도와 관계없는 양들을 하나의 상수로 결합시킨 것이며, $E_p + E_d/2 - E_t/2$는 중합에 대한 **유효**(*effective*) 활성화 에너지를 뜻한다. 그러므로 절대 온도 T_1과 T_2 사이는

$$\ln\frac{r_p(T_2)}{r_p(T_1)} = \frac{-(E_p + E_d/2 - E_t/2)}{R}\left(\frac{1}{T_2} - \frac{1}{T_1}\right) \tag{9.30}$$

ξ이 온도에 무관하다는 가정으로 식 9.27a를 유사하게 처리하면 다음의 결과를 얻는다.

$$\ln\frac{\bar{x}_n(T_2)}{\bar{x}_n(T_1)} = \frac{-(E_p - E_d/2 - E_t/2)}{R}\left(\frac{1}{T_2} - \frac{1}{T_1}\right) \tag{9.31}$$

여기서 $E_p - E_d/2 - E_t/2$는 수평균 사슬 길이에 대한 **유효**(*effective*) 활성화 에너지를 의미한다.

예제 9.2 전형적인 자유 라디칼 부가 반응에서 $E_p - E_t/2 = 5$ kcal/mol이고 $E_d = 30$ kcal/mol이다. 온도가 60°C에서 70°C로 상승할 때, 전형적인 균질 자유 라디칼 부가 중합의 r_p와 $\bar{x}_n$의 변화를 예측하시오.

풀이 중합의 유효 활성화 에너지는 +20 kcal/mol이다. 이를 $T_1 = 273 + 60 = 333$ K, $T_2 = 273 + 70 = 343$ K, $R = 1.987$ cal/mol-K과 함께 식 9.30에 대입하면 다음과 같이 주어진다.

$$\ln\frac{r_p(70\,°\mathrm{C})}{r_p(60\,°\mathrm{C})} = 0.879 \quad \text{및} \quad \frac{r_p(70\,°\mathrm{C})}{r_p(60\,°\mathrm{C})} = 2.41(!)$$

즉, 주어진 온도 간격에서(10°C) 속도는 141%(또는 두 배 이상) 증가된다. 이러한 다소 극

적인 (그리고 때때로 위험한) 민감도는 주로 속도 조절 인자인 개시제 분해의 큰 활성화 에너지에 기인한다.

$\bar{x}_n$의 유효 활성화 에너지는 −10 kcal/mol이다. 식 9.31을 통해 다음의 결과를 얻을 수 있다.

$$\ln\frac{\bar{x}_n(70\,°\mathrm{C})}{\bar{x}_n(60\,°\mathrm{C})} = -0.439 \quad \text{및} \quad \frac{\bar{x}_n(70\,°\mathrm{C})}{\bar{x}_n(60\,°\mathrm{C})} = 0.644$$

그러므로 $\bar{x}_n$은 같은 온도 간격(10°C)에서 35.6% **감소**(*decrease*)된다.

9.7 사슬 이동과 반응 억제제

실제로는 자유 라디칼 부가 중합시 종종 다른 유형의 부가 반응이 발생한다. 이러한 부가 반응의 하나인 **사슬 이동**(*chain-transfer*) 반응은 성장하는 사슬의 라디칼을 제거하고 그 자리에서 새로운 반응을 시작할 수 있다(라디칼이 다른 단량체로 이동되기만 하면).

$$\mathrm{R}' : \mathrm{H} + P_x \cdot \xrightarrow{k_{tr}} P_x + \mathrm{R}' \cdot \tag{9.32a}$$

$$\mathrm{R}' \cdot + M \xrightarrow{k_a'} P_1 \cdot \quad \text{등} \tag{9.32b}$$

따라서 사슬 이동은 짧은 사슬을 만드는 결과를 낳는다. 만약 식 9.32*a*의 반응이 성장 반응에 비해 너무 빈번하게 일어나지 않고 매우 낮은 속도 상수를 갖지 않는다면, 사슬 이동은 전체적인 중합 속도를 눈에 띄게 변하게 하지는 않을 것이다.

위의 반응에서 화합물 R′:H는 **사슬 이동제**(*chain-transfer agent*)로 알려져 있다. 그들은 또한 성장 사슬 P_x에 있는 자유 라디칼을 제거하기 때문에 때때로 사슬 종결제로도 일컬어진다. 적절한 조건하에서는 개시제, 단량체, 용매 및 죽은 중합체 등을 포함하여 그 어느 것도 사슬 이동제로 작용하지 않는다.

반응 억제제는 중합 속도를 변경할 수 있다. 부가 중합의 억제제는 일반적으로 자유 라디칼 제거제(scavenger)−자유 라디칼을 빠르게 제거할 수 있고 중합 메커니즘의 개시와 성장 단계를 늦추거나 막을 수 있는 화학 물질−이다. 산소는 이러한 제거제의 한 종류이며, 일부 부가 중합에서는 상당한 분자량의 고분자를 얻기 위해 반응 혼합물에 용해된 산소 조차도 제거되어야만 한다. 다른 억제제들은 종종 출하되는 단량체에 첨가되며, 중합이 요구되는 시점 이전에 그들 스스로 자체 중합되지 않도록 한다. 퀴논 형태의 화학 물질들이 종종 이런 역할에 사용된다.

예제 9.3 사슬 이동을 통해 죽은 중합체가 가지달린 긴 사슬 폴리에틸렌이 되는 과정을, 전자를 의미하는 점들을 사용하여 설명하시오.

풀이

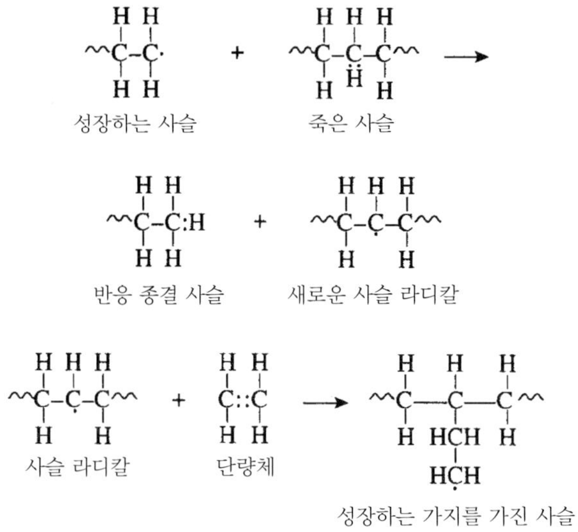

예제 9.4 '되물기 반응'에 의해서, 성장하는 폴리에틸렌 사슬에 어떻게 짧은 가지들이 생성되는지, 즉 라디칼이 어떻게 사슬 아래 있는 적은 수의 탄소 원자들[5~8]로 이동하는지 보이시오.

풀이

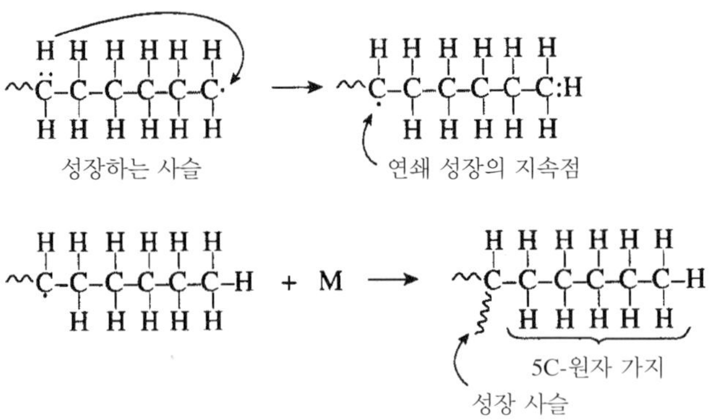

매우 빈번하게, 머캡탄(mercaptan)(싸이올(thiol)이라고도 함)과 같은 알코올의 황 유도체(R′S:H)가 낮은 평균 사슬 길이를 얻기 위한 효과적인 사슬 이동제로 첨가된다.

사슬 이동에 의한 죽은 사슬 형성의 속도는

$$r_{tr} = -\left(\frac{1}{V}\right)\left(\frac{dP\cdot}{dt}\right)_{tr} = k_{tr}\left[\mathrm{R}' : \mathrm{H}\right][P\cdot] \qquad (9.33)$$

이며, 죽은 사슬 형성의 전체 속도를 나타내기 위해 식 9.27a의 분모에 대입해야 한다.

$$\bar{x}_n = \frac{k_p[P\cdot][M]}{(2k_{td}+k_{tc})[P\cdot]^2 + k_{tr}[\mathrm{R}' : \mathrm{H}][P\cdot]} \tag{9.34}$$

식 9.12와 9.26을 이용하면 다음과 같이 된다.

$$\bar{x}_n = \frac{k_p[M]}{\xi(fk_d+k_t)[I]^{1/2} + k_{tr}[\mathrm{R}' : \mathrm{H}]} \tag{9.35}$$

식 9.35의 역수를 취하면

$$\frac{1}{\bar{x}_n} = \frac{1}{(\bar{x}_n)_0} + C\frac{[\mathrm{R}' : \mathrm{H}]}{M} \tag{9.36}$$

이 된다. 여기서 C는 사슬 이동 상수 $= k_{tr}/k_p$이고, $(\bar{x}_n)_0$는 단순히 식 9.27a로부터 온 사슬 이동이 없는 경우의 평균 사슬 길이를 뜻한다. 그러므로 $1/(\bar{x}_n)$ 대 [R′:H]/[M]에 대해 도식화하면 C는 기울기이고 $1/(\bar{x}_n)_0$는 절편인 직선이 된다.

예제 9.5 회분식 반응에서 $C=1$인 사슬 이동제를 사용하면 [R′:H]/[M]의 비율이 일정하게 유지된다는 것을 증명하시오.

풀이

$$\frac{r_{tr}}{r_p} = \frac{-(1/V)(d\mathrm{R}' : \mathrm{H}/dt)}{-(1/V)(dM/dt)} = \frac{d[\mathrm{R}' : \mathrm{H}]}{d[M]} = \frac{k_{tr}[\mathrm{R}' : \mathrm{H}][P\cdot]}{k_p[M][P\cdot]} = C\frac{[\mathrm{R}' : \mathrm{H}]}{[M]}$$

변수를 분리하고 적분하면 다음과 같다.

$$\int_{[\mathrm{R}':\mathrm{H}]_0}^{[\mathrm{R}':\mathrm{H}]} \frac{d[\mathrm{R}' : \mathrm{H}]}{[\mathrm{R}' : \mathrm{H}]} = C\int_{[\mathrm{M}]_0}^{[\mathrm{M}]_0} \frac{d[M]}{[M]}$$

$$\frac{[\mathrm{R}' : \mathrm{H}]}{[\mathrm{R}' : \mathrm{H}]_0} = \left(\frac{[M]}{[M]_0}\right)^C \tag{9.37}$$

그러므로 $C=1$인 경우에만 ([R′: H]/M) = ([R′: H]$_0$/M]$_0$) = 일정할 것이다.

C가 1보다 큰 값을 가지면 사슬 이동제가 너무 빨리 소모되어, 높은 전환율에서 형성된 고분자를 개질할 수 있는 것이 전혀 남아 있지 않게 된다. 반면 C 값이 낮은 경우에는 반응 초기에 충분히 많은 사슬 이동제가 유효하게 사용된다고 하더라도, 반응이 끝날 즈음 미반응한 사슬 이동제가 많이 남게 된다. 만약 그 사슬 이동제가 머캡탄이고 그 냄새(썩은 계란)를 맡아 봤다면, 문제의 남은 시약이 무엇이 될지 알 수 있다. 이 문제들은 (1) 반응하는 동안 활성제를 첨가해 주거나 (2) 반응 초기에 활성(C>1) 사슬 이동제와 느린(C<1) 사슬 이동제의 혼합물을 사용함으로써 해결할 수 있다.

예제 9.6 다양하게 사용할 수 있는 사슬 이동제인 S_i를 사슬 이동에 포함시켜서 식 9.36을 일반화하시오.

$$P_x\cdot + S_i \xrightarrow{k_{tr\cdot r}} P_x + S_i\cdot$$

풀이 사슬 이동제 S_i의 이동으로부터 죽은 사슬이 형성되는 속도를 식 9.27a의 분모에 대입해야 한다.

$$\bar{x}_n = \frac{k_p[P\cdot][M]}{(2k_{td}+k_{tc})[P\cdot]^2 + \sum_i k_{tr,i}[S_i][P\cdot]}$$

식 9.12와 9.26을 적용하면 다음과 같이 주어진다.

$$\bar{x}_n = \frac{k_p[M]}{\xi(fk_dk_t)[I]^{1/2} + \sum_i k_{tr,i}[S_i]}$$

또는 다음과 같다.

$$\frac{1}{\bar{x}_n} = \frac{1}{(\bar{x}_n)_0} + \sum_i \mathrm{C}_i\frac{[S_i]}{[M]}$$

여기서 C_i는 다음과 같다.

$$\mathrm{C}_i = \frac{k_{tr,i}}{k_p}$$

9.8 자유 라디칼 부가 중합에서의 순간 분포

성장하는 중합체 사슬 $P_x\cdot$는 성장하거나 반응을 종결하거나, 또는 사슬 이동을 할 수 있다. 성장 확률 q는 이동과 종결보다 성장이 일어날 확률로서 다음과 같이 나타낸다.

$$q = \frac{\text{성장 속도}}{\text{성장 속도 + 이동 속도 + 종결 속도}}$$

$$q = \frac{k_p[M][P\cdot]}{k_p[M][P\cdot] + k_{tr}[\mathrm{R}':\mathrm{H}][P\cdot] + 2k_t[P\cdot]^2} \quad (9.38)$$

이는 식 9.12를 대입하면 다음과 같이 표현된다.

$$q = \frac{k_p[M]}{k_p[M] + k_{tr}[\mathrm{R}':\mathrm{H}] + 2(fk_dk_t[I])^{1/2}} \quad (9.39)$$

q로부터 사슬 길이 분포를 얻으려면, 불균화와 결합에 의한 종결을 각각 분리시켜 고려해야만 한다. 왜냐하면 이 두 개의 메커니즘은 서로 다른 분포를 야기하기 때문이다. 우선, 그 성장이 불균화($k_t = k_{td}$, $\xi = 2$) 또는 사슬 이동의 어느 하나에 의해 종결되는 사슬만

을 생각해 보자. 이 결과로 얻어진 분포는 동일하다. 왜냐하면 성장 사슬은 다른 성장 사슬과 만나 종결되었는지, 사슬 이동제와 만나 종결되었는지 구분하지 못하기 때문이다. 어느 쪽이든 성장은 사슬 길이에 변화가 없는 상태로 종결된다(결합을 통해 종결되는 경우는 이와 다르다). 식 9.39의 역수를 취함으로써 다음 식을 얻을 수 있다.

$$\frac{1}{q} = 1 + \underbrace{\frac{k_{tr}[\mathrm{R}' : \mathrm{H}]}{k_p[M]} + \frac{2(fk_d k_{td}[I])^{1/2}}{k_p[M]}}_{1/\bar{x}_n \quad (\xi = 2(9.35)\text{일 때})} \tag{9.40}$$

그러므로

$$\bar{x}_n = \frac{q}{1-q} \tag{9.41}$$

이제, x 단위들을 포함하고 있는 하나의 중합체 P_x는, 각각 q의 확률을 가지는 $x-1$의 성장 단계들(잔여 단위는 부가 단계에서 병합되었다), 그리고 $1-q$의 확률을 갖는 하나의 불균화 또는 사슬 이동 단계에 의해 형성되있다. 이러한 분자를 찾을 확률은 그것의 수(몰) 분율과 동일하다. 따라서

$$\frac{n_x}{N} = (1-q)q^{(x-1)} \tag{9.42}$$

이것은 놀랍게도 '최대 확률 분포'이다(식 8.3). 그러나 식 9.42와 8.3이 똑같이 표현되었어도 p와 q는 완전히 다른 양이다. 회분식 단계 성장 중합에 있어서 p는 반응이 진행함에 따라 0에서 1까지 단조롭게 증가한다. 하지만 자유 라디칼 부가 중합에서는, $[I]$, $[M]$, 그리고 $[\mathrm{R}'\mathrm{:H}]$은 일반적으로 전환율에 따라 변하기 때문에, q는 간접적으로 전환율에 의존한다. 실제로는 고분자량 중합체 사슬을 형성해야 하기 때문에 일반적인 경우에서 q는 항상 1에 가깝다.

예제 9.7 바이닐 단량체 $H_2C{=}CHX$의 중합에 대해 식 9.42에서 $x=1$일 때 나타나는 구조를 보이시오. 어떠한 사슬 이동도 없고 아래에 따라 개시 반응이 일어난다고 가정하시오.

$$\mathrm{I:I} \rightarrow 2\mathrm{I}\cdot$$

풀이 여기서 사슬은 단지 불균화에 의해서만 반응이 종결되기 때문에, 길이 $x=1$에서 죽은 사슬은 다음과 같을 것이다.

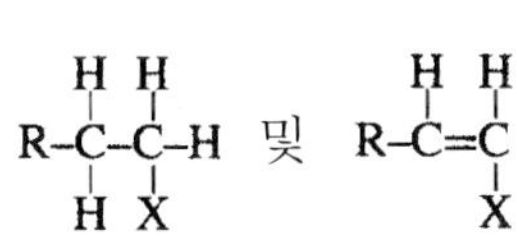

(위에서 오른쪽에 있는 분자는 이중 결합을 가지고 있으므로, 이후의 중합에 공단량체 (comonomer)로서 참여할 수 있을 것으로 생각할 수 있다. 그러나 여기서 그 가능성은 무시하기로 한다.)

이것은 겉보기에 비슷한 식 9.42와 8.3 사이의 또 다른 중요한 차이점을 알려 준다. 자유 라디칼 부가 중합에서의 사슬 분포는, 미반응 단량체가 아니라 오직 종결된 사슬들만을 포함한다. 단계 성장 반응에서는, 전환율이 완전하지 못하여 반응이 종결된 사슬은 없으며, 식 8.3에서 $x = 1$이란 반응하지 않은 단량체를 의미한다.

식 8.6과 같이, 최대 확률 분포에서의 $\bar{x}_n$은 아래와 같다.

$$\bar{x}_n = \frac{1}{1-q} \tag{9.43}$$

이는 식 9.41에 의해 주어진 값보다 더 크다. 이 차이는, 식 9.42의 유도 과정에서는 부가 단계에서 사슬에 부가되는 단량체 분자를 특별히 고려한 반면, 식 9.41의 유도 과정에서는 부가되는 단량체 분자를 무시한 사실로부터 발생한다. 현실적인 관점에서 볼 때 이것은 거의 차이가 없는데, 보통의 자유 라디칼 부가 중합에서 $q \rightarrow 1$이고 $\bar{x}_n \gg 1$이다.

단계 성장 중합에 관한 식 8.9~8.11과 유사한 방법으로 다음을 얻을 수 있다.

$$\frac{w_x}{W} = xq^{(x-1)}(1-q)^2 \tag{9.44}$$

$$\bar{x}_w = \frac{1+q}{1-q} \tag{9.45}$$

$$\frac{\bar{x}_w}{\bar{x}_n} = 1 + q \tag{9.46}$$

그러나 여기서 단계 성장의 경우와는 달리, 근삿값 $q \rightarrow 1$과 $\bar{x}_n \gg 1$, 그리고 $\ln q \approx q - 1$ 등은 거의 항상 적용할 수 있으며, 식 9.42, 9.44 및 9.46은 단순화하여 다음과 같이 나타낼 수 있다(예제 5.5를 상기하라).

$$\frac{n_x}{N} \approx \frac{1}{\bar{x}_n} \exp\left(\frac{-x}{\bar{x}_n}\right) \tag{9.47}$$

$$\frac{w_x}{W} \approx \frac{1}{\bar{x}_n^2} \exp\left(\frac{-x}{\bar{x}_n}\right) \tag{9.48}$$

$$\frac{\bar{x}_w}{\bar{x}_n} \approx 2 \tag{9.49}$$

이제, 결합에 의해 **지배적**(*exclusively*)으로 종결 반응이 일어나는 사슬에 대해 생각해 보자($k_t = k_{tc}$, $\xi = 1$).

$$q = \frac{k_p[M]}{k_p[M] + 2(fk_d k_{tc}[I])^{1/2}} \tag{9.50}$$

$$\frac{1}{q} = 1 + \underbrace{\frac{2(fk_d k_{tc}[I])^{1/2}}{k_p[M]}} \tag{9.51}$$

$$(2/\overline{x}_n) \quad (\xi = 1\text{일 때}) \tag{9.27b}$$

위 식들로부터

$$\overline{x}_n = \frac{2q}{1-q} \tag{9.52}$$

x 단위들로 이루어진 죽은 사슬은, 하나는 y 단위들을 포함하고 다른 하나는 $x-y$ 단위들을 포함하는 두 개의 성장 사슬의 결합에 의해 형성된다.

$$P_y\cdot + P_{(x-y)}\cdot \rightarrow P_x \tag{9.53}$$

성장하는 사슬 한 개는 $y-1$의 성장 단계를 겪었고, 각 확률은 q이다. 다른 한 개의 사슬은 $x-y-1$의 성장 단계를 겪었고, 각 확률은 q이다. 두 성장 사슬은 각각 $1-q$의 확률로 반응이 종결된다. 그러나 x 단위로 구성된 각 죽은 사슬은 $x-1$ 가지의 다른 방법으로 형성되었을 수 있다. 예를 들면

x	y와 $(x-y)$의 가능한 조합
2	1+1
3	2+1; 1+2
4	3+1; 2+2; 1+3
5	4+1; 3+2; 2+3; 1+4

그리고 총 x 단위의 사슬을 형성하기 위한 가능한 모든 방법이 계산되어야 한다. 그러므로

$$\frac{n_x}{N} = (x-1)q^{(y-1)}q^{(x-y-1)}(1-q)^2 = (x-1)(1-q)^2 q^{(x-2)} \tag{9.54}$$

이 분포에서

$$\overline{x}_n = \frac{2}{1-q} \tag{9.55}$$

부가 단계에 혼입된 첫 번째 단량체는 이제 각각의 사슬들에 대한 것으로 고려되고 있기 때문에, 식 9.43에 의해 주어진 값보다 2배 크며, 또한

$$\overline{x}_w = \frac{2+q}{1-q} \tag{9.56}$$

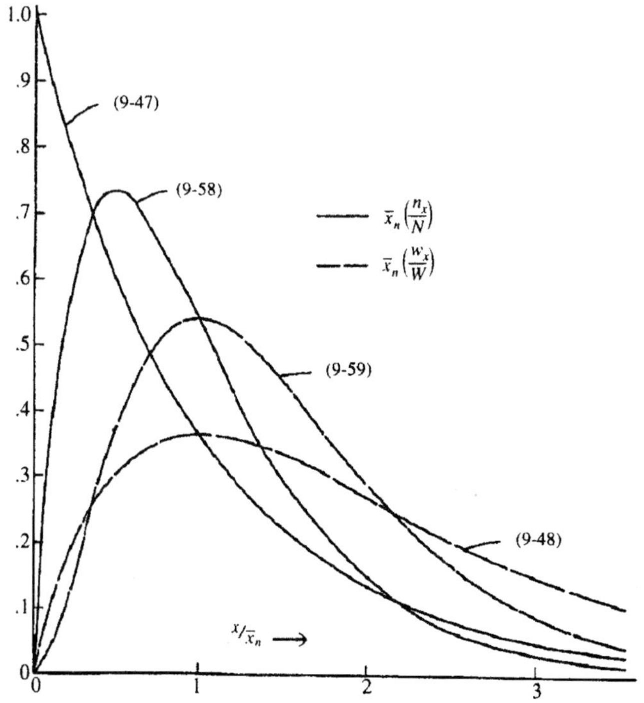

그림 9.4 자유 라디칼 부가 중합에서 사슬 길이의 순간 수 및 무게 분율 분포. 식 9.47과 9.48은 불균화 및 사슬 이동에 의한 종결 반응에 관한 식이고, 식 9.58과 9.59는 결합에 의한 종결 반응에 관한 식이다.

$$\frac{\bar{x}_w}{\bar{x}_n} = \frac{2+q}{2} \tag{9.57}$$

$q \to 1$, $\bar{x}_n \gg 1$이고 $\ln q \approx q - 1$인 일반적인 자유 라디칼의 경우에는 다음과 같다.

$$\frac{n_x}{N} \approx \frac{4x}{\bar{x}_n^2} \exp\left(-\frac{2x}{\bar{x}_n}\right) \tag{9.58}$$

$$\frac{w_x}{W} \approx \frac{4x^2}{\bar{x}_n^3} \exp\left(-\frac{2x}{\bar{x}_n}\right) \tag{9.59}$$

$$\frac{\bar{x}_w}{\bar{x}_n} \approx 1.5 \tag{9.60}$$

이것들의 분포를 그림 9.4에 환산 형태로 나타내었다. 결합에 의한 반응 종결은 두 개의 매우 짧은 또는 두 개의 매우 긴 거대 라디칼끼리 결합할 확률이 낮기 때문에, 분포 곡선이 더욱 날카로워진다는 것에 주목하라.

위에서 기술한 바와 같이, 결합에 의해 종결된 사슬들은 불균화 또는 사슬 이동에 의해 종결된 사슬과는 다른 분포를 보인다. 만약 두 가지 분포를 따라 형성된 사슬이 모두 포함된 재료라면(예를 들어 본질적으로 결합에 의해 종결된 시스템에 사슬 이동제가 첨가된 경우), Kenat 등[2]이 자세하게 설명한 것처럼 그 분포는 각각의 비율(몰분율 또는 질량 분율)에 따라서 합해진 분포를 보일 것임에 틀림없다. 이 상황을 해결하기 위해, 결합에 의해 종결된 사슬의 몰(또는 수)분율을 ψ라고 하자. 결합에 의해 종결된 사슬의 무게 분율은 $2\psi/(\psi+1)$이다. 속도론적 변수를 이용하면 ψ는 다음과 같이 주어진다.

$$\psi = \frac{2-\xi}{[\xi + \{k_{tr}[\mathrm{R}' : \mathrm{H}]/k_t f k_d[I]^{1/2}\}]} \tag{9.61}$$

여기서 ξ는 식 9.26에 의해 정의된다. ψ를 이용하여 일반적인 분포를 나타내면 다음과 같다.

$$\bar{x}_n\left(\frac{n_x}{N}\right) = \left[\psi(\psi+1)^2\left(\frac{x}{\bar{x}_n}\right) + (1-\psi^2)\right]\exp\left[-(\psi+1)\left(\frac{x}{\bar{x}_n}\right)\right] \tag{9.62}$$

$$\bar{x}_n\left(\frac{w_x}{W}\right) = \left[\psi(\psi+1)^2\left(\frac{x}{\bar{x}_n}\right) + (1-\psi^2)\right]\left(\frac{x}{\bar{x}_n}\right)\exp\left[-(\psi+1)\left(\frac{x}{\bar{x}_n}\right)\right] \tag{9.63}$$

$$\bar{x}_w/\bar{x}_n = \frac{4\psi+2}{(\psi+1)^2} \tag{9.64}$$

종결이 전적으로 불균화 및 사슬 이동을 통해 일어난 경우는 $\psi=0$이고, 식 9.62~9.64는 식 9.42~9.49가 된다. 또 종결이 결합에 의해 지배적으로 일어난 경우는 $\psi=1$이고, 그들은 식 9.58~9.60이 된다. 그러나 이러한 새로운 식들은 또한 다양한 혼합 형태의 종결 반응에 대해서도 설명이 가능하게 한다.

예제 9.8 예제 9.1의 스타이렌 중합에서, **반응 시작점에서의 조건**(*for conditions at the start of the reaction*)인 q와 $\bar{x}_n$을 계산하시오. 사슬 이동은 무시하며, 스타이렌은 60°C에서 결합에 의해 반응이 종결되었으므로 $k_t = k_{tc}(\xi=1)$이다. $[M]_0 = 8.72$ mol/L이다.

풀이 식 9.39에 $[M]=[M]_0$와 $[I]=[I]_0$ 그리고 예제 9.1에서의 속도 상수를 대입하면 $q=0.9954$가 된다. 이것은 전형적인 자유 라디칼 부가 중합 반응의 초기에서 $q\rightarrow 1$임을 보여 준다.

반응 종결은 결합에 의해 일어나므로, 식 9.55를 이용하면 $\bar{x}_n = 434$ ($\overline{M}_n = 45,200$)를 얻는다. 이로써 분자량이 큰 중합체를 곧바로 얻을 수 있다.

9.9 순간 양

식 9.13으로부터 중합 속도는 순간의 양임을 명백하게 알 수 있다: 그것은 반응기 내에서

특정 순간(*particular instant*)(그리고 위치, 그 물질에 대한)에 존재하는 $[M]$, $[I]$, T(속도 상수의 온도 의존성을 통해서)의 특정 값에 의존한다. 균질한 등온 회분식 반응(예제 9.1)에서, 시간에 따라 $[M]$과 $[I]$ 모두 감소하기 때문에 중합 속도는 감소한다. 유사한 방식으로, 식 9.35에 따라 $\bar{x}_n$은 $[M]$, $[I]$, T 및 $[R':H]$에 대한 함수이며, 이들 모두는 시간(및/또는 위치)에 따라 달라질 수 있다. 그러나 순간 $\bar{x}_n$의 개념은 타당한가? 개별 사슬이 활동하는 동안 이것들은 얼마나 많은 양이 변하는가? 이 중요한 점은 다음 예제를 통해 명확해진다.

예제 9.9 예제 9.1의 균질 등온 회분식 중합을 생각해 보시오. **반응의 시작점**(*at the start of the reaction*)에서의 조건에 대해 다음을 계산하시오.

(a) 성장하는 사슬의 평균 수명 $\bar{t}$를 계산하고, 그것을 단량체 및 개시제의 반감기와 비교하시오.

(b) $\bar{t}$의 시간 간격 동안 개시제 농도에서의 감소(%)

(c) $\bar{t}$의 시간 간격 동안의 전환율, 그리고

(d) 반응물의 리터당 성장하는 중합체 사슬의 수

부가적으로 필요한 데이터; $k_p = 176$ L/mol·s

풀이 (a) 이것은 항상 개념적으로 어렵다. 특정한 거리를 주파하기 위해 일정한 속도로 주행하는 차량에 요구되는 시간을 계산한다고 생각해 보라. 여기서 거리는 속도 사슬 길이 v(식 9.22), 사슬의 수명 동안 사슬에 부가된 단량체 단위의 평균 수에 대응한다(종결 방식은 중요하지 않다는 것에 유의하시오). 속도는 단량체가 단일 사슬에 부가되는 속도에 대응한다. 단량체는 속도 r_p로 모든 사슬(반응물의 단위 부피당)에 부가된다. 반응물의 단위 부피에서, 성장하는 사슬 $[P\cdot]$이 있다. 그러므로 단일 사슬에 단량체가 부가되는 속도는 $r_p/[P\cdot]$이다. 그리고

$$\bar{t} = \frac{v[P\cdot]}{r_p}$$

식 9.12, 9.13, 9.22에 따라 다음과 같이 나타난다.

$$\bar{t} = \frac{1}{2(fk_d k_t[I])^{1/2}}$$

주어진 속도 상수와 $[I] = [I]_0 = 0.05$ mol/L를 식에 대입하면 $\bar{t} = 0.141$ s를 얻을 수 있다! 그림 9.1로부터 50%의 전환율에 도달하는 시간(단량체의 반감기)은 대략 8시간이다. 식 9.16*b*로부터 $(I/I_0) = 0.5$에 도달하는 시간은 $-(\ln 0.5)/k_d$ 또는 20시간이다.

(b) 우리는 극도로 짧은 평균 사슬 수명에서 부피의 변화를 완전히 무시할 수 있으므로 $(I/I_0) = ([I]/[I]_0) = \exp(-k_d\bar{t})$(9.16*b*)이 된다.

$\bar{t}=0.141/s$에서

$$[I]\text{에서 감소한 }\% = 100\left(1-\frac{[I]}{[I]_0}\right) = 1.35\times 10^{-4}$$

(c) (b)의 결과는 식 9.15를 사용하여 증명할 수 있다. $\bar{t}=0.141/s$에 따라 $X=3.36\times 10^{-6}$ $=3.36\times 10^{-4}\%$이다.

(d) 식 9.12로부터 $[P\cdot]=1.35\times 10^{-7}$ 성장하는 사슬 몰수/L를 얻는다. 또는 Avogadro 수인 6.02×10^{23} (성장하는 사슬 수/성장하는 사슬의 몰수)를 곱하면, 8.14×10^{16} 성장하는 사슬 수/L가 된다.

앞의 예제를 통해 몇몇 중요한 결론들을 얻을 수 있다. 일반적으로 균질한 자유 라디칼 부가 중합법의 경우, 순간적으로 수많은 사슬이 성장한다. 그러나 성장하는 사슬의 평균 수명은 단량체나 개시제의 반감기보다 수 자릿수만큼 극단적으로 짧다. 일단 하나의 사슬이 하나의 개시제 분자에 의해 분해되어서 개시되면(이 반응이 느린 반응임을 상기하라.), 사슬은 순식간에 성장하고 반응이 종결되며, 종결된 사슬은 더 이상 반응에 참여할 수 없다(만약 예제 9.6에서와 같이 사슬 이동제로서 작용하지 않는다면). 그리고 더 많은 사슬이 생기는 동안 종결된 사슬은 단지 비활성인 채로 가만히 있는다. 이 점이, 사슬은 항상 말단 반응성을 유지하고 반응을 통해 성장을 지속하는 단계 성장 중합과 대비되는 것이다(표 9.1 참조).

사실 자유 라디칼 사슬의 수명은 너무 짧아서 완전히 무시할 수 있다. 그러므로 $[M]$, $[I]$, T 및 $[R'{:}H]$이 특정한 조합의 값을 가질 때, 특정 순간에 형성된 사슬의 상태를 완벽하게 정의할 수 있다. 이 시점에 정의되는 모든 양들($\bar{x}_n$, $\bar{x}_w$, q), 그리고 사슬 길이의 분포들은 단지 그 순간에서의 양이다. 이런 이유로, 이전의 예제들에서 그것들을 계산하기 위해 '반응이 시작될 때'라는 조건들을 명시하는 것이 필요했던 것이다.

9.10 누적 양

안타깝게도(간편함을 위해서), 반응기 내에서 조건이 변하고, 따라서 순간적인 양도 변하기 때문에 시간의 함수로서 $\bar{x}_n$과 $\bar{x}_w$를 정확하게 결정하는 것은 매우 어렵다. 반응기 내의 중합체는 온도와 농도가 변하는 조건에서 형성된 재료들의 혼합물이며, 따라서 **누적**(*cumulative*) 양, 즉 반응기에서 표본이 채취되기 전까지 형성된 재료의 순간적인 양의 평균을 누적한 양으로 특정지어져야만 한다. 누적 수평균 사슬 길이 $\langle\bar{x}_n\rangle$은 죽은 사슬의 전체 몰수에 대한 중합된 단량체의 전체 몰수의 비로 간단히 구할 수 있다.

표 9.1 단계 성장 중합(8장)과 부가 중합(9장)의 비교

특징	단계 성장 중합	부가 중합
전형적인 단량체 구조	두 개의 유기 작용기를 지니는 이작용기 단량체 (아민류, 알코올류, 산류 등)	중합할 수 있는 이중 결합을 갖는 단량체(바이닐, 아크릴레이트 단량체)
50% 전환율에서 중합 과정 중의 반응기 내용물	$p=0.5$; 50%의 작용기가 반응, $\bar{x}_n=2$. 오직 작은 사슬들만이 존재함	$X=0.5$; 반응기 안에 큰 중합체 사슬과 단량체가 혼재. $\bar{x}_n$은 개시제 농도에 의존
반응 속도(속도론)	일반적으로 느림; 작용기의 반응성에 의존; 이량체, 삼량체 등, 반응 시작부터 시럽과 같이 점성이 있는 용액을 만들면서 반응이 시작됨	일반적으로 빠름; 높은 전환율에 도달하기 전까지 용액에는 주로 단량체가 포함되어 있어서, 상대적으로 낮은 점도의 용액 상태를 유지
개시제 유무	없음	일반적으로 필요함
온도의 효과	Arrhenius 거동	Arrhenius 거동
네트워크와 젤	삼(또는 그 이상)작용기를 가지는 단량체(A_3)와 임계 젤화점을 넘기 위한 충분히 높은 전환율이 필요	단량체에 있는 다수의 중합 가능한 이중 결합을 통해 그물 구조를 형성; 젤은 반응 전파가 시작되자마자 형성되기 시작(낮은 전환율일지라도)

$$\text{죽은 사슬에서의 단량체 몰수} = M_0 - M(t) = M_0X(t)$$

$$\text{죽은 사슬의 생성 몰수} = f\xi\{I_0 - I(t)\} + \{\mathrm{R}' : \mathrm{H}_0 - \mathrm{R}' : \mathrm{H}(t)\}$$

(불균화에 의한 반응 종결에서, 각각의 연속 개시 반응에 의해서 두 개의 죽은 사슬이, 결합에 의해서는 하나의 죽은 사슬이 만들어진다; 따라서 ξ가 필요하다. 사슬 이동제와 반응한 분자도 하나의 죽은 사슬을 만든다) 그러므로,

$$<\bar{x}_n>(t) = \frac{M_0X(t)}{f\xi\{I_0 - I(t)\} + \{\mathrm{R}' : \mathrm{H}_0 - \mathrm{R}' : \mathrm{H}(t)\}} \tag{9.65}$$

(만약 부피 변화를 무시하고 싶다면, 농도를 구하기 위해 모든 몰량에 대괄호를 쳐서 농도로 표시할 수 있다.) 위의 식은 $t=0$에서 쉽게 가늠할 수 없음을 유의하라. 그러나 $t=0$에서 $\bar{x}_n=<\bar{x}_n>=1$(단량체이다)이고, 둘 다 식 9.35에 의해서 주어진다.

$\bar{x}_n$과 $<\bar{x}_n>$ 사이의 관계를 시각화하기 위한 좋은 비유는 '잘 혼합된, 완전 단열의 욕조'이다. $\bar{x}_n$은 수도꼭지에서 나오는 물의 온도에 해당하고, $<\bar{x}_n>$는 욕조에 담긴 물의 온도에 해당한다. 그래서 위에서부터 들어간 새롭게 형성된 고분자는 기존에 만들어진 모든 고분자(욕조 안에 이미 있던 물)와 평균을 내야 한다. 욕조가 가득 차지 않는 한, 위의 비유는 회분식 반응기에서 적용될 수 있다. 만약 욕조가 가득 차 넘치게 되면, 욕조는 연속 교반 탱크 반응기로 적용될 수 있다.

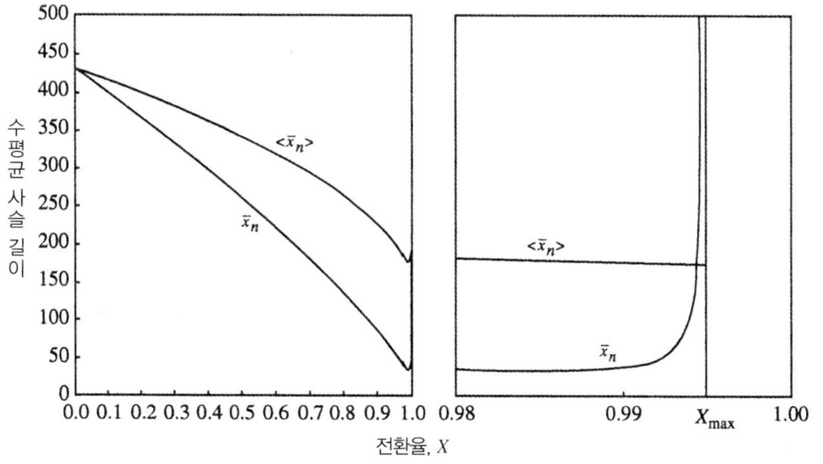

그림 9.5 등온, 자유 라디칼, 회분식 중합에서 순간 및 누적 수평균 사슬 길이 대 전환율(예제 9.10의 자료).

예제 9.10 예제 9.1과 9.9의 반응에 대하여, $\bar{x}_n$과 $<\bar{x}_n>$를 계산하고 X에 대해 그래프를 그리시오.

풀이 균질한 등온의 회분식 반응기에 대하여 X는 식 9.19(부피 변화 포함) 또는 식 9.20(부피 변화 무시)에 의해 시간의 함수로 주어진다. $I(t)$는 식 9.16b에서 주어진다. 식 9.27, 9.14, 9.16b, 9.6 및 9.17을 합치면, 다음의 식을 얻을 수 있다.

$$\bar{x}_n(t) = \frac{k_p[M]_0\{1 - X(t)\}}{\xi(fk_dk_t)^{1/2}[I]_0^{1/2}\{1 + \varepsilon X(t)\}^{1/2}\exp(-k_dt/2)} \tag{9.27'}$$

만약 사슬 이동을 포함시킬 필요가 있다면, 식 9.37에 따라 $[M]$과 연관된 $[R'{:}H]$를 포함하는 식 9.35를 이용할 수 있을 것이다. 식 9.65의 풀이와 비슷하게 다음의 식을 얻을 수 있다.

$$< x_n > (t) = \frac{[M]_0X(t)}{f\xi[I]_0\{1 - \exp(-k_dt)\}} \tag{9.65'}$$

위의 식은 시간을 독립 변수로 하고, 식 9.19 또는 9.20, 9.27′ 및 9.65′를 통해 X, $\bar{x}_n$, 그리고 $<\bar{x}_n>$을 t와 연관시킴으로써 용이하게 계산할 수 있다.

그렇지 않으면, X는 독립 변수로서 선택될 수 있고, 식 9.19 또는 9.20은 식 9.27′과 9.65′에서 사용되는, X에 대응하는 시간에 대하여 풀 수 있다. 결과는 그림 9.5와 같다. 이 경우를 주목해 보면, $\bar{x}_n$은 높은 전환율에서 최솟값을 지닌다. 사실상 그것은 궁극적으로는 무한을 향하는데, '반응 종결(dead-stop)' 중합의 예에서 $[M]$은 유한한 반면 $[I]$는 0으로 향하기 때문이다. $<\bar{x}_n>$ 또한 최솟값을 지나야 하는데, 그래프의 눈금으로서는 명확하지 않다. $\bar{x}_n$이 $<\bar{x}_n>$보다 작은 값을 갖는 한, 전자는 후자를 계속해서 낮은 값으로 향하게 할 것이다(수도꼭지로부터 더욱 차가운 물을 욕조에 넣으면 욕조의 물은 차가워진다). $\bar{x}_n$이 $\langle \bar{x}_n \rangle$보다 큰 경우에는, $\langle \bar{x}_n \rangle$을 위로 당겨 올려야만 한다(욕조에 더 따뜻한 물을 틀어 주면, 욕조의 물은 따뜻해진다). 그러므로 $\langle \bar{x}_n \rangle$이 최대 전환율인 99.48%에서 유한한 값인 173.5에 도달함에도 불구하고, 두 곡선이 교차하는 지점에서의 $\langle \bar{x}_n \rangle$이 최솟값이 되어야만 한다(인용된 숫자는 $\xi = -0.136$을 적용한 것이다. $\xi = 0$일 때는 각각 173.2와 99.30%의 값이 된다). 수도꼭지로부터 나오는 마지막 작은 물방울이 아주 뜨거울지라도, 이미 욕조에 차 있는 50갤런의 물의 온도가 올라갈 정도로 큰 영향을 주지 않을 것이다.

예제 9.10의 결과와 단계 성장 중합에서의 식 8.6을 비교해 보는 것은 유익하다. 식에서 $\bar{x}_n$은 전환율(p)이 증가함에 따라 단조롭게 증가하고, 긴 사슬의 길이를 위해서는 높은 전환율을 필요로 한다. 이것은 반응 초기에 사슬들의 길이를 완전하게 발달시키는 자유 라디칼 중합의 경우에는 해당하지 않는다.

또한 만약 시료가 반응기에서 수거되어 수평균 사슬 길이를 위해 분석되는 경우에, 결정되는 양은 $\langle \bar{x}_n \rangle$임을 기억하라. 누적 양은 반응기 내용물을 결정짓는 것이다. $\bar{x}_n$을 측정하는 유일한 방법은 $\bar{x}_n \approx \langle \bar{x}_n \rangle$일 때, 즉 아주 낮은 전환율에서의 시료를 이용하는 것이다.

9.11 회분식 반응기에서의 순간 및 누적 평균 사슬 길이

회분식 반응기에서 어떤 순간 또는 누적 평균 사슬 길이가 전환율의 함수로 주어지면, 나머지 변수들은 아래와 같이 계산될 수 있다. 전환율의 정의를 상기해 보면,

$$X \equiv \frac{M_0 - M}{M_0} \tag{9.14}$$

전환율 X까지 중합되는 단량체의 몰수는

$$M_0 = M = M_0 X$$

반면에 전환율의 **증가분**(*increment*) dX에서의 중합된 단량체의 몰수는

$$dM = M_0 dX$$

전환율의 증가분 dX에서 형성된 **중합체 사슬**(*polymer chain*)의 몰수는

$$dN = \frac{dM}{\bar{x}_n} = \frac{M_0 dX}{\bar{x}_n}$$

전환율 X까지 형성된 중합체 사슬의 전체 몰수는 dN을 적분함으로써 구할 수 있다.

$$N = \int_0^x dN = \int_0^x \frac{M_0 dX}{\bar{x}_n}$$

그러나 $<\bar{x}_n>$의 정의에 의해 N은 또한 다음과 같이 주어진다.

$$N = \frac{\text{전환율 X까지 중합된 단량체 몰수}}{<\bar{x}_n>} = \frac{M_0 X}{<\bar{x}_n>}$$

N에 대한 두 식을 같게 하면

$$<\bar{x}_n> = \frac{X}{\int_0^x (dX/\bar{x}_n)} \tag{9.66}$$

식 9.66을 미분하면 결과는 반전된다.

$$\bar{x}_n = \frac{dX}{d(X/<\bar{x}_n>)} \tag{9.67}$$

식 5.6은 혼합물 중 유한한 요소의 무게 평균의 합으로서 혼합물의 무게 평균을 제시한다. 무게 평균 사슬 길이 $\bar{x}_w$의 **미분**(*differential*) 성분들의 혼합물에서 이것은 다음과 같이 일반화될 수 있다.

$$<\bar{x}_w> = \frac{\int_0^x \bar{x}_w dW_p}{\int_0^x dW_p} = \frac{1}{W_p}\int_0^x \bar{x}_w dW_p$$

여기서

dW_p=전환율 증가분 dX에서 형성된 중합체의 무게

W_p=전환율 X까지 형성된 중합체의 총 무게

이제 $W_p=W_0X$와 $dW_p=W_0dX$이고, 여기에서 W_0는 공급된 단량체의 무게이다.

$$<\bar{x}_w> = \frac{1}{X}\int_0^x \bar{x}_w dX \tag{9.68}$$

그리고 식 9.68을 미분하면 다음의 식을 얻을 수 있다.

$$\bar{x}_w = <\bar{x}_w> + X\left(\frac{d<\bar{x}_w>}{dX}\right) \tag{9.69}$$

물론 $\bar{x}_n$과 $\bar{x}_w$ 사이의 관계는 순간 분포의 특성에 의해 미시적 규모로 결정되며, 이들의 관계는 식 9.64에서 주어지는 순간 다분산 지수 $\bar{x}_w/\bar{x}_n$를 결정한다. 그러나 이것은 반응기의 생성물을 특정짓는 순간 다분산 지수가 아니라, 오히려 누적 다분산 지수인 $<\bar{x}_w>/<\bar{x}_n>$이다. 순간 다분산 지수가 일정하게 유지될지라도, 반응이 일어나는 동안 순간 평균들이 변한다면(예제 9.10에서처럼), 누적 분포는 순간적인 것보다 더 넓어져야 하고, 누적 다분산 지수는 증가한다(예제 5.2는 단순 정량 설명을 보여 준다). 이것이 상업적

인 고분자가 식 9.64에 의해 주어진 최솟값보다 훨씬 큰 다분산 지수들을 종종 나타내는 이유 중의 하나이다.

아래의 '로드맵(road map)'은 하나가 전환율의 함수임을 알고 있을 때 여러 평균들 사이에서의 관계를 어떻게 얻는지를 요약하고 있다.

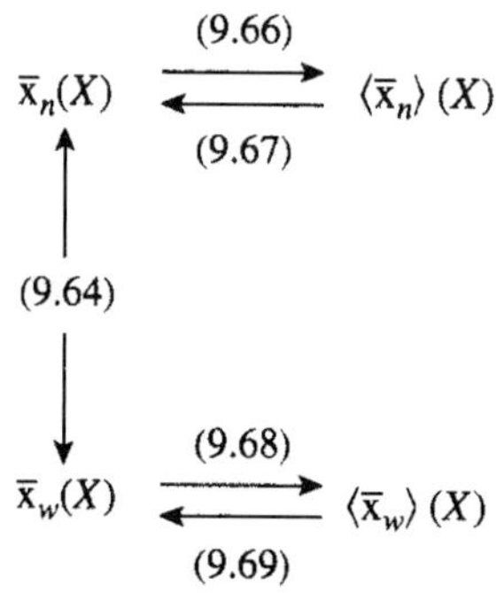

$<\bar{x}_n>$과 $<\bar{x}_w>$는 반응기로부터 샘플을 채취하여 실험적으로 결정될 수 있지만, $\bar{x}_n$과 $\bar{x}_w$는 단지 유한한 전환율에서 계산을 통해서만 얻어질 수 있음을 기억하라.

예제 9.11 다음의 어떤 등온 반응기가 자유 라디칼 부가 중합에서 가장 좁은 사슬 길이의 분포를 생산할 것인가? 연속 교반 탱크 반응기(continuous stirred tank reactor, CSTR 또는 backmix), 회분식 반응기(사전의 각 단계에서 완전 교반율 가정), 플러그 흐름 관류 반응기, 또는 층류 관형 반응기

풀이 CSTR에는 연속적인 반응물의 유입과 생성물(고분자)의 유출이 이루어지는 크고 잘 혼합되는 탱크가 있다. 이상적인 연속 교반 탱크 반응기에서, 탱크 내의 $[M]$과 $[I]$는 일정하고, 따라서 $\bar{x}_n$도 일정하다. 이것은 단지 반응의 미시적인 무작위 특성 때문에, 가장 좁은 사슬 길이의 분포를 갖게 한다. 이상적인 CSTR에서 $<\bar{x}_w>/<\bar{x}_n> = \bar{x}_w/\bar{x}_n$이다. 회분식 반응기에서는 고분자가 생성됨에 따라 $[M]$과 $[I]$가 감소한다. 반응물이 관을 통해서 흐를 때 반응이 일어나는 두 개의 관형 반응기에서, $[M]$은 반응한 혼합물이 입구에서 출구로 이동함에 따라 감소한다. 뒤의 세 개의 반응기에서는 각각 $\bar{x}_n$이 전환율에 따라 변하는데, 사슬 길이의 분포가 넓어져서 $<\bar{x}_w>/<\bar{x}_n> > \bar{x}_w/\bar{x}_n$의 관계가 된다. 온도의 변화(발열 중합에서는 흔히 일어난다)는 속도 상수가 변하는 원인이 될 수 있으며, 따라서 분포의 폭을 넓히는 데 기여할 수 있음을 유의하라.

예제 9.12 $[M]_0 = 1.6901$ gmol/L이고, $[I]_0 = 1.6901 \times 10^{-3}$ gmol/L인 단량체의 등온, 자유 라디칼 회분식 중합에 대해 생각하시오. 반응 온도에서 $k_p^2/k_t = 26.1$ L/mol/s이고 $k_d = 4.369 \times 10^{-7}/\text{s}^{-1}$이다. 이 특정한 고분자가 불균화($\xi = 2$)에 의해 반응을 종결한다. 사슬

이동은 무시하며, 반응기는 완전 혼합이고 $f = 1$임을 가정하시오. 이 반응은 더 묽은 용액에서 이루어지므로, 부피 변화는 무시할 수 있다. 이 시스템에서 $\bar{x}_n$과 $<\bar{x}_n>$, $\bar{x}_w$, $<\bar{x}_w>$, $<\bar{x}_w>/<\bar{x}_n>$을 전환율에 대해 계산하고 도시하시오.

힌트 이런 특정한 시스템의 경우 (k_p^2/k_t)은 매우 크고 k_d는 작다(예제 9.1과 비교하시오). 이것은 몇 가지 중요한 결과를 가진다. 첫 번째로 사슬 길이는 엄청나게 커질 것이다. (이 예제가 실제 시스템을 기반으로 하고 있더라도, 실제로 사슬 길이는 제한적이다. 즉, 사슬은 계산된 길이에 도달하기 전에 반응물에서 다른 **어떤** 것으로 이동할 수 있다). 둘째로 $[I]$는 반응 과정 내내 기본적으로 일정하게 유지된다. 결과적으로 $\bar{x}_n$은 X에 대해 선형이다 (이유는 식 9.27a와 9.14를 결합해 보면 알 수 있다). 이 관계는 식 9.66~9.69의 간단한 분석적 평가를 할 수 있게 만들지만, 식 9.65는 쓸모없게 만든다.

풀이 힌트에 나온 제안을 따르면 다음과 같은 결과가 나온다.

$$\bar{x}_n = \frac{k_p[M]_0}{\xi(fk_d k_t)^{1/2}[I]^{1/2}}(1 - X) = 158900(1 - X)$$

식 9.66에 이 관계를 대입하면 다음과 같이 식이 주어진다.

$$< \bar{x}_n >= \frac{158900X}{\int_0^x [dX/(1-X)]} = \frac{158900X}{-\ln(1-X)}$$

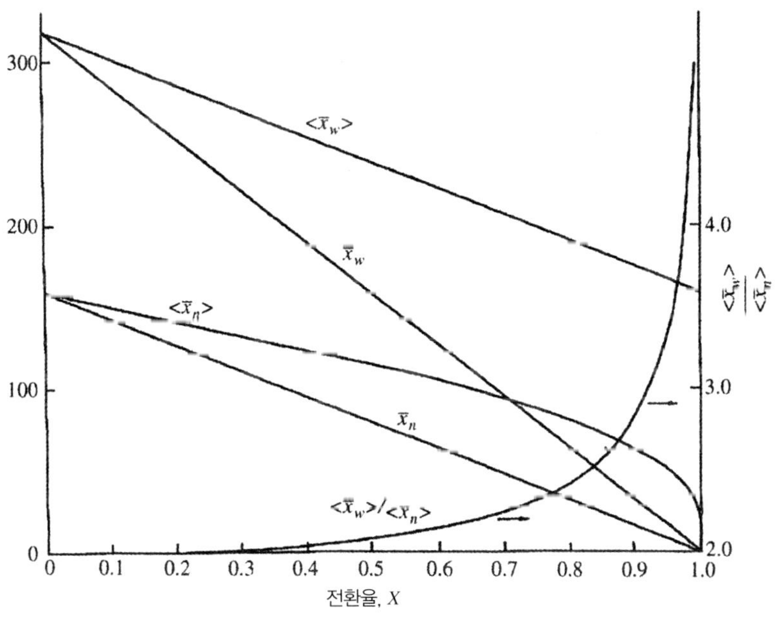

그림 9.6 등온, 자유 라디칼 회분식 중합(예제 9.12)에서의 순간과 누적 수평균 사슬 길이 및 무게 평균 사슬 길이, 그리고 누적 다분산 지수.

이제 $\xi=2$이고 $\psi=0$일 때, 식 9.64 또는 9.49로부터 $\bar{x}_w=2\bar{x}_n$임이 주어진다. 따라서

$$\bar{x}_w = 3178000(1 - X)$$

이 관계가 식 9.68에 대입되면, 다음의 식을 얻을 수 있다.

$$< \bar{x}_w >= \frac{1}{X}\int_0^x x_w dX = \frac{317800}{X}\int_0^x (1 - X)dX = 317800\left(1 - \frac{X}{2}\right)$$

이 식들을 기반으로 해서 도시하면 그림 9.6과 같이 나타난다. 높은 전환율에서 다분산 지수는 2.0의 최솟값(순간적인 값)보다 위로 급등하기 시작한다는 것을 명심하시오.

만약 다분산 지수를 최소로 유지하는 것이 필요하다면(더 짧은 사슬 길이일지라도), 순간 사슬 길이에서의 이동은 사슬 이동제의 반응기 투입 속도를 변경하여 보충될 수 있다. 예제 9.12에서 활성제의 매우 높은 초기 속도는 전환율이 증가됨에 따라 줄어들 수 있고, 그렇게 함으로써 그렇게 하지 않으면 발생하는 $\bar{x}_n$의 감소(그리고 다분산 지수의 증가)를 해결할 수 있다. $\bar{x}_n$을 일정하게 유지하기 위해서 사슬 이동제의 첨가 속도를 조절하는 것은 회분식 반응기[3]와 연속식 반응기[2]에서 논의되어 있다.

예제 9.12는 때때로 '중합 반응 공학(polymer reaction engineering)'이라고 불리는, 가장 간단하고 가능성 있는 설명 중 하나로 여겨진다. 예제 9.1에서의 변수 치환이나 사슬 이동을 포함하는 것과 같은 약간 복잡한 문제조차도 수치 해법을 필요로 할 것이다. 기본적인 원리가 있지만, 추가적인 상세한 설명은 이번 장의 범위를 넘어선다. 그러나 가능하면 비등온 반응기와 같은 반응기에 이런 원리들을 적용해 보기를 바란다.

9.12 유화 중합

앞에서 논의된 자유 라디칼 부가 중합은 균질한 반응에서만 고려될 수 있다. 상당히 많은 고분자는 일반적으로 유화 중합으로 알려진 복잡한 **불균질**(*heterogeneous*) 자유 라디칼 부가 공정에 의해 생산된다. 이 공정은 제2차 세계대전 동안 미국에서 합성 고무를 생산하기 위해 개발되었다. 유화 중합 메커니즘의 합리적인 해석은 Harkins[4]에 의해 제시되었고, 전쟁이 끝나고 다양한 지역에서 모여진 정보가 자유롭게 교환되면서 Smith와 Ewart[5]에 의해 정량화되었다. 아마도 이 주제를 소개하는 가장 좋은 방법은 일반적인 반응기에 넣는 원료를 목록화하는 것이다.

일반적인 유화 중합의 원료
100부(중량으로)의 단량체(불수용성)
180부의 물
2~5부의 지방산 계면 활성제(유화제)
0.1~0.5부의 **수용성**(*water-soluble*) 개시제
0~1부의 사슬 이동제(단량체에 녹을 수 있는)

계면 활성제는 단량체가 물방울 형태로 분산되어 있는 에멀션(유화액)을 형성하도록 돕는 중요한 요소이다. 계면 활성제는 일반적으로 알케인에 기반한 R기들이 가지는 유기산이나 황산의 소듐염 또는 포타슘염이다.

계면 활성제들이 낮은 농도로 물에 첨가되면, 이온화되어서 염화 소듐의 이온만큼 자유롭게 떠다닐 수 있다. 그러나 음이온들은 높은 친수성(물로 향하는) '머리(head)'(COO^- 또는 SO_3^-)와 소수성(물을 피하는)인 유기의 '꼬리(tail)'(R)로 구성되어 있다. 계면 활성제의 농도가 증가함에 따라, 음이온들이 개인적으로 떠다니기보다는 **마이셀**(*micelle*)로 뭉치기 시작하는 함량에 급작스럽게 도달된다. 이런 마이셀들은 5~6 nm의 매우 작은 크기를 가지고 있어서 광학 현미경으로는 볼 수 없다(그러나 오일과 비니거 샐러드 드레싱이 담긴 병을 흔들면 보이는 것처럼, 마이셀들이 성공적으로 에멀션을 형성하면 용액이 뿌옇게 변한다). 마이셀들은 내부에 소수성의 꼬리들이 엉켜 있고(물에서부터 가능한 한 멀리) 친수성의 머리가 밖을 향해 있다. 이 과정은 계면 활성제의 농도에 따라 전기 전도도나 표면 장력과 같은 다수의 용액 특성의 변화를 추적함으로써 쉽게 관찰된다(그림 9.7 참조). 계면 활성제의 농도가 증가하면서 마이셀이 형성되기 시작할 때 기울기에서 변화가 생기게 되

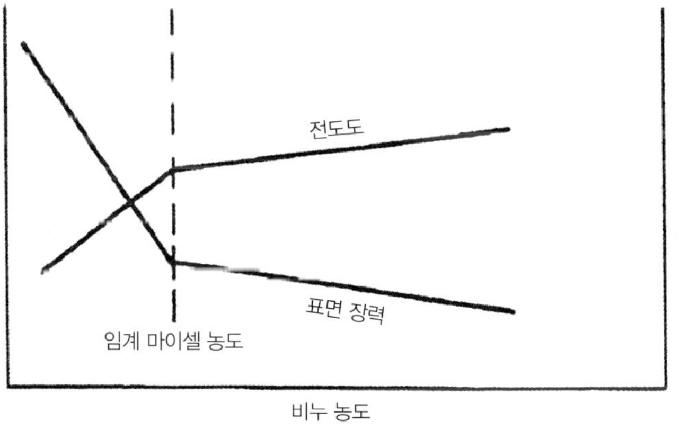

그림 9.7 CMC를 정의하기 위한 용액 특성의 변화.

는데, 이때를 **임계 마이셀 농도**(*critical micelle concentration*) 또는 CMC라고 한다.

유기 단량체가 수용성의 마이셀 용액에 첨가되면, 유기 단량체는 자연적으로 마이셀 내부의 유기 환경을 선호한다. 그것들 중 일부는 마이셀 내부에서 모이게 되고, 표면 장력에 의한 수축력과 평형을 이룰 때까지 마이셀은 팽윤한다. 그러나 대부분의 단량체는 계면 활성제에 의해 안정화된 훨씬 큰 액적(1 μm 또는 1000 nm)의 형태로 분산된다. 이런 복합체 혼합물을 **에멀션**(*emulsion*)이라고 한다. 계면 활성제의 세정 작용은 비누와 세제가 널리 사용되고 있는 이유로서, 계면 활성제가 오일이나 윤활유 등을 유화시킨다.

대부분의 단량체는 액적 형태로 존재함에도 불구하고, 팽윤된 마이셀은 그 크기가 매우 작기 때문에 액적보다 대단히 큰 표면적을 가진다. 이는 마이셀의 부피가 액적의 1/10인 것을 가정하고, 위에 주어진 추정치를 사용하여 쉽게 확인할 수 있다. 구에서 표면적/부피의 비가 3/R이므로

$$\frac{S_{\text{마이셀}}}{S_{\text{액적}}}=\left(\frac{V_{\text{마이셀}}}{V_{\text{액적}}}\right)\left(\frac{R_{\text{액적}}}{R_{\text{마이셀}}}\right)\approx\left(\frac{1}{10}\right)\left(\frac{1000}{5}\right)=20$$

그림 9.8에 유화 중합에 존재하는 구조들을 나타내었다.

고전적인 유화 중합을 위한 자유 라디칼들은 일반적으로 과황산 포타슘염 또는 과황산 암모늄염과 같은 수용성 개시제들의 분해에 의해 **수상에서**(*in the aqueous phase*) 발생된다.

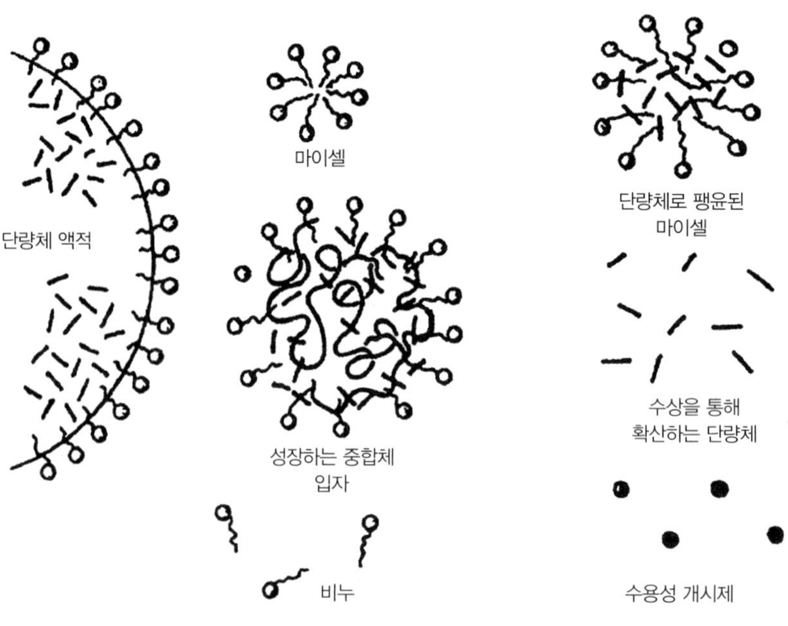

그림 9.8 에멀션 중합에서의 구조.

$$\underset{\text{과황산 이온}}{S_2O_8^{2-}} \rightarrow \underset{\text{황산 이온 라디칼}}{2\,^{-}SO_4\cdot}$$

미량 촉매의 산화 및 환원의 교대 반응을 포함하는 레독스 시스템은, 개시 단계에서 자유 라디칼을 발생시키는 대체제 중의 하나이다. 예를 들어

$$1.\ \underset{\text{과황산 이온}}{S_2O_8^{2-}} + \underset{\text{중아황산 이온}}{HSO_3^-} \rightarrow SO_4^{2-} + {}^{-}SO_4\cdot + HSO_3\cdot$$

$$2.\ S_2O_8^{2-} + Fe^{2+} \rightarrow SO_4^{2-} + Fe^{3+} + {}^{-}SO_4\cdot$$

$$3.\ HSO_3^- + Fe^{3+} \rightarrow HSO_3\cdot + Fe^{2+}$$

$$\text{알짜 반응}\quad S_2O_8^{2-} + HSO_3^- \rightarrow SO_4^{2-} + {}^{-}SO_4\cdot + HSO_3\cdot$$

전시에 본래의 GR-S, 폴리(뷰타다이엔-co-스타이렌)은 50°C에서 과황산 포타슘염을 개시제로 사용하여 중합되었다('뜨거운' 고무). 더 효율적인 레독스 시스템을 이용하여, 5°C까지 중합 온도를 낮출 수 있었다('차가운' 고무). 후자는 더 낮은 중합 온도가 뷰타다이엔의 *cis*-1,4-부가 반응을 촉진하기 때문에 우수한 성능을 보인다.

그러므로 수상에서 생성된 라디칼들은 단량체와 만나기 전까지 이리저리 떠돌아다닌다. 팽윤된 단량체 마이셀의 표면적은 액적의 표면적보다 훨씬 크기 때문에, 액적으로보다 팽윤된 단량체 마이셀로 라디칼이 침투하기 용이하다. 라디칼은 마이셀 내부의 단량체와 만나자마자, 중합이 시작된다. 성장하는 마이셀 내부에서 단량체는 고분자로 전환되며, 이에 따라 내부 단량체의 농도는 낮아지게 된다. 그리고 단량체는 개시되지 않은 마이셀 및 단량체 액적으로부터 성장하는 고분자를 포함하는 마이셀로 확산하기 시작한다. 따라서 이런 전환의 초기 단계에서 라디칼에 의해 반응하지 않은 단량체 팽윤 마이셀들은, 그들의 단량체와 계면 활성제를 개시된 팽윤 마이셀들에게 잃으면서 사라진다. 이러한 반응의 첫 번째 단계를 Smith와 Ewart가 *Stage I*이라고 명명하였다. 이제 반응물은 적당한 수의 성장하는 중합체 입자(마이셀)와 단량체 액적들을 포함하는데, 이를 *Stage II*라고 명명한다.

Stage II에서, 단량체 액적들은 물을 통한 확산에 의해 성장하는 중합체 입자들에게 단량체를 공급하는 단순한 저장소의 역할을 한다. 성장하는 입자 속에서 단량체의 농도는 거의 일정한 동적 평형값을 유지하는데, 이러한 동적 평형은 농도가 더 묽은 방향(엔트로피가 증가하는 방향)으로 향하는 경향성과, 표면적을 최소화하려는 표면 장력과 반하는 효과에 의해 이끌린다. 대부분의 유기 단량체들은 일반적으로 '물에 녹지 않는(insoluble)' 것으로 생각되지만, 수상에서 단량체들의 농도는 적은 양으로도 충분해서, 중합되는 입자 내에서 단량체 농도를 유지하기 위한 충분히 높은 확산 유량을 허용한다[6]. Smith와 Ewart는 입자당 성장하는 자유 라디칼의 비율에 따라 Stage II를 3개의 하위사례로 다음과 같이 나누

었다; ≪ $\frac{1}{2}$(사례 1), = $\frac{1}{2}$(사례 2), 또는 ≫ $\frac{1}{2}$(사례 3). 다음의 서술은 실제로 종종 발생하는 사례 2에 적용된다.

라디칼과 만난 단량체-팽윤 마이셀은 **하나**(*one*)의 성장하는 사슬을 가진다. 입자당 하나의 라디칼만으로는 불균화 또는 결합에 의해 사슬의 성장 반응이 종결될 수 없고, 두 번째 개시제 라디칼이 입자에 들어올 때까지 계속해서 성장한다. 사례 2(작은 입자들과 높은 반응성을 가진 라디칼들)에서 입자 내부의 조건하에 종결 속도는 성장 속도보다 매우 빨라서 사슬 성장은 두 번째 개시제가 들어온 후 바로 종결된다[6]. 그 이후 입자는 세 번째 개시제가 들어오기 전까지 휴면기에 놓이게 되고, 세 번째 개시제가 들어오면 두 번째 사슬이 성장하기 시작한다. 이 두 번째 사슬은 네 번째 라디칼의 진입에 의해 반응이 종결될 때까지 성장하고, 이렇게 반복해서 반응이 진행된다.

9.13 STAGE II, 사례 2에서의 유화 중합의 속도론

Stage II에서의 반응물은 모든 중합이 일어나는 장소인, 안정한 다수의 단량체-팽윤 중합체의 입자들로 구성된다. 어떤 주어진 시간(사례 2에 대한)에서, 하나의 입자는 하나의 성장하는 사슬 또는 성장하지 않는 사슬(같은 비율이라고 가정)의 어느 하나를 포함하고 있다. 통계적으로, 반응물의 리터당 N개의 입자가 있다면, 반응물의 리터당 $N/2$개의 성장하는 사슬이 있는 것이다.

중합 속도는 이전에 주어진 것처럼 다음과 같다.

$$r_p = k_p[M][P\cdot] \tag{9.7}$$

여기서 k_p는 입자 내부에서의 중합에 대한 균질한 성장 속도 상수이고, $[M]$은 입자 내에서 평형 단량체 농도이다. 또한

$$[P\cdot] = \frac{N}{2A} \text{ 라디칼 몰수/반응물의 부피, L} \tag{9.70}$$

A는 Avogadro 수(6.02×10^{23} 라디칼 수/라디칼 몰수)이다. 그때의 중합 속도는 다음과 같다.

$$r_p = k_p \frac{N}{2A}[M] \tag{9.71}$$

다양한 용어를 위해서 일반적인 단위는 다음과 같다.

$$k_p[=]\frac{\dfrac{\text{단량체 몰수}}{\text{입자의 부피 L-s}}}{\dfrac{\text{단량체 몰수}}{\text{입자의 부피 L}} \times \dfrac{\text{단량체 몰수}}{\text{입자의 부피 L}}}$$

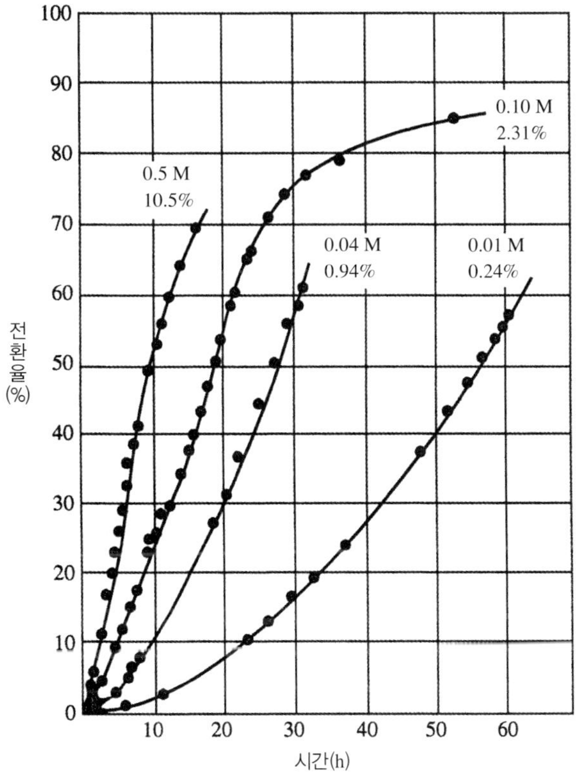

그림 9.9 전환 속도가 느린 낮은 농도(0.01 M)부터 속도가 빠른 높은 농도(0.5 M)까지 계면 활성제(포타슘 라우리에이트) 농도의 함수에 따른 아이소프렌의 유화 중합. Reprinted from Harkins[4]. Copyright 1947 by the American Chemical Society. Reprinted by permission of the copyright owner.

$$\frac{N}{2A}[=]\frac{\text{라디칼 몰수}}{\text{반응물의 부피 L}}$$

$$[M][=]\frac{\text{단량체 몰수}}{\text{입자의 부피 L}}$$

$$r_p[=]\frac{\text{단량체 몰수}}{\text{반응물의 부피 L-s}}$$

그러므로 식 9.71은 **반응물의 총 부피당**(*per total volume of reaction mass*) 중합 속도를 나타내는데, 놀랍게도 개시제 농도와 관계없는 속도를 예측하고 있다. 게다가 N과 $[M]$은 둘 다 Stage II에서 일정하기 때문에 일정한 속도가 예측될 수 있다. 이것은 그림 9.9[4]에서 나타낸 바와 같이 실험적으로 증명된다. 그림에서 Stage I과 Stage III에 의해 직선에서 벗어나는 편차가 관찰되는데, Stage I은 N이 안정화되어가는 낮은 전환율 영역이고, Stage III는 높은 전환율 영역으로서, 단량체 액적이 소진되어, 성장하는 입자 내에서 $[M]$이 일정하게 유지되기 위해 필요한 단량체를 더 이상 공급할 수 없을 때를 나타내는 영역이다. 그러므로 Stage III에서의 성장 속도는 입자 내에서의 단량체가 소진되어 감에 따라 감소하는 것이다.

반응 속도는 계면 활성제(유화제)의 농도가 증가함에 따라 증가한다는 것을 명심하라! 더 많은 계면 활성제를 사용할수록 더 많은 마이셀이 Stage I에서 생성되고, 더 많은 *N*이 Stage II에 존재하게 된다. 개시제 농도와 반응 속도와는 관계가 없다는 예상은 주의 깊게 생각해 봐야 한다. 이것은 *N*이 일정하게 유지되는 한 유효하지만, 실제적으로 *N*은 $[I]_0$가 증가함에 따라 증가한다. 반응 시작 단계에서 개시제가 많이 첨가될수록, *N*이 안정되기 전에 성장하기 시작하는 단량체–팽윤 마이셀의 수도 더욱 많이 증가한다. *N*을 추정하기 위한 방법들이 사용될 수 있다[6~8].

예제 9.13 Crud Chemicals의 The Putrid 페인트 사업부는 10%(중량으로)의 폴리(바이닐 아세테이트)와 1×10^{14} 입자 수/cm^3가 포함된 라텍스를 가지고 있다. 인테리어의 벽칠용 페인트로서 최적의 특성을 갖기 위해, 더 큰 입자 크기와 더 높은 고분자 농도가 요구된다. 이것을 달성하기 위해서 추가적으로 고분자 1부(중량으로)당 단량체 4부를 라텍스에 첨가하고 유화제의 첨가 없이 중합하도록 제안받았다. 85%의 전환율까지 반응이 진행될 것이고, 미반응 단량체는 증기로 제거되어 회수될 것이다(이런 '씨를 제거한(seeded)' 중합은 전체 반응이 Stage II에서 진행될 수 있도록 그 조건이 확립되었다). 기본적으로 60°C의 등온 반응을 유지하기 위해서 필요한 시간과 열 손실 속도(시간당 본래 라텍스의 Btu/gal)를 예측하시오. 단량체 액적이 사라지고 반응 속도가 일정하게 될 때의 전환율은 얼마인가?

데이터: $k_p = 3700$ L/mol-s (60°C에서)
$\Delta H_p = -21$ kcal/단량체 단위 몰수
ρ(고분자) $= 1.2$ g/cm^3
ρ(단량체) $= 0.8$ g/cm^3
M(단량체) $= M_r = 86$ g/mol

성장하는 고분자 입자에서 단량체의 농도는 10%(중량)이다.

풀이 먼저, 추가적인 유화제 없이 더 이상 새로운 마이셀이 형성되지 않을 것이고, 그래서 본래의 라텍스 입자는 추가적인 중합을 위한, 독점적인 반응 영역의 역할을 한다고 가정해야만 한다. 그때 $[M]$과 *N*은 식 9.71을 이용하여 구할 수 있다.

라텍스 입자 내에서 단량체와 고분자의 부피의 가성성을 가정함으로써 다음의 값을 얻을 수 있다.

$$[M] = 1.33 \text{ mol (단량체 몰수)/입자의 부피 L}$$

$N = 1 \times 10^{17}$ 입자 수/본래 라텍스의 부피 L이므로

$$\frac{N}{2A} = 8.31 \times 10^{-8}\ \text{mol(자유 라디칼의 몰수)/본래 라텍스의 부피 L}$$

그리고 식 9.71로부터 다음을 얻을 수 있다.

$$\begin{aligned} r_p &= 4.09 \times 10^{-4}\ \text{mol(단량체 몰수)/본래 라텍스의 부피 L-s} \\ &= 1.47\ \text{mol(단량체 몰수)/본래 라텍스의 부피 L-h} \end{aligned}$$

다시 물과 고분자 부피의 가성성을 가정함으로써, 본래 라텍스의 밀도가 1.02 g/cm^{3}임이 구해진다. 그러므로 본래 라텍스 1리터는 1020 g의 질량을 가지고 102 g의 고분자를 포함하며, 이것에 $102 \times 4 = 408$ g 또는 4.74 mol의 단량체가 추가된다. 반응에서 단량체 $4.74 \times 0.85 = 4.02$ mol이 전환되고, 이에 따라

$$\frac{4.02\ \text{mol(단량체 몰수)}}{\text{본래 라텍스의 부피 L}} \times \frac{\text{본래 라텍스의 부피 L-h}}{1.48\ \text{mol(단량체 몰수)}} = 2.27\ \text{h}$$

등온 반응에서 열 손실 속도는 발열 반응에 의한 열 생성 속도와 같아야 하며 ΔH_p와 r_p, 또는 31,000 cal/본래 라텍스 L/h 또는 467 Btu/본래 라텍스의 gal/h과의 곱이다.

단량체 액적이 사라질 때 반응은 Stage III에 들어가게 되고, 모든 단량체와 고분자는 팽윤된 고분자 입자 내에 있게 되는데, 그 양은 총 102 g(본래 고분자) + 408 g(추가된 단량체) = 510 g/L의 본래 라텍스가 된다. 이때 입자들은 여전히 10%의 단량체를 포함하므로, $(0.1) \times 510$ g = 51 g의 미전환 단량체가 존재하게 된다. 그러므로

$$X = 1 - \frac{M}{M_0} = 1 - \left(\frac{51}{408}\right) = 0.875\ \text{또는}\ 8.75\%$$

이 전환율 이상에서는 입자 내에서의 단량체 농도가 떨어지기 때문에 반응 속도는 감소할 것이다.

반응 속도에 미치는 $[I]_0$의 이차적인 효과에도 불구하고, 그것은 평균 사슬 길이에 강한 영향을 미친다. 라디칼 생성 반응 속도가 커질수록, 입자 내에서 사슬 성장과 종결 사이의 교체 빈도가 증가될 것이고, 그 결과 사슬 길이가 짧아질 것이다. 만약 r_c를, 사슬 이동이 없을 때의 라디칼 점유의 속도/반응물의 부피, L(반응이 종결된 사슬의 절반)로 나타내면

$$\bar{x}_n = \frac{k_p(N/2A)[M]}{(r_c/2)} = \frac{k_p N[M]}{A} \tag{9.72}$$

라디칼의 생성 속도는 오직 수상에서만 개시제가 존재하는 것이 기초가 된다.

$$r_{\text{gen}}\left(\frac{\text{라디칼 몰수}}{\text{수상의 부피 L-s}}\right) = 2k_d/\text{s}[I]\left(\frac{\text{개시제 몰수}}{\text{수상의 부피 L}}\right) \tag{9.73}$$

만약 정상 상태에서의 라디칼 농도를 가정한다면,

$$r_c\left(\frac{\text{라디칼 몰수}}{\text{반응물의 부피 L-s}}\right) = r_{\text{gen}}\left(\frac{\text{라디칼 몰수}}{\text{수상의 부피 L-s}}\right) \times \phi_a\left(\frac{\text{수상의 부피 L}}{\text{반응물의 부피 L}}\right) \tag{9.74}$$

여기서 ϕ_a는 수상의 부피 분율을 나타낸다. 그러므로

$$r_c = 2k_d[I]\phi_a = 2k_d[I'] \tag{9.75}$$

여기서 $[I'] = [I]\phi_a$로서, 반응물의 총 부피당 개시제의 몰수이며, 또한

$$\overline{x}_n = \frac{k_pN[M]}{2Ak_d[I']} \tag{9.76}$$

그러므로 사슬 길이는 개시제 농도의 1제곱에 반비례한다(식 9.27에서 균질한 중합의 2차 거동과 비교하라).

강조되어야 하는 것은, 이전 논의는 극도로 복잡한 과정을 단순화했다는 것이다. Smith와 Ewart는 심지어 Stage II에서조차 사례 2가 단순히 스펙트럼의 중앙이었다고 지적하고 있다. 스펙트럼의 한 끝단인 사례 1에서, 입자당 라디칼의 평균수는 1/2보다 훨씬 작다. 이것은 입자로부터 라디칼이 빠져 나오기 때문이라고 알려져 있다. 다른 한 끝단인 사례 3에서, 입자당 라디칼의 평균수는 1/2보다 매우 크다. 이것은 큰 입자 및/또는 작은 k_t로부터 발생되며, 이 둘은 종결 반응을 느리게 한다. 이러한 조건에서, 균질한 자유 라디칼 부가 반응에서 전개된 속도론과 메커니즘에 따라, 각각의 입자는 작은 균질한 반응기처럼 작용한다. 사례 2에서 사례 3까지의 반응 속도론의 전이는 씨를 제거한(seeded) 유화 중합에서 종종 관찰되는데, 여기서 입자들은 그 크기가 매우 커서, 반응이 진행됨에 따라 반응 시작을 함께하고 입자들로부터 성장할 수도 있다.

Smith-Ewart 이론은 물에 아주 소량만 녹는 스타이렌과 같은 단량체를 위해 개발되었다. 뚜렷하게 물에 녹는(10% 정도) 아크릴로나이트릴과 같은 단량체는 수상에서 의미 있는 균질한 개시 작용을 한다. 몇몇의 에멀션 시스템에서 입자들은 중합 과정에서 응집되어, 속도론의 서술을 어렵게 만들 뿐만 아니라 때때로 반응기를 망쳐 놓는다. 이 주제에 대한 좋은 검토는 [8~11]에서 가능하며, 참고문헌의 서적 [7, 12~15]에서도 검토할 수 있다.

9.14 요약

부가 중합은 산업적으로 매우 중요하며, 이 반응의 기초는 중합할 수 있는 이중 결합을 가진 대다수의 단량체(바이닐과 아크릴 단량체를 포함)에서 적용될 수 있는 일반적인 상식으

로 소개되었다. 자유 라디칼 중합은 3단계의 메커니즘(개시, 성장, 종결)에 의해 진행된다. 단계 성장 중합과 비교되는 부가 중합의 몇 가지 중요 특성을 표 9.1과 그림 9.1에 나타내었다. 몇 가지 용어(임계 겔화점과 같은)는 하나의 사례에서만 적합하기 때문에, 이 두 반응 메커니즘을 직접적으로 비교하는 것은 어렵다. 자유 라디칼의 속도론과 다른 유형의 중합들에 대한 많은 양의 자료들은 참고문헌 [16]에서 다룬다. 다음 장에서는 산업에서 사용되는 중합 과정의 설계뿐만 아니라 전문적인 중합들에 대해서도 살펴볼 것이다.

문제

1 순수한 스타이렌은 다른 추가적인 개시제 없이 100°C에서 중요한 열중합을 거친다. 이 열중합을 설명하기 위해서, 두 단량체 분자들의 반응을 통해 각 끝단으로부터 연쇄 성장을 개시하는 다이 라디칼이 형성된다는 메커니즘이 제안되었다.

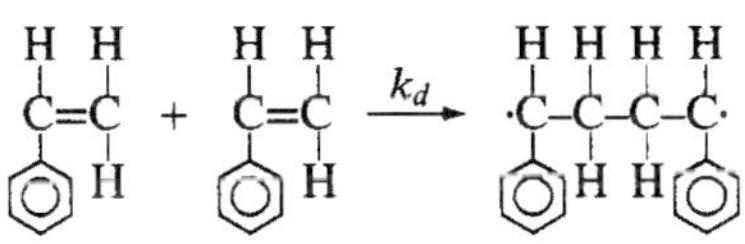

(a) 위의 반응은 속도 조절이 가능하다고 가정하고, 이 메커니즘에 따른 중합 속도의 표현식을 유도하시오.

(b) 스타이렌은 이 온도에서 불균화에 의해 반응이 정지된다. 이 메커니즘에 따른 $\bar{x}_n$에 대한 표현식을 구하시오. 사슬 이동은 무시한다.

(c) 등온 회분식 반응기에서 전환율에 따른 $\bar{x}_n$과 $\langle \bar{x}_n \rangle$, 그리고 이들 차이와의 관계를 이용하여 (b)에서 구한 답을 설명하시오.

(d) 이 메커니즘에 대한 사슬 길이의 분포는 어떻게 될 것이라고 생각하는가?

2 자유 라디칼 중합에서, 아크릴산 $CH_2{=}C(H)(COOH)$의 단량체 1 mol이 과산화 수소 0.001 mol과 함께 반응기에서 반응한다.

이 문제에서 중합 반응 동안의 부피 감소는 무시하고 사슬 이동이 없다고 가정하시오(일단 반응이 시작되면 다른 단량체로의 이동을 제외한 어떤 라디칼의 손실도 없다).

(a) 전환율이 75%일 때 남아 있는 단량체는 얼마인가?

(b) 개시제의 효율이 0.37이라면, 단량체를 포함하여 반응기에 있는 평균 사슬의 길이 $(\bar{x}_n)$는 얼마인가?

(c) 단량체가 제거된 후에(진공하의 증발에 의해) PAA의 평균 사슬 길이는 얼마인가?

(d) (c)에서 PAA의 수평균 분자량은 얼마인가?

(e) (c)에서 PAA의 다분산 지수는 어떻게 결정할 것인가?

3 일반적인 종결 반응이 무시될 수 있는 자유 라디칼 부가 반응을 고려하시오. 대신에, 성장하는 사슬은 격하된 사슬 이동 반응에 의해 반응이 종결된다.

$$P_x\cdot + D \xrightarrow{k_t} P_x + D'$$

여기서 D'는 안정한 라디칼로서 다시 개시 중합할 수 없다.

(a) 이 메커니즘에 대한 속도 표현식을 나타내시오.

(b) 이 메커니즘에 따른 수평균 사슬 길이에 대한 표현식을 구하시오.

4 Crud Chemicals는 예제 9.1과 9.9에서 다루어진 것과 똑같이 스타이렌의 등온 회분식 중합 반응을 수행하고 있었다. 그러나 어느 날, 조급해서 첫 번째 개시제와 같은 개시제를, 50% 전환율($t = 8.36$ h)에서 두 번째 투입함으로써 반응에 '박차를 가하기(kick)'로 결정한다(이것은 실제로 산업에서 흔하게 일어나는 사례이다). 그들에게 이 효과를 이해시키기 위하여,

(a) 반응에 박차를 가하기 직전과 직후에서의 $\bar{x}_n$의 비를 계산하시오.

(b) 이 공정에 적합하도록 그림 9.4를 정성적으로 다시 그리시오.

5 예제 9.1과 9.9에서 다룬 스타이렌의 등온 회분식 중합을 고려하시오. 이제 $C = 1.0$의 사슬 이동제가 $[R{:}H]_0 = 0.01$ mol/L의 농도로 초깃값에 더해졌다고 가정하시오.

이 회분식 반응기에서 $\bar{x}_n(t \rightarrow \infty)$과 $<\bar{x}_n>(t \rightarrow \infty)$를 다시 계산하시오. 부피 변화는 무시할 수 있다.

6 균질한 회분식 자유 라디칼 중합 반응에서 사슬 이동제가 포함되어 있다. $C = 0.1$, 1.0, 10에 대하여, 99%의 전환율일 때 사슬 이동제는 최초 양의 얼마의 비율로 남아 있겠는가?

7 자유 라디칼 부가 중합 반응의 고전적인 속도론은 하나의 또 다른 종결 반응의 가능한 형태인 주요 라디칼 종결 반응(primary-radical termination, PRT)은 무시되고 있는데, PRT에서는 성장하는 사슬이 개시제의 분해로부터 생긴 자유 라디칼 R·과의 반응을 통해 반응이 종결된다.

예제 9.1, 9.9, 9.10에서 다룬, 60°C에서 스타이렌의 중합에 대해 다음을 구하시오.

(a) $X = 0$에서 주요 라디칼 $[I\cdot]$의 농도

(b) $X = 0$에서 주요 라디칼 종결 반응의 속도(r_{prt})에 대한 정규 종결 반응 속도(r_t)의 비

비록 속도 상수 k_a와 k_{prt}는 모르지만, 화학종들이 유사한 것들이기 때문에 아래와 같이 가정할 수 있다(적어도 자릿수의 근사로서)

$$k_a \approx k_p \text{ 그리고 } k_{\text{prt}} \approx k_t$$

8 식 9.30과 9.31은 균질한 자유 라디칼 중합에서 반응 속도와 수평균 사슬 길이의 온도 의존성을 보여 준다. 고전적인 Stagc II, 사례 2의 유화 중합에 대한 유사한 표현식을 구하시오. 유화 중합에서 $r_p(70°C)/r_p(60°C)$와 $\bar{x}_n(70°C)/\bar{x}_n(60°C)$를 계산하기 위한 아래의 추정치를 사용하시오.

$$E_p \approx 6 \text{ kcal/mol} \quad E_d \approx 30 \text{ kcal/mol} \quad E_t \approx 2 \text{ kcal/mol}$$

9 예제 9.3에서 논의된 사슬 길이의 온도 의존성을 설명한 실험에서

(a) 60°C에서 생성된 것보다 두 배로 큰 분자량의 중합체를 얻기 위해 자유 라디칼 중합에 필요한 온도를 결정하시오.

(b) (a)에서 구한 온도에서의 반응 속도와 60°C에서의 반응 속도를 비교하시오.

10 안경 제조업자들이 안경을 제작할 때, 가장 첫 번째 실험은 $CH_2{=}C(CH_3)(COOCH_3)$의 단량체를 65°C에서 45분간 반응시켜서 수평균 분자량이 143,000인 폴리메타크릴산메틸(안경이나 하드 콘택트렌즈에 사용된다)을 생산하는 것이다. 생산 설계 그룹이 100,000의 분자량이 충분하다고 결정하였으므로, 희망하는 분자량을 달성하면서 얼마나 빠르게 생산 속도를 올릴 수 있겠는가? 각 반응 단계에서의 활성화 에너지는 나음과 같다. 성장 반응 = 7 kcal/mol, 개시제 분해 = 27 kcal/mol, 종결 반응 = 3 kcal/mol.

11 예제 9.1과 9.10의 균질한 등온 스타이렌 중합 반응에 대하여, 전환율의 함수로서 $\bar{x}_w$와 $\langle \bar{x}_w \rangle$, 그리고 다분산 지수 $\langle \bar{x}_w \rangle / \langle \bar{x}_n \rangle$를 계산하고 그래프를 그리시오.

12 Crud Chemicals는 CSTR에서 균질한 자유 라디칼 중합 반응을 이용하여 최소의 다분산 지수를 갖는 고분자를 생산하고 있다. 고분자는 본질적으로 불균화 반응에 의해 종결된다. 원하는 평균 사슬 길이를 유지하고 조절하기 위해서, 그들은 조절 밸브를 통하여 반응기로 사슬 이동제를 계속해서 공급한다. 사슬 이동제가 정상 상태로 작동하는 반응기에 순조롭게 이동하고 있다가, 사슬 이동제가 공급되는 라인의 밸브가 갑자기 열린 채로 움직이지 않을 때, 기존과 비교하여 훨씬 빠른 속도로 사슬 이동제가 공급된다. 잠시 동안 밸브를 조작하는 것은 가능하지만, 자유롭게 조절할 수 없다. 그래서 반응기가 새로운 정상 상태에 도달하기 전에, 라인의 게이트 밸브를 잠가서 사슬 이동제의 흐름을 완전히 막는다. 그 이후 반응기는 추가적인 사슬 이동제 없이 새로운 정상 상태로 진행한다.

서술된 시간에 대해서 시간 변화에 따른 x_n과 $\langle x_n \rangle$을 같은 좌표상에 정량적으로 스케치하시오.

13 사슬 이동을 포함하도록 식 9.76을 수정하시오. 도입된 특정한 용어들을 정의하시오.

14 고전적인 Stage II, 사례 2의 스타이렌의 유화 중합이 다음의 매개변수를 가진다.

$$N = 3.2 \times 10^{17} \text{ 입자/반응물의 부피 L}$$

$[M] = 1.5$ mol/L $[I] = 1.0 \times 10^{-3}$ mol/L

$k_p = 176$ L/mol-s

$k_d = 4.96 \times 10^{-6}$/s

$\phi_a = 2/3$

다음의 각각의 문항을 계산하시오.

(a) 중합 반응 속도

(b) $\bar{x}_n$

(c) 성장하는 사슬의 평균 수명

15 예제 9.10에서의 시스템에 대하여, 단량체의 반감기에 따른 반응의 시작에서의 평균 사슬 수명을 계산하고 비교하시오. 이 시스템에 대하여 순간 양의 개념이 타당한가? $k_t = 14.5 \times 10^6$ L/mol-s

16 회분식 자유 라디칼 중합이 $[M]_0 = 1.0$ mol/L 그리고 $[I]_0 = 2 \times 10^{-4}$ mol/L에서 수행된다. 반응은 90%의 제한된 전환율에 도달한다. $f = 1$을 가정하시오.

(a) 불균화 반응에 의한 종결을 가정하여 $<\bar{x}_n>(t \to \infty)$을 계산하시오.

(b) 초기 투입에 6×10^{-4} mol/L의 머캡탄을 첨가하여 (a)를 반복하시오.

17 자유 라디칼 부가 고분자를 생성하는 회분식 반응기로부터 다양한 전환율에서의 샘플이 채취되었다. 이런 샘플들의 분석을 통해, 무게 평균 사슬 길이는 전환율 $X = 0$에서 10,000부터 $X = 1$에서 5000까지 직선적으로 변화하는 것으로 나타났다. 고분자는 결합에 의해 반응이 종결되고, 별다른 사슬 이동은 발생하지 않는다. 전환율의 함수로서 생성물의 다분산 지수에 대한 표현식을 구하시오.

참고문헌

[1] Levenspiel, O., *Chemical Reaction Engineering*, 2nd ed., Wiley, New York, 1972.

[2] Kenat, T., R.I. Kermode, and S.L. Rosen, *J. Appl. Polym. Sci.* **13**, 1353 (1969).

[3] Hoffman, B.F., S. Schreiber, and G. Rosen, *Ind. Eng. Chem.* **56**(5), 51 (1964).

[4] Harkins, W.D., *J. Am. Chem. Soc.* **69**, 1428 (1947).

[5] Smith. W.V. and R.H. Ewart, *J. Chem. Phys.* **16**(6), 592 (1948).

[6] Flory, P.J., *Principles of Polymer Chemistry*, Cornell UP, Ithaca, NY, 1953, Chapter V-3.

[7] Bovey, F.A., *et al.*, *Emulsion Polymerization*, Interscience, New York, 1955.

[8] Gardon, J.L., Emulsion polymerization, Chapter 6 in *Polymerization Processes*, C. E. Schild-knecht and I. Skeist (eds), Wiley, New York, 1977.

[9] Ugelstad, J. and F.K. Hansen, *Rubber Chem. Technol.* **49**, 536 (1976).

[10] Blackley, D.C., *Macromol. Chem.* (*London*) **2**, 31 (1982).

[11] Poehlein, G.W., Chapter 6 in *Applied Polymer Science*, 2nd ed., R.W. Tess and G. W. Poehlein (eds), ACS Symposium Series 285, American Chemical Society, Washington, DC, 1985.

[12] Blackley, D.C., *Emulsion Polymerization*, Wiley, New York, 1975.

[13] Piirma, I. and J.L. Gardon (eds), *Emulsion Polymerization*, ACS Symposium Series 24, American Chemical Society, Washington, DC, 1976.

[14] Bassett, D.R. and A.E. Hamielec (eds), *Emulsion Polymers and Emulsion Polymerization*, ACS Symposium Series 165, American Chemical Society, Washington, DC, 1981.

[15] Piirma, I. (ed.), *Emulsion Polymerization*, Academic, New York, 1982.

[16] Odian, G., *Principles of Polymerization*, Wiley, New York, 1991.

10장

고급 중합법

10.1 도입

앞의 두 장에서는 고분자를 형성하는 두 가지 주요 방법인 단계(또는 축합) 중합과 자유-라디칼 부가(또는 연쇄) 중합을 다루었다. 물론 거대한 고분자를 만드는 여러 가지 다른 방법들이 있고, 이러한 기술들 중 일부는 입체 규칙성(예로, 아이소탁틱 또는 신디오탁틱) 고분자를 더 잘 형성하게 하는 기술, 고분자의 다분산성을 감소시키는 기술, 고분자 구조를 미세하게 조절하는 다양한 방법을 제공하는 기술 등으로 상업적으로 중요한 기술이다. 이 장에서는 일반적인 고급 중합 기술인 양이온 중합, 음이온 중합, 불균질 촉매 중합(특히 Ziegler-Natta 촉매계), 메탈로센-촉매 중합, 고리-열림 상호교환 중합, 그리고 원자 이동 라디칼 중합에 대한 기본적인 개념을 소개할 것이다.

10.2 양이온 중합[1~4]

강한 Lewis 산, 즉 전자 받개는 종종 이중 결합에 인접하고 전자가 풍부한 치환기를 가진 단량체의 부가 중합 개시를 할 수 있다. 가장 일반적인 양이온 촉매는 $AlCl_3$ 또는 BF_3와 같은 금속 삼할로젠화물이다. 이러한 화합물들은 비록 전기적으로 중성이지만, 8개 전자의 완전한 원자가 껍질에 대해 2개의 전자가 부족하다. 보통 물과 같은 미량의 조촉매가 중합을 개시하는 데 필요하며, 먼저 전자쌍을 잡아채면서 중합이 개시된다.

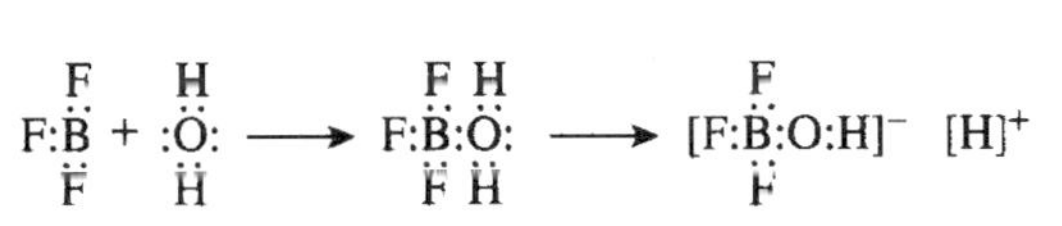

Fundamental Principles of Polymeric Materials, Third Edition. Christopher S. Brazel and Stephen L. Rosen.

반응 후 남은 양성자(양이온)가 실제 개시제로 여겨지며, 단량체로부터 전자쌍을 추출하고, 단량체 분자와 부가 중합 반응하는 양이온 사슬 말단을 남긴다(자유-라디칼 중합에서 성장 단계와 유사하다).

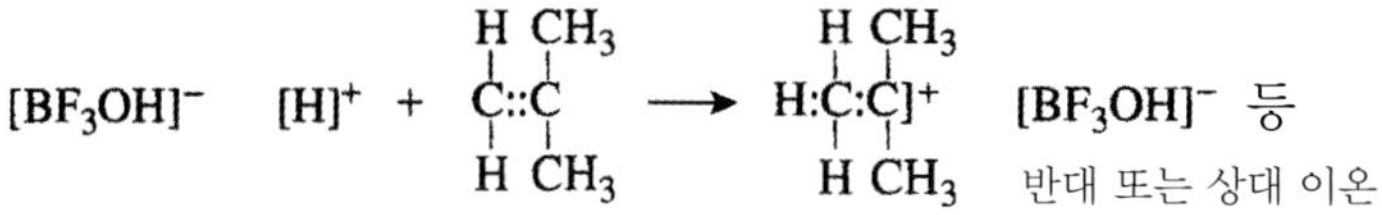

중요한 점은 **반대**(*gegen*) 이온 또는 **상대**(*counter*) 이온(여기서 $[BF_3OH]^-$)은 성장하는 사슬 말단 근처에 정전기적으로 고정되어 있어서, 단량체 단위의 부가에 입체적 영향을 가할 수 있다는 것이다. 반응 종결은 촉매 복합체를 재생산하는 반응과 유사한 불균화 반응에 의해 일어난다고 생각된다. 따라서 이 복합체는 자유 라디칼 개시제와는 달리 진정한 의미의 촉매이다.

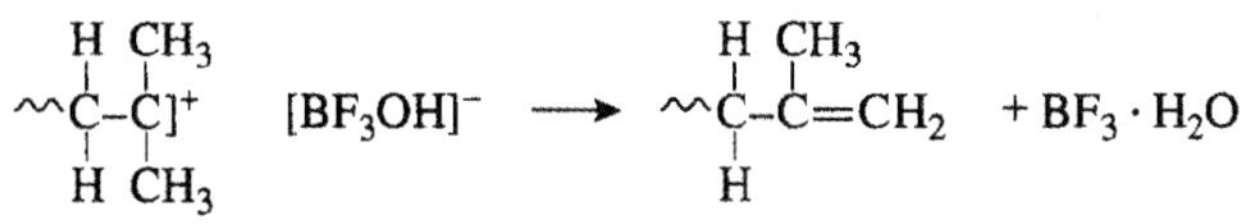

이 반응은 저온에서 매우 급격하게 진행된다. 예를 들면, 위에서 예시한 아이소뷰틸렌의 중합은 상업적으로 −150°F의 저온에서 수행된다. 실제로 형성되는 평균 사슬 길이는 온도가 낮을수록 증가한다.

양이온 개시는 단량체가 이중 결합(아이소뷰틸렌처럼) 옆에 전자가 풍부한 치환기를 가질 때에만 성공적으로 일어나며, 치환기에는 다음과 같은 것이 있다.

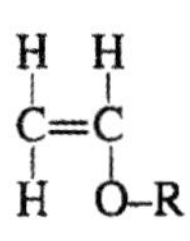

알킬 바이닐 에터

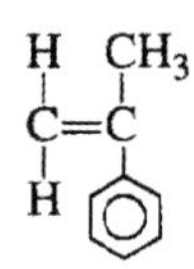

α-메틸 스타이렌

이러한 단량체 중 어느 것도 자유-라디칼 개시제와 반응하여 분자량이 큰 중합체를 만들 수 없고, 그렇기 때문에 양이온 중합은 이러한 고분자를 상업적으로 생산하는 데 중요한 역할을 한다.

10.3 음이온 중합[5~7]

부가 중합은 음이온에 의해서도 개시될 수 있다. 음이온 중합은 중합 도중에 분자 구조를 조절하는 능력이 있고, 과거에는 얻기 힘들거나 불가능했던 재료를 합성할 수 있게 되었기 때문에, 지난 수십 년 동안 상업적으로 엄청난 중요성을 가졌다. 다양한 음이온 개시제에 대하여 많이 연구되고 있지만, *n*-뷰틸 리튬으로 스타이렌을 중합하는 다음 그림의 중합처럼 아마도 유기 알칼리-금속염이 가장 일반적일 것이다.

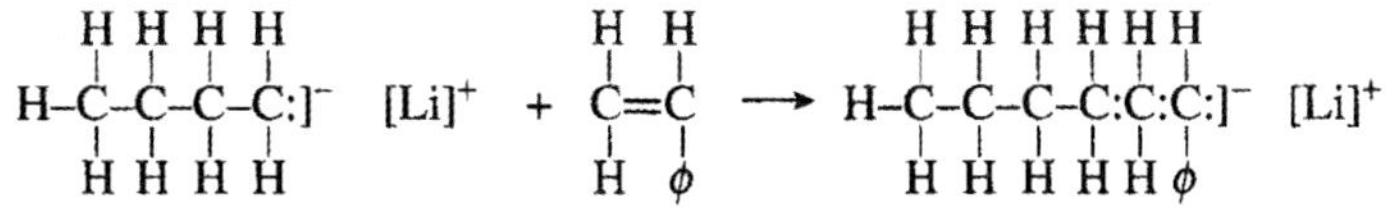

n-뷰틸 리튬(*n*-BuLi) 스타이렌

음이온(−) 사슬 말단은 다른 단량체 분자가 부가되어 사슬이 성장한다. 다시 말하면, 상대 이온이 반응에 입체적으로 영향을 미칠 수 있다.

소듐과 리튬 **금속**(*metal*)들은 제2차 세계대전 동안 독일에서 뷰타다이엔의 중합에 사용되었다. 전쟁 후, 미국에서는 적절한 조건에서 리튬을 분산시키면 뷰타다이엔과 아이소프렌(후자는 천연 고무의 합성 단량체가 됨)의 *cis*-1,4 부가가 잘 일어난다는 것을 발견하였다. 이 과정에서 금속 원자가 먼저 단량체와 반응하여 음이온 라디칼을 형성한다.

음이온 라디칼

이 음이온 라디칼은 다음 두 가지 중 어느 하나의 방식으로 반응한다. 첫째는 다른 리튬 원자와 반응하는 것이다.

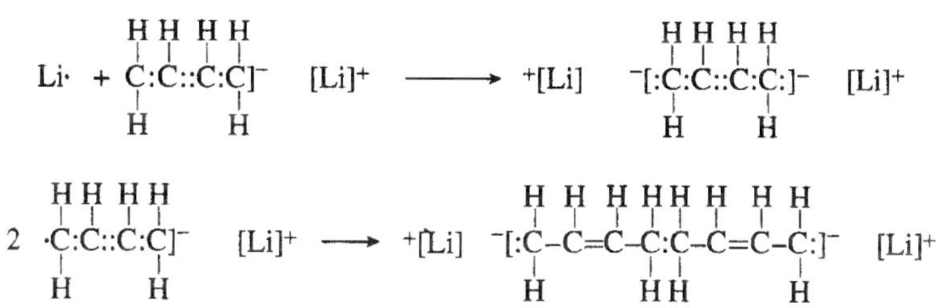

둘째는 빠르게 라디칼 재결합을 하는 것이다.

어느 방법이건, 사슬 양끝에서 성장하는 2가 음이온이 형성된다. 다른 2가 음이온 개시제 또한 개발되었다[5~8].

이러한 반응들에 관한 두 가지 흥미로운 점이 있다. 첫째로, 개시 속도와 성장 속도는 단량체와 상대 이온, 그리고 용매에 따라 변한다. 일반적으로, 반응은 이온화가 잘 되는 극성 용매에서 더 빨리 일어난다(용매의 극성 또한 고분자의 입체 특이적인 특성에 큰 영향을 미친다). 많은 중요한 경우에 있어서, r_i(개시 속도) ≪ r_p(성장 속도)인 자유 라디칼 부가 중합 반응과는 달리, 개시 속도는 성장 속도와 비슷하다. 이는 개시제(촉매보다 개시제인 경우)가 즉시 사슬 성장을 시작한다는 것을 의미한다. 둘째로, 불순물이 없을 때 **반응 종결 단계는 없다.** 사슬은 단량체가 소진될 때까지 계속 성장한다. 이온 사슬 말단이 완벽하게 안정화되고, 단량체가 더 공급된다면 사슬의 성장은 다시 시작된다. 이러한 이유로

이 재료들을 **'리빙' 고분자**(*living polymer*)라고 하며, 이후에 추가적인 단량체(또는 다른 종류의 단량체)가 부가되면 반응이 계속된다. 하지만 물이나 산과 같은 양성자-주개 불순물에 의해 다음 그림과 같이 빠르게 그들의 반응이 종결된다.

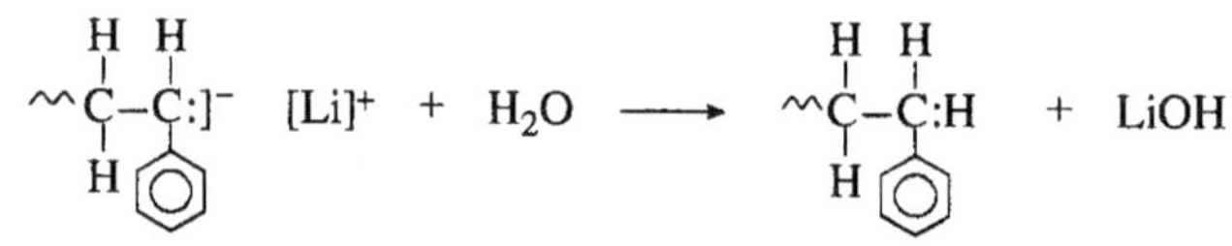

이러한 특이한 메커니즘은 다수의 실용적인 면에서 중요한 결과를 갖는다.

10.3.1 블록 공중합

만약 첫 번째 단량체에 이어 두 번째 단량체가 도입되면, 전하는 고갈되고 리빙 사슬이 두 번째 단량체와 성장을 재개하여 블록 고분자가 나온다. 단량체는 설계대로 AB(이중 블록) 구조 또는 ABA(삼중 블록) 구조, 또는 더 복잡한 블록 구조와 같이, 원하는 대로 단량체를 번갈아 가면서 구성할 수 있으며, 셋 혹은 그 이상의 다른 종류의 단량체들도 가능하다.

10.3.2 합성 유연성

음이온 중합을 통해 수많은 흥미롭고 유용한, 모든 종의 분자들을 합성할 수 있다. 예를 들어, 이산화 탄소 기포를 한 배치의 리빙 사슬들로 통과시키면서 거품이 일어나게 한 뒤 물과 접촉시키면 말단에 카복실기를 갖는 고분자가 생성된다.

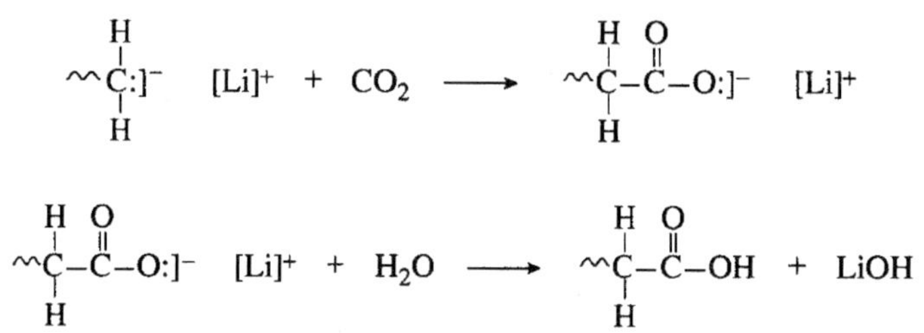

유사하게, 에틸렌 옥사이드는 사슬 말단에 하이드록시기를 갖는다.

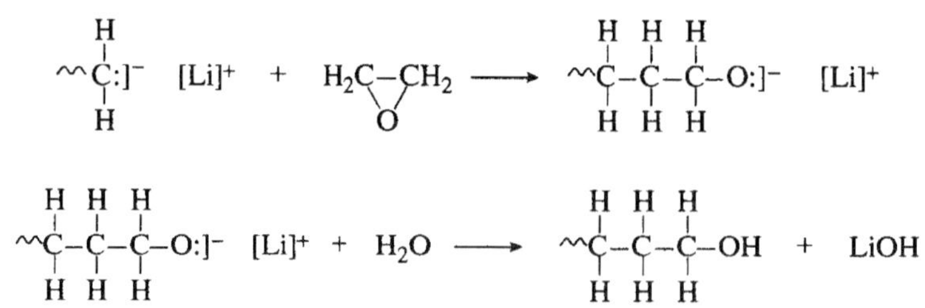

만약에 이런 반응물들이 리튬으로 개시되는 2가 음이온에 첨가되면, 사슬의 **양쪽**(*both*) 말단이 작용기로 마감되는 것에 유의하라. 그런 사슬들은 매크로 다이산 또는 다이올이다. 카복실- 또는 하이드록실- 말단 사슬은 일반적인 단계 성장 중합에 속한다(8장 참조).

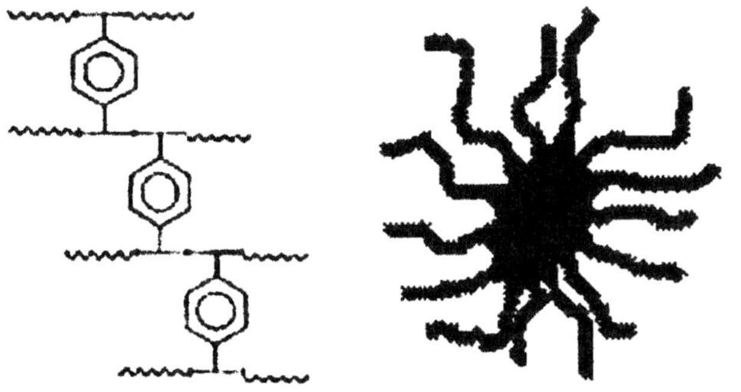

그림 10.1 몇 개의 DVB 단위가 함께 연결된 코어에 몇 개의 선형 고분자가 붙는 것을 보여 주는 개략도. 오른쪽 그림은 다작용기 코어가 어떻게 고분자 팔을 붙여서 별 고분자를 만드는지를 보여 준다.

한 반응에서 단량체가 고갈된 후, 만약 다이바이닐 벤젠(DVB) $H_2C{=}CH\phi HC{=}CH_2$과 같은 4작용기 단량체가 한 배치의 리빙 사슬에 추가된다면, 4작용기 단량체끼리 그리고 리빙 사슬과도 결합한다. DVB 분자가 다른 DVB 분자의 한쪽 말단에만 반응한다고 가정하면(아마도 이렇게 될 수밖에 없는 입체적 이유가 있다고 하면), DVB 코어로부터 방사형으로 선형 가지가 펼쳐지는 **별 고분자**(*star polymer*)(또는 **덴드리머**(*dendrimer*)) 구조가 만들어질 것이다(그림 10.1).

이 시점에서 서로 다른 두 종류의 가지가 붙는 별 고분자를 만들도록 두 번째의 이작용기 단량체를 추가할 수 있을 것으로 생각된다. 그러나 통상 반응기가 열릴 것이고 반응은 종결될 것이다. 상기의 구조에서 별 고분자의 가지 몰당 $(b-1)$ mol의 DVB 분자가 있는데, 여기서 b는 한 별 고분자당 평균 가짓수이다. 별 분자의 몰수는 평균 가짓수 분의 리빙 사슬 몰수와 같다. 각 분자는 n-뷰틸 리튬과 같은 하나의 개시제로 하나의 리빙 사슬을 개시하기 때문에, b개의 가지가 있는 하나의 별 고분자를 만들기 위해서는 아래 식에서 정의하는 DVB 몰을 더해야 한다.

$$N_{DVB} = \frac{(b-1)I_0}{b} \tag{10.1}$$

여기서 I_0는 반응기에 들어간 개시제의 몰수이다.

리빙 사슬은 예를 들면, 다이클로로 화합물에 의하여 다음 그림과 같이 사슬 길이가 두 배가 되면서 **연결될**(*linked*) 수 있다.

$$2\ {\sim}\overset{\text{H}}{\underset{\text{H}}{\text{C}}}{:}]^{-}\quad [\text{Li}]^{+} \ +\ \text{Cl–R–Cl} \longrightarrow {\sim}\overset{\text{H}}{\underset{\text{H}}{\text{C}}}{:}\text{R}{:}\overset{\text{H}}{\underset{\text{H}}{\text{C}}}{\sim}\ +\ 2\text{LiCl}$$

다작용기 연결제로, 이 연결 기술은 다양한 가짓수를 가진 별 고분자를 만드는 데 사용된다. 만약 그러한 화합물에 있는 모든 작용기가 연결 반응에 참여한다면 아주 좋겠지만, 때로는 입체 인자로 인해 결합 효율이 낮아진다. 다작용기 개시제는 별 형태 고분자를 성장시키는 데에도 이용될 수 있다. 지금까지 다양한 개시제, 연결제, 음이온 중합에 사용되는 다양한 반응물들에 대해 살펴보았다[5~8].

10.3.3 단분산 고분자

음이온 중합은 크기 분포가 좁은 고분자를 만들 때에도 매우 유용하다. 테트라하이드로퓨란(THF)을 용매로 하는 20% 스타이렌 용액이 있는 회분식 반응기를 생각해 보라. *n*-BuLi이 갑자기 첨가된다. 충분히 극성인 이 용매에서 *n*-BuLi은 바로 완전히 이온화되고 $r_i \approx r_p$의 속도로 *n*-BuLi 분자당 하나의 사슬이 성장하기 시작한다. 반응 종결을 유도하는 어떤 불순물도 없는 상태에서 성장하는 사슬의 수는 일정하게 유지되고, 사슬들은 **반응할 수 있는 단량체를 두고 대등하게 중합을 완성한다.** 따라서 본질적으로 길이가 같은 단분산 고분자를 얻을 것이다. 음이온 중합이 본질적으로 단분산 동종 중합체 합성에 이용될 뿐만 아니라, 이와 같은 방식으로 형성되는 블록 공중합체 내의 블록도 단분산되도록 할 수 있다.

다른 방식의 중합에서와 마찬가지로, 수평균 사슬 길이는 존재하는 사슬의 몰수에 대한 중합되는 단량체의 몰수의 비율로 주어진다. *n*-BuLi과 같은 개시제의 각 분자가 하나의 사슬을 개시하므로

$$\bar{x}_n = \frac{M_0 - M}{I_0} = \frac{M_0 X}{I_0} \tag{10.2}$$

(부피가 일정하다면, 몰은 괄호쳐서 농도로 나타낼 수가 있다.) 통계적으로 사슬 길이 분포는 다음 질문의 답으로 얻어진다. M_0-M이 구슬, I_0가 양동이로 주어질 때 구슬이 완벽하게 무작위로 양동이 안으로 던져진다면, 양동이 속 구슬의 분포는 어떻게 되는가? 결과는 통계학적으로 Poisson 분포를 따른다.

$$\left(\frac{n_x}{N}\right) = \frac{(\bar{x}_n)^x \exp(-\bar{x}_n)}{x!} \approx \frac{\exp(x - \bar{x}_n)}{\sqrt{(2\pi x)}}\left(\frac{\bar{x}_n}{x}\right)^x \tag{10.3}$$

(위에서 설명한 대로 분포에는 잔여 개시제가 포함되어 있지 않다.) 근사를 위해 이 분포의 다분산 지수는 아래와 같다.[1]

$$\frac{\bar{x}_w}{\bar{x}_n} \approx 1 + \frac{1}{\bar{x}_n} \tag{10.4}$$

보통의 $\bar{x}_n$ 값에서 고분자는 근본적으로 단분산이다. 그림 10.2에서 $\bar{x}_n$ 값이 100일 때

---

[1] 반응물을 동시에 첨가하거나 균일하게 섞는 것은 불가능하고 항상 종결 불순물이 필연적으로 존재한다는 중요한 현실적인 제한이 있다. 실제로 이러한 점들 때문에 추가적으로 더 넓은 분포를 보인다.

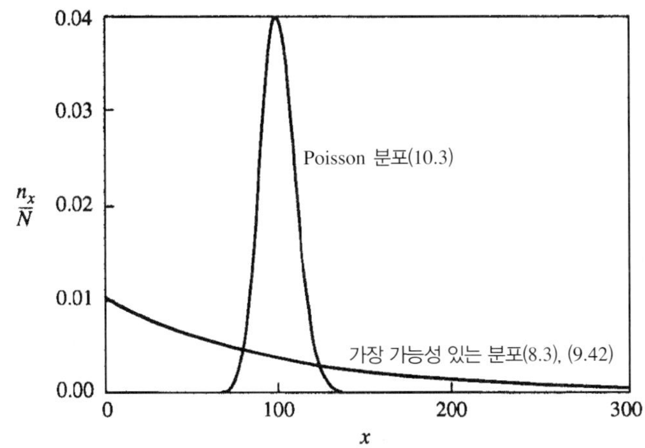

그림 10.2 $\bar{x}_n$=100일 때 사슬 길이의 Poisson 분포와 가장 가능성 있는 수분율 분포의 비교.

Poisson 분포를 식 8.3과 9.42의 가장 가능성 있는 수분율 분포와 비교하였다. 피크가 내우 뾰족하기 때문에 수와 질량 분포가 거의 일치한다.

단계 성장 중합의 경우와 같이, 평균 사슬 길이는 전환율에 따라 계속 증가한다(식 10.2). 단계 성장 중합과는 달리 반응물은 단량체 분자와 근본적으로 길이가 같은 고분자 사슬로만 이루어진다. 식 10.2와 10.3은 이 고분자의 특징을 설명한다.

예제 10.1 1×10^{-3} mol의 묽은 n-BuLi 용액이 회분식 반응기에 있다. $[S]_{200}-[B]_{1000}-[S]_{200}$ 블록 공중합체를 만드는 **두 가지**(*two*) 방법을 제안하시오. 여기서 [S]는 스타이렌 반복 단위, [B]는 뷰타다이엔 반복 단위이다.

풀이 모든 반응이 완벽하게 진행한다고 가정하면 $X=1$이며, 그때 식 10.2로부터 $M_0=I_0x$이다(블록은 근본적으로 단분산이므로, 바(bar)와 n이 사라지고 x만 남는다).

(a) $200 \times 10^{-3} = 0.2$ mol의 스타이렌을 반응기에 가한다. 완전히 반응하였을 때, $x=200$의 리빙 폴리스타이렌 사슬이 만들어졌다. 그 이후 $1000 \times 10^{-3} = 1.0$ mol의 뷰타다이엔을 가하고 완전히 반응하였을 때, 또 다른 0.2 mol의 스타이렌을 반응기에 가한 뒤 반응기를 열어 사슬 성장을 종결시키기 전에 반응을 끝낸다.

(b) 앞에서와 같이 0.2 mol의 스타이렌을 가한다. 완전히 반응하면 0.5 mol의 뷰타다이엔을 가하고 반응을 완료시킨다. 그 뒤 얻어진 1×10^{-3} mol의 리빙 사슬 $[S]_{200}-[B]_{500}^{-}$과 0.5×10^{-3} mol의 이작용기 연결제인 Cl−R−Cl을 연결하여 0.5×10^{-3} mol의 $[S]_{200}-[B]_{500}-R-[B]_{500}-[S]_{200}$을 얻는다. 일반적으로 중간에 있는 단일 R은 무시할 수 있다.

상업적으로 과정 (b)를 선호한다. 중앙에 있는 폴리뷰타다이엔 블록에서 원하는 고무상 성질을 얻기 위해, 무극성 탄화수소 용매를 사용하여 1,4-부가 반응을 촉진시키고자 한다. 이러한 용매는 과정 (a)에서 뷰타다이엔과 스타이렌의 교차 반응 속도를 둔화시켜서 2차 폴리스타이렌 블록의 다분산성을 증가시킨다. 과정 (b)의 연결 반응은 불완전하며, 상업적 소재에는 원하는 삼중 블록과 함께 이중 블록 사슬이 포함되어 있다. 또한 반응기에 재료가 가해질 때마다 반응을 종결시키는 불순물이 들어갈 가능성이 증가한다는 것을 기억해야 한다.

예제 10.1의 2가 음이온 개시제로부터 어떻게 고분자가 만들어지는지 이 장의 마지막 부분에서 문제로 남겨 놓겠다.

예제 10.2 테트라하이드로퓨란 용매에 1.0 mol의 스타이렌이 용해되어 있고 1.0×10^{-3} mol의 *n*-BuLi 개시제가 있는 회분식 음이온 중합을 생각하시오. $r_i \approx r_p$이며, 즉각적이고 완벽하게 섞인다고 가정하시오. 50%의 전환율에서 0.5×10^{-3} mol의 물이 반응물에 가해지고 반응이 계속된다.

(a) 전환율이 100%가 될 때, 반응물에 있는 사슬의 길이를 구하시오.

(b) 전환율이 100%가 될 때, $\bar{x}_n$의 값을 계산하시오.

풀이

(a) 개시제에 의해 1×10^{-3} mol의 사슬이 성장을 시작한다. 50%의 전환율이 되었을 때 물이 사슬의 절반을 종결시킨다. 따라서 1.0/4 mol의 단량체가 0.5×10^{-3} mol의 종결 사슬에 있게 된다.

$$x(\text{종결된 사슬}) = \frac{1.0}{4\times0.5\times10^{-3}} = 500$$

남은 0.75 mol의 단량체는 0.5×10^{-3} mol의 종결되지 않은 사슬에서 성장한다.

$$x(\text{종결되지 않은 사슬}) = \frac{1.0(3/4)}{0.5\times10^{-3}} = 1500$$

(b) 개시제 분자가 $X=1$에서 사슬을 만들기 시작하므로

$$\bar{x}_n = \frac{M_0}{I_0} = \frac{1.0}{1\times10^{-3}} = 1000$$

또는 식 5.2a를 이용하여

$$\bar{x}_n = \frac{\sum n_x x}{\sum n_x} = \frac{(0.5\times10^{-3})(500)+(0.5\times10^{-3})(1500)}{0.5\times10^{-3}+0.5\times10^{-3}} = 1000$$

10.4 음이온 중합의 속도론[5, 6, 9]

일반적인 음이온 중합 속도론은 특히 무극성(탄화수소) 용매에서 일어날 수 있는 회합에 의해 복잡해진다. 성장 속도는 단량체의 농도와 **활성**(*active*) 사슬의 농도 $[P_x^-]$의 곱에 비례한다.

$$r_p = -\left(\frac{1}{V}\right)\left(\frac{dM}{dt}\right) = k_p[M][P_x^-] \tag{10.5}$$

무시할 수 있는 회합(예를 들면 THF 용매 또는 탄화수소에서 *n*-BuLi의 농도가 10^{-4} mol 이하일 때)에서는 각각 개시제 분자는 사슬 성장을 시작하고, 반응을 종결시키는 불순물이 없으면 활성 리빙 사슬의 수와 가해진 개시제 분자의 수가 같아지며,

$$P_x^- = I_0 \text{ (일정)} \tag{10.6}$$

$$r_p = -\left(\frac{1}{V}\right)\left(\frac{dM}{dt}\right) = k_p\left(\frac{M}{V}\right)\left(\frac{I_0}{V}\right) \tag{10.7}$$

또는 전환율 X의 정의를 이용하고(식 9.14) 반응물의 부피가 전환율에 따라 선형적으로 증가한다고 가정하면(식 9.17), 다음과 같은 식을 얻는다.

$$\frac{dX}{dt} = k_p[I]_0\frac{1-X}{1+\varepsilon X} \tag{10.8}$$

자유 라디칼 부가 반응과는 달리, 이 식은 회분식 반응기의 경우($[I]_0$가 일정하다) 순조롭게 적분되어 다음과 같은 식을 얻는다.

$$\varepsilon X + (1+\varepsilon)\ln(1-X) = -k_p[I]_0 t \tag{10.9}$$

그러나 여전히 X를 명확한 t의 함수로 얻기는 어렵다.

음이온 중합은 일반적으로 불활성 용매에서 상당히 희석된 용액으로 이루어지기 때문에, 희석되지 않은 단량체로 중합할 때보다는 전환율에 따른 부피 변화가 훨씬 적은 경향이 있다. 이 때문에 부피 변화를 무시하면(ε=0) 식 10.9는 다음과 같음을 알 수 있다.

$$X = 1 - \exp(-k_p[I]_0 t) \quad (\varepsilon = 0) \tag{10.10}$$

예제 10.3 예제 10.2의 가정으로 등온 반응(일정한 k_p)을 할 때, $\bar{x}_n$을 시간의 관계식으로 표현하시오. 부피 변화는 무시하시오.

풀이 식 10.2와 10.10을 합치면 다음과 같다.

$$x = \frac{M_0}{I_0}(1 - \exp\{-k_p[I]_0 t\})$$

이 고분자는 본질적으로 단분산이므로, 바와 아래 첨자는 사라지고 x만 남는다. 이 표현을 이용하기 위해서는 반응물의 초기 부피 V_0를 알 필요가 있을 것이며, 따라서 $[I_0]=I_0/V_0$를 통해 $[I_0]$를 구한다.

무극성 용매에서 고농도의 n-BuLi 중합의 경우, 사슬 말단들은 대체로 비활성 이량체로 존재하고, 다음 평형 반응에 의해 **일부**(*slightly*) 분리된다.

$$\underset{\text{비활성 이량체}}{(P_x^-)_2} \overset{K}{\rightleftharpoons} \underset{\text{활성 사슬}}{2P_x^-}$$

여기서

$$K = \frac{[P_x^-]^2}{[(P_x^-)_2]} \ll 1 \tag{10.11}$$

활성 사슬의 농도는 다음과 같다.

$$[P_x^-] = K^{1/2}[(P_x^-)]^{1/2} \tag{10.12}$$

이제 두 개시제 분자가 하나의 비활성 이량체를 만든다. 그러므로

$$\underbrace{[P_x^-]}_{\text{무시할 정도}} + 2[(P_x^-)_2] = [I]_0 \tag{10.13}$$

중합 속도는 다음과 같다.

$$r_p = -\left(\frac{1}{V}\right)\left(\frac{dM}{dt}\right) = k_p K^{1/2}\left(\frac{[I]_0}{2}\right)^{1/2}[M] \tag{10.14}$$

대다수 사슬의 존재를 반영하는 낮은 K 값이라는 것은 무극성 용매에서 중합 속도를 느리게 하는 비활성 회합 상태(이량체들)에서 끝난다는 것이다. 매우 높은 농도에서 회합은 더 커지고, 속도는 근본적으로 $[I]_0$와는 무관하다.

예제 10.4 다음 중 어느 유형의 등온 반응기가 음이온 중합 반응에서 사슬 길이 분포를 가장 좁게 하는가? 연속 교반 반응기(CSTR), 회분식 반응기(양쪽 모두 완벽하게 혼합된다고 가정), 플러그-흐름관, 또는 층류관

풀이 예제 10.3에서 보여 준 것처럼, 사슬 길이는 얼마나 오래 사슬이 성장하는가에 달려 있다. 회분식 반응기에서, 그리고 **이상적인**(*ideal*) 플러그-흐름 반응기에서, 모든 사슬은

반응하여 같은 길이로 된다. 따라서 생성물은 필연적으로 단분산일 것이다. CSTR과 층류관 반응기(포물선형 흐름을 보이는)에서는, 반응기에서의 잔류 시간이 변하며, 따라서 분포가 퍼지게 된다. 하지만 기억해야 할 것은 특히 높은 점도를 가지는 고분자 용액에서 이상적인 플러그–흐름은 현실적으로 불가능하다. 이 결론을 예제 9.11과 비교해 보시오.

10.5 그룹–이동 중합

1980년대에 DuPont사는 메커니즘 상으로 음이온 중합과 유사한 새로운 형태의 중합을 개발하고 특허[10]를 출원하였다. **그룹–이동 중합**(*group-transfer polymerization*, GTP)은 '실릴 케텐 아세탈에 의해 개시되는 α,β-불포화 에스터, 케톤, 나이트릴, 또는 아마이드의 중합'으로 정의된다[11]. 아크릴레이트와 메타크릴레이트 단량체를 바이플로라이드 이온 $[FHF]^-$, 또는 바이옥시 음이온과 같은 음이온 촉매(여기서는 진짜 촉매 물질임)로 중합할 때 가장 보편적으로 사용되어 왔다. 아래에 메틸 메타크릴레이트(MMA)를 실릴 케텐 아세탈(SKA)로 중합하는 GTP를 예시한다.

개시

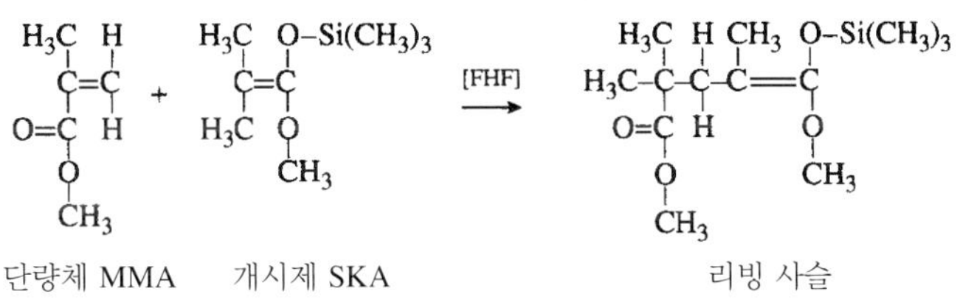

성장

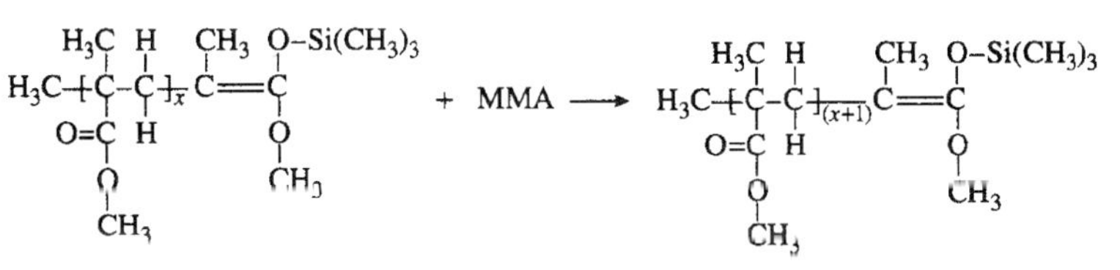

각각의 새로운 단량체 단위가 첨가될 때 개시 작용기는 성장하는 사슬의 말단으로 이동된다. 이들은 음이온 부가 반응에서와 같이 리빙 사슬이고, 이 리빙 사슬을 단분산 고분자, 블록 공중합체, 그리고 적절한 반응물을 이용하며 원하는 말단기를 가지는 사슬을 만드는 데 이용할 수 있다. 또한 리빙 사슬은 사슬 내 입체 규칙성을 제어할 수 있다.

음이온 부가와는 달리, 사슬 이동은 다음과 같이 일어날 수 있다.

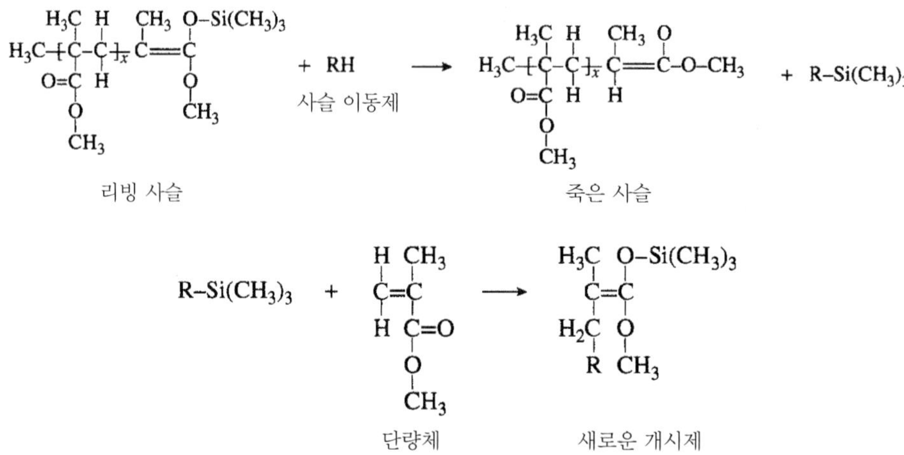

음이온 부가 중합에서와 같이 사슬 길이는 더 많은 개시제를 사용함으로써 줄일 수 있지만, 개시제가 상당히 비싸기 때문에 사슬 이동제를 대신 많이 이용한다. 또한 단량체의 농도가 낮을 때 사슬의 고리화로 종결될 수 있다.

10.6 원자 이동 라디칼 중합

고분자의 구조와 분자량을 설계하는 데 많은 가능성을 보인 리빙 중합에서 최근에 좀 더 발전된 중합 형태는 원자 이동 라디칼 중합(atom transfer radical polymerization, ATRP)이다. 1990년대 ATRP의 발견[12]은 많은 단량체 유형(바이닐, (메타)아크릴레이트, 스타이렌, 에폭시)까지 리빙 중합의 범위를 넓혔다. 이것은 ATRP의 확고한 합성법이 음이온 중합보다 불순물의 존재에 덜 민감하다는 것에 크게 기인한다. 이 반응은 상대적으로 저렴한, 일반적으로 피리딘과 같은 리간드와 결합되어 있는 구리 복합체를 촉매(그림 10.3)로 하여 진행된다. 이 반응을 통해 고분자량의, 좁은 분포(분자량 분포가 좁은)의 고분자를 만들 수 있다. 촉매와 더불어 ATRP는 대부분 알킬 할라이드(즉 브로마이드와 클로라이드)를 개시제로 요구한다. 자유 라디칼 중합과 마찬가지로, 생성되는 고분자의 분자량은

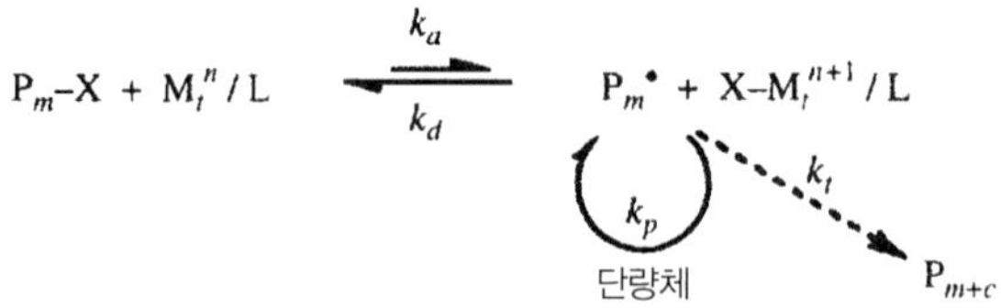

그림 10.3 ATRP 반응을 돕기 위한 금속(주로 구리) 리간드(M/L) 구조. 여기서 P_m과 P_{m+c}는 각각 길이가 m, $m+c$인 고분자이고, X는 Cl이나 Br과 같은 전형적인 할라이드 원자이며, k는 반응 속도 상수로서 k_a는 활성화, k_{da}는 비활성화, k_t는 종결 속도 상수이다. Reprinted from [16] with permission from Elsevier.

가해진 개시제의 양에 반비례한다. ATRP 개시제의 고유한 특성은 다작용기(즉 다수의 할라이드기가 있는)가 고분자의 구조에 영향을 미칠 수 있다는 것이다. 예를 들면, 6개의 브로민 원자를 가지는 개시제는 동일한 개시제 분자로부터 6개의 고분자 사슬을 성장시켜서 별 고분자를 만들 수 있다.

ATRP에서는, 중합 동안에 반응성이 있는 고분자와 휴면 고분자가 평형 상태로 있다. 이는 말단의 자유 라디칼로 성장하는 고분자(반응성이 있는)와 할라이드로 막힌 고분자(휴면)가 교대로 있다는 것이다. 중합 속도와 사슬 길이 분포에 영향을 미치는 이 평형 상태는 촉매의 선택에 의해 조절된다. 메커니즘상으로는 자유 라디칼 중합처럼 벌크, 용액, 또는 유화/현탁 등에서도 반응을 유도할 수 있는 유연성이 있다. 음이온 중합에서만큼 순도가 중요한 반응기에서 값싼 촉매를 이용하여 다양한 단량체의 중합을 가능하게 하는 능력 때문에, ATRP는 인기와 함께 계속해서 성장하고 있다. 보다 상세한 것은 발명자들이 쓴 리뷰 논문에서 얻을 수 있다[12,16].

10.7 불균질 입체 특이 중합[13~15]

많은 단량체들은 대기 상태 또는 그에 가까운 온도와 압력에서 기체이며, 고체 촉매를 이용하여 중합이 가능하다(즉, 반응기 내부에 여러 개의 상 또는 불균질 반응). 1950년대에 독일의 Karl Ziegler가 저온, 저압에서(기존의 저밀도 폴리에틸렌을 합성하는 자유 라디칼 과정과 비교하여) 전이 금속을 기본으로 하는 어떤 불균질 촉매로 선형의 고밀도 재료(HDPE, 5장)가 합성됨을 관찰하였다. 이탈리아의 Giulio Natta는 이런 촉매들을 이용하여 매우 특이적인 입체성을 가지는 폴리 α-올레핀($[H_2C-CHR]_x$, 여기서 R은 $R=C_nH_m$)(특히 폴리프로필렌)과 폴리다이엔을 생성할 수 있음을 보였다. Ziegler와 Natta는 이를 통해 1963년 노벨 화학상을 수상하였다. 거의 동시에 미국 내 Amoco와 Phillips의 과학자들은 온화한 조건에서 선형 폴리에틸렌을 합성하는 Mo와 Cr을 기본으로 하는 불균질 촉매를 빌진시겼다.

Ziegler-Natta 촉매(*Ziegler-Natta catalyst*)계의 일례로, 타이타늄 테트라클로라이드 $TiCl_4$와 알루미늄 트라이에틸 $Al(C_2H_5)_3$이 사용된다. 바나듐과 코발트 클로라이드도 $Al(C_2H_5)_2Cl$처럼 사용된다. 물질이 불활성 용매에 섞이면, 결정성 고체가 표면에 뜨는 유색의 상층액과 함께 얻어진다(진보라색 또는 갈색). $TiCl_3$ 또한 효과적인 촉매를 형성하므로, 이 반응에서 타이타늄은 낮은 원자가 상태, 아마도 +2가로 환원하는 것으로 알려져 있다. 상층액은 단독으로 α-올레핀을 중합하지만, 반응 결과물인 고분자는 입체 특이성을 보이지 않는다. 상업적 촉매계는 단독으로 또는 SiO_2나 $MgCl_2$와 같은 지지체가 있는 고체를 기본으로 한다. 'Phillips' 촉매는 전형적으로 실리카나 알루미나를 지지체로 하는 CrO_3로 이루어진다.

Ziegler–Natta 촉매를 이용한 중합은 금속 알킬과 금속 염화물의 상호작용으로 금속 염화물 결정 표면에 생성된 활성화 자리에서 발생한다고 생각된다. 단량체는 그 자리에 화학흡착이 되고(따라서 사슬에 더해질 때 그것의 특이 방향성이 설명된다), 성장은 화학 흡착된 단량체가 활성화 자리에 있는 금속–사슬 결합 속으로 **삽입**(*insertion*)됨으로써 일어난다.

$$\text{site}-P_x + M \rightarrow \text{site}-P_{x+1}$$

두피에서 머리카락이 자라는 것처럼 그 활성화 자리로부터 사슬이 성장한다.

수소는 이 반응에서 사슬 이동제로 이용된다.

$$\text{site} - P_x + H_2 \rightarrow \text{site} - H + H - P_x$$

Ziegler–Natta 계에서 금속 알킬 성분의 사슬 이동은 다음과 같이 확인되었다.

$$\text{site} - P_x + Al(R)_3 \rightarrow \text{site} - R + Al(R)_2 - P_x$$

그리고 단량체로의 이동 또한 일어난다.

이러한 촉매를 기반으로 하는 대부분의 상업적 공정은 고분자가 형성되면 그것이 침전되는 온도에서 기상 또는 액상 단량체와 함께 수행된다. 10~100 μm 크기의 고체 다공성 촉매 입자들이 반응기로 들어간다. 고분자가 생성되기 시작하면, 촉매 입자는 그 위에서 고분자 성장이 계속되는 다수의 더 작은(0.01~1 μm) 파편(일차 결정)으로 급격하게 부서진다. 따라서 반응물은 매크로 입자들의 현탁액(유화액이 아님–계면 활성제가 없음)으로 구성되며, 매크로 입자는 일차 결정 주변에 모인(그림 10.4) 마이크로 입자들이 뭉친 결과로서 만들어진다. Ray와 그의 동료에 따르면[17], 매크로 입자는 반응기에 공급된 각 촉매 입자로 만들어질 수 있도록 대체로 반응기에 거의 온전하게 남아 있다. 일차 촉매 결정은

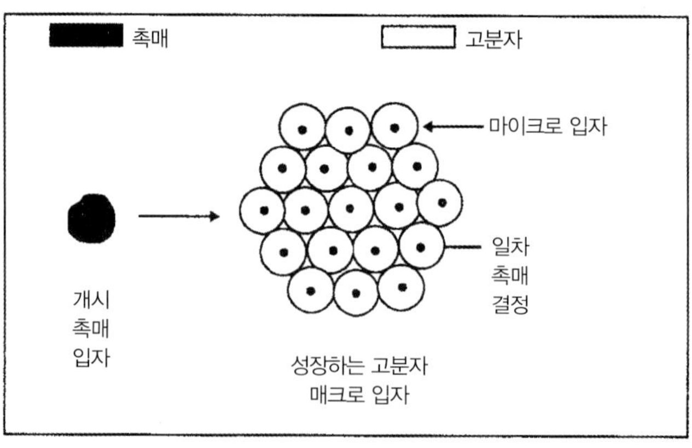

그림 10.4 Ziegler–Natta 중합에서 입자 형성 메커니즘[17].

대개 최종의 매크로 입자 사이사이에 균일하게 분포된다.

이 복잡한 계가 아직 납득되지 않는다면, 다음을 생각해 보라. 촉매는 두 가지 혹은 그 이상의 성분으로 구성되고, 이 촉매의 성질과 상대적인 함량은 중합 속도에 영향을 미친다. 각 촉매 입자의 표면에서 고분자가 성장할 수 있고 표면마다 활성도가 다른(즉 다른 결정면에 따라) 표면 자리의 다양성을 가진다. 촉매 입자의 자릿수가 시간에 따라 감소하면서 자리는 비활성화될 것이다. 단량체는 사슬에 부가될 수 있기 전에 촉매 표면에 화학 흡착되어야 한다. 그리고 단량체가 촉매 표면에 닿기 전에, 벌크 유체로부터 미세 입자들 사이의 틈(구멍)을 거쳐 매크로 입자 표면으로 확산하며, 마침내 각 마이크로 입자 내의 촉매 파편을 코팅한 고체 고분자의 층 사이로 확산될 것이 틀림없다. 더 나아가 중합열은 분출된 촉매 조각의 표면에서 바깥 방향으로 발산되는데, 이것은 상당한 온도 변화를 발생시키고 실험적 데이터 해석을 복잡하게 하며, 등온 반응 속도식의 유효 범위를 제한한다. 그렇기 때문에 속도식은 자유 라디칼 중합이나 음이온 부가 중합보다 훨씬 복잡하게 서술되는 것은 그리 놀라운 사실이 아니다. 하지만 매년 수백 억 파운드의 고분자가 이 촉매 시스템을 이용하여 생산되고 있으므로, 이 촉매 계의 타당성은 산업적으로 매우 중요하다. 다음 논의는 앞서 언급한 $TiCl_4-Al(C_2H_5)_3$ 계와 같은 2성분 Ziegler–Natta 촉매 계를 설명하기 위해 취해진 몇 가지 방법들을 설명한 것이다.

이 반응을 서술하기 위한 메커니즘은 다음 네 가지 가정을 기본으로 한다[18].

1. 성장 반응은 금속 할라이드 결정의 표면에 있는 활성화 자리에서 일어난다.
2. 활성화 자리는 결정 표면에서 화학 흡착된 금속 알킬과 금속 할라이드의 반응에 의하여 형성된다.
3. 성장 반응은 활성화 자리에서 성장하는 사슬과 주변의 화학 흡착된 단량체 분자 사이에서 일어난다.
4. 금속 알킬은 결정 표면에 흡착되기 위해 단량체와 경쟁한다.

C는 Ti와 관련된 것으로 생각되는 촉매 표면의 촉매 자리의 수를 나타낸다고 하자. 하지만 사슬이 한 자리에서 성장하기 전에, 촉매 자리는 그 자리 주변인 $Al(C_2H_5)_3$의 화학 흡착으로 **활성화**(*activated*)되어야 한다. 따라서

$$C_p^* = C\theta_A \tag{10.15}$$

여기서 C_p^*는 촉매 표면에 달라붙어서 성장하는 사슬의 수이고, θ_A는 화학 흡착된 알킬로 덮인 표면의 분율이다.

중합 속도는 다음과 같이 주어진다.

$$r_p = k_s C_p^* \theta_M = k_s C \theta_M \theta_A \tag{10.16}$$

여기서 k_s는 화학 흡착된 단량체가 Ti-사슬 결합으로 삽입되는 속도의 특성을 나타내는 삽입 속도 상수이고, θ_M은 화학 흡착된 단량체로 덮인 표면의 분율이다.

단량체와 금속 알킬은 활성화 표면 중 **덮이지 않은**(*uncovered*) 부분, 즉 θ_M=$(1-\theta_M-\theta_A)$에서 화학 흡착을 하기 위해 경쟁한다.

$$M + S \underset{k_{M-1}}{\overset{k_{M+1}}{\rightleftarrows}} M \cdot S \quad \text{(화학 흡착된 단량체)}$$

$$A + S \underset{k_{A-1}}{\overset{k_{A+1}}{\rightleftarrows}} A \cdot S \quad \text{(화학 흡착된 알킬)}$$

여기서 S는 표면의 자리를 나타낸다.

$$\text{단량체 흡착 속도} = k_{M+1}(1-\theta_M-\theta_A)[M_s] \tag{10.17}$$

$$\text{단량체 탈착 속도} = k_{M-1}\theta_M \tag{10.18}$$

$$\text{알킬 흡착 속도} = k_{A+1}(1-\theta_M-\theta_A)[A_s] \tag{10.19}$$

$$\text{알킬 탈착 속도} = k_{A-1}\theta_A \tag{10.20}$$

$[M_s]$와 $[A_s]$는 **표면에서**(*at the surface*) 단량체와 알킬의 농도이다. 단량체와 알킬 모두 정상 상태 표면 농도라 가정하고, 흡착과 탈착 속도를 동등하게 여기면 각각 다음과 같은 식을 얻는다.

$$\theta_M = \frac{K_M[M_s]}{1 + K_M[M_s] + K_A[A_s]} \tag{10.21}$$

그리고

$$\theta_A = \frac{K_A[A_s]}{1 + K_M[M_s] + K_A[A_s]} \tag{10.22}$$

여기서 K_M=k_{M+1}/k_{M-1}와 K_A=k_{A+1}/k_{A-1}는 단량체와 알킬이 촉매 위로 흡착되는 평형 상수이다. 식 10.21과 10.22는 Langmuir−Hinshel-wood 흡착 등온식이고, 식 10.16에 대입하면 다음과 같은 식을 얻는다[19][2].

$$r_p = k_s C \frac{K_A[A_s]K_M[M_s]}{(1 + K_A[A_s] + K_M[M_s])^2} \tag{10.23}$$

[2] 이와 같은 불균질 반응을 다룰 때에는, 균질 반응에서와 같이 단위 반응기 부피당 속도보다는 통상 촉매의 단위 몰 또는 질량당 속도로 주어진다는 것에 주의해야 한다. 예를 들어, 식 10.23에서 속도는 단량체 몰/Ti(또는 $TiCl_4$) 몰 s이다.

식 10.23은 실험적 결과를 합리적으로 서술할 수 있다. 예를 들어, 촉매의 활성도는 볼 분쇄 및/또는 $MgCl_2$와 같은 지지체 표면에서의 분산 등을 통해 크게 향상될 수 있다. 두 가지 모두 표면적을 증가시키고, 따라서 C를 증가시킨다. 일반적으로 알킬 농도가 증가함에 따라 속도에서의 최대가 관찰된다. 실제로 대부분의 모든 실험에서 속도가 단량체 농도에 대해 1차임을 보여 주며, 식 10.23은 단량체에 선형이 아니다. 이는 단순하게 $K_M[M_s] \ll 1$을 의미하는 것으로, 일반적으로 인정되는 사실이다.

약간의 창조적인 대수학으로 식 10.23을 더 간단하고 편리한 형태로 놓을 수 있다.

$$r_p = k_s K_M C_p^* \theta_0 [M_s] = k_p C^* [M_s] \tag{10.24}$$

여기서 $k_p = k_s K_M$은 성장 속도 상수이고 $C^* = C_p^* \theta_0$는 **활성**(*active*)이 있는 성장 사슬의 수, 즉 단량체나 알킬의 화학 흡착을 위해 열려 있는 인접한 자리를 가지는 수로 해석된다.

$$\theta_0 = (1 - \theta_M - \theta_A) = \frac{1}{1 + K_A[A_s] + K_M[M_s]} \tag{10.25}$$

다시 말하면 위 식은 단량체 농도의 함수이기 때문에, 식 10.24는 $K_M[M_S] \ll 1$이지 않는 한 단량체에 대해 1차가 아니며, 일반적으로 사실인 것처럼 보인다. 식 10.24는 주로 Ziegler–Natta 중합을 설명하기 위해 화학공학자들이 많이 사용하는 형식이다.

예제 10.5 헵테인 슬러리(현탁)에서 프로필렌의 중합을 위해 현대의 고활성도 Ziegler–Natta 촉매를 사용할 경우, (a) 성장하는 사슬의 평균 수명과 (b) 중합 속도를 구하시오. 조건은 $k_p = 660$ L/mol-s, $C^* = 10^{-5}$ mol/g, $[M_S] = 4.0$ mol/L[19], 그리고 $\bar{x}_n = 5000$이다. (c) 또한 이런 조건하에서 고분자 10,000 g/촉매 g의 촉매 수율(고가의 촉매 제거 단계를 피하기 위해 적절한 값이다)을 얻기 위해서 얼마 동안 반응이 수행되어야 하는지 예측하시오. 중합이 진행되는 동안 반응기에 투입되는 기상의 단량체가 거품을 일으키므로 $[M_S]$는 일정하게 유지된다.

풀이

(a) 예제 9.9와 유사하게, $\bar{t}$는 하나의 사슬 내에 평균 단량체 수($\bar{x}_n$)와 성장하는 사슬의 수(C^*)의 곱을, 단량체가 모든 사슬에 더해졌을 때의 반응 속도(r_p)로 나눠서 구한다.

$$\bar{t} = \frac{\bar{x}_n C^*}{r_p} = \frac{\bar{x}_n}{k_p[M_s]}$$

$$= \frac{\text{단량체 } 5000 \text{ mol/ 사슬 mol}}{(660 \text{ L/ 사슬 mol} \cdot \text{s})(\text{ 단량체 } 4.0 \text{ mol/L})} = 1.9 \text{ s}$$

(b)

$$r_p = -\left(\frac{1}{m_{\text{cat}}}\right)\left(\frac{dM}{dt}\right) = k_p[M_s]C^*$$

$$= \left(660\frac{\text{L}}{\text{사슬 mol}\cdot\text{s}}\right)\left(4.0\frac{\text{단량체 mol}}{\text{L}}\right)\left(\frac{\text{사슬 }10^{-5}\text{ mol}}{\text{촉매 g}}\right)$$

$$= \text{단량체 } 0.0264 \text{ mol/촉매 g-s}$$

또는 프로필렌의 분자량이 42이기 때문에

$$r_p = 0.0264 \times 42 \text{ g/gmol} \times 3600 \text{ s/h} = \text{고분자 } 4000 \text{ g/촉매 g-h}$$

(c) 이 때문에 특정의 촉매 수율을 얻기 위해서, 이 반응은 반드시 10,000/4000=2.5시간 동안 일어나야 한다. 중합 속도는 촉매의 부피보다 질량에 기초한다는 것을 기억하시오. 여기서 반응 시간은 평균 사슬 수명보다 훨씬 크지만(자유 라디칼 부가와 유사하고, 음이온 중합과는 다르게), 그 비율은 전형적인 자유 라디칼 공정에서만큼 크지는 않다.

유감스럽게도, 실제 수명은 마지막 예제에서처럼 간단하지 않다. 한 가지 이유는, 촉매 활성도가 일반적으로 시간에 따라 감소(부착물로 인해)하는데, 중합이 발생하지 않더라도 감소하기 때문이다. 촉매 반감기는 전형적으로 수 분에서 수 시간이다. 이는 C^*, 즉 중합의 원인이 되는 자리가 점진적으로 비활성화되기 때문으로 설명이 되고, 다음과 같은 n-차 비활성화 법칙에 따라 정량적으로 묘사된다.

$$\frac{dC^*}{dt} = -k^*(C^*)^n \tag{10.26}$$

현재에는 2차 비활성화인 n=2가 가장 일반적인 것처럼 보이지만, n=1과 n=3 또한 데이터와 잘 맞는다.

예제 10.6 예제 10.5(c)를 다시 풀어보시오. 다만, 이제 촉매가 반감기 1시간으로 2차 메커니즘에 의해 비활성화된다고 가정하시오.

풀이 t=0에서 n=2이고 $C^*=C_0^*$일 때 식 10.26을 적분하면 다음과 같다.

$$C^* = \frac{C_0^*}{1 + C_0^* k^* t}$$

$t=t_{1/2}$, $t_{1/2}=1/C_0^*k^*$에서 $C^*/C_0^*=0.5$이기 때문이다. 위 식을 식 10.24에 대입하면 다음과 같은 식을 얻는다.

$$r_p = -\frac{1}{m_{\text{cat}}}\frac{dM}{dt} = \frac{k_p C_0^*[M_s]}{1 + C_0^* k^* t}$$

변수를 분리하면(여기서 $[M_s]$가 일정하다는 것을 기억하시오) 다음 식을 얻는다.

$$-\frac{1}{m_{\text{cat}}}\int_{M_0}^{M} dM = k_p C_0^*[M_s]\int_0^t \frac{dt}{1+C_0^*k^*t}$$

그리고 적분하면 다음과 같은 식을 얻는다.

$$\frac{M_0-M}{m_{\text{cat}}} = \frac{k_p C_0^*[M_s]}{C_0^*k^*}\ln(1+C_0^*k^*t) = k_p C_0^*[M_s]t_{1/2}\ln\left(1+\frac{t}{t_{1/2}}\right)$$

이제 $(M_0-M)/m_{cat}=10{,}000$ g/g cat/42 g/mol=238 mol/g cat이다. 이 값과 $t_{1/2}=1$h, 그리고 예제 10.5의 변수를 이용하여 t에 대해 풀면 $t=11.3$ h를 구할 수 있다. 예제 10.5(c)의 결과(2.5 h)와 비교하였을 때, 이것은 촉매 비활성화의 현실적인 결과를 나타낸다.

또 다른 문제점은 반응 속도에 대한 물질-이동 제한의 가능성이다. 그리고 고분자 층이 성장하기 때문에 물질 이동 저항은 불균질 중합이 진행되는 동안 증가할 것이다. 즉, 전환율이 증가하면서 중합은 반응을 제한하기 시작할 것이고, 물질 이동-제한으로 변할 가능성이 매우 크다는 것이다. 단량체가 중합하기 위해서는, 먼저 단량체가 농도가 $[M_b]$인 매크로 입자로 둘러싸인 벌크 유체로부터, 농도가 $[M_s]$인 마이크로 입자 사이 내 촉매 표면으로 확산해야만 한다. 촉매 표면에서의 고유 반응 속도 및/또는 확산 저항이 높은 곳에서, 총 반응 속도는 화학 반응보다 오히려 물리적 확산으로 결정될 수 있다.

이것을 표현하는 또 다른 방법은 $[M_s]<[M_b]$이다. 식 10.23이나 10.24를 이용하기 위해서는 반드시 $[M_s]$를 알아야 한다. $[M_s]$와 $[M_b]$를 연관짓는 것은 물질 이동에 있어 복잡한 문제이고, 이 장의 범위를 넘어선다. 그것은 참고문헌 [20, 21]에 잘 설명되어 있다. '계산'을 하기 위해서, 당신은 입자의 기하학, 매크로 입자의 표면에서의 물질-이동 계수, 마이크로 입자 사이의 작은 틈(구멍)에서 단량체의 유효 확산율, 그리고 일차 촉매 입자를 덮은 고분자 층을 통과하는 단량체의 확산율(추가적으로 반응의 속도 변수)을 알 필요가 있다고만 말해 두자.

계산을 통해 속도는 제한된 물질-이동일 수 있으며, 촉매의 활성도와 계의 물리적 특성에 의존한다는 것을 알 수 있다. 아주 특이한 하나의 결과는 물질-이동에 대한 저항이 시간에 따라 감소하여, 속도 증가를 야기할 수 있다는 것이다($[M_b]$가 일정할 때). 이 증가는, 비활성 촉매와 결합될 때 시간에 따른 중합 속도에서의 최댓값을 야기한다. 예제 10.5의 변수들은 물질-이동 제한적이 아닌 경우를 나타내고, $[M_s]\approx[M_b]$라고 가정할 수 있다.

만약 촉매 표면의 모든 고분자-생성 자리가 동일한 활성도를 가졌고 동일한 농도의 단량체에 노출되었다면, 그리고 사슬 이동이 무작위로 일어났다면, 우리는 2.0의 다분산 지수[22]를 가지는 가장 가능성 있는 사슬 길이의 분포(식 9.47)를 나타내는 고분자를 기대할 것이다. 하지만 이 불균질 촉매로 생성되는 고분자는 전형적으로 큰 다분산 지수를 가진다(3에서 20까지). 이러한 넓은 분산에 대해 다음의 두 가지 이유가 제기되었다. (1) 입자들 내에서 위치와 아마도 시간에 따라 단량체의 농도를 변하게 하는 물질-이동 저항, (2) 촉매 표면의 자리 활성도(k_p) 범위. 다른 유형의 자리는 표면에서 확인되었다[22].

최근의 계산에 의하면, 물질-이동 제한이 분포를 다소 넓게 하는 것에 기여할 수 있는 반면에, 자리의 활성도 범위는 관찰되는 다분산성에 대해 설명할 필요가 있다는 것을 보여준다. 더 나아가 이 다른 유형의 자리들은 충분히 넓은 범위의 활성도를 가진다[20]. 자리 불균질성의 효과를 검사하기 위해 예제 10.24를 다음과 같이 일반화시켜야 한다.

$$r_p = [M_s]\sum_{i=1}^{N} k_{pi}C_i^* \tag{10.27}$$

여기서 N이 다른 유형의 자릿수이고

$$k_pC^* = \sum k_{pi}C_i^* \tag{10.28}$$

만약 촉매 자리가 활성도에 충분히 큰 차이를 갖는다면(적어도 한 차수 이상), 두 가지 형태의 촉매 자리만으로도 다분산 지수가 큰 고분자를 얻을 수 있다. 하지만 이는 일반적으로 실제에서는 볼 수 없는, 양봉(2개의 피크가 있는)의 분자량 분포를 초래한다. 몇몇 응용에서는 좁은 분자량 분포가 바람직하다. 촉매가 $MgCl_2$에 지지되고 있는(특정 유형의 자리가 선택적으로 촉진되는 것에 기인할 수 있는) 계에서, 또는 첨가제가 사용될 때(아마 특정 유형의 자리를 선택적으로 해치는)[21], 3~4 범위의 상대적으로 작은 다분산 지수가 보고되었다. 한 자리(즉, EXXPOL 메탈로센)의 촉매 또한 높은 다분산 지수 문제를 회피하기 위해 발전되었다[22, 23].

입자들에서의 온도 변화에 관한 문제 또한 다루어졌다. 결론은 고분자를 녹이기 충분할 정도로 높은 온도인 기상 중합의 아주 초기 단계가 아니라면, 온도 변화는 일반적으로 중요하지 않다는 것이다[24].

실제로, Ziegler-Natta 촉매계는 이것으로 작업하기가 어렵다. 물과 다른 것들에 의해 쉽게 오염되기 때문에 제조와 사용에 있어 세심하게 훈련되어야 한다. 이 계는 발화성(산소와의 접촉으로 자연적으로 불꽃이 일어나는)이 있고, 많은 양의 가연성 단량체 및 용매와 함께 사용된다. 그렇기 때문에 연구실이나 공장에서 심각한 안전상의 위험 문제가 있다.

10.8 그래프트 고분자 표면

표면으로 고분자를 그래프트하는 것은 재료 표면의 특성을 바꾸는 훌륭한 방법이다. 그래

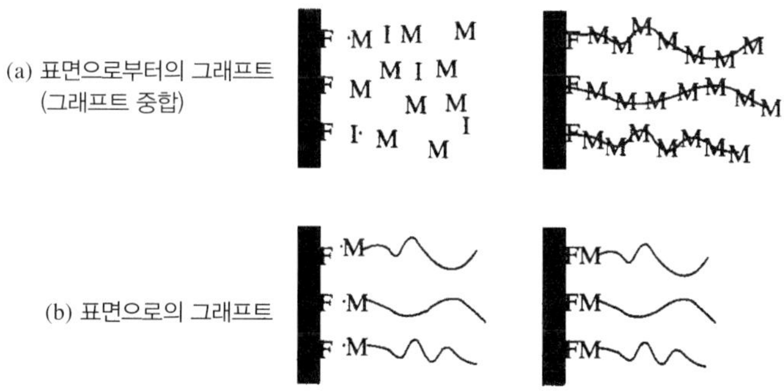

그림 10.5 표면을 고분자로 그래프트하는 방법의 예시. (a) 표면의 작용기 (F)로부터 고분자 사슬이 성장함으로써 표면으로부터 그래프트하는 방법(grafting from), (b) 이미 만들어진 고분자를 표면의 작용기 (F)에 붙임으로써 표면으로 그래프트하는 방법(grafting to).

프트는 복합 재료에서 층간 상용성을 향상시키고 표면 오염을 감소시키며, 생체 적합성을 개선하기 위해서 실행된다(다양한 잠재적 응용 분야들 중에서). 리빙 중합은 고분자 특성을 조절하는 데 사용되기 때문에 그래프트 중합에도 많이 이용된다.

그래프트 방법은 보통 다음의 두 가지 중 한 가지 유형을 따른다(그림 10.5). 표면으로 그래프트하는(grafting to a surface) 유형과 표면으로부터 그래프트하는(grafting from a surface) 유형. 첫 번째 방법(grafting to)은 올리고머와 고분자가 미리 만들어지고(그리고 분자량과 다분산성으로 쉽게 분석될 수 있다), 몇 가지 화학 반응을 통하여 표면에 붙는다(몇 가지 축합 조건이 여기서 이용될 수 있다). 두 번째 방법(grafting from)에서는, 표면에 단량체가 첨가됨으로써 표면이 활성화된다(즉, 자유 라디칼이나 성장하는 리빙 고분자 복합체를 형성한다). 이 두 번째 기술은 표면을 파괴하지 않으면서(아니면 최소한으로 그래프트를 제거하면서) 분자량과 다분산성을 확인할 수 없으므로, 그래프트의 여부를 분석하는 것은 더욱 어렵다. 비록 이 결점으로 인해 표면으로 그래프팅하는(grafting to) 기술을 더 선호할 것 같지만, 이 기술의 단점은 큰 크기의 올리고머나 고분자가 표면과의 결합을 방해하는 중대한 입체 장애나 확산 저항을 가질지도 모른다는 것에 있다. 따라서 이와 같은 단점이 상기의 장점을 상쇄하게 한다. 이것은 결과적으로 낮은 그래프트 범위(그래프트 밀도)를 갖는 표면을 유발한다. 더 자세한 그래프트 기술은 Bhattarcharya와 Misra[25]에 의해 논의되었다.

10.9 요약

이 장에서 서술한 다양한 고급 중합 방법들은 중합을 위해 사용될 수 있는 몇 가지 중요한 메커니즘을 강조하였다. 리빙 중합은 블록, 그래프트, 별 고분자를 포함하는 고분자 구조를 정밀하게 제어하는 능력을 제공하는 반면에, 불균질 촉매(Ziegler−Natta 중합과 같은)는 입체 규칙성을 개선할 수 있는 장점을 제공한다. 이러한 기술의 서론 이상의 것은 이 책의 범위를 넘지만, 이러한 중합들(그리고 가역적 부가 세분화 조각 사슬 이동(reversible addition fragmentation transfer, RAFT) 중합과 나이트록사이드−매개 중합(nitroxide-mediated polymerization, NMP)과 같은 것들)은 다른 곳에서 더 깊이 다루고 있다 [25~27].

문제

1 4.000 mol의 스타이렌 용액이 들어 있는 반응기에 n-BuLi와 4-작용기 연결제 $R(Cl)_4$를 공급했을 때, 가지 길이 $x=1000$인 가지를 갖는 4-별 고분자를 생성하기 위해 필요한 물질의 양과 투입 순서를 열거하시오. 이때 완전히 즉각적으로 이온화되며, 완벽하게 연결되고, 종결 불순물은 없다고 가정하시오.

2 건성의, 불활성 용매에 최초 1.00×10^{-3} mol의 n-BuLi가 녹아 있는 반응기가 있다. 1.00 mol의 스타이렌(S)이 반응기에 더해진다. 반응이 50% 진행되었을 때, 0.250×10^{-3} mol의 2-작용기 연결제인 Cl−R−Cl이 반응기에 더해진다. 그리고 이 반응이 완전히 진행된다. 문제 10.1에서의 가정이 적용된다.

(a) 반응 결과물을 정량적으로 설명하시오(어떤 물질이 몇 몰인지).

(b) 생성물의 $\bar{x}_n$을 계산하시오.

3 문제 10.2에서 연결제 조건을 1.00×10^{-3} mol의 n-BuLi로 대체하여 다시 계산하시오.

4 문제 10.2에서 연결제 조건을 1.00×10^{-3} mol의 2가 음이온 개시제인 $^{+}[Li]^{-}[:R:]^{-}[Li]^{+}$로 대체하여 다시 계산하시오.

5 대부분의 사슬 말단이 n개 사슬 말단의 비활성 응집체로 회합되어 있는 음이온 부가 중합을 고려하시오. 응집체는 다음 평형 관계를 따라 활성 사슬 말단으로 약간 분리된다.

$$(P_x^-)_n \overset{K}{\rightleftharpoons} nP_x^-$$

여기서 $K \ll 1$이다. 중합 속도에 관한 표현식을 구하시오.

6 예제 10.4의 2가 음이온 개시제로 예제 10.1의 고분자가 어떻게 생성될지 정량적으로 서술하시오.

7 뷰타다이엔과 나일론 6,6의 블록 공중합체(예제 2.4E 참조)를 어떻게 만들 수 있는지 서술하시오.

8 개시제, 단량체, 사슬 이동제가 각각 I, M, RH의 몰수로 들어 있는 그룹 이동 중합 회분식 반응기에서, 완전한 전환율에서의 수평균 사슬 길이에 대한 표현식을 구하시오.

9 다음 메커니즘은 양이온 중합을 설명하기 위해 제안되었다(절대적으로 확신하지는 마

시오).

$$\text{이온화} \quad \mathrm{GH} \overset{K}{\rightleftharpoons} \mathrm{G^-H^+}$$

$$\text{개시} \quad \mathrm{G^-H^+} + M \xrightarrow{k_a} P_1^+\mathrm{G^-}$$

$$\text{성장} \quad P_x^+\mathrm{G^-} + M \xrightarrow{k_p} P_{x+1}^+\mathrm{G^-}$$

$$\text{종결} \quad P_x^+\mathrm{G^-} \xrightarrow{k_t} P_x + \mathrm{GH}$$

여기서, GH는 촉매이고 G^-는 반대 이온이다. 이온화 단계는 근본적으로 즉각적이고 항상 평형 상수가 K인 평형에 있다고 가정하시오. 이 메커니즘에 따르는 중합 속도에 관한 식과 수평균 사슬 길이를 구하시오.

10 회분식 반응기에서 단분산 고분자를 형성하는 유형의 이상적인 음이온 중합을 생각해 보시오. 하지만 여기서 반응은 완벽하게 미세 혼합되는 CSTR 반응기에서 실행되며, 정상 상태 단량체의 농도가 $[M]$이다. 평균 체류 시간 $\tau = V/Q$이고, V는 반응기 부피, Q는 부피 유량 속도이다. 체류-시간 분포는 다음과 같다.

$$E(t) = \frac{1}{\tau}\exp\left(-\frac{t}{\tau}\right)$$

여기서 $E(t)dt$는 시간 t 동안 반응기에 체류한 생성물 줄기에서의 재료의 분율이다. 사슬은 오직 반응기에 있는 동안만 성장한다고 가정하시오.

위에서 정의한 변수들을 이용하여, $\bar{x}_n$, (n/N), (w/W)(사슬 길이의 수분율과 질량 분율 분포), 그리고 다분산 지수 $\bar{x}_w/\bar{x}_n$를 구하시오. 이것들 중 어느 것이 낯이 익는가?

11 예제 10.2(b)의 반응에 대하여 시간의 함수로 전환율을 표현하시오.

12 사슬이 수소를 갖는 사슬 이동으로만 반응이 종결되는 Ziegler−Natta 중합을 생각해 보시오. 이동 속도는 다음과 같이 주어진다. $r_{tr} = k_{tr}C^*[H_2]$.

(a) $\bar{x}_n$을 농도와 속도 상수로 표현하시오. 표면 자리의 활성화도는 균일하다고 가정하시오.

(b) (a)의 경우 사슬 길이의 수분율 분포$(n/N)(x)$를 표현하시오. 이 분포의 다분산 지수는 얼마인가?

13 기체상의 Ziegler−Natta 중합이 일정한 부피, 등온 회분식 반응기에서 일어난다. 표면 단량체의 농도가 항상 벌크 단량체의 농도에 비례한다($[M_s] = k[M_b]$)고 가정하시오. 다음 두 가지 경우에 대한 전환율을 시간의 함수로 표현하시오.

(a) 활성화도가 일정한 촉매와 함께

(b) 2차 메커니즘을 가지는 비활성화되는 촉매와 함께

이 장에서 정의되지 않은 필요한 변수를 정의하시오.

14 식 10.23에서 최대의 고분자를 생성하기 위한 최적화 알킬 농도를, 변수들을 이용하여 정의하시오.

참고문헌

[1] Plesch, P.H. (ed.), *The Chemistry of Cationic Polymerization*, MacMillan, New York, 1963.

[2] Russell, K.E. and G.J. Wilson. Cationic polymerizations, in *Polymerization Processes*, C. E. Schildknecht and I. Skeist (eds), Wiley, New York, 1977, Chapter 10.

[3] Percec, V., Recent developments in cationic polymerization, in *Applied Polymer Science*, 2nd ed., R.W Tess and G.W. Poehlein (eds), American Chemical Society, Washington, DC, 1985, Chapter 5.

[4] Odian, G., *Principles of Polymerization*, 4th ed., John Wiley and Sons, New York, 2004, Chapter 5-2.

[5] Morton, M., *Anionic Polymerizations*: *Principles and Practice*, Academic, New York, 1983.

[6] Swarc, M., *Living Polymerizations and Mechanisms of Anionic Polymerization*, Springer, Berlin, Germany, 1983.

[7] McGrath, J.E. (ed.), *Anionic Polymerization*: *Kinetics*, *Mechanisms and Synthesis*, American Chemical Society, Washington, DC. 1981.

[8] Franta, E. and P. Rempp, *Polym. Prepr.* **20**(1), 5 (1979).

[9] Odian, G., *op. cit.* Chapter 5-3.

[10] United States patents 4,414,372 and 4,417,034.

[11] Stinson, S.C., *Chem. Eng. News*, April 27, 1983, p. 43.

[12] Keii, T., *Kinetics of Ziegler-Natta Polymerization*, Chapman Hall, London, U.K., 1972.

[13] Chien, J.C.W. (ed.), *Coordination Polymerization*, Academic, New York, 1975.

[14] Karol, F.J., Coordinated anionic polymerization and polymerization mechanisms, in *Applied Polymer Science*, 2nd ed., R.W. Tess and G.W. Poehlein (eds), American Chemical Society, Washington, DC, 1985, Chapter 4.

[15] Matyjaszewski, K. and J. Xia, *Chem. Rev.* **101**(9), 2921 (2001).

[16] Coessens, V., T. Pintauer, and K. Matyjaszewski, *Prog. Polym. Sci.* **26**(3), 337 (2001).

[17] Floyd, S., T. Heiskanen, and W.H. Ray, *Chem. Eng. Progr.* **85**(11), 56 (1988).

[18] Tait, P.J.T., *Chem. Technol.* **5**, 688 (1975).

[19] Keii, T., et al., *Makromol. Chem.* **183**, 2285 (1982).

[20] Floyd, S., et al., *J. Appl. Polym. Sci.* **33**, 1021 (1987).

[21] Floyd, S., et al., *J. Appl. Polym. Sci.* **32**, 2935 (1986).

[22] Anon., *Mod. Plast.* **68**(7), **61** (1991); Leaversuch, R.D., *Mod. Plast.* **68**(10). 46 (1991); Anon., *Chem. Eng. News*, Dec. 23, 1991, p. 16.

[23] Anon., *Chem. Eng. Prog.* **87**(10). 21 (1991).

[24] Zucchini, U. and G. Cecchin. *Adv. Polym. Sci.* **51**, 101 (1983).

[25] Bhattarcharya, A. and B.N. Misra, *Prog. Polym. Sci.* **29**(8), 767 (2004).

[26] Matyjaszewski, K. *Controlled/Living Radical Polymerizations: From Synthesis to Materials*, ACS Symposium Series **944**, American Chemical Society, Washington, DC, 2006.

[27] Buchmeiser, M. M*etathesis Polymerization*, Advances in Polymer Science Series, Springer-Verlag, New York, 2009.

11장

공중합

11.1 도입

공중합체는 단계 성장 중합 또는 자유 라디칼 부가 중합으로 쉽게 만들 수 있다. 서로 다른 단량체들을 하나의 중합체 사슬로 함께 연결함으로써 몇몇의 특성(친수성, 강성, 불투명도 등)이 바뀔 수 있다. 많은 종류의 단량체를 섞어서 중합할 수 있지만, 둘 또는 세 종류 이상의 반복 단위로 이루어진 공중합체는 복잡하고 무작위하기 때문에 특징짓기가 어렵고, 실제로 유용하지도 않다. 합성 공중합체는 오직 둘 또는 세 종류의 반복 단위로 구성되는 반면, 자연에서의 단백질은 20종류의 서로 다른 아미노산의 조합에 의해 합성된다. 한 가지 특별한 점은 생명 활동은 아미노산 반복 단위들을 정교하게 배열함으로써 단백질(폴리펩타이드)의 규칙적 합성을 암호화하는 효율적인 방법으로 진화해 왔다는 것이다. 아미노산의 정해진 순서는 단백질을 생물학적 기능에 필요한 3차원 형태로 배열하게 한다. 어떤 폴리펩타이드는 합성하여 만들 수 있지만, 이 장에서는 상업적으로 더 중요한 공중합체와 이들의 형성, 동종 중합체와의 특징적인 차이점에 중점을 둔다. 또한 이 장은 랜덤 공중합체에 대해서도 중점을 두는데, 이의 단량체는 중합되기 이전에 함께 혼합된다. 블록 공중합체와 그래프트 공중합체를 만들기 위해서는 더 정교한 기술이 필요한데, 이것은 단량체가 이러한 복잡한 구조를 형성하기 위해서 특정한 순서로 반응해야 하기 때문이다.

11.2 메커니즘

우리는 이전 장에서 랜덤 공중합체의 조성이 용해도, 결정화도, T_g와 T_m을 포함한 여러 가

Fundamental Principles of Polymeric Materials, Third Edition. Christopher S. Brazel and Stephen L. Rosen.

지 중요한 성질에 어떻게 영향을 주는지 보았다. 따라서 공중합체 조성을 조절하는 것은 실제로 매우 중요하다.

공중합체는 단계 성장 중합으로도 만들 수 있지만, 현실적인 관점에서 대부분의 공중합체는 자유 라디칼 부가 중합으로 만들어진다. 논의의 단순화를 위해, 자유 라디칼 메커니즘에 대해서만 중점을 두기로 한다. 랜덤 공중합을 정량적으로 처리하기 위해서는, 성장하는 사슬의 반응성은 오직 그것의 활성 말단 단위에만 의존한다고 가정한다. 따라서 2개의 단량체 M_1과 M_2가 공중합될 때 4개의 가능한 성장 반응이 있다.[1]

반응	속도 식	
$P_1\cdot + M_1 \xrightarrow{k_{11}} P_1\cdot$	$k_{11}[P_1\cdot][M_1]$	(11.1)
$P_1\cdot + M_2 \xrightarrow{k_{12}} P_2\cdot$	$k_{12}[P_1\cdot][M_2]$	(11.2)
$P_2\cdot + M_2 \xrightarrow{k_{22}} P_2\cdot$	$k_{22}[P_2\cdot][M_2]$	(11.3)
$P_2\cdot + M_1 \xrightarrow{k_{21}} P_1\cdot$	$k_{21}[P_2\cdot][M_1]$	(11.4)

속도 상수에서 첫 번째 아래 첨자는 사슬 말단의 본성을 나타내고, 두 번째는 사슬에 부가되는 단량체를 나타낸다.

모든 고분자 자유 라디칼 종($P_1\cdot$과 $P_2\cdot$)에 정상 상태 가정을 적용하기 위해서는, 이들은 동일한 속도로 소비되고 생성되어야 하는 것이 필요하다. $P_1\cdot$은 반응식 11.4에 의해 생성되고 반응식 11.2에 의해 소비된다. 반응식 11.1은 단지 하나의 $P_1\cdot$을 또 다른 $P_1\cdot$으로 바꿔 수치상 순(net) 변화는 없다는 것에 유의하라. 따라서

$$k_{12}[P_1\cdot][M_2] = k_{21}[P_2\cdot][M_1] \tag{11.5}$$

이고, 단량체 M_1과 M_2가 소비되는 속도는 다음과 같다.

$$-\left(\frac{1}{V}\right)\left(\frac{dM_1}{dt}\right) = k_{11}[P_1\cdot][M_1] + k_{21}[P_2\cdot][M_1] \tag{11.6}$$

$$-\left(\frac{1}{V}\right)\left(\frac{dM_2}{dt}\right) = k_{12}[P_1\cdot][M_2] + k_{22}[P_2\cdot][M_2] \tag{11.7}$$

식 11.6을 식 11.7로 나누고, 식 11.5에서 $[P_1\cdot]$들을 소거한 후, $M_i = [M_i]V$를 상기하면 다음과 같이 된다.

[1]표기법은 기존 문헌을 따르기 위해 여기서 조금 바뀌었다. 아래 첨자 1과 2는 공중합되는 2개의 단량체를 나타내며, 반복 단위의 수를 나타내는 것은 아니다. 따라서 $P_1\cdot$은 단량체 1의 말단 단위로 (어느 길이의) 성장하는 사슬, 즉 단량체 M_1이 마지막으로 부가된 사슬을 나타낸다. 비록 공중합의 수학적 표현이 다양한 종류의 부가 중합과 같아 보이지만, 중요한 수학적 차이점이 있으며, 이것은 나중에 논의될 것이다.

$$\frac{dM_1}{dM_2} = \frac{M_1}{M_2}\left[\frac{r_1 M_1 + M_2}{M_1 + r_2 M_2}\right] \tag{11.8}$$

여기서 r_1과 r_2는 **반응성비**(*reactivity ratio*)이다.

$$r_2 = \frac{k_{22}}{k_{21}} = M_2/M_1\text{에 대한 } P_2\cdot\text{의 상대적 선호도}$$

$$r_1 = \frac{k_{11}}{k_{12}} = M_1/M_2\text{에 대한 } P_1\cdot\text{의 상대적 선호도}$$

반응성비는 중합체가 상대 공단량체(식 11.2 또는 11.4)를 부가하는 것이 아니라, 같은 종류의 단량체(식 11.1 또는 11.3)와 반응할 가능성에 대한 척도이다. 반응성비는 실험적으로 정해지거나[1] 혹은 평가될 수도 있다[2]. 유기 자유 라디칼 공중합 반응에서, 주어진 단량체 쌍은 개시제와 용매에 거의 영향을 받지 않고, 온도에만 약하게 영향을 받는다. 그러나 이온 공중합 반응에서는 상대 이온과 용매에 강하게 의존한다.

이러한 관계는 다음과 같이 정의함으로써 더 편리한 형태로 나타낼 수 있다.

f_1 = **어느 순간에서**(*at any instant*) 반응물에 있는 단량체 1의 몰분율
F_1 = **그 순간에**(*at that instant*) 형성된 공중합체 내 단량체 1의 몰분율

$$F_1 = 1 - F_2 = \frac{dM_1}{d(M_1 + M_2)} \tag{11.9}$$

$$f_1 = 1 - f_2 = \frac{M_1}{M_1 + M_2} \tag{11.10}$$

단량체 1이 단량체 2보다 반응성이 더 크다면, f_1 값은 중합 초기 부분에서 감소할 것이고, 반면 F_1은 단량체 1이 초기에 공급된 조성보다 높아질 것이다. 식 11.8~11.10들을 조합하면(대수학을 좋아한다면, 이 조합을 한번 시도해 보라) 다음과 같이 된다.

$$F_1 = \frac{r_1 f_1^2 + f_1 f_2}{r_1 f_1^2 + 2f_1 f_2 + r_2 f_2^2} = \frac{(r_1 - 1)f_1^2 + f_1}{(r_1 + r_2 - 2)f_1^2 + 2(1 - r_2)f_1 + r_2} \tag{11.11}$$

$$F_1 = F_1(r_1, r_2, f_1)$$

특정 순간의 공중합에서의 조성인 F_1의 양은 자유 라디칼 부가 중합에서 사슬의 순간 수평균 길이인 $\bar{x}_n$과 비슷하다. $\bar{x}_n$과 같이 F_1은 특정 순간 반응기의 조건에 의존한다. 특정 순간에 형성된 공중합체 모두는 정확히 같은 조성을 가지지 않으므로, 이것 역시 실제로 평균값이다. 그러나 조성의 순간 분포가 사슬 길이의 순간 분포보다 일반적으로 더 좁고 또 평균값이라는 것은 실제로 크게 중요하지 않으며 어떻게든 조절할 수도 없기 때문에, F_1은 기호 위의 막대를 떼어 낸다.

11.3 반응성비의 의미

식 11.11의 물리적 의미를 고찰하기 위해, 반응성비에 대한 몇 가지 특별한 경우들을 살펴보자.

경우 1: $r_1 = r_2 = 0$. 반응성비가 둘 다 0일 경우, 어느 형태의 사슬 말단도 그 자체 단량체와 반응하지 않으며, 따라서 **완전한 교대**(*perfectly alternating*) 공중합체가 만들어진다. 한 당량체가 모두 소비될 때까지, 즉 중합이 멈출 때까지 f_1 값과 상관없이 $F_1 = 0.5$이다.

경우 2: $r_1 = r_2 = \infty$. 여기서 $P_1\cdot$은 오직 M_1 단량체를, $P_2\cdot$는 오직 M_2 단량체를 부가할 수 있다. 따라서 형성된 중합체는 동종 중합체 1 사슬과 동종 중합체 2 사슬의 물리적인 혼합물이 된다.

경우 3: $r_1 = r_2 = 1$. 이러한 조건에서 성장하는 사슬은 단량체들에 대해 동등한 반응성을 보이므로, 부가는 사슬 말단 주변의 단량체 비에 의존한다. $F_1 = f_1$이다.

경우 4: $r_1 r_2 = 1$. 이것이 이른바 이상적인 공중합 반응이다. 여기서 각 사슬은 하나의 단량체에 대하여 다른 단량체에 동일한 선호도를 보이므로 $k_{11}/k_{12} = k_{21}/k_{22}$이며, 따라서 사슬 말단이 무엇이든지 관계없다. 이런 경우, 식 11.11은 다음으로 축소된다.

$$F_1 = \frac{r_1 f_1}{(r_1 - 1)f_1 + 1} \tag{11.12}$$

증류 이론에 익숙한 독자들은 여기서 식 11.12가 일정하고 상대적인 휘발성을 가지는 이상 용액에서의 기상–액상 평형 조성 관계식과 상당히 유사하다는 것을 주지하였을 것이다.

경우 5: $r_1 < 1$, $r_2 < 1$. 이 흔한 경우는 기상–액상 평형에서 공비물(azotrope)에 해당한다. 공비물에서는 다음과 같다.

$$F_{1az} = f_{1az} = \frac{1 - r_2}{2 - r_1 - r_2} \tag{11.13}$$

$r_1 > 1$, $r_2 > 1$인 계도 공비물을 형성하지만, 보고된 바는 거의 없다.

11.4 전환율에 따른 조성의 변화

일반적으로 $F_1 \neq f_1$, 즉 어느 순간에 형성된 공중합체의 조성은 단량체 혼합물로부터 공중합체가 형성되고 있을 때의 그 혼합물의 조성과는 다를 것이다. 따라서 반응이 진행됨에 따라, 미반응 단량체 혼합물은 반응성이 더 큰 단량체 내에서 고갈될 것이며, 미반응 단량체의 조성이 변함에 따라, 형성되고 있는 고분자의 조성도 식 11.11에 따라 그와 같이 될 것이다.

예제 11.1 다음과 같은 조건으로 회분식 반응기 내에서 반응이 진행될 때 단량체 조성 f_1에 대한 공중합체의 순간 조성 F_1의 그래프를 그리고, 조성 변화의 방향을 나타내시오.

(a) 뷰타다이엔(1), 스타이렌(2), 60°C; $r_1=1.39$, $r_2=0.78$.

(b) 바이닐 아세테이트(1), 스타이렌(2), 60°C; $r_1=0.01$, $r_2=55$.

(c) 말레산 무수물(1), 아이소프로페닐 아세테이트(2), 60°C; $r_1=0.002$, $r_2=0.032$.

풀이 식 11.11을 이용하면 그림 11.1과 같은 그림을 얻는다. (a)는 위의 **경우 4**와 같이 이상 공중합에 근접한다는 것에 유의하라. (b)에서는 스타이렌이 사슬 말단의 라디칼에 관계없이 선호되는 단량체이다. 그래서 공중합체는 거의 소비될 때까지 대체로 스타이렌으로 이루어져 있다. (c)는 위의 **경우 1**에 근접한다.

전환율에 따른 조성 변화 방향을 화살표로 나타내었다. (c)는 $F_1=f_1=0.493$에서 공비물을 형성한다는 것에 주의하라. 공비물을 나타내는 선의 왼쪽 영역에서는 M_1 단량체의 반응성이 더 크고($F_1>f_1$), 오른쪽 영역에서는 M_2 단량체의 반응성이 더 크다($F_1<f_1$). 따라서 초기의 단량체 조성이 $f_{1,0}<0.493$일 경우 F_1과 f_1이 전환율에 따라 감소할 것이고, $f_{1,0}>0.493$이라면 F_1과 f_1이 증가할 것이다. 초기 단량체 양이 정확히 공비적 조성이면, 조성 변화는 없을 것이다.

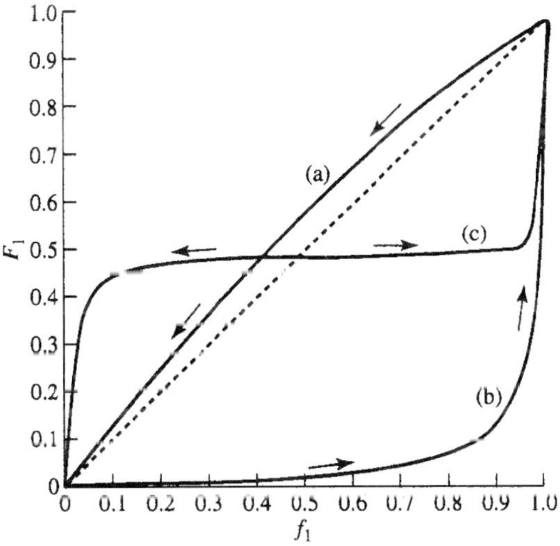

그림 11.1 단량체 조성(f_1)에 대한 공중합체의 순간 조성(F_1). (a) 60°C에서 뷰타다이엔(1), 스타이렌(2); $r_1=1.39$, $r_2=0.78$, (b) 60°C에서 바이닐 아세테이트(1), 스타이렌(2); $r_1=0.01$, $r_2=55$, (c) 60°C에서 말레산 무수물(1), 아이소프로페닐 아세테이트(2); $r_1=0.002$, $r_2=0.032$. 회분식 반응기 안에서 조성 변화 방향은 화살표로 나타내었다(예제 11.1). 대각선의 파선(--)은 **경우 3**, $F_1=f_1$, $r_1=r_2=1$을 나타낸다.

M mol의 단량체($M=M_1+M_2$)로 구성된 한 배치를 고려해 보자. 시간 t일 때 단량체는 f_1의 조성을 가진다. 시간 간격 dt 동안 단량체 dM mol은 중합되어 F_1의 조성을 가지는 공중합체를 형성한다. 따라서 시간이 $t+dt$일 때 남은 단량체는 $(M-dM)$ mol이 되고, 이의 조성은 (f_1-df_1)으로 바뀐다. 단량체 1에 대한 물질 수지(material balance)를 적음으로써, 남아 있거나 반응하는(dM_1) 초기 단량체의 양을 다음과 같이 나타낼 수 있다.

$$(M_1)|_t = (M_1)|_{t+dt} + dM_1 \tag{11.14a}$$

또는

$$f_1M = (M - dM)(f_1 - df_1) + F_1dM \tag{11.14b}$$

위 식을 전개하고 이차 미분 값을 무시하면 다음과 같이 된다.

$$\frac{dM}{M} = \frac{df_1}{F_1 - f_1} \tag{11.15}$$

반응 시작점에서는 조성이 $f_{1,0}$인 단량체 M_0 mol이 존재하고, 어느 정도 시간이 흐른 후에는 조성이 f_1인 단량체 M mol이 존재한다. 이 두 시점 구간을 적분하여 다음과 같이 된다.

$$\ln\frac{M}{M_0} = \int_{f_{10}}^{f_1} \frac{df_1}{F_1 - f_1} \tag{11.16}$$

이 식은 회분식 증류에서 증류 가마의 액체 양과 조성에 관한 식인 Rayleigh 식과 유사한데, 아마 몇몇의 독자들도 여기에 익숙할 것이다. f_1 값을 선택하고 식 11.11을 이용하여 그에 맞는 F_1 값을 계산함으로써, 적분을 통해 단량체 조성과 반응 전환율($X=1-(M/M_0)$) 간의 관계를 얻을 수 있다. 식 11.11과 11.16에 대한 풀이를 얻었는데[3], $r_1 \neq 1$, $r_2 \neq 1$일 경우(r_1 또는 r_2가 1일 경우 기존 참고문헌 참조) 다음과 같다.

$$\frac{M}{M_0} = \left[\frac{f_1}{f_{10}}\right]^{\alpha}\left[\frac{f_2}{f_{20}}\right]^{\beta}\left[\frac{f_{10}-\delta}{f_1-\delta}\right]^{\gamma} = 1 - X \tag{11.17}$$

여기서

$$\alpha = \frac{r_2}{1-r_2}$$

$$\beta = \frac{r_1}{1-r_1}$$

$$\gamma = \frac{1-r_1r_2}{(1-r_1)(1-r_2)}$$

$$\delta = \frac{1-r_2}{2-r_1-r_2}$$

이다. 반응 전환율에 따른 단량체 조성 f_1을 알면 식 11.11을 통해서 전환율에 따른 공중합체의 특정 순간 조성 F_1을 바로 알 수 있다. 이 사실을 아는 것은 중요한데, 이것은 반응 초기부터 높은 전환율에 이르기까지 형성되는 공중합체의 조성에 큰 변화가 있다면, 생성되는 개개의 고분자 사슬은 어떤 분절 내에서는 블록을 형성하고, 어떤 분절에서는 랜덤을 형성하기 때문이다. 이것은 공중합체의 특성에 있어서 폭넓은 변화를 가져온다.

예제 11.2 F_1의 큰 폭의 변화가 비정질 공중합체의 투명도에 미치는 영향에 대해 논하시오.

풀이 상당히 균일한 조성을 가진 비정질, 랜덤 공중합체는 일반적으로 투명하다. 이것은 거시적 스케일로 볼 때 공중합체는 균질한 계로서, 그 불연속성(몇 개의 단량체 집단에 해당)이 가시광선의 파장보다 상당히 작기 때문이다. 2개의 서로 다른 고분자는 상호간 불용성이기 때문에, F_1 값을 크게 변화시키는 공중합체는 불균질한 계를 형성할 것이며, 이 불균질한 계에서의 불연속성, 즉 하나의 상으로 이루어진 매트릭스에 또 다른 상이 분산된 소형 구상체는 가시광선의 파장보다 클 것이다. 상들의 조성 차이로 인해서, 굴절률도 다르고, 빛을 산란시키는 계를 야기하며, 이로 인하여 투명하지 않다.

순간 공중합체 조성인 F_1과 더불어, 또 다른 관심을 가지는 양은 특정한 전환율까지 형성된 공중합체의 **누적 조성**(*cumulative composition*) $\langle F_1 \rangle$이다. $\langle F_1 \rangle$은 9장의 누적 수평균 사슬 길이 $\langle \bar{x}_n \rangle$과 정확히 일치한다. 그것은 회분식 반응기에서 물질 수지를 통해 얻어진다.

$$\text{가해 준 } M_1 \text{ 몰수} = \text{공중합체에서의 } M_1 \text{ 몰수} + \text{단량체로 남은 } M_1 \text{ 몰수}$$

$$f_{10} M_0 = \langle F_1 \rangle (M_0 - M) + f_1 M \tag{11.18}$$

다시 정리하면 다음과 같다.

$$\langle F_1 \rangle = \frac{f_{10} - f_1 (M/M_0)}{1 - (M/M_0)} = \frac{f_{10} - f_1 (1 - X)}{X} \tag{11.19}$$

이 식을 증류에 비유하면, 질 교육받은 밀주 제조자가 10도수의 맥아 혼합물을 얼마나

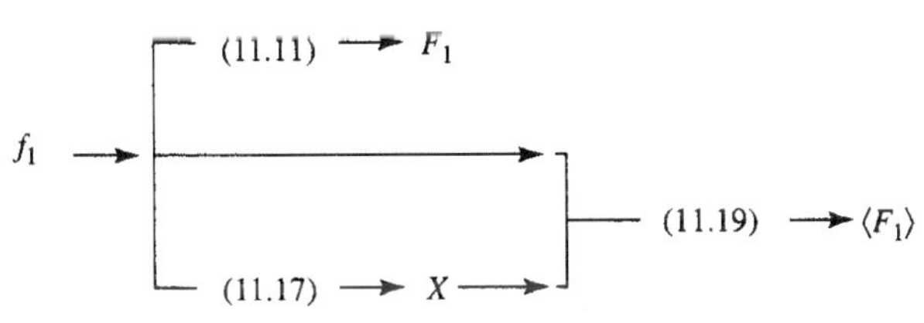

그림 11.2 회분식 반응기에서의 공중합체 조성 계산을 위한 개략도.

많이 증류해야 그가 가진 응축기 아래에 있는 병에서 60도수의 자가 양조 위스키로 채울 수 있는가 하는 것이다. 그림 11.2는 증류 비유에서 정의된 양들을 보여 준다. $\bar{x}_n$과 $\langle \bar{x}_n \rangle$ 사이의 관계를 가시화하기 위해 9.10절에서 전개한 '잘 저어진, 단열 욕조' 비유는 똑같이 F_1과 $\langle F_1 \rangle$의 관계에도 적용 가능하다. 여기서 F_1은 수도꼭지를 통해 욕조에 들어가는 물의 온도와 비슷하고, $\langle F_1 \rangle$은 욕조 내의 물의 온도와 비슷하다.

r_1, r_2, $f_{1,0}$을 알고 있을 때 회분식 반응기에서의 계산 과정은 그림 11.2에 요약되어 있다.

예제 11.3 예제 11.1의 뷰타다이엔-스타이렌 계에서 초기 단량체 비 50:50(몰%)으로 회분식 반응을 시작하는 경우, 특정 순간 공중합 조성 F_1과 누적 조성 $\langle F_1 \rangle$ 대 전환율의 그림을 그리시오.

풀이 앞의 도표에 나타나 있듯이, f_1을 독립 변수로 하여 쉽게 계산할 수 있다. 예제 11.1로부터 뷰타다이엔은 반응성이 더 큰 단량체이며, 따라서 반응이 진행됨에 따라 중합체는 뷰타다이엔 함량이 높은 상태에서 시작할 것이고 스타이렌(단량체 2)이 더 많아질 것이다. 그리고 뷰타다이엔이 모두 소모되면 f_1은 0.5에서 0으로 감소할 것이다. 이것을 스프레드시트를 이용하여 계산하고 그림을 그리는 것이 가장 좋은 방법이다. 주어진 f_1 값에서 전환율 X는 $\alpha = 3.55$, $\beta = -3.57$, $\gamma = 0.983$, $\delta = -1.29$를 이용하여 식 11.17로부터 계산할 수 있다. 예제 11.1에서와 같이, F_1은 식 11.11을 통해 얻을 수 있다. $\langle F_1 \rangle$은 주어진 f_1과 식 11.17을 통해 얻은 X 값을 이용하여 식 11.19로부터 계산된다.

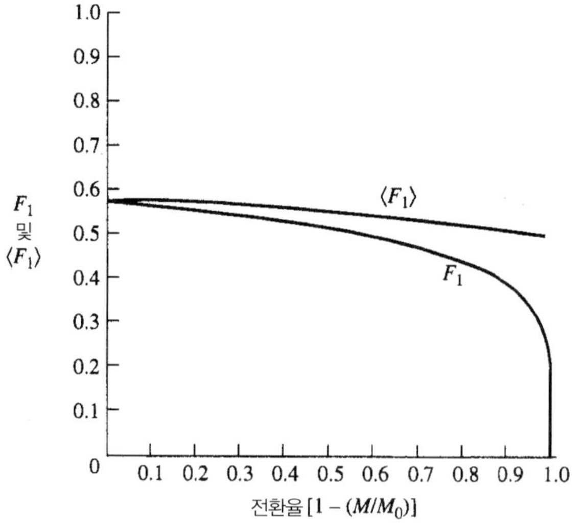

그림 11.3 $r_1 = 1.39$, $r_2 = 0.78$, $f_{1,0} = 0.50$인 뷰타다이엔(1)-스타이렌(2)에 대하여 전환율에 따른 특정 순간(F_1)과 누적($\langle F_1 \rangle$) 공중합체 조성 대 전환율(예제 11.3).

이 결과는 그림 11.3에 나타나 있다. 이와 같이 특별한 경우, 0%와 100%의 전환율 사이에서 $\langle F_1 \rangle$은 크게 변화하지 않지만 F_1은 높은 전환율(오직 스타이렌만이 반응기에 남아 있을 때)에서 급격하게 변화한다는 것에 유의하라. 또한 전환율이 100%일 때 $\langle F_1 \rangle$은 항상 $f_{1,0}$과 같아야 된다는 것에 유의하라. 초기에 가해 준 단량체의 총량은 중합체로 다 바뀌었기 때문에 그들의 조성은 같아야 한다.

앞의 수학적 전개는 자유 라디칼 부가 반응으로 만들어진 공중합체와 음이온 부가 중합으로 만들어진 공중합체 모두 동등하게 적용될 수 있다(일반적으로, 각각의 방식에서 동일한 단량체들을 반응시킨다고 해도 r_1과 r_2의 수치는 다를 것이다).

하지만 형성된 분자의 성질은 다르다. 자유 라디칼 부가 반응에서는 평균 사슬 수명이 반응 시간에 비해 아주 짧지만, 음이온 부가 중합에서는 사슬이 반응 전반에 걸쳐 계속 성장한다는 것을 상기하라. 따라서 자유 라디칼 중합에서, F_1은 전환율 증가 dX 동안 형성된 전체 사슬의 조성이다. $\langle F_1 \rangle$은 전환율이 X가 될 때까지 형성된, 서로 다른 F_1 값을 가지는 사슬 혼합물의 평균 조성이다. 따라서 자유 라디칼 부가로 만들어진 공중합체는 모든 사슬에 걸쳐 넓은 조성 분포도를 가질 것이다. 고전적 음이온 부가 중합에서는 모든 사슬들이 본질적으로 같다. 전환율에 따라 f_1 값이 변하기 때문에, 반응이 진행됨에 따라 각 사슬에서 **조성 구배**(*composition gradient*)를 얻는다. F_1은 전환율 증가 dX 동안 형성된 각 사슬 부분의 조성이고, $\langle F_1 \rangle$은 전환율이 X가 될 때까지 형성된 각 사슬(또한 전체 공중합체)의 평균 조성이다. 일반적인 Ziegler–Natta 촉매를 이용한 공중합은 자유 라디칼 중합 계에서의 공중합과 더욱 비슷해야 할 것이다.

예제 11.4 상당히 균일한 조성, 즉 F_1이 거의 변함이 없는 공중합체를 제조하는 3가지 기술을 제시하시오.

풀이 3개의 가능성이 그림 11.4에 묘사되었다. 반회분식 반응기에서, 반응이 진행됨에 따라 f_1을 일정하게 유지하기 위해(따라서 F_1도 일정하게 유지된다) 반응성이 더 큰 단량체가 보충된다. 적당한 부가 속도를 계산하는 방법이 기술되어 있다[4]. 연속 교반 탱크(CSTR 또는 역 혼합) 반응기에서 f_1과 F_1의 값은 시간에 대해 일정하다. 연속 관형 흐름 반응기에서, 반응기를 통과할 때마다 전환율을 제한함으로써, F_1이 변화를 작게 유지할 수 있다. 마지막 (b)와 (c)의 기술은 중합체로부터 미반응한 단량체를 분리하는 장치가 필요하다는 것에 유의하라. 대개의 경우 분리된 단량체는 재활용될 수 있다.

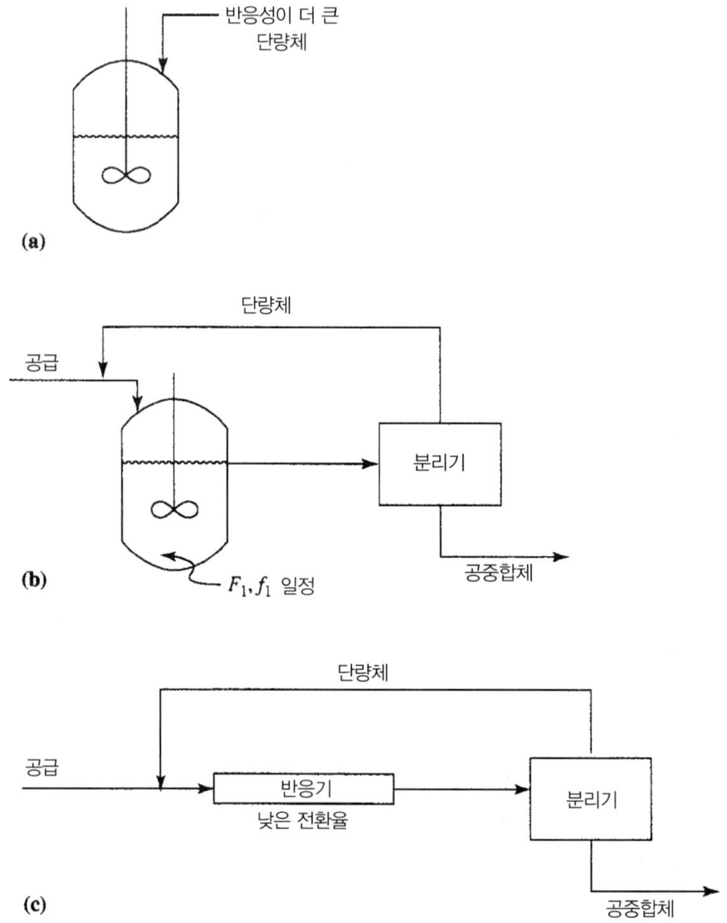

그림 11.4 공중합체 조성의 변화를 최소화하는 방법. (a) 반회분식 반응기, (b) 연속 교반 탱크 반응기, (c) 관형 반응기.

예제 11.5 그림 11.4a의 반회분식 반응기를 고려하시오.

$P(t)$ = 시간 t가 될 때까지 형성된 중합체에서 두 개 단량체의 총 몰수, 그리고
$A(t)$ = 시간 t가 될 때까지 가해 준 반응성이 더 큰 단량체의 몰수

이러한 구성에서 $A(t)$와 $P(t)$의 관계가 알맞게 정리된다면, 공중합체는 균일한 조성을 가질 뿐 아니라 두 개의 단량체가 동시에 소모될 것이다. 이때 $A(t)$와 $P(t)$의 관계식을 구하고 그에 따른 상수를 구하시오.

풀이 먼저, 단량체에 대해 물질 수지를 세운다: 초기 단량체 + 더 가해 준 단량체 = 미반응 단량체 + 공중합체 내 단량체

$$M_0 + A(t) = M(t) + P(t)$$

그런 다음, 반응성이 더 큰 단량체 1에 대해 물질 수지를 맞추면

$$f_{10}M_0 + A(t) = M(t)f_1 + P(t)F_1$$

두 식에서 $M(t)$를 제거하고, F_1 값이 일정하면 $\langle F_1 \rangle = F_1$이고 $f_1 = f_{1,0}$(일정)임을 상기하면 다음과 같은 관계를 얻는다.

$$A(t) = \frac{F_1 - f_{10}}{1 - f_{10}} p(t) = 상수 \times P(t)$$

이에 따라, 반응성이 더 큰 단량체는 형성된 중합체의 양에 정비례하여(중합된 단량체 몰수로 하여) 더해진다. 실제로, 진정한 요령은 지속해서 $P(t)$를 추적하는 것이다. 한 가지 방법은 반응기를 동적 열평형 상태로 만드는 것이다. 방출되는 중합열은 $P(t)$에 비례한다.

11.5 공중합 반응 속도론

자유 라디칼 공중합 반응 속도론의 문제점은 그리 좋은 형태가 아니라는 것이다. 4개의 성장 반응과 더불어, 각각의 속도 상수를 가지는 3개의 가능한 종결 반응($P_1\cdot + P_2\cdot$, $P_1\cdot + P_1\cdot$, $P_2\cdot + P_2\cdot$)이 있다. 일반적인 속도식은 발전되었으나[5], 관련 상수의 독립적 지식이 부족하고 수학적으로 복잡하기 때문에 그렇게 많이 쓰이지는 않는다. 1차 개시제의 감쇠를 포함하는 근사적인 적분식이 제시되었다[6]. 여기에는 하나의 평균 종결 속도 상수가 포함되어 있다. 이 '상수'는 조성이 변함에 따라 일정하게 유지되지 않을 것이다. 그럼에도 불구하고, 이 관계식에 대한 실험적인 증명이 나타나 있다. 조성이 크게 변하지 않는 특정한 경우(예를 들어 연속 교반 탱크 반응기의 제어를 통해)에 식 11.6과 11.7을 다음과 같이 간단하게 나타낼 수 있다.

$$-\left(\frac{1}{V}\right)\left(\frac{dM_1}{dt}\right) = K_1[M_1] \tag{11.20}$$

$$-\left(\frac{1}{V}\right)\left(\frac{dM_2}{dt}\right) = K_2[M_2] \tag{11.21}$$

여기서 '상수' $K_1 = (k_{11}[P_1\cdot] + k_{21}[P_2\cdot])$와 $K_2 = (k_{12}[P_1\cdot] + k_{22}[P_2\cdot])$은 실험적으로 결정되고 그 값은 만족스럽다는 것이 증명될 수 있을 것이다.

11.6 인접기 효과와 전하 이동 착물

11.2절에서 전개한 식이 공중합을 충분히 설명하지 못하는 경우가 있다. 이 결점을 해결하기 위한 2가지 방법이 있다. 인접기 효과를 적용하는 것과 전하 이동 착물 형성을 가정하는 것이다. 전자는 성장하는 사슬에서 끝에서 두 번째(또는 인접한) 단량체가 다음 단량체 분자의 부가 반응에 영향을 준다는 것이다[7~10]. 후자는 전자 주개 공단량체와 전자 받개 공단량체 사이에서 1:1 착물이 가역적으로 형성되는 것을 말한다(하나의 평형 상수가 분석에 도입된다). 이 착물은 착물끼리 또는 착물이 형성되지 않은 단량체와 중합할 수 있다(어느 한 쪽 끝으로부터–4개의 더 많은 반응성비가 도입된다).

착물 형성에 대한 발상은 스타이렌–말레산 무수물과 같은 계에서 자유 라디칼 공중합을 설명하는 데 특히 도움이 된다. 이러한 계는 단량체의 대부분의 조성에 걸쳐서 1:1 공중합체를 형성하며, 말레산 무수물이 뚜렷한 속도로 동종 중합하지 않을 것이라는 사실에도 불구하고, 말레산 무수물의 부가는 순수 스타이렌일 때보다 중합 속도를 크게 향상시킨다. 이러한 관찰은 단량체 사이에서 강하고, 순조롭게 중합된 착물의 형성과 일치한다. 이와 같은 공중합을 설명하기 위한 일반적인 식이 Seiner와 Litt[11]에 의해 제안되었으며, 다수의 특별한 경우에 적용되었다[12~15].

11.7 요약

공중합에 의해 소개된 가능성(그리고 복잡성)은 외견상 무한하다. 단량체는 다른 비로 부가될 수 있지만, 그렇다 하더라도 고분자에서 서로 다른 반복 단위의 배열을 평가하기 위해서는 반응성비가 고려되어야 한다. 또한 반응기에서 초기에 형성된 고분자 사슬의 조성은 나중에 형성된 사슬의 조성과 다르다. 반응 속도론 역시 정확히 기술하는 것이 점점 더 어려워진다. 공중합체는 확실히 흥미롭고 가치 있는 소재이지만, 이 장에서는 단지 공중합 반응에 대한 분석의 극히 일부분만을 다루었다. 다음의 경우에 더 복잡해질 수 있는데, 서로 다른 3개 또는 그 이상의 단량체가 있을 경우, 가교제가 첨가될 경우, 단계 성장 중합체의 경우는 이 책의 범위를 넘는 더 세밀한 분석이 필요하다.

문제

1 (a) 예제 11.1의 (b)와 (c)계에 대하여 회분식 반응기에서의 전환율에 대한 F_1과 $\langle F_1 \rangle$의 그래프를 그리시오. $f_{1,0}=0.50$을 이용하시오.

(b) 반회분식 반응기(그림 11.4a)에서 균일한 조성 $F_1 = \langle F_1 \rangle = 0.5$를 가지는 공중합체를 만들려고 할 때, (a), (b) 및 (c) 계 중 어떤 단량체가 반응기에 첨가되어야 하는가?

2 $r_1 = r_2 = 0.5$인 공중합을 고려하여, 회분식 반응기에서 $f_{1,0}$이 0.25, 0.50, 0.75의 값을 가질 때의 전환율에 대한 F_1과 $\langle F_1 \rangle$의 그래프를 그리시오.

3 Crud Chemicals는 값이 싸고 뛰어난 가공성을 위해 스타이렌(St)을, 가스 차단성을 위해(특히 CO_2와 O_2에 대한) 아크릴로나이트릴(AN)을 이용하여 음료수병용 공중합체를 만들려고 한다. 이 회사는 75 wt%의 아크릴로나이트릴(성분 1)과 25 wt%의 스타이렌(성분 2)의 균일한 조성을 가지는 공중합체를 만들기 원한다. 이것을 mol로 하면 각각 86%(1)와 14%(2)이다. 아크릴로나이트릴이 더 많으면 공정이 더 어려워진다(3장으로부터 동종 폴리아크릴로나이트릴은 선형 구조이지만 열가소성이 아닌 것을 상기하라). 아크릴로나이트릴이 더 적으면 가스 차단성이 낮아진다. 여기서 $r_1 = 0.040$, $r_2 = 0.40$이다. Crud Chemicals는 그림 11.4a의 반회분식 법을 사용할 것을 제안한다.

완전한 전환율이 되면 제품은 단량체 총 100 mol을 포함한다고 할 때, 다음을 구하시오.

(a) 반응 과정에 걸쳐서 어느 단량체가 더 부가되어야 하는가?

(b) (a)에서 얼마나 많은 몰수의 단량체가 반응 과정에 걸쳐 부가되어야 하는가?

(c) 초기 반응기 투입량을 계산하시오.

(d) 이 공중합체를 만들기 어려운 이유를 설명하시오.

(e) Crud Chemicals가 86 mol의 아크릴로나이트릴과 14 mol의 스타이렌을 반응기 안에 넣고 완전히 반응시킨다고 가정하시오. 전환율에 대한 F_1과 $\langle F_1 \rangle$의 그래프를 그리시오. 이것이 왜 좋은 생각이 아닌가?

4 SAN으로 알려진, 스타이렌과 아크릴로나이트릴의 상업용 공중합체는 약 75 wt% 스타이렌과 25 wt% 아크릴로나이트릴로 구성된 공중합체이다. 문제 11.3의 공중합체(75 wt% 아크릴로나이트릴과 25 wt% 스타이렌)와 비교하였을 때, 왜 이 공중합체는 거의 균일한 조성으로 만들기 쉬운가?

5 아크릴로나이트릴(1)과 스타이렌(2)의 공중합체(문제 11.3 참조)를 그림 11.4c의 방법으로 만들고자 한다. 특정 순간 공중합체 조성의 범위는 $0.40 < F_1 < 0.60$이어야 한다.

(a) 반응기에 공급되는 단량체의 조성은 어떻게 되는가?

(b) 최대 전환율은 얼마가 되어야 하는가?

(c) $\langle F_1 \rangle$은 얼마가 되겠는가?

6 Crud Chemicals는 시험 공장용 한 회분의 음이온 중합에 의한 블록 공중합체 $[M_2]_{500}$–$[M_1]_{500}$을 만들려고 한다. 이들은 반응기에서 M_2 5.00 mol과 *n*-BuLi의 적당량으로 시작

한다. M_2를 완전히 반응시키고 그 다음 M_1 5.00 mol을 넣으려고 한다. 불행하게도 그들은 조급하여(종종 Crud Chemicals에서 일어나는 일이다) M_2가 단지 2.5 mol만 중합하였을 때 5.00 mol의 M_1을 넣는다. 여기서 $r_1 = 2.00$, $r_2 = 0.50$이다.

0에서 10까지 중합된 단량체의 총 몰수에 대한 F_1과 $\langle F_1 \rangle$의 그래프를 그리시오. 또 생성된 분자에 대해 기술하시오. 완전한 이온화, 즉 종결 반응이 없고 즉각적인 부가 반응이 일어나며, 완벽한 반응물의 혼합이 이루어진다고 가정하시오.

7 r_1, r_2, f_1을 알고 있는 공중합 반응에서 $P_1\cdot$이 M_1(M이 아닌)을 부가할 확률에 대한 식을 구하시오.

8 Crud Chemicals는 그림 11.4a에 그려진 반회분식 반응기에서 균일한 조성의 공중합체를 만들고 있다. 이때 $r_1 = 2.0$, $r_2 = 0.5$, $f_{1,0} = 0.5$이다. 그들은 반응기에서의 열 발생으로 인해 반응성이 더 큰 단량체의 부가 속도를 조절한다. 보통은 반응이 잘 일어난다. 그러나 하루는 전환율이 50%일 때 공급 밸브가 완전히 열려, 남아 있는 단량체가 갑자기 반응기로 흘러 들어간다. 그럼에도 불구하고 반응이 끝까지 진행되게 둔다. 이 엉망이 된 반응에 대해 F_1과 $\langle F_1 \rangle$ 대 전환율(모든 단량체의)의 그래프를 그리시오.

9 균일한 조성을 갖는 공중합체를 만들기 위해 그림 11.4b의 연속 교반 탱크 반응기(CSTR)를 이용하는 것을 고려하시오. 여기서 $f_{1,0}$은 반응기로 가해지는 단량체의 총 공급량(초기 공급+재활용)이고, F_1과 f_1은 반응기와 용리액에서의 정상 상태 조성이다.

(a) 이와 같은 반응기에서 $f_{1,0}$과 전환율 X의 관계식을 구하시오.

(b) 단량체가 완전히 분리되어 재활용된다고 가정하면, 이 과정에서 X와 관련된 재활용비(초기 공급된 몰수당 순환되는 몰수)는 얼마인가?

(c) 단량체가 완전히 분리되어 재활용된다고 가정하면, 이 과정에 초기에 공급되는 단량체 1의 몰분율은 얼마이어야 하는가?

(d) 문제 11.3을 보시오. CSTR에서 전환율이 50% 진행될 때 문제에서의 공중합체를 만들기 위한 총 공급량의 조성과 재활용비를 계산하시오.

10 직장 상사가 당신을 불러 반회분식 반응기(그림 11.4a)에서 균일한 조성을 갖는 공중합체를 만들기 위한 제어 장치를 담당하라고 말한다. 반응기는 재킷이 갖춰져 있고, 반응물을 원하는 반응 온도로 가열시키기 위해 이 재킷으로 증기가 흘러 들어간다(이 시간 동안 전환율은 무시해도 된다). 일단 반응이 시작되면 증기는 차단되고 냉각수로 대체되는데, 이것은 반응기의 온도를 꽤 일정하게 유지하기 위해 피드백 제어 장치에 의해 조절된다. 정확한 속도로 반응성이 더 큰 단량체를 공급하기 위해 어떤 정보를 알아야 하며, 어떻게 제어 장치를 설계할 것인가?

11 우리는 공중합 장치에서 2개의 매개변수 r_1과 r_2에 따라 공중합체 조성이 어떻게 기술되었는지 보았다. 단량체 M_1, M_2와 M_3의 삼원 공중합을 서술하기 위해 무엇이 필요한가? 이러한 문제를 특히 좋아한다면, 식 11.11의 삼원 공중합에 해당하는 등가식을 풀어도 좋다.

12 Crud Chemicals는 CSTR(그림 11.4b)에서 $F_1 = 0.5$인 공중합체를 생산하려고 한다. 이때 $r_1 = 2.0$, $r_2 = 0.5$이다. 잘 진행되다가 갑자기 단량체 1의 공급이 멈춰 문제가 발생하였다. 정비 요원이 이 문제를 원래 상태로 돌리기 위해 2시간 가량이 소모되었다. 문제가 생기기 바로 전부터 정상 상태로 작동되도록 복구되기까지(수리 이후)의 기간에 대한 F_1과 $\langle F_1 \rangle$의 그래프를 정성적으로 그리시오.

참고문헌

[1] Greenly, R.Z., *Polymer Handbook*, 3rd ed., J. Brandrup and E.H. Immergut (eds), Wiley. New York, 1989, Chapter II, p. 153.

[2] Alfrey, T., Jr., and C.C. Price, *J. Polym. Sci.* **2**, 101 (1947).

[3] Meyer, V.E. and G.G. Lowry, *J. Polym. Sci.* **A3**, 2843 (1965).

[4] Hanna, R.J., *Ind. Eng. Chem.* **49**, 208 (1957).

[5] DeButts, E.H., *J. Am. Chem. Soc.* **72**, 411 (1950).

[6] O'Driscoll, K.F. and R.S. Knorr. *Macromolecules* **1**, 367 (1968).

[7] Merz, E.T., T. Alfrey, and G. Goldfinger, *J. Polym. Sci.* **1**, 75 (1946).

[8] Barb, W.G., *J. Polym. Sci.* **11**, 117 (1953).

[9] Ham, G.E., *J. Polym. Sci.* **54**, 1 (1961).

[10] Ham, G.E., *J. Polym. Sci.* **61**, 9 (1962).

[11] Seiner, J.A. and M. Litt, *Macromolecules* **4**, 308 (1971).

[12] Litt, M. *Macromolecules* **4**, 312 (1971).

[13] Litt, M. and J.A. Seiner, *Macromolecules* **4**, 314 (1971).

[14] Litt, M. and J.A. Seiner, *Macromolecules* **4**, 316 (1971).

[15] Spencer, H.G., J. *Polym. Sci., Polym. Chem. Ed.* **13**, 1253 (1975).

12장

중합 실행

12.1 도입

이전 몇 개의 장들에서 본 바와 같이, 고분자를 만들기 위해 사용되는 다수의 반응 메커니즘이 있다. 몇 가지 반응기(반회분식, CSTRs)의 설계는 균일하거나 특성화가 잘된 고분자와 공중합체를 만들기 위한 방법으로 논의되었다. 이 장에서는 벌크 중합부터 중합 반응 규모의 확대에 따른 중요한 고려 사항을 다루고, 전달 과정(열 및 물질 전달)이 중합 반응기의 설계에 어떻게 영향을 주는지에 대해 중점을 두고 다룰 것이다.

12.2 벌크 중합

단량체를 고분자로 변화시키는 가장 간단하고 직접적인 방법은 **벌크 중합**(*bulk polymerization*) 또는 **괴상 중합**(*mass polymerization*)으로 알려져 있다. 자유 라디칼 벌크 중합의 대표적인 공급물은 액상 단량체, 단량체에 녹는 개시제, 아마도 사슬 이동제(용매는 사용되지 않는다!) 등으로 구성되어 있다.

간단하게 보이지만, 특히 자유 라디칼 벌크 중합 과정에서 몇 가지 심각한 어려움에 직면할 수 있다. 이것 중 하나를 그림 12.1[1]에 나타냈으며, 이것은 벌크 중합이나 불활성 용매인 벤젠을 다양한 농도로 사용한 **용액 중합**(*solution polymerization*) 중의 하나를 이용하여 메틸 메타크릴레이트를 중합하는 과정을 보여 준다. 이 반응은 일정한 온도에서 조심스럽게 유지하며 진행하였다. 낮은 고분자 농도에서 전환율 대 시간의 곡선은 식 9.19로 설명된다. 그러나 고분자의 농도가 증가할수록 일반적인 반응 속도론 양상과는 다른, 중합 속도의 뚜렷한 가속이 관찰된다. 이러한 현상은 **자동가속화**(*autoacceleration*), **젤 효과**

Fundamental Principles of Polymeric Materials, Third Edition. Christopher S. Brazel and Stephen L. Rosen.

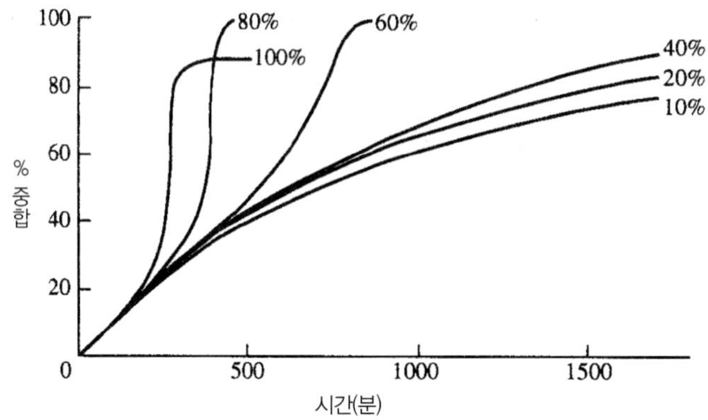

그림 12.1 50°C, 과산화 벤조일(열 개시제)의 존재하에 이루어진 다양한 농도(10~80%)의 벌크 중합, 또는 벤젠 용매에서 다양한 농도(10~80%)의 단량체를 용해하여 용액 중합한 메틸 메타크릴레이트의 중합.

(*gel effect*), 또는 **Trommsdorff 효과**라고 알려져 있다.

이 거동에 대한 이유는 성장 반응(식 9.3)과 종결 단계(식 9.4*a*와 9.4*b*) 사이의 차이 및 농축된 고분자 용액의 극도로 높은 점도(어림잡아 10^4 poise이다—0.01 poise의 점도인 물과 비교하라)에 있다. 작은 단량체 분자가 성장하는 사슬의 말단과 만나서 성장 반응이 이루어지는 반면, 종결 반응은 2개의 성장하는 사슬의 말단이 만나서 이루어진다. 벌크 중합에서 고분자의 농도가 높은 경우에는, 성장하는 사슬이 죽은 고분자 사슬들로 뒤엉킨 덩어리를 통과하여 그 말단을 끌고 가는 것이 매우 어렵게 된다(궁극적으로 그 덩어리는 **유리화**(*vitrify*)되는데, 이는 사슬이 제자리에서 꼼짝 못하고 움직일 수 없을 정도로 충분히 반응이 종결되었다는 것을 의미한다). 이것은 하나의 단량체 분자조차도 반응물을 통과하기 어렵다는 것이다. 그러므로 종결 반응의 속도는 화학 반응의 성질이 아니라 반응물들이 함께 확산될 수 있는 속도, 즉 **확산에 의해 제어되는**(*diffusion controlled*) 것이다. 이것은 유효 종결 속도 상수 k_t를 낮추며, k_t가 식 9.13의 분모이므로 이 순효과는 중합 속도를 증가시키는 것이다. 아주 고농도의 고분자에서와 사슬들이 충분히 움직이지 못하게 되는(또는 유리화되는) 낮은 온도—단량체로 가소화된 고분자의 T_g—에서 성장 단계조차도 확산이 제한된다. 따라서 벌크 중합(100% 단량체)의 곡선은 100% 전환율에 도달하기 전에 떨어진다.

벌크 중합의 어려운 점들은 반응물의 고유한 성질에 의해 더욱 심각하게 발생한다. 바이닐 단량체는 일반적으로 −10에서 −21 kcal/mol 사이의 상당히 큰 중합 발열을 나타낸다. 유기계 또한 대략 수용액의 절반 정도로 낮은 열용량과 열전도성을 가진다. 그래서 온도가 매우 빠르게 상승할 수 있다. 더욱이 엄청나게 높은 점도는 효과적인 대류(혼합) 열전달을 방해한다. 그러한 결과로 총 열전달 계수는 매우 낮게 되고, 반응에 의해 생산된 열을 제거하는 것은 매우 어렵게 된다. 이것이 온도를 상승시키고, 나아가 반응 속도를 증가시켜 (예제 9.2 참조) 결국은 열발생 속도를 증가시킨다. 이것은 결국 실험실에서 큰 위험이 될 수 있다! 벌크 중합 연구소의 Schildknecht[2]를 인용하면, "만약 반응성 단량체를 완벽하고 빠르게 큰 규모로 벌크 중합을 시도한다면, 그것은 실험 기구와 고분자 그리고 실험자까지 잃게 될 수도 있다."

예제 12.1 중합용 회분식 반응기 안에서 **최대로 가능한** 온도 상승은 시스템으로부터 어떠한 열도 전달되지 않는다는 가정(단열 가정)하에 계산될 수 있다. 스타이렌의 벌크 중합에 대한 단열 상승 온도를 계산하시오. $\Delta H_p = -16.4$ kcal/mol이고 단량체 분자량은 104이다.

풀이 1 mol의 스타이렌의 중합은 16,400 cal를 방출한다(완벽한 전환율을 가정할 때). 열전달이 없을 때, 모든 에너지는 반응물을 가열시킨다. 유기 화합물의 열용량은 찾기 어려운 경우가 종종 있다. 심지어 반응물의 특성이 전환율과 아마도 온도에 따라 변화되기 때문에 여기서는 찾기가 더 어렵다. 그러나 합리적인 추정을 위해 대부분의 액체 유기 계의 열용량을 0.5 cal/g-°C로 취할 수 있다. 따라서

$$\Delta T_{\max} = 16{,}400\,\frac{\text{cal}}{\text{mol}} \times \frac{1\ \text{mol}}{104\ \text{g}} \times \frac{\text{g-°C}}{0.5\ \text{cal}} \approx \mathbf{315\,°C(!)}$$

이다(스타이렌의 일반적인 끓는점은 146°C이다).

벌크 중합에 있어 과열 문제는 아래와 같은 방법으로 피할 수 있다.

1. 반응물 크기 중 적어도 한 치수를 작게 유지하여, 외부로 열이 전도되도록 허용함으로써 피함. 폴리(메틸 메타크릴레이트), PMMA 시트는 유리판 사이에서 최대 두께가 5인치 정도로 캐스팅된다.
2. 낮은 온도, 낮은 개시제의 농도 그리고 상대적으로 큰 활성화 에너지를 가지는 개시제를 적용하여 낮은 반응 속도를 유지함으로써 피함. PMMA 시트에 대한 중합 시간은 30~100시간 정도이고, 단량체 농도가 감소함에 따라 온도는 천천히 오른다. 이러한 접근은 명확하게 경제적 손실이다.
3. 순수한 단량체 대신에 **시럽**(*sirup*)으로 시작함으로써 피함. 시럽은 단량체에 고분자가 녹아 있는 용액이다. 그것은 두 가지 방법 중 하나로 만들 수 있다: (a) 용기에서 단량체가 부분적으로 전환하게 하는 것, 또는 (b) 단량체 안에 이미 형성된 고분자를 녹이는 것. 시럽으로 시작한다는 것은 부분적인 전환이 이미 되어 있다는 것을 의미하며, 최종 중합 과정에서 열의 발생을 차단하고 단량체의 농도를 줄여 준다. 벌

크 중합에서는 0%에서 100%로 전환율이 변하면서 전형적인 반응물의 밀도가 대략 10~20%로 증가하므로, 시럽의 사용은 고분자를 성형할 때 수축을 줄어들게 하는 추가적인 이점이 있다.

4. 단위 전환율당 열전달 표면을 많게 하고, 지속적인 반응을 수행함으로써 피함.

(물론, 5번째 옵션은 열의 흡수를 도와 주는 용매를 사용하는 것이다. 그러나 이것은 이 장의 뒤 절에서 논한다.)

회분식 벌크 중합은 종종 금형 안에서의 중합을 통하여 원하는 형태의 제품을 만들기 위해 이용된다. 예로는 캐스팅(casting), 포팅(potting), 그리고 전기 구성품의 봉지(캡슐화)와 강화제의 함침이 있으며, 이후 중합이 뒤따른다. 연속적인 벌크 중합은 단계 성장과 자유 라디칼 부가 메커니즘에 의해 열가소성 수지의 생산에 사용된다. 연속적인 벌크 중합 공정을 그림 12.2[3]에 나타내었다. 교반 탱크에서 약 40%까지 반응이 이루어진다. 그 이후 이 반응물은 관리할 수 있는 수준의 점도를 유지하고 전환율을 올리기 위해서, 온도가 상승하는 타워로 전달된다. 타워는 아마도 간단한 중력식 유동 장치이거나, 천천히 회전하며 벽을 긁어내리는 나선형 날을 포함하고 있으며, 열전달을 촉진시키고 반응물을 아래쪽으로 전달한다. 반응물은 95% 이상의 전환율에서 타워로부터 배기관이 있는(벤트형) 압출기로 공급된다. 약간의 추가적인 전환이 이 압출기에서 일어나고 진공을 통해 미반응 단량체가 제거되며, 이 단량체는 재활용된다. 용융 고분자의 압출 가닥은 물로 냉각되고 $\frac{1}{8}\times\frac{1}{8}\times\frac{1}{8}$

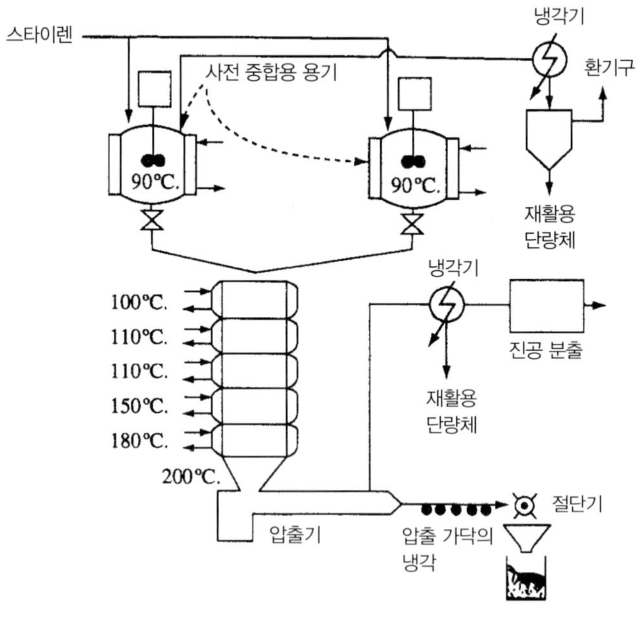

그림 12.2 스타이렌의 연속 벌크 중합. Reprinted by special permission from Reference 3. Copyright © 1962, by McGraw-Hill, Inc., New York, NY 10036.

in (3×3×3 mm) 크기의 펠렛으로 절단되어 '성형용 분말'로서 수요자에게 제공된다. PMMA의 시트 또한 잘 연마된 시트형 금속 벨트 사이에서 시럽으로부터 연속으로 캐스팅된다. 대부분의 벌크 중합은 균질하다. 그러나 만약 고분자가 단량체에 용해되지 않고 반응이 진행되면서 침전된다면, 이 공정은 때때로 **불균질 벌크 중합**(*heterogeneous bulk polymerization*) 또는 **침전 중합**(*precipitation polymerization*)이라고도 한다. 이와 같은 고분자의 두 가지 예로 폴리아크릴로나이트릴과 폴리염화바이닐(PVC)이 있다. 후자는 불균질 벌크 중합에 의해서 생산되며, 가소제 흡수를 최적화하기 위해 입자 크기와 기공이 잘 조절되도록 한다[4]. 이러한 불균질 중합은 9장에서 나타낸 균질 반응에 대한 속도론을 따르지 않는다.

에틸렌과 몇몇 다른 단량체들은 대기압하에서 기체상으로 존재한다. 따라서 기존 저밀도 폴리에틸렌(LDPE)은 15,000~50,000 psi(1000~3400 atm)의 압력과 150~300°C의 온도 범위에서 생산된다[5]. 이러한 압력은 에틸렌의 임계 압력(731 psi)보다 높아서, 단량체는 '유체'상으로 생각할 수 있다. 온도, 압력 그리고 고분자의 분자량에 따라 변하기 때문에, 고분자가 형성됨에 따라 하나 또는 두 개의 상이 존재할 수 있다. 적은 양의 산소가 있는 과산화물과 아조계 자유 라디칼 개시제가 사용된다. 산소는 **바로 그 자리에서**(*in situ*) 과산화물 개시제를 형성하여 단량체와 반응한다.

두 가지 형태의 반응기들이 고압 에틸렌 중합에 사용되는데, 고압 반응기(autoclave)와 관형 반응기이다. 전자는 기본적으로 고압의 연속 교반 반응기(CSTR)이고 후자는 연속 관형 흐름 반응기이다. 그림 12.3에 고압의 관형 공정이 예시되어 있다[6]. 이 반응기들은 전형적으로 1인치에서 3인치의 지름, 800피트에서 2500피트 길이의 두꺼운 벽으로 이루어진 관으로 만들어진다. 또한 반응기는 관 주변을 열전달 유체가 순환하는 열교환기가 있어서, 먼저 에틸렌을 반응 온도까지 가열한 후에 높은 중합열을 제거한다. 체류 시간은 1분 정도로, 20% 또는 그 이하의 전환율일 때 이루어진다. 생산 속도는 반응기당 8~125백만 lb/year의 범위이다[5].

미반응 단량체로부터 고분자의 분리는 기본적으로 압력을 줄이는 문제와 단량체가 빠져나가게 허용하는 문제이다. 주어진 압력하에서, 압축기가 이러한 중합 과정의 자본과 운용 비용의 중요한 부분을 나타낸다는 것은 놀라운 일도 아니다.

벌크 중합은 몇 가지 장점을 가진다.

1. 단지 단량체, 개시제, 아마도 사슬 이동제만 사용되기 때문에, 가장 순도 높은 고분자가 얻어진다. 이것은 전기적, 광학적 응용에 중요할 수 있다.
2. 제품을 편리하게 캐스팅할 수 있다. 만약 고분자가 합성 반응에서 가교되는 것이라면, 큰 덩어리로부터 기계 작업 없이 그 제품을 얻는 유일한 방법이다.

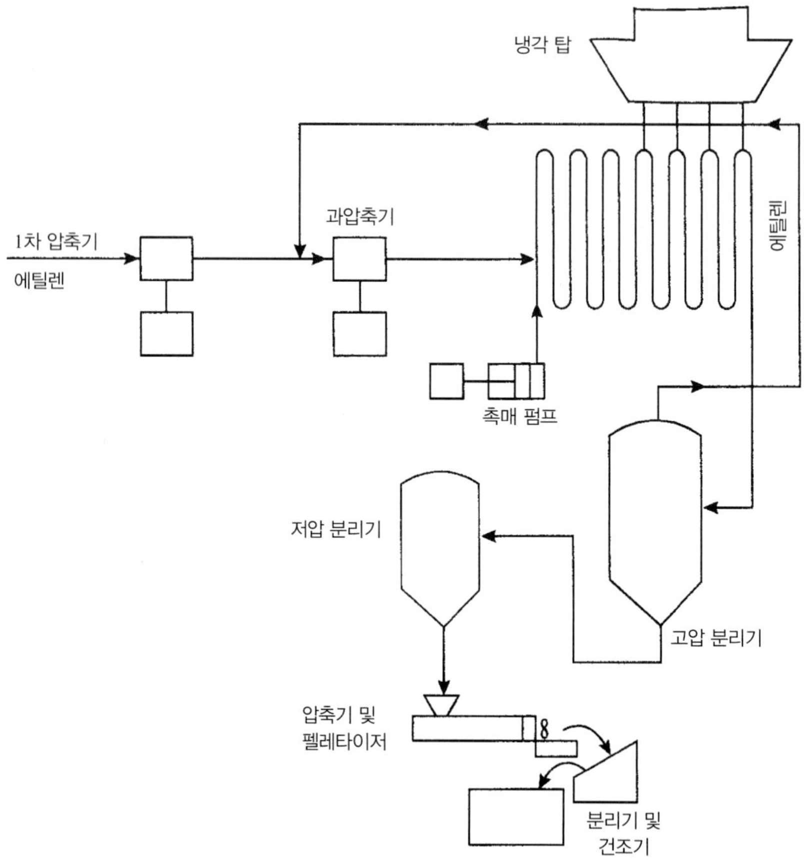

그림 12.3 관형 저밀도 폴리에틸렌 공정. Reprinted with permission from *CHEMTECH* **13**(4), 223(1983). Copyright 1983 American Chemical Society.

3. 벌크 중합은 반응기 부피당 가능한 가장 높은 고분자의 수율을 제공한다.

벌크 중합의 단점은 다음과 같다.

1. 벌크 중합은 종종 제어하기가 어렵다.
2. 중합 진행을 제어하기 위해 천천히 공정을 진행해야 할 것이며, 이것은 경제적 불이익이 따른다.
3. 식 9.13과 9.27에서 지적한 바와 같이, [*I*]의 역효과 때문에 높은 속도와 높은 평균 사슬 길이를 둘 다 얻는 것은 어려울 수 있다.
4. 미반응 단량체의 마지막 잔여물들을 제거하는 것은 어려울 수 있다. 반응 후에 남아있는 단량체는 반응물에 고루 분산되어 있고, 증발되려면 표면으로 확산되어야 한다. 예를 들어, 만약 단량체에 독성이 있다면, 특히 고분자가 음식과 접하는 응용에 사용될 때 이것은 매우 중요하다.

12.3 기체상 올레핀 중합

Ziegler–Natta 촉매에 기초한 기체상의 폴리올레핀 중합 공정은 지난 10년간 엄청난 성장을 하였다. 가장 유명한 UNIPOL® 유동층 공정을 그림 12.4에 나타내었다[6]. 전형적으로 100~300 psi(7~20 atm)의 압력 범위와 100°C 이하의 온도에서 이루어진다[6]. 단량체, 촉매 입자, 수소 사슬 이동제(10.6절 참조) 등이 유동층 반응기로 공급된다. 위쪽으로 순환하는 단량체는 성장하는 고분자 입자를 부유시킨다. 이 반응기는 연결이 풀리는 부분인 상부에 특징적인 돌출이 있다. 이것은 단량체의 순환 속도를 낮추며, 성장하는 고분자 입자들이 반응이 적게 이루어지는 구역에 머물도록 유지시킨다. 단량체는 중합열을 제거하는 열교환기를 통해 순환된다. 고분자는 분말 세탁 세제와 같이 알갱이 형태로 반응기로부터 방출된다. 일반적으로 이것을 그대로 사용하거나, 압출하고 일반적인 성형용 분말 형태인 펠렛으로 만든다.

충격 강화 폴리프로필렌은 직렬로 연결되어 있는 두 반응기를 사용하여 생산된다[7]. 첫

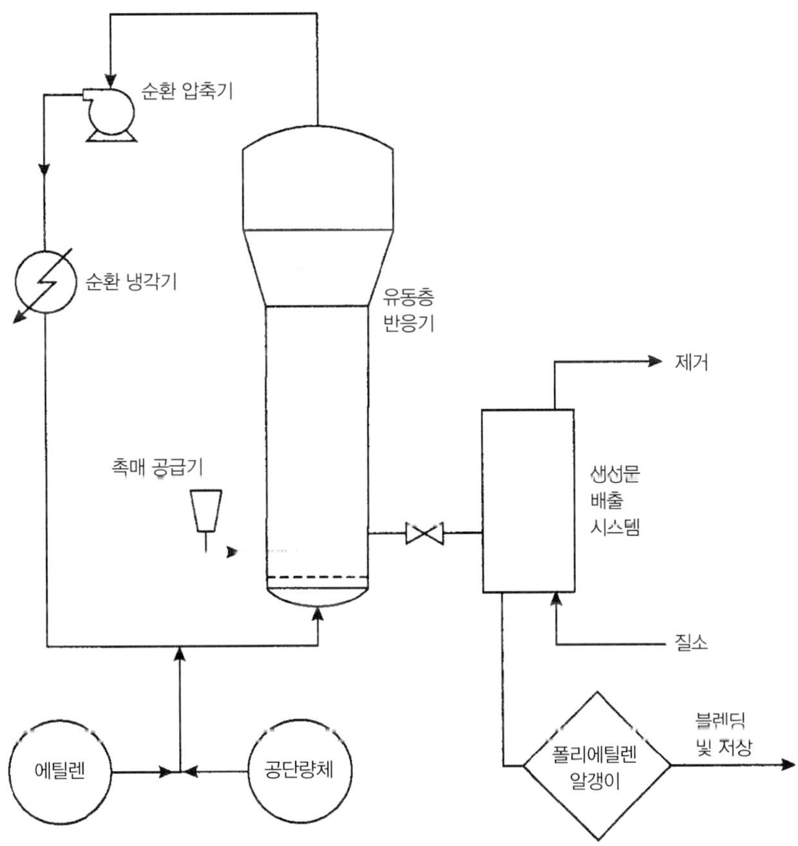

그림 12.4 UNIPOL 기체상 폴리올레핀 공정. Reprinted with permission from *CHEMTECH* **13**(4), 225(1983). Copyright 1983 American Chemical Society.

반응기는 폴리프로필렌 입자를 생산하고, 이 입자는 두 번째 반응기로 공급된다. 기체상의 에틸렌과 프로필렌 단량체 혼합물(추가적인 촉매는 없다)이 두 번째 반응기로 공급된다. 단량체들은 첫 번째 반응기에서 나온 폴리프로필렌 입자들에서 여전히 활성을 갖고 있는 촉매로 확산되며, 폴리프로필렌 셀에 에틸렌-프로필렌 고무 코어(핵심) 형태로 공중합된다. 이 형태는 폴리프로필렌 단독보다는 충격 강도를 크게 향상시킨다.

오래된 공정들과 비교해 보면, 상기 2단계 공정에 대한 다수의 중요한 장점들이 특허로 청구되었다. 현대적인 고수율 촉매(10,000 g 고분자/g 촉매)를 사용하면 생산품으로부터 촉매를 제거할 필요가 없다; 이는 어렵고 비용이 드는 단계가 제거되었다는 것이다. 또한 최근의 촉매들은 이전의 공정에서 아탁틱 부분을 제거하는 통상적인 단계가 필요 없는, 아이소탁틱 구조를 가진 폴리프로필렌을 생산한다. 낮은 압력에서는 장비와 응축에 대한 비용이 낮다. 용매도 요구되지 않는다. 미반응 단량체의 분리도 단순하다. 다른 촉매를 사용하고 공정 조건을 약간 변화시킴으로써, 사실상 같은 장비를 사용하여 아이소탁틱 폴리프로필렌(PP), 고밀도 폴리에틸렌(HDPE), 그리고 소위 선형 저밀도 폴리에틸렌(LLDPE)이라 불리는 것들도 생산할 수 있다. 전반적으로 자본과 운용 비용, 에너지 요구량, 오염, 그리고 우수한 제품 물성 등에서의 많은 장점들로 인해, 이 공정 특허의 실시권자들로부터 많이 인용되고 있다.

12.4 용액 중합

이전에 언급한 것과 같이 열전달의 문제들은 중합에 용매를 사용함으로써 완화할 수 있다. 또한 용매를 사용하면 반응 과정에 발생할 수 있는, 예상보다 이른 고분자의 유리화를 극복할 수 있다. 그러므로 벌크 중합물에 불활성 용매를 첨가함으로써 벌크 시스템 안에서 직면할 수 있는 많은 문제들을 최소화할 수 있다(비록 반응기 크기당 생성된 생산물의 양이 감소할지라도). 그림 12.1에서 보듯이, 용매는 자유 라디칼 부가 중합에서 자동가속화의 경향을 감소시킨다. 불활성 희석제는 열의 발생에 기여함 없이 열용량을 증가시키고, 해당 전환율에서 반응물의 점도를 감소시킨다. 더불어 중합열은 용매의 환류에 의해 편리하고 효과적으로 제거될 것이다. 그러므로 통제가 되지 않는 반응의 위험성은 감소할 것이다.

예제 12.2 한 불활성 유기 용매에서 20 wt% 스타이렌 용액의 중합에 대한 단열 온도 상승을 구하시오.

풀이 100 g의 반응물 중에는 20 g의 스타이렌이 있고, 고분자로 완벽하게 전환할 때 방출되는 에너지는 다음과 같다.

$$(20\ \text{g})\frac{(1\ \text{mol})}{104\ \text{g}}\frac{16{,}400\ \text{cal}}{\text{mol}}=3150\ \text{cal}$$

이때 단열 온도 상승은 다음과 같다.

$$\Delta T_{\max}=(3150\ \text{cal})\frac{(\text{g}^{\circ}\text{C})}{0.5\ \text{cal}}\frac{1}{100\ \text{g}}\approx 63\ ^{\circ}\text{C}$$

용액 중합의 장점은 다음과 같다.

1. 벌크 중합보다 열의 제거와 조절이 쉽다.
2. 반응이 알려진 이론적 반응 속도 관계식에 잘 따르기 때문에, 반응기 시스템의 설계가 용이하다.
3. 몇 가지 응용(예를 들면 래커, 페인트)에 대해서 반응기로부터 원하는 고분자 용액을 직접적으로 얻을 수 있다.

용액 중합의 단점은 다음과 같다.

1. 용매의 사용은 $[M]$에 비례하는 중합 속도와 평균 사슬 길이 둘 다 낮춘다.
2. 고가이고 화염성이 있으며, 아마도 독성이 있는 다량의 용매가 일반적으로 요구된다.
3. 고분자의 분리와 용매의 회수는 추가적인 기술을 요구한다.
4. 용매와 단량체의 마지막 흔적들을 제거하는 것은 어려울 수 있으며, 고분자의 물성(예를 들면 가소제로서 작용한)에 영향을 줄 수 있다.
5. 반응물에 있어서 불활성 용매의 사용은 반응기의 부피당 수율을 낮춘다.

용액 중합은 반응기에서 젤화점 이전까지 전환이 되는 열경화성 축합 고분자의 생산에 종종 사용된다. 나중에 가교는 금형 안에서 완료된다. 이와 같은 반응은 환류 유기 용매 안에서 수행될 것이다. 축합된 물은 용매 증기를 따라 증발되면서 운반된다. 용매 증기가 응축될 때, 물은 용매가 반응기로 돌아가기 전에 옮겨져서 2차 상을 형성한다. 이것은 반응을 높은 전환율로 이끌 뿐만 아니라, 발생한 물의 양에 의해 전환율을 편리하게 측정할 수 있다(예제 8.1 참조).

다수의 Ziegler–Natta 중합[5]뿐만 아니라 이온 중합도 거의 독점적인 용액 공정이다. 이 공정은 입체 특이성 고무의 생산에서와 같이, 고분자 생성물을 용액에 가만히 두는 조건하에서 가동될 수 있다. 결정성 고분자, 폴리에틸렌과 아이소탁틱의 폴리프로필렌은 통상의 T_m보다 충분히 낮은 온도에서 생산되고, 따라서 고분자 생성물은 기체상 중합에서와 같이 촉매 입자 표면에서 성장하는 고체이다. 이러한 과정은 **슬러리 중합**(*slurry polymerization*)이라고 알려져 있다.

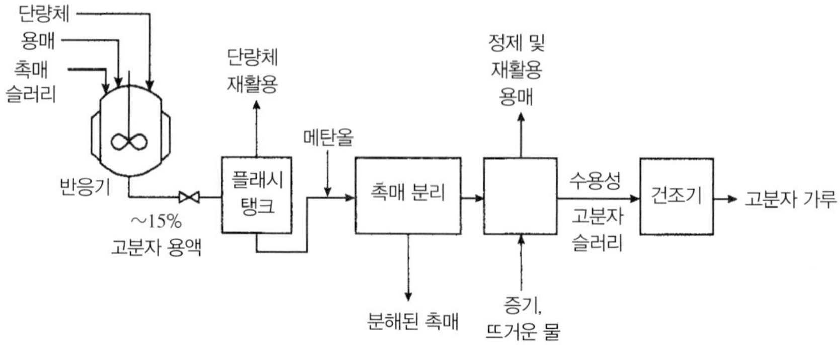

그림 12.5 Ziegler–Natta 용액 중합 공정.

그림 12.5는 Ziegler–Natta 촉매 시스템을 이용하는 포괄적인 공정을 그린 것이다. 용매의 환류, 쿨링 재킷, 외부 펌프 주변의 열교환기 또는 이러한 것들의 조합에 의해, 반응기에서 발생하는 열을 제거할 수 있다. 메탄올과 산에 의한 촉매의 불활성화 및 여과 또는 원심 분리에 의한 촉매 분리 단계 등이 나타나 있는데, 최근의 고수율용 촉매들을 사용하면 이러한 어렵고 고가의 단계들이 제거될 수 있다.

Ziegler–Natta 용액 중합 공정에서 용매와 미반응 단량체는 뜨거운 물과 증기로 훑어지고 회수되며, 이때 수용성 고분자 슬러리는 남고 이것은 이후 건조되어 '부스러기' 형태로 된다. 고무의 경우 부스러기는 다져지고 뭉쳐진다; 플라스틱일 경우에는 보통은 압출된 뒤 펠렛으로 된다. 이러한 공정을 위한 반응기의 설계는 흥미 있고 다양하다[8]. 대부분의 공정들은 연속적으로 조작된다.

12.5 계면 중축합

당신은 화학 시연에서 나일론 줄을 만드는 예를 본적이 있는가? 거기에서 두 개의 섞이지 않는 상들 사이에서 신기하게 고분자가 나타난다. 이것은 계면 중축합(interfacial polycondensation)으로 알려진 용액 중합의 변형된 방법 중의 하나이다. 이것은 시연에서 하나의 '놀라운' 실험으로 이용되는 것 외에도, 오랜 시간 동안 연구실에서 사용되었고[9], 또한 산업적인 중합에도 응용할 수 있다. 한 축합 쌍 중 하나의 단량체는 한 용매에 녹고, 나머지 단량체는 또 다른 용매에 녹는다(주의: 이것은 AA와 BB 단량체에 적용되나, AB–타입의 단량체에는 적용되지 않는다). 이 두 용매는 서로 용해되지 않아야 한다. 고분자는 둘 중 어느 것에도 녹지 않고 용매 사이의 계면에 형성된다. 일반적으로 그 상들 중 하나는 반응을 완료시키기 위한, 축합 분자와 반응하는 중개 물질 또한 포함하고 있다.

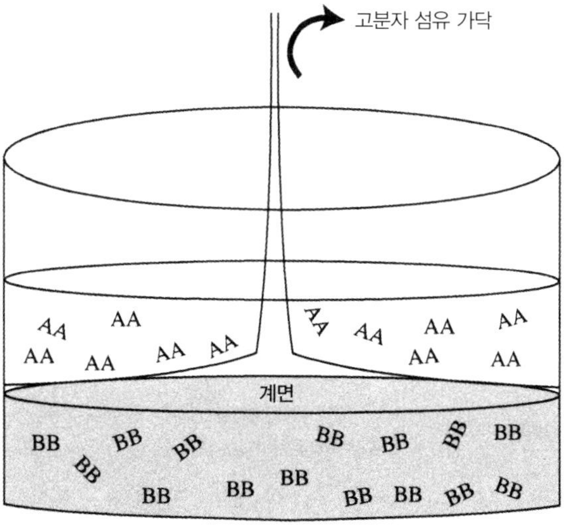

그림 12.6 나일론의 계면 중합. 계면의 위쪽 상(유기)은 염화 세바코일(AA 단량체)를 포함하는 반면, 하부 상(수용성)은 헥사메틸렌다이아민(BB 단량체)를 포함한다. 이 반응은 두 상이 만나는 곳에서 일어난다.

이와 같은 공정의 한 가지 예는 헥사메틸렌다이아민과 염화 세바코일(세바식산의 산 염화물 형태)로부터 나일론 6,10의 제조이다.

$$H_2N\text{-}(CH_2)_6\text{-}NH_2 + Cl\text{-}\overset{O}{\overset{\|}{C}}\text{-}(CH_2)_8\text{-}\overset{O}{\overset{\|}{C}}\text{-}Cl \longrightarrow \left[\overset{H}{\overset{|}{N}}\text{-}(CH_2)_6\text{-}\overset{H}{\overset{|}{N}}\text{-}\overset{O}{\overset{\|}{C}}\text{-}(CH_2)_8\text{-}\overset{O}{\overset{\|}{C}}\right]_x + HCl$$

예를 들어 산 염화물은 CCl_4에 녹고 다이아민은 물에 녹으며, 약간의 NaOH는 반응하는 동안에 빠져 나온 HCl을 흡수한다(그림 12.6). 고전적인 '로프 트릭' 시연에서, 비커 안의 유기 층은 수용성 층의 위로 부드럽게 떠오른다. 반응물은 계면으로 확산하고, 여기서 빠르게 반응하여 고분자 필름을 형성한다. 조심스럽게 그 필름을 빼내면, 상당량의 액체를 머금은 중공의 가닥을 연속적인 형태로 만들 수 있다. 위아래의 양쪽에서 계면 쪽으로 새로운 단량체가 보충되며, 그 계면에서 형성된 고분자는 빠져 나오고 또 다시 새로운 고분자가 형성된다. 상업적으로는 이 상들을 함께 섞기 더욱 쉬울 것이다.

이 기술의 주요 이점은 대개 오랜 시간, 높은 온도와 진공에서 중축합 반응이 일어나는 것과 대비하여, 상온과 대기압에서 매우 빠르게 진행된다는 점이다. 단계 성장 중합 과정에 대한 계면 중합의 또 다른 이점은 하나의 AA와 하나의 BB의 반응 화학량론이 계면에서 일치한다는 것이다. 따라서 8장에서 언급된 화학량론적인 불균형으로 인해 매우 낮은 분자량의 고분자를 형성하게 하는 문제들을 피할 수 있다. 이러한 것은 위의 산 염화물과 같은 특별한 단량체를 공급하는 비용, 용매와 미반응 단량체의 분리 및 재활용하는 것에 대해 균형이 맞아야만 한다.

12.6 현탁 중합

12.2절에서의 벌크 중합에 대한 토의에서, 효율적으로 열을 제거하는 방법들 중 하나로서, 반응물 크기의 치수를 작게 유지하는 것을 언급하였다. 이것은 불활성, 비용매 액체(대개 항상 물이다) 안에 지름 0.01~1 mm의 액적 형태로 단량체가 떠 있는 **현탁 중합**(*suspension polymerization*)의 명확한 논리에 따른다. 떠 있는 액적을 얻기 위해 몇 가지 물리적인 혼합 에너지가 가해져야 한다(어떠한 계면 활성제도 사용되지 않아서, 그 액적은 유화되지 않는다). 그러나 유화 중합과 유사하게, 떠 있는 액적은 열 제거가 문제가 되지 않을 정도로 충분히 작은 차원의 개별적인 벌크 중합 반응기들처럼 거동한다. 그 열은 쉽게 흡수될 수 있고, 낮은 점도와 불활성 현탁 매질로부터 제거될 수 있다.

이 시스템의 중요한 특징은 현탁은 **열역학적으로 불안정**(*thermodynamically unstable*)해서, 교반과 현탁제가 함께 유지되어야 한다는 점이다. 대표적인 공급물은 다음과 같이 구성된다.

단량체(물에 녹지 않음)
개시제(단량체에 녹음)
사슬 이동제(단량체에 녹음)
} 단량체 상

물

현탁제 { 보호 콜로이드, 불용성 무기염 }

현탁제는 두 가지 형태가 사용되고 있다. 보호 콜로이드는 연속상인 물의 점도를 증가시키는 역할을 하는 수용성 고분자이다. 이것은 유체역학적으로 단량체 액적들이 서로 응집하는 것을 방해하지만, 중합에 대해서는 불활성이다. 또한, $MgCO_3$와 같이 정교하게 분류된 불용성 무기염도 사용될 수 있을 것이다. 이것은 표면 장력에 의해 액적과 물의 계면에 모이고 충돌에 의해 액적들의 응집을 막는다. 또한 때때로 안정화를 위해 pH 완충 용액이 사용된다.

단량체상은 단량체/물의 부피비가 약 $^1/_2$에서 $^1/_4$ 정도의 비율로 물에 떠 있다. 반응기로 질소가 주입되고, 반응을 시작하기 위해 가열된다. 일단 반응이 진행되면 반응기 내의 온도 제어는, 물과 낮은 점도의 반응물로부터 더해진 열용량에 의해 용이해지고, 재킷형 열교환기로부터 열의 제거가 쉽게 이루어진다.

생성된 고분자 비드의 크기는 단량체의 성질과 현탁 계뿐만 아니라, 교반 강도에도 의존한다. 전환률 20%와 70% 사이에서 교반은 매우 중요하다. 이 범위 아래에서 유기상은 여전히 재분산되기에 충분한 유체이며, 이 범위 이상에서는 입자들이 응집을 막기에 충

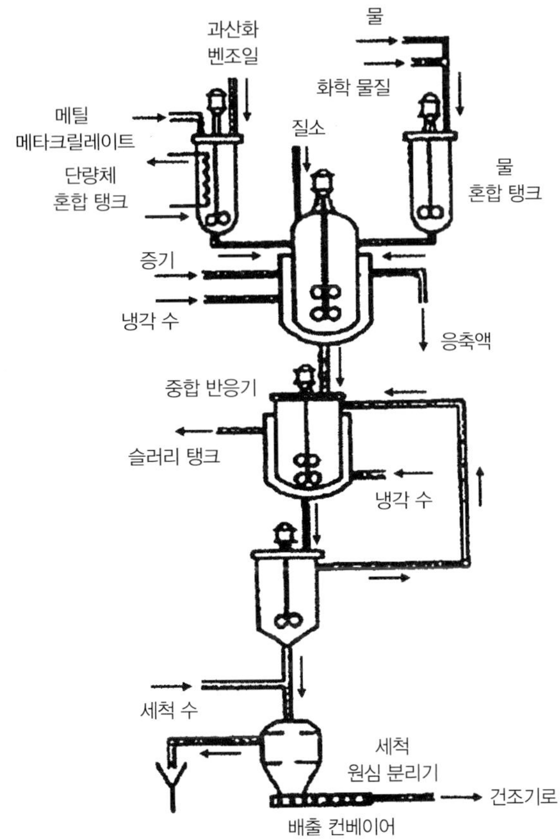

그림 12.7 메틸 메타크릴레이트의 현탁 중합. Excerpted by special permission from Reference 11. Copyright © 1966 by McGraw-Hill, Inc., New York, NY 10036.

분히 단단하다; 그러나 이 범위 내에서 교반이 멈추거나 약하게 되면, 점성이 있는 입자들은 커다란 덩어리로 응집되거나 뭉치게 될 것이고, 이로써 중합은 중단될 것이다. 다시 Schildknecht[10]를 인용하면, "제어하기 어려운 중합이 거대한 덩어리로 완료된 후에는, 중합 설비를 살리기 위해 압축형 공기 드릴이나 다른 채굴 장비를 조달할 필요가 있다."

그림 12.7[11]은 전형적인 현탁 중합 공정을 보여 준다. 어느 유동 시스템이라도 상대적으로 약간의 흐름이 정체되어야 하기 때문에, 상업적인 규모에서 현탁 중합을 연속적으로 운영하는 것은 어렵다. 스테인리스 또는 50,000 gal의 용량에 이르는 유리 내장형 강철 용기의 교반 탱크 반응기에는 대개 재킷이 설치되어 있다. 고분자 비드는 여과되거나 원심분리되며, 보호 콜로이드는 물로 세척하여 제거되고 $MgCO_3$는 묽은 산으로 세척하여 분해된다. 비드들이 젖어 있을 때에는 조작이 쉽지만, 건조되었을 때에는 자기들끼리, 그리고 다른 것들과도 서로 붙게 만드는 정전기 전하를 띠는 경향이 있다. 이 비드들을 직접 성형할 수 있고, 압출과 분쇄를 통하여 성형용 분말 형태로 만들 수 있다. 또는 이온 교환 수지

나, 폴리스타이렌 발포 컵과 땅콩 포장제를 만들기 위한 비드 그 자체로 사용될 수도 있다.

이온 교환 수지는 기본적으로 소량 퍼센트의 다이바이닐 벤젠(가교제)과의 공중합으로 가교된 폴리스타이렌 현탁 비드로, 이들은 분리와 정제 기능을 위해 전하를 띠는 작용기가 붙도록 화학적으로 처리된다. 이온 교환 과정에서 물질 전달의 저항을 줄이기 위해, 불활성 용매가 유기 현탁상으로 이용될 것이다. 중합이 완료될 때, 커다란 내부의 표면적('거시적 벌집 구조(macroreticular)')을 가진 다공성 비드들을 남긴 채 용매는 제거된다. 커피 컵으로 사용되는 발포 비드는 대개 펜테인과 같은 불활성 액체 발포제를 함유한 선형 폴리스타이렌으로 만든다. 펜테인은 중합에 앞서 단량체에 넣어질 수도 있지만, 더 일반적으로는 중합 후 반응기에 첨가되어 폴리스타이렌 비드에 의해 흡수된다. 금형 안에서 증기에 노출될 때, 부드럽게 발포되고 휘발되는 발포제에 의해 팽창되어서 친숙한 컵과 기타 다른 발포 제품을 형성한다.

상업적으로, 현탁 중합은 물에 녹지 않는 액체 단량체의 자유 라디칼 부가 중합으로만 제한되었다. 염화바이닐과 같은 휘발성 단량체는 액체 상태로 유지하기 위해 적정한 압력이 요구된다. 그러나 소수성의 연속상에 현탁되어 있는 친수성의 단량체, 또는 수용성 단량체 수용액을 이용한 역현탁 중합도 가능하다.

현탁 중합의 주요 장점은 아래와 같다.

1. 열의 제거와 온도 제어가 쉽다.
2. 고분자는 간편하고 쉬운 조작으로 얻을 수 있고, 직접 유용한 형태로도 얻을 수 있다.

현탁 중 합의 단점은 아래와 같다.

1. 반응기 부피당 적은 수율.
2. 벌크 중합에서 얻은 것보다 다소 덜 순수한 고분자. 왜냐하면 입자 표면에 흡착된 현탁제 잔존물이 붙어 있기 때문이다.
3. 공정이 연속적으로 진행이 불가능; 만약 몇 가지 회분식 반응기가 교대로 있다면 이 공정은 한 지점에서는 연속적일 것이다.
4. 이온 중합 또는 Ziegler–Natta 중합에 사용될 수 없고, 축합 고분자를 만드는 것에도 사용될 수 없다.

12.7 유화 중합

유화 중합은 9장에서 몇몇 고급 중합 기술을 토의하면서 소개되었다. 그러나 산업적인 규모의 공정에 대하여 토론할 만한 가치가 있는 유화 중합에는 몇 가지 중요한 특성이 있다. 제2차 세계대전 때 일본에 의해 동양으로부터의 천연 고무 공급이 중단되었을 때, 미합중

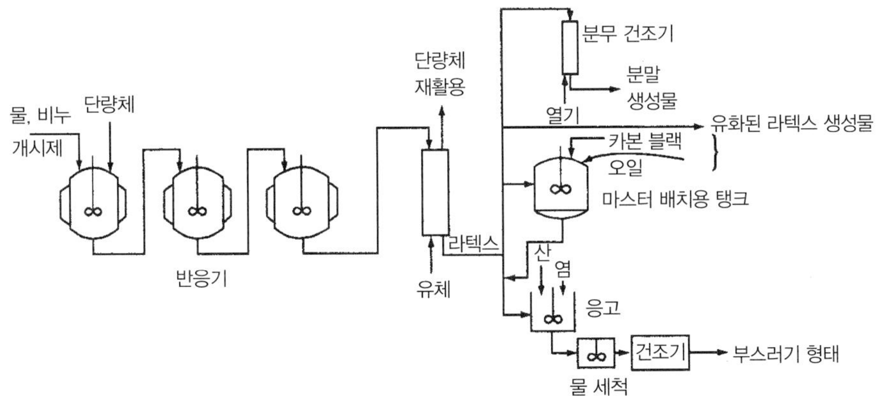

그림 12.8 유화 중합 공정 개략도.

국은 필수 재료(특히 그 시절에 몇 회의 착륙 후에 교체할 필요가 있었던 비행기 타이어)가 남아 있지 않았다. 적합한 합성 대체재와 그것을 필요한 양으로 생산할 수 있는 설비를 개발하는 고무 보전 프로그램(Rubber Reserve Program)의 성공은, 맨해튼 프로젝트(원자 폭탄)와 그 시대에 눈에 띄었던 페니실린의 생산과 견주어 볼 때, 화학자들과 공학자들에게 최고의 성과 중의 하나였다. 스타이렌-뷰타다이엔 공중합체인 고무 GR-S(government rubber-styrene) 또는 현재 SBR(스타이렌-뷰타다이엔 고무)로 불리는 것은 여전히 가장 중요한 합성 고무이며, 전쟁 동안 발전한 유화 중합 공정에 의해 다른 다양한 고분자들과 함께 여전히 많이 생산되고 있다.

유화 반응에 관한 이론은 9장에서 논의하였다. 일반적인 상업적 공정은 그림 12.8에 나타내었다. 반응기는 대개 스테인리스 또는 유리 내장 강철 탱크로서, 현탁 중합에 사용되는 것과 유사하다. 그러나 현탁 중합과는 대조적으로, 적당한 유화액은 열역학적으로 안정하고(계면 활성제 또는 유화제 때문에), 그로 인해 유화 중합은 연속적으로 진행할 수 있다. 더 새로운 공정에서는 종종 몇 개의 연속 교반 탱크 반응기(CSTRs)가 직렬 형태로 연결된다.

유화 중합의 생성물 중 **라텍스**(*latex*)로 알려진 것은, 계면 활성제에 의해 안정된 0.05~0.15 μm 정도의 고분자 입자이다. 이러한 라텍스는 고유한 특허권이 있는 중요한 상업 제품이다(라텍스 페인트와 하얀 아교를 생각하라). 이 공정은 내부의 채워진 재료를 감싸는 셸을 형성하는 고분자와 같이, 마이크로캡슐화의 목적을 위해 가볍게 개질될 수도 있다(이러한 캡슐은 수많은 분야에서 방출제어용 제제로 사용된다).

이 고분자가 다른 물질들과 혼합되어야 하는 곳에서는, **마스터 배치**(*master batching*) 공정이 때때로 이 과정을 편리하고 획일적으로 되도록 해준다. 고무 기술에서는 카본 블랙과 오일이 고무 라텍스와 유화되고 섞이며, 고무 내부로 첨가제들이 균일하고 조밀하게 분산되어서 그 혼합물과 함께 뭉치게 된다.

아주 적은 양의 잔여 단량체로도 생리학적 부작용을 일으킨다는 인식의 증가는, 어떤 특정한 응용 분야에서 유화 중합을 매력적이게 만들었다. 극도로 작은 크기의 라텍스 입자를 사용하면, 증기 등을 통해 고분자로부터 작은 분자들을 제거하기 위한 아주 짧은 확산 경로가 만들어지는데, 이를 통하여 잔여 단량체를 아주 낮은 수준으로 제어할 수 있다.

많은 응용에서, 라텍스로부터 고체 고분자를 회수해야 한다. 가장 간단한 방법은 스프레이 건조이다(뜨거운 공기가 빠르게 용매를 증발시키는 동안 용액으로부터 미세한 분무를 발생시키는 공정); 그러나 계면 활성제를 제거하기 위한 어떠한 시도도 실행되지 않는 한, 생산된 제품은 매우 '더러운' 고분자이다. 라텍스는 고분자에 대해 최소한의 부분적인 용매인 아세톤과 같은 재료를 첨가함으로써 '크림화'가 될 것이다. 이것은 입자를 끈적이게 만들고 약간의 응집을 일으킨다. 라텍스는, 계면 활성제를 소듐염으로부터 불용성 수소 형태로 전환시키는 황산과 같은 산을 첨가하거나, 또는 안정화된 입자 이중층의 형성을 방해하는 전해염의 첨가 등을 통해 응집된다. 여기서 입자 이중층은 정전기력을 통해 작은 입자들이 뭉치게 하는 원인이 된다. 전자의 방법은 입자 표면에 흡착된 불용성 물질을 많이 남기지만, 몇몇 응용에서는 이것이 이점일 수 있다. 예를 들면, 계면 활성제의 지방산은 타이어 제조에 있어서 윤활제 역할을 한다. 응집된 고분자 '부스러기'는 세척, 건조되고 후에 뭉쳐지거나 더 가공이 된다.

현탁 중합과 같이, 상업적인 유화 중합은 물에 녹지 않는 액체 단량체의 자유 라디칼 용액 부가에는 상당한 제한이 있었다(뷰타다이엔, 염화바이닐과 같은 휘발성 단량체들의 경우 액체상을 유지하기 위해서는 적정한 압력이 요구된다). 그러나 소수성 염기 연속상에 분산되어 있는 친수성 단량체상의 경우에는 역유화 중합이 가능하다.

유화 중합의 장점은 아래와 같다.

1. 제어가 쉽다. 반응물의 점도는 고분자가 녹아 있는 비슷한 농도의 용액과 비교하여 그 점도가 매우 낮다. 또한 물이 첨가되므로 물이 가진 열용량으로 인해 온도가 잘 제어되며, 반응물은 환류될 수도 있다.
2. 높은 농도의 계면 활성제와 낮은 농도의 개시제를 사용함으로써, 높은 중합 속도 및 높은 평균 사슬 길이를 둘 다 얻을 수 있다.
3. 라텍스 생산물은 종종 직접적으로 가치가 있거나, 마스터 배치를 통하여 균일한 화합물을 얻는 데 도움을 준다.
4. 작은 크기의 라텍스 입자를 이용하는 잔류 단량체를 낮은 수준으로 달성할 수 있다.

유화 중합의 단점은 다음과 같다.

1. 순수한 고분자 제품을 얻기 어렵다. 작은 입자의 극도로 넓은 표면적은 불순물이 흡수되기에 충분한 공간을 제공한다. 이것은 잔류 계면 활성제가 물을 끌어당겨, 특정한 응용에서 문제를 야기할 수 있다.
2. 고체 고분자를 회수하기 위하여 많은 기술과 비용이 필요하다.
3. 반응물 내의 물은 반응기의 부피당 수율을 낮춘다.
4. 축합 고분자를 만드는 데 사용할 수 없고, 이온 중합이나 Ziegler–Natta 중합에 이용할 수 없다.

12.8 요약

많은 산업의 화학 플랜트는 반응의 화학을 넘어서 수많은 요소들을 고려해야 한다. 산업적인 중합 공정은 적절한 온도 제어(특히 반응에서 생성된 많은 열을 제거하는 것)가 요구되고 혼합이 필요하며, 적절한 분리 기술을 포함한다. 벌크 중합은 반응기 부피당 가장 큰 수율을 제공하면서 반응기에서 순수한 고분자를 얻게 한다. 그러나 유리화, Trommsdorff 효과, 미반응 단량체의 추출과 같은 단점들로 인해 용액, 현탁 및 유화 중합을 포함하는 다른 중합 방법들이 발전하게 되었다.

문제

1 현탁 또는 유화 공정으로 음이온 중합 또는 Ziegler–Natta 중합을 수행할 때 어떠한 어려움이 예측되는가?

2 현탁 중합은 일반적으로 스타이렌과 다이바이닐벤젠의 공중합체로부터 이온 교환 비드를 생산하는 데 사용된다. 왜 유사한 조성의 이온 교환막 용도의 고분자를 만드는 데는 사용되지 않는가?

3 유화 중합은 합성 고무를 생산하는 데 광범위하게 사용되지만, 현탁 중합은 그렇지 않다. 어떠한 이유 때문이라고 생각하는가?

4 (a) 자동가속화는 통상적으로 바이닐 단량체의 자유 라디칼 중합에서 나타난다. 그러나 같은 단량체의 음이온 부가 중합에서는 왜 관측되지 않는가?

(b) 강하게 자동가속화된 반응에서 형성된 고분자의 뚜렷한 분자적 특성은 무엇이라고 생각하는가? 그리고 그러한 이유를 설명하시오.

5 균일한 조성의 공중합체를 생성하는 반회분식 방법(그림 11.4a)은 현탁을 제외하고 모든 중합에서 함께 사용된다. 왜 그런가?

6 폴리아크릴산의 생산에 대한 현탁 중합 과정을 서술하시오. 이 단량체는 대부분의 물성에서 아세트산과 유사하다.

7 그림 12.1에서 100% 단량체 곡선은 약 90%의 전환율에서 수평을 유지한다. 전환율을 99%로 올리려면 어떻게 해야 하는가?

8 LDPE 생산을 위해서 높은 압력이 필요하다고 예측되는 이유는 무엇인가? 우리가 아는 다른 자유 라디칼 반응에서는 높은 압력이 필요하지 않다.

9 페인트 조성이 유용하기 위해서는, 페인트가 적용되는 고분자 표면 위에서 연속적인 필름을 형성해야 한다.

(a) 라텍스-페인트 조성에 있어 고분자상이 가져야 할 핵심적인 특성은 무엇인가?

(b) 이전의 유성 페인트보다 라텍스 페인트가 가진 주요 장점 중의 하나는 물로 쉽게 지워지는 점이다. 그러나 만약 당신이 당신의 붓을 헹구기 전에 오랫동안 놓아둔다면, 더 이상 붓에 묻은 페인트를 물로 제거할 수 없음을 알 것이다. 그 이유는 무엇인가?

10 12.3절에 기술되어 있는 충격 강화 폴리프로필렌 공정에서는 두 개의 반응기가 사용된다. 두 번째 반응기에는 새로운 촉매를 넣지 않았다고 적혀 있다. 만약 그렇다면, 그것은 어떻게 제품을 변화시킬 것인가?

11 Crud Chemicals는 톨루엔 안에 3 kmol의 무수 프탈산(예제 8.2 참조)과 2 kmol의 글리세린을 환류함으로써 글립탈(glyptal) 수지의 한 회분을 준비하고 있다. 다음 회분을 위해 톨루엔을 반응기로 되돌려 보내기 전에 축합된 물이 옮겨진다. 반응이 끝나기 전에 모을 수 있는 최대한의 물의 양(L)을 계산하시오.

참고문헌

[1] Schulz and Harborth, G. *Makromol. Chem.* **1**, 106 (1947).

[2] Schildknecht, C.E., *Polymer Processes*, Interscience, New York, 1956, p. 38.

[3] Wohl, M.H., *Chem. Eng.* August 1, 1962, p. 60.

[4] Thomas, J.C., *Soc. Plast. Eng. J.* **23** (10). 61 (1967).

[5] Albright, L.F., *Processes for Major Addition-Type Plastics and Their Monomers*, McGraw-Hill, New York, 1974.

[6] Karol, F.J., *CHEMTECH* **12** (7), 222 (1983).

[7] Haggin, J., *Chem. Eng. News* March 31, 1986, p. 15; Bisio, A., *Chem. Eng. Progr.* **85** (5), 76(1989).

[8] Gerrens, H., *CHEMTECH* **12** (7), 434 (1982).

[9] Morgan, P.W., *Soc. Plast. Eng. J.* **15** (6), 485 (1959).

[10] Schildknecht, C.E., *Polymer Processes*, Interscience, New York, 1956, p. 94.

[11] Guccione, E., *Chem. Eng.* June 6, 1966, p. 138.

III부

고분자의 성질

이 책의 III부에서는 고분자를 만들기 위해 사용된 화학 구조 및 화학 반응으로부터 고분자의 물리적 성질로 옮겨진다. 이 부분에서 다루는 재료들은 재료역학을 공부한 학생들에게는 친숙하겠지만, 고분자 속으로 더욱 깊게 파고들어서 고분자의 색다른 특징(하나의 예로 점탄성)을 발견할 만한 가치가 있다. 여기서 논의하는 주제에는 기계적 강도, 유연성, 압축에 대한 고분자의 응답, 연신과 전단력, 그리고 이러한 특성들을 시험하기 위한 장비 등이 포함된다. 한 장에서는 탄성 연신(특히 속옷의 허리밴드에 유용한)과 점성 변형(충돌 에너지를 소산하는 자동차 범퍼에 매우 유용한) 모두를 포함하는 응력에 대한 고분자의 복합적 응답을 근사할 수 있는 점탄성 거동(소위 스프링과 대시포트의 조합을 이용하여)의 수학적 모델에 집중할 것이다.

Fundamental Principles of Polymeric Materials, Third Edition. Christophe S. Brazel and Stephen L. Rosen.

13장

고무 탄성

13.1 도입

천연 고무와 합성 고무는 흥미롭고 독특하며 유용한 기계적 성질을 갖고 있다. 다른 어떠한 재료도 600∼700%까지 늘렸다가 힘을 제거했을 때 본래의 길이로 되돌아가는 가역적 신장력(reversible extension)을 갖지 못하며, 또한 온도가 상승함에 따라 강도(탄성률)가 증가하는 특성을 보이지 않는다. 이미 오래 전에, 고무가 완전한 가역적 변형을 나타내기 위해서는 가황(황으로 가교함)이 필요하다는 것이 밝혀졌다. 지금은, 가황은 고분자 사슬이 서로 미끄러지거나 흐름(비가역적 변형)을 방지하는 가교의 결과라는 것을 알고 있다. 더욱 최근에는, 이와 같은 공유 결합으로 이루어지는 가교의 기능 대신에, 폴리(바이닐 알코올)과 같은 몇몇의 선형 고분자 내에 단단한 도메인들(유리상 또는 결정질 중 어느 하나)을 도입함으로써 물리적(화학적 대신) 가교를 달성할 수 있었다. 가교 고무 시편에 응력이 가해졌을 때에는 매우 빠르게 평형에 도달된다. 일단 평형에 도달하면, 고무의 성질은 열역학적으로 표현될 수 있다.

13.2 탄성의 열역학

그림 13.1과 같이 $a \times b \times c$의 크기를 갖는 재료 요소를 생각하자.

이 시스템에 열역학 제1법칙을 적용하면 아래와 같이 나타난다.

$$dU = dQ - dW \tag{13.1}$$

여기서 dU는 시스템의 **내부 에너지**(*internal energy*)에서의 변화이고, dQ와 dW는 시스템

Fundamental Principles of Polymeric Materials, Third Edition. Christopher S. Brazel and Stephen L. Rosen.

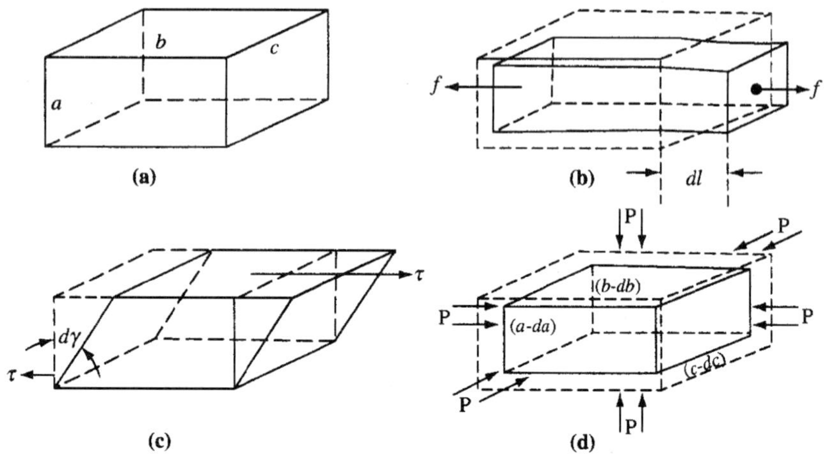

그림 13.1 기계적 변형의 유형. (a) 최초 상태, (b) 단축 인장, (c) 순수 전단, (d) 등압.

이 미소 변화를 겪을 때 시스템과 주위 간에 교환되는 열량과 일을 나타낸다(편의상 시스템이 주위에 가하는 일을 양의 값으로 설정하였다).

3가지 형태의 기계적인 일을 생각해 보도록 하자.

1. 단축 인장력 f에 의한 일

$$dW(\text{인장력}) = -fdl \tag{13.2}$$

여기서 dl은 인장력 f에 의해 발생하는 시스템 길이에서의 미소 변화이다. 이것이 일의 기본적 정의이다. 음의 부호는, 위에서 시스템이 주위에 가하는 일을 열역학적 편의로서 양으로 취급한 것과 같이, 인장력이 시스템에 가하는 일을 기계적 편의로서 음으로 일치시킨 결과이다.

2. 전단 응력 τ에 의한 일

$$dW(\text{전단}) = \text{힘} \times \text{거리} = -(\tau bc)(ad\gamma) = -\tau V d\gamma \tag{13.3}$$

여기서 γ는 전단 변형률(그림 13.1c)이고, $V = abc$로서 시스템의 부피를 나타낸다.

3. 부피 변화를 수반하고 등방(모든 면에 균등하게 작용하는) 압력에 의해 행하여진 일

$$dW(\text{압력}) = P(cb)da + P(ac)db + P(ab)dc = PdV \tag{13.4}$$

여기서 음의 부호는 필요하지 않다. 양의 압력은 부피의 감소를 유발하고(음의 dV) 시스템에 일을 하게 한다.

만약 변형 과정이 열역학적 의미에서 가역적으로 일어난다고 가정하면, 그때는

$$dQ = TdS \tag{13.5}$$

여기서 S는 시스템의 엔트로피이다.

앞의 5개 수식을 병합하면 미소 변형이 일어나는 재료 요소의 내부 에너지 변화에 대한 일반적 관계를 알 수 있다.

$$dU = TdS - PdV + fdl + V\tau d\gamma \tag{13.6}$$

지금부터 3가지 개별 형태의 변형을 고려해 보자.

1. **일정한 부피와 온도에서의 단축 인장(uniaxial tension)**: 이러한 조건하에서 $dV = \tau = 0$이다. 식 13.6의 나머지 항들을 dl로 나누고, 일정한 T 및 V라는 조건하에서 f에 대해 정리하면 다음을 얻는다.

$$f = \left(\frac{\partial U}{\partial l}\right)_{T,V} - T\left(\frac{\partial S}{\partial l}\right)_{T,V} \tag{13.7}$$

2. **일정한 부피와 온도에서의 순수 전단(pure shear)**: 여기서 $dV = f = 0$이다. 식 13.6에서 나머지 항들을 $d\gamma$로 나누고, 역시 일정한 T 및 V의 조건하에서 τ에 대해 풀면 다음과 같다.

$$\tau = \frac{1}{V}\left(\frac{\partial U}{\partial \gamma}\right)_{T,V} - \frac{T}{V}\left(\frac{\partial S}{\partial \gamma}\right)_{T,V} \tag{13.8}$$

3. **일정한 온도에서의 단순 등방 압축(only isotropic compression)**:

$$P = -\left(\frac{\partial U}{\partial V}\right)_{r} + T\left(\frac{\partial S}{\partial V}\right)_{T} \tag{13.9}$$

식 13.7의 편도 함수를 구하기 위해 부피를 일정하게 유지하는 인장 실험을 실시하는 것은 매우 어렵다. 대부분의 실험은 일정한 압력(대기압)하에서 이루어지며, 일반적으로 인장 변형에 따라 부피에서의 변화가 발생한다. 다행히도, 고무의 대략적인 포아송비(Poisson's ratio)는 약 0.5이기 때문에 위의 부피 변화는 적다. 또한 식 13.7은 일정한 압력에서 인장 변형에 대해 대략적으로 명확하다고 할 수 있다. 정확한 일을 구하기 위해서는 정수압(hydrostatic pressure)을 변화시켜서 부피 V를 일정하게 유지하거나, 정압(constant-pressure) 데이터를 이론적으로 보정하여 정적 계수(constant-volume coefficient)를 구해야만 한다[1, 2]. 순수 전단 실험에서 부피 V는 일정해야 하며, 식 13.8이 성립해야 한다.

13.2.1 탄성의 유형

인장력, 전단 응력, 또는 등압에 대한 식 13.7~13.9에서 **에너지**(*energy*)(우변의 첫 번째 항)와 **엔트로피**(*entropy*)(우변의 두 번째 항)가 기여하고 있다는 것을 알 수 있다. 고분자에서 **에너지 탄성**(*energy elasticity*)이란 결합의 회전(그림 6.4), 그리고 결합각과 결합 길

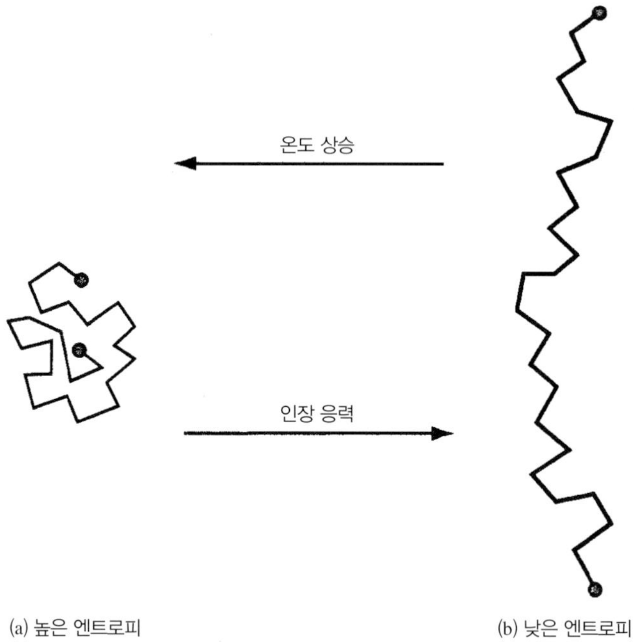

그림 13.2 고분자 사슬 배열에 미치는 응력과 온도의 영향.

이의 평형 값으로부터의 변화에서 기인하는 저장 에너지를 나타낸다. 이러한 거동을 다른 비탄성 고체(금속, 세라믹)와 비교하라; 고분자는 변형하기 때문에, 위에서 언급한 3가지 경우 중 어느 것에 기인하여 일시적으로 에너지를 저장할 수 있다. 흥미롭게도 탄성 에너지는 거의 전적으로 분자 안에서(단일 고분자 사슬 내에서) 발생하는데, 변형이 될 때 서로 다른 고분자 사슬들 간의 에너지 상호작용에서 변화가 없다는 것이다[2].

엔트로피 탄성(entropy elasticity)은 변형에 따른 엔트로피의 감소에 의해 발생한다. 이것은 인장 응력을 받고 있는 단일 고분자 하나를 생각하면 상상할 수 있다. 응력을 받지 않고 있는 분자는 공유 결합을 축으로 회전하여 무수히 많은 수의 무작위의, 말린(balled-up) 배열을 자유롭게 형성할 수 있다(그림 13.2a). 분자가 인장력을 받아서 연신된 상태를 상상해 보라(그림 13.2b). 이러한 분자 배열의 가능성은 극히 낮다는 것이 명확하며, 연신이 되면 될수록 그 확률은 더욱 낮아진다. 여기서 $S = k \ln \Omega$로서, k는 Boltzmann 상수이고 Ω는 배열 가능한 수를 나타내므로, 연신에 의해 분자 배열의 가능성이 낮아져서 **엔트로피는 감소한다**(*stretching decreases the entropy*)(분자 질서는 증가한다). 온도를 올리면 정확히 그 반대 효과가 나타난다. 사슬의 분절에 열에너지가 가해지면, 분절의 측면 방향에 대한 진동의 강도가 증가하여 더욱 무작위한 또는 높은 엔트로피 상태로 되돌아가려고 한다. 이것에 의해 사슬의 양쪽 말단은 서로 당기려는 경향이 발생하고, 따라서 회복력

(retractive force)이 발생하는 것이다.

위의 논의로부터 엔트로피 탄성을 나타내기 위해서는, 재료는 유리 전이 온도 이상에 있어야 하며, 또한 눈에 띌 만한 양의 결정을 가지고 있을 수 없다라는 것이 명백해야 한다.

13.2.2 '이상(ideal)' 고무

등압을 받는 기체 하나를 예로 들어 '이상(ideal)' 고무를 실증해 보자. 여기서 식 13.9에서의 에너지 항은 부피 변화에 따른 분자간 힘의 변화로부터, 엔트로피 항은 증가된 부피에 따른 증가된 공간(그래서 더욱 커진 '무질서')으로부터 발생한다. 이상 기체에서 분자간 힘은 존재하지 않으므로 $(\partial U/\partial V)_T = 0$이다. 유추하면 이상 고무에서도 $(\partial U/\partial l)_{T,V} = (\partial U/\partial \gamma)_{T,V} = 0$이 되고, 탄성은 오직 엔트로피 효과로부터 발생한다. 상온이나 그 이상의 온도, 그리고 상압과 그 이하의 압력 근처에 있는 많은 기체에 대하여 $(\partial U/\partial V)_T < T(\partial S/\partial V)_T$이며, 이상 기체 법칙은 잘 맞는다. 비슷하게, 그림 13.3[3]에 나타낸 바와 같이 어떤 환경하에서 고무에 대해 $(\partial U/\partial l)_{T,V} < T(\partial S/\partial l)_{T,V}$이 성립하며, 고무는 마치 이상 고무처럼 거동한다.

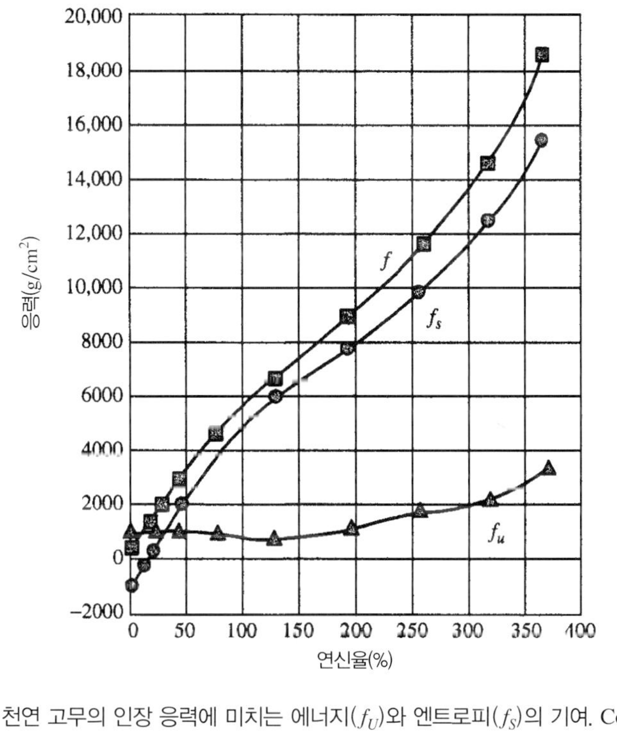

그림 13.3 20°C에서 천연 고무의 인장 응력에 미치는 에너지(f_U)와 엔트로피(f_S)의 기여. Copyright 1942 by the American Chemical Society. Reprinted by permission of the copyright owner. Reprinted from Antony *et al.* [3]

13.2.3 일정한 하중에서의 온도의 영향

고무 조각에 추를 달고 온도가 변할 때, 즉 일정한 인장 하중이 유지될 때 그 고무 조각의 길이에 어떤 변화가 일어나는지 알아보자. 이때 부피가 일정하다고 가정하면(일반적인 정압 실험에서의 근사) $dU = TdS + fdl$이다. dT로 나누고 일정한 f와 V하에서 dl에 대해 풀면 다음과 같다.

$$\left(\frac{\partial l}{\partial T}\right)_{f,\,v} = \frac{1}{f}\left(\frac{\partial U}{\partial T}\right)_{f,\,v} - \frac{T}{f}\left(\frac{\partial S}{\partial T}\right)_{f,\,v} \tag{13.10}$$

이전에 밝힌 바와 같이, 우변의 첫 번째 항은 에너지 탄성을, 두 번째 항은 엔트로피 탄성을 나타낸다. 내부 에너지는 온도가 상승함에 따라 증가하기 때문에, 에너지 항의 편도 함수는 양이다. 그러므로 에너지 항은 온도에 따라 길이가 증가하는 원인이 된다($(\partial l/\partial T)_{f,V}$에 대한 양의 기여). 이것은 모든 재료(세라믹, 금속, 유리 등)에서 관찰되는 일반적인 열팽창이며, 원자 중심 간 평균 길이가 온도 상승에 따라 증가한다는 것을 반영하는 것이다. 그런데 엔트로피 항에서의 모든 인자는 양이고 항 앞에 음의 부호가 있기 때문에, 온도 상승에 따라 길이의 **감소**를 유발한다. 이것은 엔트로피 효과가 일반적인 열팽창을 압도하는 고무에서 실제적으로 관찰되는 것이다. 구조 단위가 단일 배열에 국한되는(예로 결정 격자를 구성하는 원자는 손쉽게 교환될 수 없다) 다른 재료에서 엔트로피 항은 작다. 그림 13.2와 말린(balling-up) 상태에 있는 하나의 고분자 사슬에 의해 얻어지는 많은 양의 엔트로피를 상상해 보라.

고무에서 엔트로피에 의한 수축의 크기는 전형적으로 다른 재료의 열팽창보다 훨씬 크다. 보통의 고무 밴드는 응력하에서 300°F로 가열되면 1인치 또는 이에 해당하는 만큼 수축할 것이며, 반면에 비슷한 길이의 금속 조각은 비슷한 온도 범위에서 현미경 없이는 그 팽창을 확인할 수 없을 것이다. 유명한 금속공학자들에게는 "고분자는 온통 엔트로피 덩어리"인 것이다[4].

13.2.4 일정한 길이에서의 온도의 영향

고무 조각을 가열하면서 일정한 길이로 늘리는 동안 하중 f에 어떤 변화가 일어나는지 살펴보자. 열역학적으로 정확한 Maxwell 관계를 이용하여 정압에서 실시하는 통상적 실험을 대략적으로 묘사할 수 있다.

$$-\left(\frac{\partial S}{\partial l}\right)_{T,\,V} = \left(\frac{\partial f}{\partial T}\right)_{l,\,V} \tag{13.11a}$$

정압 실험에 대한 보다 더 좋은 근사는 다음과 같다.

$$-\left(\frac{\partial S}{\partial l}\right)_{T,\,V} \approx \left(\frac{\partial f}{\partial T}\right)_{P,\,\alpha}$$

여기서 $\alpha = l/l_0$이며, 특정 온도에서 원래 길이에 대한 늘어난 길이의 비를 나타내는 확장비(extension ratio)를 의미한다. 식 13.11a와 13.7을 결합하면 다음과 같이 된다.

$$\left(\frac{\partial f}{\partial T}\right)_{l,\,V} = \frac{f}{T} - \frac{1}{T}\left(\frac{\partial U}{\partial l}\right)_{T,\,V} \tag{13.12}$$

f와 T 모두 양이기 때문에 우변의 첫째 항은 온도가 상승함에 따라 하중 f가 증가하고, 확장된 사슬들(extended chains)의 열운동을 더욱 높게 한다(더욱 높은 엔트로피로 향하는 경향). 사슬이 늘어났을 때 스프링과 같이 에너지가 저장되기 때문에, 두 번째 항에서의 편도 함수는 일반적으로(항상 그렇지 않지만) 양이다. 항 앞의 음의 부호와 함께, 이 항으로

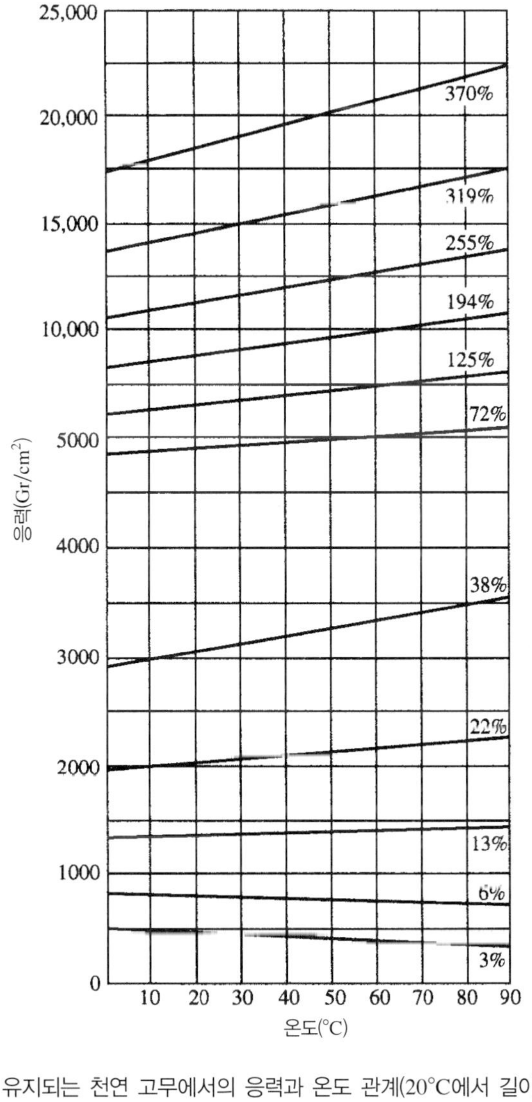

그림 13.4 일정한 연신이 유지되는 천연 고무에서의 응력과 온도 관계(20°C에서 길이에 대한 %)[3]. Copyright 1942 by the American Chemical Society. Reprinted by permission of the copyright owner.

부터 온도가 상승하면 인장력이 완화(relaxation)된다는 것을 예상할 수 있다. 두 번째 항에 대해 다시 언급하면 이 항은 모든 재료에서 얻을 수 있는 보통의 열팽창을 반영하는 것이지만, 꽤 큰 값의 f가 가해지는 고무에서는 첫 번째 항(엔트로피)에 의해 무시될 수 있고, 따라서 하중은 온도가 상승함에 따라 증가한다. 이상 고무에서 $(\partial U/\partial l)_{T,V} = 0$이며, 일정한 부피에서 식 13.12를 적분하면 다음과 같이 된다.

$$f = (\text{상수})T \quad (\text{이상 고무}) \tag{13.13}$$

이것은 일정한 V라는 조건하에 있는 이상 기체의 P와 T 사이의 선형 관계와 유사한 것이다. 그림 13.4에 이러한 관측들이 확고하게 나타난다. 고분자가 그렇게 많이 늘어나지 않았을 때(예를 들어 그림에서 3% 확장선), 고분자는 온도가 올라감에 따라 부드러워진다. 이 낮은 연신율에서의 음의 기울기는 열팽창이 지배적이기 때문에 나타나는 것이며, 따라서 f는 낮다. 중간 정도의 연신에서는 **열탄성 역전**(*thermoelastic inversion*) 점(그림 13.4에서 대략 13% 연신율)이 있으며, 여기에 해당하는 하중은 근본적으로 온도와 무관하고 열팽창과 엔트로피에 의한 수축이 균형을 이룬다. 그림의 상위 연신율에서는, 큰 확장비를 유지하기 위해 더욱 많은 응력이 필요하며, 응력은 온도가 올라감에 따라 상승한다. 이것은 고분자가 연신된 상태에서 원래 상태로 되돌아가려고 하는 힘이 증가하고, 이에 따라 발생하는 엔트로피 기여도가 열팽창보다 지배적이기 때문이다.

13.3 이상 고무 탄성의 통계학[1, 2, 5]

일반적인 고무는 수백 개의 탄소 원자들이 모두 가교점으로 연결된 긴 사슬들로 구성된다. 가교점 사이의 사슬 분절들을 **네트워크 사슬**(*network chains*)이라고 한다(이 분절들은 가교점 사이의 분자량인 $\overline{M}_c$로 특징지어진다). N mol의 네트워크 사슬을 포함하는 시편을 연신하였을 때 발생하는 엔트로피 변화는 다음과 같다.

$$S - S_0 = NR\ln\frac{\Omega}{\Omega_0} \tag{13.14}$$

여기서 아래 첨자 0은 연신되지 않은 초기 상태를, Ω은 N mol의 네트워크 사슬들의 배열 가능한 수를, 그리고 R은 기체 상수를 의미한다. Ω을 통계적으로 평가함으로써 정적(constant-volume) 연신에 대해 다음과 같이 표현하는 것이 가능하다.

$$\begin{aligned} S - S_0 &= -\frac{1}{2}NR\left[\left(\frac{l}{l_0}\right)^2 + 2\left(\frac{l_0}{l}\right) - 3\right] \\ &= -\frac{1}{2}NR(\alpha^2 + 2\alpha^{-1} - 3) \end{aligned} \tag{13.15}$$

여기서 $\alpha = l/l_0$로서 확장비이다(최근의 이론은 약간 다른 결과를 보이지만[2], 여기서는 이것이 우리의 목적에 부합한다).

이상 고무에서 인장력은 아래와 같다.

$$f = -T\left(\frac{\partial S}{\partial l}\right)_{T,\,V} \quad \text{(이상 고무)} \tag{13.16}$$

식 13.15를 미분해서 식 13.16에 대입하면

$$f = \frac{NRT}{l_0}(\alpha - \alpha^{-2}) \tag{13.17}$$

또한

$$N = \frac{\text{mass}}{\overline{M}_c} = \frac{\rho V}{\overline{M}_c} = \frac{\rho l_0 A_0}{\overline{M}_c} = \frac{\rho l A}{\overline{M}_c} \tag{13.18}$$

여기서 $\overline{M_c}$는 연이은 가교점 사이의 사슬 분절들의 수평균 분자량이고, ρ는 밀도이며, A는 시편의 단면적이다(고무 조각을 연신할 때의 부피 변화는 무시할 수 있기 때문에 $A_0 l_0 = Al$이다). 따라서

$$f = \frac{\rho A_0 RT}{\overline{M}_c}(\alpha - \alpha^{-2}) \tag{13.19}$$

공학 인장 응력(*engineering tensile stress*) σ_e는 인장력을 시편의 초기 단면적 A_0로 나눈 값으로 정의하며, 따라서

$$\sigma_e \equiv \frac{f}{A_0} = \frac{\rho RT}{\overline{M}_c}(\alpha - \alpha^{-2}) \tag{13.20}$$

실 인장 응력(*true tensile stress*) σ_t는 길이 l에서 실제 단면적 A에 대한 인장력을 의미하며 다음과 같다.

$$\sigma_t \equiv \frac{f}{A} = \frac{\rho RT}{\overline{M}_c}(\alpha^2 - \alpha^{-1}) \tag{13.21}$$

인장 변형률 ε은

$$\varepsilon = \frac{l - l_0}{l_0} = \alpha - 1 \tag{13.22}$$

이기 때문에 실 응력-변형률 곡선의 기울기는(이것의 접선은 영률(Young's modulus)을 나타낸다.)

$$E = \left(\frac{\partial \sigma_t}{\partial \varepsilon}\right)_T = \left(\frac{\partial \sigma_t}{\partial l}\right)_T \left(\frac{\partial l}{\partial \varepsilon}\right)_T = \frac{\rho RT}{\overline{M}_c}(2\alpha + \alpha^{-2}) \tag{13.23}$$

이며, 이상 고무에 대한 초기 탄성률($\alpha \to 1$에 따른)은

$$E(\text{초기}) = \frac{3\rho RT}{\overline{M}_c} \tag{13.24}$$

이 된다. 탄성률은 하중(축 인장, 전단 응력)이 가해졌을 때, 재료의 강도(또는 재료가 얼마나 많이 저항할 수 있느냐)에 해당한다.

식 13.9~13.24로부터 중요한 개념 두 가지를 알 수 있다: (1) 특정한 변형률을 유지하고 있는 이상 고무 시편에서 하중(또는 탄성률)은 절대 온도에 비례해서 증가하며(13.13에 의해), (2) 하중은 가교점 사이의 사슬 분절들의 분자량과 **반비례**(*inversely*)한다. 따라서 가교도를 증가시키거나, 즉 $\overline{M}_c$를 감소시키거나 하는 것은 고무를 딱딱하게 할 수 있는 효과적인 방법이 된다. 식 13.24는 기계적 시험을 통해 $\overline{M}_c$를 구하거나, 이로부터 여러 가교 절차의 효율을 평가하는 데 사용되기도 한다.

비가교 고분자조차도 그들의 유리 전이 온도 T_g 이상에서 제한된 시간 동안 고무와 같은 거동을 보인다. 이것은 일시적인 가교점처럼 작용하는 분자의 기계적(물리적) 엉킴(entanglements)에 기인한다; 이때 $\overline{M}_c$는 이러한 엉킴 사이에 있는 사슬 분절들의 평균 길이로 표현된다.

실험 결과와 비교하면, 식 13.19는 압축 시험에서는 잘 일치하지만 약 1.5배보다 더 큰 확장비의 인장 시험에서는 잘 맞지 않으며, 이 인장 시험에서는 실험 하중이 예상한 것보다 높게 나타난다. 여기에 대한 이유는 수없이 많이 존재한다. 첫 번째로 식 13.15는 네트워크 사슬이 가우스 분포를 따를 만큼 길다는 가정에 기초한다는 것이다. 이 가정은 높은 연신에서는 맞지 않으며, 만약 사슬들이 변형된 상태에서 가교가 형성되었다면 틀린 가정이 된다. 두 번째로 사슬의 말단 분절들은 응력에 저항할 수 없기 때문에 사슬 말단 분절의 존재를 설명할 수 없다는 것이다. 세 번째로 고무들(특히 천연 고무)은 높은 연신에서 사슬 배향의 결과로서 결정화하기 시작한다(사슬 배향은 ΔS_m을 감소시키고 T_m을 시험 온도보다 높게 상승시킨다. 예제 6.6 참조). 이것은 응력–변형률 곡선이 급격히 증가하는 원인이 된다. 이 이론에 대한 일련의 이론적 보정을 통해 이 식들의 정확성을 향상시킬 수 있는데, 예를 들어 Mark와 Erman[2]은 사슬 길이의 비가우스 분포(non-Gaussian distribution)와 사슬 말단에서의 요인에 대한 문제를 다루었다.

또한 고무를 실제로 순수한 고분자 상태에서 사용하지 않는다는 것을 염두에 두는 것이 중요하다. 고무들은 거의 대부분 카본 블랙(carbon black)으로 강화시키며, 이 이외에도 다른 필러(filler), 가소제, 기타 증량 오일을 함께 사용한다. 그런데 이것들은 응력–변형률 물성에 영향을 미치며, 여기서 논의한 이론에서는 고려되지 않았다.

13.4 요약

고무라는 재료는 가교 고분자로 분류되며, 기계적 자극(연신, 압축 등)에 대한 반응으로 그 특성을 알 수 있다. 이 장에서는 내부 에너지와 엔트로피 에너지를 조합하여 고분자의 특이한 거동을 설명하였다. 이 장에서 취급한 열역학적 분석을 통해, 응력이 가해질 때 고무가 어떻게 거동하는지를 정량적으로 예상할 수 있는 식들, 또한 고무 탄성 실험을 통해 $\overline{M}_c$를 구할 수 있는 식들을 전개하였다. 이 장은 고무 탄성에 대한 열역학적 기초에 대해 소개한 것이다; 고무 탄성 거동의 실질적 의미는 15장에서 논의할 것이다. 이 장에서는 순수한 탄성 재료의 거동을 소개한 반면, 다음 장은 점성을 갖는 용융 고분자(또는 고분자 용액)라는 완전 반대 개념을 다룰 것이며, 이 두 장들의 개념은 15장에서 점탄성 재료로서 함께 취급될 것이다. 고무 탄성에 대한 좀 더 심도 있는 공부를 위해서는 다른 책들을 활용하기 바란다[1, 2].

문제

1 엔탈피의 정의 $H \equiv U + PV$를 참고하여 등압 조건 실험에 대한 식 13.7 및 13.8과 유사한 엔탈피를 구하시오. 여러분은 우리가 왜 내부 에너지에 대해 걱정하고 있는지 궁금하지 않는가?

2 식 13.11a를 유도하시오. **힌트**: 식 13.6에서 출발하되, $dV = d\gamma = 0$을 이용하고, Helmholtz 자유 에너지의 정의 $A \equiv U - TS$를 사용하시오. 열역학 상태 함수의 2차 혼합 편도함수는 그 차수와 무관하다는 것을 기억하시오.

3 다음은 게이지 표시가 있는 고무 밴드를 스프링 저울 고리에 걸어 놓고 교실 실험에서 얻어진 데이터이다.

f, lb	l, cm
0	2.42
0.33	2.80
0.54	3.08
0.79	3.58
1.10	3.97
1.36	4.70
1.66	5.60
1.89	6.42
2.20	7.28
2.68	8.45
3.70	9.30

고무 밴드의 초기 단면적은 1 mm×6 mm였다. 고무의 밀도는 대략 1 g/cm^{3}이고 시험 온도는 25°C였다(이것은 로켓 실험이 아니다). 밴드가 천연 고무 $[C_5H_8]_x$로 만들어졌다고 가정하시오. 식 13.19와 이 데이터가 얼마나 잘 일치하는가? 가교점 사이의 반복 단위의 평균 수 $\overline{x}_c$와 $\overline{M}_c$를 구하시오.

4 단축으로 연신된 고무에서 총 하중(f)에 대한 에너지 기여(f_U)의 비율은 다음과 같이 나타남을 보이시오.

$$\frac{f_U}{f} = 1 - \frac{T}{f}\left(\frac{\partial f}{\partial T}\right)_{l,\,V} = -T\left(\frac{\partial \ln(f/T)}{\partial T}\right)_{l,\,V}$$

5 문제 13.4의 식을 사용하고 그림 13.4의 데이터를 이용하여 재료에서의 총 하중에 대한 에너지 기여율을 계산하시오.

6 고무에서 가교도에 따른 f_U/f에서의 기대되는 변화를 정성적으로 스케치하시오.

7 $(\partial U/\partial l)_{T,V}$는 항상 양의 값을 갖는 것은 아님(비록 엔트로피 항보다 여전히 작지만)을 언급하였다. 예를 들어 선형 구조의 폴리에틸렌(polyethylene)은 적어도 낮은 연신율에서는 음의 값을 갖는다. 왜 그런가? **힌트**: 그림 6.4를 상기하시오.

8 이 장에서는 단축 인장에서 고분자와 비고분자 사이의 거동에서의 차이점들에 대하여 강조하였다. 여러분은 등방 압축 실험에서 이 차이점들을 어떻게 생각할 수 있는가? 왜 그런지 이유를 밝히시오.

9 고무에 대한 등방 압축 실험에서 문제 13.6을 반복하시오.

참고문헌

[1] Flory, P.J., *Principles of Polymer Chermistry*, Cornell UP, Ithaca, NY, 1953, Chapter 11.

[2] Mark, J.E. and Erman, B. *Rubberlike Elasticity: A Molecular Primer*, Wiley, New York, 1988.

[3] Anthony, R.L., R.H. Caston, and E. Guth, *J. Phys. Chem.* **46**, 826 (1942).

[4] Paxton, H.W., personal communication.

[5] Tobolsky, A.V., *Properties and Structure of Polymers*, Wiley, New York, 1960, Chapter 2.

14장

고분자의 점성 흐름과 유변학적 거동 개요

14.1 도입

순수한 탄성 재료에 대해 서술한 13장과 비교하여, 정반대 개념에 있는 것은 일반적으로 액체로 알려진 순수한 점성 재료이며, 고분자에서는 녹아 있는 상태나 양용매에 용해되어 있는 상태의 둘 중 어느 하나를 뜻한다. **유변학**(*rheology*)은 재료의 변형과 흐름의 과학으로서, 고분자가 가교되거나 용융 온도 T_m 이하의 온도에서 열화되지 않는 한, 녹아서 흐를 수 있는 고분자 과학을 일컫는다. 고분자는 흥미롭고 일반적이지 않으며 묘사하기 어려운 (적어도 전통적인 재료의 관점에서) 변형 거동을 나타내기 때문에, 유변학에 대해 많은 연구가 이루어져 왔다. 간단하고 전통적인 선형 공학 모델인, 뉴턴 법칙(Newton's law)(흐름에 대한)과 탄성에 대한 후크 법칙(Hooke's law)은 고분자의 유변학적 거동을 표현하는 데 합리적이지 못하다. 용융 고분자와 고분자 용액의 탄성 및 점성은 일반적으로 비선형을 나타낼 뿐만 아니라, 실험 온도와 시간척도에 의존하는 점성과 탄성의 혼합된 응답 형태를 보인다. 따라서 **점탄성**(*viscoelasticity*)이라는 새로운 용어를 사용한다. 점탄성 응답은 실리 퍼티(실리콘 고분자)에 의해 잘 묘사될 수 있다. 실리 퍼티를 바운스시켰을 때(갑작스럽게 응력을 가했을 때) 매우 탄성적이며, 다시 바닥에 떨어지기 전에 가지고 있던 대부분의 위치 에너지가 회복된다. 하지만 만약 그것을 벽에 붙인다면(오랜 시간에 걸쳐 응력을 가한다면) 비록 높은 점도를 가지고 있더라도 벽을 따라 천천히 흘러내릴 것이고, 변형이 회복되는 어떠한 경향도 거의 나타나지 않을 것이다. 우리는 여기서 1차원과 2차원 변형에 한해서 다룰 것이다. 유변학의 3차원 변형에 대한 것은 이 책의 범위 밖에 있다. 자세한 내용은 우수한 참고문헌을 참고하길 바란다[1~8].

Fundamental Principles of Polymeric Materials, Third Edition. Christopher S. Brazel and Stephen L. Rosen.

14.2 기본 정의

순수한 점성 흐름(*purely vicous flow*)에 대한 논의로부터 유변학을 시작하도록 하자. 점성 흐름이란, 가해진 모든 기계적 에너지가 재료 내에서의 분자의 마찰을 통해 열로서 비가역적으로 소산(dissipation)되는 변형 과정으로 정의될 것이다(즉 탄성 응답은 전혀 없다). 이 과정은 **점성 에너지 소산**(*viscous energy dissipation*)이라고 알려져 있다. 순수 점성 흐름은 대부분의 경우 묽은 고분자 용액과 가끔은 짙은 용액, 그리고 용융 고분자에 대해 좋은 근사가 되며, 여기서 재료에 가해지는 응력은 너무 빠르게 변화되지 않는, 즉 정상 상태(steady-state) 흐름에 가깝다.

재료의 **점도**(*viscosity*)는 흐름에 대한 재료의 저항으로 표현된다(물과 같은 낮은 점도의 유체와, 오일, 꿀, 용융 고분자와 같은 높은 점도의 유체를 비교해 보라). 점도는 정량적으로 **전단 응력**(*shear stress*) τ와 **전단 속도**(*shear rate*) $\dot{\gamma}$(더욱 정확하게는 전단 변형 속도로 알려짐)의 두 개의 기본 매개변수로서 정의된다. 고분자는 높은 분자량과 고분자 사슬 간(또는 사슬 내)에 존재하는 엉킴에 기인하여 그 흐름에 대한 분석을 정말로 복잡하게 한다. 전단 응력과 전단 속도를 그림 14.1에서 정의하였다. 층류장(laminar flow field) 내의 한 점(그림 14.1)을 생각하라. 직교 좌표계에서 x축(때때로 1 좌표 방향이라고도 함)은 흐름 방향으로, y축(2 방향)은 일정한 흐름 속도를 갖는 층류의 표면에 대한 수직, 즉 **속도 구배**(*velocity gradient*)에 평행한 방향으로 설정하였다(위치 y에서의 속도는 u이지만, 평행

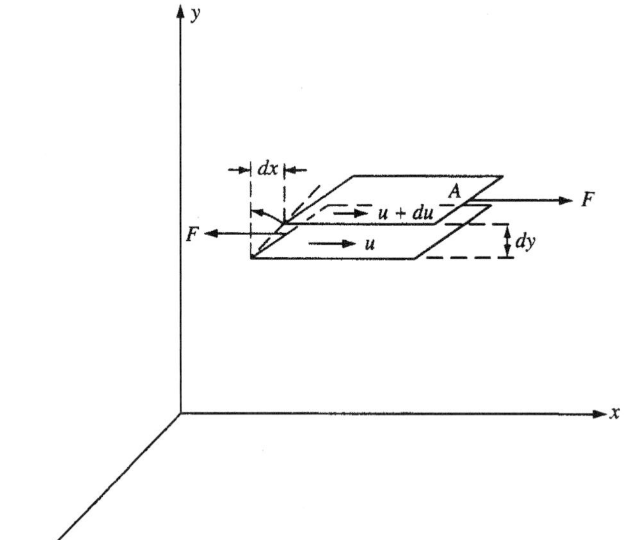

그림 14.1 전단 응력과 전단 속도 정의를 위한 직교 좌표 요소.

하게 위치한 $y+dy$에서의 속도는 전단력 F에 의해 $u+du$가 된다). 이렇게 되면 재료는 변형을 일으킨다. 또한 z축(3 방향 또는 중립 방향)은 나머지 축과 상호 수직한다. 이것은 **단순 전단 흐름**(*simple shearing flow*)으로 알려져 있다. 이것은 **점성 흐름**(*viscometric flow*)의 한 예로서, 다른 두 축과 수직한 제3중립 방향을 갖고, 속도와 속도 구배가 모든 곳에서 수직한 흐름장(flow field)을 뜻한다(더욱 확실하게 정의한 Bird 등[2]의 서적을 참조하라). 점성 흐름의 또 다른 예는 이 장의 뒷부분과 15장에서 다룰 것이다. 점성 흐름은 가끔 분석적으로 취급될 수 있다. 다행스럽게도, 실제적으로 접할 수 있는 많은 층류(laminar-flow)의 상황들은 점성 흐름이나 또는 적어도 점성 흐름에 합리적으로 접근할 수 있는 둘 중 어느 하나에 해당한다.

유체가 정지된 표면 위를 흐를 때, 표면에서의 마찰에 기인하여 그 흐름이 느려지기 때문에 유체의 선형 점도는 표면으로부터 떨어진 거리에 따라 변한다. 따라서 만약 표면으로부터 y만큼 떨어진 위치에서의 유체층이 x 방향으로 속도 $u=dx/dt$로 이동한다고 하면, $y+dy$ 층에서의 속도는 $u+du$가 된다. 전단 변형률인 변위 구배 dx/dy는 기호 γ로 아래와 같이 주어진다.

$$\gamma = \frac{dx}{dy} = \text{전단 변형률 (무차원)} \tag{14.1}$$

전단 변형률의 시간에 따른 변화 $\dot{\gamma}$(또는 $d\gamma/dt$, 위의 점은 시간으로 미분한다는 뉴턴 표기법이다)를 소위 **전단 속도**(*shear rate*)라고 한다. 혼합 2차 도함수에서 취해지는 차수는 중요하지 않으므로

$$\dot{\gamma} = \frac{d}{dt}(\gamma) = \frac{d}{dt}\left(\frac{dx}{dy}\right) = \frac{d}{dy}\left(\frac{dx}{dt}\right) = \frac{du}{dy}(\text{time}^{-1}) \tag{14.2}$$

으로 주어지며, 따라서 단순 전단 흐름에서 전단 속도는 속도 구배 du/dy와 같다(모든 점성 흐름에 해당하는 것은 아니다).

전단 응력은 y축에 수직한 단위 면적당 하중(흐름 방향에서의)이나.

$$\tau_{yx} = \frac{F(x \text{ 방향에서})}{A(y \text{ 방향에 수직한})} \left(\frac{\text{하중}}{\text{길이}^2}\right) \tag{14.3}$$

지금 이후 아래 첨자 yx는 특별한 경우가 아니면 사용하지 않을 것이다.

앞서 점도 평균 분자량을 결정하는 데에 있어서 점도 η를 도입하였다. 점도는 실제로 전단 속도에 대한 전단 응력의 비로서 정의된다.

$$\eta \equiv \tau/\dot{\gamma} \tag{14.4}$$

대부분의 유변학과 관련된 연구에서는 전통적으로 하중은 다인(dynes), 질량은 그램, 길이는 센티미터, 시간은 초로 표기되는 CGS 단위계를 사용해 왔다. 이 단위계에서 점도

의 단위는 dyne-s/cm^2, 또는 **푸아즈**(*poise*, P)이다; 물의 점도가 1 cp 정도이므로 센티푸아즈(centipoise) 또한 흔히 사용한다(많은 용융 고분자는 10,000 P 이상의 점도를 갖는다). 예로부터 힘 또는 하중을 뉴턴(N), 길이를 미터로 표기하는 SI 단위가 **보편적으로**(*de rigueur*) 사용되어 왔다. 점도에 대한 SI 단위는 N·s/m^2 = Pa·s(1 Pa·s = 10 P = 1000 cp)이다. 앞으로 쓰여질 식들은 이러한 단위계 중 어느 하나를 적용한다는 것을 염두에 두었으면 한다. 영국식의 파운드 하중, 파운드 질량, 피트 및 초 등을 사용할 때에는 여기서 기술되는 응력과 압력에 차원 상수(dimensional constant) $g_c = 32.2$ ft·lb$_m$/lb$_f$s^{2}를 곱해 주어야 하고, 점도도 lb$_m$·s/ft로 나타낸다.

14.3 전단력과 전단 속도와의 관계: 흐름 곡선

대부분의 재료들이 고정된 온도에서 일정한 전단 속도 $\dot{\gamma}$를 받고 있을 때에는, 이에 상응하는 정상 상태의 전단 응력 τ가 바로 나타난다. 역으로 정상 상태의 전단 속도가 나타나기 위해 일정한 전단 응력 또한 가해질 수 있다. 일정한 온도에서 전단 응력과 전단 속도 사이의 정상 상태 관계는 **흐름 곡선**(*flow curve*)으로 알려져 있다.

점도의 뉴턴 법칙에 따르면 전단 응력은 점도 η를 비례 상수로 하여 전단 속도와 선형적인 정비례 관계에 있다.

$$\tau = \eta\dot{\gamma} \tag{14.5a}$$

이 가설을 따르는 유체를 뉴턴 유체(Newtonian fluid)로 표현한다. 이 가설은 톨루엔(용매의 일종)이나 기체와 같은 비극성 유체, 그리고 물 등에 잘 맞는다. 이러한 유형의 흐름

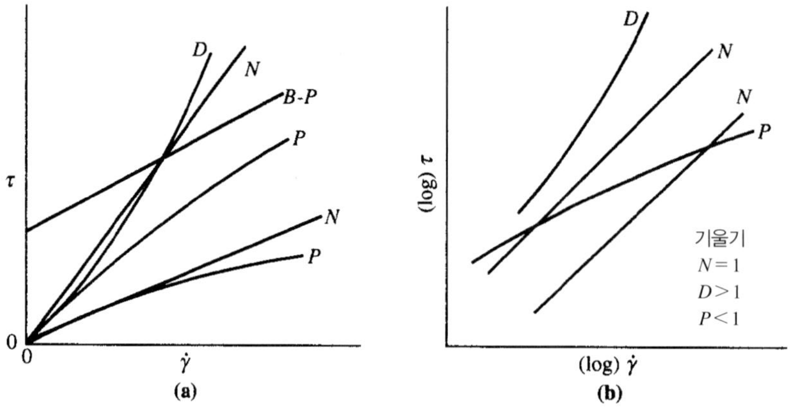

그림 14.2 흐름 곡선의 유형. (a) 산술, (b) 대수. N. 뉴턴(Newtonain); P. 의가소성(pseudoplastic); B–P. Bingham 플라스틱(무한한 의가소성); D. 팽창(dilatant).

거동은 작고 상대적으로 대칭적인 분자에서 기대할 수 있을 것이며, 이 분자들은 전단에 의하여 구조나 방향에서 변화가 일어나지 않는다(이러한 유체들은 고분자처럼 서로간의 엉킴이 일어나지 않는다).

뉴턴 유체에 대한 산술 흐름 곡선 (τ 대 $\dot{\gamma}$)은 원점을 지나고 기울기가 η인 직선의 그래프를 보인다(그림 14.2a). τ와 $\dot{\gamma}$는 폭 넓은 범위에 있기 때문에, 주로 대수 좌표계로 나타낸다. 식 14.5*a*의 양변에 로그를 취하면 다음과 같다.

$$\log\tau = \log\eta + 1\log\dot{\gamma} \tag{14.5b}$$

따라서, τ 대 $\dot{\gamma}$의 관계를 로그-로그로 나타낸 대수 흐름 곡선에서 뉴턴 유체는 기울기가 1이고 *y*-축 절편에 $\log^{-1}$을 취해 얻어지는 점도를 갖는 직선이 될 것이다.

불행하게도, 모든 유체가 뉴턴의 가설과 같이 간단하지 않다. 그림 14.2에는 **팽창**(*dilatant*, 또는 shear-thickening)과 **의가소성**(*pseudoplastic*, 또는 shear-thinning) 유체가 나타나 있는데, 대수 좌표계에서 팽창 흐름 곡선은 기울기가 1보다 크고 의가소성 흐름 곡선은 기울기가 1보다 작다. 팽창 거동은 일반적이지 않지만 특정 슬러리에서 볼 수 있으며, 전단 속도가 증가함에 따라 흐름에 대한 저항, 즉 점도가 증가한다는 것을 의미한다. **용융 고분자와 고분자 용액은 예외 없이 의가소성**, 즉 흐름에 대한 저항이 전단 강도에 따라 감소한다.

비뉴턴 유체(non-Newtonian fluid)에서, τ는 $\dot{\gamma}$와 비례하지 않으므로 점도는 전단 속도에 따라 일정하지 않다. $\dot{\gamma}$(또는 τ)의 함수로 나타낸 η의 그래프(또는 식)를 이용하면 재료의 정상 상태의 점성 전단 특성을 표현할 수 있다. 식 14.4와 같이 세 개의 변수(τ, η, 그리고 $\dot{\gamma}$) 중 어느 둘 사이의 관계를 알면 정상 상태에서의 점성 전단 거동을 정의할 수 있다.

14.4 시간-의존성 흐름 거동

앞서 설명된 비뉴턴 흐름 유형들은 전단에는 의존하지만 시간에는 의존하지 않는다. 전단 속도가 일정하게 유지되는 한, 정상 상태에서 일정한 전단 응력 또는 점도가 관측될 것이다. 그러나 몇몇 유체들은 **가역적**(*reversible*)인 시간 의존 특성을 보인다. 일정한 전단 속도 또는 전단 응력이 가해질 때, **요변성**(*thixotropic*) **유체**의 점도는 시간이 증가할수록 감소할 것이며(그림14.3), 이것은 구조의 점진적인 와해를 의미한다. 만약 전단 변형이 잠시 동안 멈춘다면, 구조는 재형성될 것이고 그 실험은 다시 시작해야 한다. 통상적인 예로 케첩(증점제 역할을 하는 천연 고분자를 포함)이 있다; 케첩을 일정 시간 동안 흔들면 사방으로 퍼진다. 요변적 거동은 붓이나 롤러로 매끄럽고 평평한 곳을 칠하는 페인트 산업에서 중요한데, 칠한 후 흘러내리는 것을 방지하기 위해 페인트가 고착되는 것이 바람직하다.

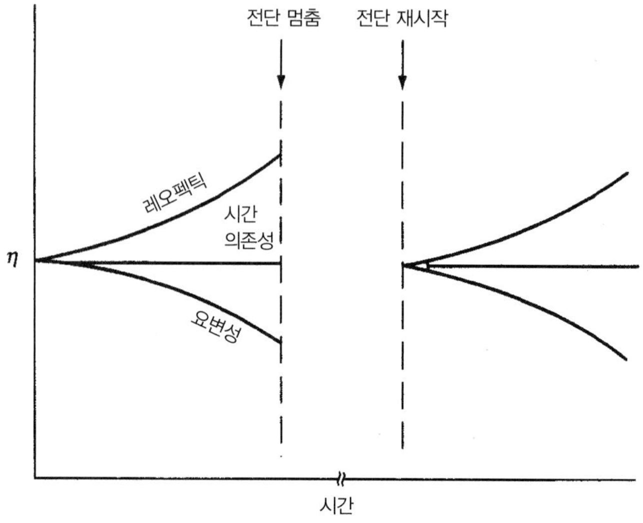

그림 14.3 시간 의존성 유체의 점도 거동.

요변적인 거동은 용융 고분자와 고분자 용액에서 매우 일반적이며, 주로 고분자 사슬이 엉켰다가 다시 풀리는 것과 시간이 지나면서 흐름 방향으로 정렬하는 것에 기인하여 더욱 쉽게 흐르게 한다(점도가 낮아진다). 이에 상반되는 거동은 **레오펙틱**(*rheopectic*) 유체를 들 수 있는데, 석유 산업에서 사용되는 굴착 이수(drilling mud)를 예로 들 수 있다. 전단을 지속적으로 증가시킨 후 감소시킬 때, 그림 14.4와 같은 시간 의존성 유체의 흐름 곡선을 보인다.

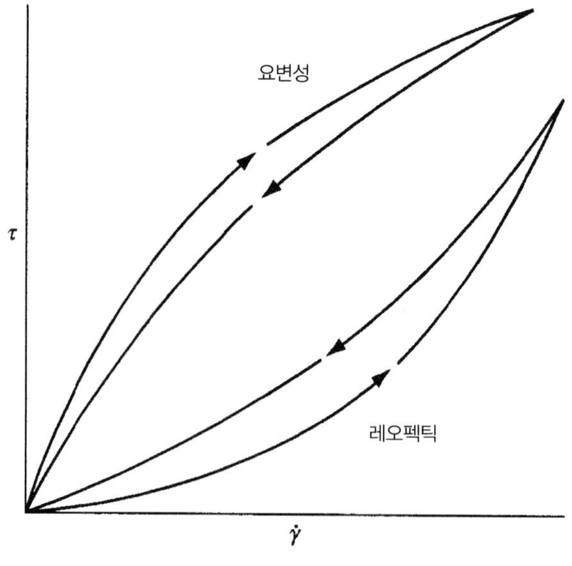

그림 14.4 지속적으로 증가시킨 이후 감소하는 전단 조건하에서의 시간 의존성 유체에 대한 흐름 곡선.

이따금 고분자 시스템이 요변적 또는 레오펙틱(rheopectic)으로 잘못 보여질 수 있다. 자세히 관찰하면(분자량이 결정되기 전과 후를 포함하여) 이 현상은 가역적이지 않고, 점도계 안에서 오랫동안 특히 상승하는 온도에 놓여 있을 때 고분자의 분해나 가교에 기인하여 일어난다. 다른 일시적인 고분자의 시간 의존성 영향은 탄성에 기인하며, 후술하겠지만 화학적으로 안정한 용융 고분자나 고분자 용액에 대한 정상 상태의 점성 특성은 시간에 독립적이다. 여기서부터는 이런 시스템만 다룬다.

14.5 용융 고분자와 고분자 용액

충분히 넓은 영역의 전단 범위에서 용융 고분자와 고분자 용액의 흐름 특성을 측정할 수 있을 때, 그 대수 흐름 곡선은 그림 14.5와 같이 나타난다.

1. 낮은 전단 속도(또는 낮은 전단 응력)에서, '하부 뉴턴(lower Newtonian)' 영역은 소위 **제로-전단 점도**(*zero shear viscosity*) η_0라고 불리는 지점에 도달한다.
2. 수십 년 이상에 걸친 중간 전단 응력 영역에서, 재료는 의가소성이며,
3. 매우 높은 전단 속도에서, 점도 η_∞를 갖는 '상부 뉴턴(upper Newtonian)' 영역이 나타난다.

이러한 거동은 분자 구조 측면에서 설명될 수 있다. 낮은 전단에서, 열운동에 의한 사슬 분절들의 무질서화 효과는 전단장에서 분자가 정렬하려는 경향보다 우위에 있다. 그래서

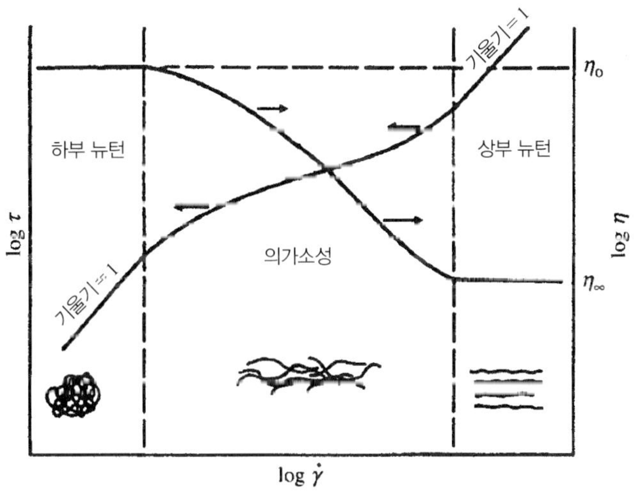

그림 14.5 용융 고분자와 고분자 용액의 일반적 흐름 특성.

분자들은 매우 무질서하고 엉킨 상태에 있으며, 미끄러짐(흐름)에 대한 저항이 가장 크다. 전단이 증가함에 따라, 분자들은 그 엉킴이 풀어져서 전단장에 따라 정렬하기 시작하고, 상호 미끄러짐에 대한 저항도 줄어든다. 가혹한 전단하에서는, 분자들 간의 엉킴이 거의 완벽하게 풀리게 되고 정렬하여 흐름 저항이 최소에 이르게 된다. 이것을 그림 14.5에 개략적으로 나타내었다.

궁극적으로 극심한 전단은 광범위한 주사슬 결합의 끊어짐, 즉 기계적인 열화를 야기한다. 더욱이 식 13.3을 시간에 대해 미분하면 단위 부피당 점성 에너지 소산 속도는 $\tau\dot{\gamma}$와 같다는 것을 알 수 있다. 그래서 강한 전단하에서 일정하게 온도를 유지하는 것은 대단히 어렵고, 따라서 상부 뉴턴 영역에서 용융 고분자를 실례로 들은 좋은 데이터는 상대적으로 거의 찾을 수 없다.

그렇다면 잘 정렬된 분자에 대한 전단이 제거되면 어떤 일이 일어나겠는가? 열에너지의 무질서화 효과는 분자를 낮은 전단 배열 상태로 되돌아가게 해서 탄성 지연(elastic retardation)을 야기한다.

용융 고분자에 관한 몇 가지 실제 흐름 곡선을 그림 14.6[9]에 나타내었다. 전 영역에 걸친 데이터를 얻을 수 있는 기기가 거의 없기 때문에, 위에서 서술한 일반적인 범위의 데이터만을 나타내었다. 폴리아이소뷰틸렌(polyisobutylene)의 데이터는 뉴턴 영역에서 의가소성 영역으로의 전이를 나타냈지만, 폴리에틸렌 데이터는 의가소성 영역에 국한되어 있다. 측정된 범위의 전단 속도에서 두 재료 모두 상부 뉴턴 영역은 나타나 있지 않다.

14.6 흐름 거동의 정량적 표현

비뉴턴 흐름을 해석하기 위해서, 뉴턴 유체에 뉴턴 법칙을 적용했던 것과 같이 τ, η, $\dot{\gamma}$를 수학적으로 표현하는 것이 바람직하다. 이론 및 실험을 통해 얻어진 다종다양의 **구성 관계식들**(*constitutive relations*)이 제안되었다[2, 5, 10]. 모든 관계식들은 적어도 전단 속도의 제한된 범위에서는 실험적 데이터와 일치하는 것으로 나타났지만, 일반적으로 보정이 가능한 매개변수가 많은 식일수록 실험값들과 더욱 정확하게 일치한다(여섯 개의 보정 상수로 코끼리를 그릴 수 있지만 일곱 번째 상수를 도입하면 코끼리의 코를 흔들 수 있다라는 옛말이 있다). 매개변수의 수가 많을수록 수식의 복잡성이 증가하고 매개변수를 설정하기 위한 데이터를 넘어서서 공학적 계산을 비현실적으로 만들기도 한다.

순수한 점성 비뉴턴 흐름에 대한 전통적인 공학 모델에는 소위 **지수 법칙**(*power law*)이라는 것이 있다.

$$\tau = K(\dot{\gamma})^n \tag{14.6a}$$

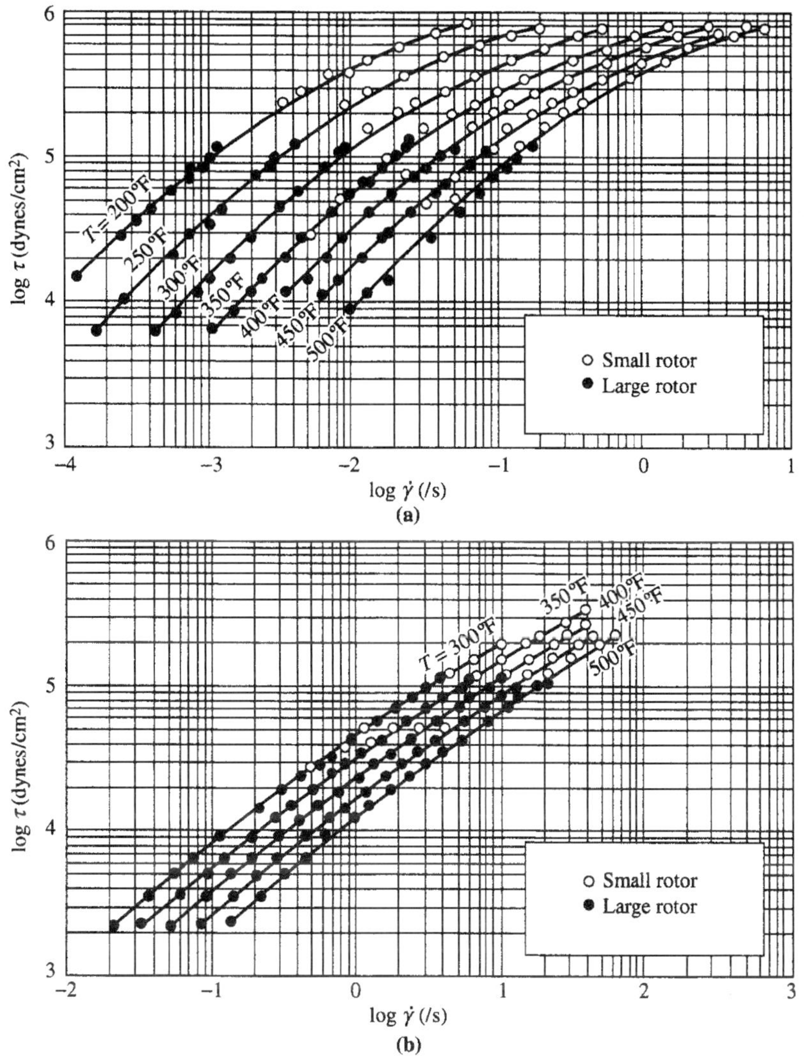

그림 14.6 용융 고분자의 흐름 곡선[9]. (a) L-80 폴리아이소뷰틸렌(polyisobutylene), (b) 저밀도 폴리에틸렌.

이것은 2-변수 모델로서, 매개변수는 상수 K와 흐름 지수 n이다. 위에 나타낸 것처럼, K의 값은 n(무차원)의 크기에 의존하며 다음과 같이 다시 나타낼 수 있다.

$$\tau = K|\dot{\gamma}|^{n-1}\dot{\gamma} \tag{14.6b}$$

이렇게 하면 K는 통상 점도의 단위를 갖는다.

$\log \tau$ 대 $\log \dot{\gamma}$의 그림에서, 지수 법칙을 따르는 유체는 기울기가 n인 직선으로 나타난다. 그래서 $n=1$일 때 뉴턴의 법칙이 되고, $n<1$이면 유체는 의가소성 유체, 그리고 $n>1$이면 유체는 팽창 유체이다. 지수 법칙은 10년, 20년의 전단 속도에 걸쳐 실제 흐름 곡선의 일부분만 나타낼 수 있지만(그림 14.6을 참조), 수학적 평이함으로 인해 대다수의 공학

적 목적에 부합된다. 통상의 유체-동력학 방정식에서 뉴턴 법칙을 지수 법칙으로 대체함으로써 많은 유용한 관계식들이 유도되었다.

Carreau 모델[2]은 그림 14.5의 흐름 곡선의 특징들을 표현할 수 있는 4-변수 모델이다.

$$\frac{\eta - \eta_\infty}{\eta_0 - \eta_\infty} = [1 + (\lambda_c \dot{\gamma})^2]^{(n-1)/2} \tag{14.7}$$

매개변수 λ_c는 시간 상수 또는 특정 시간을 나타내고, η_0와 η_∞는 각각 $(\lambda_c\dot{\gamma})^2 \ll 1$와 $(\lambda_c\dot{\gamma})^2 \gg 1$일 때의 점도 η를 나타낸다. $(\lambda_c\dot{\gamma})^2$의 중간 범위 값들에서 이 식은 $n-1$의 로그-로그 기울기를 갖는 지수 법칙 영역이 된다. 이 모델은 용융 고분자나 고분자 용액에 대한 30~40년 정도의 전단 속도에 걸친 데이터와 잘 일치하였다.

공학 계산에 있어서 4 상수의 식은 지나치게 복잡하다고 여겨졌지만, 근래에는 컴퓨터를 이용하면 신경쓰지 않아도 된다. 실질적인 많은 응용에서, 전단 속도는 상부 뉴턴 영역을 평가하기에 충분히 높지 않으며, $\eta_\infty = 0$를 취한 3-변수의 Carreau 식이 적당하다.

최근에는 '수정 Cross' 모델[11] 사용이 증가되고 있다.

$$\eta(T, \dot{\gamma}) = \frac{\eta_0(T)}{1 + [C\eta_0(T)\dot{\gamma}]^{1-n}} \tag{14.8}$$

이것은 3-변수 모델인데, 여기서 상수 C는 탄성률의 역수의 단위(면적/하중)를 갖는다. $C\eta_0$는 시간의 단위를 갖는, 시간 상수 또는 특정 시간이다. 낮은 전단 속도에서는 $\eta \to \eta_0$이고, 높은 전단 속도에서는 $n-1$의 로그-로그 기울기인 지수 법칙의 영역이 주어진다.

다른 모델과 대비하여 이 모델의 커다란 장점은, 점도의 온도 의존성뿐만 아니라 제로-전단 점도의 온도 의존성을 통하여 전단 속도도 명백하게 설명한다는 것이다(간략하게 설명할 것임). 식 14.8은 그 점을 강조한 식이다. 또한 이 식은 비등온성 흐름의 계산에 특히 잘 들어맞는다.

뒤에 서술하는 바와 같이, τ가 명확한, 즉 $\dot{\gamma} = \dot{\gamma}(\tau)$ 또는 $\eta = \eta(\tau)$의 형태를 갖는 흐름 방정식은 몇 개의 중요한 계산들(예를 들어, 튜브에서의 속도 분포나 흐름 속도의 결정)을 가능하게 해 준다. 지수 법칙은 둘 중 어느 하나의 형태로 표현될 수 있다. 여기서 주어지지 않은 식들은 이 형태들 중 한 형태로 있거나 또는 그 형태로 나타낼 수도 있다. 그러나 불행히도 그 식들은 데이터뿐만 아니라 Carreau와 수정 Cross 식과도 잘 들어맞지 않으며, Carreau와 수정 Cross 식의 어느 것도 τ를 명확하게 구할 수 없다. 따라서 흐름 데이터를 일치시키기 위한 아래와 같은 다항식들이 유도되었다.

$$\log \dot{\gamma} = a_0 + a_1(\log \tau)^1 + a_2(\log \tau)^2 + \cdots \tag{14.9a}$$

또는

$$\log \eta = b_0 + b_1(\log \tau)^1 + b_2(\log \tau)^2 + \cdots \tag{14.9b}$$

여기서 a_i와 b_i는 온도의 함수이다.

원칙적으로 이 식은 적절해서 데이터와 잘 일치하지만, 실제로는 다음의 두 가지를 주의해야 한다. 첫째, 이 식은 필요 이상의 항들을 포함하고 있어서 여러분들을 쉽게 짜증나게 할 것이다. 이것은 실험적인 혼란을 야기할 수 있다. 두 번째, 데이터 범위 이상으로 식을 추론할 때에는 각별한 주의가 선행되어야 한다. 맹목적인 추론은 전단 속도가 증가함에 따라 **감소**하는 전단 응력과 음의 점도 등과 같은 오류, 일반 상식과 열역학 제2법칙에 거스르는 오류 등을 유발할 수 있다. 이러한 문제들은 흐름 방정식이 확립되었을 때에는 발생할 가능성이 더 적다.

14.7 흐름 특성의 온도 의존성

용융 고분자의 가공 횟수를 고려한다면(예를 들어 사출 성형한 CD), 흐름 특성들의 온도 의존성을 이해해야만 한다. 제로-전단 점도의 온도 의존성은 다음과 같은 관계식으로 나타낼 수 있다.

$$\eta_0(T) = Ae^{E/RT} \tag{14.10}$$

여기서 E는 점성 흐름의 활성화 에너지이다.

참고문헌 12로부터 얻어진 η_0를 그림 14.7에 나타내었으며, 이는 식 14.10에 잘 일치하고 있다. 기울기는 $E/2.303R$이며, 이로부터 $E = 11.4$ kcal/mol이라는 것을 알 수 있다. 따라서 식 14.10과 14.8의 조합은, 적어도 이 데이터들에 대한 전단 속도 및 점도의 온도 의

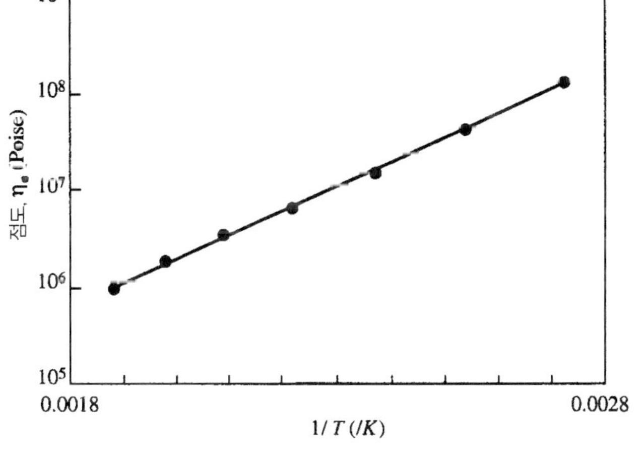

그림 14.7 제로-전단 점도의 온도 의존성. 그림 14.6a[9]의 L-80 폴리아이소뷰틸렌 데이터를 수정 Cross 식에서의 제로-전단 점도와 일치시켰으며, 식 14.10에 따라 실선으로 나타내었음.

존성을 나타내는 데 매우 적합하다.

예제 14.1 100°C에서의 L-80 PIB(폴리아이소뷰틸렌)의 제로-전단 점도를 10배 크기만큼 감소시키기 위한 온도는 몇 도이어야 하는가?

풀이 제로-전단 점도의 온도 의존성은 식 14.10에 의해 주어진다. 그러므로 온도 T_1과 T_2 사이의 관계는

$$\frac{\eta_{02}}{\eta_{01}} = \frac{\exp(E/RT_2)}{\exp(E/RT_1)} = \exp\left[\frac{E}{R}\left(\frac{1}{T_2} - \frac{1}{T_1}\right)\right]$$

여기서 $T_1 = 100°C = 373$ K이고 $\eta_{02}/\eta_{01} = 0.1$이다. $R = 1.99$ cal/mol·K이고 활성화 에너지는 위에 주어져 있으며, T_2에 관하여 풀면 다음과 같다.

$$T_2 = 439 \text{ K} = 166°C$$

그러므로 온도는 가공 공정에 있어서 용융 점도를 조절하는 효과적인 수단이지만, 다음의 두 가지 문제점을 염두에 두어야 한다: (1) 열에너지를 가하고 제거하는 데 들어가는 시간과 비용, 그리고 (2) 고분자의 분해를 초래할 수 있는 한도 초과의 온도.

유명한 Williams-Landell-Ferry(WLF) 식[13]은 고분자의 몇몇 선형 기계적 특성(16장 참조)의 온도 의존성을 표현하는 데 유용하다. 제로-전단 점도에 관하여, 이것은 다음과 같이 표현된다.

$$\log_{10}\frac{\eta_0(T)}{\eta_0(T^*)} = \frac{-C_1(T - T^*)}{C_2 + (T - T^*)} \tag{14.11}$$

여기서 T^*는 기준 온도이다. 만약 기준 온도가 유리 전이 온도로 선택된다면, 즉 $T^* = T_g$라면 '보편(universal)' 상수 $C_1 = 17.44$이고 $C_2 = 51.6$(T는 절대 온도 K)을 통해 다양한 고분자에 근사적으로 적용할 수 있다. 대부분 고분자의 T_g는 널리 알려져 있어서[14] WLF 식은 매우 유용하다. 특정 고분자에 해당하는 상수를 사용하면 실험값과 더 잘 일치시킬 수 있지만, 이러한 상수들은 거의 사용하지 않는다. 실험값과 더 잘 일치할 수 있도록, 특정 데이터에 적합하게 조정된 T^*와 상수 $C_1 = 8.86$ 그리고 $C_2 = 101.6$ 값이 제안되었다. 이러한 상수를 사용할 때, T^*는 일반적으로 $T_g + (50 \pm 5)°C$로 나타난다[2]. 어떠한 상수가 사용되든지 WLF 식은 $T_g < T < T_g + 100°C$ 범위에 제한되어야 한다. 또한 식 14.11의 WLF 식은 식 14.8과 결합하여 사용할 수 있다. 그러나 가끔은 식 14.10이 식 14.11보다 η_0 대 T 데이터에 더 잘 들어맞는다.

수정 Cross 식은 한정된 전단 속도에서 점도의 온도 의존성을 잘 표현한다. 다른 식들과 마찬가지로, 모든 상수들의 온도 의존성을 알아내야 한다. 또 다른 접근 방법으로 흐름 곡선의 어느 모델과도 관계없는 식이 사용되어 왔다. 점도는 온도와 전단 응력 또는 전단 속

도의 함수이기 때문에

$$\eta = f(\tau, T) \quad \text{or} \quad \eta = f'(\dot{\gamma}, T)$$

으로 나타난다. 식 14.10과 유사하게, 이 함수들은 다음과 같이 나타낼 수 있다.

$$\eta = B\exp\left(\frac{E_\tau}{RT}\right) \quad (\text{일정한 } \tau\text{에서}) \tag{14.12a}$$

$$\eta = C\exp\left(\frac{E_{\dot{\gamma}}}{RT}\right) \quad (\text{일정한 } \dot{\gamma}\text{에서}) \tag{14.12b}$$

여기서 E_τ는 일정한 전단 응력에서의 흐름에 대한 활성화 에너지이고 $E_{\dot{\gamma}}$은 일정한 전단 속도에서의 흐름에 대한 활성화 에너지이다. 그림 14.8에 일정한 τ에서 L-80 폴리아이소뷰틸렌과 저밀도 폴리에틸렌에 대한 $\log\dot{\gamma}$ 대 $1/T$의 관계를 나타내었다(그림 14.6으로부터의 상수 τ를 사용)[9]. 각각의 데이터 모음들은 직선으로 표현할 수 있기 때문에, PIB와 PE의

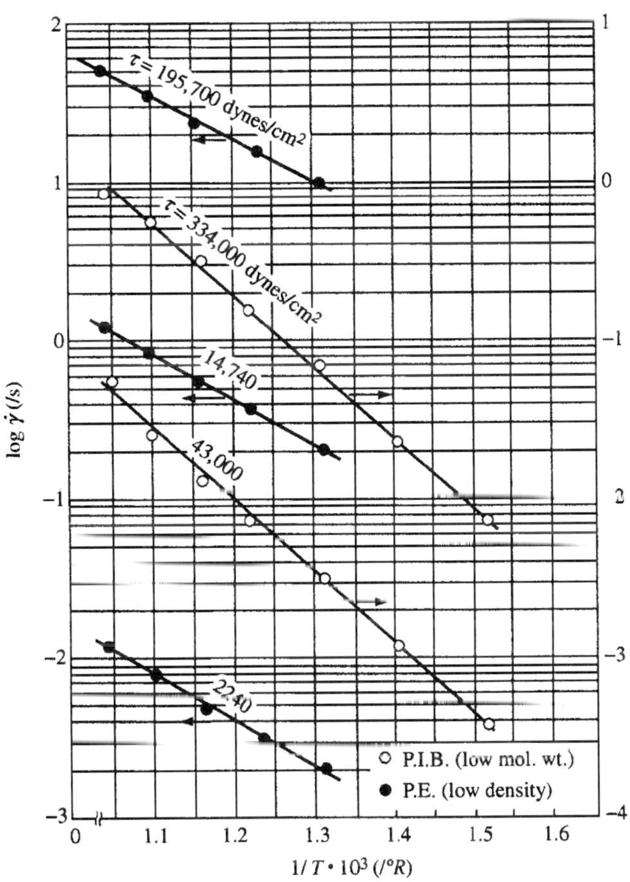

그림 14.8 일정한 전단 응력에서 전단 속도의 온도 의존성[9].

전단 속도 $\dot{\gamma}$은 Arrhenius 거동을 따른다. $\dot{\gamma}=\tau/\eta$이므로, 이 선들의 기울기는 $E_\tau/2.303R$이 된다.

$E_\tau > E_{\dot{\gamma}}$의 경우를 나타내는 것은 이 장의 마지막 문제에 남겨둘 것이다. $\tau \to 0$, $\dot{\gamma} \to 0$일 경우 모두 뉴턴 유체이며, $E_\tau = E_{\dot{\gamma}} = E$이다(노트[1]를 참조).

14.8 흐름 특성에 미치는 분자량의 영향

고분자의 분자량이 클수록 용액의 점도가 더욱 증가하는 것은 당연한 것이다(궁극적으로, 용액의 점도는 5장에서 분자량을 측정하는 데 사용하였던 한 가지 방법이다). 분자량은 용융 고분자와 고분자 용액 모두의 점도에 큰 영향을 미친다는 것은 이미 오래 전에 밝혀졌다. 실험적으로 점도와 무게 평균 분자량과의 관계는 다음 식으로 나타낼 수 있다.

$$\eta_0 \propto \overline{M}_w^1 \quad (\overline{M}_w < \overline{M}_{wc}\text{일 때}) \tag{14.13a}$$

$$\eta_0 \propto \overline{M}_w^{3.4} \quad (\overline{M}_w > \overline{M}_{wc}\text{일 때}) \tag{14.13b}$$

여기서 $\overline{M}_{wc}$는 임계 무게 평균 분자량으로, 분자의 엉킴이 분자간 미끄러짐 속도를 넘어서기 시작하는 지점으로 생각된다. 이것은 고분자의 종류와 온도에 따라 다르지만, 대부분의 상용 고분자의 분자량은 $\overline{M}_{wc}$보다 높다.

식 14.13a는 모든 용융 고분자에 대해 정량적으로 적용할 수 있다. 저분자량 용매를 첨가하면 엉킴이 감소하고 $\overline{M}_{wc}$가 증가한다. 식 7.15는 고유 점도와 농도의 곱(Berry 수)이 1을 초과할 때, 즉 $[\eta]c > 1$일 때 엉킴이 발생한다는 것을 시사한다. 따라서, 만약 고분자 용액의 $[\eta]$를 안다면, 농도에 대한 정보를 얻을 수 있으며, 그 농도 이상에서는 식 14.13b가 사용되어야 한다(그리고 점도는 매우 급격하게 올라간다!). 실제로 상업적인 측면에서 중요한 고분자의 적당한 농도(말하자면, 25% 혹은 그 이상)의 고분자 용액은 $\overline{M}_w^{3.4}$에 비례하는 점도를 갖는다.

예제 14.2 고분자 용액에 대한 $\overline{M}_{wc}$와 농도 및 MHS 상수(식 5.18)와의 대략적인 관계식을 구하시오.

풀이 첫째로, Berry 수 $[\eta]c$이 1과 같을 때 엉킴이 시작된다고 가정한다. 여기서는 대략적인 추정을 하므로 $\overline{M}_w = \overline{M}_v$(예제 5.4 참조)라고 가정한다. 따라서 다음과 같다.

[1]노트; 이 장에서의 변수 E는 흐름에 대한 활성화 에너지를 의미한다(그리고 이것은 유변학을 공부하는 데 중요하다). 그러나, 기계적 강도의 척도인 탄성률 또한 13장에서 최초 소개한 것과 같이 E로 표현한다.

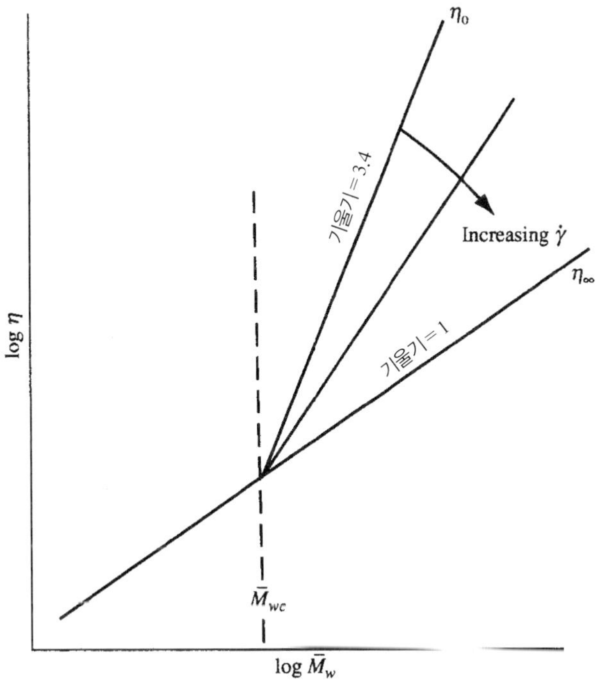

그림 14.9 점도에 미치는 분자량의 영향.

$$\overline{M}_{wc} \approx \left(\frac{1}{Kc}\right)^{1/a}$$

전단 속도가 증가되면, 사슬들 사이의 엉킴의 수가 감소하고, 점도의 분자량 의존도는 감소하게 된다(그림 14.9).

예제 14.3 제로-전단 점도(η_0)가 반으로 줄어들기 위해서는 $\overline{M_w}$가 몇 %까지 감소해야 하는가?

풀이 식 14.13b로부터

$$\frac{\eta_{02}}{\eta_{01}} = \left(\frac{\overline{M}_{w2}}{\overline{M}_{w1}}\right)^{3.4}$$

$$\frac{\overline{M}_{w2}}{\overline{M}_{w1}} = \left(\frac{\eta_{02}}{\eta_{01}}\right)^{1/3.4} = (1/2)^{1/3.4} = 0.816$$

$$\%\text{ change} = 100\left(\frac{\overline{M}_{w2} - \overline{M}_{w1}}{\overline{M}_{w1}}\right) = 100\left(\frac{\overline{M}_{w2}}{\overline{M}_{w1}} - 1\right) = -18.4\%$$

따라서, 사슬의 길이가 18% 감소되어야만 제로-전단 용융 점도가 반이 된다. 비록 높은 전단 속도에서는 이러한 변화가 급격하지는 않지만, 요구되는 가공 특성을 갖는 최종 산물을 얻기 위해서는 합성 과정에서 분자량을 조절하는 것이 중요하다고 할 수 있다.

14.9 점도에 미치는 압력의 영향

모든 유체는 압력이 증가하면 자유 부피가 감소하고 분자간 미끄러짐이 용이하지 않게 되므로 점도가 증가한다. 용융 고분자를 포함하는 액체들은 그들의 상대적인 비압축성으로 인해 매우 높은 압력(수백 기압)에서만 그 효과가 현저하게 나타난다. 그럼에도 불구하고, 특정한 공정(예를 들어 사출 성형)과 특정한 형태의 모세관 점도계(이 장 뒷부분에서 설명할 것이다)에서 그러한 압력에 도달한다. 다음 식에 의해 점도 데이터를 유용하게 일치시킬 수 있다.

$$\eta_0(P) = \alpha e^{\beta P} \tag{14.14}$$

여기서 α와 β는 상수이다. 식 14.14는 식 14.10과 결합하여 온도와 압력에 의존하는 제로-전단 점도를 표현하는 식을 구할 수 있다.

$$\eta_0(T, P) = D\exp\left(\frac{E}{RT} + \beta P\right) \tag{14.15}$$

아마도, 식 14.15는 식 14.8과 결합시켜서 $\dot{\gamma}$, T 그리고 P의 함수로서 점도를 표현하기 위해 사용할 수 있으나, 압력에 관해서는 아직 실험적 타당성이 부족하다.

Carley[15]는 용융 고분자에 관해 세심하게 검토하여, 만약 온도가 전이 온도에 너무 가깝게 근접하지 않는다면 대부분의 가공 작업에서 압력이 미치는 효과는 미미하다고 결론지었다. 높은 압력을 가하면 T_g와 T_m이 약간 상승하고, 둘 중 어느 한 온도에 접근함에 따라 점도 역시 급격하게 증가한다.

14.10 점성 에너지 소산

점도계의 기술에도 불구하고, 높은 전단 속도에서의 진정한 등온 흐름 특성을 결정하는 것은 높은 속도의 점성 에너지 소산에 기인하여 매우 복잡하며, 높은 속도의 점성 에너지 소산이 등온 조건을 유지하는 것을 어렵게 한다. 만약 식 13.3의 양변을 $V dt$로 나누면, 단위 부피당 점성 에너지 소산 속도 $\dot{E}$은 다음과 같다는 것을 알 수 있다.

$$\dot{E} = \tau\dot{\gamma} = \eta\dot{\gamma}^2 \tag{14.16}$$

예제 14.4 전단 응력 τ, 전단 속도 $\dot{\gamma}$를 받고 있는 고분자 시편에서 단열 온도 상승 속도에 대한 표현식을 구하시오.

풀이 열전달이 없다면, 온도 상승 속도 $\dot{T}$는 단위 부피당 에너지 소산 속도를 체적 열용량

ρc_p으로 나눈 형태로 주어진다.

$$\dot{T} = \frac{\tau\dot{\gamma}}{\rho C_p} \tag{14.17}$$

온도 상승은 점도계에서 중요한 고려 사항으로, 적절한 온도 조절이 가능한 점도계를 설계하는 것이 매우 중요할 뿐만 아니라, 가공 장비의 설계에 있어서도 반드시 고려되어야 한다. 예를 들어, 압출기를 정상 상태로 가동하는 데 있어서, 고분자를 용융시키고 그 상태를 유지하는 데 필요한 모든 에너지는 기계적인 구동에 의해 공급되는 것이다. 그러나 여기서는 등온 흐름에 대해서만 논의할 것이다.

14.11 푸아죄유(Poiseuille) 흐름

점성 흐름장의 또 다른 예로서 원기둥형 튜브 단면을 축 방향으로 흐르는 층류(laminar flow, 또는 Poiseuille flow)를 들 수 있다. 여기서는 원기둥 좌표계를 사용하여 기하학적 구조를 나타내었다. 유체는 튜브의 축을 따라 x ('1') 방향으로 운동하고, 속도 구배는 어디에서나 바깥쪽의 반지름 r (또는 '2') 방향을 향하며, 상호 수직한 혹은 중립 방향은 접선 θ (또는 '3') 방향이 된다. 반지름 r, 길이 dx(그림 14.10)인 원기둥 유체 성분을 생각하라. 유체 내의 압력은 오직 튜브(x 방향)에 따른 거리의 함수라고 가정한다. 유체 성분을 x 방향으로 밀어내는 전체 압력 하중은, 성분 전체에 걸친 미소 압력 강하 $-dP$와 요소 끝단의 단면적 πr^2과의 곱으로 나타난다. 유체 성분의 운동은 표면에서의 전단 하중에 의하여 제한되며, 전단 하중은 전단 응력 τ_{rx}와 원기둥의 표면적 $2\pi r\,dx$의 곱이다. 정상 상태 흐름에서, 이 하중들은 균형을 이루므로

$$\underset{\text{표면 전단 하중}}{2\pi r\,dx\,\tau_{rx}} = \underset{\text{전체 압력 하중}}{-\pi r^2 dP} \tag{14.18}$$

따라서 전단 응력의 반지름에 대한 의존도($\tau(r)$로 표기)는 다음과 같이 된다.

$$\tau_{rx}(r) = -\left(\frac{r}{2}\right)\left(\frac{dP}{dx}\right) \tag{14.19}$$

튜브의 안쪽 반지름이 R(전단 응력에서 아래 첨자 rx를 제외한)인 튜브에 대하여

$$\tau_w = -\left(\frac{R}{2}\right)\left(\frac{dP}{dx}\right) \tag{14.20}$$

여기서 τ_w는 튜브 벽($r = R$)에서의 전단 응력이고, 또한

$$\tau(r) = \frac{r}{R}\tau_w \tag{14.21}$$

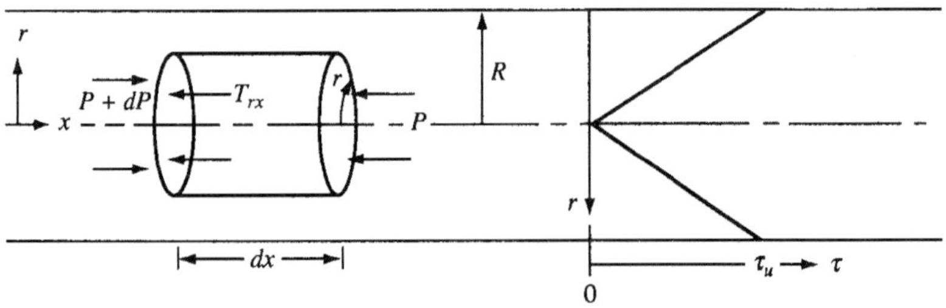

그림 14.10 원기둥 튜브에서의 유체 성분의 하중 균형.

이다. 따라서 전단 응력은 튜브 중심에서 튜브의 벽 방향으로 0에서 최대 $\tau_w = -(R/2)(dP/dx)$까지 반지름을 따라 선형적으로 변화한다. **이 결과는 어떤 식으로든 유체 특성에 의존하지 않는다는 것에 유의하라.**

축 방향의 유체 속도 u는 오직 반지름 위치($u(r)$로 표기)의 함수이므로, 다음과 같이 쓸 수 있다.

$$du(r) = \frac{du}{dr}dr \tag{14.22}$$

경계 조건 $u(R) = 0$(즉, 유체가 벽면에 붙어 있다)에서 반지름 $r = u(r)$까지 u에 대해 적분하면 다음을 얻는다.

$$u(r) = \int_0^{u(r)} du(r) = \int_R^r \frac{du}{dr}dr \tag{14.23}$$

속도 구배(du/dr)는 전단 속도 $\dot{\gamma}$ (식 14.2에서는 y를 r로 대체)이므로,

$$u(r) = \int_R^r \dot{\gamma}[\tau(r)]dr = \int_R^r \frac{\tau(r)}{\eta[\tau(r)]}dr \tag{14.24}$$

여기서 $\tau(r)$은 식 14.19로 주어진다. 함수 $\dot{\gamma}(\tau)$나 $\eta(\tau)$는 이전에 논의한 바와 같이 재료의 정상 상태 점성 물성 또는 흐름 곡선을 나타낸다. 그래서 주어진 압력 구배에 대해, 튜브 내에서의 속도 분포는 항상 아래의 수순에 따라 흐름 곡선으로부터 계산될 수 있다.

1. 식 14.19로부터 r을 선택하고 τ를 계산,
2. 흐름 곡선에서 τ일 때 $\dot{\gamma}$ (또는 η)를 얻으며,
3. $\dot{\gamma}(r)$ (또는 $\tau(r)/\eta(r)$)의 관계를 수치적 또는 도식적으로 나타내고,
4. R에서 r까지 적분 후 r에서의 u를 얻는다.

만약 흐름 곡선을 분석적으로 표현할 수 있다면, 식 14.24는 바로 적분이 가능하다(그 표현이 충분히 간단한 것이라면). 예를 들어 (증명은 독자들을 위해 문제로 남겨 두었음) 지

수 법칙을 따르는 유체는 $\dot{\gamma}(\tau)=(\tau/K)^{1/n}$이며 유체의 속도는 아래와 같다.

$$u(r)=\frac{[(-dP/dx)/2K]^{1/n}}{(1/n)+1}\left[R^{(1/n)+1}-r^{(1/n)+1}\right] \quad (14.25)$$

식 14.25에서 $n=1$이면 뉴턴 유체에서 보이는 포물선 모양의 속도 분포가 된다.

만약 흐름 곡선이 명백한 τ의 함수, 즉 $\dot{\gamma}=\dot{\gamma}(\tau)$ 또는 $\eta=\eta(\tau)$의 형태로 쓰일 수 있다면, 위 식은 쉽게 계산이 가능해진다는 것에 유의하라. 비록 지수 법칙이 위의 기준을 따른다 하더라도 Carreau 식 14.7이나 수정 Cross 식 14.8의 어느 것도 그 기준을 충족하지 못한다. 이러한 이유로, 확립된 구성 방정식을 사용하여 위의 계산을 하는 것보다는 식 14.9*a* 또는 14.9*b*와 같은 다항식을 이용하여 데이터 피팅을 하는 것이 때로는 더욱 쉽게 보일 수 있다(그러나 주의를 기울여야 한다).

반지름이 r이고 두께 dr을 가지며, 속도가 $u(r)$인 튜브 단면의 미소 고리를 보면(그림 14.11), 미소 체적 흐름 속도는 다음과 같다.

$$dQ=u(r)2\pi r\,dr \quad (14.26)$$

여기서 $u(r)$은 특정 부분의 속도를 나타내고 $2\pi r\,dr$은 미소 고리의 면적이다. 튜브 단면을 적분하면 다음 식으로 나타난다.

$$Q=2\pi\int_0^R u(r)r\,dr \quad (14.27)$$

그러므로, 속도 분포를 알면 체적 유출량 Q의 계산이 가능하다. 지수 법칙 유체에 대해서 식 14.27에 식 14.25를 대입하고 정리하면 다음과 같이 주어진다.

$$Q=\left(\frac{-dP/dx}{2K}\right)^{1/n}\left[\frac{\pi}{(1/n)+3}\right]R^{(1/n)+3} \quad (14.28)$$

튜브 내의 평균 속도 V는 다음과 같이 정의된다.

$$V\equiv\frac{Q}{\pi R^2} \quad (14.29)$$

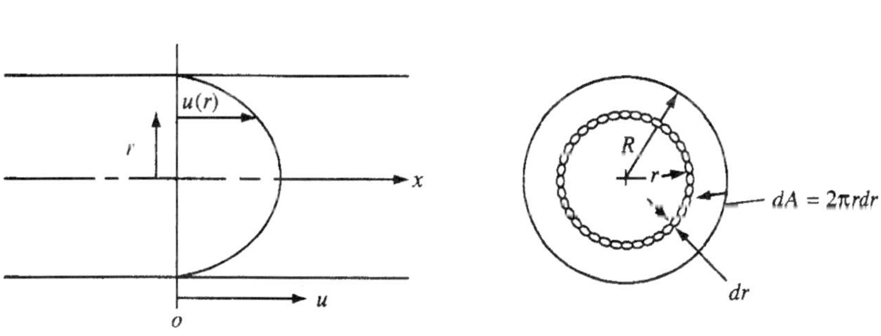

그림 14.11 체적 흐름 속도의 결정.

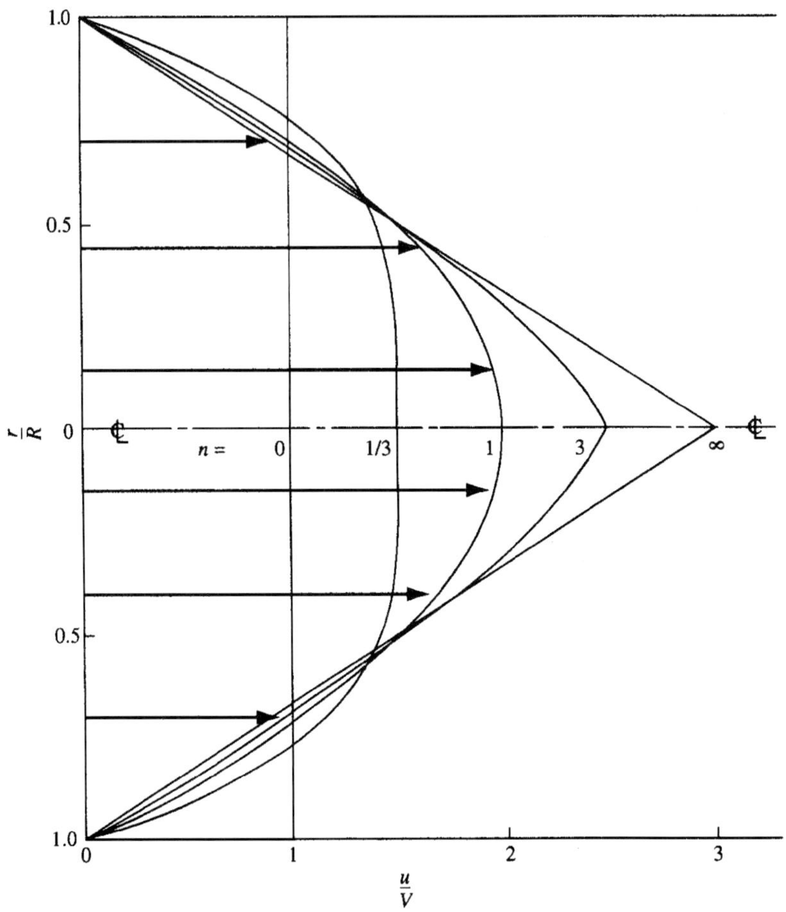

그림 14.12 지수 법칙 유체의 층류에 대한 튜브 안에서의 속도 분포.

튜브 내의 지수 법칙 유체에 관한 속도 분포는 그림 14.12에서 몇몇 n값에 대해 무차원의 형태로 나타내었다. 의가소성 정도가 커질수록(n 값이 낮아질수록) 속도 분포는 평탄해진다. n=1인 뉴턴 유체는 그 속도 분포가 포물선 형태로 된다.

용융 고분자에 관한 흐름 곡선의 추가적인 내용은 유변학 책에서 더욱 발전된 형태로 논의되었다. 단순화시킨 가정을 이용하여 흐름 거동을 분석한 정규 유체(regular fluid)와 비교하여, 용융 고분자가 최초 튜브로 들어갈 때 발생하는 입구 효과(entrance effect)를 고려해야 하는 만큼 고분자 점성 소산은 중요하다. 그렇지만, 상업적으로 적절한 공정의 대규모화가 가능하게 하는 모델들이 성공적으로 개발되었다.

14.12 난류

용융 고분자(그리고 대부분의 고분자 용액)의 점도 때문에, 층류는 쉽게 예상이 가능하다(고분자의 점도가 Reynolds 수(Re)의 분모에 위치하고, 난류(turbulent flow)에 대해서는 Reynolds 수의 큰 값이 필요하다는 것을 상기하라). 그렇지만 난류는 묽은 고분자 용액에서 만날 수 있다. 뉴턴 유체의 난류에서와 같이, 압력 강하는 Fanning 마찰 계수(Fanning friction factor)를 이용하여 편리하게 취급될 수 있다.

$$f \equiv \frac{Rg_c}{\rho V^2}\left(\frac{dP}{dx}\right) \tag{14.30}$$

(이 식들에서는 여전히 영어권 공학 단위를 사용하기 때문에, 여기서 차원 상수 $g_c=32.2$ $\text{ft}\cdot\text{lb}_m/\text{lb}_f\cdot\text{s}^2$가 포함된다; SI 단위로 $g_c=1\,\text{kg}\cdot\text{m/N}\cdot\text{s}^2$이다.) $\tau_w=(R/2)(dP/dx)$(음의 부호는 생략되었는데, 흐름은 압력이 감소하는 방향으로 발생하는 것을 알 수 있기 때문이다)이므로,

$$f = \frac{2\tau_w g_c}{\rho V^2} \tag{14.31}$$

식 14.30과 14.31은 층류와 난류의 모든 유체에 적용된다.

그렇다면, 다음 질문은 "변하는 점도를 갖는 유체의 Reynolds 수를 어떻게 정의할 것인가?"이다. Metzner와 Reed[16]는 뉴턴 유체의 층류에 대해 마찰 계수와 Reynolds 수와의 알려진 관계가 비뉴턴 유체의 층류에도 적용될 수 있다고 제안하였다.

$$f \equiv \frac{16}{\text{Re}} \quad (\text{모든 유체의 층류}) \tag{14.32}$$

식 14.32는 층류에 있는 모든 유체들에 대해 적용 가능하기 때문에, 식 14.31에 대입함으로써 층류와 난류의 모든 유체에 적용 가능한 **Reynolds 수의 일반식**을 얻을 수 있다.

$$\text{Re} = \frac{8\rho V^2}{\tau_w g_c} \tag{14.33}$$

지수 법칙 유체에서 $\tau g_c = K(\dot{\gamma})^n$이고, 식 14.20, 14.28, 그리고 14.29를 결합하면 다음과 같이 된다.

$$\text{Re} = \frac{8D^n V^{2-n}\rho}{K[6+(2/n)]^n} \tag{14.34}$$

식 14.34는 $n=1$일 때, $\eta=K=K'$인 $\text{Re}=\rho VD/\eta$이 뉴턴 유체에 대한 관계로 된다.

만약 정상 상태 압력 구배가 식 14.30[17]에서 사용될 수 있다면, 정의에 의해 식 14.30~14.33은 정상 상태의 층류에 있는 모든 유체의 거동을 설명할 수 있다. 정상 상태 압력 구배로 $\Delta P/L$를 사용하는 것은 때때로 상당한 오차를 야기할 수도 있다.

14.13 난류 억제

비뉴턴 유체의 Reynolds 수를 정의하면, 표준 마찰 계수와 Reynolds 수와의 상관 관계를 통하여 난류를 계산할 수 있다. 하지만 비뉴턴 유체의 난류에서 간혹 관찰되는 **난류 억제** (*drag reduction*)라는 특이 현상 때문에 항상 계산이 가능한 것은 아니다(그림 14.13)[18]. 고분자 용액의 점도가 용매보다 아주 조금 크다고 하더라도, 소량의 용질 고분자로도 높은 Reynolds 수에서 충분히 마찰 계수를 감소시킬 수 있다. 예를 들면, 200 ppm의 구아 껌 (guar gum)(천연 수용성 고분자)은 그림 14.13에서와 같이 Re=10^5에서 5배만큼 마찰 계수를 감소시키는 반면, 고분자 용액의 점도는 순수한 물보다 24% 더 높다.

난류 억제 현상은 실질적인 응용에 중요한 현상이다. 난류 억제용 용질을 첨가함으로써 주어진 흐름 속도에서의 압력 강하의 유도, 즉 펌핑 단가(pumping costs)를 감소시킬 수 있거나 펌핑 시스템(예를 들어, 알래스카 횡단 파이프라인)의 용량을 증가시킬 수도 있다. 소방서에서는 펌핑 용량의 증가를 위해 그들의 펌프에 폴리(에틸렌 옥사이드)를 첨가한다. 또한 배의 속도를 증가시키기 위해 뱃머리에서 난류 억제제를 분사시키는 실험도 행해지고 있다.

난류 억제는 고분자의 탄성에 의해 발생하는 층류의 하부층(액체/고체 계면에서의 경계층)에서의 점도 상승에 기인할 것이라고 제안되었다(상대적으로 비탄성적인 고분자 용액이 더 일반적으로 다뤄질 수 있다). 또한 난류에서의 대부분의 에너지 손실은, 작고 높

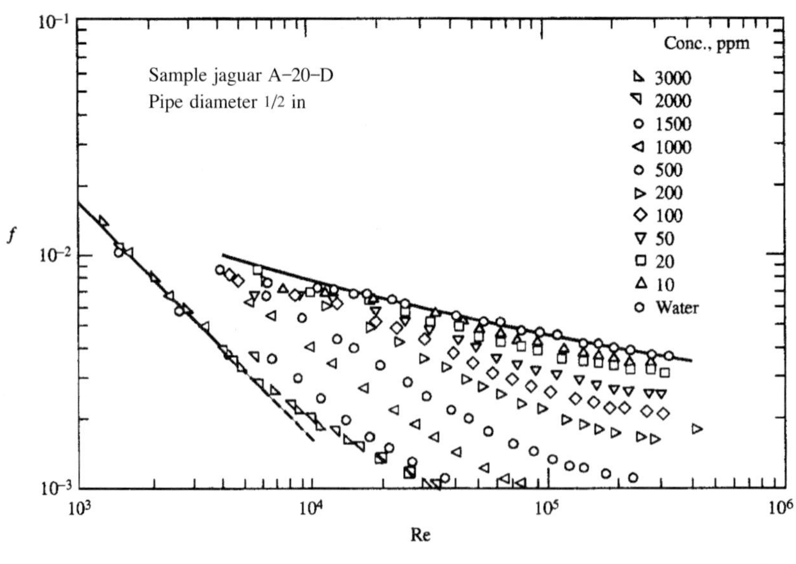

그림 14.13 다당류 수용액에서 마찰 계수 감소에 의해 확인된 난류 억제. Copyright 1972 by the American Chemical Society. Reprinted with permission of the copyright owner.

은 주파수의 와류에서 발생한다고 지적되었다. 이러한 주파수(이 주파수의 역수는 재료의 완화 시간보다 더 적으며, 높은 Deborah 수를 가진다. 15장 참조)에서, 고분자 재료는 탄성적으로 응답하고(실리 퍼티가 벽에서 흘러내리기보다 튕기는 것과 같은), 저장 탄성 에너지가 소멸되기보다는 와류에서 와류로 통과한다. 비록 고분자 용액의 (전단) 점도가 용매의 점도보다 그리 높지 않더라도, 고분자 용액의 매우 높은 신장 점도(elongational viscosity) 또한 탄성적 거동과 연관이 있다.

아마도 높은 분자량의 유연한 사슬 구조를 갖는 고분자가 높은 탄성 용액을 만들 수 있을 것이기 때문에, 난류 억제가 더욱 뚜렷하게 나타나는 것으로 알려져 있다. 난류 억제의 정도는 고분자가 흐르는 동안 지속적으로 전단력을 받으면서 물리적으로 분해됨으로써 현저하게 감소한다. 고분자의 분자적 변수의 영향들은 이미 참고문헌 [19]에서 논의되었다. 반면에 뉴턴 유체에서의 난류 억제는 단단한 입자나 섬유들이 포함된 슬러리에서도 관찰되었다. 아마도 이것에는 다양한 요인들이 존재할 것이다.

뉴턴 유체들과 같이 Re < 2100에서 흐름이 층류라는 것을 확신할 수 있지만, 더 높은 Re 값에서 난류 억제제는 층류–난류 전이를 지연시키는 것처럼 보인다. 파이프의 표면 거칠기에 따른 마찰 계수와 Reynolds 수의 관계는 아직 연구 대상이다. 그렇지만 뉴턴 거동의 경우와는 다르게, 난류 억제를 관찰할 때의 마찰 계수 f–Re 곡선은 파이프의 직경에 의존하는 것처럼 보인다.

불행하게도, 실험 데이터가 없는 현시점에서 고분자 용질이 특정 용매에서 난류 억제를 만들지, 어느 농도 범위에서 난류 억제가 관찰될지, 또는 그 크기가 얼마나 될지를 예측하기 위한 정량적인 방법이 없다. 그렇지만 난류 억제를 무시함으로써 어느 정도 설계가 가능하다; 발생하는 어떠한 난류 억제라도 흐름 속도의 증가 및/또는 압력 강하의 감소라는 측면에서는 부수적인 사항일 것이다.

14.14 요약

이 장에서는 유변학 분야를 소개하였으며, 고분자 용액과 용융 고분자의 흐름에 대해 공부하였다. 고분자는 복잡한 흐름 거동을 나타내는데, 그 유체는 일반적으로 비뉴턴 거동을 보이고 유체의 점도는 전단 속도에 따라 변한다. 흐름 거동은 시간에 따라 변화할 수 있고, 온도, 압력 그리고 분자량에 의존한다(적어도 어느 정도는). 이 때문에 고분자 유체의 점도 측정은 까다롭다. 고분자의 점도와 유변학적 거동을 측정하는 데 사용하는 방법은 16장에서 설명할 것이다. 이 장에서는 유변학에 대해 소개 정도만 하였지만, 이 주제에 대한 수많은 책과 대학 수업들이 있다.

문제

1 아래 데이터들은 아주 오래 전의 박사학위 논문(Rosen, S.L., Cornell University, 1964)에서 취한 것으로, 100°C에서 점도 평균 분자량이 310,000이고 매우 넓은 분자량 분포를 갖는 폴리(에틸 아크릴레이트) 시료로부터 얻어진 것이다.

이 데이터들을 Carreau 식 14.7을 간략화한 형태($\eta_\infty = 0$)와 수정 Cross 식 14.8을 이용하여 피팅하고 비교하시오.

τ, dyn/cm^2	$\dot{\gamma}$, s^{-1}	τ	$\dot{\gamma}$
3.15×10^3	0.00578	1.36×10^5	1.01
3.70	0.00696	1.67	1.60
4.53	0.00913	2.44	4.15
5.91	0.0112	2.76	5.08
7.34	0.0145	3.22	9.66
1.00×10^4	0.0213	3.59	12.76
1.47	0.0321	4.29	25.4
2.20	0.0548	5.03	50.8
2.72	0.0727	6.59	127
4.00	0.123	7.96	254
5.23	0.189	9.40	550
6.49	0.262	1.16×10^6	1500
7.73	0.358	1.33	3140
9.00	0.463	1.52	6610

2 그림 14.6a의 L-80 PIB(폴리아이소뷰틸렌)이 $\overline{M}_w = 80{,}000$을 갖는다고 가정하시오. 350°F에서 $\eta_0 = 6.67 \times 10^6$ P이다.

(a) 만약 L-120 PIB의 $\overline{M}_w = 120{,}000$이라면, 350°F에서 η_0는 얼마인가? **힌트**: 식 14.13*b*를 이용하시오.

(b) 350°F에서 $\eta_0 = 8.0 \times 10^6$ P의 재료를 만들어 내기 위하여 L-80과 L-120 PIB는 어떤 비율로 섞어야 하는가? **힌트**: 식 5.7을 참조하시오.

3 $\eta = \eta(\tau)$의 형태로 지수 법칙을 쓰시오.

4 아래의 데이터는 상온에서 Separan® AP-30(부분적으로 가수 분해된 분자량 2~3백만의 폴리아크릴아마이드)의 1.10% 수용액에 대해 N.D. Sylvester(박사학위 논문, Carnegie Institute of Technology, Pittsburgh, PA, 1968)로부터 얻어진 결과이다.

τ, dyn/cm^2	$\dot{\gamma}$, s^{-1}
365	415
434	748
471	929
536	1360
566	1630

616	2110
653	2360
695	2710
748	3400

이 장 안의 식들 중 어느 하나를 이용해서 이 데이터들을 피팅하시오. 또한 식에서의 모든 상수를 구하시오.

5 몇몇 식들은 명확한 전단 응력의 함수 $\eta = \eta(\tau)$로서 점도를 나타낸다. 이러한 형태의 두 식은 아래와 같다.

$$\eta = A + B\left[1 + \left(\frac{\tau}{C}\right)^2\right]^{-1} \qquad \eta = \frac{D}{1 + E(\tau)^m}$$

(I) (II)

여기서 A, B, C, D, E 및 m은 상수이다.

(a) 위의 모델 중 어느 것이 제로-전단 점도를 나타낼 수 있는가? 이 상수들 중 제로-전단 점도는 얼마인가?

(b) 무한대 전단 점도에 대해 문제 (a)를 반복하시오.

(c) 둘 중 어떤 식이 지수 법칙 영역을 보이는가? 이 식의 매개변수에 대하여 이 구간의 지수 법칙 상수 n은 얼마인가?

6 의가소성 유체에서 $E_\tau \geq E_{\dot{\gamma}}$인 관계를 증명하고, 낮은 전단 한계에서, 그리고 모든 뉴턴 유체에 대하여 $E_\tau = E_{\dot{\gamma}}$인 것 또한 증명하시오. **힌트**: 점도가 온도의 함수, 그리고 전단 속도 또는 전단 응력의 어느 하나의 함수임을 생각하고, 이것을 전미분 형태로 표현하시오.

7 지수 법칙 유체에 대하여 E_τ와 $E_{\dot{\gamma}}$ 사이에는 무슨 관계가 있는가?

8 R.A. Stratton(*J. Colloid Interface Sci.* **22**, 517, (1966))은 각각 다른 분자량을 갖는 다섯 개의 단분산 폴리스타이렌에 대한 τ 대 $\dot{\gamma}$의 데이터를 제공하였다. 이러한 데이터들은 Carreau 식 또는 수정 Cross 식 중 어느 것에 더 잘 맞는가? Stratton은 η 대 τ 그림에서 $\tau = 0$까지의 외삽법을 통해 η_0의 값을 얻었다. 이 식들이 네이너와 현저히 다른 값들을 나타내는가? 183°C에서 Stratton 값은 아래와 같다.

$\overline{M}_w \times 10^{-5}$	$\eta_0 \times 10^{-4}$, P
0.48	0.153
1.17	2.88
1.79	12.4
2.17	21.9
2.42	33.5

또한 위의 데이터가 식 14.13*ab*를 따르는지 확인하시오.

9 정상 상태 점성 흐름의 또 다른 4-변수 모델은 A, B, C, m이 상수인 아래의 관계식을 나타낸다.

$$\tau = \left(\frac{A+B}{1+C\tau^m}\right)\dot{\gamma}$$

(a) 모델의 매개변수에서, η_0는 얼마인가?

(b) 모델의 매개변수에서, η_∞는 얼마인가?

(c) 만약 이 모델이 뉴턴 유체를 대표하는 것이라면, 매개변수에 대하여 어떤 결론(들)을 이끌어 낼 수 있는가?

10 식 14.10과 14.11은 제로-전단 점도의 온도 의존성을 나타내는 두 가지의 서로 다른 방법이다. WLF 식 14.11을 따르는 재료에 대하여, 식 14.10에서 온도 의존성 활성화 에너지 E에 대한 식을 구하시오.

11 어떤 고분자가 500 K에서 가공되고 있다. 기계적으로는 이상이 없지만, 재료의 일부분에서 변색이 나타난 것으로부터 가공 중에 재료가 열에 의해 열화되고 있는 것으로 보인다. 이 열화를 최소화하기 위해 온도를 450 K까지 낮춰야 한다고 제안되었다. 당신이 다른 분자량의 고분자로 대체하지 않는 한, 심각한 기계적인 문제가 발생할 수 있다고 지적하였다. 이 고분자가 10 kcal/mol의 흐름 활성화 에너지를 갖고 분자량이 $\overline{M}_w$ =400,000이라면, 당신은 450 K에서 가공이 가능한 동일 고분자의 $\overline{M}_w$을 얼마라고 말할 수 있는가?

12 종종 특정 점도계에서 매우 높은 전단 속도로 측정할 때, 작고 대칭적인 분자 구조를 갖는 액체조차도 종종 의가소성을 나타낸다. 왜 그러한 현상이 관찰되는가?

13 예제 5.3에 거론된 폴리(메틸 메타크릴레이트)를 30°C의 아세톤에 용해시킬 때, 식 14.13b를 적용하기 위해 필요한 최소 농도는 얼마인가?

14 Bingham 플라스틱(실제로 존재한다면)은 $\tau - \tau_y = \eta'\dot{\gamma}$의 흐름 곡선을 나타내며, 여기서 τ_y는 흐름을 발생시키기 위해 초과해야 할 항복 응력을 의미한다. 낮고 높은 $\dot{\gamma}$에서의 제한적 거동을 보여 주는 Bingham 플라스틱의 $\log\tau$ 대 $\log\dot{\gamma}$와, $\log\eta$ 대 $\log\dot{\gamma}$를 스케치하시오.

15 단순 전단 흐름을 나타내는 지수 법칙 유체가 두 개의 평행하고 평평한 판에 갇혀 있다. 하부 판은 고정되어 있고, 상부 판은 속도 V로 움직이고 있으며, 두 판은 δ의 거리로 떨어져 있다. n=0.5, n=1, n=1.5일 때, 속도 분포를 계산하고 스케치하시오.

16 사출 성형은 열을 가한(녹인) 열가소성 수지를 차가운 금형에 주입하는 것으로 구성된다. 종종 더 좁은 주입구(더욱 작은 직경의 금형 입구)를 통해 재료를 강제로 주입할 때 미성형(금형을 채우기 전에 재료가 동결되는 것)이 개선된다는 것으로 알려져 있다. 실

제로, 소위 '핀-게이트(pin gate)'(금형 입구의 아주 작은 구멍)라고 불리는 것이 굉장히 효과적으로 보인다. 왜 그런가?

17 실린더 튜브에서 출입 효과를 무시한다면, 지수 법칙 유체의 층류에 대한 일반적인 스케일업 식은 아래와 같다.

$$\left(\frac{\Delta P_2}{\Delta P_1}\right)^a \left(\frac{L_2}{L_1}\right)^b \left(\frac{D_2}{D_1}\right)^c \left(\frac{Q_2}{Q_1}\right)^d = 1$$

첨자 1과 2는 같은 유체에서 두 개의 서로 다른 흐름 상황을 나타낸다. 지수 $a=1$이라고 주어졌을 때, 나머지 지수 b, c, d의 값을 구하시오.

18 Crud Chemicals는 새로운 플랜트에서 상온의 고분자 용액 10 gal/min을 500 psi의 최대 압력 강하를 이용하여 1000 ft 운반해야 한다. 0.10-in 직경, 10-in 높이의 튜브를 통해 산출된 이 용액의 실험 데이터는 아래와 같이 산정되었다.

$$Q = 0.428\,\Delta P + 0.00481\,\Delta P^2$$

ΔP의 단위는 psi이고, Q는 cm^3/min이다. 이 식은 최대 실험값 $\Delta P=40$ psi까지 유효하다. (**주의**: 유체는 의가소성이지만, 지수 법칙 유체는 아니다.) 이 작업에 필요한 최소 파이프 직경을 계산하고, 흐름이 정말로 층류인지 확인하시오.

참고문헌

[1] Barnes, H.A., J.F. Hutton, and K. Walters, *An Introduction to Rheology*. Elsevier, New York, 1989.

[2] Bird, R.B., R.C. Armstrong, and O.A. Hassager, Dynamics of Polymeric Liquids, Vol. **1**, *Fluid Mechanics*, Wiley, New York, 1977.

[3] Coleman, B.D., H. Markovitz, and W. Noll, *Viscometric Flows of Non-Newtonian Fluids*. Springer, New York, 1966.

[4] Christensen, R.M., *Theory of Viscoelasticity: An Introduction*, Academic, New York, 1971.

[5] Darby, R., *Viscoelastic Fluids*, Dekker, New York, 1976.

[6] Dealy, J.M. and K.F. Wissbrun, *Melt Rheology and Its Role in Plastics Processing*, Van Nostrand Reinhold, New York, 1960.

[7] Middleman, S., *The Flow of High Polymers*, Interscience, New York, 1968.

[8] Tanner, R.I., *Engineering Rheology*, Oxford University Press, New York, 1985.

[9] Best, D.M. and S.L. Rosen, *Polym. Eng. Sci.* **8** (2), 116 (1968).

[10] Bird, R.B., W.E. Stewart, and E.N. Lightfoot, *Transport Phenomena*, Wiley, New York, 1960, p. **94**, Example 3.5-1.

[11] Tseng, H.C., et al., *Preprints*, *Soc. Plast. Engrs. Annu. Tech. Conf.*, 1985, p. 716.

[12] Best, D.M., Thesis, Carnegie Institute of Technology, Pittsburg, PA, 1966.

[13] Tobolsky, A.V., *Properties and Structure of Polymers*, Wiley, New York, 1960, Chapter II. 8.

[14] Brandrup, J. and E.H. Immergut (eds), *Polymer Handbook*, 3rd ed., Wiley-Interscience, New York, 1989.

[15] Carley, J.F., *Modern Plastics* **39** (4), 123 (1961).

[16] Metzner, A.B. and J.C. Reed, *Am. Inst. Chem. Eng. J.* **1**, 434 (1955).

[17] Patterson, G.K., J.L. Zakin, and J.M. Rodriguez, *Ind. Eng. Chem.* **61** (1), 22 (1969).

[18] Sellin, R.H.J. and R.T. Moses, *Drag Reduction in Fluid Flows*, *Techniques for Friction Control*, Ellis Horwood, Chichester (distributed by Wiley, NY), 1989.

[19] Zakin, J.L. and D.L. Hunston, *J. Macromol. Sci.-Phys.*, **B18** (4). 795 (1980).

15장

선형 점탄성

15.1 도입

공학자들은 일반적으로 재료를 탄성 고체와 점성 유체의 두 가지로 분류하여 취급한다. 대부분의 전통적 재료들(물, 공기, 철, 콘크리트)은 이 범주의 어느 하나에 잘 들어맞았기 때문에 위 개념에 기초한 설계 과정은 효과적이었다. 그러나 이 분류는 다양한 재료의 거동 중 양 극단에 해당하는 부분만을 나타낸다는 인식이 점점 더 커지게 되었다. 고분자 계는 앞 장에서 언급한 용융 고분자와 고분자 용액과 같이, 특이 특성을 유발하는 위 범주 사이의 어느 곳에 속해 있다(그러므로 점탄성이라는 용어를 사용한다). 그 밖의 예들은 고분자의 구조적 응용에서 중요하다. 통상의 응력-변형률 시험에서 시편이 대략적으로 일정한 속도로 변형(인장, 굴곡 또는 압축)되고, 변형률의 함수로서 응력이 측정된다. 기존 고체들의 응력-변형률 곡선은 물질이 변형되는 속도와 무관하다. 그러나 대부분 고분자의 응력-변형률 특성은 측정 속도에 현저하게 의존한다. 이와 비슷하게, 고분자는 뚜렷한 크리프 및 응력 완화 거동을 보인다(짧게 정의할 것임). 그러한 거동은 다른 재료(예를 들면, 녹는점 근처의 금속)에서도 나타나지만, 일반적으로 낮은 온도에서 그 거동은 무시될 수 있고, 일반적인 설계에는 계산되지 않는다. 그러나 고분자의 시간-의존성 거동을 무시한다면 처참한 결과를 초래할 수도 있다.

15.2 선형 점탄성 응답을 위한 기계적 모델

점탄성 응답을 보이기 위해, 기계적 응답 범위의 극단을 나타내는 두 가지 선형 기계적 모델을 소개한다. 그림 15.1a의 용수철은 전단력에 대한 응답을 설명하는 데 사용할 수 있는

Fundamental Principles of Polymeric Materials, Third Edition. Christopher S. Brazel and Stephen L. Rosen.

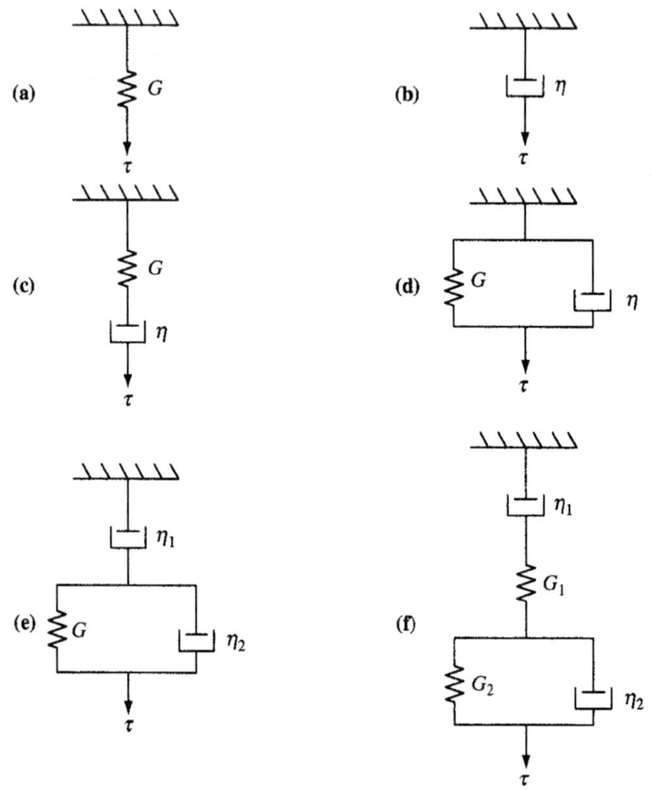

그림 15.1 선형 점탄성 모델. (a) 선형 탄성, (b) 선형 점성, (c) Maxwell 요소, (d) Voigt–Kelvin 요소, (e) 3-인자, (f) 4-인자.

선형의 탄성 고체(*linear elastic solid*) 또는 **후크 고체**(*Hookean solid*)를 나타내는 것으로, 이것의 구성 방정식(변형률과 시간에 대한 응력의 관계)은 $\tau = G\gamma$이다. 이때 G는 재료의 (일정한) 전단 탄성률이다(인장력이 적용된다면 $\sigma = E\varepsilon$이고, 이때 E는 탄성률이다). 비슷하게, **선형 점성**(*linear viscous*) 또는 **뉴턴 유체**(*Newtonian fluid*)는 대시포트(dashpot)(뉴턴 유체가 담겨 있는 실린더 안을 움직이는 일종의 피스톤)로 표현하며, 이것의 구성 방정식은 $\tau = \eta\dot{\gamma}$로서, η는 (일정한) 점도를 나타낸다. 변형이 제거된 후 원래의 길이로 되돌아가는 용수철과는 달리, 대시포트는 힘이 가해지는 한 계속 늘어나고, 그 힘(변형률)이 제거될 때 늘어난 위치에 그대로 유지된다. 이 모델에서 변형률은 용수철 또는 대시포트의 연신(늘어남)으로 표현된다.

여기에서 전개되는 모델들은 인장을 가시화한 것으로, 인장 응력 σ, 인장 변형률 ε, 영률(Young's modulus) E로 표현된다. 그러나 순수한 전단 변형(점성)에서도 동일한 모델의 이론이 적용되며, 여기서 전단 응력 τ는 전단 변형률 γ와 비례 상수 G(Hooke의 탄성률)로 나타낼 수 있다. η는 뉴턴(전단) 점도를 나타내는 반면, 신장 점도(elongational viscosity,

Trouton)는 η_e로 나타낸다.

일부 관계자들은 재료의 특성을 표현하기 위한 기계적 모델의 사용을 강력히 반대한다. 그들은 실제 재료들은 용수철과 대시포트로 구성되지 않음을 지적하였다. 이것은 사실이지만, 두 모델 모두 방정식으로 구성되지 않았으며, 대부분의 사람들 입장에서는 식의 풀이보다 용수철과 대시포트의 변형을 상상하는 것이 더 쉽게 이해될 수 있다.

선형적(*linear*)이란 용어의 의미에 대한 해석이 필요하다. 여기에서, 선형 응답이란 전체 변형률에 대한 전체 응력의 **비**(*ratio*)인 전체 탄성률 $E(t)$ 또는 $G(t)$가, 응력 또는 변형률의 크기가 아닌 **오직 시간에 대한**(*time only*) 함수의 하나로서 정의될 것이다.

$$\left.\begin{aligned} E(t) &\equiv \sigma/\varepsilon \quad (15.1a) \\ G(t) &\equiv \tau/\gamma \quad (15.1b) \end{aligned}\right\} = \text{선형 응답에 대한 시간만의 함수}$$

일정한 응력(σ_0 또는 τ_0)이 가해지면, 후크 용수철은 즉각적으로 반응하여 평형 변형률(ε 또는 γ)에 도달하고, 이 응력이 일정하게 유지되는 한 변형률도 일정하게 유지된다. 응력을 불시에 제거하면 즉각적으로 변형률은 회복된다(그림 15.2). 용수철에 가하는 응력이 두 배가 되면 단순히 변형률도 두 배가 되어서, 식 15.1a와 15.1b에 따라 상수 E와 G를 갖는 $E(t) = E$ 또는 $G(t) = G$가 되며, 따라서 용수철은 선형적이다(순간적으로 일정한 응력이 가해졌을 때 용수철이 즉각적으로 평형 변형률에 도달한다고 가정하면 관성 효과를 무시할 수 있지만, 관성 효과를 포함해도 현재 논의에 거의 기여하지 않는다).

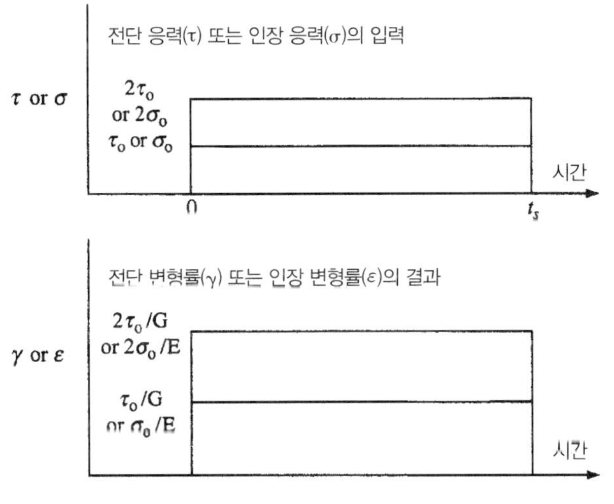

그림 15.2 시간 0에서 t_s까지 가해지는 전단 응력 또는 인장 응력에 대한 용수철(순수한 탄성 성분)의 응답. 응력이 제거되면 용수철은 바로 처음 위치로 되돌아간다. 또한 변형률의 크기는 가해진 응력과 직접적으로 비례한다는 것에 유의하라.

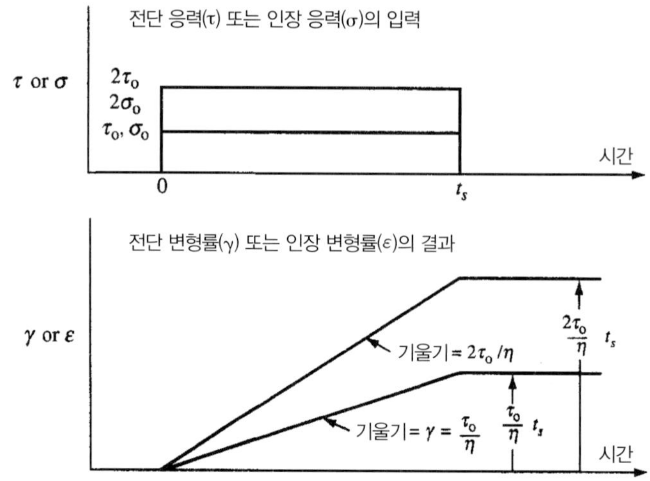

그림 15.3 시간 0에서 t_s까지 가해지는 전단 응력 또는 인장 응력에 대한 대시포트(순수한 점성 성분)의 응답. 대시포트는 처음 위치로부터 영구적으로 변형된다. 또한 변형률 대 시간 곡선의 기울기는 가해진 응력과 비례한다는 것에 유의하라. 그림에는 없지만, 인장 변형률에서 그 기울기는 두 응력들에 대해 각각 σ_0/η_e 또는 $2\sigma_0/\eta_e$이며, σ_0에 상응하는 변형률에 대해서는 $\varepsilon = (\sigma_0/\eta_e)t_s$의 영구 변형을, $2\sigma_0$에 상응하는 변형률에 대해서는 $\varepsilon = (2\sigma_0/\eta_e)t_s$의 영구 변형률을 나타낸다.

만일 그림 15.3처럼 대시포트에 불시에 일정한 응력(σ_0 또는 $2\tau_0$)을 가하면, $\varepsilon = (\sigma_0/\eta_e)t$ 또는 $\gamma = (\tau_0/\eta)t$에 따라서 변형률이 시간에 비례하여 증가한다(응력이 가해진 초기에 변형률은 0이다). 응력이 두 배가 되면 변형률–시간 그래프의 기울기가 두 배가 되며, 어느 시간에서든 탄성률은 $E(t) \equiv \sigma/\varepsilon = \eta_e/t = E$ 또는 $G(t) \equiv \tau/\gamma = \eta/t = G$이다. 여기서 E와 G는 오직 시간의 함수이다. 따라서 대시포트 또한 선형적이다.

선형 요소의 어떤 조합이든 선형적이어야만 한다는 것, 그래서 선형 요소들을 기초로 한 모델이 아무리 복잡해도 오직 선형 응답만을 표현할 수 있다는 것을 알 수 있다. 그렇다면 선형 응답은 얼마나 현실적일까? 선형 응답의 가장 큰 단점은 평형 점성 흐름에서 뉴턴 거동(일정한 점도)만을 만족한다는 것이다. 몇 % 정도(또는 0.1/s 이상의 변형 속도) 이상의 변형률이 가해지는 대부분의 고분자에 있어서 선형적 응답은 정량적 표현으로 적절하지 않다. 더욱이 선형 점탄성이라는 제한 안에서는, 재료 응답의 정확한 정량적 표현을 위해 수많은 선형 요소들(용수철들과 대시포트들)이 필요하다. 그러므로 단순 선형 모델(몇 개의 용수철과 대시포트로 구성된 모델)로 정량적인 적용 가능성이 제한될 수밖에 없다. 그러나 이 모델들은 점탄성 응답을 가시화하고 분자 구조의 변화가 그 응답에 영향을 미치는 이유와 방법을 이해하는 데 있어서는 매우 유용한 것이라고 할 수 있다.

15.2.1 Maxwell 요소

James Clerk Maxwell은 선형 점성 요소(대시포트)와 선형 탄성 요소(용수철)의 어느 것도 그의 아스팔트 변형 실험에 대해 충분히 설명할 수 없음을 깨달았다. 그래서 그는 두 요소의 간단한 직렬 조합을 제안하였는데, 그것이 바로 *Maxwell* 요소(그림 15.1c)이다. Maxwell 요소에서 용수철과 대시포트는 같은 응력을 지탱하여 다음과 같이 나타낼 수 있다.

$$\sigma = \sigma_{\text{spring}} = \sigma_{\text{dashpot}} \tag{15.2a}$$

$$\tau = \tau_{\text{spring}} = \tau_{\text{dashpot}} \tag{15.2b}$$

뿐만 아니라, 요소의 전체 변형률(연신)은 용수철과 대시포트 변형률의 합이 된다.

$$\varepsilon = \varepsilon_{\text{spring}} + \varepsilon_{\text{dashpot}} \tag{15.3a}$$

$$\gamma = \gamma_{\text{spring}} + \gamma_{\text{dashpot}} \tag{15.3b}$$

식 15.3*a*와 15.3*b*를 시간으로 미분하면 아래와 같다.

$$\dot{\varepsilon} = \dot{\varepsilon}_{\text{spring}} + \dot{\varepsilon}_{\text{dashpot}} \tag{15.4a}$$

$$\dot{\gamma} = \dot{\gamma}_{\text{spring}} + \dot{\gamma}_{\text{dashpot}} \tag{15.4b}$$

식 15.4*b*에서의 전단 변형률에 대하여 $\dot{\gamma}_{\text{dashpot}} = \tau/\eta$와 $\dot{\gamma}_{\text{spring}} = \dot{\tau}/G$임을 인지하여 대입해서 정리하면, 다음과 같은 Maxwell 요소의 미분 방정식을 얻는다.

$$\tau = \eta\dot{\gamma} - \frac{\eta}{G}\dot{\tau} = \eta\dot{\gamma} - \lambda\dot{\tau} \tag{15.5}$$

$\lambda = \eta/G$는 시간의 단위를 가지며, **완화 시간**(*relaxation time*)이라고 한다. 이것의 물리적 의미는 곧 명백해질 것이다.

15.2.1.1 크리프 시험 고분자에 일반적으로 적용되는 두 가지의 기계적 시험에 대한 Maxwell 요소의 응답을 살펴보자. 첫 번째로 **크리프**(*creep*) 시험을 생각해 보자. 크리프 시험은 일정한 전단 응력이 순간적으로(또는 최소한 매우 빠르게) 재료에 가해지며, 그 결과로 얻어지는 변형률은 시간의 함수로 나타난다. 응력이 제거된 후의 변형은 **크리프 회복**(*creep recovery*)이라고 부른다.

그림 15.4에 나타낸 바와 같이 Maxwell 요소에 순간적인 응력을 가하면 평형값 τ_0/G(또는 인장 응력일 경우 σ_0/E)만큼 용수철이 순간적으로 늘어나며, 여기에서 τ_0는 가해진 일정한 전단 응력이다(또는 σ_0는 가해진 인장 응력이다). 대시포트는 τ_0/η의 기울기(또는 인장 실험에서는 σ_0/η_e)를 가지고 시간에 따라 선형적으로 늘어나며, 응력이 제거되지 않는 한 계속 늘어날 것이다. 따라서 응력이 가해지는 한 변형이 계속되기 때문에 ***Maxwell* 요소**는 하나의 유체이다. 따라서 Maxwell 요소의 크리프 응답은 다음과 같다.

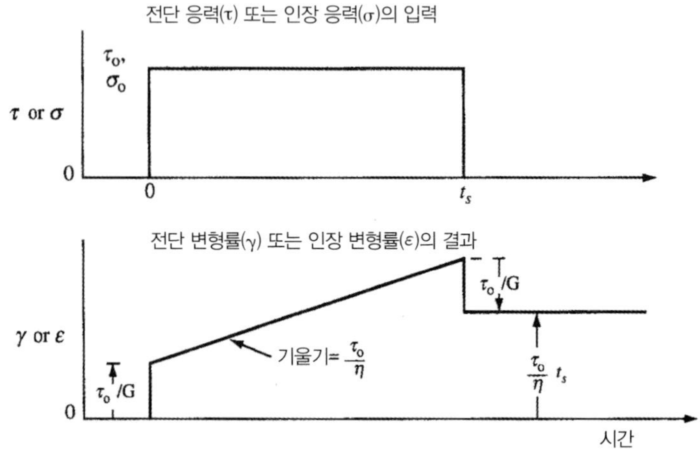

그림 15.4 가해진 응력에 대한 Maxwell 요소의 크리프 응답. 아래 그림은 전단 응답을 나타내지만, 인장 응력에 의한 용수철의 최초 연신(σ_0/E)과, 대시포트에 기인한 변형의 기울기(σ_0/η_e), 용수철의 회복이 $-\sigma_0/E$, 그리고 영구 변형이 $\sigma_0/\eta_e \cdot t_s$라는 것도 예상할 수 있다.

$$\varepsilon(t) = \sigma_0/E + \sigma_0/\eta_e t \tag{15.6a}$$

$$\gamma(t) = \tau_0/G + \tau_0/\eta t \tag{15.6b}$$

또는 컴플라이언스(compliance)(가해지는 인장 응력에 대하여)의 표현으로 $J \equiv \varepsilon(t)/\sigma_0$이며, 또는 크리프 컴플라이언스(가해지는 전단 응력에 대하여)의 표현으로 $J_c(t) \equiv \gamma(t)/\tau_0$로 나타난다.

$$J \equiv \varepsilon(t)/\sigma_0 = 1/E + t/\eta \tag{15.7a}$$

$$J_c(t) \equiv \gamma(t)/\tau_0 = 1/G + t/\eta \tag{15.7b}$$

가해진 응력 τ_0(선형 재료에 대하여)에 독립적인 크리프 컴플라이언스 $J_c(t)$는 크리프 응답을 표현하는 더욱 일반적인 방법이다. 시간 t_s에서 응력이 제거될 때, 용수철은 **탄성 회복**(*elastic recovery*)으로 알려진 과정을 통해 늘어난 만큼 즉시 수축한다. 물론 대시포트는 회복되지 않고, 응력이 가해지는 동안 대시포트의 늘어난 길이인 $(\tau_0/\eta)t_s$ 또는 $\sigma_0/\eta_e t_s$(인장 응력에 대해)이 **영구 변형**(*permanent set*)으로 남는다. 실제 재료의 크리프 시험에서는 Maxwell 요소에서와 같이 급격한 감소를 나타내지 않지만, Maxwell 요소는 실제 재료에서도 간혹 관찰되는 탄성 변형, 크리프 회복 및 영구 변형 등의 현상을 나타낸다.

크리프 시험은 재료 시험에 흔히 사용되는 또 다른 용어를 나타내기도 하는데, 이를 **변형**(*deformation*)이라고 한다. 재료에 응력이 가해질 때 발생하는 변형에는 두 가지 유형, 즉 **탄성 변형**(*elastic deformation*)과 **소성 변형**(*plastic deformation*)이 있다. 탄성 변형은 일시적으로 재료의 형태가 변하는 것을 의미하는데, 일단 가해진 힘이 제거되면 재료는 원래의 형태로 되돌아간다; 이것은 점탄성 모델에서 용수철로 표현한 것과 동등하다. 소성 변형은 여기에서 대시포트로 표현되는, 형태의 비가역적 변화를 의미한다. 여기서 흥미로운 점은 금속에서조차도 소성 변형이라는 용어가 사용되는데, 이는 재료가 회복될 수 없을 정도로 변형되었다는 것을 의미한다.

15.2.1.2 응력 완화 점탄성 응답을 공부하는 데 사용되는 또 다른 중요한 시험은 **응력 완화**(*stress relaxation*) 시험이다. 응력 완화 시험은 시료의 길이를 급작스럽게 변화시키고, 그 변형률이 일정하게 유지되도록 시간의 함수로서의 응력을 부가하는 것으로 구성된다. Maxwell 요소가 순간적으로 변형될 때, 오직 용수철만이 먼저 전단 응력 $G\gamma_0$로 응답하며 (변형률 속도가 무한대일 때, 대시포트에서의 저항도 무한대이다), 여기서 γ_0는 일정하게 가해지는 전단 변형률이다(또는 유사하게 인장 응력, $E\varepsilon_0$에서 ε_0는 일정하게 가해지는 인장 변형률이다). 늘어난 용수철은 수축하기 시작하지만, 이 수축은 대시포트에 의해서 저항을 받는다. 용수철이 더 회복할수록 회복력이 더 적어지며, 이에 상응하여 수축 속도도 떨어진다. $\dot{\gamma} = d\gamma/dt = 0$과, $t = 0$에서의 초기 조건 $\tau = G\gamma_0$인 전단 응력의 완화를 나타내는 미분 방정식 해결을 통해, 응력이 일차 지수적으로 감소한다는 것을 알 수 있나:

$$\tau(t) = G\gamma_0 e^{-t/\lambda} \tag{15.8a}$$

또는 완화 탄성률(relaxation modulus) $G_r(t) \equiv \tau(t)/\gamma_0$로 정리하면 다음과 같다.

$$G_r(t) \equiv \frac{\tau(t)}{\gamma_0} = Ge^{-t/\lambda} \tag{15.8b}$$

선형 재료의 완화 탄성률 $G_r(t)$는 가해진 변형률과 관계가 없기 때문에 응력 완화 응답을 나타내는 더욱 일반적인 방법이다.

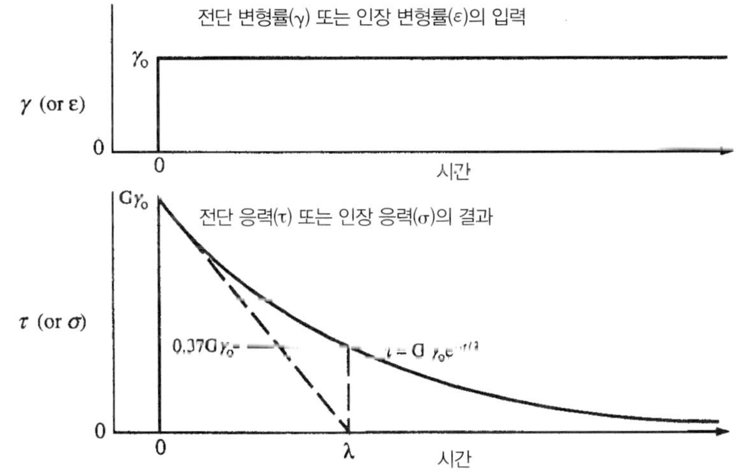

그림 15.5 일정하게 가해진 전단 변형률에 대한 Maxwell 요소의 전단 응력 완화.

식 15.8로부터, 완화 시간 λ는 지수적 감소에 대한 시간 상수, 즉 응력이 초깃값의 $1/e$ 또는 37%로 줄어드는 데 필요한 시간이라는 것을 알 수 있다.

용수철이 완전 수축 상태로 접근해감에 따라 응력은 점차적으로 0으로 감소한다(그림 15.5).

선형 고분자에 대한 응력-완화 데이터는 실제로 Maxwell 요소의 곡선처럼 보인다. 불행히도, 그 데이터는 정량적으로 하나의 G와 하나의 λ 값과 일치시킬 수 없다. 즉 응력 완화에서의 감소는 1차적인 감소가 아니라는 것이다.

예제 15.1 공학 응력-변형률 시험, 즉 인장 변형률 속도가 일정하게 $\dot{\varepsilon}_0$로(근사적으로) 유지되는 시험에서 Maxwell 요소의 응답을 검토하시오.

풀이 식 15.5를 이용하면 다음을 얻는다.

$$\sigma = \eta_e \dot{\varepsilon}_0 - \frac{\eta_e}{E}\dot{\sigma} \quad \text{또는} \quad \sigma + \left(\frac{\eta_e}{E}\right)\left(\frac{d\sigma}{dt}\right) = \eta_e \dot{\varepsilon}_0 = \text{일정}$$

$t=0$에서의 초기 조건 $\sigma=0$으로 미분 방정식을 풀면

$$\sigma = \eta_e \dot{\varepsilon}_0 [1 - e^{-(E/\eta_e)t}]$$

로 된다. $d\varepsilon/dt = \dot{\varepsilon}_0$로 일정하고 $t=0$일 때 $\varepsilon=0$으로 가정하였으므로

$$\varepsilon = \dot{\varepsilon}_0 t$$

이다. 이때 응력-변형률 곡선은 아래 식으로 표현된다.

$$\sigma = \eta_e \dot{\varepsilon}_0 [1 - e^{-(E/\eta_e \dot{\varepsilon}_0)\varepsilon}]$$

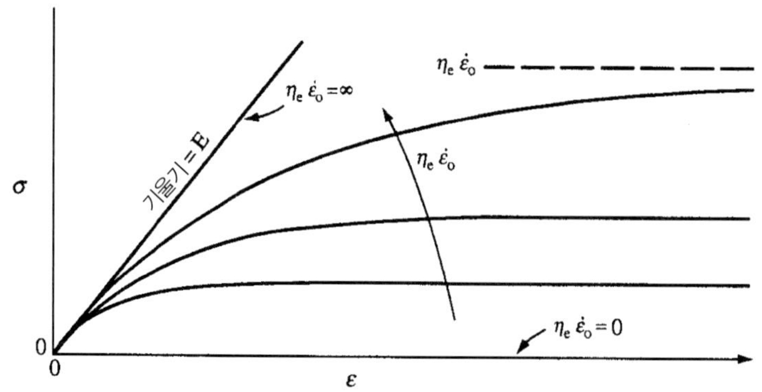

그림 15.6 일정한 인장 변형률 속도에서의 Maxwell 요소의 응답(예제 15.1).

이 응답을 그림 15.6에 나타내었다. 어떤 변형률에서든 σ는 변형률 속도, $\dot{\varepsilon}_0$에 따라 증가한다는, 즉 재료는 더욱 '딱딱해진다'(더 높은 탄성률을 갖는다)는 것에 유의하라. 실험 데이터가 이 모델과 잘 부합하는지 증명하는 것은 어렵지만, 선형 고분자의 공학 응력-변형률 시험에서 관찰되는 몇 가지 특성은 적어도 정성적으로는 설명이 된다.

15.2.2 The Voigt-Kelvin 요소

용수철과 대시포트의 직렬 조합에 결점이 있다면, 논리적으로 그 다음에 시도해 볼 만한 것은 병렬 조합, Voigt 또는 Voigt-Kelvin 요소이다(그림 15.1d). 여기서 용수철과 대시포트를 지지하는 크로스바는 평행하게 유지된다고 가정하므로 용수철과 대시포트에서의 인장 변형률은 항상 같다.

$$\gamma = \gamma_{\text{spring}} = \gamma_{\text{dashpot}} \tag{15.9}$$

이때 요소가 지탱하는 응력은 용수철과 대시포트에서의 응력의 합이다.

$$\tau = \tau_{\text{spring}} + \tau_{\text{dashpot}} \tag{15.10}$$

용수철과 대시포트의 변형을 나타내는 식들과 식 15.9 및 15.10을 결합하면 Voigt-Kelvin 요소에 대한 미분 방정식을 얻는다.

$$\tau = \eta\dot{\gamma} + G\gamma \tag{15.11}$$

크리프 시험에서 불시에 응력이 가해지면 오직 대시포트만이 변형에 대한 초기 저항으로 작용하며, 따라서 변형률 대 시간 곡선에서의 초기 기울기는 τ_0/η가 된다. Voigt-Kelvin 요소가 연신됨에 따라 용수철이 점점 더 큰 저항으로 작용하여 크리프 속도는 감소한다. 결국 이 시스템은 용수철 단독으로 응력을 지탱하면서 평형에 다다른다(변형률 속도는 0이며, 대시포트의 저항도 0이다). 평형 상태의 변형률은 단순히 τ_0/G가 된다. 정량적으로 이 응답은 지수적으로 증가한다.

$$\gamma(t) = \frac{\tau_0}{G}(1 - e^{-t/\lambda}) \tag{15.12a}$$

또는 크리프 컴플라이언스로 나타내면 다음과 같다.

$$J_c(t) = \frac{1}{G}(1 - e^{-t/\lambda}) \tag{15.12b}$$

평형에 도달한 후 응력이 제거되면, 변형률은 다음과 같이 지수적으로 감소한다.

$$\gamma(t) = \frac{\tau_0}{G}e^{-t/\lambda} \tag{15.13}$$

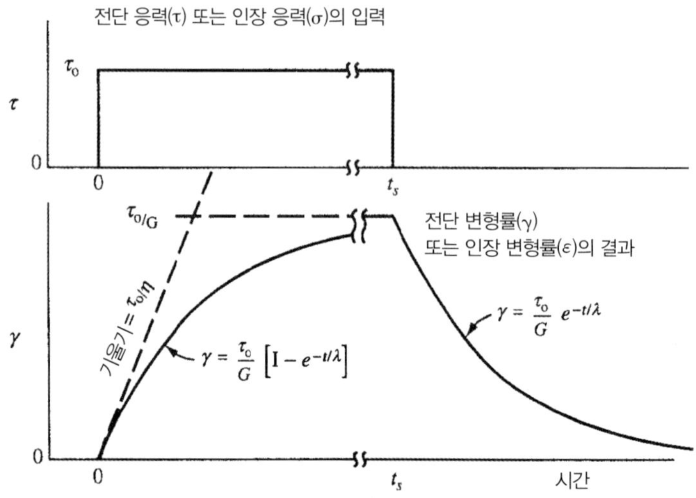

그림 15.7 가해진 전단 응력에 대한 Voigt–Kelvin 요소의 크리프 응답.

Voigt–Kelvin 요소는 응력이 작용하는 동안 변형이 계속해서 일어나는 것은 아니며, 영구 변형도 나타나지 않는다는 것에 유의하라(그림 15.7 참조). 그러므로 이것은 점탄성 고체를 표현하는 것이며, 일부 가교 고분자의 크리프 응답과 잘 부합한다.

Voigt–Kelvin 요소는 응력 완화를 표현하기에는 적당하지 않다. 순간적인 변형을 가하면 대시포트는 무한대의 저항에 직면할 것이고, 따라서 아주 비현실적인 무한대의 응력이 필요할 것이다.

15.2.3 3–인자 모델(3-parameters model)

선형 점탄성 모델의 발전적 형태로서 다음 단계는 소위 3–인자 모델이다(그림 15.1e). 대시포트를 Voigt–Kelvin 요소에 직렬로 연결함으로써 액체를 나타낼 수 있다. 이 모델의 미분 방정식은 다음과 같은 연산자의 형식으로 쓰일 수 있다.

$$\left(1 + \lambda_1 \frac{d}{dt}\right)\tau = \eta_1\left(1 + \lambda_2 \frac{d}{dt}\right)\dot{\gamma} \tag{15.14}$$

여기에서 $\lambda_1 = (\eta_1 + \eta_2)/G$이고 $\lambda_2 = \eta_2/G$이다. 더 나아가, 고차 도함수와 더욱 많은 상수를 더함으로써 식 15.14의 수정된 형태가 제안될 수 있다.

$$\left(1 + \lambda_1 \frac{d}{dt} + \xi_1 \frac{d^2}{dt^2} + \cdots\right)\tau = \eta_1\left(1 + \lambda_2 \frac{d}{dt} + \xi_2 \frac{d^2}{dt^2} + \cdots\right)\dot{\gamma} \tag{15.15}$$

물론 이 식은 충분히 많은 항이 추가된다면 실험 데이터를 더 정확하게 부합시킬 수 있는 식이 될 것이다.

15.3 4-인자 모델과 분자 응답

4-인자 모델(그림15.1f)은 Maxwell 요소와 Voigt-Kelvin 요소를 직렬로 조합시킨 모델이다. 이 모델에 대한 미분 방정식은 다음과 같다.

$$\ddot{\tau} + \left(\frac{G_1}{\eta_2} + \frac{G_1}{\eta_1} + \frac{G_2}{\eta_2}\right)\dot{\tau} + \frac{G_1 G_2}{\eta_1 \eta_2}\tau = G_1 \ddot{\gamma} + \frac{G_1 G_2}{\eta_2}\dot{\gamma} \tag{15.16}$$

이 모델의 크리프 응답은 Maxwell과 Voigt-Kelvin 요소들의 크리프 응답의 합으로 나타난다.

$$\gamma(t) = \frac{\tau_0}{G_1} + \frac{\tau_0}{\eta_1}t + \frac{\tau_0}{G_2}\left[1 - e^{-(G_2/\eta_2)t}\right] \tag{15.17a}$$

또한 크리프 컴플라이언스로 표현하면 아래와 같다.

$$J_e(t) = \frac{1}{G_1} + \frac{1}{\eta_1}t + \frac{1}{G_2}\left[1 - e^{-(G_2/\eta_2)t}\right] \tag{15.17b}$$

이것을 그림 15.8에 요약하였다.

4-인자 모델은 점탄성 재료의 크리프에서 일반적으로 관찰되는 모든 현상, 즉 순간 탄성 변형률, 지연 탄성 변형률, 정상 상태 점성 흐름, 순간 탄성 회복, 지연 탄성 회복, 영구 변형 등을 적어도 정성적으로 표현할 수 있다. 이 모델은 또한 점탄성 재료의 또 다른 유형을 갖는 변형에 대해서도 정성적으로 표현할 수 있다. 이와 함께 중요한 것은, 모델에서의 변수들은 고분자의 다양한 분자 응답 기구와 동일시할 수 있으며, 따라서 분자 구조에서의 변화가 기계적 특성에 미치는 영향 등을 예견하는 데 사용될 수도 있다는 것이다. 다음과 같은 유사한 점들을 이끌어낼 수 있다.

1. **대시포트** 1(그림 15.1f)은 분자간 미끄러짐, 즉 분자의 병진 운동(translational motion)을 나타낸다. 분자와 분자 간의 미끄러짐은 흐름을 유발한다. 오직 η_1 값(미끄러짐에서의 분자 마찰)만이 재료의 평형 흐름을 좌우한다.
2. **용수철** 1은 결합각과 결합 길이의 탄성 변형을 나타낸다. 고분자 사슬의 모든 결합들은 평형 결합각과 결합 길이를 가지고 있다. 이들 평형 결합각과 결합 길이로부터 변형되는 것에 대한 저항은 G_1 값이 결정한다. 이런 변형들은 원자간 결합을 포함하기 때문에 거시적 관점에서 볼 때 기본적으로 즉각적으로 일어나게 되는 것이다. 이러한 유형의 탄성을 열역학적으로는 **에너지 탄성**(*energy elasticity*)이라고 한다.
3. **대시포트** 2는 고분자 사슬의 일시적인 기계적 엉킴과 이 과정 중에 발생하는 분자 마찰에 기인한, 사슬들의 감김(coiling)과 풀림(uncoiling)에 대한 저항을 의미한다. 많은 고분자 사슬 분절들이 모두 함께 운동하는 것이 선행되어야 감김과 풀림이 발생하

기 때문에, 감김과 풀림은 즉각적으로 발생하기 어려우며, 따라서 이것은 지연 탄성을 설명하는 것이다.

4. **용수철** 2는 사슬 분절들의 열운동으로부터 야기되는 복원력을 의미하며, 이 복원력은 응력에 의해 배향된 사슬들을 가장 무질서한 혹은 가장 높은 엔트로피의 배열 상태로 되돌리려고 하는 경향이 있다. 그러므로 이것을 **엔트로피 탄성**(*entropy elasticity*)이라고도 한다.

그림 15.8에 나타난 시간척도의 크기는, 물론 모델에서의 변수들 값에 따라 다르다. 특히 두 점도는 온도에 강하게 의존한다. 예를 들어, η_1과 η_2가 매우 큰, T_g보다 훨씬 낮은 온도에서, 눈에 띌 만한 지연 탄성과 흐름을 관찰하기 위해서는 대략 수 일 또는 수 주 정도의 t_s가 필요하다. T_g보다 훨씬 높은 온도에서는 그 변형을 인지하는 데 단지 몇 초 이내의 t_s가 필요할 것이다. 명심해야 할 중요한 것은 단기간에 측정된 특성을 기반으로 한 설계는 장기간에 걸쳐 응력이 가해지는 물체에 대해서는 부적합하다는 것이다.

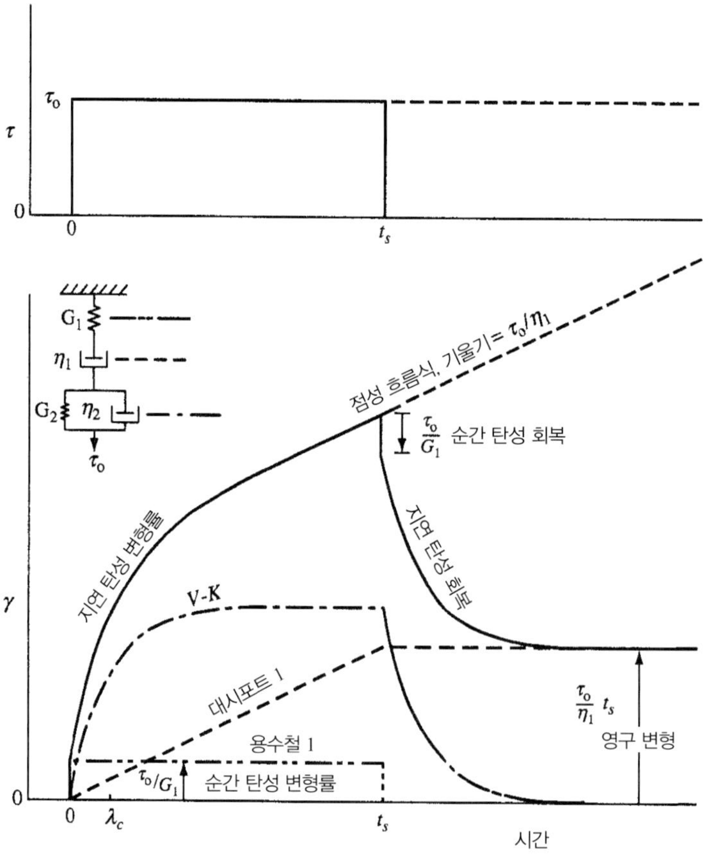

그림 15.8 전단 응력에 대한 4-인자 모델의 크리프 응답. 이 모델은 인장 응력 σ와 이에 상응하는 인장 변형률 ε에 대해서도 적용할 수 있음을 유의하라.

예제 15.2 4-인자 모델을 기초로 하여 선형 비정질 고분자의 크리프 응답에 대한 (a) 분자량 증가 및 (b) 가교도 증가의 영향을 정성적으로 스케치하시오.

풀이

(a) 14장에서 논의하였듯이, 모델에서 η_1으로 표현되는 고분자의 평형 제로-전단(선형) 점도는 $\overline{M}_w$의 3.4제곱에 비례하여 증가한다. 그러므로 정상 상태 흐름 영역에서의 기울기 τ_0/η_1는 분자량이 증가함에 따라 급격하게 감소하며, 이에 상응하여 영구 변형 $(\tau_0/\eta_1)t_s$도 감소한다(그림 15.9).

(b) 고분자의 분자량이 무한대에 도달할 때 낮은 가교도의 고분자에서 위 (a) 경우의 한계가 나타나는데, 이것은 가교점에 의해 모든 사슬들이 서로 연결되어 있기 때문이다. 이 조건하에서는 사슬들 사이의 미끄러짐이 일어날 수 없고, 따라서 그림 15.9의 수평선으로 나타낸 바와 같이 η_1은 무한대가 된다. 이는 초기 용수철이 반응한 후, 더 이상 대시포트의 움직임을 허락하지 않는다는 것을 의미한다. 고무 밴드에서와 같이 가교도가 낮다면(가교점의 수가 적고 가교점 간 거리가 멀다면) 감김과 풀림은 크게 방해받지 않을 것이다. 가교는 재료를 유체에서 고체로 변화시키며(궁극적으로는 일정한 응력 조건에서 평형 변형률에 도달하는 것이다), 영구 변형을 사라지게 함

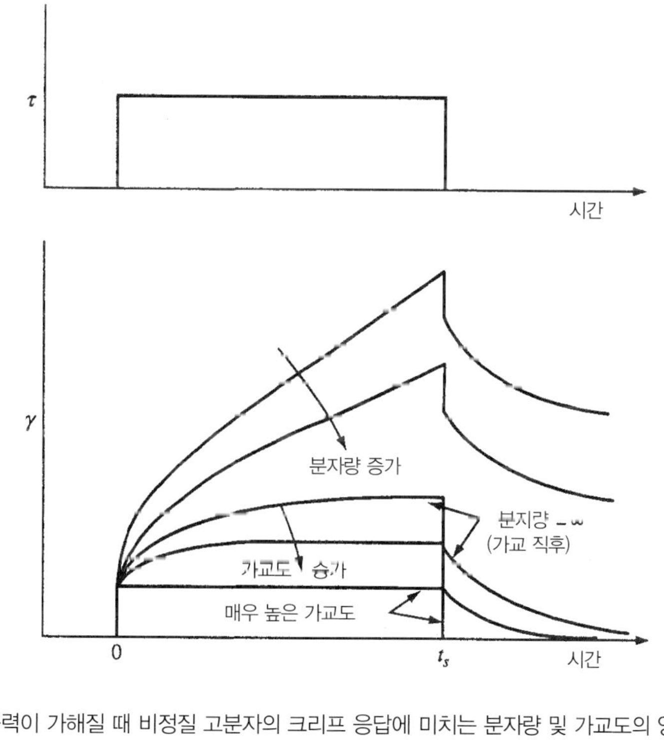

그림 15.9 전단 응력이 가해질 때 비정질 고분자의 크리프 응답에 미치는 분자량 및 가교도의 영향. 고정값의 인장 응력 σ를 가했을 때, 신장 변형률(elongational strain) ε에 대해서도 비슷한 응답 거동이 관찰될 것이다.

에 유의하라. 저가교 고무의 평형 탄성률은 '고무' 탄성률의 특징적인 수치인 0.1~1 MPa 수준으로 나타난다. 가교도가 증가하면 사슬의 풀림이 방해받고 복원력이 증가한다(η_2와 G_2 증가). 경질 고무(에보나이트)에서와 같이 높은 가교도에서 남아 있는 유일한 응답 기구는 결합각과 길이가 변형하는 것이고, 유리상 고분자(T_g 이하에서)의 특징적인 값인 1~10 GPa 수준의 탄성률을 나타내는 거의 완전한 탄성 재료가 된다.

4-인자 모델은 앞서 언급했던 흥미로운 점탄성 응답의 예시들을 잘 설명할 수 있다. 예를 들어, 대시포트 1은 점성 흐름을 허락하는 반면, 용수철 1과 2의 복원력에 의해서는 Weissenberg 효과의 원인이 되는 '고무 밴드' 탄성이 제공된다. Weissenberg 효과는 고분자 용액이 회전하는 막대로부터 흩뿌려지지 않고 막대를 따라 말려 올라가는 현상을 일컫는다. 공학 응력-변형률 시험에서 변형률 속도가 증가함에 따라 고분자의 탄성률이 증가하는 것을 관찰할 수 있다. 높은 변형률 속도에서는 용수철 1이 주된 응답 기구로서 작용한다. 변형률 속도가 낮아짐에 따라 대시포트 1과 Voigt-Kelvin 요소가 전체 변형에서 점점 더 큰 기여를 하게 되어, 어떠한 응력에서나 변형률이 더욱 증가, 즉 탄성률이 낮아지게 된다. 실리 퍼티가 바운스될 때(짧은 시간 동안 갑작스럽게 응력이 작용될 때) 용수철 1이 또다시 주된 응답 기구로 작용한다. 대시포트 1과 2에 의한 눈에 띌 만한 흐름이 발생할 시간이 없어서, 초기 위치 에너지의 일부만이 미끄러짐과 풀림에 포함되는 분자 마찰을 통해 열로 전환되며, 재료는 거의 완전 탄성체처럼 거동한다. 실리 퍼티가 벽에 붙어 있을 때, 응력(이 경우 자체 무게에 기인한 응력)이 긴 시간에 걸쳐 작용되며 대시포트 1에서와 같은 분자 미끄러짐의 결과로서 아래 방향으로 흘러내린다.

15.4 점성 또는 탄성 응답? Deborah 수[1]

위에서 논의하였듯이, 점탄성 유체가 탄성체 또는 점성 액체로 거동할지의 여부는 재료에 가해지는 변형의 시간척도와 재료가 응답하는 시간-의존성 기구와의 관계에 의존한다. 엄밀히 말하면 단일 완화 시간(single relaxation time)이라는 개념은 1차 응답(first-order response)에만 적용할 수 있고, 따라서 일반적으로는 실제 재료에 적용할 수 없다. 그럼에도 불구하고 어떤 재료의 특성 완화 시간 λ_c는, 예를 들어 한 단계 변화에 대한 최종 지연 탄성 응답의 $1-1/e$ 또는 63.2%에 도달하는 데 필요한 시간으로 항상 정의될 수 있다. 정확한 값은 거의 필요하지 않다. 특성 시간은 단순히 재료의 시간-의존성 탄성 응답의 속도를 특정 짓는 수단을 말하며, 짧은 특성 시간 λ_c는 빠른 응답을, 긴 특성 시간 λ_c는 느린 응답을 의미한다. 변형의 시간척도에 대한 재료의 특성 시간의 비를 **Deborah 수**라고 한다.

$$\mathrm{De} \equiv \frac{\lambda_c}{t_s} \tag{15.18}$$

높은 Deborah 수(De ≫ 1)에서는 응답이 탄성으로 나타나고, 낮은 Deborah 수(De → 0)에서는 점성으로 나타난다.

예를 들어 4-인자 모델의 크리프 응답(그림 15.8)을 생각해 보라. 이 모델에서 특성 시간 λ_c는 논리적으로 Voigt-Kelvin 성분에 대하여 일정한 시간인 η_2/G_2가 될 것이다. De ≫ 1($t_s \ll \lambda_c$)일 때, Voigt-Kelvin 요소와 대시포트 1은 기본적으로 움직이지 못하게 되고, 거의 전적으로 용수철 1에 기인하는, 즉 거의 순수한 탄성적 응답이 지배적일 것이다. De → 0($t_s \gg \lambda_c$)일 때, 순간 탄성과 지연 탄성 응답 기구는 이미 평형에 도달한 상태라서 오직 대시포트 1에 의한 완전한 점성 흐름만이 응답 기구로 남게 되며, 점성 흐름에 의한 변형은 탄성 응답에 의한 변형을 완전히 압도하게 될 것이다(그림 15.8의 크리프 곡선이 1 미터 또는 그 페이지의 바깥으로까지 연장되는 것을 상상해 보라). De → 0인 조건에서 재료는 순수 점성 유체의 개요를 다룬 14장의 기법으로 다루어질 수 있다.

14장에서 서술한 장치의 변형을 통해 재료의 탄성 응답에 대한 정보를 얻을 수도 있다. 예를 들어, 회전식 점도계에서 응력을 갑자기 제거하면 재료의 크리프 회복이나 탄성에 의한 되감김 등이 뒤따를 수 있다. 이 과정에서 재료의 특성 시간 λ_c 값을 얻을 수 있다.

예제 15.3 열전쌍과 피토관(차압을 기반으로 하여 유량을 측정하는 데 사용되는)을 흐르는 점탄성 유체 중심에 넣어 측정하면 가끔 잘못된 결과가 나오는데, 그 이유를 설명하시오.

풀이 정상 상태 흐름(De → 0)의 점탄성 유체가 탐침과 조우하면 갑작스럽게(De ≫ 0) 방향을 바꾸어 이곳저곳으로 분산하게 된다. 지연 탄성 응답 기구는 탐침 바로 근처에서는 충분히 빠르게 응답할 수 없으며, 마치 유체에 딱딱한 덮개가 덮인 것처럼 거동하게 된다. 그러므로 측정값은 탐침에 의해 방해받지 않은 유체의 특성이 아닌 것이다.

예제 15.4 (이것은 A.B. Metzner 교수에 의해 알려진 것으로, TV의 '호기심해결사' 팀에 의해 증명되었다.) 나무 그루터기에 물이 담긴 종이컵이 놓여 있다. 22구경 총알을 종이컵에 발사하면 총알은 종이컵을 통과하며 종이컵은 그루터기 위에 그대로 남게 된다. 이번에는 또 다른 컵에 묽은 고분자 용액을 넣고 총을 발사하면 그루터기로부터 25피트 튕겨 나간다. 이를 설명하시오.

풀이 물과 같은 저분자량 유체의 특성 완화 시간은 총알이 컵을 통과하는 시간(t_s)보다도 극히 짧다. 이는 De가 낮은 상태로서, 물은 점성 유체와 같이 거동한다. 적은 운동량이 점성 마찰로서 물에 전달되지만 컵을 밀려나게 할 만큼 충분하지는 않다. 고분자 용질을 첨가하면 특성 완화 시간은 높은 De가 될 때까지 크게 증가한다(고분자 사슬이 총알의 경로로부터 벗어날 수 있을 만큼 빠르게 응답할 수 없다). 따라서 사실상 총알은 고체에 충돌하는 것과 같고 운동량의 대부분이 유체-컵 시스템에 전달되어 그루터기로부터 튕겨 나가게 되는 것이다.

15.5 정량적인 점탄성 모델링 방법[2~5]

4-인자 모델이 개념적 관점에서 유용하지만 실험적 데이터와는 정확하게 맞지 않으며, 따라서 이 모델을 통하여 재료의 응답을 정량적으로 예측할 수 없다. 정량적으로 예측하고 분자 응답에 대한 상세한 정보를 추론하기 위해서 더욱 일반적인 모델들이 개발되었다. **일반화된 Maxwell 모델**(*generalized Maxwell model*)(그림 15.10)을 이용하여 응력-완화 실험을 설명할 수 있다. 각각의 Maxwell 요소의 응력 완화는 다음과 같이 주어진다.

$$\tau_i(t) = \gamma_0 G_i e^{-t/\lambda_i} \tag{15.19}$$

여기서 $\lambda_i = \eta_i/G_i$이다. 각 요소들이 모두 똑같이 일정한 변형률 γ_0를 받고 있을 때 일반화 모델의 응력 완화는 다음과 같다.

$$\tau(t) = \sum_{i=1}^{n} \tau_i(t) = \gamma_0 \sum_{i=1}^{n} G_i e^{-t/\lambda_i} \tag{15.20a}$$

시간-의존성 완화 탄성률을 $G_r(t)$로 표현하면, 응답은 다음과 같이 나타낼 수 있다.

$$G_r(t) \equiv \frac{\tau(t)}{\gamma_0} = \sum_{i=1}^{n} G_i e^{-t/\lambda_i} \tag{15.20b}$$

여기서 n이 크다면, 식 15.20에서의 합은 **완화 시간의 연속 분포**(*continuous distribution of relaxation times*) $G(\lambda)$를 적분하는 것으로 근사시킬 수 있다.

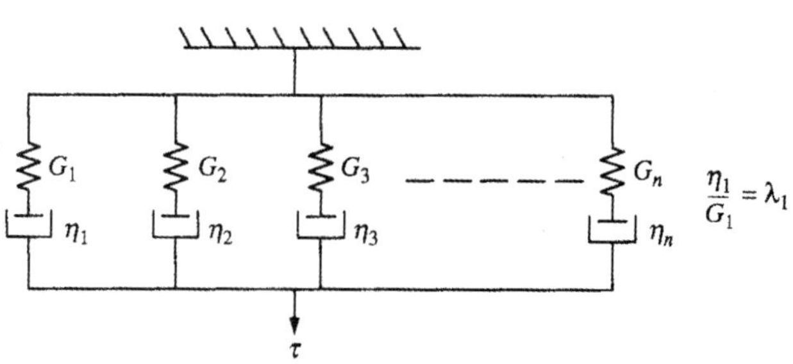

그림 15.10 전단에 대한 재료 응답의 일반화 Maxwell 모델. 이 모델은 또한 인장 응력 σ에 대한 응답을 나타내는 데 사용될 수 있다.

$$G_r(t) = \int_0^{\infty} G(\lambda)e^{-t/\lambda}d\lambda \tag{15.21}$$

G_i는 탄성률 단위(예로 dyn/cm^2 또는 MPa)를 갖는 반면, $G(\lambda)$는 탄성률/시간 단위라는 것에 주목하라. 또한 일반화된 Maxwell 모델로 가교 고분자와 같은 점탄성 고체를 설명하려면 점도 중 적어도 하나는 무한대여야 한다는 것에도 유의해야 한다.

일반화된 Voigt–Kelvin 모델로 크리프 시험을 나타낼 수 있다(그림 15.11). 각각의 Voigt–Kelvin 요소의 크리프 응답은 다음과 같이 주어진다.

$$\gamma_i(t) = \tau_0 J_i(1 - e^{-r/\lambda_i}) \tag{15.22}$$

여기서 $J_i = 1/G_i$로서 각 용수철의 컴플라이언스이다. 일정한 응력 τ_0가 각각의 요소에 동일하게 작용할 때, 전체 배열의 응답은 다음과 같다.

$$\gamma(t) = \tau_0 \sum_{i=1}^{n} J_i(1 - e^{-t/\lambda_i}) \tag{15.23a}$$

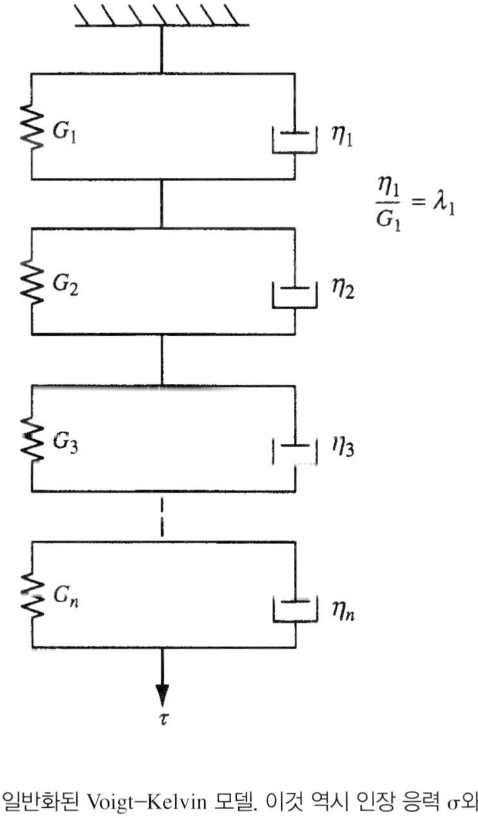

그림 15.11 전단 응력 τ에 따른 일반화된 Voigt–Kelvin 모델. 이것 역시 인장 응력 σ와 이에 상응하는 탄성률 E_i를 모델링하는 데 사용될 수 있다.

또한 크리프 컴플라이언스 $J_c(t)$로 정리하면 아래와 같다.

$$J_c(t) \equiv \frac{\gamma(t)}{\tau_0} = \sum_{i=1}^{n} J_i(1 - e^{-t/\lambda_i}) \tag{15.23b}$$

n이 클 경우 위의 이산합(discrete summation)은 다음과 같이 근사시킬 수 있다.

$$J_c(t) = \int_0^\infty J(\lambda)(1 - e^{-t/\lambda})d\lambda \tag{15.24}$$

여기서 $J(\lambda)$는 **지연 시간의 연속 분포**(*continuous distribution of retardation times*)(1/탄성률 · 시간)이다.

일반화된 Voigt-Kelvin 모델로 선형 고분자와 같은 점탄성 액체를 설명하려면, 용수철 중 하나의 탄성률이 반드시 0이어야 하며(무한대 컴플라이언스), 이것은 다른 모든 Voigt-Kelvin 요소에 대시포트 하나만이 직렬로 연결되는 것과 같다. 때때로 이 단일 대시포트의 정상 흐름 응답인 $\gamma_{\text{dashpot}} = (\tau_0/\eta_0)t$를 전체 응답에서 빼서, 오직 전체 응답에 대한 **탄성**(*elastic*)의 기여만을 나타내는 컴플라이언스를 남겨놓기도 한다.

$$\gamma(t) = \frac{\tau_0}{\eta_0}t + \tau_0 \sum_{i=1}^{n} J_i^\dagger(1 - e^{-t/\lambda_i}) \tag{15.25a}$$

$$J_e(t) = \frac{t}{\eta_0} + \sum_{i=1}^{n} J_i^\dagger(1 - e^{-t/\lambda_i}) \tag{15.25b}$$

$$J_c^\dagger(t) = J_c(t) - \frac{t}{\eta_0} = \sum_{i=1}^{n} J_i^\dagger(1 - e^{-t/\lambda_i}) \tag{15.26}$$

$$J_c^\dagger(t) = J_c(t) - \frac{t}{\eta_0} = \int_0^\infty J^\dagger(\lambda)(1 - e^{-t/\lambda}) \tag{15.27}$$

여기서 η_0는 정상 상태(뉴턴) 점도이다. 단검 표시는 정상 상태 점성 흐름을 제거하여 별개로 취급된 것을 표시한다.

식 15.20과 15.23을 적용하여 데이터를 정확하게 표현하기 위해서는 상당히 큰 n 값을 포함하므로, 필요 이상의 매우 많은 매개변수 λ_i와 $G_i = 1/J_i$가 필요하다. 그러나 각각의 매개변수들은 다음과 같은 관계가 있다고 제안되었다[6].

$$\lambda_i = \frac{\lambda_0}{i^\alpha} \tag{15.28}$$

$$G_i = \frac{1}{J_i} = \frac{\eta_0}{\sum_{i=1}^{n} \lambda_i} \tag{15.29}$$

식 15.28과 15.29에서는 G_i는 모두 같고 $\eta_0 = \Sigma\eta_i$(또한 $\eta_i = \lambda_i G_i$)라는 것이 필요하다. 이것을 통해 필요한 매개변수의 수가 세 개, 즉 정상 상태 제로-전단 점도 η_0, 최대 완화 시간

λ_0, 그리고 실험 상수값 α로 줄어든다. 묽은 고분자 용액에 대한 Rouse 이론[7]에 따르면 $\alpha=2$로 예측되었으나, 짙은 고분자 용액이나 용융 고분자에서는 α가 2와 4 사이의 값일 때 잘 들어맞는다[6].

합리적인 응답 모델을 제시할 수 있을 만큼 충분히 많은 이산 변수들은 종종 Tobolsky의 'Procedure X(절차 X)'[4]를 이용하여 크리프나 응력 완화 실험 데이터로부터 추출할 수 있다. 이 절차를 이용하여 응력 완화 데이터를 완화 탄성률 $G_r(t)$의 형태로 나타낼 것이다. 식 15.20*b*는 다음과 같이 나타낼 수 있다.

$$G_r(t) = G_1 e^{-t/\lambda_i} + G_2 e^{-t/\lambda_2} + G_3 e^{-t/\lambda_3} + \cdots \qquad (15.20b)$$

이 절차는 두 가지 가정에 기초한다. 첫 번째로, G_i 값들의 크기는 서로 크게 다르지 않다. 실제로 자주 그런 것으로 나타난다. 식 15.29에서 보듯이, 이 이론에서는 G_i 값은 같아야 한다는 것을 암시하고 있다. 두 번째로, $\lambda_1 > \lambda_2 > \lambda_3 \cdots$를 만족하는 몇몇 별개의 λ_i가 존재하고, 이들은 서로 차이가 커서 긴 시간 뒤에 2차, 3차, 그리고 고차 항들은 0에 근접하며, 오직 첫 번째 항만이 $G_r(t)$를 결정하게 된다. 이 가정들은 쉽게 시험해 볼 수 있다. $\ln G_r(t)$ 대 t의 그래프가 긴 시간 t에서 선형으로 나타난다면, 이 가정들은 유효하다. 만약 그것이 사실로 나타난다면, 이때 긴 시간에서 선형 구간의 기울기는 $-1/\lambda_1$이고, $t=0$에서의 절편은 $\ln G_1$이다. 전체 응답에서 방금 구한 첫 번째 Maxwell 요소에 의한 응답을 빼면 다음과 같다.

$$G_r(t) - G_1 e^{-t/\lambda_1} = G_2 e^{-t/\lambda_2} + G_3 e^{-t/\lambda_3} + \cdots \qquad (15.30)$$

또한 $\ln\,[G_r(t) - G_1 e^{-t/\lambda_1}]$ 대 t의 그래프를 그린다. 반복해서, 만약 긴 시간에서 선형 구간에 도달한다면 이 영역에서의 기울기는 $-1/\lambda_2$, 절편은 $\ln G_2$가 되며, 이 과정이 반복된다.

원칙적으로 이 과정은 무한히 반복할 수 있다. 실제로 전형적인 하나의 온도에서의 실험 데이터의 정확성과 시간척도는 거의 $i=3$ 이상으로 가지 않는다는 것이 타당하다. 그렇지만 3-인자를 일반화한 Maxwell 모델은 데이터와 잘 들어맞아서 이것을 확립하는 데 종종 사용될 수 있다. 더욱 중요한 것은, 적어도 비슷한 시간척도에 걸쳐서, 다른 유형의 변형에서의 재료 응답을 예측하는 것에도 이 모델을 사용할 수 있다는 것이다. 아래에서 논의될 시간-온도 중첩의 원리를 이용하여 매개변수들이 $i=6$ 또는 7 정도로 확립될 수 있는 지점까지 시간척도를 확장할 수 있다.

여기에서 소개한 방법을 이용하여 응력-완화 측정으로부터 크리프 응답을 예측할 수 있으며 그 반대의 경우도 가능하다. 이러한 상호 전환성은 여기에서 논의된 두 가지 유형과 더불어 다음 절에서 설명되는 바와 같은, 다양한 선형 기계적 응답에도 적용된다. 상호 전환 절차는 Schwarzl에 의해 상세히 논의되었다[8, 9]. 뿐만 아니라 $G(\lambda)$ 또는 $J(\lambda)$의 분포 형태는 고분자 학자들에게 고분자의 분자 응답 기구에 대한 정보를 제공한다. 예를 들어,

특정 영역에서 λ의 피크는 분자의 곁사슬 움직임을 의미하기도 한다. 이러한 유형의 정보는 특정한 기계적 특성을 제공하기 위해 필요한, 곁사슬의 형태에 따른 고분자를 '설계'하는데 도움을 줄 수 있다.

15.6 Boltzmann 중첩 원리

초기에 응력이 가해지지 않은 어떤 재료가, $t=0$에서 순간 변형률 $\gamma(t_0)$가 부가되어 잠시 동안 일정하게 유지되는 시험을 받고 있다고 가정하라. 이것은 고전적인 응력 완화로서, 이때의 응력은 재료의 시간-의존성 완화 탄성률 $G_r(t)$, 즉 $\tau(t)=G_r(t)\gamma(t_0)$에 따라 감소될 것이다. 그러나 시간 t_1에서 변형률은 새로운 수준의 $\gamma(t_1)$으로 급격하게 변하고, 잠시 그 수준을 유지하다가 t_2에서 다시 $\gamma(t_2)$로 변하며, 이후 이 과정이 반복되는 것을 그림 15.12a에 나타내었다. 이와 같은 이력의 변형률의 결과로서 그 응력은 어떻게 될 것인가? 1876년에 Boltzmann은 각 개개의 변형률 증가에 기인하는 응력은 선형적인 합, 즉

$$\tau(t)=\sum_{i=0}^{n}\Delta\tau_i=\sum_{i=0}^{n}G_r(t-t_i)\Delta\gamma(t_i)\quad (t>t_i\text{일 때}) \tag{15.31}$$

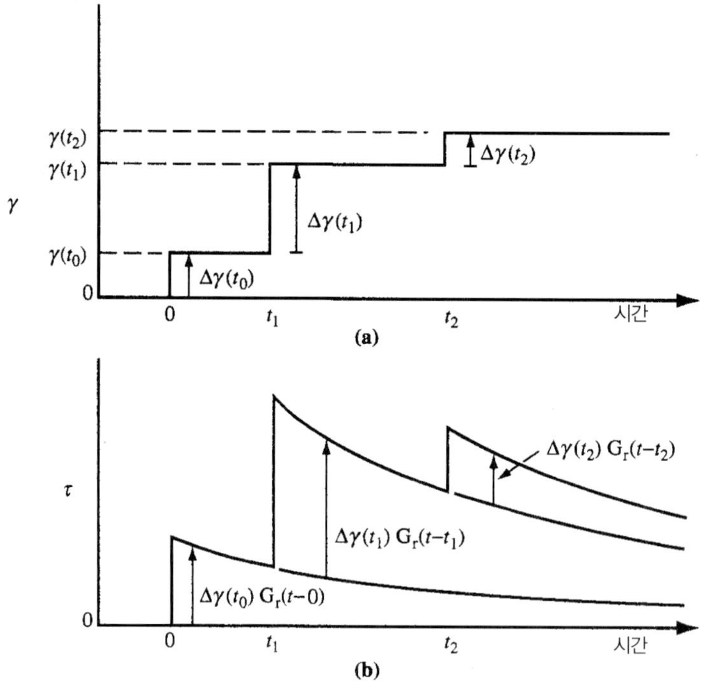

그림 15.12 Boltzmann 중첩 원리: (a) 부가된 변형률 이력, (b) 결과적으로 나타난 응력의 이력. 이 실험은 응력을 부가한 뒤 변형률 이력이 나타나도록 바꾸어 실시할 수도 있다. 보이는 전단 응력과 전단 변형률 또한 인장 응력과 인장 변형률로 대체될 수 있다.

이어야 한다고 제안하였다.

여기서

$$\Delta\gamma(t_i) = \gamma(t_i) - \gamma(t_{i-1}) \tag{15.32a}$$

또한

$$\Delta\tau_i = G_r(t - t_i)\Delta\gamma(t_i) \tag{15.32b}$$

여기서 $\Delta\tau_i$는 변형률의 증가 $\Delta\gamma_i$로부터 발생하는 응력의 증가를 의미한다. $t-t_i$는 특정의 변형률 증가 $\Delta\gamma_i$를 적용한 후의 시간을 의미한다. 이러한 거동을 그림 15.12b에 나타내었다.

Boltzmann에 따르면, 비록 $G_r(t)$가 시간에 따라 감소하는 함수라서 $\Delta\gamma(t_i)$가 뒤로 갈수록 현재의 영향이 더욱 적어진다 하더라도, 시간 t에서 재료의 응력은 전적으로 과거의 변형률 이력에 의한 영향을 받는다고 하였다. 이것은 때때로 **기억 기능**(*memory function*)으로 일컫는 $G_r(t)$처럼, 점탄성 재료를 마치 쇠퇴하는 기억을 가진 사람(마치 나이든 교수처럼)으로 의인화한 개념과 같다(물론 이러한 개념은 선형적 합이 없을 때에도 여전히 유효하나 – 단시 정량화하기 매우 어려울 뿐이다)[1].

예제 15.5 Maxwell 요소는 초기에 응력과 변형률에서 자유롭다. 시간이 $t=0$에서 변형률의 크기 γ_0가 순간적으로 가해져서 $t=\lambda/2$까지 일정하게 유지되고, 이후 변형률이 갑자기 $-\gamma_0$로 역전된 후 그 값으로 일정하게 유지된다(그림 15.13a). $\tau(t)$에 대한 표현을 구하고 그 결과를 그림으로 나타내시오.

풀이 Maxwell 요소를 위한 완화 탄성률(기억 기능) $G_r(t)$는 식 15.8*b*로 주어진다. 이 특정한 변형률 이력에 대하여, $\Delta\gamma(t_0)=+\gamma_0$와 $\Delta\gamma(t_1)=-2\gamma_0$이다(절댓값이 아니라 그 증가분이 필요함을 기억하시오). 이 값들을 식 15.31에 대입하면 아래와 같다.

$$\begin{aligned}\tau(t) &= G_r(t-0)\Delta\gamma(t_0) + G_r(t-t_1)\Delta\gamma(t_1) \\ &= \gamma_0 G e^{-t/\lambda} - 2\gamma_0 G e^{-(t-t_1)/\lambda} \\ &= \gamma_0 G[e^{-t/\lambda} - 2e^{-(t-t_1)/\lambda}\end{aligned}$$

이 결과를 그림 15.13b에 무차원 그림으로 나타내었다. 명심할 것은 두 번째 항은 오직 $t > t_1 - \lambda/2$에서만 적용된 것이다.

물론, 식 15.31과 같이 모든 변형률 이력이 깨끗한 일련의 정형화된 단계 변화로 구성되는 것은 아니다. 그러나 가해진 변형률이 시간에 따라 어떻게 변한다 하더라도, 항상 일련의

[1]이 해석은 또한 인장 변형률 $\varepsilon(t_0)$를 받을 때의 인장 응력 $\sigma(t)$와 완화 탄성률 $E_r(t)$에 따른 재료 거동이나, 또는 역으로 인장 응력이 가해져서 재료의 변형률이 발생할 때의 재료 거동에도 적용할 수 있다는 것에 유의하라.

미분 단계 변화로서 근사할 수 있다. 따라서 식 15.31은 다음과 같이 된다.

$$\tau(t) = \int_{\gamma(-\infty)}^{\gamma(t)} G_r(t-t')d\gamma(t') = \int_{-\infty}^{t} G_r(t-t')\frac{d\gamma(t')}{dt'}dt' = \int_{-\infty}^{t} G_r(t-t')\dot{\gamma}(t')dt' \tag{15.33}$$

여기서 t = **현재** 시간, 그리고 t' = **과거** 시간을 나타낸다. 식 15.33에서 다소 기이한(그렇지만 매우 표준적인) 표기에 대하여 설명할 필요가 있다. 우리는 현재 시간 t에서의 응력을 구하기 위해, 그 시료의 모든 과거의 변형률 이력에 대하여, 즉 하한인 $t' = -\infty$부터 적분해야만 한다. 어떤 경우(모든 경우는 아니지만)에는 $t' < 0$에서 $\tau = \gamma = 0$이라고 가정하는 것이 편리하며, 이 경우 적분의 하한은 영이 된다.

식 15.33은 응답이 선형적인 한, 어떠한 변형률 이력에 대해서도 응력-완화 데이터 $G_r(t)$로부터 $\tau(t)$를 계산할 수 있게 해준다. 게다가 식 15.31의 역함수를 취함으로써 $\tau(t)$와 $\gamma(t)$의 측정을 통해 $G_r(t)$를 구할 수 있다(적어도 원리적으로는). 독립 변수가 $\tau(t)$이며 $\gamma(t)$를 계산하기를 원할 때, 크리프 컴플라이언스 $J_c(t)$를 이용하여 식 15.31 및 15.33과 유사한

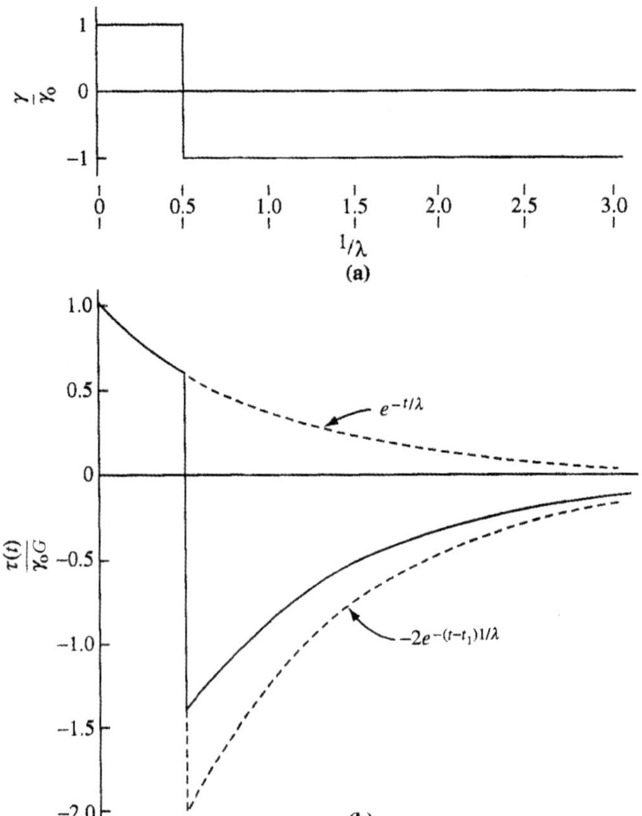

그림 15.13 변화하는 전단 변형률에 대한 Maxwell 요소의 응력 응답(예제 15.5).

식을 아래와 같이 나타낼 수 있다.

$$\gamma(t) = \sum_{i=0}^{n} \Delta\gamma_i = \sum_{i=0}^{n} J_c(t - t_i)\Delta\tau(t_i) \quad (t > t_i \text{일 때}) \tag{15.34}$$

$$\gamma(t) = \int_{\tau(-\infty)}^{\tau(t)} J_c(t - t')d\tau(t') = \int_{-\infty}^{t} J_c(t - t')\frac{d\tau(t')}{dt'}dt' = \int_{-\infty}^{t} J_c(t - t')\dot{\tau}(t')dt' \tag{15.35}$$

모든 것을 고려해 볼 때, 선형 재료의 가장 좋은 정의는 단순히 Boltzmann의 원리를 따르는 것일 것이다. 그러므로 선형성이 있는 용수철-대시포트 모델은 자동적으로 Boltzmann의 원리를 따른다. 그렇지만 용수철-대시포트 모델에 대한 Boltzmann 원리의 의존성을 추론하지 않는 것이 중요하다. Boltzmann 원리는 용수철-대시포트 모델로 묘사할 수 있는지의 여부와 관계없이, 선형 응답을 하는 물체에 적용한다. 실험을 통해 얻은 $G_r(t)$나 $J_c(t)$ 데이터만 있으면 적용할 수 있다는 것이다. 여기서는 편의상 원리의 응용을 설명하기 위해 모델들을 사용하였을 뿐이다.

예제 15.6 Boltzmann 중첩 원리를 적용하여 예제 15.1을 풀고, 이를 통해 공학 응력-변형률 시험에서의 응력-시간 응답을 응력-완화 데이터로부터 어떻게 예측할 수 있는지 보이시오.

풀이 Maxwell 요소에 대한 인장 응력-완화 탄성률은 다음과 같다.

$$E_r(t) \equiv \frac{\sigma(t)}{\varepsilon_0} = Ee^{-t/\lambda}$$

인장에서, $t' < 0$에 대해 $\sigma = \varepsilon = 0$이라는 가정이 있으므로 식 15.33은 다음과 같다.

$$\sigma(t) = \int_0^t E_r(t - t')\frac{d\varepsilon(t')}{dt'}dt'$$

그러나 공학 응력-변형률 시험에서

$$\frac{d\varepsilon(t')}{dt'} = \dot{\varepsilon} \approx \text{일정} = \dot{\varepsilon}_0$$

따라서,

$$\sigma(t) - E\dot{\varepsilon}_0 \int_0^t e^{-(t-t')/\lambda}dt'$$

$t' = 0$에서 $t' = t$까지, 재료의 과거 이력에 걸쳐 현재 시간(즉 t는 상수이다)까지 적분한 결과는 아래와 같다.

$$\sigma(t) = E\dot{\varepsilon}_0\lambda[1 - e^{-t/\lambda}] = \eta_e\dot{\varepsilon}_0[1 - e^{-(E/\eta_e)t}]$$

이것은 예제 15.1에서 Maxwell 요소에 대한 미분 방정식을 직접 적분하여 얻어진 것과 같다.

예제 15.7 점탄성 재료에서의 응력은 재료의 과거 변형률 이력에 의존한다는 것을 보이기 위해, 응력과 변형률에서 최초의 자유로운 상태에 있는 Maxwell 요소에서, 시간 t_s일 때 변형률 γ_0를 야기하는 응력 $\tau(t_s)$를 아래의 세 가지 다른 경로를 따라 계산하시오.

(a) $t' < 0$에서 $\gamma = 0$; $0 \le t' \le t_s$에서 $\gamma = \gamma_0$

(b) $t' < t_s$에서 $\gamma = 0$; $t' \ge t_s$에서 $\gamma = \gamma_0$

(c) $\gamma(t') = (\gamma_0/t_s)t'$

풀이

(a) 이것은 오래된 응력 완화의 좋은 예이다. 식 15.8*a*로부터

$$\tau(t_s) = G\gamma_0 e^{-t_s/\lambda}$$

(b) 이것은 응력 완화에서 초기 연신에 해당한다.

$$\tau(t_s) = G\gamma_0$$

(c) 이것은 일정한 전단 속도 $\dot{\gamma}_0 = \gamma_0/t_s$를 갖는 공학 응력-변형률 시험과 유사한 전단이다. 위 예제 15.6의 풀이로부터 유추하면 다음과 같다.

$$\tau(t_s) = G\dot{\gamma}_0\lambda(1 - e^{-t_s/\lambda}) = G(\gamma_0/t_s)\lambda(1 - e^{-t_s/\lambda})$$

15.7 동적 기계적 시험

크리프와 응력-완화 측정은 전기 및 공정 시스템의 동역학을 분석하는 단계-응답 기술을 사용하는 것에 해당한다. 이 분야에 익숙한 사람들은 아마도 주파수-응답 분석이 시스템의 동역학 연구를 위한 다목적 도구임을 알고 있을 것이다. 비슷한 방법인 **동적 기계적 시험**(*dynamic mechanical testing*)은 점탄성 재료의 기계적 거동을 분석하기 위해 사용된다. 이것은 근본적으로 사인곡선 형태로 변하는 응력 또는 변형률에 대한 점성과 탄성 요소의 서로 다른 응답을 기반으로 한다.

만일 사인파 형태의 변형률 $\gamma = \gamma' \sin\omega t$(여기서 ω는 radian/s 단위의 각주파수이다)가 선형 거동의 용수철에 적용된다면, 결과적인 응력은 $\tau = G\gamma$로부터 $\tau = G\gamma' \sin\omega t$가 되어 변형률과 같은 위상에 있게 된다. 그러나 선형 대시포트에 대하여, 응력이 변형률보다는 변형률 속도에 비례하기 때문에, $\tau = \eta\dot{\gamma} = \eta\omega\gamma' \cos\omega t$로부터 응력은 변형률과 90° 다른 위상이

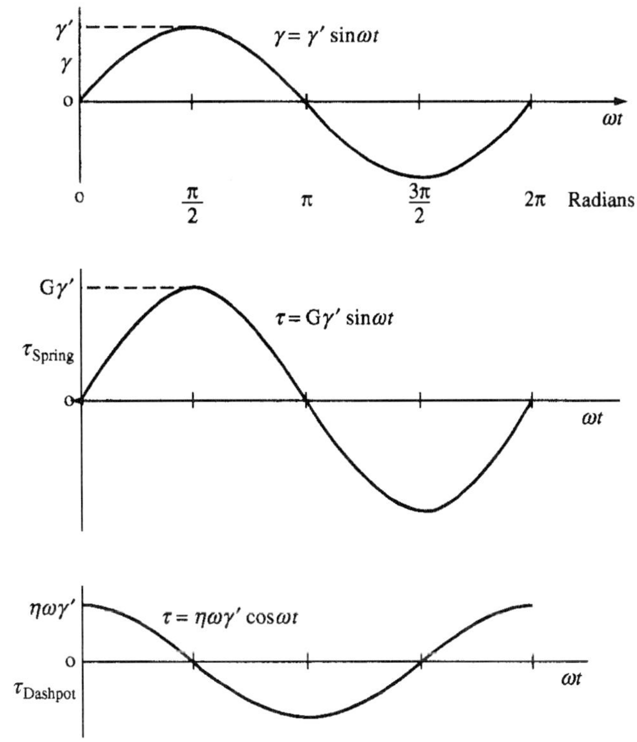

그림 15.14 사인파로 가해진 변형률과 이에 따른 선형 용수철 및 대시포트의 응력 응답.

된다. 이 관계들을 그림 15.14에 나타내었다.

예상할 수 있듯이, 점탄성 재료는 그림 15.15b에서와 같이 일종의 중간적 응답을 나타낸다. 이것은 복소 평면에서 회전하는 두 벡터 τ^*와 γ^*를 투영한 것으로 간주할 수 있다(그림 15.15a). 이러한 벡터들 사이의 각도는 **위상 각**(*phase angle*) δ이다(순수한 탄성 재료는 $\delta = 0$이고, 순수한 점성 재료의 경우에는 90°이다). 관례적으로 종속 변수를 나타내는 벡터를, 독립 변수를 갖는 같은 위상(프라임으로 표기)의 성분들과 90° 다른 위상(이중 프라임으로 표기)의 성분들로 분해한다. 이 예에서, 적용된 변형률은 독립 변수이므로 응력 벡터(τ^*)는 같은 위상(τ')과 다른 위상(τ'')으로 분해되며, $|\gamma^*| = \gamma'$ 및 $\gamma'' = 0$이 된다. 복소수 표기로는

$$\tau^* = \tau' + i\tau'' \tag{15.36}$$

가 되며, 여기서 i는 다른 위상의 단위 벡터이다.

같은 위상(*in-phase*), 또는 **저장 탄성률**(*storage modulus*)은 다음과 같이 정의된다.

$$G' \equiv \frac{\tau'}{\gamma'} \quad \text{저장 탄성률(같은 위상 성분)} \tag{15.37}$$

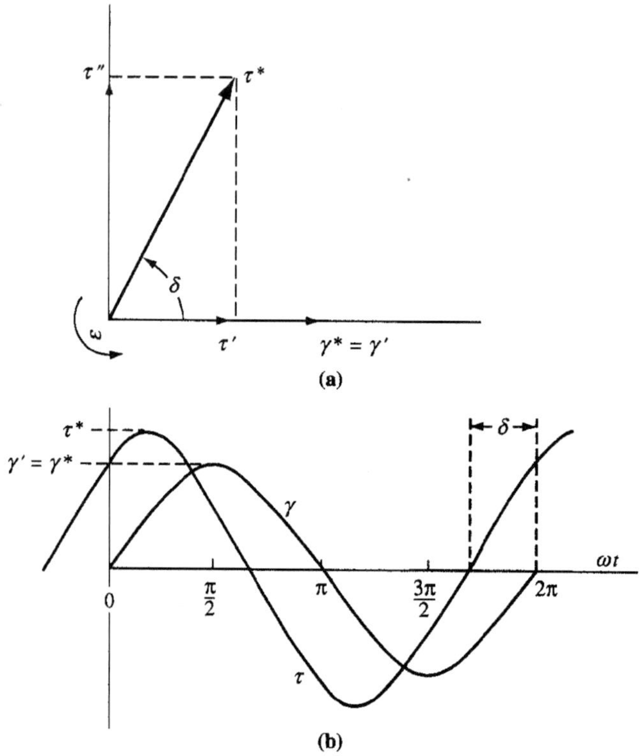

그림 15.15 동적 시험에서의 크기. (a) 회전 벡터 도표, (b) 응력과 변형률.

그리고 **다른 위상**(*out-of-phase*) 또는 **손실 탄성률**(*loss modulus*)은 다음과 같이 정의된다.

$$G'' \equiv \frac{\tau''}{\gamma''} \quad \text{손실 탄성률 (다른 위상 성분)} \tag{15.38}$$

이 두 탄성률은 모두 재료 설계에 있어서 중요한 물리적인 의미를 갖는다. 높은 저장 탄성률 및 낮은 손실 탄성률을 가진 재료는 용수철과 같이 될 것이다–그것은 가벼운 변형에서 반복적으로 사용할 수 있다. 높은 손실 탄성률 및 낮은 저장 탄성률을 가진 재료는 대시포트에 가까울 것이고, 쉽게 변형하는 재료가 될 것이다(이것은 자동차의 충돌 에너지를 흡수하는 데 특히 유용하다).

복소 탄성률(*complex modulus*) G^*는 같은 위상과 다른 위상의 탄성률 **벡터의 합**(*vector sum*)이다.

$$G^* \equiv G' + iG'' = \frac{\tau' + i\tau''}{\gamma'} = \frac{\tau^*}{\gamma^*} \quad \text{복소 탄성률} \tag{15.39}$$

게다가, **복소 점도**(*complex viscosity*) η^*는 다음과 같이 정의할 수 있다.

$$\eta^* \equiv \eta' - i\eta'' = \frac{\tau^*}{\dot{\gamma}^*} \quad \text{복소 점도} \tag{15.40}$$

또한[10],

$$\dot{\gamma}^* = i\omega\gamma^* \tag{15.41}$$

식 15.39~15.41을 결합하면($i^2 = -1$임을 상기하면) 다음을 얻는다.

$$\eta''\omega + i\omega\eta' = G' + iG'' \tag{15.42}$$

식 15.42에서의 실수부(같은 위상)와 허수부(다른 위상)를 비교하면

$$G' = \eta''\omega \tag{15.43}$$

그리고

$$G'' = \eta'\omega \tag{15.44}$$

더욱이, 식 15.40~15.43을 결합하면 아래와 같다.

$$G^* = G' + iG'' = i\omega\eta^* \tag{15.45}$$

그림 15.15와 위의 관계로부터, **손실 정접**(*loss tangent*)인 tan δ는

$$\tan\delta = \frac{\tau''}{\tau'} = \frac{G''}{G'} = \frac{\eta'}{\eta''} \quad \text{손실 정접} \tag{15.46}$$

방금 정의된 양들의 물리적 의미는, 반복적 변형을 받는 시료에 가해진 에너지에 무엇이 발생하는지를 생각함으로써 잘 이해할 수 있다. 식 13.3으로부터, 순수한 전단 변형을 받고 있는 재료의 단위 체적당의 일량(work done)은

$$W = \int \tau d\gamma \tag{15.47}$$

그림 15.15로부터

$$\gamma = \gamma' \sin\omega t \tag{15.48}$$

그리고

$$\tau = |\tau^*|\sin(\omega t + \delta) \tag{15.49}$$

식 15.48을 (ωt)로 미분하면

$$d\gamma = \gamma' \cos\omega t\, d(\omega t) \tag{15.50}$$

식 15.49와 15.50을 식 15.47에 대입하면

$$W = |\tau^*|\gamma' \int \sin(\omega t + \delta)\cos\omega t\, d(\omega t) \tag{15.51}$$

먼저 가해진 변형률의 첫 번째 1/4 사이클에서의 일량을 살펴보라. 즉 식 15.51을 0에서 $\pi/2$까지 적분해 보라. 적절한 삼각함수와 적분표를 이용하면 다음을 얻는다.

$$W(\text{첫 번째 } \tfrac{1}{4} \text{ 사이클}) = |\tau^*|\gamma'\left(\frac{\cos\delta}{2} + \frac{\pi}{4}\sin\delta\right) \tag{15.52}$$

탄성률 또는 점도를 적용하고, 그림 15.15의 삼각법과 식 15.41 및 15.42를 이용하면 다음을 얻을 수 있다.

$$W(\text{첫 번째 } \tfrac{1}{4} \text{ 사이클}) = \frac{(\gamma')^2}{2}G' + \frac{\pi}{4}(\gamma')^2 G'' \tag{15.53a}$$

$$W(\text{첫 번째 } \tfrac{1}{4} \text{ 사이클}) = \frac{(\gamma')^2}{2}\omega\eta'' + \frac{\pi}{4}(\gamma')^2 \omega\eta' \tag{15.53b}$$

식 15.53a의 우변 첫 번째 항은 탄성률 G'의 선형 용수철을 γ'만큼 변형하였을 때의 일량을 나타낸다(용수철의 응력-변형률 곡선의 아래 면적). 그러므로 이것은 첫 번째 1/4 사이클에서 변형되는 동안 재료에 탄성적으로 저장된 에너지를 나타낸다. 따라서 G'은 저장 탄성률이다. 만일 가해진 기계적 에너지(일)가 탄성적으로 저장되지 않을 때, 그것은 분자 마찰을 통해 열로 변환되어 '손실'되어야만 한다. 즉 물질 내에서의 점성 소산을 말한다. 이것은 정확하게 우변의 두 번째 항이 나타내는 것으로, G''은 손실 탄성률로 알려져 있다. 마찬가지로 식 15.53b로부터 저장된 에너지는 η''에 비례하고, 소실된 에너지는 η'에 비례한다.

두 번째 1/4 사이클에 대해, 식 15.51을 $\pi/2$에서 π까지 적분하면 첫 번째(저장) 항의 부호가 음인 것을 제외하고 식 15.53과 동일한 결과를 얻는다. 이것은 단순히 재료를 0에서 γ'까지 변형할 때 탄성적으로 저장된 에너지는, 재료가 γ'에서 0으로 되돌아올 때 회복된다는 것을 뜻한다. 따라서 사이클의 반(0에서 π 또는 180°) 또는 사이클 전체(0에서 2π)에 걸쳐, 탄성 성분에 의한 순일량이나 손실된 에너지는 없다. 그러나 두 번째 항의 부호는 어떤 1/4 사이클에서도 양이므로, 전체 사이클 동안 순에너지 손실(재료 내에서 열로 변환)은 단순히 다음과 같다(또한 식 15.51을 0과 2π로 적분하여 얻을 수 있는).

$$W(\text{전체 사이클}) = \pi(\gamma')^2 G'' = \pi(\gamma')^2 \omega\eta' \tag{15.54}$$

재료 내부의 열로 소모되는 평균 힘 $\langle \dot{W} \rangle$은 사이클 당 소실되는 에너지를 한 사이클 기간(시간)인 $2\pi/\omega$로 나눔으로써 얻어진다.

$$\langle \dot{W} \rangle(\text{평균 힘 소실}) = \tfrac{1}{2}(\gamma')^2 \omega G'' = \tfrac{1}{2}(\gamma')^2 \omega^2 \eta' \tag{15.55}$$

이러한 결과들은 주기적인 변형을 받고 있는 고분자 재료를 디자인하는 데 있어서 중요하다. 예를 들어, 타이어는 높은 온도에 의해 열화와 마모가 빠르게 작용한다. 따라서 낮은 G''(또는 η')을 나타내는 고무 화합물은 에너지 소모 및 생성된 열 상승을 최소화하는 데 도움이 된다. 게다가 에너지 소모는 휘발유를 낭비하는 것과 같으므로, 이러한 고무 화합물은 더 나은 연료 소비율에 기여한다. 그러나 엔진 고정대의 일반적인 설계 목표는 엔진으로부터 진동이 전달되는 것을 막는 것인데, 여기서 G''(또는 η')이 큰 재료는 진동 에너지를 탑승자에게 전달하기보다는 상당량을 열로 방출할 것이다.

또한 동적 기계적 분석은 재료의 **피로**(*fatigue*)를 측정하기 위해 실시한다. 고분자의 피로 수명은 고분자가 파괴되기 이전에 주어진 응력을 견딜 수 있는 부하 및 무부하의 반복 횟수로 정의한다. 가해지는 응력이 클수록 피로 수명은 짧아진다.

예제 15.8 Maxwell 요소에 대한 G', G'', $|G^*|$, $\tan\delta$, η', η'', 그리고 $|\eta^*|$의 표현식을 구하시오.

풀이 이 문제는 참고문헌 10(p.56ff)에서 Maxwell 요소에 대한 미분 방정식을 직접 적분함으로써 해결하였다. 여기서는, 결과를 얻기 위해 Boltzmann의 중첩 원리를 적용할 것이고, 그렇게 함으로써 한 유형의 선형 테스트(응력 완화)로부터의 정보가 어떻게 또 다른 시험(동적 테스트)의 응답을 예측하는 데 사용될 수 있는지 다시 보일 것이다.

Maxwell 요소에 대한 전단 응력–완화 탄성률(기억 기능)은 다음과 같다.

$$G_r(t) = Ge^{-t/\lambda}$$

우리는 Maxwell 요소가 다음 식과 같이 항상 전단 변형률을 받은 것으로 가정할 것이다.

$$\gamma(t') = \gamma' \sin(\omega t')$$

이것을 과거 시간 t'에 대해 미분하면 다음과 같이 된다.

$$\dot{\gamma}(t') = \gamma' \omega \cos(\omega t')$$

(여기서 프라임은 두 가지의 완전히 다른 의미를 가지고 있음을 알아두어야 한다: t에 적용될 때 그것은 과거 시간을 가리키고, γ에 적용될 때 변형률의 같은 위상 성분을 의미한다.) 식 15.31에 그 결과 값들을 대입하면 우리는 다음 식을 얻는다.

$$\tau(t) = G\gamma'\omega \int_{-\infty}^{t} e^{-(t-t')/\lambda} \cos(\omega t')dt'$$

이 적분을 전개하는 것은 중요한 것이지만, 또 다시 적절한 삼각함수와 적분표를 이용하면 그 결과는 다음과 같다.

$$\tau(t) = \frac{G\gamma'(\omega\lambda)^2}{1+(\omega\lambda)^2}\sin(\omega t) + \frac{G\gamma'(\omega\lambda)}{1+(\omega\lambda)^2}\cos(\omega t)$$

(요소가 **항상** 주기적인 변형을 받았다고 가정하여 $t' = -\infty$부터 적분하면, $t' = 0$부터 적분할 때 발생할 수 있는 해의 일시적인 부분이 제거된다.) 위 식의 첫 번째(사인) 항이 가해진 변형과 같은 위상인 반면, 두 번째(코사인) 항은 가해진 변형과 90° 다른 위상이다. 그러므로

$$\tau' = \frac{G\gamma'(\omega\lambda)^2}{1+(\omega\lambda)^2} \quad 그리고 \quad \tau'' = \frac{G\gamma'\omega\lambda}{1+(\omega\lambda)^2}$$

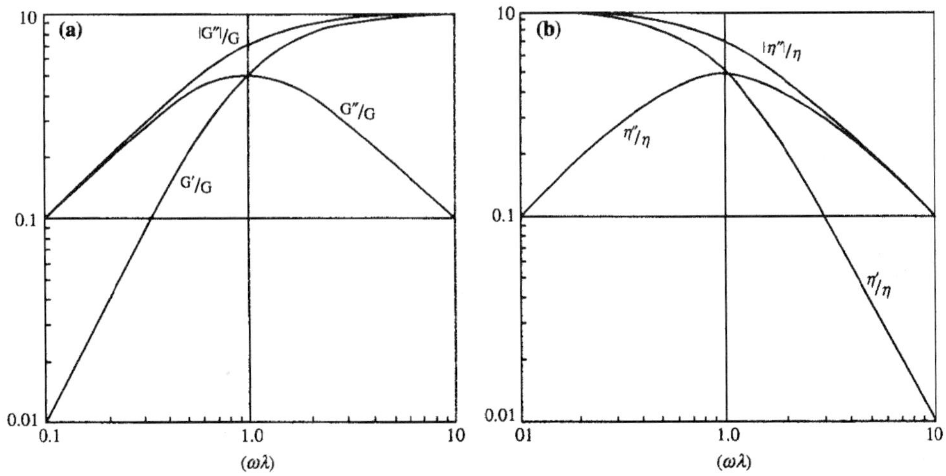

그림 15.16 (a) Maxwell 요소의 동적 탄성률(예제 15.8), (b) Maxwell 요소의 동적 점도(예제 15.8).

여기에서부터 그 정의와 수학적 특성을 이용하여 정리하면 다음과 같다.

$$G' = \frac{\tau'}{\gamma'} = \frac{G(\omega\lambda)^2}{1+(\omega\lambda)^2} \quad \text{그리고} \quad G'' = \frac{\tau''}{\gamma'} = \frac{G\omega\lambda}{1+(\omega\lambda)^2}$$

$$|G^*| = [(G')^2 + (G'')^2]^{1/2} = \frac{G\omega\lambda}{[1+(\omega\lambda)^2]^{1/2}}$$

$$\tan\delta = \frac{G''}{G'} = \frac{1}{\omega\lambda}$$

$$\eta' = \frac{G''}{\omega} = \frac{G\lambda}{1+(\omega\lambda)^2} = \frac{\eta}{1+(\omega\lambda)^2}$$

$$\eta'' = \frac{G'}{\omega} = \frac{G\lambda^2\omega}{1+(\omega\lambda)^2} = \frac{\eta\omega\lambda}{1+(\omega\lambda)^2}$$

$$|\eta^*| = [(\eta')^2 + (\eta'')^2]^{1/2} = \frac{\eta}{[1+(\omega\lambda)^2]^{1/2}}$$

동적 탄성률은 그림 15.16a에 무차원 형태로 나타냈으며, 동적 점도는 그림 15.16b에 나타내었다.

다른 유형의 기계적 시험에 적용했을 때와 같이, Maxwell 요소도 실제 재료의 동적 데이터를 항상 정량적으로 예측할 수 있는 것은 아닐 것이다. 그럼에도 불구하고, 예제 15.8은 동적 기계적 특성의 주파수 의존성을 설명하는 데 도움을 주고, 그림 15.16a와 15.16b는 실제 재료의 주파수에 따른 등온 동적 데이터의 변화와 어느 정도 비슷하다. 특히 겉보기 '강성률(stiffness)' $|G^*|$는 주파수에 따라 어느 한정된 값까지 증가한다. 이 모델에서, 대시

포트는 높은 주파수를 따라갈 수 없고, 단지 나머지 용수철만이 응답한다. 또한 G''의 최댓값은 G'과 $|G^*|$가 높은 주파수 한계값으로부터 떨어지는 범위의 주파수에서 일반적으로 관찰된다. 이 모델의 경우 낮은 주파수에서는, 대시포트는 거의 움직임에 대한 저항을 하지 못하고 그 결과 에너지도 거의 소실되지 않는다. 높은 주파수에서는, 대시포트의 높은 저항에 의해 움직임이 방해를 받고 용수철의 응답이 제한되며, 에너지 소실은 다시 줄어든다.

실제 재료에서, $|G^*|$와 G'의 높은 주파수 한계는 짧은 시간 동안 실시된 응력-완화와 크리프 측정에서 얻어진 탄성률들과 정량적으로 대응한다. 즉 다음과 같다.

$$|G^*|(\omega \to \infty) = G'(\omega \to \infty) = G_r(t \to 0) = \frac{1}{J_c(t \to 0)} \tag{15.56}$$

게다가 측정된 $|\eta^*|$와 η'의 낮은 주파수 한계는 제로-전단 속도에서의 정상 흐름 점도 η_0와 일치한다.

$$|\eta^*|(\omega \to 0) = \eta'(\omega \to 0) = \eta_0 = \eta(\dot{\gamma} \to 0) \tag{15.57}$$

점도에 대한 유사한 점들이 조금 더 주장되었다. 주파수에 따라 $|\eta^*|$가 감소하는 것은 전단 속도에 따라 정상-흐름 점도가 변화하는 것과 비슷하다. 순수하게 실험에 의거하여, Cox와 Merz[11]는 주파수와 전단 속도가 같을 때 $|\eta^*|$와 η도 같다고 제안하였다:

$$|\eta^*|(\omega) \approx \eta(\dot{\gamma}) \quad (\omega = \dot{\gamma} \text{ 에서}) \tag{15.58}$$

정확하지는 않을지라도, 식 15.56은 적어도 합리적인 근사인 것으로 보인다.

n개의 요소로 구성된 일반화 Maxwell 모델(그림 15.10)은 하나의 Maxwell 요소에 대한 예제 15.8의 결과로부터 간단하게 다음과 같이 일반화된다.

$$G' = \sum_{i=1}^{n} \frac{G_i(\omega\lambda_i)^2}{1 + (\omega\lambda_i)^2} \tag{15.59}$$

그리고

$$G'' = \sum_{i=1}^{n} \frac{G_i \omega\lambda_i}{1 + (\omega\lambda_i)^2} \tag{15.60}$$

(다른 동적 특성들은 예제 15.8에서와 같이 위의 두 식으로부터 얻을 수 있다.) 아마도, 예를 들어 응력-완화 데이터로부터 결정된 G_i와 λ_i는 동적 응답을 예측하기 위해 식 15.59와 15.60에 사용할 수 있을 것이며, 또 역으로 식 15.59와 15.60을 이용하여 동적 응답을 예측할 수도 있을 것이다. 식 15.28과 15.29는 동등하게 서로에게 적용할 수 있어야 한다. 또한 응력-완화와 크리프 측정을 통해 얻어진 연속 분포 $G(\lambda)$와 $J(\lambda)$는 적어도 $G'(\omega)$ 및 $G''(\omega)$과 대략적인 호환성이 있다[2,4,8,9].

실제 점탄성 물질의 복소 거동을 결정하는 데 유용한 기술은 16장에서 설명될 것이다.

15.8 요약

이번 장에서는 고분자의 점탄성 거동을 위한 용수철과 대시포트 모델에 대해 다루었다. 완전 탄성 재료는 늘어났다가 다시 원래 형태로 수축하는 반면, 대부분의 고분자는 가해지는 응력(전단 또는 인장)의 크기와 기간에 따라 어느 정도 변형될 것이다. 고분자 재료가 인장력과 전단력에 견디는 능력은 탄성 또는 전단 탄성률(E 또는 G)을 통해 측정된다. 이 탄성률은 동적 기계적 시험을 통해 2가지 성분, 즉 탄성 거동을 나타내는 저장 탄성률과 점성 흐름 또는 변형을 나타내는 손실 탄성률로 나누어진다. 이러한 탄성률들은 온도에 따라 변화하며, T_g 아래에서는 유리상, T_g와 T_m 사이에서는 고무상, 그리고 T_m 이상에서는 흐름이라는 재료 거동을 각각 나타낸다. 마지막으로, 고분자의 장기간에 걸친 거동은 일정 온도 범위를 포함하는 측정으로부터 예측할 수 있다는 것을 통해 시간–온도 중첩이 효과적 수단이라는 것을 보였다.

문제

1 충분히 많은 용수철과 대시포트가 주어진다면, 원칙적으로 어느 정도는 정확한 선형 응답을 예측하는 것이 가능하다. 각각의 용수철의 탄성률은, 정의에 의해 $G_i = 1/J_i$이다(각 개별 용수철의 전단 탄성률은 컴플라이언스의 역수이다).

이것은 $G_r(t) = 1/J_c(t)$의 관계를 따르는가? 즉, 한 재료의 응력–완화 탄성률은 언제나 크리프 컴플라이언스의 역수인가? **힌트**: 가장 간단한 Maxwell 요소를 이용하여 이 문제를 검토하시오.

2 고분자에 대한 등온 인장 크리프 데이터는 종종 다음의 실험식과 잘 일치될 수 있다.

$$\varepsilon = A(B + t^C)\sigma_0$$

여기에서 ε은 인장 변형률이고, σ_0는 (일정하게) 가해진 인장 응력, t는 시간이다. A, B, C는 양의 상수이다.

(a) 이 식을 따르는 재료는 선형적인가?

(b) 순간 탄성 컴플라이언스는 얼마인가?

(c) 이 식을 따르는 재료는 액체인가 또는 고체인가?

(d) 이 식으로 정상 상태의 점성 흐름을 설명할 수 있는가? 만약 그렇다면, 어떤 조건에서이며, 그러한 조건에서 평형 인장 점도는 얼마인가?

3 예제 15.1은 공학 응력–변형률 시험에서 Maxwell 요소의 응답을 분석한 것이다. Voigt–Kelvin 요소에서도 똑같이 분석될 수 있다. 간단한 그림과 함께 변형률 속도의 효과를 기술하시오. 너무 현실적인 것을 기대하지는 마시오.

4 책에서 논의된 4–인자 모델은 Maxwell과 Voigt–Kelvin 요소의 직렬 연결로 구성되어 있다. 여기서, Maxwell(G_1, η_1)과 Voigt–Kelvin(G_2, η_2) 요소가 **병렬**(*parallel*)로 연결된 4–인자 모델을 생각하시오.

(a) 이 모델은 유체를 나타내는가 아니면 고체를 나타내는가?

(b) 이 모델은 크리프와 응력 완화, 둘을 표현하는 데 적합한가, 아니면 둘 다 적합하지 않은가?

(c) 모델의 매개변수를 이용하여, 가해진 응력 τ_0에 대한 정상 상태($t = \infty$) 변형률의 응답을 쓰시오.

(d) 이 모델이 나타낼 수 있는 것은 다음 중 어떤 것인가?

1. 순간 탄성 변형
2. 지연 탄성 변형
3. 정상 상태 점성 흐름
4. 순간 탄성 회복
5. 지연 탄성 회복
6. 영구 변형

5 Voigt–Kelvin 요소의 동적 특성, 즉 모델의 매개변수 G, η, 그리고 주파수 ω를 이용한 G'과 G'' 값을 구하시오. **힌트**: 여기에서는 Boltzmann 원리를 사용하지 말고, 사인파의 변형에 대한 응답만을 검토하시오.

6 아래의 매개변수를 이용하여 2–요소로 일반화한 Maxwell 모델(그림 15.10)의 응답을 조사하시오.

$$G_1 = 10^9 \text{ Pa} \qquad \eta_1 = 10^6 \text{ P}$$
$$G_2 = 10^5 \text{ Pa} \qquad \eta_2 = 10^6,\ 10^8,\ \infty \text{ P}$$

(a) $\log G_r(t)$ 대 $\log t$의 그래프를 그리시오.

(b) $\eta_2 = 10^8$ P일 때의 $\log G'$과 $\log G''$ 대 $\log\omega$의 그래프를 그리시오.

(c) 위 모델의 매개변수는 $T_g + 20$°C에서 작용하고, 모델의 온도 이동 인자 a_T가 '보편' 상수를 포함한 WLF 식에 의해 주어진다고 가정하시오. 10-s 완화 탄성률의 로그 값인 $\log G_r(10)$ 대 $(T - T_g)$의 그래프를 그리시오.

충분히 넓은 범위의 독립 변수를 다루어서, G'이 10^3 P에서 10^9 P까지 이르도록 하시오.

7 이 책은 순간적 그리고 동적 시험을 위하여 Deborah 수(De)를 정의한다. 당신은 공학 응력-변형률 테스트를 위하여 De를 어떻게 정의할 것인가?

8 Maxwell 요소는 온도 $T=T_g+20°C$에서 $G=10^7$ Pa과 $\lambda=1$ s의 값을 갖는다. 요소의 이동 인자는 '보편' 상수를 포함하는 WLF 식에 의해 주어진다고 가정하자.

주파수 $\omega=1/s$, 온도 $T=T_g+40°C$에서의 G'과 G''을 계산하시오.

9 3-인자 모델, Zener 요소 또는 표준 선형 고체(standard linear solid; SLS)는 특정 고체에서의 점탄성 거동을 나타내는 데 쓰이고 있다. 두 개의 동등한 형태의 SLS는 아래와 같다.

(a) Voigt-Kelvin 요소(G_1, η_1)와 **직렬**(*series*)로 연결된 용수철(G_2)과

(b) Maxwell 요소(G_4, η_2)와 **병렬**(*parallel*)로 연결된 용수철(G_3).

한 형태의 SLS에서의 용수철 상수와 나머지 용수철 상수들인 G_1, G_2와의 관계식을 구하시오. G_3와 G_4를 어떻게 결정할 수 있을 것이며, 또는 그 반대도 가능할 것인가?

10 25°C에서 열가소성의 전단 크리프 컴플라이언스는 아래 식으로 표현된다.

$$J_{c25}(t)=1.2\times10^{-3}\,t^{0.10}\ (\mathrm{m^2/N\ with}\ t\ \mathrm{in\ s})$$

(a) 이 재료는 $T_g=0°C$를 갖는다. 이 온도의 이동 인자가 보편 상수를 포함하는 WLF 식(식 14.11)에 의해 주어진다고 가정한다. 35°C에서 이것의 전단 크리프 컴플라이언스인 $J_{c35}(t)$를 나타내는 식을 구하시오.

(b) 이 재료는 25°C에서 아래의 응력 이력을 받고 있다.

$t<0$ s	$\tau=0$ Pa
$0\le t<1000$ s	$\tau=1000$ Pa
$1000\le t<2000$ s	$\tau=1500$ Pa
$2000\le t$ s	$\tau=0$ Pa

2500 s에서의 전단 변형률을 계산하시오.

11 4-인자 모델(그림 15.1f)이 τ_0가 일정한, 아래의 응력 이력을 받고 있다.

$t<0$	$\tau=0$
$0\le t<t_s$	$\tau=-\tau_o$
$t_s\le t<2t_s$	$\tau=+2\tau_o$
$2t_s\le t$	$\tau=0$

이 응력 이력으로부터 나타나는 영구 변형 $\gamma(\infty)$의 식을 쓰시오.

12 4-인자 모델(그림 15.1f)을 생각하여, 모델과 시험의 매개변수에 관하여 아래에 답하시오.

(a) 응력 완화에서 초기 탄성률 $G_r(0)$은 얼마인가?

(b) 응력 완화에서 평형 탄성률 $G_r(\infty)$은 얼마인가?

(c) 이 모델이 약하게 가교된 고분자를 나타낼 때 (b)를 반복하시오.

(d) 공칭 응력-변형률 시험과 유사한 전단에서($\dot{\gamma}_0$ 상수), 한계 고변형률 속도($\dot{\gamma}_0 \to \infty$)에서의 탄성률은 얼마인가?

(e) 한계 저변형률 속도($\dot{\gamma}_0 \to 0$)에서의 탄성률에 대하여 (d)를 반복하시오.

(f) 동적 시험에서, 한계 저주파 저장 탄성률 $G'(\omega \to 0)$은 얼마인가?

(g) 동적 시험에서, 한계 고주파 저장 탄성률 $G'(\omega \to \infty)$은 얼마인가?

(h) G''에 대하여 (f)를 반복하시오.

(i) G''에 대하여 (g)를 반복하시오.

13. Maxwell 요소(G_1, η_1)가 Voigt-Kelvin 요소(G_2, η_2)와 **병렬**(*parallel*)로 연결된 4-인자 모델을 고려하시오. 모델에 대한 $G'(\omega)$ 및 $G''(\omega)$의 표현식을 모델의 매개변수를 이용하여 구하시오.

참고문헌

[1] Reiner, M., *Phys. Today*, Jan. 1964, p. 62.

[2] Ferry, J.D., *Viscoelastic Properties of Polymers*, 3rd ed., Wiley, New York, 1980.

[3] Eirich, F.R. (ed.), *Rheology*, Vols. **1**~**4**, Academic, New York, 1956~1964.

[4] Tobolsky, A.V., *Properties and Structure of Polymers*, Wiley, New York, 1960.

[5] Nielsen, L.E., *Mechanical Properties of Polymers and Composites*, Vol. 1, Dekker, New York, 1974.

[6] Spriggs, T.W., *Chem. Eng. Sci.*, **20**, 931 (1965).

[7] Rouse, P.E., Jr., *J. Chem. Phys.* **24**, 269 (1956).

[8] Schwarzl, F.R., *Pure and Appl. Chem.* **23**, 219 (1970).

[9] Schwarzl, F.R., *Rheol. Acta*, **8**, 6 (1969); **9**, 382 (1970); **10**, 166 (1971); **14**, 581 (1975).

[10] McKelvey, J.M., *Polymer Processing*, Wiley, New York, 1962.

[11] Cox, W.P. and Merz, E.H., *J. Polym. Sci.* **28**, 619 (1958).

16장

고분자의 기계적 성질

16.1 도입

이 장은 고분자의 기계적 성질을 결정하기 위해 사용되는 몇 가지 방법과 설비를 다룬다. 장비 설계의 예와 측정을 통해 얻어지는 전형적인 데이터들을 소개할 것이다. 특히, 자동 축방향 장력계(axial tensiometer)(탄성률, 항복 응력, 극한 응력을 읽는 기구), 동적 기계적 분석기(저장 및 손실 탄성률을 결정하는 기구), 그리고 레오미터(rheometer)(유체의 점도를 측정하는 기구)들이 소개된다. 또한 이 장에서는 점성 흐름 특성을 측정하고 확립하기 위해 사용되는 장비의 원리에 대해 다룬다. 점성 흐름 특성을 결정하는 데 있어서 가장 일반적인 방법 중의 하나인 원통형 관 안의 Poisueille(층류) 흐름은 또한 기술적인 응용에 있어서도 중요한데, 이는 용융 고분자와 고분자 용액들이 흔하게 이러한 방법으로 운송되고 가공되기 때문이다. 다양한 온도에서의 재료 시험을 통해, 장시간에 걸친 고분자 거동을 예측하는 하나의 방법으로 시간–온도 중첩 원리를 다룬다.

16.2 고분자의 기계적 성질

많은 물리적 매개변수들이 고분자의 특성을 나타내는 수단으로서 측정될 수 있다. 일반적으로 고분자의 최종 용도에 따라 특별한 시험들이 실시된다. 우리는 앞서 탄성률(또는 Young's modulus) E, 전단(또는 Hooke's) 탄성률 G, 저장 탄성률(E' 또는 G'), 손실 탄성률(E'' 또는 G'') 및 tanδ와 같은 많은 매개변수들을 정의하였으며, 이 변수들은 유변학에서 다루었던 용융 고분자(그리고 고부자 용액)에 대한 점도뿐만 아니라 모두 고체에도 적용된다. 이러한 용어들과 더불어 경도(고분자가 바늘의 관통에 견디는 능력), 인성(고분자가

Fundamental Principles of Polymeric Materials, Third Edition. Christopher S. Brazel and Stephen L. Rosen.

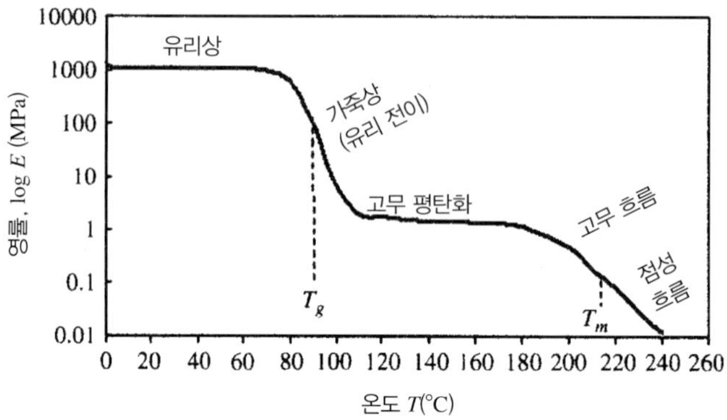

그림 16.1 영률(Young's Modulus)에 미치는 온도의 영향.

파괴되기 전까지 흡수할 수 있는 에너지의 총량), 내충격성(급격한 외력에 부서지지 않는 능력), 피로(주기적인 하중에 견디고 기계적으로 온전함을 유지하는 능력), 마모(고분자의 표면이 마찰에 의해 분해되거나 닳는 정도)와 같은 용어들도 들어봤을 것이다.

각각의 고분자는 고유한 특성들을 가지고 있는 반면(분자 구조, 분자량, 결정이나 가교의 존재 등등에 기인한), 일반적인 특성들도 발현할 수 있다. 우리는 온도가 고분자의 상태나 거동에 커다란 역할을 한다는 사실을 잘 알고 있다. 대다수의 기계적 특성들은 탄성률과 온도와의 관계를 나타낸 그림 16.1과 비슷한 양상을 따른다. 이 그림에는 고분자를 설명할 수 있는 5개의 일반적인 영역이 있다. 낮은 온도(T_g 아래)에서 고분자는 유리와 비슷하다. T_g에 가까워지면 고분자는 약간 부드러워지고 가죽과 같은 특성을 보인다. T_g 이상에서 고분자는 유연하고 잘 구부러지는 고무 평탄화 영역에 도달한다. T_m과 가까워지면 고분자는 녹기 시작하고, 외력이 제거된다면 유체의 흐름이 어느 정도 가역적인 상태인 고무 흐름 영역에 도달한다. 가장 높은 온도에서는(고분자가 분해되지 않는다고 가정할 때), 14장의 유변학 부분에서 다루었던 점성 흐름이 나타난다. y축상의 절댓값들은 모든 고분자들에 다 적용되지 않지만, 이는 온도가 고분자의 기계적 특성에 막대한 영향을 끼친다는 것을 보여 준다.

16.3 축방향 장력계

고분자의 다양한 응용에서 단축방향으로 응력을 받게 되는 경우가 있는데, 이로 인해 늘어난 후 완전히 되돌아오거나(순수하게 탄성적이라면), 늘어난 후 일부분만 되돌아오는(순수 점탄성 재료의 경우) 변형이 생길 수 있다. 고분자의 기계적 특성을 측정하는 장비는 금속이나 세라믹의 측정 장비와 거의 동일하지만, 고분자를 늘리는 데 필요한 힘의 양은 (상당

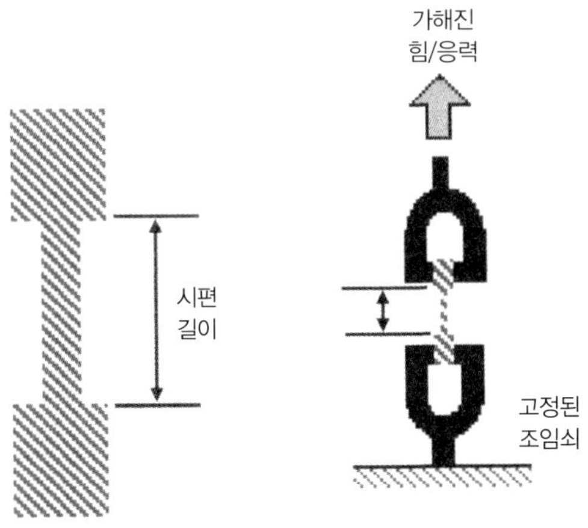

그림 16.2 만능 재료 시험기는 전형적으로 개 뼈 모양의 시편에 응력을 가하고 그 결과 나타나는 연신 길이(변형률)를 측정한다. 고정되거나 선형적으로 변하는 변형률 역시 시편을 늘림에 따라 측정되는 필요 하중(또는 응력)과 함께 프로그래밍될 수 있다.

히) 작다. 만능 재료 시험기(그림 16.2와 같은)는 조임쇠 사이에 평평한 개 뼈(dogbone) 모양의 시편을 장착한 후 늘리는 데 필요한 힘을 측정하는 인장 시험부터, 시편을 3점 굴곡이나 압축시키는 데 필요한 힘과 변형을 측정하는 시험, 그리고 심지어 인간의 관절을 모형화하거나 물에 잠긴 재료를 측정하는 시험까지 할 수 있을 정도로 다양한 형태로 설계할 수 있다.

이러한 축방향 인장 실험에서의 결과 값은 보통 응력–변형률 곡선으로 그려진다. 만약 변형률 속도가 일정하게 고정되어 있으면, x축(독립 변수)은 변형률이나 시간의 어느 하나로 나타낼 수 있다. y축은 주로 주어진 시편에 가한 응력이 표시되는데, 그 응력은 인장 실험 동안 측정된 하중을 시편의 초기 단면적으로 나눈 값이고, 그 단위는 주로 압력의 단위로 표시된다(Pa, 또는 좀 더 일반적으로 MPa 또는 GPa).

그림 16.3에 응력–변형률 곡선을 나타내었다. 낮은 온도에서는(위쪽 그림), 유리상 고분자에 대해 예상되는 것과 같이(높은 온도에서의 고무상 고분자와 비교했을 때) 직선 부분의 기울기가 더 크다. 탄성률은 곡선의 직선 부분 기울기로부터 쉽게 구할 수 있다.

$$\sigma = E\varepsilon \tag{16.1}$$

기울기가 클수록 탄성률이 높으며, 이것은 그 재료가 더 큰 힘의 연신에 잘 견디는 것을 의미한다. 대부분의 고분자들은 항복 응력 σ_y가 존재하고, 이보다 낮은 응력에서 변형은 탄성적이며, 가한 힘을 제거했을 때 재료가 원래의 형태로 되돌아올 수 있다. **항복 응력** (*yield stress*)은 그림 16.3a에서 매우 쉽게 확인할 수 있는데, 직선에서 벗어나는 전이점이 그 응력이 된다. 항복 응력 이상에서 재료는 영구적으로 변형되기 시작한다. 시편이 늘어

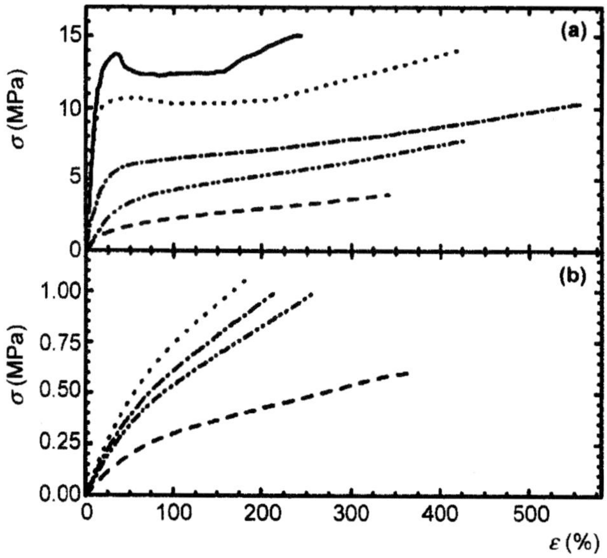

그림 16.3 (a) 상온과 (b) 70°C에서 측정한 카프로락톤/*n*-뷰틸 아크릴레이트 공중합체의 응력-변형률 곡선. 공중합 조성비는 *n*-뷰틸 아크릴레이트 함량이 (a)의 위에서 아래 순으로 0, 20, 39, 50, 71 wt%이다. Reprinted with permission from Referenece 1. Copyright 2001 National Academy of Sciences, USA.

나도록 하중이 지속적으로 가해짐에 따라, 고분자 사슬들은 물리적으로 이동하고 거대 분자의 구조를 재배열한다. 이것은 네킹(necking)과 시편의 너비 및 두께를 감소시키는 원인이 된다. 항복 응력 이상에서 고분자 사슬들은 서로 미끄러지기 때문에, 시편은 매우 쉽게 '늘어지게' 되고, 결과적으로 추가적인 하중 없이도 계속 늘어나게 된다. 단지 사슬들이 서로 미끄러질 수 있고 분자 재배열이 재료의 파괴를 의미하는 것이 아니라 단지 원래의 배열대로 되돌아갈 수 없기 때문에, 이러한 거동은 점탄성 모델 중 대시포트로 설명이 되는 것이다. 고분자를 계속 늘리게 되면, 재료가 파괴되는 극한 응력(ultimate stress) σ_u에 도달하기 전에 약간 강화가 될 수 있다(종종 사슬들의 재배열이 결정성을 증가시키기 때문에). 그림 16.3에서, 각 시편의 극한 응력은 각 곡선의 오른쪽 끝단에 해당하는 응력이며, 파괴되기 직전에 시편이 견딜 수 있는 가장 큰 응력이다(이후 응력은 0으로 떨어진다).

이러한 실험들은 단축 응력을 받는 재료의 기계적 특성을 분석하는 데 매우 유용하다. 주기적인 응력의 영향에 대한 연구는, 동적 기계적 분석기(dynamic mechanical analyzer; DMA)를 추천한다(16.5절).

16.4 점도 측정

5장에서 주목하였듯이, 점도 측정은 고분자의 분자량 $\overline{M}_v$을 측정하는 데 사용될 수 있지만, 이때 용액은 묽은 용액이어야 한다. 용융 고분자나 고농도 용액의 점도 측정을 위해서는 5장에서 소개된 모세관 점도계와는 다소 다르게 설정된 점도계가 필요하다. 이러한 설비의 세부 사항과 절차들은 참고문헌에서 검토하였다[2, 3].

16.4.1 Couette 점도계

점성 특성을 측정하는 보편적인 장치 중 하나는 동심 이중 원통형(cup-and-bob) 또는 Couette 점도계이다(그림 16.4). 유체는 두 개의 동심 실린더 사이에 있고, 하나의 실린더가 정해진 각속도로 다른 실린더에 상대적인 회전을 하는 동안, 전자의 실린더에 걸리는 회전력(torque)이 측정된다. 여기에서의 유체는 점성 흐름의 전형적인 예이다. 원통 좌표계에서, 접선 방향의 속도 성분만을 상정하며, 1축은 접선 방향이거나 θ 방향이고, 2축은 반지름 방향으로 둔다.

예제 16.1

(a) 말단 효과를 무시하고, 정지 상태의 안쪽 실린더(bob)에서 측정된 회전력 $M(R_i)$과 점도계의 기하학 구조를 이용하여 반지름의 함수로 전단 응력을 결정하시오. 여기서 바깥쪽 실린더(cup)는 각속도 ω(radians/s)로 회전하고 있다.

(b) 이것은 전단 속도가 속도 구배 dv_θ/dr와 같지 않은 점성 흐름의 전형적인 예이다. 결

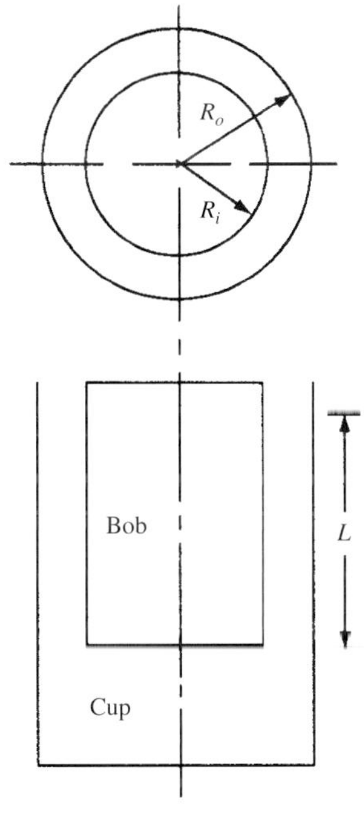

그림 16.4 Couette(cup-and-bob, 동심 이중 원통형) 점도계의 개략도.

과적으로 전단 속도를 반지름의 함수로 결정하는 것은 쉽지 않다. Bird 등[4]은 전단 응력과 전단 속도 사이에 뉴턴 관계가 성립한다는 **가정**(*assuming*)하에 문제를 해결하였다. 하지만 일반적으로는, 흐름 곡선의 본성은 **연역적**(*a priori*)으로 알 수 없고, 점도 측정을 통해 결정해야만 한다. 이를 위한 한 가지 방법은 각각의 실린더의 지름에 비해 실린더 사이의 간격($R_o - R_i$)을 매우 작게 만드는 것이다. $R_o - R_i = \delta$, $R_o \approx R_i = R$로 두고, 각속도 ω와 기하학적 구조를 이용하여 전단 속도에 대한 표현식을 구하시오.

풀이

(a) 정상 상태에서 회전하는 시스템에서는 Σ회전력 = 0이거나, 각가속도(angular acceleration)가 존재할 것이다. 안쪽 반지름 R_i, 바깥쪽 반지름 r을 가진 고리 모양의 유체를 생각해 보시오: $M(r) = M(R_i)$

$$\underbrace{\underset{\text{표면적}}{2\pi rL}\quad \tau(r)}_{\text{힘}}\quad \underset{\text{모멘트 팔 길이}}{r} \;=\; \underset{\text{측정된 회전력}}{M(R_i)} \tag{16.2}$$

$$\tau(r) = \frac{M(R_i)}{2\pi r^2 L}$$

(b) 이런 상황은 2개의 평평한 평판이 δ의 거리로 떨어져 있고(즉, 충분히 큰 실린더이므로 유체는 큰 굴곡을 겪지 않는), 한 개의 면이 다른 면을 접선 속도 $R\omega$와 크기가 같은 선형 속도로 미끄러지는 경우로 근사할 수 있다.

$$\dot{\gamma} = \frac{R\omega}{\delta} \quad (\delta \ll R_i\text{일 때만}) \tag{16.3}$$

위의 예제처럼 기하학적 근사를 적용할 수 없는 경우를 위해, 더 정교한 분석법이 Kreiger와 Maron[5]에 의해서 개발되었다. Couette 점도계를 분석하기 위한 또 다른 시도로서, 점도계의 바닥에 있는 안쪽 실린더의 아래 면적에 대해 설명하는 것이 있다. 이것은 유체의 두 깊이를 측정하는 것으로 가장 잘 설명되는데, 낮은 쪽이 안쪽 실린더 바닥의 위에 있고 식 16.2에서의 회전력과 깊이 사이의 차이를 이용하며, 이렇게 하여 점도계 바닥에서의 비 Couette 흐름 효과를 제거하는 것이다. 또 다른 접근법은 뒤의 예제 16.3에서 설명할 것이다.

16.4.2 원뿔-평판 회전 점도계

원뿔-평판 회전 점도계(cone-and-plate viscometer)는 또 다른 유형의 회전 점도계이다. 여기서 평평한 판과, 뾰족한 정점이 평판과 맞닿은 넓은 원뿔 사이에서 시편에 변형이 가해

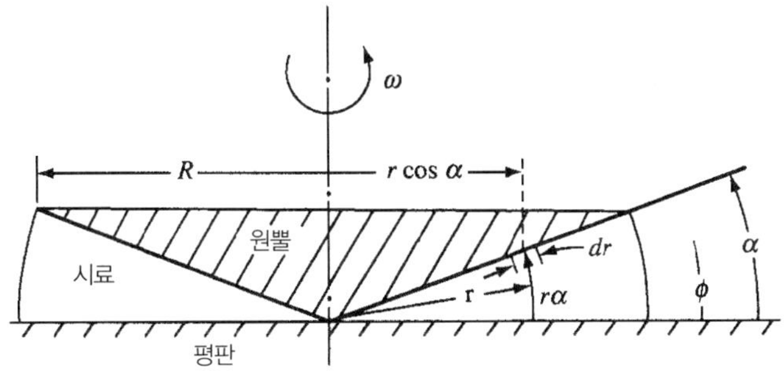

그림 16.5 원뿔–평판 회전 점도계(cone-and-plate viscometer)의 개략도.

진다(그림 16.5). 원뿔과 평판 사이의 작은 각도가 α일 때, (구좌표계에서) 접선 방향 θ 또는 1 방향에서는 흐름을, 방위각 ϕ 또는 2 방향에서는 기울기를 점성 흐름으로 간주한다. 그리고 반지름 방향은 중립이거나 3 방향이다[1]. 이러한 유형의 진정한 점성 흐름은, 만약 관성 항이 포함된다면 운동방정식과 일치하지 않는 것으로 나타난다(의례적인 회전 점도계에서의 유체 용액은, 여기서 우리가 그러는 것처럼 통상 운동 방정식의 관성 항을 무시한다). 그러므로 반지름과 방위각 속도 성분만이 존재하여야 한다. 이 성분들은 실제로 α를 종종 1° 이하로 아주 낮게 유지함으로써 최소화된다. 이런 장치의 큰 장점은 (작은 α의 경우) 전단 속도, 따라서 전단 응력이 재료 전반적으로 균일하다는 것이다.

예제 16.2 원뿔의 회전 속도 ω, 측정된 회전력 M 및 기하학적 구조를 이용하여 원뿔–평판 회전 점도계의 전단 속도와 전단 응력에 대한 표현식을 구하시오.

풀이 (그림 16.5 참조). 평판과 상대적인 원뿔상의 한 점에서의 접선 속도는 $v_\theta = \omega r \cos\alpha$이다. 그 점과 평판 사이의 거리 $\delta = \alpha r$ 사이에서 유체에 전단 변형이 가해진다.

$$\dot{\gamma} = \frac{v_\theta}{\delta} = \frac{\omega r \cos\alpha}{\alpha r} \xrightarrow[\alpha]{\text{small}} \frac{\omega}{\alpha} \quad (r\text{에 독립적인}) \tag{16.4}$$

회전력 = (전단 응력)(면적)(모멘트 팔 길이)

$$dM = (\tau)(2\pi r \cos\alpha\, dr)(r\cos\alpha)$$

원뿔의 표면적으로 적분하면

$$M = 2\pi\tau\cos^2\alpha \int_0^{R/\cos\alpha} r^2\, dr = \frac{2\pi\tau R^3}{3\cos\alpha} \xrightarrow[\alpha]{\text{small}} \frac{2\pi\tau R^3}{3}$$
$$\tau = \frac{3M}{2\pi R^3} \tag{16.5}$$

[1] 언뜻 보기에는, 접선 방향의 속도는 반지름 r에 따라 증가하기 때문에 r 방향에서 속도 구배가 존재하는 것처럼 보일 수 있다. 그러나 일정한 ϕ에서 원뿔 안쪽에 있는 유체의 점 하나하나는 서로 상대적으로 운동하지 않는다. 즉 이 유체는 **강체 회전**(*rigid-body rotation*)을 하는 것으로 취급할 수 있으며, r 방향으로의 변형은 일어나지 않는다.

주의: 식 16.4에서 알 수 있듯이 $\tau = \tau(\dot{\gamma})$이고 $\dot{\gamma}$는 상수이기 때문에, 여기서 τ는 상수가 되며 적분 밖으로 취할 수 있다.

여기서 나타낸 유형의 원뿔–평판 회전 점도계들은 매우 낮은 전단 속도로만 국한된다. 높은 전단 속도에서 용액들은 원심력에 의해 밖으로 튀어나가려 하고, 용융 고분자는 '말리는(ball up)'(마른 고무 시멘트 위에서 손가락을 문지르는 것처럼) 경향이 있다. 이러한 문제들은 쌍원뿔 모양의 회전자 주위로 유체를 에워쌈으로써 해결할 수 있는데, 두 개의 원뿔–평판 회전 점도계를 원뿔의 평면이 맞닿도록 구성한다[6]. 이 장 앞부분에 나왔던 흐름 곡선은 이러한 장치로부터 구해졌다.

예제 16.3 Couette 점도계에 있는 말단 효과를 최소화하는 한 가지 수단은 안쪽 실린더(bob)의 밑면을 원뿔 모양으로 만들고 원뿔의 정점과 컵의 밑면이 맞닿도록 해서, 안쪽 실린더의 아래 영역이 원뿔–평판 회전 점도계가 되도록 하는 것이다. 간격 δ가 bob의 지름 R_i보다 훨씬 작은 Couette의 기하학적 구조에서, Couette와 원뿔–평판 영역에서의 전단 속도를 같게 하려면 원뿔의 각도 α는 몇 도여야 하는가?

풀이 지난 두 예제에서 나온 전단 속도에 대한 표현식을 같게 놓으면, $\alpha = \delta/R$가 된다.

16.4.3 원판–평판 회전 점도계

때때로 사용되는 또 다른 유형의 점도계로는 원판–평판 회전 점도계가 있다(그림 16.6). 반지름 R의 원판이 평행한 평판에 대한 상대 각속도 ω로 회전한다. 원판과 평판은 거리 $d(d \ll R)$만큼 떨어져 있고, 그 사이에 측정 유체가 있다. 원판 또는 평판의 어느 하나에 걸린 회전력 M을 측정한다. 이것을 비틀림(torsional 또는 twisting) 흐름이라고 하며, 점성 흐름의 또 다른 예이다.

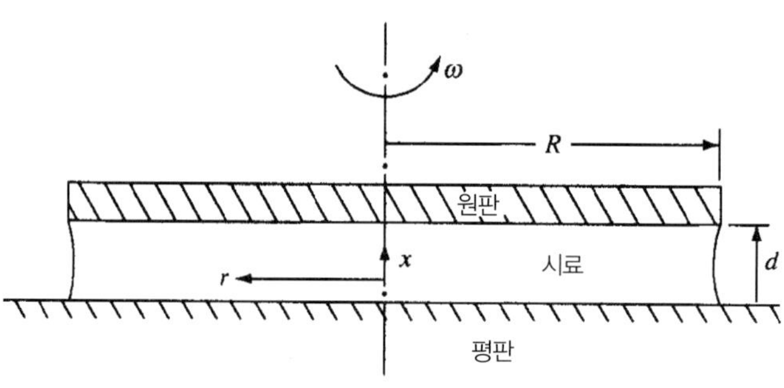

그림 16.6 원판–평판 회전 점도계(disk-and-plate viscometer)의 개략도.

예제 16.4

(a) 그림 16.6에서 원통 좌표계에 따른 1(흐름), 2(기울기), 3(중립) 방향을 나타내시오.[2]

(b) $\dot{\gamma}$에 대한 표현 수식을 구하시오. 일반적으로 원뿔–평판 구조가 선호되는 이유는 무엇인가?

(c) 지수 법칙 유체가 원판과 평판 사이에 있을 때, 정상 상태의 회전 ω를 유지하는 데 필요한 회전력 M에 대한 표현식을 구하시오.

풀이

(a) 1(흐름) $= \theta$, 2(기울기) $= z$, 3(중립) $= r$

(b)

$$\dot{\gamma} = \frac{\text{평판에 대한 원판의 상대 속도}}{\text{원판–평판 사이의 거리}} = \frac{r\omega}{d} \tag{16.6}$$

이러한 구조에서는 원뿔–평판 회전 점도계의 구조와 달리, 전단 속도가 반지름에 따라 선형적으로 증가하며, 따라서 유체 전체에서 균일하지 않다.

(c) 반지름 r에서, 두께 dr을 갖는 원판(또는 평판) 표면의 미소 고리가 있다고 생각하시오.

$$dA = 2\pi r\, dr$$

$$dM = r\tau\, dA = 2\pi r^2 \tau\, dr$$

지수 법칙 유체의 경우 $\tau = K\dot{\gamma}^n = K(r\omega/d)^n$,

$$M = 2\pi K\left(\frac{\omega}{d}\right)^n \int_0^R r^{2+n} dr = \frac{2\pi K(\omega/d)n}{3+n} R^{3+n}$$

또는

$$M = \frac{2\pi K R^3}{3+n}(\dot{\gamma}_R)^n \quad \text{(지수 법칙 유체)} \tag{16.7}$$

이때

$$\dot{\gamma}_R = \frac{R\omega}{d} \tag{16.8}$$

16.5 동적 기계적 분석: 기법

기본적으로, 동적 특성을 결정하기 위해서는 자유 진동, 강제 진동, 정상 상태 회전 등의 3가지 방법이 유용하다. 앞선 2개에 관한 실험적이고 분석적인 상세 내용들은 Ferry[7]에 의해 검토되었다.

[2]이전의 각주를 참조하라. 여기서 일정한 z 위치에서의 점들은 축음기 음반처럼 강체가 회전하는 것으로 볼 수 있다.

16.5.1 자유 진동(free-oscillation)

16.5.1.1 비틀림 진자(torsion pendulum) 자유 진동은 비틀림 진자에 의해 측정된다(그림 16.7). 시료에 초기 비틀림 변위를 가해준 후, 이것이 풀어지면서 나타나는 주파수와 진폭의 감소를 측정한다. G'는 시료의 기하학적 구조, 진동 장치의 관성 모멘트, 그리고 측정되는 진동의 주기로부터 결정된다. 예를 들어, 길이가 L이고 반지름이 R인 원통형 시편이 있으면,

$$G' = \frac{8\pi LI}{R^4 P^2} \tag{16.9}$$

여기서 I는 진동 장치의 관성 모멘트이고 P는 측정된 진동 주기이다($P = 2\pi/\omega$). 감쇠 혹은 대수적 감소 Δ는 진동의 진폭 감소로부터 계산된다(완전 탄성 재료의 경우, 진동의 감쇠는 없다).

$$\Delta = \ln\frac{A_1}{A_2} = \ln\frac{A_2}{A_3} = \ln\frac{A_i}{A_{i+1}} = \frac{1}{n}\ln\frac{A_i}{A_{i+n}} \tag{16.10}$$

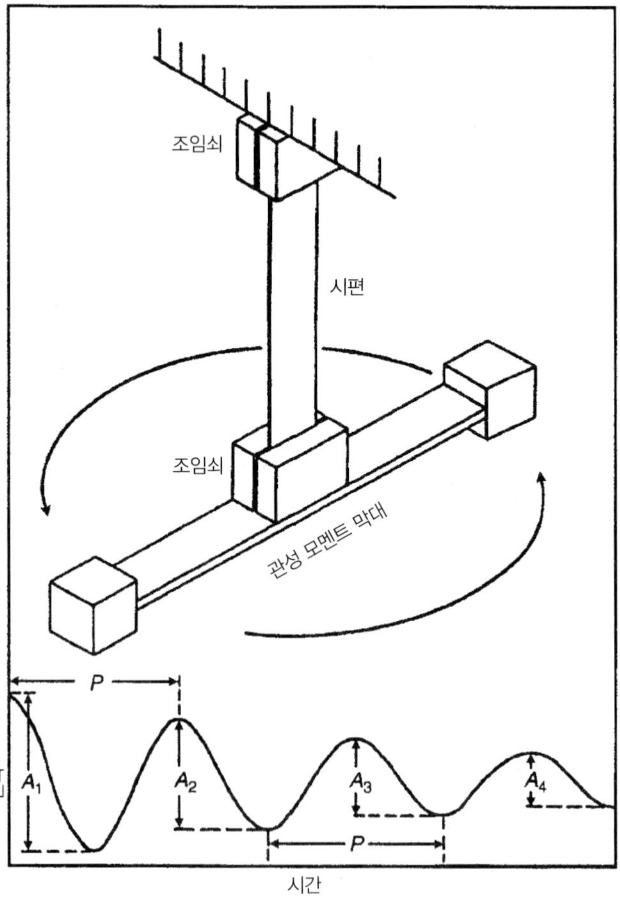

그림 16.7 비틀림 진자와 그 결과[8].

그리고 $\Delta < 1$의 경우

$$\Delta \approx \pi \tan\delta \tag{16.11}$$

다른 기하학적 구조의 시편이나 더욱 높은 감쇠에 대한 표현들은 Nielson[9]에 의해 검토되었다. 고체나 고무상 시료들은 막대, 튜브, 긴 조각 등의 형태로 비틀린다. 액체나 부드러운 고체들은 이전에 설명했던 회전 점도 측정(Couette, 원뿔-평판 등)에 대해 표현한 기하학적 구조의 하나에 포함될 수 있다.

16.5.1.2 비틀림 섬유 진동 분석법(torsional braid analysis) 이 분석법[10]에서는, 꼬여진 유연한 섬유(보통 유리)에 측정할 재료를 함침시킨다. 이때 함침된 섬유는 비틀림 진자에서 비틀리는 성분이 된다. 이 형태의 장치는 액체로 시작하여 고체로 경화되는(예를 들어 에폭시) 재료에 유용하다. 이 장치로부터 나온 데이터를 분석할 때에는, 시료와 지지 섬유와의 상호작용을 분리하는 것에 주의해야 한다.

장치의 진동 부분의 관성 모멘트를 변화시킴으로써 주파수를 어느 정도 변하게 할 수 있지만, 비틀림 진자는 주로 일정하고 상대적으로 낮은 주파수(≈1 cycle/s)에서의 동적 특성의 온도 의존성을 연구하는 데 이용된다. 한편 이 장치는 비싸지 않고 구축이 용이하다.

16.5.2 강제 진동 장치(forced oscillation device)

16.5.2.1 동적 기계적 분석기(dynamic mechanical analyzer; DMA) DMA는 알고 있는 진폭과 주파수를 갖는 사인파 형태의 응력이나 변형률을 가하고, 그 결과로 나타나는 변형률 또는 응력을 측정하는 강제 진동 장치('흔들 장치'; jiggle machine)이다. 동적 특성들은 둘(응력과 변형률) 사이의 관계로부터 계산된다. 고체상의 재료를 DMA(그림 16.8) 안에 고

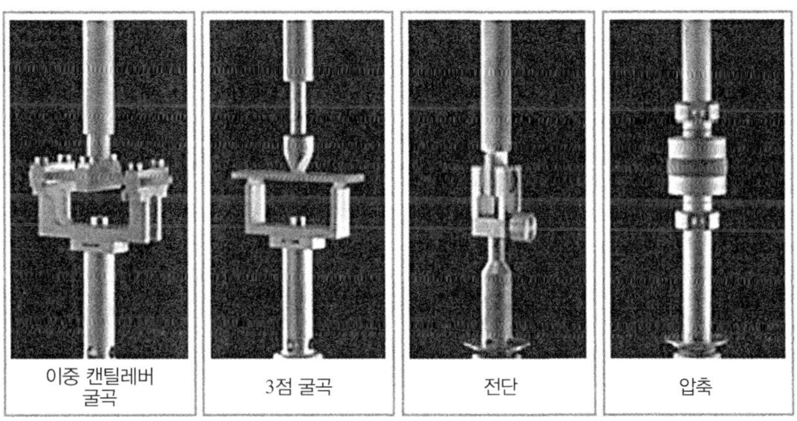

그림 16.8 동적 기계적 분석 실험용 조임쇠(used with permission from TA Instruments, New castle, DE). 인장, 압축, 3점 굴곡, 그리고 전단 시험 등에 각각 다른 조임쇠가 사용될 수 있다. 가해지는 응력(또는 변형률)은 사인파 형태이다.

정시키고, 주기적인 부하(응력 또는 변형률)를 부가할 수 있으며, 결과적으로 나타나는 변형률 또는 응력을 측정한다. 액체 시료의 경우, 회전 점도계와 함께 언급된 구조에서 정상 회전 변형보다는 사인파 형태의 변형이 생성되도록 수정된 구동 장치가 사용된다. 섬유, 필름 및 고무와 같이 유연한 시료들은, 사인파의 '바닥(bottom)'에서 늘어지지 않게 하기 위해서 인장 형태의 예비 하중을 가하고 양의 인장 변형률로 진동시킨다. 이러한 시험들을 통해 E', E'' 등의 동적 인장 특성을 얻으며, 이 특성들은 다음에 의해 주어지는 전단 특성과 관련된다.

$$|E^*| = 2|G^*|(1 + \nu) \tag{16.12}$$

여기서 ν는 Poisson 비이다(비압축성 재료에 대해 $\nu = 1/2$). 다른 유형의 강제 진동 장치는 시편의 한쪽 끝에 사인파 형태의 전단 또는 압축파를 가하고, 이 사인파가 시료를 통해 진행하면서 나타나는 파동의 감쇠를 관찰한다.

강제 진동 장치는 일반적으로 온도뿐만 아니라 주파수의 함수에 따른 동적 특성을 연구하기 위해 사용된다. 이러한 장치에 대한 구동과 검출 체계는 엄밀하게 기계적이지만, 좀 더 정교한 장치들에서는 압전성 결정과 무기 결정들(예를 들어 바륨 타이타네이트)을 사용하여, 가하는 전압에 비례하여 크기를 변화시키고, 반대로 부가되는 변형에 비례하는 출력 전압을 발생시킨다. 따라서 진폭과, 특히 변형률의 주파수는 전기적 신호의 형태로 넓은 범위에 걸쳐 손쉽게 제어될 수 있다(결정은 매우 높은 주파수에서도 응답하고, 전자들은 기계적 연결과 달리 거의 관성을 나타내지 않는다). 입력 및 출력 신호는 실시간 제어 및 연산을 위해 컴퓨터로 전송된다.

16.5.3 정상 회전법(steady rotation method)

진동 장치 및 관련 검출 시스템의 비용과 복잡성은 동적 특성을 결정하는 장비들의 대중성을 증가시켰지만, 이 장비들은 일정한 회전에서만 구동하고 일정한(진동이 없는) 하중만 감지한다. 모순처럼 들리겠지만 실제로 그렇게 작동한다! 우리는 그들 중 좀 더 대중적인 한 장비의 조작을 설명하려고 한다. Walters는 명쾌한 방법으로 수학적인 세부 사항을 제공하였다[11].

16.5.3.1 직교 유량계(orthogonal rheometry) Maxwell 직교 유량계[12]를 그림 16.9에 나타내었다. 재료는 두 평행 원판 사이에서 변형을 받고 있는데, 이들은 반지름 R이고 거리가 h만큼 떨어져서 각각 같은 정상 각주파수 ω로 회전하고 있지만, 그들의 회전축의 중심은 거리 d만큼 떨어져 있다. 두 원판 중 하나에 세 개의 정상 수직 하중 성분 F_x, F_y, F_z를 측정하도록 변환기가 설치되어 있다.

이것이 어떻게 진동 변형을 초래하는가? 확인할 수 있는 가장 쉬운 방법은 원판들이 회

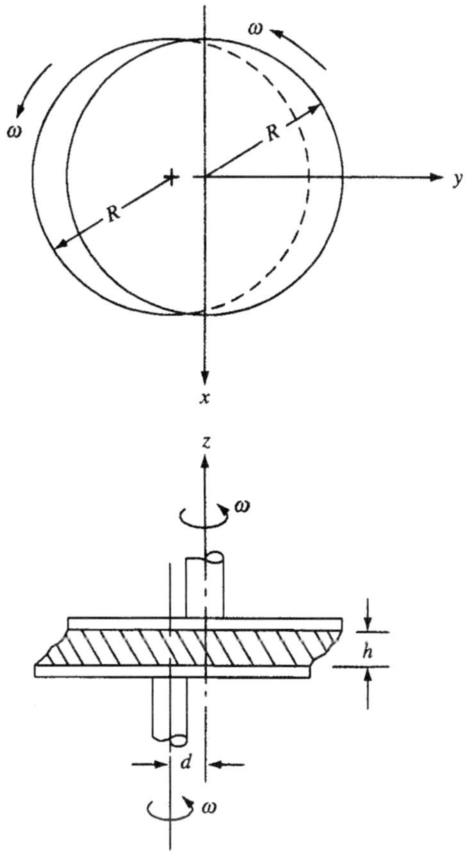

그림 16.9 직교 유량계.

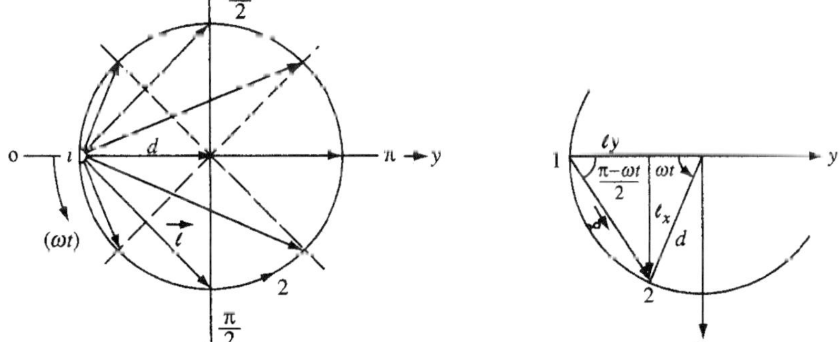

그림 16.10 직교 유량계의 분석. (a) $\omega t = 0$에서 아래 원판의 중심인 점 1과 바로 위의 점 2 사이의 상대적인 변위 벡터, (b) 변위 벡터와 그 성분의 기하학적 구조.

전할 때 아래쪽 원판 위의 한 점(점 1)에 대해 위쪽 원판 위의 한 점(점 2)의 상대적인 움직임을 따라가는 것이다. 여기서 $\omega t=0$인 분석 시작 시점에서 아래 원판의 회전 축(중심) 위에 점 1과 바로 위의 원판에 점 2를 선택한다. 이 선택은 점 1이 정지 상태에 있기 때문에 가장 간단한 것이지만, 같은 값의 x 및 y에서 초기에 선택한 어느 한 쌍의 점들에 대해서도 같은 결과를 얻을 수 있을 것이다(나침반, 눈금자 및 각도기로 이것을 증명할 수 있다). 그림 16.10a는 xy 평면에서 상대적 변위 벡터 l과, 이것이 회전각 ωt에 따라 어떻게 변화하는지를 보여 준다. 그림 16.10b에서 상대 변위의 크기는 다음과 같다.

$$|\mathbf{l}| = 2d \sin\frac{\omega t}{2} \tag{16.13}$$

그리고 벡터의 x 및 y 성분은

$$l_x = d\sin(\omega t) \tag{16.14}$$

그리고

$$l_y = |\mathbf{l}| \cos\left(\frac{\pi}{2} - \frac{\omega t}{2}\right) = d[1 - \cos(\omega t)] \tag{16.15}$$

변형률이 단순히 원판 사이의 거리 h로 나눈 상대 변위라고 가정하면, 변형률의 x 및 y 성분은

$$y_x = \frac{d}{h}\sin(\omega t) \tag{16.16}$$

$$y_x = \frac{d}{h}[1 - \cos(\omega t)] \tag{16.17}$$

이 된다.[3] 따라서 변형률의 두 성분은 정상 각회전(steady angular rotation)의 결과로서 단순 조화 진동(harmonic oscillation)을 한다.

변형률의 x 성분은 제로 축에 대해 대칭이지만, y 성분은 그렇지 않다는 것(0과 $+2d/h$ 사이에서 변한다)을 주목하는 것이 중요하다. 선형적 거동을 하는 재료는 응력이 변형률에 직접적으로 비례하기 때문에, $0<\omega t<\pi$ 영역에서 γ_x에 의해 xy 평면과 평행하게 생성된 전단력(그리고 전단 응력)은, $\pi<\omega t<2\pi$ 영역에서 생성된 x 성분 변형률로부터 발생하는, 같은 크기-반대 부호의 전단력에 의해 상쇄된다. 그 결과, 측정된 힘 F_x와 F_y는 γ_y에만 의존한다.

이것을 또 다른 방법으로 살펴보기 위해 유량계 내에 있는, 점 1과 점 2 사이에서 연산된 고무 밴드로 대표되는 순수 탄성 재료를 생각해 보라. 위에서 보면 고무 밴드는 1과 일치한다. 오직 y 방향으로 알짜힘(net force)(따라서 오직 응력 성분 τ_{zy})만이 남아 있고, 이

[3]이것은 유체의 각 요소들이, 원판들의 중심을 연결한 선 위에 그 중심이 위치한 원 안의 고정된 점 z에서 운동한다는 조건이 필요하다. 여기에 대해서는 오랫동안 논란이 있어 왔지만, 적어도 $d/h < 0.5$인 경우에는 잘 맞는다.

고무 밴드를 당기는 x 방향의 성분은 상쇄될 것이 명확하다. 따라서 순수 탄성 응력은 γ_y와 같은 상에 있으므로, 식 16.17은 일정한 z로서 원판에서의 위치에 따른 γ'의 변화를 표현한다. 즉,

$$\dot{\gamma}(\omega t) = \gamma_y(\omega t) = \frac{d}{h}[1 - \cos(\omega t)] \tag{16.18}$$

그리고

$$\tau_{zy} = \tau' = \tau'(\gamma') \tag{16.19}$$

따라서 F_x의 측정값은 점성 성분으로부터 나와야 하며, 이것의 응력 τ_{zx}는 γ_y와 90° 위상이 다를 것이다. 즉,

$$\tau_{zx} = \tau''(\gamma') \tag{16.20}$$

원판의 총 하중 성분을 결정하기 위해서는, 응력–면적의 곱을 원판의 표면적으로 적분해야 한다.

$$F_y = \int_{\text{surface of disk}} \tau' \, dA \tag{16.21}$$

식 15.37로부터, $\tau' = G'\gamma'$이며, 극좌표에서는 $dA = r\, d(\omega t)\, dr$이다. 따라서

$$F_y = G'\left(\frac{d}{h}\right) \int_0^R \int_0^{2\pi} [1 - \cos(\omega t)]\, d(\omega t)\ r\ dr = \pi R^2 \left(\frac{d}{h}\right) G' \tag{16.22}$$

또는

$$G' = \frac{h/d}{\pi R^2} F_y \tag{16.23}$$

유사하게

$$F_x - \int_{\text{surface of disk}} \tau'' \, dA \tag{16.24}$$

그리고 $\tau'' = G''\gamma'$ (식 15.38)이므로, 이래와 같다.

$$G'' = \frac{h/d}{\pi R^2} F_x \tag{16.25}$$

식 16.23과 16.25는 정상 회전 장치를 이용하여 정상 하중을 측정함으로써 동적 특성이 어떻게 얻어지는지를 나타내는 것이며, 이것은 강제 진동 기법보다 기계석 및 분석석으로 매우 단순화되었다는 것을 보여 준다. 사실 점성 변형의 용어로 정의된 G', G'', η', η''과 같은 양을 결정하기 위해서는 이러한 비점도 흐름이 사용될 수 있는지에 대한 몇 가지 의문들이 있다는 점을 주목해야 하지만, 최소한 작은 변형률, d/h 제한 내에서는 이 기술이

적합하다는 것에는 어느 정도 동의한다[13,14].

또한, 두 원판이 동일한 각속도 ω로 회전한다는 가정에 기초하여 분석되었다. 일반적인 기기에서는 하나의 원판이 구동되고 다른 하나는 그 구동을 따라 간다: 그래서 베어링 마찰과 유체 역학적 효과가 적용될 때 이 가정은 엄격하게 말하면 합당하지 않다. Davis와 Macosko[15]의 분석에 의해 대부분의 조건에서 위 가정은 적합한 것으로 나타났다.

16.5.3.2 기타 정상 회전 장치 유사한 방식으로 작동하는 다른 장치들이 개발되었다. 소위 밸런스 유량계는 같은 속도로 회전하지만 회전축이 서로 비스듬한 두 동심 반구 사이에 시험 유체를 넣는다. 비슷한 것으로, 원뿔의 축이 평판에 수직하지 않은 원뿔–평판 구조와, 안쪽 실린더인 bob이 바깥쪽 실린더의 중심에 있지 않은 Couette(cup-and-bob) 구조도 동적 데이터를 얻기 위해 사용될 수 있다[11]. 비교적 경질인 재료에 대한 동적 인장 특성은 회전하는 원통형 막대를 캔틸레버 편향을 받도록 함으로써 얻을 수 있다[16].

이러한 동적 테스트의 대부분은 또한 고분자의 열적 거동을 결정하기 위해 사용될 수 있다. 그림 16.11은 비정질 선형 고분자인 폴리(메틸 메타크릴레이트)에 대한 G' 및 감

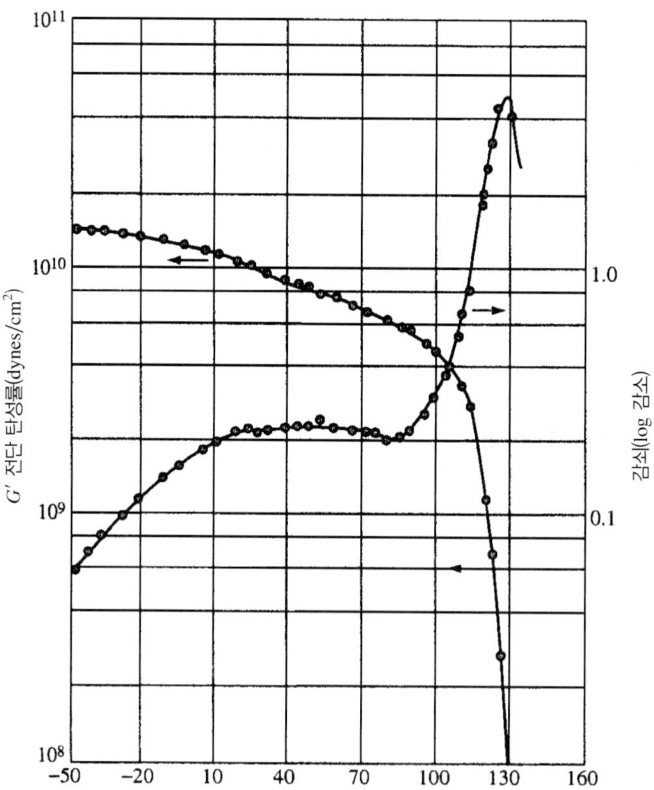

그림 16.11 폴리(메틸 메타크릴레이트)의 동적 기계적 특성[8]. 약 1 cycle/s에서 비틀림 진자를 통해 얻어졌다.

쇠$\approx \pi \tan\delta$ 대 온도를 나타낸 것이다. 이 데이터는 약 1 cycle/s에서 비틀림 진자를 통해 얻어졌다. 낮은 온도의 유리상 영역에서는 통상 1~10 GPa에 해당하는 탄성률이 관찰된다. 110~130℃ 근방에서, G'은 급격하게 감소하고 결국 전형적인 고무상 탄성률인 0.1~1 MPa을 나타내는 고무 평탄화 영역에 도달한다. 또한 이 영역에서 감쇠에 의한 날카로운 피크가 보인다. 이 피크와 감소가 관찰되는 온도는 비록 주파수에 의존할지라도, 낮은 주파수 영역에서(일반적인 비틀림 진자로 얻어지듯이) 그 온도는 재료의 유리 전이 온도와 동일하며, G'이 감소하는 것은 T_g에서 강성률이 감소하는 것을 나타내는 것으로, 이것은 결합각과 결합 길이의 변형으로부터 지배적인 응답 기구인 분자의 감김과 풀림으로 이행하는 것이다. 감쇠 피크는 T_g에서 40~50개의 주사슬 탄소 원자가 함께 운동하기 시작하는 것을 나타낸다(6장).

점탄성에 대한 4–인자 모델의 관점에서, T_g 이하일 때는 오직 용수철 1이 작동하고, 재료는 거의 완전 탄성(낮은 감쇠)이다. T_g의 근방에서, 대시포트 2의 점도는 감쇠 피크를 보이면서, 변형할 수 있고 에너지를 소실할 수 있을 정도로 떨어진다. 높은 온도에서, 점도는 에너지 소실이 거의 없는 지점까지 떨어지고, 재료는 주로 용수철 2를 통해 다시 고탄성이 된다. 더욱 높은 온도에서, 탄성률은 점성 흐름인 대시포트 1에 기인하여 급격하게 떨어진다. 그림 16.11에서 약 40℃ 근처에 중심을 둔 넓은 감쇠 '언덕'(G'에서 점진적인 감소가 동반된)은 PMMA 분자에 있는 $-CO-O-CH_3$의 곁사슬 그룹의 운동에 의해 발생하는 것으로 나타났다.

각주파수 ω의 단위는 /시간임에 유의하라. 따라서 각주파수는 시간척도의 **역수**에 상응한다. 이때 동적(진동) 변형에 대하여, Deborah 수는 다음과 같다.

$$\mathrm{De} = \lambda_c \omega \tag{16.26}$$

동적 실험에서, 점탄성 재료는 주파수가 증가함에 따라 더욱 고체와 같이 거동하고, 시간–의존성 응답 기구(감김 및 풀림, 미끄러짐)는 급격히 반대로 바뀌는 응력을 따라가지 못한다. 매우 높은 주파수라는 제한에서, 결합각 및 결합 길이의 변형만이 바로 작동 응답 기구가 될 것이고, 유리 전이 온도 이상일지라도 고분자는 전형적인 유리상의 탄성률을 보일 것이다.

16.6 시간–온도 중첩

수년의 수명을 가질 것으로 예상되는 재료를 개발하는 데 있어서 큰 도전 과제 중 하나는 그 재료의 수명이 얼마나 될지 검증할 수 있는 실험실 수준의 시험 방법을 개발하는 것이다. 노화를 촉진하는 한 가지 방법은 고온에서 시험을 진행하는 것이다. 추운 날씨에 저렴한 정원용 호스와 몸싸움을 벌여 본 사람은 고분자가 낮은 온도에서 더 딱딱해지고 단단해지지만, 고온에서는 더 부드럽고 유연하다는 사실을 인정한다. 앞의 예제들에서, 응력을 가할 때의 시간척도(또는 주파수)가 기계적 특성에 영향을 준다는 것, 다시 말하면, 짧은 시간(또는 높은 주파수)은 낮은 온도에 해당하며 긴 시간(낮은 주파수)은 고온에 해당한다는 것을 확인하였다. **시간-온도 중첩**(*time-temperature superposition*)이라는 개념을 정량적으로 응용하는 것은 고분자 물리학에서 가장 중요한 원리 중의 하나이다. 이것은 Deborah 수를 이용하여 점탄성 재료가 기계적으로 어떻게 거동할지를 정량적으로 결정한다는 사실에 기초한다. t_s(또는 ω) 또는 λ_c를 변화시키면 De를 바꿀 수 있다. 가해지는 변형의 특성에 의해 t_s(또는 ω)가 결정되는 반면, 고분자의 특성 시간은 온도의 함수이다. 온도가 높으면 높을수록 사슬 분절들은 더 많은 열에너지를 갖게 되고, λ_c를 낮추면서 더욱 빠르게 응답할 수 있게 된다. 예를 들어, t_s를 반으로 줄이거나 (또는 동적 시험에서 ω를 두 배로 하거나) 또는 λ_c가 두 배가 되도록 충분히 온도를 낮추거나 함으로써 De는 두 배가 될 수 있다. 기계적인 응답에서의 변화는 시간-온도 중첩 원리에 따라 어느 방법이든 같게 변화할 것이다.

시간-온도 중첩은 어떠한 점탄성 응답 시험(크리프, 동적 시험 등)에도 적용될 수 있지만, 여기에서는 응력 완화에 적용하는 데에 초점을 맞출 것이다. 그림 16.12는 폴리아이소뷰틸렌에 대한 여러 온도에서의 인장 응력 완화 데이터를 나타낸 것으로, 시간-의존성 인장 탄성률(영률) $E_r(t)$ 대 시간의 대수 형태로 그린 것이다.

$$E_r(t) = \frac{\sigma(t)}{\varepsilon_0} = \frac{f(t)/A}{\Delta l/l} \tag{16.27}$$

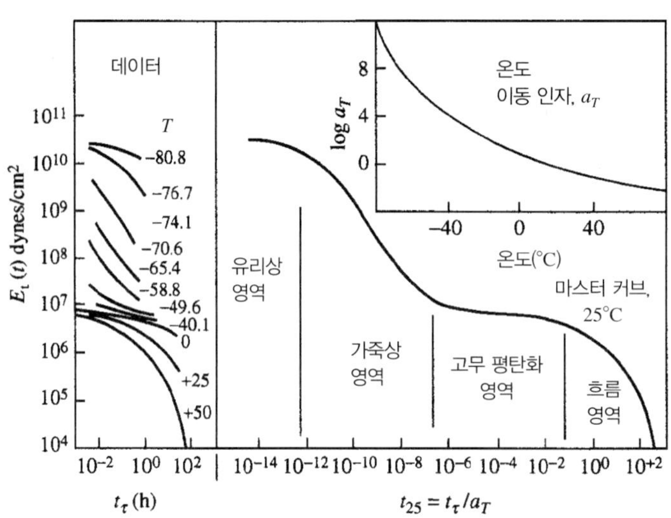

그림 16.12 NBS 폴리아이소뷰틸렌의 시간-온도 중첩. Adapted from Tobolsky and Catsiff[17].

여기서 $f(t)$는 일정한 변형률 $\varepsilon_0 = \Delta l / l$로 유지된 시편에서 측정된 인장력이고, A는 시편의 단면적이다. 이 기법은 물론 전단 변형에도 동등하게 적용될 수 있다. 응력 완화에서, 일정한 변형률이 순간적으로 가해진다는 가정에 의해 더욱 짧은 측정 시간의 한계값이 설정된다. 실제로는 관성과 기타 기계적인 측정의 한계로 인해 이 가정을 불가능하게 하므로, 한 자릿수 정도의 시간 또는 실질적으로 일정한 변형률을 적용하는 것보다 더욱 긴 시간에서 그 데이터가 타당해진다. 실험자의 헌신(인내)과 시료 및 장비의 장기 안정성에 의해 상한 시간이 정해진다. 이러한 데이터는 수초에서 수일 동안에 걸쳐 얻어졌다. 예상되는 바와 같이, 탄성률은 주어진 온도에서는 시간에 따라 감소하고, 주어진 시간에서는 온도가 상승함에 따라 감소한다.

곡선들을 자세히 보면, 하나의 연속된 곡선이 잘게 잘려진 것처럼 보이며, 로그–시간 축을 따라 이동시킨 것과 같이 보인다. 이것이 정말 그렇다는 것은 그림 16.12를 통해 알 수 있다. 여기서, 임의로 25°C를 기준 온도 T_0로 설정하였으며, 다른 온도의 곡선은 로그–시간 축을 따라서 이동하여 정렬하였다. 25°C 이하의 데이터는 왼쪽(짧은 시간)으로 이동시키고 25°C 이상에서는 오른쪽(긴 시간)으로 이동시키면, 25°C에서의 **마스터 커브**(*master curve*)가 만들어진다.

때로는, 중첩시키기 전에 각 온도 T에서의 완화 탄성률에 T_0/T 비를 곱하여 기준 온도 T_0로 보정한다. 이러한 보정은 탄성률이 절대 온도에 비례한다는 이상 고무 탄성론(13장)에 근거한 것이다. 하지만 이 과정은 의심의 여지가 있다. 주응답 기구가 사슬의 감김과 풀림일 때 이상 고무 탄성론은 합리적일 수 있으나, 그 응답 기구가 결합각과 결합 길이의 변형(유리상 영역) 또는 분자 미끄러짐(점성 흐름 영역)이 지배적인 경우에는 확실히 불합리하다. 어떤 경우에서나 이러한 보정은 그다지 중요하지 않다.

로그–시간 축을 따라 등온 곡선을 이동시키는 것은 가로축의 모든 값을 일정한 인자로 나누는 것과 동등하다(세로축이 어떠한 규모인지는 중요하지 않다). 각각의 온도 T에서의 곡선을 기준 온도 T_0 곡선에 배열하게 하는 일정한 인자는 온도 이동 인자(shift factor) a_T로 일려져 있다.

$$a_T = \frac{t_T}{t_{T_0}} \quad \text{(같은 응답일 경우)} \tag{16.28}$$

여기서 t_T는 온도 T에서 특정 응답(이 경우에는 E_r)에 도달하는 데 필요한 시간이고, t_{T_0}는 기준 온도 T_0에서 같은 응답에 도달하는 데 필요한 시간이다. 마스터 커브의 가로축에 있는 각각의 완화 데이터에 대한 시간 값은 식 16.28 또는 $t_{T_0}=t_T/a_T$로부터 알 수 있다.

기준 온도보다 높은 온도에서는 특정 응답에 도달하는 시간이 더 적게 걸려서(즉, 재료는 더 빠르게 응답하며, 이것은 재료가 더 짧은 완화 시간을 갖는다는 것을 의미한다), a_T

는 1보다 작으며, 기준 온도 이하의 온도에서는 이와 반대로 나타난다. 실험적으로 결정된 온도 이동 인자에 대수를 취한 것을 그림 16.12의 삽입된 그래프에 온도의 함수로서 나타내었다.

마스터 커브는 25°C에서 170년에 걸친 응력 완화를 나타낸다. $t_{T_0}=t_T/a_T$이기 때문에 적당한 a_T 값을 곱함으로써(로그–시간 축을 따라 이동하는 것) 특정 온도 T에서의 마스터 커브를 그릴 수 있고, 이에 따라 특정 온도에서 170년 동안의 재료 거동을 예측하는 데 사용될 수 있다.

두 개의 부가적인 면에 의해 시간–온도 중첩 개념의 유용성이 증진된다. 첫째, 특정 고분자가 본질적인 기계적 응답과는 관계없이 동일한 온도 이동 인자를 적용할 수 있다. 즉, 응력 완화에서 결정된 이동 인자는 크리프 또는 동적 시험에서 시간–온도 거동을 예측하는 데 적용할 수 있다는 것이다. 둘째, **고분자의 유리 전이 온도를 기준 온도로 선택한다**면, 이동 인자는 $T_g < T < (T_g + 100\text{ K})$의 범위에서 Williams–Landel–Ferry(WLF) 식으로 주어진다.

$$\log a_T = \frac{-C_1(T-T^*)}{C_2+(T-T^*)} \quad (T_0=T_g\text{일 때}) \tag{16.29}$$

$T^*=T_g$에서, '보편' 상수 $C_1=17.44$와 $C_2=51.6$(T는 절대 온도 K)은 매우 다양한 고분자에 대략적으로 잘 들어맞는다. 대부분 고분자의 T_g는 널리 알려져 있기 때문에[18], 이러한 형태의 WLF 식은 대단히 유용하다. 고분자에 맞는 C_1, C_2 및 T^* 등의 상수를 사용하면 더 잘 들어맞을 수 있지만, 이러한 상수들은 거의 사용되지 않는다. 또한 특정 데이터에 적합하게 조정된 T^*와 $C_1=8.86$ 그리고 $C_2=101.6$ 값을 사용하면 더욱 잘 들어맞을 수 있다고 제안되었다. 이러한 상수를 사용할 때는, T^*는 일반적으로 $T_g+(50\pm 5)$ K인 것으로 나타난다[19].

예제 16.5 그림 16.11에서 폴리(메틸 메타크릴레이트)에 대한 감쇠 피크는 130°C에 위치한다. 데이터가 1 cycle/s의 주파수에서 얻어졌다고 가정할 때, 1000 cycle/s에서 측정되었다면 몇 도에서 피크가 나타나겠는가? PMMA의 T_g는 105°C이다.

풀이 주파수가 시간척도의 **역수**(*reciprocal*)임을 명심하시오. 따라서 $a_T=\omega_{T_0}/\omega_T$이다. '보편' 상수를 WLF 식에 적용하면 아래와 같다.

$$\log a_T = \log\frac{\omega_{T_0}}{\omega_T} = \frac{-17.44(T-T_g)}{51.6+(T-T_g)}$$

1 cycle/s에서의 측정 결과를 T_g로 이동시키면(즉, 피크가 T_g에 위치하는 주파수를 찾으면)

$$\log \frac{\omega_{105°C}}{\omega_{130°C}} = \frac{-17.44(130-105)}{51.6+(130-105)} = -5.69$$

$$\omega_{105°C}/\omega_{130°C} = 2.03\times10^{-6}$$

그리고

$$\omega_{105°C} = (1\ \text{cps})(2.03\times10^{-6}) = 2.03\times10^{-6}\ \text{cps}$$

이제, T_g에서 T로 이동시키면

$$\log \frac{2.03\times10^{-6}}{1000} = -8.69 = \frac{-17.44(T-105)}{51.6+T-105}$$

$$T = 156°C$$

이것은 16.5절 끝에서 언급된 내용을 정량적으로 나타낸 것이다.

예제 16.6 그림 16.12의 폴리아이소뷰틸렌에 대한 마스터 커브는 25°C에서 약 10시간 동안 10^6 dyn/cm^{2}의 탄성률만큼 응력이 완화되는 것을 나타낸다. WLF 식을 이용하여, −20°C에서 동일한 탄성률에 도달하는 데 걸리는 시간을 추정하시오. PIB의 T_g는 −70°C이다.

풀이 WLF 식을 사용하기 위해서는 기준 온도 T_g가 −70°C이어야 한다.

$$\log \frac{t_T}{t_{T_g}} = \log \frac{t_{25°C}}{t_{-70°C}} = \frac{-17.44(25-(-70))}{51.6+(25-(-70))} = -11.3$$

$$\frac{t_{25°C}}{t_{-70°C}} = 5.01\times10^{-12} \text{ 그리고 } t_{-70°C} = \frac{10}{5.01\times10^{-12}} = 2\times10^{12}\ \text{h}$$

$$\log \frac{t_{-20°C}}{t_{-70°C}} = \frac{-17.44(-25+70)}{51.6-25+70} = -8.59$$

$$t_{-20°C}/t_{-70°C} = 2.57\times10^{-9}$$

$$t_{-20°C} = (2\times10^{12})(2.57\times10^{-9}) = 5140\ \text{h}$$

이것은 온도를 낮추면 기계적 '강성률'이 어떻게 더 오랜 시간 동안 유지되는지를 보여 준다.

응력-완화 마스터 커브에 대해 자세히 살펴보자. 그림 16.12에 나타난 것은 전형적인 선형 비정질 고분자이고, **점탄성 거동의 다섯 영역**(*five regions of viscoelastic behavior*)을 분명히 보여 주고 있다[20]. 저온 또는 짧은 시간(큰 De)에서, 단지 결합각과 길이만이 응답할 수 있고, 10^{10}~10^{11} dyn/cm^2(1~10 GPa)의 전형적인 유리상의 탄성률이 관찰된다. 이 영역을 **유리상 영역**(*glassy region*)이라고 한다. 긴 시간 또는 높은 온도에서, 완화 응답은 사슬의 풀림이 주요 메커니즘이 되고 **고무 평탄화 영역**(*rubbery plateau region*)에서

10^6~10^7 dyn/cm^2(0.1~1 MPa)의 탄성률을 나타낸다. 탄성률이 유리상에서 고무상으로 떨어지는 중간 영역은, 재료의 탄성률이 마치 가죽처럼 느껴지기 때문에 **가죽상 영역**(*leathery region*)으로 알려져 있다. 더욱 긴 시간 또는 고온(낮은 De)에서, 탄성률은 고무 평탄화 영역에서 **고무 흐름 영역**(*rubbery-flow region*)으로 급격히 감소하는데, 이 영역에서 재료는 여전히 탄성적이지만, 상당한 흐름 성분을 보유하고 있으며 분자 미끄러짐으로 인해 그 탄성률은 **점성 흐름 영역**(*viscous-flow region*)으로 급격히 떨어진다(이 마지막 구분은 다소 인위적이다; 일반적으로 이 시간(또는 온도)까지 고분자는 크게 변형되고, 고분자가 흐를 수 있기 전에 많은 고분자(그리고 모든 열경화성 수지)의 열화가 시작된다).

그림 16.13은 응력–완화 마스터 커브에 미치는 분자량과 가교의 영향을 나타낸다. 분자량은 결합각과 결합 길이의 변형 또는 풀림에 의해 큰 영향을 주지 않기 때문에, 유리상과 고무상 탄성률은 이들 영역에서 변화되지 않는다. 그러나 분자량이 커질수록 흐름은 극심하게 지연되고 고무 평탄화 영역은 길게 확장된다. 매우 낮은 분자량의 고분자는 평탄화 영역이 심지어 보이지 않기조차 한다(이들은 실온에서 액체이다). 무한대의 분자량을 갖는 고분자에서(낮은 가교), 흐름은 완전히 제거되고 곡선은 고무상 탄성률을 수평으로 유지한다. 보다 높은 가교도에 의해 사슬의 풀림은 제한되고, 결국에는 오직 결합각과 결합 길이의 변형에만 응답하는 재료가 된다.

고분자의 특성에 대한 결정의 영향은 가교도의 영향과 유사하다. 그러나 T_m 영역과 그 이상의 온도에 걸쳐 시간–온도 중첩 원리를 적용할 수 있느냐에 대한 의문의 여지가 있다. 이 영역에서, 결정화도 및 결정 형태가 변할 수 있고, 첫째로 사실상 상이한 재료에 대한 중첩 데이터가 될 것이다. 둘째로, 결정성 고분자의 데이터를 중첩하기 위해 수직 이동이 제안되었다.

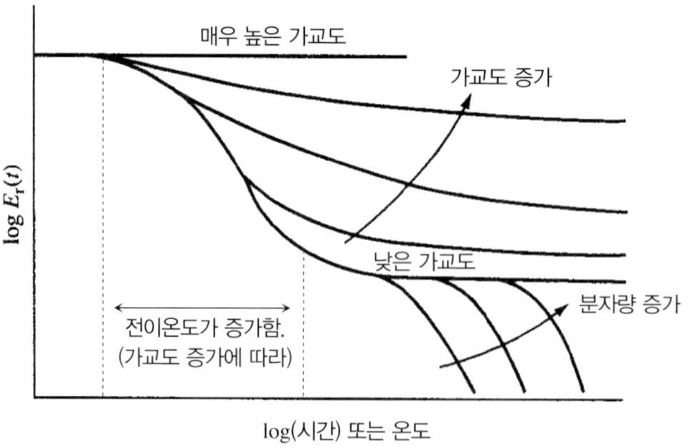

그림 16.13 응력–완화 마스터 커브에 미치는 분자량과 가교의 영향.

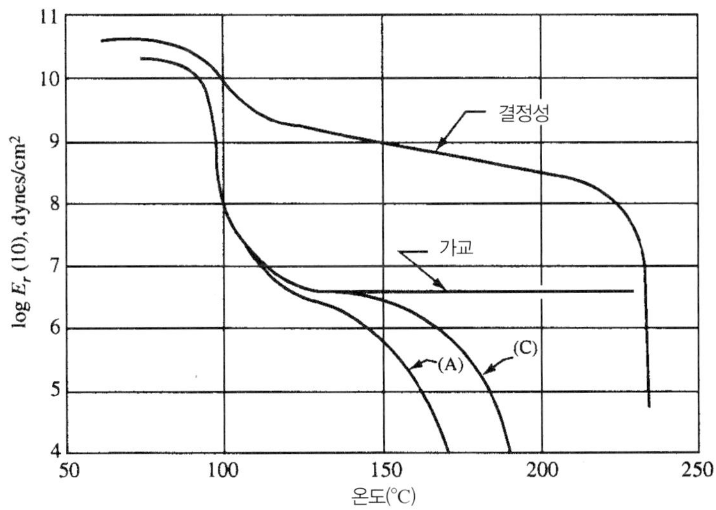

그림 16.14 몇몇 폴리스타이렌에 대한 10-s 인장 완화 탄성률 $E_r[10]$ 대 온도[20]. 시편 (A)와 (C)는 좁은 분자량 분포를 갖는 선형 비정질(아탁틱) 재료이다. $\overline{M}_n(A)=140,000$, $\overline{M}_n(C)=217,000$이다. 가교 시편 또한 비정질이고, 결정성 재료는 아이소탁틱이다.

기계적 특성에 미치는 온도의 영향을 설명하기 위해, 일정한 시간에서 해당 특성 대 온도의 그래프를 그리는 것이 때때로 바람직하다. 예를 들어, 그림 16.12에 나타난 유형의 데이터는 $E_r[10]$(10-s 완화 탄성률) 대 T로 바꾸어 그릴 수 있을 것이다. 이러한 그림을 몇 가지 폴리스타이렌 시편을 이용하여 그림 16.14에 나타내었다[20]. 점탄성 거동의 다섯 영역은 흐름 영역에서 분자량의 영향에 따라 선형 비정질(아탁틱) 시편 (A)와 (C)에서 명백하게 나타난다. T_g(100°C)의 근방에서 탄성률이 명확하게 감소하고 있다. 결정질(아이소탁틱) 시편은 T_m(~235°C)까지 계속 상당히 높은 탄성률을 유지한다. a_T 값이 주어지면, 일정한 T에서의 E_r 대 t 형태의 데이터(마스터 커브)를 일정한 t에서의 E_r 대 T 형태로 전환할 수 있으며, 또한 그 반대도 가능하다.

16.7 요약

고분자 재료 시험은 다소 복잡할 수 있다. 따라서 유리상, 고무상, 또는 고체(또는 승온하는 동안)가 변형을 받을 때 고분자의 기계적 특성을 결정하기 위한 다수의 방법들이 필요하다. 용융 고분자와 고분자 용액의 거동을 정확하게 결정하기 위해서 다수의 점도계가 사용될 수 있는 반면에, 주기적 응력에 대하여 탄성률이 저장(또는 탄성) 및 손실(또는 점성) 탄성률로 분리되어 나타나는 고분자의 거동을 결정하기 위해서는 동적 기계적 분석이 사용된다. 시간-온도 중첩 원리는 장시간에 걸쳐 낮은 온도에서의 고분자 시료의 거동을 추정하기 위해, 높은 온도에서의 고분자 특성을 측정하는 유용한 기술이다. 현대의 고분자 특성 실험실은 레오미터, 점도계, 동적 기계적 분석기, 그리고 시차 주사 열량계 및 젤 투과 크로마토그래프(또는 분자량을 측정하는 다른 장비)와 같이 이전에서 언급한 기술을 보유하고 있다.

문제

1 아래 데이터는 긴 플라스틱 조각의 기계적 응력/변형률 시험으로부터 얻어진 것이다. 이 조각을 축방향 인장에 놓았을 때의 최초 길이, 넓이 및 폭은 각각 5 cm, 1.40 mm, 0.20 mm였다.

시편의 길이, cm	힘, N
5.00	0.0
5.03	6.8
5.08	14.3
5.12	22.0
5.23	41.0
5.25	38.0
5.29	39.5
5.33	41.5
5.36	42.5
5.39	44.9

(a) 응력−변형률 곡선을 그리고, 극한 응력, 항복 응력 및 탄성률을 구하시오.

(b) 위 그림에 같은 고분자의 결정화도가 더 높은 시편은 어떻게 거동할 것인지를 보여주는 정성적인 선을 그리시오.

2 연신으로 직사각형의 고분자 시료에 0.76 MPa의 초기 이축 응력을 가한 뒤, 133일 후 측정하였더니 응력이 0.55 MPa로 감소한 것으로 나타났다.

(a) 이 고무상 고분자의 완화 시간은 얼마인가?

(b) 0.3 MPa까지 응력이 완화되는 데 걸리는 시간은 며칠인가?

3 고무 조각에 초기 응력 10.4 MPa을 가하여 50%의 변형률이 일어났다. 이 변형이 40일 동안 지속된 후에는 응력이 5.2 MPa만 필요하게 된다. 80일 후에는 그 변형을 유지하기 위해 얼마의 응력이 필요한가?

4 아래의 데이터는 Dr. N.D. Sylvester(Ph.D. 논문, Carnegie Institute of Technology, 1968)의 '세계의 가장 큰 모세관 점도계'로부터 얻었다. 이 점도계는 8 ft 길이에 내경 1/2 in 튜브로, 튜브 아래쪽의 압력 구배를 측정하기 위해 압력계가 설치되어 있다. 이 유체는 폴리(에틸렌 옥사이드)의 1.34% 수용액이다.

Q, in^3/s	ΔP_{total}, psi	ΔP_{ent}, psi
2.10	1.898	0.036
3.11	2.510	0.039
3.49	2.732	0.081
4.48	2.947	0.082
5.04	3.330	0.123
6.16	3.599	0.132
7.87	4.238	0.211
10.74	4.965	0.341
14.31	6.046	0.620
15.49	6.249	0.675
15.85	6.451	0.726
20.13	7.597	1.183
23.35	8.670	1.607
29.09	10.130	2.335

여기서, ΔP_{total}은 튜브에 걸쳐 감소한 총 압력 강하를 의미하고, ΔP_{ent}은 입구 효과에 기인한 평형 압력 손실을 의미한다.

(a) 이 용액에 대한 CGS 단위계의 상수를 갖는 흐름 방정식을 구하시오. 더 높은 흐름 속도에서 입구 효과에 의한 압력 손실은 총 압력 강하에 더 큰 비중을 차지한다는 것을 주의하시오.

(b) 위 데이터가 층류에 대한 것임을 명확하게 하기 위하여 가장 빠른 유동 속도에서의 Reynolds 수를 확인하시오.

5 동심인 두 개의 실린더 사이에서의 Couette 흐름의 전단 속도는 아래와 같음을 보이시오.

$$\dot{\gamma} = r\frac{d}{dr}\left(\frac{v_\theta}{r}\right)$$

여기에서 $v_\theta = \omega r$은 접선 방향의 속도이다.

6 동심인 두 개의 실린더 사이에서의 Couette 흐름에 대하여, 반지름 R_o인 바깥쪽 실린더는 고정되어 있는 반면, 반지름 R_i인 안쪽 실린더는 접선 속도 $v_\theta(R_i)$로 회전하고 있다. 식 16.2와 문제 16.5를 이용하여 지수 법칙 유체에 대한 무차원(단위가 없는)의 접선 속도 분포 $v_\theta(r)/v_\theta(R_i)$의 표현식을 구하시오. 무차원량 r/R_i, R_o/R_i 및 흐름 지수 n을 이용하여 작성하시오. 또한 $R_o/R_i = 2$, 그리고 $n=1$, $1/2$, $1/4$일 때, $v_\theta(r)/v_\theta(R_i)$ 대 r/R_i의 그래프를 그리시오.

7 반지름 R_i, 질량 W의 실린더 축이 안쪽 반지름 R_o, 길이 L의 고정된 베어링을 통해 아래쪽을 향해 수직으로 미끄러진다. 그 실린더 축의 중심이 베어링과 같고, 둘 사이의 환형에는 지수 법칙 유체로 가득 차 있다고 가정하시오. 입구/출구 효과는 무시한다.

(a) 환형 안의 유체는 점성인가? 만약 그렇다면, 1, 2 및 3의 좌표 방향을 명확히 명시하시오.

(b) 환형에서 전단-응력 분포 $\tau(r)$에 대한 표현식을 구하시오.

(c) 환형에서 속도 분포에 대한 표현식을 구하시오.

(d) 축이 베어링을 통해 미끄러지는 정상 상태 속도 V의 표현식을 구하시오.

8 길이 L, 안쪽 반지름 R의 실린더 튜브를 통해 체적 흐름 속도 Q의 함수로서 압력 강하 ΔP를 측정하는 실험을 생각하시오. 입구/출구 효과는 무시할 수 있다. 데이터는 제한된 범위의 Q로 아래와 같이 요약된다.

$$\Delta P = AQ - BQ^2$$

여기서 A와 B는 양의 상수이다.

(a) 위 식을 통해 이 실린더 튜브의 기하학적 구조와 주어진 양을 이용하여 유체의 제로-전단 속도에 대한 표현식을 구하시오.

(b) 위 식으로부터 어떻게 실제 전단 응력-전단 속도 관계(흐름 곡선)를 구할 것인지 보이시오.

9 고분자 용액에 대하여 진동수 1 radian/s에서 얻어진 동적 측정 결과 $G' = 5.0 \times 10^3$ Pa과 $G'' = 2.0 \times 10^3$ Pa의 값을 얻었다. 이 데이터를 바탕으로, 같은 온도에서 이 재료의 정상 상태 점도에 대하여 어떠한 정량적 설명(만약 있다면)이 가능하겠는가?

10 어느 폴리스타이렌 시편은 100°C에서 10 s 완화 탄성률 $E_r(10)$가 1.0×10^7 Pa을 보인다. 115°C에서 같은 시편이 같은 완화 탄성률에 이르기까지 얼마의 시간이 걸릴지 추정하시오. $T_g = 100$°C이다.

11 그림 16.14에서 선형의 폴리스타이렌 시편(C)에 대하여 $\log E_r(t)$ 대 $\log t$의 마스터 커브를 그리시오. 이동 인자는 '보편' 상수와 함께 WLF 식에 의해 주어진다고 가정한다. $T_g = 100$°C이다.

12 Kepes 밸런스 유량계는 정상 회전에서 동적 특성을 측정하는 또 다른 장비이다. 회전축들이 각 θ를 이루는 동심원의 반구 사이에 재료가 놓여 있다. 두 개의 반구는 같은 각속도 ω로 회전한다. $R_o - R_i = \delta \ll R_i$이고 θ는 작다.

(a) 이 장비에서 전단 변형률의 표현식을 구하시오.

(b) 용융 고분자는 이와 같은 장비로 측정된다. 발생되는 힘(만약 있다면)이 θ를 증가시키는가 또는 감소시키는가? 아니면 영향을 미치지 않을 것이라고 생각하는가?

13 $T_g + 20$°C의 온도와 1 cycle/s의 진동수에서 폴리(에틸 프로크래스티네이트)(PEP) 시편의 동적 측정을 통해 $G' = 1.0 \times 10^7$ Pa인 것을 알았다. 온도가 $T_g + 40$°C일 때, 같은 G' 값을 가지려면 주파수는 얼마여야 하는가?

14 Crud Chemicals는 Tygon® 유연 튜브 시장을 부러운 듯 주목하고 있다. 그들은 이 시장에서 괜찮은 경쟁이 될 것이라고 생각되는 $T_g = -10°C$의 선형 비정질 고분자를 개발하였다. 이 고분자는 뛰어난 순도와 내화학성을 가지지만, 그들은 이것의 기계적 적합성에 대하여 신뢰하지 못하고 있다.

기계적인 특성을 확인하기 위하여, 그들은 튜브를 압출 성형하고 20°C에서 파괴 시험을 하였다. 이 시험은 고정된 길이의 튜브 제조, 50 psi의 압력 부가, 그리고 많은 수의 시편에 대한 평균 파열 시간 측정 등으로 구성된다. 20°C에서 이 시료의 평균 수명은 40 h인 것으로 관찰되었다.

(a) 이 시험에 가장 근접하게 부합되는 일반적인 실험실 수준의 점탄성 시험은 무엇인가?

(b) 30°C 및 37°C에서 같은 파괴 시험을 진행하였을 때 동일한 튜브의 평균 수명을 계산하시오.

15 그림 15.6은 일정한 온도에서 점탄성 재료의 공학 응력-변형률 시험에 미치는 변형률 속도의 영향을 간단하게 묘사한 것이다.

(a) 일정한 변형률 속도에서 온도의 영향을 나타내는 비슷한 정성적 그림을 그리시오.

(b) $T_g = 24°C$, $\dot{\varepsilon}_0 = 1$에서 폴리(바이닐 아세테이트) 시편의 응력-변형률 시험이 진행되고 있다. 초기 기울기(영률)는 5000 psi이다. 30°C에서, 초기 영률이 5000 psi가 되려면 $\dot{\varepsilon}_0$는 얼마여야 하는가?

16 그림 16.12의 25°C 기준 마스터 커브는 약 10^{-14}~10^{+2} h까지의 범위에 걸쳐 있다. 기준 온도 $T_0 = -40°C$에서 마스터 커브는 대략적으로 얼마 정도의 시간 범위를 포함시키겠는가?

17 고분자의 기계적 거동이 Deborah 수에 의존한다는 설명이 주어진다면, 재료의 특성 시간 λ_c는 그것의 온도 이동 인자 a_T와 어떻게 관련이 되는가?

참고문헌

[1] Lendlein, A., A.M. Schmidt, and R. Langer, *PNAS* **98** (3), 842 (2001).

[2] Collyer, A.A. and D.W. Clegg (eds), *Rheological Measurement*, Elsevier, New York, 1988.

[3] Dealy, J.M., *Rheometers for Molten Plastics*, Van Nostrand Reinhold, New York, 1982.

[4] Bird, R.B., W.E. Stewart, and E.N. Lightfoot, *Transport Phenomena*, Wiley, New York, 1960, p. 94, Example 3.5−1.

[5] Krieger, I.M. and S.H. Maron, *J. Appl. Phys.* **25**, 72 (1954).

[6] Best, D.M. and S.L. Rosen, *Polym. Eng. Sci.* **8** (2), 116 (1968).

[7] Ferry, J.D., *Viscoelastic Properties of Polymers*, 3rd ed., Wiley, New York, 1980.

[8] Nielsen, L.E., *SPE J.* **16**, 525 (1960).

[9] Nielsen, L.E., *Mechanical Properties of Polymers and Composites*, Vol. 1, Dekker, New York, 1974.

[10] Gillham, J.K., *Am. Inst. Chem. Eng. J.* **20**, 1066 (1974).

[11] Walters, K., *Rheometry*, Halsted, New York, 1975.

[12] Maxwell, B. and R.P. Chartoff, *Trans. Soc. Rheol.*, **9**, 41 (1965).

[13] Bird, R.B. and E.K. Harris, *Am. Inst. Chem. Eng. J.* **14**, 758 (1968).

[14] Macosko, C.W. and W.M. Davis, *Rheol. Acta* **13**, 814 (1974).

[15] Davis, W.M. and C.W. Macosko, *Am. Inst. Chem. Eng. J.* **20**, 600 (1974).

[16] Maxwell, *B.*, *J. Polym. Sci.* **20**, 551 (1956).

[17] Tobolsky, A.V. and E. Catsiff, *J. Polym. Sci.* **19**, 111 (1956).

[18] Brandrup, J. and E.H. Immergut (eds), *Polymer Handbook*, 3rd ed., Wiley-Interscience, New York, 1989.

[19] Bird, R.B., R.C. Armstrong, and O.A. Hassager, *Dynamics of Polymeric Liquids*, Vol. 1, Fluid Mechanics, Wiley, New York, 1977.

[20] Tobolsky, A.V., *Properties and Structure of Polymers*, Wiley, New York, 1960.

IV부

고분자 가공 및 성능

이 책의 마지막 파트는 고분자를 제조하고 시험하는 것에서부터 유용한 고분자 제품을 만드는 데 사용되는 가공 방법들과, 자주 사용되는 첨가제들을 다루고, 다양한 고분자 재료의 시장에서 직면하는 몇 가지 난제에 대한 토론을 포함한다. 고분자의 열적 그리고 기계적 거동은 가공 기술의 선택에 영향을 미친다. 이 부에서는 열가소성 고분자, 표면 마감재, 합성 섬유, 접착제, 고무 등과 같은 다양한 고분자의 응용 분야뿐만 아니라, 성형 형태, 섬유, 튜브, 얇은(또한 매우 얇은) 시트를 포함하는 여러 가지 유용한 형태로 변환시키는 장비에 대하여 다룬다.

Fundamental Principles of Polymeric Materials, Third Edition. Christopher S. Brazel and Stephen L. Rosen.

17장

가공

17.1 서론

이전의 장들에서 우리는 어떻게 고분자를 합성하고 어떻게 특성을 분석하는지를 공부하였다. 하지만 흔히 제조되는 고분자 제품들이 어떻게 압도적으로 많을 수 있는가? 이 장에서는 고분자 원재료나 원재료들이 포함된 컴파운드를, 원하는 모양과 크기를 가지는 제품으로 변환시키는 고분자 **가공**(*processing*)에 대하여 알아보기로 한다. 다양한 고분자 종류와 이로부터 생산되는 훨씬 더 다양한 제품들을 고려할 때, 오랜 세월을 두고 개발된 무수히 많은 제조 기술을 완전하게 묘사하거나 분석한다는 것은 불가능할 것이다. 고분자 가공 공정에 대한 상세한 정성적인 설명들을 참고문헌들에서 설명하고 있으며[1~4], 많은 웹사이트에서 제조 공정의 사진이나 비디오 동영상을 제공하고 있다. 또한 여러 책들에서 가공 공정의 정량적인 논의를 주제로 삼아 왔다[5~10]. 이 장에서는 몇 가지 일반적인 가공 공정 기술들의 개요를 설명하고(표 17.1) 용어를 소개하며, 다양한 기술들이 이전에 논의된 원리들에 어떻게 기초를 두고 있는지 고려할 것이다. 좀 더 추가적인 정보를 원하는 독자들은 이들 참고문헌들과 각 절에서 나와 있는 전문적인 참고문헌을 참고하기 바란다.

17.2 몰딩

몰딩(성형)(molding)은 유체 상태의 물질을 금형에 넣은 상태에서 응고시켜 금형 모양으로 만드는 것이다. **사출 성형**(*injection molding*)[11, 12]은 열가소성 고분자 제품을 만드는 가장 일반적인 수단이다. 그림 17.1은 대표적인 사출 프레스를 보여 주고 있다. 약 $^1/_8$-in

---

Fundamental Principles of Polymeric Materials, Third Edition. Christophe S. Brazel and Stephen L. Rosen.

표 17.1 고분자 가공 공정

가공 기술	요약	제품 예
사출 성형 (17.2절)	용융 고분자를 금형에 사출; 냉각에 의해 고형화됨	정원용 가구, 쓰레기 통
발포 성형 (17.2절)	용융 고분자에 휘발성 발포제 포함; 발포제는 증발하고, 분해하며, 기체를 만들기 때문에 고분자를 팽창시킴	스타이로폼®, 커피 컵, 폴리유레테인 시트 쿠션
반응 사출 성형 (17.2절)	프리폴리머(prepolymer; 보통 축합 반응 유형)를 가열된 금형에 사출, 여기서 반응이 일어남	충격 흡수용 자동차 앞뒤의 범퍼
압출(17.3절)	원하는 제품과 일치하는 형태의 단면을 갖는 다이를 통과하도록 용융 고분자를 압출	각종 호스, 튜브, 바이닐 외장 자재, 전선 피복용 코팅
블로우(blow) 압출 (17.3절)	원통형 시트를 압출하고 가압 공기로 팽창시키면서 매우 얇은 시트를 형성	플라스틱 랩
블로우 성형(사출 또는 압출)(17.4절)	용융 패리손을 금형 안쪽에 형성한 뒤, 공기를 불어넣어 내부가 빈 형태로 가공	음료수 병, 세제 통
회전 성형(유동상 또는 슬러시)(17.5절)	분말 고분자를 가열된 금형에 넣고 회전하면서 용융, 원하는 형태로 가공	불규칙하면서 속이 빈 물체, 장난감
캘린더링(calendering) (17.6절)	가열 금속 롤 사이에서 고분자 시트를 당기고 펼침(0.01 in 두께보다 두꺼운 시트 제조)	샤워 커튼, 비닐 덮개, 비닐 마루 장판
열성형(17.7절)	고분자 시트를 가열하고, 냉각된 금형에서 형태를 만듦. 진공을 사용할 수도 있음	술잔, 쟁반, 보트 선체, 골판형 시트
스탬핑(17.8절)	가열된 얇은 열가소성 고분자 시트를 금형에서 스탬핑함	차량용 좌석 밑판, 배터리 상자(자동차용)
용액 캐스팅(17.9절)	용매에 고분자를 용해하고 용매를 증발시켜 얇은 필름을 형성	사진 필름
캐스팅 및 가교(17.10절)	단량체 또는 프리폴리머를 금형 안에서 캐스팅하고 가교 반응에 의해 완성함	전기용 코팅, 조각물 복제
강화 열경화성 고분자 성형 (17.11절)	유리 섬유와 고분자 수지의 연속층으로 만들어진 유리 섬유 강화 고분자가 가교됨	자동차 차체 패널, 욕조, 골프 클럽
섬유 방사(17.12절)	고분자를 방사돌기를 통해 얇은 섬유 형태로 압출, 냉각, 건조, 또는 용매 교환 등을 통해 고형화시킴	대부분 의류용 섬유, 스판덱스, 아크릴 방적사
컴파운딩(17.13절)	밀가루 반죽 혼련과 비슷하며, 강하게 혼합함, 고분자에 첨가제 등을 섞을 때 사용	자동차용 타이어, 복합 재료

표 17.1 (계속)

가공 기술	요약	제품 예
리소그래피(17.14절)	프리폴리머 용액으로부터 마스크를 사용하여 빛을 차단; 작은 형상의 매우 복잡한 생산물 형성	집적 회로와 같은 전자 재료
3-D 프린팅(17.15절)	컴퓨터 설계 이용, 고분자를 층으로 쌓아서 복잡한 모양을 만듦	조형용 시제품, 의료(세포 골격, 치아)

(3 mm)의 정육면체나 $^1/_8$-in 길이를 가지는 실린더 모양의 펠렛(pellet)으로 된 몰딩 컴파운드(몰딩 '분말(powder)')를 호퍼(재료를 건조시키기 위하여 뜨거운 공기를 순환시킬 수 있는)로부터 전기적으로 가열된 배럴 안으로 공급한다. 펠렛은 회전하는 스크루에 의해 배럴을 거쳐 앞부분으로 이동한다. 재료들은 배럴 자체의 열과 스크루의 전단(점성 에너지 소산)에 의한 열로 녹게 된다.

구형 장비들은 스크루를 대신해서 왕복 플런저(reciprocating plunger)가 장착되어 있었다. 고분자를 녹이기 위한 모든 열은 배럴에서부터 전도 현상에 의해 공급되어야 했고, 혼합 정도는 매우 불량하였다. 이는 낮은 용융 속도와 열적으로 불균일한 용융물을 초래하였다. 스크루는 재료 **내부에**(*within*) 열을 방출시키고 약간 혼합시켜서, 가소화 속도를 증가시키고 녹는 온도를 좀 더 균일하게 한다.

용융된 고분자는 스크루의 앞쪽에 설치된 체크 밸브를 통과하여 스크루의 앞쪽에 놓이게 되면서, 바로 전 사출 **샷**(*shot*)으로부터의 재료가 금형 안에서 냉각하는 동안, 스크루가 뒤쪽으로 밀린다. 냉각된 재료 부품들이 금형에서 튀어 나오게 되고, 금형이 닫히게 되면 스크루는 유압에 의해 앞쪽으로 밀리며, 새로운 샷의 용융 고분자를 금형 안으로 주입하게 한다.

일부 장비들은 2단계 사출 구성 단위를 가지고 있다. 회전-스크루 예비 가소화기기에

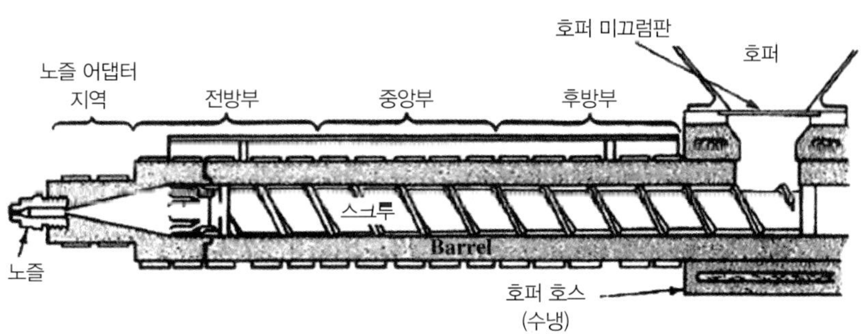

그림 17.1 사출 성형기. From *Mordern Plastics Encyclopedia*, McGraw-Hill, New York, 1969~1970 ed.

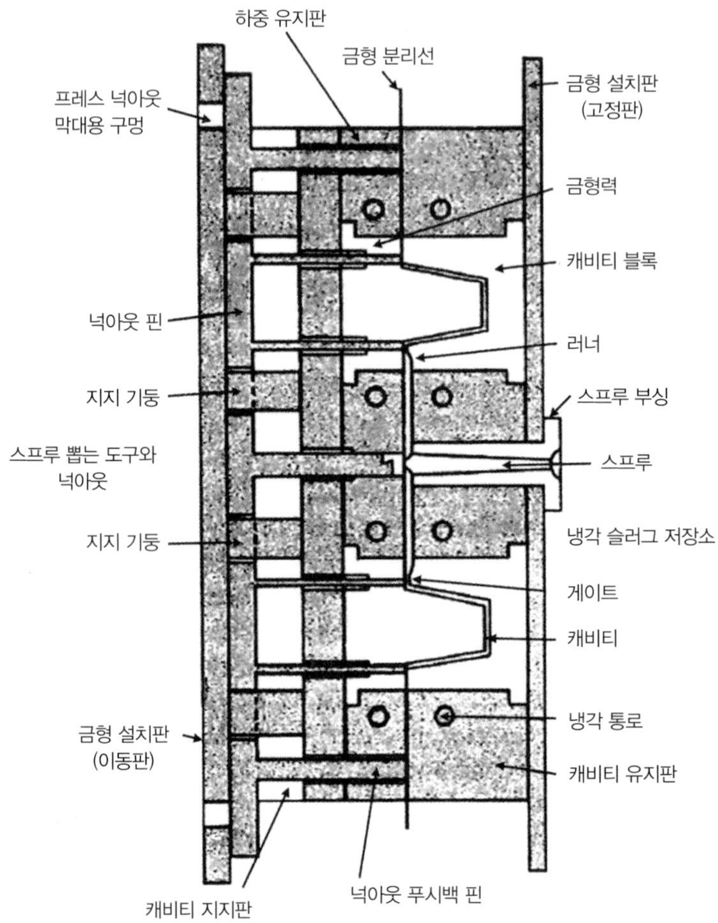

그림 17.2 2-캐비티 사출 금형. From *Mordern Plastics Encyclopedia*, McGraw-Hill, New York, 1969~1970 ed.

의해 용융된 고분자가 사출 실린더 안으로 들어가고, 이곳으로부터 다시 유압 플런저를 이용하여 금형에 주입된다. 이러한 구조는 샷 크기를 더 잘 조절할 수 있다고 주장되고 있다.

용융된 고분자는 **노즐**(*nozzle*)을 통과하여, **스프루**(*sprue*), **러너**(*runners*), **캐비티**(*cavity*)로 가는 좁은 **게이트**(*gate*)를 지나서 수냉 금형 안으로 들어간다(그림 17.2). 부품이 충분히 냉각되었을 때 금형이 열리고 넉아웃 핀(knockout pin)이 스프루와 러너에서 냉각된 재료와 함께, 부품을 밀어낸다. 이런 스프루나 러너 재료들은 사람이나 로봇에 의해 제거된다(또는 장난감 모델 키트의 경우에는 붙어 있는 상태로 남겨진다). 열가소성 고분자의 경우, 스프루나 러너들은 작게 잘라진 후 **분쇄**(*regrind*)되어 다시 호퍼로 투입된다. 공정 사이클에서 발생할 수 있는 재료의 열화 정도와 최종 부품의 물성 요구 조건에 따라, 사출 성형 공정은 호퍼 원료 공급에 25%까지의 분쇄 재생 재료를 포함할 수 있다. **핫러너 금형**

(*hot-runner mold*)은 스프루와 러너에 있는 재료를 용융 상태로 유지시키기 위한 히터와, 가끔은 게이트의 차단 밸브(shutoff valve)('valve gate')를 포함한다. 핫러너 금형은 분쇄 재생의 필요성을 없앤다.

금형은 유압 실린더나 토글 메커니즘, 또는 이 두 방법의 조합으로 열리고 닫히게 된다. 금형 내에 미치는 압력이 수천 psi에 도달하고 일부 부품의 투사 표면적이 수백 in^2이 되기 때문에 금형은 매우 육중해야만 한다.

금형은 종종 매우 복잡한 수작업이 필요하고 기계적으로도 매우 복잡하다. 금형의 표면은 마모 방지를 위해 일반적으로 크로뮴이 도금되어 있다. 따라서 금형은 매우 비싸지만, 수천 개의 부품을 생산하는 동안에 분할 상환되어, 결과적으로 최종 부품의 가격에 미치는 금형 비용의 영향은 미미하다.

사출 성형 프레스는 금형을 조이는 능력인 톤과 샷 사이즈인 (범용 폴리스타이렌의) 온스(ounce)로 분류된다. 실험실용의 2톤, 0.25온스에서부터 쓰레기통, TV 캐비닛, 접시 세척기 통, 정원용 가구 등을 만드는 데 사용되는 6600톤, 2400온스까지의 범위를 가진다. 사출 성형 프레스들은 보통 완전 자동화되어 있다. 사이클 타임(생산 속도)은 때때로 가소화 용량(재료가 용융되는 속도)에 의존하지만, 대개는 부품의 두께나 재료의 (매우 낮은) 열확산도에 의해 수립된 금형의 냉각 시간에 제한을 받는다. 대표적인 사이클 타임은 30초에서 2분 사이이다. 보통은 절충에 의해 결정된다. 종종 금형의 온도를 낮춰서 냉각 속도를 증가시키거나 금형 안으로 사출되는 재료의 온도를 낮춤으로써 사이클 타임을 단축시키고 싶지만, 고형화 전에 충분히 냉각되어서 뒤틀림 없이 금형으로부터 제거되어야만 한다. 위의 시도에 의해 초래되는 재료의 높은 점도로 인해서 미성형 (불완전 충전 금형에서 뒤틀림이 없이 제거하기), 표면 상태 불량, 그리고 동결된 변형에 의한 부품 뒤틀림 등이 야기될 수 있다.

최근의 사출 성형기는 보통 피드백 조절 시스템을 갖추고 있어서, 캐비티 압력, 스크루 위치 및/또는 스크루 속력을 모니터링하고, 최소량의 재료를 사용하고 불량품 수를 최소화하여 고품질의 균일한 부품들을 제공하도록 이런 변수들을 유압 시스템으로 조절한다.

예제 17.1 4-인자 모델을 이용하여(그림 15.1f) 사출 성형된 부품 안에 동결된 변형의 존재를 설명하시오.

풀이 용융 고분자를 금형 안으로 분사할 때, 용융 고분자는 (고압으로부터 발생한) 체적, 전단, (흐름 유도 방향으로부터 야기된) 신장 등이 결합된 변형을 받게 된다. 분자 레벨에서, 이 모든 변형들은 가장 무질서하고 가장 높은 엔트로피 배열에서 벗어나기 때문에 생기므로, 4-인자 모델의 스프링 2개와 대시포트 2개인 Voigt-Kevin 요소의 확장으로 표현될 수 있다. 금형이 채워지고 게이트가 냉각될 때 이러한 변형들은 완화되기 시작한다(Voight-Kevin 구성 요소가 수축하기 시작한다). 그러나 수축이 완료되기 전에, 금형에서 빠르게 떨어지는 온도는 수축 속도가 매우 낮아지는 점까지 η_2를 올리며, 부품은 동결된 변형이 있는 상태로 금형으로부터 방출된다. 이후의 금형 밖에서의 회복 과정이 부품을 뒤틀리게 한다. 금형 내에서 온도장과 유동장이 균일하지 못해서, 동결된 변형이 부품의 위치마다 다르고 불균일한 비틀림(뒤틀림)을 발생시켜 문제들이 심각해진다(이러한 이유로 스크루 장비에서 열적으로 균일한 용융물이 유익한 것이다). 물론 이러한 문제들은 높은 용융 온도나 높은 금형 온도를 이용함으로써 최소화될 수 있으나, 두 가지 방법 모두 사이클 타임을 길게 한다. 또한 여기에서 부품의 파괴는 예를 들어 스크래치나, 부품의 뾰족한 코너에서의 응력 집중이나, 액체에 의한 가소화(응력 크래킹)에 의해 동결 변형이 갑자기 풀어질 때 일어나는 것을 지적할 수 있다.

발포 플라스틱 제품들은 발포제가 첨가되어 성형된다(7장). 이러한 발포제들은 반응성이 없지만 질소나 이산화 탄소를 발생시키기 위하여 고온에서 화학적으로 분해되는 휘발성이 있는 액체나 화합물, 또는 단순히 고분자에 용해된 질소이다. 어떤 경우이든 간에 발포 가스는 스크루 앞에 가해지는 높은 압력에 의해 용융액 속에 포함된다. 금형은 실린더에서 나온 샷으로 부분적으로 채워진다. 금형 안의 낮아진 압력은 발포제가 기화되게 만들고, 샷이 팽창하여 캐비티를 채우게 만들어서 발포 형태의 부품을 만들게 된다.

전통적인 사출 성형의 단점은 복잡한 내부 경로를 갖는 부품을 생산할 수 없다는 것이었다. 확실히, 단순한 구멍들은 금형이 열리는 방향과 수평이나 수직 방향으로 기계적으로 후방으로 빼는 코어 핀들을 이용하여 해결할 수 있다. 그러나, 이런 핀(그리고 생성된 구멍들)이 후퇴하는 것을 허용하기 위해서는 일직선이어야 하며, 만약 균일한 단면적이 아니라면, 빼는 방향에 대하여 적절하게 점점 가늘어져야 한다.

코어 분실(*lost-core*) 공정은 단면적이 변하고 곡선 형태의 내부 경로를 갖는 부품들을 성형할 수 있게 한다. 코어는 저융점의 비스무트-주석 합금으로 주조된다. 이 주조 코어는 사출 금형에 위치하며, 플라스틱이 이를 감싸면서 성형된다. 금형에서 부품이 추출되고 난 후에, 금속 코어를 녹여서 빼낸다. 금속 코어의 높은 열확산도는 성형 단계에서 금속 코어의 용융을 방해한다. 이 공정은 자동차의 흡기(intake) 매니폴드를 만드는 데 사용될 수 있으며, 정밀하고 매끈한 내부 마감 상태가 필요한 곡선 경로를 만들 수 있다.

사출 성형은 한동안 열가소성 고분자에만 국한되었다. 하지만 이제는 열경화성 고분자에도 적용되는데, 열경화성 고분자가 가열된 금형 안으로 사출되어 경화(가교) 반응을 통하여 고상화된다. 이것은 매우 까다로운 공정이다. 컴파운드가 배럴에서 충분한 유동성을 가질 수 있도록만 가열되어야 하고, 뚜렷한 경화 반응이 시작되기 전에 금형으로 사출되어야 하는데, 그렇지 못할 경우 장비 전체가 끈적끈적한 난장판이 되어 버린다. 배럴 내에서의 어설픈 가교 및 그로 인한 셧다운과 청소 공정을 막아 주기 위하여 온도와 사이클 타임의 정확한 조절을 필요로 한다.

열경화성 컴파운드는 전통적으로 **압축**(*compression*) 성형 공정으로 제작되어 왔다. 이러한 금형들은 증기, 전기 또는 오일에 의해 가열된 유압 프레스에 고정된다. 몰딩 컴파운드가 가열된 금형 안으로 투입되면, 금형을 닫고 재료가 경화될 때까지 압력을 가하여 유지시킨다. 그 이후 부품을 금형에서 꺼낸다.

그래늎이나 파우더 형태로 된 몰딩 컴파운드는 일정한 무게의 샷 형태나 사전에 제조한(냉각 압축으로) 태플릿 형태로 자동적으로 금형 안으로 투입된다. 보통 충전물은 예열시켜서 금형 안에서의 가열 시간, 즉 사이클 타임을 감소시킨다.

금형 온도는 압축 성형에서 결정적인 변수이다. 온도가 높을수록 재료가 빨리 경화되지만, 경화가 너무 빠르면 좁은 구간이나 금형의 게이트에서 먼 거리에 위치한 부분에 재료가 충분히 채워지지 못한다. 재료 공급자들은 최소의 사이클 타임을 제공하기 위하여 경화 특성을 최적화하려고 한다.

저압 이송 성형(*transfer molding*)은 압축 성형의 변화된 형태로, 재료들은 분리된 이송 포트에서 용융되어 금형 안으로 분사된다. 저압 이송 성형은 사이클 타임이 빠르며, 고체로 된 재료가 금형 캐비티 안으로 들어가지 않기 때문에, 섬세한 삽입물(예를 들어 부품

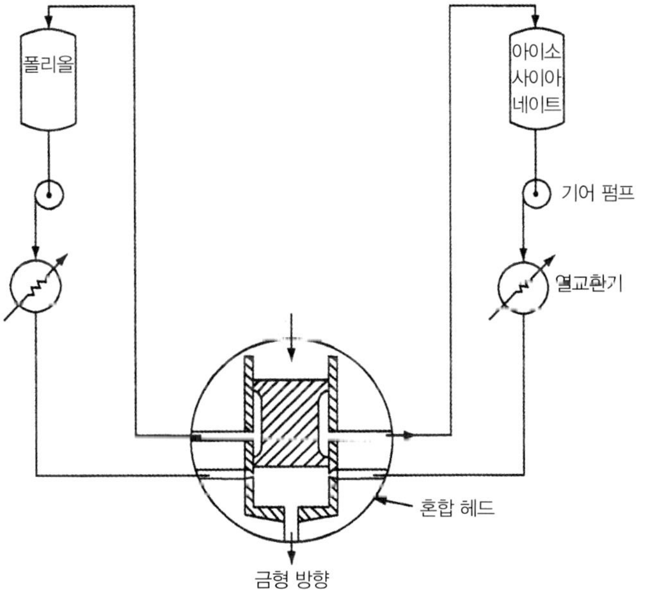

그림 17.3 RIM. Kraus–Maffei 혼합 헤드가 샷 위치에서 보여진다. 샷의 마지막에 플런저가 아래쪽으로 움직여서 금형을 채우고, 혼합 채임버를 닫고, 반응물 용액을 저장 탱크로 돌리도록 재순환시킨다.

내에서의 금속 전기 접속 부분)에 대한 손상이 최소화되고, 금형 마모가 감소되며, 복잡한 금형에 채우기가 매우 용이하므로, 더욱 균일한 가교가 얻어진다. 하지만 이송 포트와 스프루에서 경화된 재료들은 폐기된다.

반응 사출 성형(*reaction injection molding*, RIM)[13](그림 17.3)은 사출 성형과 견줄 만한 사이클 타임을 갖는 출발 화학 물질로부터 커다란 크기의 폴리유레테인(예제 2.4Q)이나 폴리유레아(2장, 문제 4) 재료들을 성형하기 위하여 개발된 공정이다. 샷과 샷 사이에 매우 반응성이 높은 액체 폴리올(폴리유레테인의 경우)이나 폴리아민(폴리유레아의 경우), 그리고 아이소사이아네이트 성분들은 이들의 온도를 조절하는 열교환기를 거쳐 별도의 탱크에서 순환된다. 샷 도중에 혼합 헤드에 있는 액체 성분들이 약 2500 psi 압력으로 노즐을 통과하도록 퍼 올려지며, 이때 고속으로 혼합 성분들이 부딪치고 난류에 의해 완전하게 혼합하게 된다. 혼합된 액체들이 금형 안으로 흘러들어가면서 반응하기 시작하여, 금형에서 고분자 중합 반응이 완료된다. 금형은 150°F로 유지되는데, 초기에는 반응 용액을 가열하지만, 이후에는 반응이 마무리되어 가는 동안 온도가 올라가면서 중합에 의한 발열을 제거한다. 미반응계는 사출 성형 공정에서의 용융 고분자와는 다르게 상대적으로 낮은 점도(팬케이크 시럽과 유사한)이기 때문에, 낮은 압력(사출 성형의 수천 psi와는 다르게 100 psi 정도)에서도 쉽게 흘러서 좁은 간격이 있는 커다란 금형을 쉽게 채운다. 이러한 저압 공정에서는 (사출 공정에 비하여) 상대적으로 저렴한 금형과 작은 힘의 클램핑 시스템을 사용할 수 있다.

폴리유레테인과 폴리유레아는 유연하거나 강직한, 고체나 발포 형태로 만들 수 있다. 충전제 및/또는 강화제(예로 유리 섬유 또는 플레이크)는 하나 또는 양쪽 구성 요소에 첨가될 수 있다(이런 경우의 공정은 강화 RIM인 RRIM으로 알려져 있다). RIM의 주요 용도는 자동차의 에너지 흡수용 전후방 범퍼와 본체 패널이다. 이와 같이 커다란 부품의 경우 2분 이하의 사이클 타임이 가능하다.

RIM은 특히 중량 감소에 대한 강한 동기가 있는 자동차 산업에서 커다란 성공을 거두었다. RIM 패널은 다양한 자동차 응용 제품에서 스탬핑으로 제작된 강철을 대체하였다. 하지만 RIM은 이 큰 시장에서 다른 플라스틱이나 공정들, 예로 사출 성형된 열가소성 고분자와 치열하게 경쟁하고 있다.

다소 유사한 공정인 **수지 이송 성형**(*resin-transfer molding*, RTM)은 낮은 점도의, 반응성이 있는 출발 재료로부터 크게 강화된 부품을 만들 때 사용된다. 유리 섬유로 된 천이나 매트의 층들로 구성된 강화 프리폼이 금형에 놓여진다. 금형이 닫혀질 때, 강화 프리폼이 캐비티 전체에 걸쳐, 최종 성형품 형태로 펼쳐진다. 수지와 촉매 성분들은 + 변위 피스톤 펌프에 의해 정지 또는 움직임이 없는 믹서를 통과하여 닫혀진 금형 안으로 들어가서 경화된다(그림 17.12 참조). 강화 재료를 빠르고 완전하게 함침시키기 위하여, 수지가 주입됨에 따라 금형 안 공기의 배기가 적절히 진행되도록 주의를 기울여야 한다. 어떤 경우에는 수지를 넣기 전에 진공 펌프를 이용하여 공기를 빼내기도 한다.

RTM에는 주로 불포화 폴리에스터를 적용하였으나(예제 2.3), 에폭시나 폴리우레테인에도 사용할 수 있다. 수백 파운드의 무게를 가지는 부품들이 생산되었다(예로 트럭의 공기 편향장치). RIM에서와 같이 흐르는 재료의 점도가 낮기 때문에, 비교적 낮은 압력과 저렴한 금형이 필요하다.

복잡한 3차원 형태를 만들 수 있는 몇몇 새로운 방법들은 컴퓨터를 이용한 3차원 디자인과 인쇄 기술을 결합하여, 고분자 펠렛을 추가하고 형태를 키워서 물체를 만든다. 이런 공법은 깨지기 쉬운 인공물의 복제품을 만들거나, 정교한 구조를 가지는 의학 임플란트를 개발하거나, 또는 조직공학에서 세포들을 심는 복잡한 3차원 스캐폴드를 만드는 데 이용되어 왔다. 다른 공정으로는, 조각하듯이 고분자 블록을 깎아서 만들 수도 있지만(17.14절의 리소그래피 참조), 내부 캐비티의 크기는 깎아내는 과정에서 사용한 도구의 크기에 의존한다.

17.3 압출[14~17]

일정한 단면적을 갖는 열가소성 고분자 제품들은 압출(extrusion) 공정으로 만들어진다. 여기에는 파이프, 호스, 튜브, 개스킷, 전선 절연, 시트, 창문 프레임 몰딩과 집의 비닐 장판 등 친숙한 것들이 포함된다. 성형용 파우더는 회전하는 스크루에 의해 전기나 오일로 가열된 배럴을 따라 이동하고, 최종 형상을 가지는 **다이**(*die*)를 통해서 나오게 된다(그림 17.4). 배기구가 있는 압출기들은 극소량의 미반응 단량체, 수분, 중합 공정에서의 용매, 또는 제품의 열화물 등과 같은 휘발 성분을 용융물로부터 제거하기 위하여 진공을 걸 수 있는 부분은 포함한다.

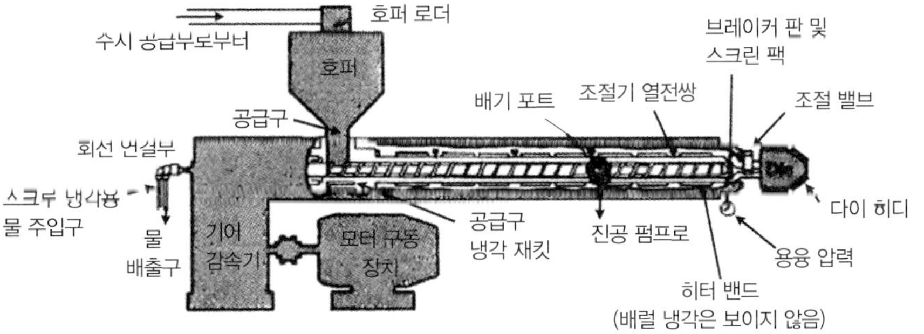

그림 17.4 배기 타입 압출기. From *Modern Plastics Encyclopedia*, McGraw-Hill, New York, 1969~1970 ed.

압출기 스크루의 디자인은 흥미롭고 복잡한 기술적인 문제로서, 상당한 연구 결과를 적용하였다. 스크루들은 압출되는 특정한 고분자에 대하여 최적화된다. 기본적으로, 스크루는 **용융부**(*melting*), **압축부**(*compression*), **계량부**(*metering*)의 3부분으로 이루어져 있다. 용융부의 기능은 고체 펠렛을 호퍼에서 이송하고 용융 고분자로 만드는 것이다. 용융부를 해석하려면 유체 역학, 고체 역학, 열전달 등을 결합한 지식이 있어야 한다. 스크루 날의 깊이가 감소하는 압축부에서는 용융 고분자를 촘촘하게 다지고 혼합하여 거의 균질한 용융물을 계량부에 제공하며, 계량부에서는 다이를 통하여 용융 고분자를 뽑아낸다.

계량부는 잘 이해되어진다. 계량부의 해석은 전에(14장) 배운 다이 다자인처럼 유변학적 원리를 적용하는 흥미로운 응용 분야이다. 하지만 원하는 단면적의 제품(원형 이외의)을 생산하기 위해서 다이의 단면적을 결정하는 것은 여전히 많은 시행착오를 겪는다. 점탄성의 용융 고분자는 다이에서 나오면서 팽윤되고(다이 속으로 밀어 넣은 후에 회복된 저장 탄성 에너지에 의해 생기는 다이 스웰(swell)), 다이 스웰의 정도는 확실하게 예측될 수 없다.

다이 스웰과 더불어, 압출 속도가 증가함에 따라 압출물들이 거칠게 되기 시작하고, 불규칙하면서 심하게 변형된 윤곽이 나타난다. 이러한 현상은 **용융 파괴**(*melt fracture*)로 알려져 있다. 이러한 현상은 일반적으로 용융 탄성에 기인하는데, 현재로서는 정량적으로 용융 파괴의 시점과 얼마나 심한지를 예측할 수 있는 방법은 없다. 용융 파괴는 다이의 길이를 길게 하고, 다이의 입구를 점점 줄어들게 하고, 다이의 온도를 올려서 최소화할 수 있다.

압출기들은 보통 스크루의 직경과, 길이(L)에 대한 직경(D)의 비율로 규격화된다. 직경은 실험실이나 소량 생산 용도의 1 in(2.54 cm)부터 제조 공정의 최종 펠렛화 공정에서 사용하는 장비를 위한 1 ft(30 cm)까지 있다. 대표적인 L/D 비율은 매년 커지는 것으로 보이는데, 20/1과 36/1 범위의 값을 가진다.

단축 스크루 압출기는 회전하는 스크루와 고정된 배럴 사이에서 재료의 마찰 흐름(drag-flow)에 기초하여 고분자를 내보낸다. 결과적으로 단축 스크루 압출기들은 + 변위 펌프가 아니며, 다소 넓은 체류 시간 분포를 부여하는 경향이 있다. 더구나 단축 스크루 압출기들은 특별히 양호한 혼련 장비가 아니다. 역방향 회전 **2축 스크루**(*twin-screw*) 압출기들은 어떤 확실한 단면의 윤곽 압출 응용에서 필요한 고압을 발생시킬 수 있는 실제적인 + 변위 펌프이다. 동방향 회전 2축 압출기들은, + 변위 펌프는 아니지만, 적절한 스크루 디자인으로 우수한 혼합과 좁은 체류 시간 분포를 가진다(모든 재료가 거의 같은 정도의 전단과 온도 이력을 가지게 한다). 따라서 동방향 회전 2축 압출기들은 고분자 컴파운딩 (혼합) 공정에 광범위하게 이용되며, 어느 정도까지는 연속 중합 반응기로 이용된다.

정상 상태 압출기 작동에서, 고분자를 가소화시키는 데 필요한 대부분 또는 모든 에너지는 구동 모터에 의해 점성 에너지 소산을 통하여 공급된다. 열이 발생하는 곳(압축 및 계량부)으로부터 열이 필요한 곳(용융부)으로 충분한 열을 항상 공급할 수 있는 것이 아니기 때문에, 압출기에 있는 히터들은 주로 기동할 때 필요하다. 사실 가끔은 배럴벽이나 스크루 중심을 통한 냉각이 필요하다. 대표적인 가동 압출기의 정상 상태 에너지 균형이 아래에 나와 있다[17].

압출기:	3.5 in(8.9 cm) 배럴 32/1 *L*/*D*
재료:	고충격 폴리스타이렌
작업 조건:	스크루 속도 121 rpm
	토출량 566 lb/h(257 kg/h)
에너지 투입량	
샤프트 일(점성 에너지 소산)	+90%
히터	+10%
에너지 출력	
고분자 엔탈피 증가	−65%
주위로의 손실	−15%
냉각수	−10%

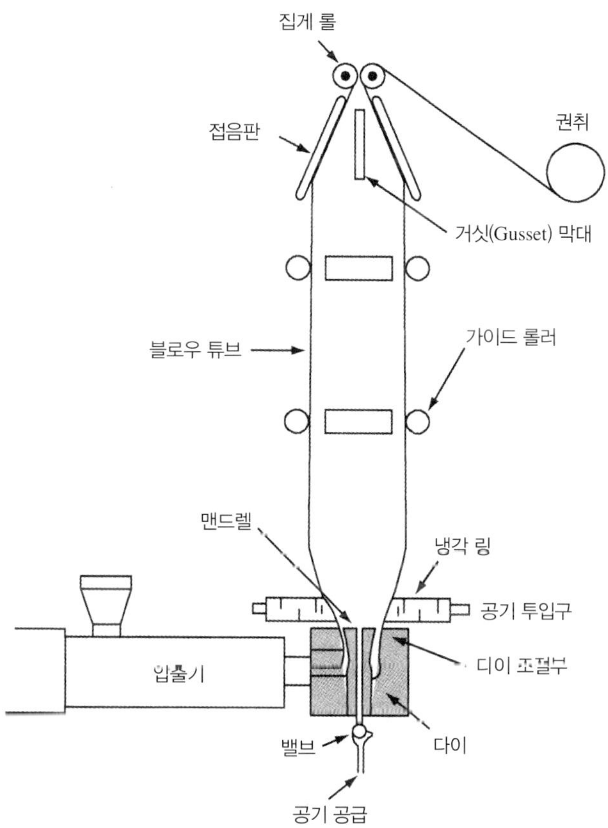

그림 17.5 블로우 압출 필름 공정. From *Modern Plastics Encyclopedia*, McGraw-Hill, New York, 1969~1970 ed.

압출기 안에서의 점성 에너지 소산 속도, 온도, 그리고 재료의 점도 사이의 복잡한 상호 작용은 때때로 일정한 스크루 속도에서조차도 생산량의 변화(**서징**, *surging*)를 야기한다. 서징 현상을 최소화하기 위하여 보통+변위의 **기어 펌프**(*gear pump*)를 압출기 후단에 추가시킨다.

Saran® 랩 필름과 같은 대부분의 포장 필름들은 **블로우 압출**(*blow extrusion*)에 의해 생산된다(그림 17.5). 얇은 두께의 속이 빈 실린더 형태가 수직하게 위쪽으로 압출된다. 공기가 실린더의 내부에 투입되어 튜브 형태의 필름으로 팽창하게 한다(두께는 0.01 in 이하). 가장 위에 있는 롤에 의해 튜브가 막혀서 공기가 새는 것을 막고, 이후의 슬리팅과 롤에 감는 공정을 위해서 평평하게 펼쳐진다. 팽창된 튜브는 위쪽으로 올라가면서 냉각 링에서 나오는 강한 바람에 의하여 빠르게 냉각된다. 폴리에틸렌이나 폴리프로필렌과 같은 결정성 고분자들은 이런 급속 냉각 공정에 의해 보다 미세한 결정 입자들을 만들게 되어 필름의 투명성을 높인다.

슬롯 다이에서 광택 처리된 금속 냉각 롤로 고분자를 압출함으로써 '캐스트' 필름을 생산한다. 롤들은 좀 더 균일한 두께(치수)와 좀 더 빠른 냉각을 유지하고, 매끈한 표면을 통해 매우 우수한 필름 투명도를 가질 수 있다. 한편 캐스트 필름은 오직 기계 방향으로만 연신되는 데 반해, 블로우 필름은 이축 방향으로 연신되어 동일한 두께에서 보다 우수한 기계적 성질을 가진다(혹은 보다 얇은 필름 두께에서도 동일한 물성을 가짐).

17.4 블로우 성형[18]

슈퍼마켓 안을 잠시 둘러보면 플라스틱 병의 경제적 중요성을 확신할 수 있다. 병들은 거의 모두 블로우 성형에 의해 제조된다. 이 공정의 하나의 형태가 **압출 블로우 성형**

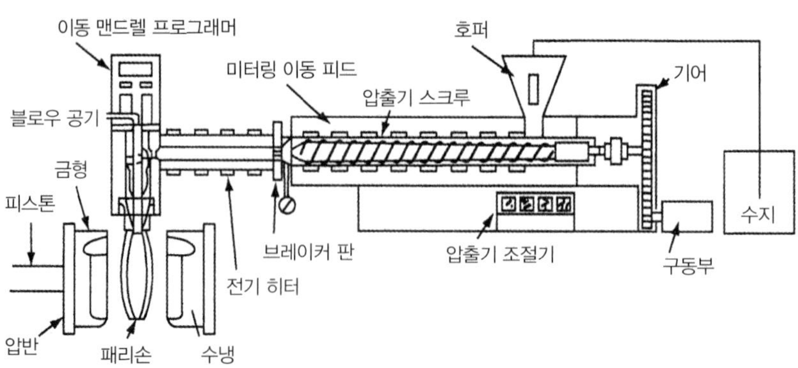

그림 17.6 압출 블로우 성형. From *Modern Plastics Encyclopedia*, McGraw-Hill, New York, 1969~1970 ed.

(*extrusion blow molding*)(그림 17.6)으로, 속이 빈 실린더 튜브 또는 **패리손**(*parison*)이 아래쪽으로 압출된다. 패리손은 물로 냉각되는 반으로 나누어진 금형에 의해 물리게 된다. 금형은 패리손의 아래쪽을 떼어내고 병의 목 부분에 나사산을 형성시킨다. 압축 공기가 금형의 내부 표면 방향으로 패리손을 팽창시키고, 부품이 충분히 냉각되면 금형이 열리고 부품이 추출된다. 다른 형태의 장비에서는 다이 아래에서 새로운 패리손이 형성될 때마다 금형이 블로잉과 추출 공정을 위해 한쪽에서 '왔다갔다'하면서 반복한다. 높은 생산량의 로터리 장비는 두 개의 패리손 헤드를 가질 수 있으며, 많게는 20개의 금형들이 회전 테이블 위로 지나쳐 가는 것을 감지할 수도 있다.

패리손의 유변학적인 성질들은 중요하다. 만약 금형에 의해 물려지기 전에 패리손이 너무 늘어지게 되면, 병의 벽들은 곳곳에서 너무 얇아질 것이다. 고점도(높은 '용융 강도')를 가지는 고분자량의 컴파운드를 사용해서 늘어지게 되는 현상을 최소화할 수 있다.

많은 블로우 성형 압출기들은 **패리손 프로그래머**(*parison programmer*)가 장착되어 있어, 패리손이 압출됨에 따라 도출 직경을 변화시켜, 블로우된 제품에서 벽의 두께 변화를 최소화시킬 수 있다. 패리손은 원형이 아닌 단면의 물체에서, 벽 두께에서의 변화를 감소시키기 위하여 계란형으로 만들어질 수도 있다.

압출 블로우 성형은 병 생산 단계를 뛰어넘어, 이제는 드럼이나(친숙한 55 갤론 스틸 드럼을 대체) 트럭, 자동차, 레저용 차량의 휘발유 탱크와 같은 커다란 품목을 생산하는 데에도 이용되고 있다. 금속을 대체하는 용도에서 블로우 성형으로 만들어진 용기는 경량성과 디자인의 유연성을 가진다.

사출 블로우 성형(*injection blow molding*)에서는, 패리손은 압출보다는 사출 성형에 의해 형성된다. **연신(또는 배향) 블로우 성형**(*stretch (or orientation) blow molding*)으로 알려진 새로운 공정은 요즘 어디에서나 볼 수 있는 음료수 병과 관련성이 있다. 이 공정에서 패리손은(이 경우에는 보통 **프리폼**(*preform*)이라고 한다) 아래쪽 끝이 닫혀 있고 구멍 뚫린 위쪽에는 나사산과 목이 있는 형태로 사출 성형된다. 패리손들은 상온으로 냉각된다. 공기를 불어넣기 전에, 패리손의 온도 분포를 위하여 미세 조절이 가능한 방사열 오븐에서

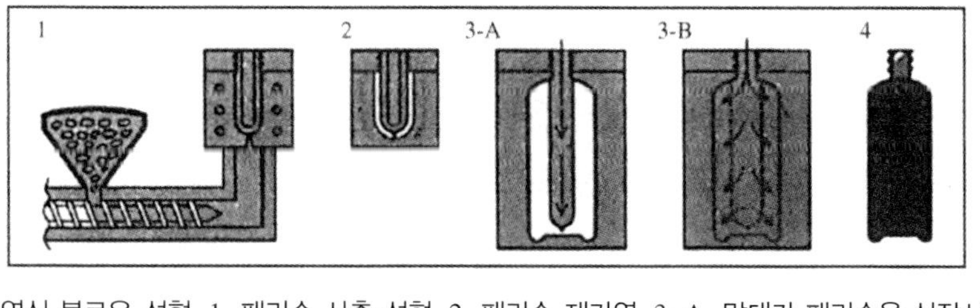

그림 17.7 연신 블로우 성형. 1. 패리손 사출 성형, 2. 패리손 재가열, 3–A. 막대가 패리손을 신장시킴. 축 방향성 부여, 3–B. 공기가 금형벽으로 패리손을 팽창시킴, 접선 방향성 부여, 4. 금형에서 완성된 병 배출. From *Modern Plastics* **55**(10), 22 (1978).

재가열된다. 블로우 금형에 삽입될 때, 패리손은 보통 금형 길이의 일부이지만(그림 17.7), 공기를 불어넣기 전에 막대가 패리손을 전체 길이까지 빠르게 늘려서 고분자 사슬을 축방향으로 배향시킨다. 그 이후에 압축 공기를 불어넣어 접선(후프) 방향이 부풀리게 한다. 이렇게 생성된 **이축**(*biaxial*) 배향은 병 재료의 인성, 크리프 저항성, 투명성, 차단 특성(내투과성)을 향상시킨다. 이 경우, 두껍게 사출 성형된 부품(예제 17.1)에서 해로운 역할을 하는 동결된 변형은 여러 모로 유익할 수 있는 얇은 두께의 블로우 병들에 의도적으로 도입된다. 연신 블로우 성형에 의해 부여되는 이축 방향성은 폴리(에틸렌 테레프탈레이트) 음료수 병의 성공에 있어 전적으로 필수적라고 할 수 있다.

17.5 회전, 유동층 및 슬러시 성형

성형 기술들은 주로 폴리에틸렌과 나일론의 고운 분말 플라스틱을 이용하기 위해 개발되었다. **회전 성형**(*rotational molding*)에서 1회분의 분말을 서로 직교하는 2개의 축으로 회전하는 가열된 금형에 넣는다. 이 과정에서 분말은 내부 금형 표면을 덮으면서 녹게 된다. 압축 공기나 물 스프레이를 사용하여 금형을 냉각시킨 후 열어서 부품을 빼낸다.

회전 성형으로 매우 불규칙한 형태의 속이 빈 물건을 제조할 수 있다. 금형은 높은 압력을 필요로 하지 않고 단순한 고온의 대기 오븐에서 가열되기 때문에, 저렴하고 보통 단순한 판상형 금속이다. 따라서 자금 지출이 상대적으로 적다. 이 공정은 드럼이나 휘발유 탱크와 같이 커다란 부피의 속이 빈 품목을 생산할 경우에 여러 가지 측면에서 압출 블로우 성형과 경쟁을 한다. 블로우 성형은 초기에 많은 투자를 요구하지만 높은 생산성을 가진다.

이 두 가지 공정(블로우 성형과 회전 성형)은 가공 공정과 고분자, 그리고 완성품의 물성이 어떻게 서로 밀접하게 연관되었는지를 보여 주는 좋은 예이다. 블로우 성형은 매우 높은 분자량의 선형 폴리에틸렌을 취급할 수 있으며, 사실상 심한 패리손 처짐 현상을 방지하기 위하여 높은 분자량을 가지는 재료를 요구한다. 한편, 회전 성형은 회전하는 금형에 작은 힘들이 작용하는 환경에서 분말이 녹게 하기 위하여 낮은 점도가 필요하기 때문에 저분자량의 수지가 요구된다.

어떤 액체가 주어진 상황에서 장시간 동안 스트레스를 받았을 때, 특히 선형 폴리에필렌 고분자는 응력 균열(stress cracking)을 통해 깨지는 경향이 있다. 고분자량 수지는 응력 균열에 훨씬 강한 것으로 알려져 있다. 따라서 부품의 모양이 비슷하게 보이더라도, 압출 블로우 성형에 의하여 생산된 제품은 대개 응력 균열에 대하여 우수한 저항성을 보인다. 보다 많은 원료를 사용하거나 (주어진 하중에 따른 응력을 낮춰 주거나) 가교 가능한 폴리에틸렌을 사용하여, 회전 성형에서의 이런 차이가 줄어들거나 없어질 수 있다. 하지만 두 가지 방법 모두 재료비를 올리게 한다.

고분자 분말은 또한 **유동층 코팅**(*fluidized-bed coating*)으로 알려진 공정에 이용된다. 입자층을 통해 기체가 올라올 때, 입자가 팽창하고 마치 끓는 액체처럼 행동한다. 뜨거운 물체를 유동 고분자 입자층에 담그면, 물체와 접촉한 고분자들이 녹아서 표면을 코팅하게 된다. 이러한 100% **고형분**(*solid*) 코팅 공정은 일반 페인트를 사용할 때 용매 증발에 의한 공해 문제를 제거하기 때문에 그 중요성이 증가하고 있다.

플라스티졸(plastisol)을 사용한 유사한 공정이 수년 간 사용되어 왔다(7장). 액체 플라스티졸을 가열된 암 금형에 붓는다. 금형 표면과 접촉한 플라스티졸은 녹고, 남은 플라스티졸은 재활용을 위해 쏟아 낸다. 이와 같은 슬러시 성형 공정(slush-molding)은 인형의 머리 등과 같은 물건을 생산할 때 이용된다. 가열된 물건을 액체 플라스티졸에 담그면 가소화된 고분자로 물건을 코팅하게 된다. 비닐 코팅된 철선 접시 걸이는 이런 공정으로 얻는 익숙한 제품이다.

17.6 캘린더링

고분자 시트(두께가 0.01 in 이상인)는 얇고 평평한 다이를 통한 압출 공정이나 **캘린더링**

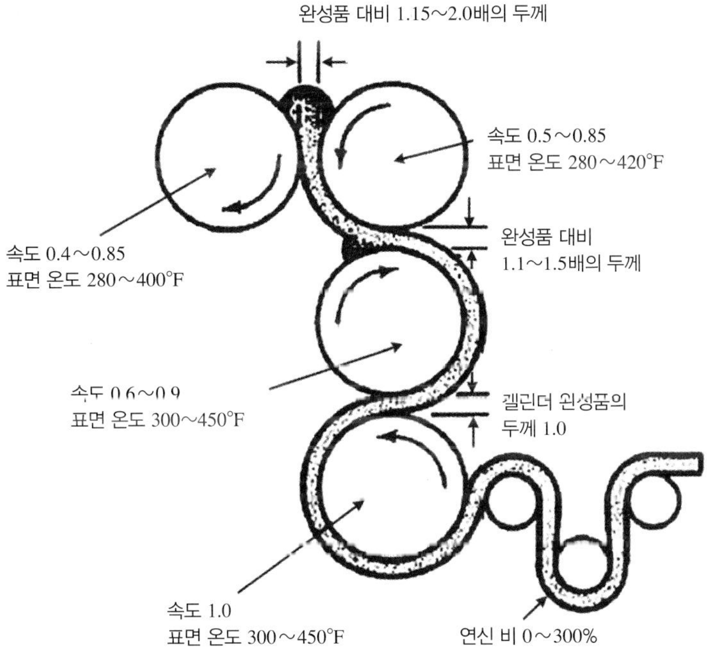

그림 17.8 뒤집힌 'L'자형 캘린더, PVC 시트 생산의 공정 변수들을 설명. From *Modern Plastics Encyclopedia*, McGraw-Hill, New York, 1969~1970 ed.

(*calendering*) 공정으로 생산될 수 있다(그림 17.8). 기본적으로 캘린더는 회전하는 가열된 롤들로 구성되어 있고, 롤들 사이에는 고분자 컴파운드(대부분 가소화된 PVC)가 좁은 틈으로 지나면서 시트 형태로 만들어진다. 시트의 두께는 롤과 롤 사이의 간격에 의해 결정된다. 상용화된 캘린더들은 매우 크고(직경이 3 ft(1 m)이고 길이가 8 ft(3 m) 정도로) 많은 자본 투자를 해야 하지만, 엄청난 생산 속도(100 yards/min까지)를 가질 수 있다. 지지판과 함께 시트를 만들기 위하여, 고분자를 두 개의 롤 사이에서 직물 층에 적층할 수 있다. 샤워 커튼이나 비닐 덮개 재료(Naugahyde), 비닐 장판 등은 캘린더링에 의해 생산된다.

17.7 시트 성형(열성형)[19, 20]

열가소성 고분자 시트는 일반적으로 **시트 성형**(*sheet forming*)이나 **열성형**(*thermoforming*)으로 알려진 공정들에 의해서 다양한 완성물로 변환될 수 있다. 비록 세부적인 사항은 상당히 다르지만, 이런 공정들은 모두 연화점(softening point) 이상으로 가열된 시트를 포함하고, 형태를 만들기 위하여 냉각된 금형에 밀어 넣는다.

진공 성형(*vacuum forming*)을 예로 들면, 열에 의해 가소화된 시트(압출기에서 직접 생산된 것이나 오븐에서 예열 처리된)는 금형 표면의 아랫부분에서 진공을 가해 주어 금형의 표면 쪽으로 잡아당겨지게 된다. 비슷하게, 금형 표면으로부터 시트를 밀어 주기 위하여 양압을 걸어 줄 수 있고, 매우 깊게 잡아당겨야 할 필요성이 있는 경우에는, 기계적인 보조로서 **플러그 성형**(*plug forming*)이 이용된다. **드레이프 성형**(*drape forming*)에서는 가소

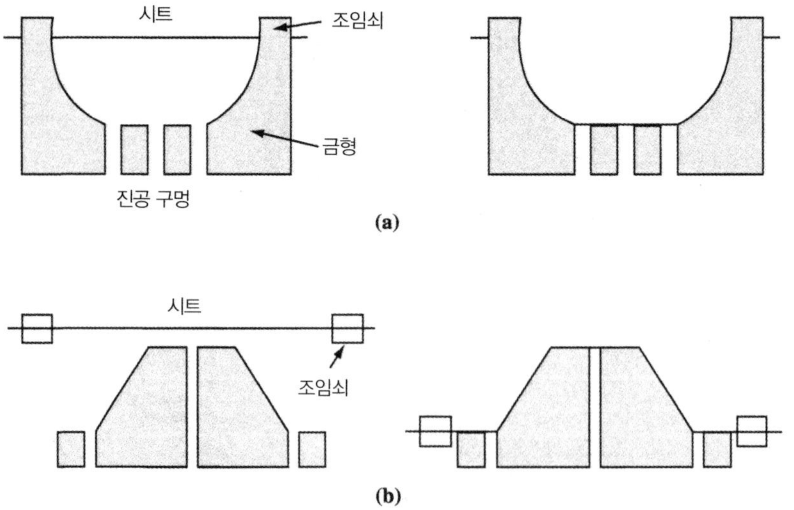

그림 17.9 시트 성형 공정. (a) 진공 성형, (b) 드레이프 성형.

화된 시트를 수 금형 위로 씌우며 진공을 걸 수도 있다.

재료의 관점에서 시트 성형용 고분자는 성형 작업 도중에 처지거나 너무 얇아지거나 찢어지지 않도록 높은 '용융 강도'나 용융 점도를 가져야 한다. 그래서 높은 분자량을 가지는 수지가 선호된다. 시트 성형의 가장 큰 유익한 점은 고압 과정이 없기 때문에 상대적으로 비용이 저렴하다는 것이다. 수작업 형태로 쉽게 주형을 뜰 수 있기 때문에, 보통 에폭시로 만든 금형이 이용되기도 한다.

시트 성형으로 만드는 익숙한 많은 수의 물건으로는 음료수 컵, 고기 쟁반, 담뱃갑의 포장지, 항공기 조종석 유리, 골판형 지붕용 플라스틱 시트, 조명 전구가 있고, 심지어 보트의 선체와 같은 아주 큰 제품들도 있다.

시트 몰딩 컴파운드(sheet molding compound; SMC)를 만드는 데도 유사 기술이 사용되는데, 이는 여러 개의 첨가제를 필요로 한다. 이와 관련된 논의는 18장에서 다룬다.

17.8 스탬핑

플라스틱 산업계는 몇 초밖에 되지 않는 사이클 타임 안에 판재 금속을 스탬핑하는 능력을 오랫동안 선망해 왔다. 스탬핑(stamping) 공정(특히 스탬프 철판에서 자동차 몸체를 성형하는)에 의해 높은 생산 속도가 가능하고 스탬핑 프레스에 대한 기존의 큰 투자 때문에, 스탬핑 공정을 유리 강화 열가소성 플라스틱 시트(Azdel®)로부터 얇은 두께(0.1 in)의 부품을 성형하기 위해 채택하였다. 시트는 적외선 오븐에서 가열되고 개조된 금속 성형 장비에서 스탬프되는데, 재료가 금형에서 냉각되는 데 약 8초의 체류 시간이 있다. 얇기 때문에 냉각이 빨라서, 자동화된 투입과 부품 제거 시스템이 있으면 작게는 15~20초의 사이클 타임을 얻을 수 있다[21, 22]. 현재까지 이 공정은 다소 단순한 형태와 얕은 서랍 형태(크랭크케이스 오일 팬, 배터리 상자, 차량용 일인용 의자의 밑판 및 등받이판 등)에 제한되어 왔다. 하지만 스탬핑은 경제적인 잠재성이 있어서, 상대적으로 저렴하면서도 높은 처리량을 가지는 공정 개발에 있어서 다른 고분자 공정(열 성형과 같은)과 결합되어 왔다.

17.9 용액 캐스팅

용매 증발 캐스팅(보통 용액 캐스팅(solution casting)으로 알려진)은 적절한 용매에 고분자를 녹이고, 점성의 용액을 광택 표면으로 뿌리며, 용매를 증발시켜서 플라스틱 시트나 필름을 만든다. 가소제, 안료와 같은 첨가제들을 용액에 쉽게 첨가할 수 있고, 건조된 재료에서 양호한 분산성을 가질 수 있다. 사진 인화용 필름 베이스를 제조하는 데 있어서, 용액은 '칼'을 사용해서 2 ft 폭과 20 ft의 직경을 가지는 저속 회전 휠 위에 퍼지게 된다. 휠이 회전하면서 가열된 공기가 용매를 증발시키고 용매는 재활용을 위해 회수되며, 건조된 필름은 캐스팅 지점에 다시 돌아오기 전에 휠에서 벗겨진다.

17.10 캐스팅

많은 열경화성 고분자들의 원료는 저분자량의 액체로 입수가 가능한데, 이들은 가교화 반응에 의하여 고체 또는 고무상 재료로 변환된다. 유사하게, 액체 바이닐 단량체들은 부가 반응에 의하여 고체의 선형 고분자들로 변환한다. 이런 재료들은 상압에서 저렴한 금형을 사용하여 형태를 가지도록 쉽게 캐스트된다. 이런 공정의 좋은 예는 깎아서 만든 나무 가구 패널의 복제이다. 오직 원형의 조각만이 실제로 이루어지는 비싼 공정이다. 금형은 원형 위에 상온 경화형 실리콘 고무를 부어서 만든다. 가교가 끝나면 고무 금형을 원형에서 벗겨내어 액체 불포화 폴리에스터로부터 다수의 복제품을 캐스트하는 데 이용한다(예제 2.3). 자유 라디칼 개시제들이 최종 고체 고분자 물질로 경화되도록 만들고, 깎아서 만든 원형의 섬세함을 아주 저렴한 가격으로 복제한다.

이러한 가구 구성품들은 가공 방법의 선택이 흔히 생산량에 어떻게 의존하는지에 대한 좋은 예가 될 수 있다. 이런 가구 구성품들은, 예를 들면 고충격 폴리스타이렌을 사용하여 사출 성형될 수 있다. 패널들은 보통 크기 때문에, 크고 매우 비싼 사출 성형기를 필요로 한다. 마찬가지로 복잡한 조각과 천연 나뭇결의 섬세함을 가지는 강화 스틸로 된 금형을 제조하기 위해서는 막대한 비용이 든다. 따라서 사출 성형 패널의 자금 지출은 매우 큰 반면, 캐스트 패널의 경우에는 반대로 자금 지출이 매우 적다. 그럼에도 불구하고, 1분 이하의 사이클 타임으로 부품들은 사출 성형할 수 있고, 수작업이 거의 없으며, 자금 투자가 이루어질 때, 전체 패널 비용에 조금이라도 기여할 수 있다. 한편 캐스팅(casting) 공정에서 필요한 긴 가교 시간과 수작업으로 인하여, 대량 생산의 경우에는 감당하지 못할 정도로 매우 비싸다. 하지만 적은 개수의 부품을 생산할 때는 선호되는 방법이다.

정교한 전기 구성품들은 열경화성 액상 수지(보통 에폭시)를 구성품 둘레에 캐스팅하여 봉지되거나 씌우게 된다. 단량체나 시럽을 이용한 아크릴 시트의 캐스팅은 12장에 서술되어 있다.

예제 17.2 다이바이닐벤젠 $H_2C=CH-\phi-HC=CH_2$로 합성한 고분자는 면적 유량계 추(1 in 길이×1/2 in 직경의 실린더)를 만들 때 이용된다. 어떤 가공 기술이 사용되어야 하는가?

풀이 단량체는 4작용기(2장)이고 중합 반응에서 아주 많이 경화되므로, 열에 의해 연해지거나 녹을 수 없다. 유일하게 적합한 기술은 단량체로부터 최종 형태로 캐스팅하거나 최종 형태로 가공될 수 있도록 캐스팅 막대로 직접 캐스트하는 것이다.

17.11 강화 열경화성 플라스틱 성형

많은 플라스틱이 단독으로 사용되었을 때 구조적 응용에 필요한 충분한 기계적 강도를 갖지 못한다. 하지만 고강도의 섬유가 보강되었을 때, 복합 재료들은 높은 강도 대 질량 비를 나타내며, 매우 다양하고 복잡한 모양으로 제조될 수 있다. 유리 섬유나 다른 섬유들은 대부분 폴리에스터나 에폭시 등의 열경화성 고분자를 강화하기 위하여 광범위하게 이용되고 있다. 유리 섬유 강화 플라스틱(FRP)은 40 ft 이하 길이의 거의 모든 보트나 트럭 운전석, 자동차 차체 패널, 구조 패널, 항공기 부품, 욕조 등에 사용되고 있다.

대다수의 이런 부품들은 **수적층법**(*hand layup*) 공정으로 제조된다. 금형 표면은 보통 먼저 착색된, 그러나 강화되지 않은 액체 수지 **젤 코트**(*gel coat*)로 스프레이되어 매끄러운 표면 마무리를 제공한다. 젤 코팅 다음에 연속적으로 유리 섬유층이 직물 또는 랜덤 매트의 어느 한 형태로 적층되고, 액체 수지로 함침시킨 후에, 경화(가교)하여 최종 제품을 만든다.

이런 공정은 다목적 용도로 사용할 수 있다. 금형은 고압을 요구하지 않기 때문에, 상대적으로 저렴하다. 대상물은 원하는 장소에 추가층의 재료를 더함으로써 선택적으로 강화될 수 있다. 이 공정의 가장 큰 단점은 수작업이 많다는 것으로, 대량 생산에 있어서는 비경제적이다. 이런 이유로 스프레이 적층 공정이 자주 이용된다. 특수 총을 이용하여 연속 섬유를 대략 1인치의 길이를 갖는 단섬유로 분쇄한다. 분쇄 섬유는 액체 수지와 결합되고, 금형 표면에 직접적으로 스프레이된다. 비록 랜덤 분쇄 섬유는 직물이나 랜덤 매트보다는 강화 효과가 매우 적을지라도 노동력은 상당히 절약할 수 있다. 또한 스프레이 적층으로 제작된 폴리에스터-유리 섬유 뒤판은 진공 성형한 폴리(메틸 아크릴레이트)(PMMA) 시트에 붙여서, 매끄럽고 딱딱하며 변형에 강하고, UV 저항성이 있는 아크릴 표면층과 FRP 코어의 경량 강도를 결합한다. 이와 같은 복합 재료는 싱크대, 욕조, 레저용 차량의 몸체에 쓰인다.

많은 물체에서 응력이 균일하지 않게 분포되는데, 강화 섬유들은 응력을 가장 효과적으로 지탱하도록 배열될 수 있다. '유리 섬유'나 '탄소 섬유' 낚싯대, 장대높이뛰기 막대, 골프 클럽 샤프트 등에서 섬유들은 인가된 굽힘 응력에 저항하기 위하여 긴 축 방향으로 배열된다. **필라멘트 와인딩**(*filament winding*) 공정은 이러한 원리를 보다 복잡한 구조로 확장시킨다. 강화 섬유의 연속 필라멘트는 액체 수지로 함침되고, 이후 회전하는 **맨드렐**(*mandrel*)에 감긴다. 감는 패턴은 예상되는 응력 분포에 효과적으로 저항하도록 설계된다. Polaris 잠수함 미사일의 사정 거리는 금속 로켓 케이스를 섬유 권취 강화 플라스틱 시스템으로 대체하여 수백 마일 증가되었다. 또한 이 기술은 필요한 열저항과 마모 저항을 제공하는 얇은 금속 코어를 필라멘트 와인딩하여, 화학 공정 산업에서 사용되는 탱크와 파이프를 생산하거나 심지어는 총열을 생산하는 데 이용될 수 있다.

최근에 나노 섬유(특히 탄소 나노 튜브)가 위의 섬유를 이용한 복합 재료와 비교하여 단위 질량당 더 큰 강도를 제공하여, 섬유 강화 고분자 복합 재료에 대한 응용 분야를 발견하였다.

인발 성형(*pultrusion*) [23]은, 예를 들면 구조빔과 같은 일정한 단면적을 가지는 긴 길이의 물건을 만들 때 사용된다. 연속 섬유(실로 만든 조방사)와 같은 매트는 액체 수지가 담긴 통을 통과하면서 함침되고, 원하는 단면적을 가지는 고온의 다이 속으로 천천히 잡아당겨진다. 수지는 다이를 통과하면서 경화되어 고체로 된다.

17.12 섬유 방사

합성 섬유용 고분자는 플라스틱 재료로 사용되는 고분자와 유사하고 많은 경우에 동일하다. 그러나 섬유의 경우에는 가공 공정이 근본적으로 무한한 길이 대 직경 비를 가진다. 모든 경우에서 이것은 가소화된 고분자를 각각의 섬유로 뽑아내기 위하여 많은 수의 구멍을 가지고 있는 **방사돌기**(*spinnerette*)를 통하여 밀어냄으로써 완성되고, 각각의 섬유들은 함께 꼬아져서 후속의 옷감 등을 짜는 공정들을 위한 실을 형성한다. 방사돌기 구멍의 단면은 섬유의 단면적과 명확하게 관련이 있고, 섬유의 성질에 커다란 영향을 미친다. 3가지의 기본 방사 공정은 주로 고분자의 가소화 및 탈가소화 방법에 의해 구분된다.

용융 방사(*melt spinning*)는 기본적으로 압출 공정이다. 고분자는 용융에 의해 가소화되고 방사돌기를 통해 뽑아진다. 섬유들은 보통 연신 롤을 지나면서 옆면에서 불어오는 공기에 의해 굳어진다. 연신 단계에서 섬유들은 늘어나고, 분자들은 늘어나는 방향으로 정렬하며, 양호한 섬유 물성에 필요한 높은 결정화도를 유도한다. 나일론은 보통 용융 방사된다.

건식 방사(*dry spinning*)에서는 고분자 용액이 방사돌기를 통과하게 된다. 섬유들이 아래쪽에 있는 연신 롤로 지나면서 반대 방향에서 부는 따뜻한 공기에 의해 용매가 증발된다(그림 17.10). 이 공정에서, 섬유의 단면적은 방사돌기 구멍의 모양뿐만 아니라 확산에 의해 조절되는 용매 증발 공정의 복잡한 성질에 의해 영향을 받는데, 이는 용매가 증발하면

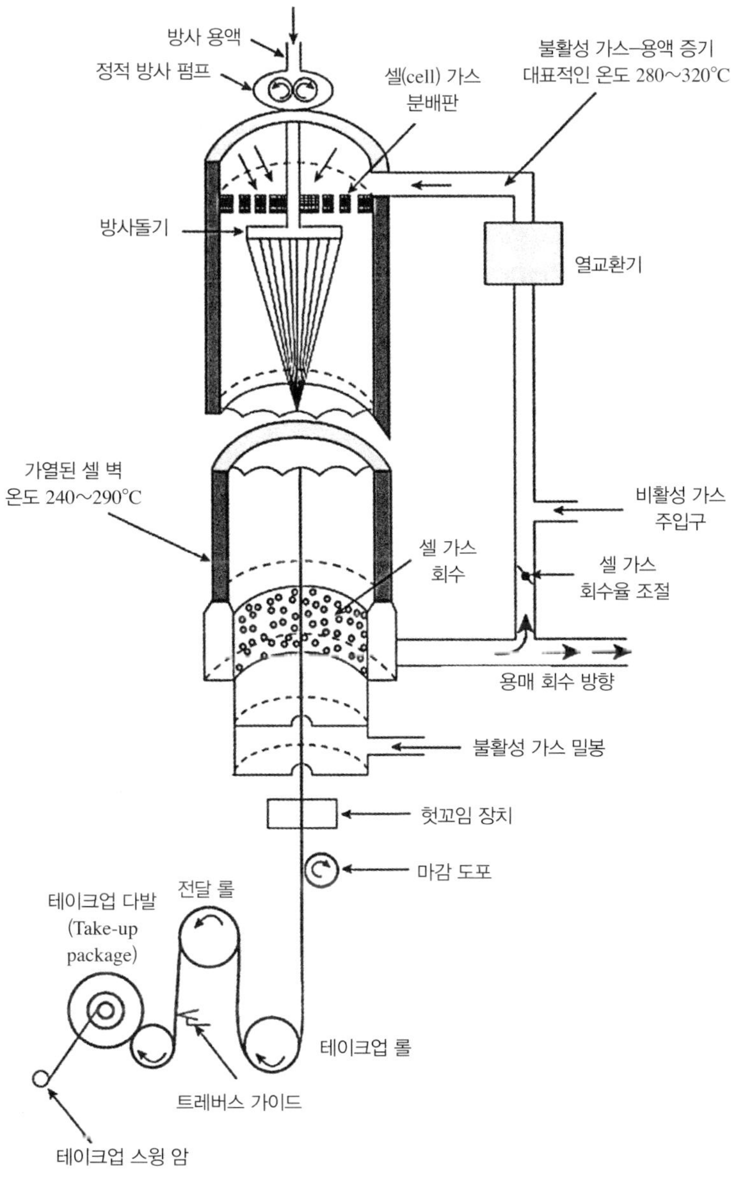

그림 17.10 고분자 섬유의 건조 방사[24]. Reprinted with permission of John Wiley and Sons, Inc.

서 상당한 수축이 발생하기 때문이다. 주로 폴리아크릴로나이트릴인 아크릴 섬유(Orlon®, Creslan®, Acrilan® 등)는 건식 방사에 의해 제조된다.

습식 방사(*wet spinning*)는 고분자 용액이 방사돌기를 통과하는 면에서는 건식 방사와 비슷하다. 하지만 용액으로 된 가닥은 직접 액체 용기 속을 지나간다. 액체는 고분자에 대하여 비용매가 되며, 용매가 비용매로 확산되어 나가면서 고분자가 용액에서 침전된다. 용기는 용해된 재료와 화학적 반응에 의해 고분자 섬유를 침전시키는 물질을 포함할 수도 있다. 다시 한 번 방사돌기뿐만 아니라 해당 공정이 섬유의 단면에 영향을 준다. 케블라는 습식 방사 섬유(4.8절)의 예이다. 고분자는 농축 황산에 녹아 있고, 용액은 물 용기로 방사된다. 물은 산을 제거시켜서 고분자를 섬유 형태로 침전시키게 한다.

예제 17.3 다음의 제조에 대하여 가공 기술을 제안하시오.

(a) 100,000 ft의 가소화된 PVC 정원용 호스

(b) 50,000 폴리스타이렌 휴대용 빗

(c) 100,000 폴리에틸렌 세제 병

(d) 5000 페놀 수지(페놀-폼알데하이드) TV 손잡이

(e) 6개의 폴리(메틸 메타크릴레이트)(PMMA) 기념 문진(paperweight)

(f) 약 0.001 in 두께와 4 in 폭을 가지면서 고속도로 중앙 20마일을 바르는 염소화 고무(선형, 비정질 고분자)와 흰색 안료(60:40)의 도로용 페인트

(g) 1,000,000 경질(발포 형태가 아님) 폴리스타이렌 고기 쟁반, 0.005 in 두께

풀이

(a) 압출

(b) 사출 성형

(c) 블로우 성형

(d) 압축, 저압 이송 성형, 또는 열경화성 고분자 사출 성형

(e) 비록 이런 물품들은 사출 성형될 수 있지만, 작은 수의 물건들일 경우 사출 성형이 비경제적이다. 이런 물건들은 단량체로부터 쉽게 캐스트될 수 있다.

(f) 용매에 고무를 용해시키고 안료를 첨가한 후 고속도로에 스프레이한다. 용매가 증발하면 원하는 긴 고분자 조각이 남는다.

(g) 시트를 압출하고 쟁반을 진공 성형한다.

17.13 컴파운딩

고분자는 거의 대부분 다른 성분들과 함께 합쳐서 사용된다. 이런 성분들은 이후의 장에서 다루어지지만, **컴파운딩**(*compounding*) 공정에서 고분자와 반드시 혼합되어야 한다.

가끔 성분들이 중합 반응을 방해하지 않는다면, 그런 성분들은 단량체나 저분자량 중합체 단계에서 혼합되어 (즉, 불포화 폴리에스터, 예제 2.3) 중합 및/또는 가교 반응이 완성될 수도 있다. 이런 경우에 점도는 표준 혼합 장비를 이용할 수 있도록 충분히 낮다. 비슷

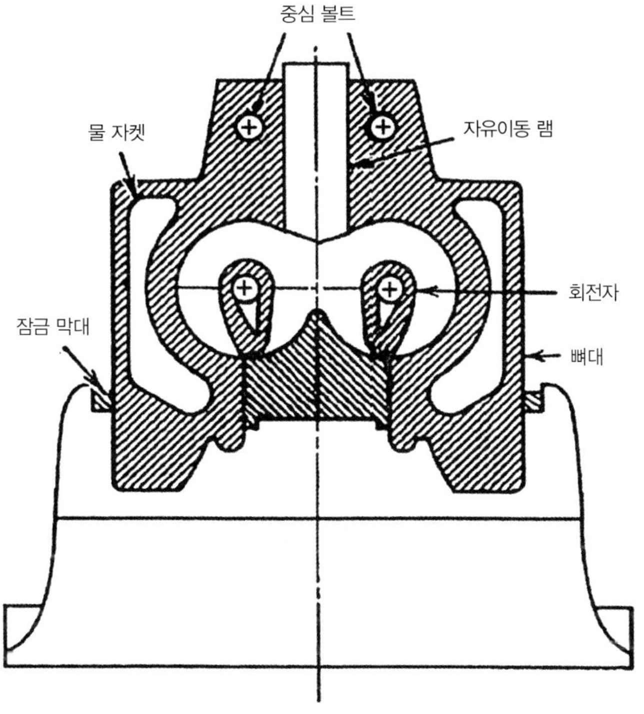

그림 17.11 Banbury 믹서, From L.K. Arnold, *Introduction to Plastics*, Iowa State UP1 Ames(1968).

하게 분말 PVC나 열경화성 고분자는 일반적인 회전통 타입의 혼합 장비에서 다른 성분들과 컴파운드된다.

하지만 극히 높은 용융 점도 때문에, 높은 분자량의 열가소성 고분자와 성분들을 혼합하기 위해서는 보통 특수 장비가 필요하다. 일반적으로, 용융액에서 성분들을 균일하고 완전하게 분산시키기 위하여 단위 부피당 높은 전단 속도와 높은 전력 투입이 필요하다. 단축과 2축 압출기(17.3절) 등은 연속적인 컴파운딩을 위하여 폭넓게 이용된다. 흔히 스크루가 특수 혼합부가 포함되도록 개조된 2축 압출기는 너 양호한 혼합기로서, 좁고 균일한 체류 시간 분포를 제공하는 반면, 단축 압출기는 가격이 낮고 기계적으로도 단순하다. Banbury 믹서와 같은 **강력 믹서**(*intensive mixer*)들은 서로 딱 들이맞는 회전 길날을 포함하며, 밀폐되고 가열된 채임버에서 재료에 높은 전단 속도와 큰 에너지 입력을 받게 한다

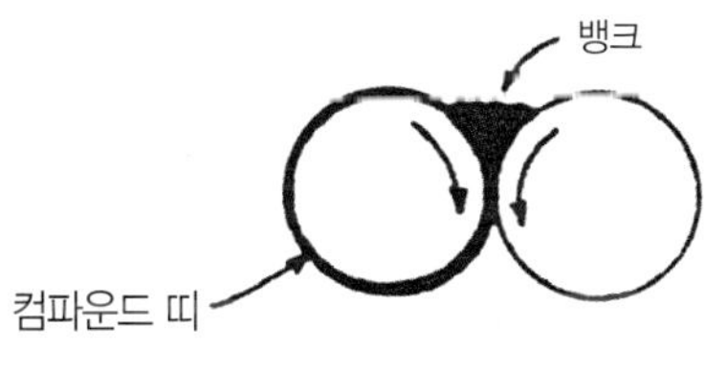

그림 17.12 2롤 밀.

(그림 17.11).

2롤 밀(*two-roll mill*)(그림 17.12)은 약간 다른 속도로 반대 방향으로 회전하는 두 개의 가열된 롤 사이의 좁은 틈새에서 높은 전단 속도를 발생시킨다. 상용화 밀은 약 1 ft의 직경과 3 ft의 길이를 가진다. 고분자가 롤 중의 한 표면에서 띠(밴드)를 이루면, 성분들은 롤 사이의 뱅크(bank)에 추가된다. 밴드는 칼을 이용하여 절단되고 말려져 이전과 수직한 방향으로 틈새로 투입된다. 혼합도를 향상시키기 위하여 이런 과정을 여러 번 반복한다. 광범위한 안전 예방 조치에도 불구하고, 2롤 밀의 작업자들이 손가락을 다치는 경우가 자주 발생한다. 저자의 지식으로는 손가락이 추가되었을 때 컴파운드된 고분자의 성질에 미치는 체계적인 연구는 보고되지 않았다.

정적 믹서(*motionless or static mixer*)들은 연속적인 컴파운딩을 위해 좀 더 최근에 개발된 장치이다[25~27]. 이런 장치의 예인 Kenics 믹서(그림 17.13)는 오른쪽 나선 구조와 왼쪽 나선 구조가 서로 교차하면서 직렬로 연결되어 있고, 용융액을 연속적으로 나누어 주며 유압 축을 중심으로 회전하게 한다. Kenics 믹서의 각 요소는 흐름을 두 부분으로 갈라

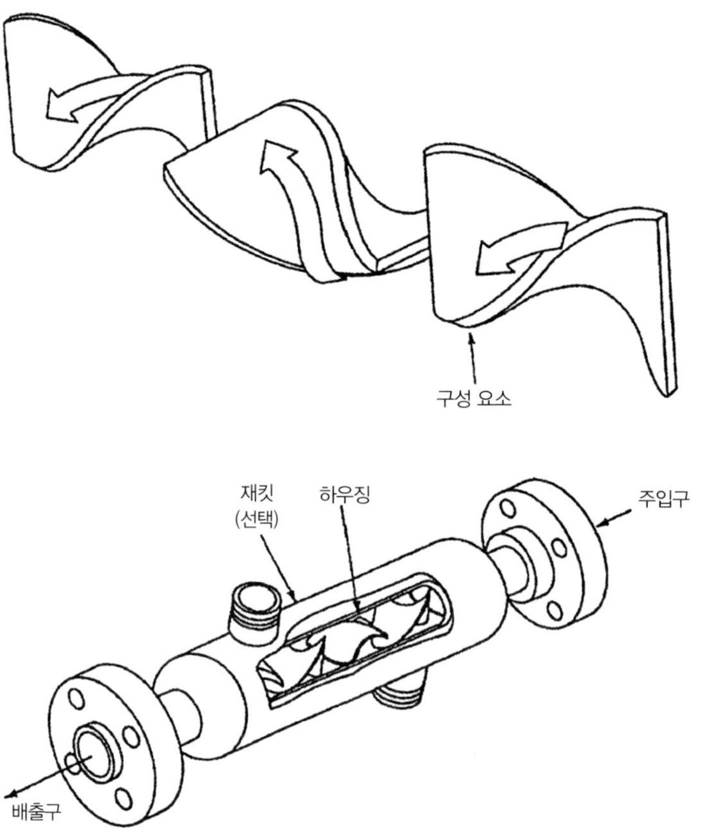

그림 17.13 Kenics 정적 믹서. From McCabe W.L., J.C. Smith, and P. Harriott, *Unit Operations of Chemical Engineering*, 4th ed., McGraw-Hill, New York, 1985.

준다. n개의 날개로 구성된 믹서는 2^n개의 층을 만들기 때문에, 진정한 혼합을 한다고 n을 굳이 크게 할 필요가 없다. 이런 종류의 장비의 분명한 이점은 이동하는 부분을 포함하고 있지 않다는 것이다(비록 재료는 반드시 밀어 넣어주어야 하지만). 이런 종류의 장비는 처리되는 단위 재료당 상대적으로 낮은 에너지가 필요하다. 용융 고분자 가공에서 그 흐름은 언제나 층류라는 사실에도 불구하고, 이러한 믹서들을 통해 보다 나은 방사상의 혼합도와 상대적으로 좁은 체류 시간 분포를 확보할 수 있다. 이 믹서들은 또한 용융 고분자의 열적 균질성을 향상시키기 위해 압출기의 스크루와 다이 사이, 그리고 사출 성형기의 노즐 앞에 연결하여 함께 사용된다.

17.14 리소그래피

리소그래피(lithography)는 글자 그대로 돌에 새기는 것으로, 고체(주로 고분자보다 딱딱한 재료)에 패턴을 에칭하기 위해 이용되어 왔으며, 실리콘 웨이퍼에 미세하고 복잡한 패턴을 에칭시켜 집적 회로를 만들기 위하여 마이크로 일렉트로닉스에서 광범위하게 사용되어 왔다. 보통 고분자로 만들어진 포토레지스트는 강렬한 빛을 막기 위해 만들어지며, 결과적으로 웨이퍼에 역패턴이 형성된다. 고분자 가공에서, 유사한 포토레지스트(또는 마스크)는 광원과 광개시제를 포함하는 단량체 또는 프리폴리머 용액 사이에 놓여진다. 중합 반응 후에 마스크 뒤의 미반응 용액은 제거되고, 마스크의 홀에 대응하는 마이크론 크기 이하에 근접하는 특징을 가진 고분자 필름을 형성한다. 사출 성형에서 사용되는 금형과 마찬가지로 마스크는 재활용된다. 광리소그래피(photolithography)는 복잡한 2차원 특징을 가지는 미세 부분(필름)에 가장 적합하며, 대량 생산에도 사용될 수 있다.

전자빔 리소그래피(electron beam lithography)는 유사한 공정이지만, 빛을 사용하는 대신에 전자빔을 표면에 조사하여 표면 구조를 형성시키는데, 이는 보다 작은 형태를 생산할 수 있다(nm 영역, 전자선은 빛의 파장보다 작은 크기에 초점을 맞출 수 있기 때문이다).

17.15 3차원 (고속) 프로토타이핑

최근에 고분자 가공 방법에 새로 추가된 것으로는 잉크젯 프린팅이나 3차원 프로토타이핑(prototyping)이 있다. 이들 방법에서는, 잉크젯 프린터와 비슷한 장비를 이용하여 고분자 액적들을 쌓음으로써 복잡한 3차원 구조를 만들 수 있으며, 보통 컴퓨터 이용 설계(CAD)를 사용한다(그림 17.14). 이는 다소 비싼 기술로(심지어 고속 프로토타이핑에서도), 각 부분을 만드는 시간이 꽤 길다. 하지만 가장 큰 장점은 고분자 부품의 내부 구조를 블로우

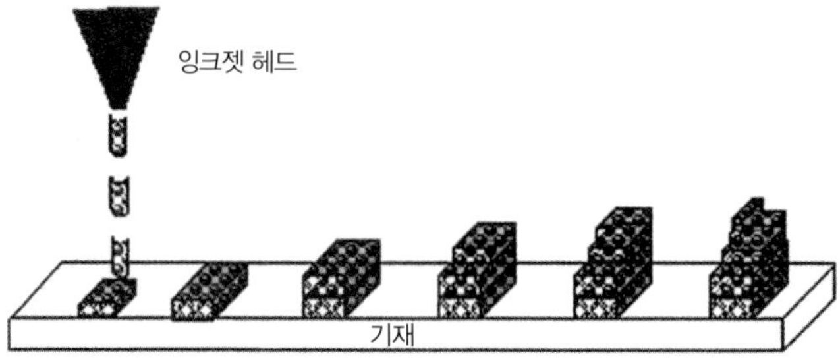

그림 17.14 잉크젯 프린터 헤드를 사용하여 3차원 물체를 만들기 위한 고속 프로토타이핑 방법. 헤드를 떠난 후에 액적들이 합쳐지고, 한 영역을 여러 번 인쇄하면서 3차원 물체가 만들어질 수 있다.

성형이나 압출로 얻을 수 있는 것보다 매우 복잡한, 다량의 기하학적인 특수성을 가지도록 디자인할 수 있다는 것이다. 이것은 유체 흐름용 도관과 같이 빈 공간을 갖도록 3차원으로 만들 수 있다. 텔레비전과 컴퓨터 스크린에 사용되는 발광다이오드(LED) 디스플레이는 하나의 응용 분야이다. 이들은 또한 3차원 복원에 유용하다.

17.16 요약

용매, 가소제 등의 첨가나 열에 의해서 고분자의 성질이 쉽게 개질될 수 있기 때문에, 하나의 제조 방법을 선택함에도 불구하고 고분자 성질이 매우 변하기 쉽다. 이것은 다양한 범위의 가공 기술을(표 17.1 참조) 가능하게 하지만, 동시에 여러 가지 해결해야 할 난제들도 존재한다. 모든 가공 방법이 각 유형의 고분자에 사용될 수 없다. 예를 들어 열경화성 고분자나 쉽게 열화되는 고분자들은 용융 가공될 수 없다. 한편, 액체로 출발하는 것들(단량체, 프리폴리머, 고분자 용액, 용융 고분자 등)은 높은 재현성을 가지면서 보다 복잡한 (때로는 큰) 모양의 고분자로 쉽게 성형될 수 있다. 비록 이 장에서 고분자 가공의 주요 기술들이 소개되었지만, 다양한 변화와 조합에 의하여 새로운 고분자의 가공이 가능하도록 지속적으로 진화되고 있으며, 보다 복잡한 부품을 만들기 위한 경제적인 방법들이 계속해서 개발되고 있다. 18장에서 22장까지는 일부 추가적인 가공 기술들을 다루겠지만, 첨가제(시트 몰딩 컴파운드에서와 같이)나 특수한 응용 분야(표면 마감재 및 마이크로캡슐화와 같은)에 중점을 둘 것이다.

문제

1 인터넷을 사용하여 3가지 종류의 고분자 가공 장비를 상업적으로 공급하는 회사를 확인하시오. 공급자, 대략적인 장비의 용량(lbs/day 또는 kg/day), 장비를 구성하는 재료,

그리고 각 장비를 이용하여 만든 생산품의 예를 열거하시오.

2 어떤 가공 방법이 다음의 고분자 제품을 만들 때 사용되는가?

(a) 컴퓨터 자판 (b) 고무 타이어

(c) 콘택트렌즈 (d) 마일라(mylar) 풍선

(e) 옷을 만들기 위한 아크릴 섬유 (f) 자동차 유리창

(g) 액체 세제용 병

3 열성형과 압축 성형의 차이를 설명하시오.

4 습식 방사와 건식 방사에서 방사돌기의 기능은 무엇인가? 데니어(denier)를 정의하시오.

5 당신이 압출기를 이용하여 고무 튜브를 만들고 있는데, 노즐 근처에 있는 가열판 중 하나가 작동하지 않는다. 이것으로 인해 공정에서 어떤 종류의 문제가 생기겠는가? 생산품의 품질 관리에서 어떤 문제가 발생하겠는가?

6 왜 사출 성형 기술은 오직 열가소성 고분자만 가공할 수 있는지, 아니면 열경화성 고분자도 만들 수 있는지를 설명하시오.

7 폴리(염화 바이닐)로부터 50,000장의 플라스틱 샤워 커튼(대략 6 ft에서 8 ft 시트로 두께는 1/16 in)을 만드는 데 있어서, 어떤 공정을 사용하는 것을 추천하는가? 공정에 필요한 온도는 몇 도인가(대략적으로)? 만약에 온도가 너무 높거나 너무 낮으면 어떻게 되겠는가? 어떤 첨가제들을 왜 사용하겠는가?

8 당신의 공장에서 블로우 성형으로 생산된 플라스틱 PET 병이 나사산이 있는 상부에 구멍이 있는 문제로 큰 불량률이 발생하는 것을 발견하였다(나사산 부분은 보통 매우 얇다).

(a) 무엇이 이러한 문제를 초래했는지 가능한 설명을 제시하시오.

(b) 이러한 문제를 해결하기 위한 공정상의 2가지 변화를 제안하시오,

참고문헌

[1] Kroschwitz, J. (ed.), *Encyclopedia of Polymer Science and Engineering*, 2nd. ed., Wiley. New York, 1985.

[2] *Modern Plastics Encyclopedia*, McGraw-Hill, New York (yearly).

[3] Rosato, D.V. and D.V. Rosato, *Plastics Processing Data Handbook*, Van Nostrand Reinhold, New York, 1989.

[4] Morton-Jones, D.H., *Polymer Processing*, Chapman and Hall, London, 1989.

[5] Han, C.D., *Rheology in Polymer Processing*, Academic, New York, 1976.

[6] McKelvey, J.M., *Polymer Processing*, Wiley, New York, 1962.

[7] Middleman, S., *Fundamentals of Polymer Processing*, McGraw-Hill, New York, 1977.

[8] Pearson, J.R.A., *Mechanics of Polymer Processing*, Elsevier, New York, 1985.

[9] Pearson, J.R.A. and S.M. Richardson (eds), *Computational Analysis of Polymer Processing*, Applied Science, New York, 1983.

[10] Tadmor, Z. and C.G. Gogos, *Principles of Polymer Processing*, Wiley-Interscience, New York, 1979.

[11] Rosato, D.V. and D.V. Rosato, *Injection Molding Handbook*, Van Nostrand Reinhold, New York, 1985.

[12] Rubin, I.I., *Injection Molding: Theory and Practice*, Wiley-Interscience, New York, 1973.

[13] Macosko, C.W., *Fundamentals of Reaction Injection Molding*, Hanser, Munich, 1988.

[14] Stevens, M.J., *Extruder Principles and Operation*, Elsevier, New York, 1985.

[15] Tadmor, Z. and I. Klein, *Engineering Principles of Plasticating Extrusion*, Van Nostrand Reinhold, New York, 1970.

[16] Rauwendaal, C., *Polymer Extrusion*, Hanser, Munich, 1986.

[17] Private communication to S.L. Rosen, NRM Corporation.

[18] Rosato, D.V. and D.V. Rosato (eds), *Blow Molding Handbook*, Hanser, Munich, 1989.

[19] Gruenwald, G., *Thermoforming: A Plastics Processing Guide*, Technomic, Lancaster, PA, 1987.

[20] Throne, J.L., *Thermoforming*, Hanser, Munich, 1987.

[21] Sikes, S., *Mod. Plast.* **51**(1), 70 (1974).

[22] Ward, L.G., *Plast. Eng.* **35**(4), 47 (1979).

[23] Meyer, R.W., *Handbook of Pultrusion Technology*, Chapman and Hall, London, 1985.

[24] Boliek, J.E. and A.W. Jensen, Fibers, Elastomeric, in *Kirk-Othmer Encyclopedia of Chemical Technology*, Wiley, 2009, p. 15.

[25] Skoblar, S.M., *Plast. Technol.* October 1974, p. 37.

[26] Schott, N.R., B. Weinstein, and D. LaBombard, *Chem. Eng. Prog.* **71**(1), 54 (1975).

[27] Chen, S.J., *Chem. Eng. Prog.* **71**(8), 80 (1975).

18장

고분자 응용: 플라스틱 및 플라스틱 첨가제

18.1 도입

이 책의 서론에서 언급했듯이, 고분자의 5개 주요 응용 분야에는 플라스틱, 고무, 합성 섬유, 표면 마감재, 접착제 등이 있다. 이전까지는 고분자 자체의 성질에 대하여 다루었다. 비록 이 성질들이 궁극적인 응용을 결정하는 데 있어서 의심할 여지없이 매우 중요하지만, 고분자는 거의 화학적으로 순수한 형태로는 사용되지 않는다; 그래서 고분자 기술에 대한 토론에서, 산업적으로 중요한 응용 분야에 이용되는 고분자의 성질에 대하여 언급하는 것이 필요하다. 또한 18.4절에 소개된 많은 개질제와 첨가제들이 일반적으로 사용되고 있으며, 개질제와 첨가제들은 다음의 5개 장에서 논의되는 5개의 응용 분야에 적합한 많은 제품에 유용하다. 이 장에서는 단일 플라스틱에 초점을 둘 것이다.

18.2 플라스틱

플라스틱은 보통 구조적 강성–일반적인 응력–변형률 실험에서 10^8 Pa(N/m^2)(15,000 psi) 이상의 탄성률을 가지는–을 갖도록 가공되는 플라스틱 컴파운드로 간주된다. 플라스틱 컴파운드에 사용되는 고분자의 **분자 요건**(*molecular requirement*)은 다음과 같다: (1) 만약에 선형이나 가지형이면, 사용 온도는 비정질 고분자에서 유리 전이 온도 이하여야 하고, 결정성 고분자에서는 결정의 용융 온도 이하여야 한다. (2) 본질적으로 결합각과 결합 길이의 변형에 대하여 분자 응답을 제한할 수 있을 만큼 충분히 가교되어야 한다(예로 에보

Fundamental Principles of Polymeric Materials, Third Edition. Christopher S. Brazel and Stephen L. Rosen.

나이트 또는 '경질' 고무).

18.3 플라스틱의 기계적 성질

상용 플라스틱의 공학적 특성은 위에서 주어진 넓은 정의 내에서 상당히 벗어난다. 그림 18.1은 세 가지 타입의 플라스틱에 대하여 대표적인 몇 가지 응력−변형률 곡선을 보여 준다. 이전에서 토론되었듯이, 주어진 재료에 있어서 곡선의 정량적인 특성은 변형 속도와 온도에 뚜렷하게 의존한다. 일반적으로 빠른 속도의 변형과 낮은 온도는 높은 탄성률(기울기)과 낮은 파단 신율을 나타낸다.

그림 18.1의 응력−변형률 곡선 *a* 타입의 플라스틱은 **강직**(*rigid*)하고 **취성**(*brittle*)이 있다. 강직이란 높은 초기 탄성률을 의미한다. 취성은 응력−변형률 곡선 아래 면적을 나타내며, 파괴를 유발하는 데 요구되는 단위 부피당 에너지이다. 이런 재료들은 보통 약 2% 정도의 변형률에서 급작스런 균열 전달에 의해 파괴된다. 경도는 인장 탄성률과 잘 연관되기 때문에, 이런 종류의 플라스틱에서 또 다른 의미 있는 값이라 할 수 있다. 이런 종류의 재료로는 폴리스타이렌, 폴리(메틸 메타크릴레이트), 그리고 대부분의 열경화성 고분자가 있다.

곡선 *b*는 **강직**하고 **질긴** 재료들로서 때때로 **엔지니어링 플라스틱**(*engineering plastic*)으로 알려져 있다. 높은 탄성률과 인장 강도, 그리고 경도와 더불어 이런 재료들에는 **연성 변형**(*ductile deformation*)이 일어나거나, 파괴 전에 상당한 분자 배열의 증거로서 항복점 이상으로 늘어나거나 한다. 후자는 인성 또는 **충격 저항**(*impact resistance*)이라 하며, 취성 파괴 없이 충격 하중에 견딜 수 있는 능력을 일컫는다. 이런 종류의 재료들은 폴리카보

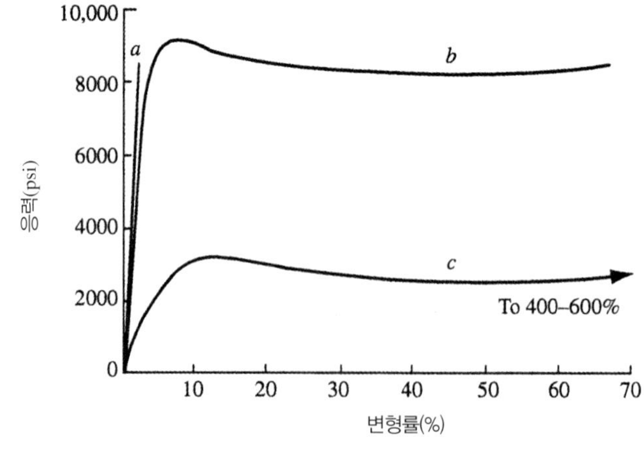

그림 18.1 플라스틱의 대표적인 응력−변형률 곡선. (a) 딱딱하고 취성이 있음, (b) 딱딱하고 질김, (c) 유연하고 질김.

네이트, 셀룰로스 에스터, 나일론 등이다. 비록 이유는 명백하게 밝혀지지 않았지만, 이런 플라스틱은 일반적으로 사용 온도보다 상당히 낮은 온도에서 2차 동적 감쇄 피크(15장)를 보인다.

곡선 *c*는 유연하고 강인한 고분자를 나타내는데, 대표적인 재료로 저밀도와 중간 밀도 폴리에틸렌이 있다. 여기서 매우 높은 파단 신율을 나타나게 하는 연성 변형은, 낮은 결정화도에서 높은 결정화도 재료로 전환되는 것이 그 원인이다. 인장 시료는 목 부분에서의 재료의 밀도, 결정화도, 탄성률이 원래의 재료보다 크게 증가하는, '넥 다운(neck down)' 현상이 발생한다. 비록 좋은 인성을 가지지만, 이런 재료들은 낮은 탄성률과 인장 강도로 인해 구조적 응용에 제한을 받는다.

18.4 플라스틱 컴파운드의 내용물

고분자는 단독으로는 거의 사용되지 않고, 적어도 하나 이상의 다음의 첨가제들을 소량 포함한다(표 18.1에 요약)[1,2].

18.4.1 강화제[3]

강화제(reinforcing agent)의 기능은 컴파운드의 구조적인 성질, 특히 고온에서의 탄성률(강성률), 강도, 그리고 이들 특성의 유지와 같은 성질을 향상시킨다. 에폭시와 폴리에스터 등의 열경화성 고분자를 강화시키기 위한 장섬유 사용은 앞 장에서 언급되었다. 유리

표 18.1 플라스틱용 일반 첨가제 타입

첨가제 타입	예
강화제	탄소 섬유
필러	목분, 탄산 칼슘
커플링제	2작용기 실레인
안정제	퀴논 및 다른 자유 라디칼 제거제
안료	이산화 타이타늄, 카본 블랙
염료	다양한 색상의 염료
가소제	프탈레이트, 중간 분자량 유기물
활제	스테아르산, 저분자량 유기물
가공조제	저분자량 고분자(점도 저하용)
경화제	황, 경화제(보통 촉진제와 함께)
난연제	펜테인 및 휘발성 유기물, CCl_3F(폼 형성)
발포제	인, 브로민과 염소를 포함하는 유기물

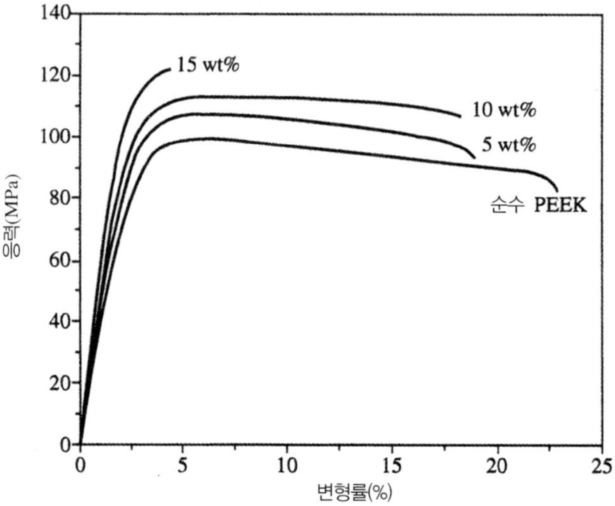

그림 18.2 결정성 열가소성 고분자인 폴리(에터 에터 케톤)(PEEK)에 탄소 나노 섬유를 첨가한 효과를 보여 주는 응력–변형률 곡선. Reprinted from [4] with permission from Elsevier.

의 강도, 입수 용이성, 상대적인 저가격 등으로 유리 섬유는 가장 흔한 강화제인 반면, 신형 섬유들은 높은 강도/함량 비가 요구되는 곳에 사용되고 가격은 2차적인 관심사이다. 피치나 폴리아크릴로나이트릴 섬유들의 열분해로 만들어지는 카본 또는 '그라파이트' 섬유들은, 유리 섬유보다 고가의 가격으로 우수한 성능을 제공한다. 탄소 섬유들은 항공 우주 분야에 사용되고 골프 클럽 샤프트, 테니스 라켓 프레임, 경주용 차량 차체, 그리고 자동차 스프링이나 구동축과 같은 좀 더 현실적인 물건에 사용되고 있다. 아라미드(방향족 폴리아마이드) 섬유(케블라) 또한 때때로 다른 섬유들과 같이 사용되어 최고의 성질을 필요로 하는 용도에서 플라스틱을 강화하기 위해 사용된다. 최근에 나노 섬유(탄소 나노튜브 포함)와 나노클레이는 매우 소량의 첨가로도 플라스틱을 강화시키는 첨가제로서 채택되었다(그림 18.2 참조).

짧은(1/8~1/2 in)(3~13 mm) 유리 섬유 또는 다른 섬유들은 열가소성 고분자를 강화하기 위하여 폭넓게 사용된다[5]. 표 18.2에 나타냈듯이, 나일론, 폴리프로필렌, 폴리(뷰틸렌 테레프탈레이트) 등의 수지에 40 wt%의 짧은 유리 섬유를 첨가하면 비교적 저렴한 비용으로 플라스틱의 구조적 강도를 많이 높일 수 있다. 유리 섬유 강화 재료는 또한 좀 더 낮은 금형 수축을 보여서, 더 나은 치수 제어와 안정성을 가진다. 불리한 점은 가공하기 어렵다는 점과 보통 거친 표면 마감 상태를 나타낸다는 점이다.

강화제를 사용한 열변형 온도의 커다란 개선은 결정성 고분자인 나일론 6,6, 폴리(뷰틸렌 테레프탈레이트), 폴리프로필렌 등을 강화할 때 얻어지며, 비정질 고분자인 폴리스타이렌이나 폴리카보네이트에서는 얻어지지 않는다. 이것이 일반적인 결과이다. 결정들이

표 18.2 유리 단섬유-강화 열가소성 플라스틱의 성질[a][6].

플라스틱[b]	PP		Nylon 6,6[c]		PC		PBT		PS	
wt% 유리 섬유	0	40	0	30	0	30	0	30	0	30
파단 인장 강도, psi ASTM D633	5300	11,700	12,400	25,000	9500	19,500	8200	16,500	6400	12,000
파단 신율(%)	350	2.8	300	4	110	3.5	175	3	1.9	1.1
인장 탄성률, 10^3 psi ASTM D638	195	1300	390	1300	345	1300	360	1380	400	1250
아이조드 충격, 1/8-in ft-lb/in ASTM D256A	0.8	1.7	1.3	3.0	16	2.3	0.85	1.3	0.4	2.0
로크웰 경도 ASTM D758	R91	R106	R120	R110	M70	M92	M73	M90	M67	M90
선팽창 계수, 10^{-6}/°C ASTM D696	90	30	80	35	68	22	67	25	77	20
264 psi DTUL[d], °F ASTM D648	130	315	179	371	270	297	154	430	186	217
밀도, g/cm^3 ASTM D792	0.91	1.22	1.14	1.30	1.20	1.41	1.34	1.51	1.05	1.29

[a] 범위가 있으며, 여기서의 값은 평균값임.
[b] PP, 폴리프로필렌; PC, 폴리카보네이트; PET, 폴리(뷰틸렌 테레프탈레이트); PS, 폴리스타이렌.
[c] 나일론의 특성은 수분 함량에 대단히 민감하다.
[d] Deflection temperature under load(하중 인가 변형 온도).
출처: 참고문헌 6.

'섬유에 달라붙어서', 유리 전이 온도 T_g보다 상당히 높은 온도에서 기계적으로 완전한 상태(integrity)가 유지된다.

또 다른 강화의 예는, 직경이 1 μm 정도의 분산된 고무 입자를 20%까지 사용해서 보통 취성이 있는 플라스틱의 **인성**(*toughness*)이나 **충격 강도**(*impact strength*)를 증가시키는 것이다. 그림 18.3은 높은 변형 속도의 인장 시험(충격 하중을 모사하기 위한)에서 폴리스타이렌에 마이크론 크기의 고무 함량을 증가시키면서 첨가할 때의 효과를 보여 주고 있다. 고무 입자를 첨가하면 탄성률(기울기)과 파단 인장 강도를 감소시키지만, 상당한 연성 변형('무릎' 지점을 넘어서까지 연신됨)을 도입해서 응력-변형률 곡선의 아래 면적을 증가시킨다. 또한 고무를 첨가하면 사용 온도 이하에서 이차 동적 감쇄 피크를 보인다. 사실상, *a* 타입의 재료를 *b* 타입의 재료로 전환시킨다(그림 18.1). 많은 응용에서 고무 첨가에 의한 충격 강도의 향상은 탄성률이나 인장 강도의 경미한 감소를 상당히 능가한다. **충격 개질제**(*impact modifier*)는 고무상의 첨가제로, 플라스틱과 혼합되면 이와 같은 인성을 부여한다. 이런 응용에서 상(phase)과 상 사이의 적절한 상용성(양호한 접착력을 가지나 용해성은 없음)은 매우 중요하다. 상용성은 보통 각 말단의 반복 단위 블록이 각 고분자상과 서로 상용성을 가지는 그래프트 또는 **블록 공중합체**(상용화제)를 이용하여 얻어진다.

상업적으로 중요한 **고무 강화**(*rubber-toughened*) 플라스틱으로는 폴리스타이렌을 폴리뷰타다이엔 고무로 강화시킨 고충격 폴리스타이렌(HIPS)과, 폴리뷰타다이엔이나 폴리(뷰타다이엔-*co*-아크릴로나이트릴) 공중합체 고무로 폴리(스타이렌-*co*-아크릴로나이트릴) 공

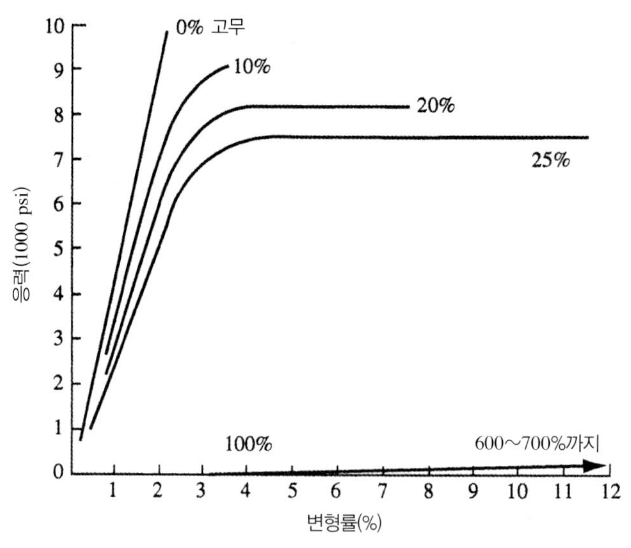

그림 18.3 폴리스타이렌의 고속(133 in/in min) 인장 응력-변형률 곡선에 미치는 마이크로미터 크기의 고무 입자들의 영향[7].

중합체 유리상을 강화시킨 아크릴로나이트릴-뷰타다이엔-스타이렌(ABS) 플라스틱이 있다. 이러한 2상 고분자 시스템에 대한 보다 완전한 토론은 다른 문헌에서 확인할 수 있다[7, 8].

18.4.2 필러[9]

필러(filler)는 입자로 된 재료로, 주요 기능은 보통 단순히 고분자의 양을 늘려서 플라스틱 컴파운드의 가격을 낮추는 것이다. 필러들은 제품의 저렴한 가격이 우수한 성능보다 중요한 경우에, 고분자 제품 부피의 상당한 부분을 차지한다(보통 50%에 육박할 정도로). 필러의 초창기 예로는 페놀계 고분자와 다른 열경화성 고분자에 오랫동안 사용된 목분(고운 톱밥)이 있다. 탄산 칼슘은 다양한 플라스틱에 사용되며, 폴리프로필렌은 보통 활석으로 채워진다. 심지어 물은 폴리에스터 캐스팅 컴파운드의 양을 늘리기 위해 사용되었다.

필러는 컴파운드의 특정한 성질을 향상시키기 위하여 사용될 수 있다. 필러의 대부분은 금형 수축과 열팽창 계수를 감소시키며, 성형 부품의 뒤틀림도를 감소시킨다. 운모와 다른 필러들은 내열성을 증가시킬 수 있다. 속이 빈 유리나 구 형태의 페놀 마이크로입자는 복합 재료의 밀도를 감소시키다. 특정한 카본 블랙이나 알루미늄 플레이크 등의 **전도성 필러**(*conductive filler*)는 전기 전도도를 부여하여, 정전하를 빼내고(자동차 타이어에서 중요) 전자기 간섭 차폐 능력이 있는 플라스틱을 제공한다. 경도나 탄성률이 고분자보다 큰 어떠한 필러라도 고분자 혼합물의 경도와 **초기 탄성률**(*initial modulus*)을 증가시키지만, 일반적으로 신율, 파단 강도, 인성, 가공성이 나빠진다.

18.4.3 커플링제

유리와 같은 강화 섬유가 최대 이점을 가지기 위해서는(또는 필러가 기계적 성질에 너무 해가 되지 않게 하기 위해서는), 응력이 고분자로부터 강화제나 필러에 효과적으로 전달되어야 한다. 불행하게도 대부분의 무기물들은 친수성 표면을 가지고 있는 반면에, 대부분의 고분자들은 소수성이어서 계면 접착이 불량하다. 이런 문제는 많은 무기물들이(특히, 유리) 표면이 물을 흡수하는 경향이 있어서 악화되며, 섬유와 고분자 사이의 수소 결합량을 줄여 접착을 더욱 저하시킨다. 커플링제(coupling agent)는 이런 장애들을 극복하기 위하여 사용된다.

가장 일반적인 커플링제는 실레인(silane)이며 일반식은 $YRSi(OR')_3$이다. (OR′) 그룹은 무기 기재와 반응하며, Y 그룹은 고분자와 반응하여(또는 적어도 강한 2차 결합을 형성한다) 계면 접착을 강화한다. 바이닐-트라이에폭시실레인이 하이드록실 표면 작용기를 가지는 기재(예로 유리)와 결합되는 것으로 믿어지는 반응 순서는 아래와 같다.

단계 1: 가수 분해(아마도 기재 표면에 흡착된 물과의)

$$H_2C{=}CH{-}Si{\leftarrow}OC_2H_5)_3 + 3H_2O \rightarrow H_2C{=}CH{-}Si{\leftarrow}OH)_3 + 3C_2H_5OH$$

단계 2: 기재와의 반응

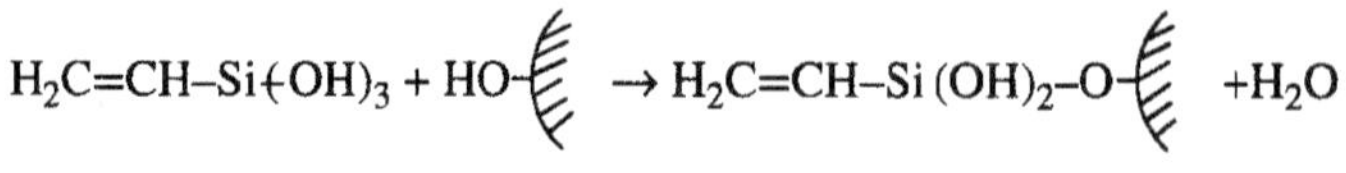

말단에 있는 '매달린(dangling) 이중 결합'은 불포화 폴리에스터 수지의 경화에 참여할 수 있고(예제 2.3), 결국 공유 결합으로 고분자를 표면에 결합시킨다.

다양한 고분자와 기재의 용도에 최적화된 작용기를 가지는 다양한 범위의 실레인 커플링제를 입수할 수 있다. 타이타늄산염 커플링제는 유사한 방식으로 작용한다. 필러와 강화 섬유들은 커플링제가 사전 처리되어 공급되거나, 컴파운드 도중에 커플링제를 추가시킬 수 있다(이런 경우에 모든 커플링제가 계면으로 이동하거나 흘러나온다).

필러의 경우에 있어서 커플링제는 추가적인 이점이 있다. 친수성 표면을 소수성 표면으로 변환시켜 고분자와의 상용성이 향상된다. 이는 고분자에서 필러의 쉽고 균일한 분산을 초래하며, 필러를 넣으면 점도를 상당히 감소시켜서 가공성을 향상시킨다.

그래프트 및 블록 공중합체는 강화제의 토론에서 언급되었던 고무–강화 플라스틱의 경우에서 보통 커플링 기능을 한다. 예를 들어 고충격 폴리스타이렌의 제조에서 폴리뷰타다이엔은 중합되는 스타이렌 단량체에 녹아 있다. 결과적으로 일부의 스타이렌이 고무에 그래프트된다. 그래프트된 폴리스타이렌 사슬은 주위의 호모폴리스타이렌과 물리적 상용성이 있고 화학적으로 고무에 붙어서, 분산된 폴리뷰타다이엔 입자와 폴리스타이렌 매트릭스 사이의 접착을 강화시킨다. 이러한 특별한 계에서 그래프트 공중합체는 효과적인 충격 강도 향상에 필수적인데, 폴리스타이렌과 폴리뷰타다이엔의 단순한 기계적인 혼합은 덜 균일한 경향이 있고 충격 향상을 거의 주지 않는다. 하지만 소량의 스타이렌-뷰타다이엔 블록 공중합체는 비누나 계면 활성제가 물에서 기름을 유화시키는 것과 같이 상용화제로 작용을 하여 블렌드의 충격 강도를 향상시킨다.

18.4.4 안정제

보통 주위의 산소나 자외선(UV) 조사, 또는 가공 공정 중 고온 등의 환경적 노출의 결과로, 대부분의 고분자는 한 가지 또는 그 이상의 열화 형태에 취약하다. 안정제(stabilizer)는 이와 같은 고분자의 열화를 억제한다. 예를 들어 폴리(염화 바이닐)의 경우에 열적 열화의 주요 생성물은 강산인 염산으로, 염산은 추가 열화를 촉진시킨다. 금속 산화물과 같은 성분들은 염산과 반응하여 안정한 생성물을 만들기 때문에 안정제로 사용된다. 고분자의 산화 열화는 초기 산화 단계에서 형성된 과산화물로부터 자유 라디칼에 의해 시작된 사슬 가교 및/또는 사슬 절단을 포함하는, 자유 라디칼 메커니즘에 의해 일어나는 것으로 생각된다. 비슷하게, 이러한 반응들은 UV 조사에 의해 생성된 자유 라디칼에 의해 개시될 수도 있다(자동차에 사용되는 고분자, 특히 대시보드 재료에 심각한 위협이 된다). 이러한 반응들에 대한 안정제는 일반적으로 효과적인 자유 라디칼 제거제인 퀴논계의 유기물들이다.

18.4.5 안료

플라스틱은 보통 미세하게 갈린 고체로 된 안료(pigment)들을 첨가하여 색상을 구현한다. 만약에 고분자 자체가 투명하다면, 안료는 고분자를 불투명하게 만든다. 이산화 타이타늄은 밝고 불투명한 흰색이 요구될 때 사용되는 일반적인 안료이다. 안료는 때때로 다른 기능을 한다. 예를 들어, 탄산 칼슘은 많은 플라스틱에서 필러와 안료로 작용하고, 카본 블랙은 흔히 안료와 안정제로 사용된다. 안료는 UV 빛이 침투하는 것을 재료 표면 이상으로 흡수하거나 방해하여 열화를 방지한다.

18.4.6 염료

염료(dye)는 투명한 컴파운드를 생산하기 위해 고분자에서 용해되는 색상을 가지는 유기 화학 물질이다(사용하는 고분자가 투명한 경우를 가정하였을 때). 투명하면서도 색상을 가지고 있는 많은 폴리카보네이트 음료수 병들은 염료를 사용한다. 일부 열가소성 고분자는 비록 투명하지만 가공 중에 사소한 열화로부터 약한 노란색기를 드러나게 하여, 스펙트럼에서의 파란색 파장 쪽으로 빛의 선택적 흡수를 야기한다. 노란색은 노란색 파장들의 투과를 감소시키는 파란색 염료를 첨가함으로써 대부분 '상쇄'될 수 있다. 이러한 기술들을 사용하면 불가피하게 전체 광투과율이 약간 감소하게 된다.

18.4.7 가소제

저분자량의 유기 가소제(plasticizer)를 유리상 고분자(보통 고분자 중량의 10~20%를 초과하는)에 넣는 것은 컴파운드의 유리 전이 온도를 사용 온도에 근접하게 낮춤으로써, 점진적으로 탄성률을 감소시킨다. 탄성률이 감소되어 컴파운드가 플라스틱이라기보다는 탄성체로 여겨지는 수준까지 가소제를 투입하는 것은 다소 임의적이지만, 플라스틱은 취성을 감소시키기 위해 때때로 소량의 가소제를 포함한다. 가소제는 상분리를 피하기 위해 고분자와 열역학적으로 상용성이 있어야 한다.

프탈레이트나 트라이멜리테이트를 기반으로 하는 일반적인 가소제는 특히 폴리(염화 바이닐)에 빈번하게 사용되어서, 딱딱한 재료(하수용 파이프와 같은)를 유연한 제품(샤워 커튼이나 물 호스처럼)으로 쓰일 수 있게 만든다. 재료들을 사용하는 도중에 가소제가 표면으로 이동하는 것을 보여 주는 최근의 몇몇 연구들은 의료용 플라스틱(예로 정맥 주사 가방, 튜빙)에서 사용되는 구연산염(citrate)처럼 보다 안정하고 독성이 약한 가소제의 개발을 이끌어냈다. 최근의 리뷰 논문은 일반적인 가소제의 주요 사용 용도를 다루고 있으며, 다양한 응용 분야와 연구 동향에 대하여 논의하고 있다[10].

18.4.8 활제

외부(*external*) 활제는 저분자량의 유기물들로, 이들은 고분자에 상대적으로 녹지 않고 '석출되어' 컴파운드의 표면으로 이동하며, 가공 공정에서 미끄러운 코팅을 형성한다. 활제(lubricant)는 매끄러운 압출물과 성형물을 생산하고, 이형제(mold release agent)로 작용하여 금형에 붙는 것을 최소화한다. 표면에 후속으로 페인팅이나 프린팅이 필요한 경우에, 활제는 접착력을 감소시키기 때문에 조심해서 사용해야 한다. 스테아르산과 이것의 금속염들은 흔한 외부 활제이다. **내부**(*internal*) 활제는 고분자에 용해되며, 컴파운드의 점도를 낮추어서 가공성을 용이하게 한다.

18.4.9 가공 보조제

다양한 컴파운드(보통 제2고분자)들이 일반적으로 가공 공정에서 높은 산출량과 더욱 좋은 표면 마무리, 그리고 더욱 용이한 취급성을 위하고 고분자의 유변학적인 성질을 개질하는 목적으로 사용된다. 예를 들어 저분자량 폴리에틸렌은 PVC의 압출성을 향상시키기 위해 첨가된다.

18.4.10 경화제

경화제(curing agent)는 초기의 선형이나 가지형 고분자에서 가교된 열경화성 플라스틱을 제조하는 기능을 가지는 화학 물질이다. 예를 들어 스타이렌과 같은 바이닐 단량체, 자유라디칼 개시제, 그리고 **촉진제**(*promoter*)(코발트 나프테네이트와 같이 반응을 빠르게 하는)는 저분자량의 불포화 폴리에스터 수지에 용해될 수 있고, 이들은 폴리에스터에서의 이중 결합을 포함하는 보통의 부가 반응 메커니즘에 의해 가교를 형성한다(예제 2.3). 가교는 황이 천연 고무, 뷰타다이엔 고무, 아이소프렌 고무와 혼합되어 가교 고무를 만드는 것과 같이, 경화는 타이어 형성에서 중요하다.

2단계(*two-stage*) 열경화성 컴파운드 용도의 고분자는, 의도적으로 반응물들 중 하나를 당량적으로 부족하게 하여 생성되므로 가지가 많이 생성되지만 아직 가교 구조는 아니며, 이후 금형 안에서 경화제로 경화된다. 'A-단계' 페놀계 고분자는 페놀과 폼알데하이드를 약 1.25:1의 몰 비율로 반응시켜 생산된다(가교를 위해서는 폼알데하이드의 몰 초과가 필요하다). 이러한 여전히 열가소성인 생산물(**노볼락**, *novolac*)에 필러, 안료, 강화제 및 경화제인 헥사메틸렌테트라민을 혼합하여 'B-단계' 수지를 만든다. 경화제는 수분(축합 반응의 생성물)의 존재하에 금형 안에서 가열에 의해 분해되어, 가교에 필요한 추가적인 폼알데하이드와 반응의 기본 촉매로 작용하는 암모니아를 제공한다.

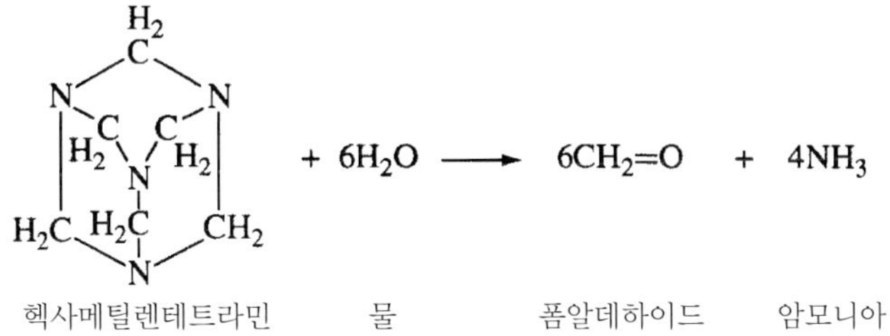

단일-단계(*single-stage*) 수지(**레졸**, *resole*)는 최종적으로 원하는 반응비, 약 1:1.5의 페놀:폼알데하이드를 이용하여 만들어지는데, 반응은 가교가 다 진행되지 못하고 정지된다. 가교는 금형에서 경화제 없이 완료된다.

자유 라디칼 개시제(보통 유기 과산화물)는 포화 열가소성 고분자의 경화제로 이용된다. 경화제는 자유 라디칼로의 상당한 분해를 방지하기 위해 충분히 낮은 온도에서 고분자와 컴파운드되어야 한다. 그 이후 컴파운드는 금형에서 가열되어, 고분자에서 양성자를 추출하는 자유 라디칼을 만들며, 사슬에서 비공유된 전자들을 남겨서 이들이 가교 구조를 형성하도록 결합된다.

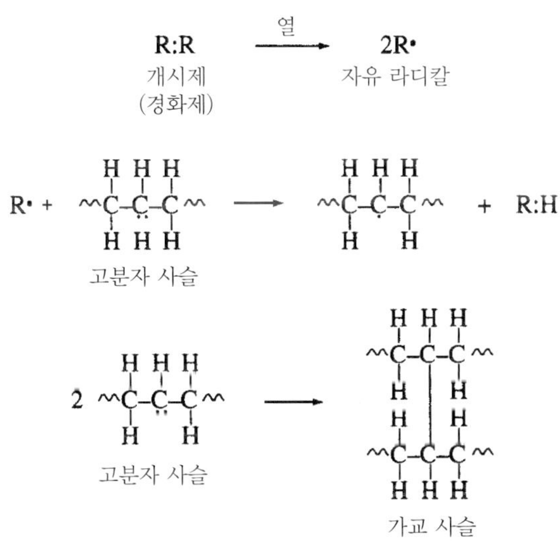

때때로 황이나 다작용기 바이닐 단량체들은 사슬들 사이에서 '그들 사이에 다리를 놓는 것(bridge the gap)'(즉, 더 긴 가교를 만드는 것)을 도움으로써 가교 효과를 향상시키기 위하여 첨가된다. 이러한 방식으로 폴리에틸렌은 다이큐밀(dicumyl) 과산화물에 의하여 가교되고, 열가소성 고분자에서 열경화성 고분자로 변환되어 응력 균열과 마모에 대한 아주 높은 내열성을 가진다. 열경화성 폴리에틸렌은 또한 많은 양의 카본 블랙 필러를 포함하면서도 과도한 취성을 갖지 않을 수 있다.

18.4.11 발포제

발포된 형태의 플라스틱은 폼을 형성할 수 있는 가스를 발생시키는 재료를 포함해야 한다. **화학 발포제**(*chemical blowing agents*, CBAs)는 화학 반응을 통하여 가스를 발생시키고, 물리 발포제는 비활성의 휘발성 화학 물질이 고분자나 고분자 전구체에 용해되어 있다가 가열되거나 압력이 감소함에 따라 기화된다. 예를 들면 폴리유레테인(예제 2.4Q)의 경우에는 '물 발포' 될 수 있는데 과량의 다이아이소사이아네이트와 물이 반응하여 CO_2를 발생시킨다.

$$\underset{\text{다이아이소사이아네이트}}{O{=}C{=}N{-}R{-}N{=}C{=}O} + 2H_2O \rightarrow \underset{\text{다이아민}}{R(NH_2)_2} + 2CO_2$$

실제적으로 이것들은 다이아이소사이아네이트의 비용과 발포 구조의 조절이 어렵기 때문에 자주 실행하지는 않는다. 다른 방법으로는 전통적으로 CCl_3F 또는 다른 염화플루오린화탄소(CFCs)와 같은 물리 발포제를 사용하여 폼을 만들 수 있다. CFCs는 우수한 폼 구조의 제어를 가능하게 하고, 낮은 열전도도를 가지기 때문에 좋은 단열 폼을 만든다. 불행하게도 CFCs는 대기 중의 오존층에 위협을 주어 많은 공정에서 사용이 금지되어 왔다. 이산화 탄소나 액화 가스들은 CFCs를 대체하기 위한 몇 가지 물질들이다.

CBAs는 분해 온도 이하에서 고분자와 컴파운드되어야 하고, 고분자의 열화를 방지하기에 충분히 낮은 온도에서 분해되어 가스를 발생시켜야 한다. 대부분의 범용 플라스틱에 이용되고, 다양한 분해 온도들을 포함하는 여러 가지의 CBAs를 입수할 수 있다[11,12].

폴리스타이렌 발포 성형용 비드의 제조에서, 펜테인은 현탁 중합에서 단량체에 첨가되거나 추후에 비드에 의해 흡수된다. 비드들이 금형에서 가열되면(보통 증기로) 펜테인이 휘발하여, 비드들끼리 또는 금형 벽을 향해 팽창한다. 이런 비드들은 음료용 컵, 소풍용 냉장박스, 땅콩 포장 등과 같은 용도에 많이 사용된다.

18.4.12 난연제[13~15]

대부분의 합성 고분자들은 주로 탄소와 수소로 구성되어 있고 가연성이 있다(비록 합성 고분자들이 대체하는, 나무나 목화와 같은 천연 재료보다 가연성이 높지 않다는 사실은 때때로 간과될지라도). 플라스틱은 가연성을 감소시키기 위해 점점 더 난연제(flame retardant)와 컴파운드되고 있다. 가장 일반적인 플라스틱 난연제는 대부분 염소와 브로민을 포함한다. 이러한 원소들은 자유 라디칼의 불꽃 전파 반응을 끄는 것으로 믿어지고 있다. 난연제는 데카브로모다이페닐 에터와 같이 고분자와 단순 혼합된 컴파운드이거나, 고분자의 부분이 되는 반응성 단량체일 수 있다. 후자의 예로는 에폭시(예제 2.4O)나 폴리카보네이트(예제 2.4N)에서 일반 비스페놀-A를 테트라브로모비스페놀-A로 치환된 것을 포함하고, 무수 테트라브로모프탈산은 폴리에스터에 이용된다(예제 2.3). 안티모니 트라이옥사이드는 보통 할로젠 화합물과의 시너지 조합에 이용된다. 유기 인산염들은 불꽃에 대한 장벽으로 작용하는 숯(char)을 형성하여 난연제 기능을 하는 것으로 생각된다. *tris*(2,3-다이브로모프로필) 인산염과 같은 화합물은 할로젠과 인산염을 결합한 것이다. 폴리(염화 바이닐)은 염소 함량으로 인해 고유의 난연성을 가지지만, 만약에 이런 성질을 가소화된 형태에서 유지하기 위해서는 할로젠화된 가소제 또는 인산염 가소제와 함께 컴파운드되어야 한다.

가공 공정에서의 컴파운드 자체뿐만 아니라 난연 시스템의 연소 산물 등, 할로젠과 안티모니 난연계의 안전은 의문시되어 왔다. 할로젠과 안티모니 난연계는 대부분 인계 난연제로 대체되어 왔다[16]. 또 다른 대체 물질인 수산화 알루미나는 35%의 수화물을 포함하는 입자형 필러로, 수화물이 증발하면서 에너지를 흡수하고 불꽃 퍼짐을 억제한다.

18.4.13 기타

다양한 다른 재료들이 특정한 최종 물성을 주기 위하여 플라스틱에 첨가된다. 예를 들어 어떤 고분자는 따뜻하고 습한 환경에 처하게 되어서(예를 들어 비닐 샤워 커튼과 욕조 틈새 메우기용 실리콘 고무), 곰팡이나 균류의 성장을 억제하는 **살생물제**(*biocide*)를 포함한다. 이런 살생물제들은 일반적으로 유기 구리, 수은, 나노 은 또는 주석 화합물이다. 지방산 아민은 병이나 음향레코드에 대전 방지제 용으로 쓰이는 컴파운드에 첨가된다. 이러한 화학 물질들은 고분자와의 제한된 상용성 때문에 재료의 표면으로 이동되고, 극성을 가지기 때문에 대기에서 습기를 잡아당긴다. 습기는 정전기 전하를 누출시키는데, 만약 그렇지 않다면 시간이 지남에 따라 상당한 먼지를 끌어당기게 될 것이다. 이와 유사한 지방산 아민은 **슬립**(*slip*)이나 **블로킹 방지제**(*antiblock*)로 작용하여, 플라스틱 필름이나 시트 층들이 서로 붙는 것을 방지한다. 4장에서 논의되었던 **핵제**(*necleating agent*)는 작지만 많은 수의 결정 입자를 만들게 한다.

18.5 플라스틱용 시트 몰딩 컴파운드

시트 몰딩 컴파운드(sheet molding compound, SMC)의 주제를 여기에서 소개한 이유는 (1) 상업적으로 중요하고, (2) 이전의 절에서 다루었던 많은 첨가제를 이용하며, (3) 논리적으로 다른 부분에서 다루기에 잘 맞지 않기 때문이다. SMCs는 싼 가격과 쉽고 빠른 공정으로 높은 강도 대 질량 비율을 제공한다. SMCs는 쉽게 성형할 수 있는 고분자 복합재료로, 경화제가 포함되어(지연된 성형 단계에서 활성화되는) 시트로 성형된다. 이것은 자동차의 앞부분과 펜더 연장 부분과 같은 몸체 파트와, 업무용 복사기나 에어컨 하우징과 같은 다른 구조재 부품에 이용된다. 이것은 자동차 몸체 패널(문, 후드, 펜더 등)에서 사용량을 늘리기 위하여 RIM 폴리유레테인, 폴리유레아, 사출 성형 열가소성 플라스틱과 경쟁을 하고 있다.

SMCs는 주로 불포화 폴리에스터 수지(예제 2.3), 필러(보통 $CaCO_3$), 분쇄 유리 강화 섬유 등으로 구성되어 있다. 초기 SMCs는 대략적으로 각각 1/3씩 포함하였지만, 신규 시트 몰딩 컴파운드들은 25%의 수지, 30%의 유리 섬유, 45%의 필러에 가깝게 구성되어 있다[17]. 액체 폴리에스터와 필러는 소량의 경화제(보통 유기 과산화물), 증점제(MgO 또는 CaO), 금형 이형제로서 외부 활제(스테아르산 아연), 그리고 때때로 저수축 첨가제와 함께 높은 전단 믹서에서 컴파운드된다.

재료들은 팬케이크 반죽처럼 보이는(냄새는 나지 않지만) 형태의 혼합물로서, 연속적으로 폴리에틸렌 필름 층 위에 펼쳐진다(그림 18.4). 분쇄 유리 섬유(1 in 길이)들이 혼합물 층 위에 뿌려져서 결합하고, 시트는 유리 섬유들과 수지와의 젖음성을 좋게 하기 위해 롤러들에 의해 이겨진다. 시트는 말려져서 숙성시켜지며, 이 시간 동안 판지의 농도처럼 걸쭉해진다. 이러한 점도의 증가는 물도 역할을 하지만 폴리에스터에 있는 카복실산 그룹과 MgO 또는 CaO이 상호작용을 하기 때문인 것으로 여겨지며, 실제 중합이 일어나는 것은 아니다.

사용되기 전에 시트들이 필요 크기로 잘려지고 폴리에틸렌 필름은 벗겨진다. 그런 다음에 시트들이 폴리에스터의 실제 경화(가교)가 일어나는 가열된 압축형 금형에 놓여진다(두꺼운 두께를 가지기 위해 몇 개의 층들이 쌓아 올려질 수 있다).

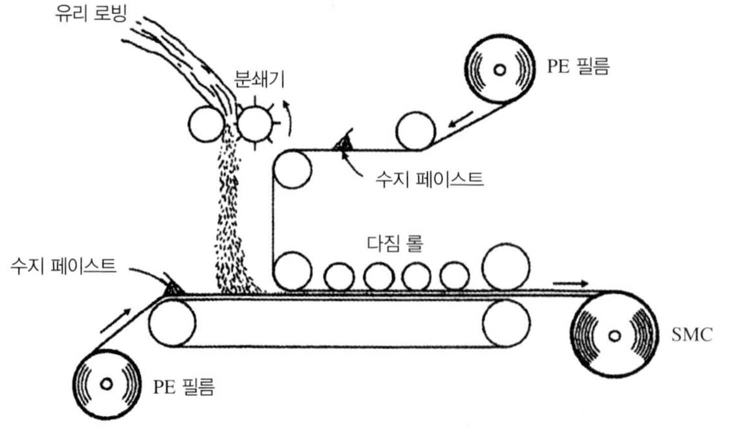

그림 18.4 시트 몰딩 컴파운드 공정.

SMC를 위한 경화제는, 빠르게 경화되지만 반대로 보관된 SMC의 유통기간을 짧게 하는 활성 개시제와, 유통기간을 길게 하지만 경화가 늦어지는 덜 활성인 개시제 사이의 것을 적절하게 선택한다. 초기의 SMCs의 단점은 물결 모양의 표면과, 가교 중에 폴리에스터의 수축에 의해 때때로 눈에 보이는 유리 섬유 조직이었다. 이는 수작업 마무리 공정을 필요로 해서 자동차 산업에서 결코 인기를 얻지 못한다. 이에 대응하는 저수축 첨가제는 보통 폴리에스터에 녹아 있는 제2의 선형 고분자로, 폴리에스터가 경화되면서 마이크로미터 크기의 분산상으로 석출된다. 이것이 왜 수축을 감소시키는지는 명확하지 않다. 하지만 저수축 첨가제가 고무라면 강화제로도 작용한다(18.4.1절 참조).

벌크 몰딩 컴파운드(BMCs)는 조성이 SMCs와 유사하지만, 다소 짧은 섬유($\frac{1}{4}$~$\frac{1}{2}$ in)와 좀 더 적은 함량의 유리 섬유(15%), 그리고 좀 더 많은 필러를 사용한다. 벌크 몰딩 컴파운드는 덩어리 형태로 생산되며 다른 열경화성 컴파운드처럼 압축 성형된다.

18.6 플라스틱 재활용

플라스틱의 재활용과 재사용은 환경과 금전적인 이유로 중요하다. 금속들이 재활용되기 전에 분리되는 것과 같이 고분자들도 분리되어야 한다. 대표적인 재활용 기호는 어떤 타입의 플라스틱으로 제품이 만들어졌는지를 나타낸다(그림 18.5). 이 장에서 다룬 첨가제는 고분자와 잘 섞이며 열역학적으로 제거되기 어렵기 때문에 재활용을 어렵게 한다. 공중합체나 블렌드 형태의 플라스틱들은 재활용하는 데 힘이 든다. 불순물(즉, 첨가제)들은 재료의 성질을 상당히 변화시킬 수 있고, 재활용 플라스틱으로부터 새로운 제품을 만드는 데

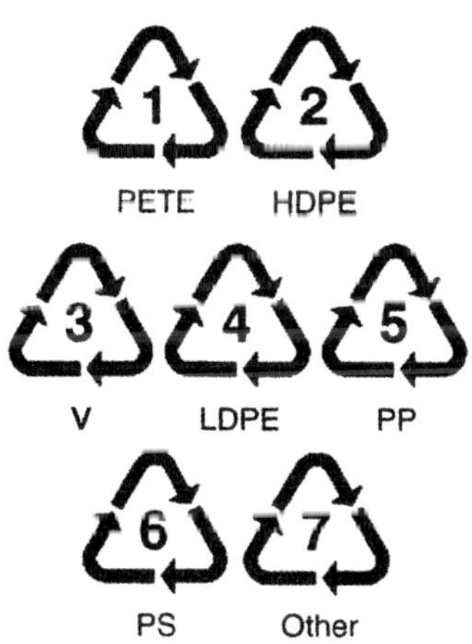

그림 18.5 플라스틱 재활용 기호. (1) 폴리(에틸렌 테레프탈레이트), (2) 고밀도 폴리에틸렌, (3) 바이닐 고분자, (4) 저밀도 폴리에틸렌, (5) 폴리프로필렌, (6) 폴리스타이렌, (7) 기타.

사용하는 대부분의 재활용 방법은 재료의 분자량을 감소시킨다. 따라서 재활용된 플라스틱은 높은 기계적인 강도를 요구하거나, 허용되는 특성이 좁은 범위를 가지는 제품들에는 많이 사용되지 않는다. 미국 식품의약국은 음식물과 접하는 내층에는 새로운 플라스틱의 사용을 요구하고 있어, 재활용 플라스틱은 음식물 용도에서 외부 포장에만 제한된다. 이렇게 하는 이유로는 유해한 화학 물질이나 박테리아가 원재료의 빈 공간 속으로 들어갈 수 있는 가능성이 있기 때문이다. 재활용 플라스틱은 대개 쓰레기봉투나 공원의 벤치와 같은 저가 제품에 사용된다.

재활용 공정은 통상적으로 분쇄, 연마, 그리고 용융 등의 여러 단계들을 포함하며, 열가소성 고분자 가공을 위해 초기의 호퍼 공급에 이용되는 것과 같은 펠렛 형태로 만든다. 한편 열경화성 고분자는 재료의 열화 없이 용융에 의해 재가공될 수 없기 때문에, 일반적으로 분쇄된 후 필러 재료로만 사용된다.

문제

1 최근에 판매되는 많은 소비재들은 나노 섬유 복합 재료인 것으로 광고된다(예로 골프 클럽과 테니스 라켓). 이런 복합 재료들 내부에 적용된 나노 기술의 예를 제시하고, 왜 물건의 성능을 향상시키는지를 설명하시오(도움을 위하여 인터넷을 사용하시오).

참고문헌

[1] Seymour, R.B. (ed.), *Additives for Plastics*, *Vol. 1*, *State of the Art*, *Vol. 2*, *New Developments*, Academic, New York, 1978.

[2] Greek, B.F., *Chem*, *Eng*. *News*, June 13, 1988, p. 35.

[3] Milewski, J.V. and H.S. Katz (eds), *Handbook of Reinforcements for Plastics*, Elsevier, New York, 1987.

[4] Sandler, J., P. Werner, M.S.P. Shaffer, V. Demchuk, V. Altstadt, and A.H. Windle, *Composites-Part A*: *Appl. Sci. Manufac*. **33**, 1033 (2002).

[5] Clegg, D.W. and A.A. Collyer (eds), *Mechanical Properties of Reinforced Thermoplastics*, Elsevier, New York, 1986.

[6] Kline, G.M., *Modern Plastics Encyclopedia* McGraw-Hill, New York, 1990.

[7] Rosen, S.L., *Trans. N.Y. Acad. Sci*. **35**(6), 480 (1973).

[8] Riew, C.K. (ed.), *Rubber-Toushened Plastics*, Amencan Chemical Society, Washington, DC, 1989.

[9] Katz, H.S. and J.V. Milewski (eds), *Handbook of Fillers for Plastics*, Elsevier, New York, 1987.

[10] Rahman, M. and C.S. Brazel, *Prog. Polym. Sci.* **29**, 1223 (2004).

[11] Heck, R.L., III, *Plast. Compd.*, November/December 1978, p. 52.

[12] Hallans, R.S., *Plast. Eng.*, December 1977, p. 17.

[13] Schongar, L.H., *Plast. Compd.*, May/June 1978, p. 44.

[14] Blake, W.P., *Plast. Compd.*, JuIy/August 1978, p. 26.

[15] Nametz, R.C., *Plast. Compd.*, January /February 1979, p. 31.

[16] Wood, S.A., *Mod. Plast.* **67**(5), 40 (1990).

[17] Wigotsky, V., *Plast. Eng.* **47**(6), 8 (1991).

19장

고분자 응용: 고무 및 열가소성 탄성체

19.1 도입

고무는 일반적으로 적어도 원래 길이의 2배로 늘어날 수 있고, 힘을 제거하면 원래 길이로 빠르고 강하게 줄어드는 물질로 정의된다. 대조적으로, **탄성체**(*elastomer*)는 탄성률의 관점에서는 고무와 같은 물질이지만 제한된 신축성과 불완전한 복원력을 가진다. 가장 일반적인 예는 고도로 가소화된 폴리(염화 바이닐)이다.

고무는 다음의 특징을 가진다. (1) 분자 관점에서 고무는 높은 분자량을 가지는 고분자이며, 고무 탄성은 주로 긴 사슬 부분의 감김과 풀림 때문이다(13장). (2) 분자들이 자유롭게 감기고 풀리기 위해서는 고분자의 유리 전이 온도가 사용 온도보다 높아야 한다. (3) 더욱이 결정성은 감김과 풀림을 방해하기 때문에 (4) 고분자는 연신되지 않은 상태에서 비정질이어야 한다. 고분자가 가교되어야 한다는 추가 요구 조건이 있다(비록 물리적 뒤엉킴이 효과적인 가교로 작용하지만). 만약에 고무가 가교되지 않으면 응력하에서 사슬들이 서로 미끄러져 지나게 되고(점성 흐름으로 진행), 복원은 불완전하게 된다. 그러나 사슬들이 화학적으로 가교되면, 열가소성 고분자라기보다는 열경화성 고분자가 된다.

19.2 열가소성 탄성체[1, 2]

소위 열가소성 탄성체(실제적으로 고무)의 도입은 엄밀한 의미에서 사슬 간의 공유 결합인 가교 필요 조건들을 해결하였다. 열가소성 탄성체는 유연성을 요구하는 자동차, 가전제

Fundamental Principles of Polymeric Materials, Third Edition. Christopher S. Brazel and Stephen L. Rosen.

품, 소프트 그립 도구 등의 용도에서 주로 발견된다. 가장 일반적인 열가소성 탄성체는 용액에서 음이온 중합에 의해 만들어진 스타이렌-*b*-뷰타다이엔-*b*-스타이렌(SBS) 블록 공중합체이다(예제 10.1). 대부분의 고분자 쌍들은 서로 녹이지 않기 때문에, 폴리스타이렌 사슬 말단은 미세 영역에서 서로 모인다. 이러한 폴리스타이렌 영역들은 폴리스타이렌의 유리 전이 온도인 100°C 이하의 통상적인 사용 온도에서 단단하며, 길고 유연한 폴리뷰타다이엔 분절(보통 사용 온도는 폴리뷰타다이엔의 유리 전이 온도 T_g보다 높다)들을 일반 가교 결합처럼 서로 묶는 역할을 한다. 보통의 공유 가교 결합과는 달리, 폴리스타이렌 영역은 폴리스타이렌의 T_g 이상에서 부드러워지고, 고분자는 진정한 열가소성 플라스틱처럼 작용한다.

모든 열가소성 탄성체는 공통적으로 사용 온도에서 '유연한 분절'들이 유리상 또는 결정성의 '단단한 분절'들에 의해 서로 묶인 연속의 고무상을 가지고 있는데, 결정성의 딱딱한 분절은 높은 온도에서 부드러워진다. 따라서 열가소성 탄성체는 가황화가 필요 없으며, 보통의 경제적인 열가소성 기술에 의해 가공될 수 있다.

19.3 고무 컴파운드의 내용물

천연 고무와 몇 가지를 제외한 대다수의 상용화된 합성 고무 고분자는 불포화되어 있다. 즉, 고무들은 이중 결합을 포함하고 이는 가황화(가교화) 반응에 필요한 자리를 제공한다. 고분자는 대부분 선형 또는 가지형이나, 어떤 고분자들은 가황화 이전에 소량의 젤(가교화된 입자)을 포함한다(고의적이거나 그렇지 않거나). 젤은 가공 성질에 엄청난 영향을 준다 [3, 4]. 다음의 물질들이 보통 고무 컴파운드에 포함된다.

19.3.1 강화 필러

적당한 인장 강도, 마모성 및 인열 저항성을 개발하는 것을 목적으로 하는 대부분의 고무 컴파운드는 강화 필러(reinforcing filler)로서 거의 항상 카본 블랙을 50 중량부(phr) 또는 그 이상 포함할 것이다(자동차 타이어 색깔도 그 때문이다). 고무에서 카본 블랙의 사용은 전적으로 안료로 사용되고 아주 적게 투입되는 플라스틱에서의 사용과는 매우 다르다.

카본 블랙은 단순히 탄소가 아니다. 기본 블랙은 입자 표면에 하이드록시기를 가지고 산성 블랙은 카복실기 작용기를 가진다. 고무 고분자는 카본 블랙과 강한 2차 및 1차 공유 결합을 형성하며, 이는 카본 블랙의 강화 능력을 설명한다. 다양한 카본 블랙들을 입수할 수 있다[5]. 화학적인 기능성 외에도 강화 능력은 입자 크기, 뭉침 정도, 표면적과 같은 인자에 따라 다르며, 다양한 종류의 고무 고분자들은 최적의 강화를 위해서 특별한 종류의 블랙을 필요로 한다. 실리콘 고무는 때때로 고운 실리카(SiO_2) 입자에 의해 강화된다.

천연 고무(시스-1,4-폴리아이소프렌)와 그에 상응하는 합성물, 그리고 뷰틸 고무 등은 강화제 없이 적당한 기계적 강도를 가질 수 있는 몇 안 되는 고무 고분자 중의 하나이다. 이는(특히 입체 규칙성을 가지는 천연 고무에 대해) 고무들이 높은 연신율에서 분자 정렬과 함께 결정화하고 조그만 결정들이 강화제로 작용하여, 그림 19.1에서와 같이 높은 연신율에서 응력-변형률 곡선이 급상승하게 하기 때문이다[6].

19.3.2 필러

플라스틱과 같이, 고무에서 필러(filler)의 기능은 주로 컴파운드의 가격을 낮추는 것이다. 대부분의 고무 필러는 탄산 칼슘($CaCO_3$)과 같이 고운 무기 물질들이다. 이와 같이 모든 다른 것들이 동일한 상태에서 높은 탄성률을 가지는 필러들이 첨가되면 탄성률을 증가시키며(컴파운드를 강직하게 한다), 너무 많이 첨가하면 고무의 성질들이 손실되는 원인이 된다. 고무 컴파운드에서 카본 블랙은 때때로 필러나 강화제로 작용한다.

19.3.3 엑스텐딩 오일

탄화수소 오일은 보통 고무 컴파운드에 이용된다. 이들은 두 가지 기능이 있다. 첫 번째로, 탄화수소 오일은 고분자를 가소화시켜 부드럽게 만들고 가공을 쉽게 한다. 이것은 특히 고분자량의 고분자에서 중요하다. 두 번째로, 탄화수소 오일은 고무 고분자보다 값이 싸기 때문에 컴파운드의 가격을 낮추는 필러와 같이 작용한다. 엑스텐딩 오일(extending

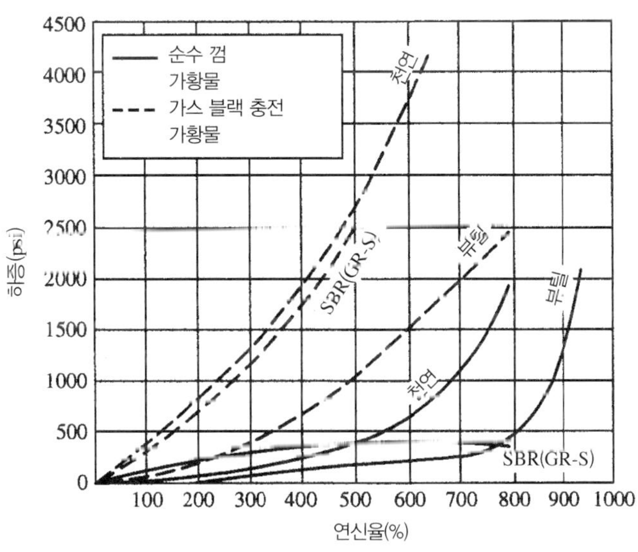

그림 19.1 충전 및 미충전 고무 가황물의 응력-변위 곡선. Used with permission of McGraw–Hill Book Company.

oil)은 다양한 정도의 방향족성(aromaticity)으로 입수할 수 있고, 컴파운드의 성질은 오일의 양뿐만 아니라 고분자와 관련되는 오일의 종류에 의존한다.

카본 블랙과 엑스텐딩 오일은 고무 컴파운드의 탄성률에 대해 상반적인 효과를 가진다. 합성 고분자로부터 저렴한 컴파운드를 생산하기 위한 방법은 보통보다 높은 분자량으로 중합시키는 것이다. 엑스텐딩 오일을 첨가하면 탄성률이 감소되고, 많은 양의 카본 블랙을 추가하면 원하는 정도로 탄성률을 되돌릴 수 있다. 고무 컴파운드에서 계속적으로 블랙과 오일의 양을 늘리면 곧 아무런 고분자도 남지 않게 될 것이다! 심각하게도, 다른 성질들이 곧 과하게 저하되기 때문에 이 기술에는 제한이 있다.

19.3.4 가황 또는 경화 시스템

가황(vulcanizing)이나 경화(curing)의 기능은 고분자를 가교시키는 것이다. 가장 일반적인 경화 시스템은 황에 기반하고 있다. 비록 황 자체만으로는 가열되면서 불포화 고무들을 경화시킬 수 있지만, 황을 사용하는 공정은 느리고 비효율적이다. 황 경화의 메커니즘은 정확히 이해되지 않은 상태이지만, 사슬들을 설파이드나 다이설파이드가 연결하고 인접 사슬로부터 수소를 추출하여 H_2S를 형성하며, 남아 있는 비공유 전자들에서 사슬들이 가교하는 것으로 생각된다.

가황화 공정을 빠르게 진행시키기 위해서는 **가속제**(*accelerator*)가 일반적으로 이용된다. 이들은 보통 복잡한 구조의 황을 포함하는 유기 컴파운드로, 흔히 독점적 권리의 조성이다. **촉진제**(*promoter*)나 활성화제는 가교가 더욱 진행되게 하기 위해 사용된다. 산화 아연은 특히 스테아르산과 결합되어 사용되는 촉진제의 한 예이다.

비황 경화도 가끔씩 이용된다. 자유 라디칼 개시제는 18.4절에서 논의되었듯이 가교를 만들고 산화 아연은 염소를 포함하는 고분자를 가교시킬 수 있다.

19.3.5 산화 방지제 또는 안정제

산화 방지제(antioxidant) 또는 안정제(stabilizer)는 천연 고무와 상당량의 뷰타다이엔이나 아이소프렌을 포함하는 합성 고무에서 특히 중요하다. 이런 고분자들은 매우 불포화된 상태이며, 이중 결합은 극히 산소와 오존의 공격에 극히 약해서 취화, 크래킹 및 일반적인 열화 등을 초래한다. 열화 반응은 자유 라디칼 메커니즘에 의해 일어나기 때문에 산화 방지제는 자유 라디칼을 없애는 방식으로 작용한다.

19.3.6 안료

플라스틱과 마찬가지로 높은 기계적 강도가 요구되지 않아서 카본 블랙이 사용되지 않는 경우에, 고무는 안료(pigment)로 착색될 수 있다. 일반적인 승용차용 레이디얼 타이어의

표 19.1 승용차용 레이디얼 타이어 접지면 조성

원료	phr[a]	기능
SBR 1712[b]		
고분자	45	고무 고분자
방향족 오일	37.5	엑스텐딩 오일
시스-폴리뷰타다이엔 1252	55	고무 고분자
카본 블랙 N-234	70	강화제
오일 용해 설폰산	1	가공 조제
황	1.75	가황제
스테아르산	2	촉진제
산화 아연	3	촉진제
N-사이클로헥실-2-벤조싸이아졸 설폰아마이드	1	가속제
중합된 1,2-다이하이드로트라이메틸퀴놀린	2	산화 방지제
N-(1,3-다이메틸뷰틸)-*N*′-페닐-*p*-페닐렌 다이아민	1	오존 방지제
혼합된 휘발유 왁스	3	크랙 방지제 및 오존 방지제
총합	222.25	

[a] parts per hundred parts rubber, 무게
[b] 엑스텐딩 오일 마스터 배치, 에멀션 고분자 ≈75% 뷰타다이엔, 25% 높은 방향족 오일로 연장된 스타이렌
Source. H. L. Stephens[7].

접지면 조성이 표 19.1에 제시되어 있다. 첨가제들(SBR 고분자와 시스-폴리뷰타다이엔을 제외하고는 모두)은 122.25 중량부(phr) 또는 **절반** 이상을 구성하는 것에 주목하라!

19.4 고무 컴파운딩

고무에 첨가되는 원료들은(표 19.1에 제시된 것과 같이) 몰딩이나 압출 등으로 최종 고무 컴파운드를 생산하기 위해서는 고무 고분자와 **컴파운드**(*compounded*)되어야 한다. 컴파운딩은 보통 **2롤 밀**(*two roll mill*)이나 **밴버리**(*banbury*) 밀을 이용하여 진행된다(17장). 이 두 개의 장치 모두 상대적으로 큰 전기 모터에 의해 가동되고 단위 시간 및 단위 부피당 큰 에너지를 고분자에 투입한다. 에너지 투입은 두 개의 목적에 도움이 된다. 첫째로, 고분자를 잘게 부수어서 쉽게 컴파운드되거나 가공될 수 있는 점까지 '너브(nerve)'를 감소시킨다. 너브는 분자량이 너무 높아서 야기된 다루기 힘든 고탄성 반응을 나타내는 용어이다. 이러한 저작(mastication) 단계는 기계적으로 고분자를 열화시켜 분자량을 감소시키고 고분자의 점성 응답을 증가시킨다. 천연 고무는 중합 과정에서 분자량을 조절할 수 없기 때문에 예비 저작 작업이 특히 중요하다. 둘째로, 높은 에너지 투입은 컴파운드 원료들을 분쇄하고 고분자 내부에 균일하게 분산시킨다.

참고문헌

[1] Legge, N.R., G. Holden, and H.E. Schroeder (eds), *Thermoplastic Elastomers*, Hanser, Munich, Germany, 1987.

[2] Walker, B.M., and C.P. Rader (eds), *Handhook of Thermoplastic Elastomers*, 2nd ed., Van Nostrand-Reinhold, New York, 1988.

[3] Rosen, S.L. and F. Rodriguez, *J. Appl. Polym. Sci.* **9**, 1601 (1965).

[4] Rosen, S.L. and F. Rodriguez, *J. Appl. Polym. Sci.* **9**, 1615 (1965).

[5] Byers, J.T., Fillers, Part I: Carbon black, Chapter 3 in *Rubber Technology*, 3rd ed., M. Morton (ed.), Van Nostrand-Reinhold, New York, 1987.

[6] Schmidt, A.X. and C.A. Marlies, *Principles of High Polymer Theory and Practice*, McGraw-Hill, New York, 1948, p. 537.

[7] Stephens, H.L., The compounding and vulcanization of rubber, Chapter 2 in *Rubber Technology*, 3rd ed., M. Morton (ed.), Van Nostrand-Reinhold, New York, 1987.

[8] Barlow, F.W., *Rubber Compounding, Principles, Materials and Techniques*, Dekker, New York, 1988.

20장

고분자 응용: 합성 섬유

20.1 합성 섬유

비록 합성 섬유에 사용되는 많은 고분자들이 플라스틱에 사용되는 것과 동일하지만, 두 개의 사업은 완전히 다른 용어와 실험 과정 등을 통해 개별적으로 성장해 왔다. 직물의 많은 요구 조건들은 보통의 물리적 성질 측정값과 연계시키기 어려운 '손'과 '늘어뜨린 맵시'와 같은 비정량적인 용어로 기술되어 왔지만, 섬유의 소비자 수용과 이로 인한 상업적 성공의 관점에서는 매우 중요하다.

섬유는 보통 길이-지름 비율이 적어도 100인 물질로 정의된다. 합성 섬유들은 연속 **장섬유**(*filament*)의 형태로 방사되지만(17장), 훨씬 짧은 **단섬유**(*staple*)로 잘라질 수 있으며, 단섬유는 직물을 짜기 전에 꼬아져서 실로 만들어진다. 실크를 제외한 천연 섬유들은 초기에는 단섬유 형태였다. 섬유의 두께는 **데니어**(*denier*)라는 용어로 가장 많이 표현되는데, 이는 섬유 9000미터의 무게를 그램으로 나타낸 것이다. 응력과 인장 강도는 그램/데니어의 단위를 가지는 **테너시티**(*tenacity*)로 보고된다.

20.2 섬유 가공

합성 섬유의 고분자 사슬들은 방사돌기에서 나오면서 흐름에 의해 약간 방향성이 생긴다. 직물 섬유에 필요한 인장 강도와 탄성률을 개발하기 위해서는, 분자들을 섬유축 방향으로 정렬시키고 높은 결정화도를 유도하기 위해 섬유들은 연신되어야 한다. 성공적인 모든 섬유 형성 고분자들은 결정화가 가능하고, 분자의 관점에서 고분자는 반드시 극성기들을 가

Fundamental Principles of Polymeric Materials, Third Edition. Christophe S. Brazel and Stephen L. Rosen.

져야 하며, 고분자들 사이에서 강한 수소 결합을 통해 결정 격자에서 사슬들이 붙잡히거나(예로 폴리아크릴로나이트릴, 나일론), 분산력에 의해 서로 잡혀진 격자 안에서 빽빽하게 채워지도록 충분히 규칙적이어야 한다(예로 아이소탁틱 폴리프로필렌).

17장에서 섬유의 단면은 방사돌기 구멍의 단면과 방사 공정의 종류에 의해 결정된다고 언급되었다. 단면은 섬유의 성질을 확립하는 데 중요한 역할을 한다. 특정한 응용 분야에서 방사된 섬유들은 방사 후에 특정한 방식으로 가공된다. 예를 들면 카펫용 섬유들은 흔히 열감김을 받고 기어와 같은 롤러쌍을 통과하면서 주름지게 된다.

20.3 섬유 염색

섬유 염색은 복잡한 예술 그 자체이다. 좋은 결과를 주는 염료는 섬유에 있는 극성기와 강한 2차 결합을 형성하거나, 고분자의 작용기와 공유 결합을 형성하기 위하여 반응한다. 더구나 섬유들은 방사 후에 염색되기 때문에, 염료는 염료 욕조에서 섬유 안으로 확산해서 침투해야 한다. 염료 분자들은 고분자의 결정 부분 안으로 침투할 수 없기 때문에 대부분 비정질 부분이 염색된다. 이는 보통 고결정화도 요구 조건과 상충된다. 예를 들어 염료 부착에 필요한 극성 자리를 많이 가지고 있는 폴리아크릴로나이트릴 사슬들은 서로 너무 강하게 결합되어서 염료가 침투하기 어렵다. 이러한 이유로 아크릴 섬유들은 염료 침투를 증가시키기 위하여 보통 소량의 가소성 공단량체를 포함한다. 다른 한편으로 폴리프로필렌과 같은 비극성, 비반응성 섬유들은 비록 염료가 침투하더라도 결합할 수 있는 자리가 없다. 이는 폴리프로필렌 섬유들의 오래된 문제로 용융 방사 전에 고분자에 아주 고운 고체 안료들을 넣음으로써 극복되었다. 새로 구입한 밝은 붉은색 스웨터를 흰색 옷과 세탁할 때 관찰했던 것처럼 염료들 중의 상당수는 탈색되기 쉽다.

20.4 기타 섬유 첨가제 및 처리

정전기는 카펫에 큰 문제가 될 수 있다. 따라서 많은 카펫 섬유들은 정전하를 누출시키기 위하여 정전기 방지제(제4급 암모늄 염 또는 폴리(에틸렌 글리콜)의 알킬 에스터와 같은)를 넣는다. 이러한 첨가제들은 주 고분자의 표면으로 나오게 만들어져서, 결국 정전기 축적을 감소시킨다.

섬유를 염색시키는 데 사용되는 동일한 극성 결합 자리가 또한 섬유를 얼룩지게 만든다. 과거에는 카펫과 같은 완성품은 플루오린화탄소 텔로머(예를 들어 3M의 스코치가드)와 같은 오염 방지제로 처리되거나, 직조되기 전에 섬유에 오염 방지제를 도포시켰다. 그러나 대다수의 오염 방지제는 플루오린화탄소의 독성과 인체 누적 문제로 사용이 중단되었다. 다른 방법은 원래 섬유(예로 코어 섬유인 나일론 6,6 사용)와 높은 오염 방지 피복(예로 폴리프로필렌 또는 테플론)의 촉감과 질감을 혼합한 2성분 섬유들을 이용하는 것이다. 보통 이러한 첨가제들은 많은 오염 방지 의류 상품에서 찾을 수 있다.

20.5 고분자 섬유에 미치는 열과 습도의 영향

고분자의 극성은 수분 흡수 정도에 직접적으로 영향을 미친다. 다른 조건들이 같다면, 어떤 주어진 조건과 습도에서 고분자의 극성이 크면 평형 수분 함유량이 높게 된다. 그러나 염료와 같이, 수분 함유량은 강한 사슬 간 결합에 의해 감소된다. 수분 함유량은 섬유의 촉감과 쾌적함에 강한 영향을 미친다. 소수성 섬유들은 옷감에서 '불쾌한' 느낌을 주고 정전기 전하를 증가시킬 수 있다. 운동복의 최근 발전은 '숨쉴 수 있는' 섬유를 이용하여 수분을 왕성하게 빨아들이는 옷을 탄생시켰다.

아마도 극성 고분자에서 수분의 가장 중요한 효과는 가소제의 역할이다. 섬유를 형성하는 고분자들은 선형이기 때문에 열은 기본적으로 가소제로 작용한다. 이는 덥고 습한 날에 옷이 주름지고, 주름이 스팀 다림질에 의해 없어질 수 있는 이유를 설명한다. '다림질이 필요 없는 옷(wash-and-wear)'이나 '퍼머넌트 프레스(permanent-press)' 섬유들은 셀룰로스에 있는 하이드록시기처럼 사슬에 있는 작용기들을 반응시킴으로써 섬유들을 가교시키는 공정에 의해 생산된다. 소수성이 강한 고분자일수록 수분에 의해 가소화되지 않기 때문에 본질적으로 좀 더 주름에 강하다. 따라서 다림질이 필요 없는 셔츠는 보통 폴리에스터인 폴리(에틸렌 테레프탈레이트)와 면이 약 65%/35%로 혼합되어 만들어진다.

21장

고분자 응용: 표면 마감재 및 코팅제

21.1 표면 마감재

고온에서 적용하는 세라믹 타입을 제외하면, 거의 모든 표면 마감재(surface finish)와 코팅제들은 어떤 종류의 고분자 필름에 기반을 두고 있다. 마감재와 코팅제에서 많은 고분자를 사용하지만, 얼마나 많이 그리고 어떤 고분자들을 사용하는지를 결정하는 것은 쉽지 않다. 왜냐하면 대부분의 조성은 소유권이 있으며, 생산 통계는 항상 고분자와 비고분자 성분을 분리시키는 것은 아니기 때문이다. 5개의 전통적인 표면 마감재인 래커, 오일 페인트, 니스, 에나멜, 라텍스 페인트들을 고분자의 역할과 함께 토론할 것이다.

21.1.1 래커

폭넓게 사용되는 래커(lacquer) 제품의 하나는 손톱 광택제이다. 래커는 안료가 첨가된 고분자 용액으로 구성되어 있다. 단순히 용매의 증발에 의해 필름이 형성되며, 고분자 필름에 안료가 들어가 있는 형태로 남게 된다. 고분자에서 어떤 화학 변화도 일어나지 않기 때문에 원래의 용해도 특성을 유지한다. 따라서 래커의 주요 단점은 나쁜 용매 저항성이다.

래커 기술의 대부분은 보다 질기고 접착력이 좋으며 보다 안정한 필름을 형성하는 고분자의 개발과, 최저의 도포 점도와 최저 가격, 환경적 제약 조건들을 만족시키는 용매 시스템을 선정하는 것이다. 용매 시스템의 휘발성 또한 중요하다. 휘발성이 너무 높으면 스프레이했을 때 필름이 '평평'해지기 전에 용매가 기화되어 솔 자국이나 '오렌지 필(orange peel)' 또는 거친 표면을 남기게 된다. 휘발성이 너무 낮으면 코팅은 도포 후에 과도하게

Fundamental Principles of Polymeric Materials, Third Edition. Christopher S. Brazel and Stephen L. Rosen.

‘처지게’ 된다.

다양한 고분자가 래커에 사용된다. 신규 시스템들에서는 우수한 화학적 안정성 때문에 아크릴 고분자가 주를 이룬다. 아크릴 래커는 후속의 굽기 공정에서 필름을 가교시키는 헥사메톡시멜라민과 같은 가교제를 포함할 수 있는데, 가교는 필름을 강인하게 만들고 용매 저항성을 향상시킨다.

‘휘발성 니스’라는 용어는, 용매가 알코올인 경우를 말하는 래커에 대한 오래되고 부정확한 이름이다. 하나의 예는 암컷의 **랙**(*lac*) 곤충에서 분비되는 천연 고분자인 쉘락으로, 이 곤충은 인도와 태국에서 발견된다. 쉘락은 알코올에 용해될 수 있고 목재의 마감을 위해 광택제로 칠해진다. 이러한 고분자들은 높은 극성의 용매에 용해될 수 있기 때문에, 휘발성 니스는 다소 약한 수분 저항성을 가진다.

21.1.2 오일 페인트

인기가 있고 폭넓게 사용되는 오일 페인트(oil paint) 마감재들은 일반적으로 글리세린 에스터의 **건성유**(*drying oil*)와 아마인유(linseed oil)와 같은 불포화 지방산에 안료가 있는 현탁으로 구성되어 있다. 필름은 대기 중의 산소를 포함하고 건성유의 이중 결합을 통해서 중합되고 가교되는 자유 라디칼 반응에 의해 형성된다. 때때로 비활성 용매(경유, 테레빈유)가 점도를 조절하기 위하여 추가되고, 촉매(예로 코발트 나프테네이트)는 가교 반응을 촉진시키기 위해 사용된다. 오일 페인트는 비록 팽윤되거나 적절한 용매(페이트 제거제에 사용되는)에 의해 상당히 부드러워질 수 있으나, 일단 경화되면 더 이상 용해되지는 않는다.

21.1.3 오일 니스 또는 니스

니스(varnish)는 보통 목재를 코팅하기 위해 사용되고 비바람이나 습기로부터 보호하는 역할을 한다. 이러한 니스 코팅은 건성유에 용해되어 있는 천연 및 합성 고분자와, 아마도 점도를 조절하기 위한 불활성 용매와 산소와의 가교 반응을 촉진시키기 위한 촉매들로 구성되어 있다. 경화되면 니스는 투명하고 강인한 용매 저항성 필름을 만든다.

21.1.4 에나멜

에나멜(enamel)은 안료가 첨가된 오일 니스이다. 에나멜은 첨가된 고분자가 더욱 강인하고 광택이 나는 필름을 제공하는 것을 제외하고는 오일 페인트와 매우 흡사하다.

21.1.5 라텍스 페인트

라텍스 페인트(latex paint)의 다용도 마감재들은 빠른 건조와 적은 냄새, 물로 씻을 수 있는 성질 때문에 주로 가정용 오일 페인트와 에나멜을 대체해 왔다. 기본적으로 라텍스 페인트는 보통 안료와 유동 조절제를 첨가한 아크릴 고분자로, 유화 중합(12장)에 의해 생산된다.

페인트 필름은 물의 증발에 의해 고분자 입자들이 뭉쳐짐으로써 형성되며, 고분자 자체는 물에 녹지 않는다. 비록 라텍스 페인트는 때때로 '수용성' 페인트라고 하는데, 물이 증발한 후에 페인트 붓을 세척하려고 해봤던 사람에게 잘 알려진 것처럼 이는 대단히 부적절한 단어이다. 개개의 라텍스 입자들이 뭉쳐지지 않는다면 라텍스 입자들은 물에 분산이 가능하다.

물이 증발할 때 입자들이 뭉쳐지면서 필름을 형성하기 위해서는, 고분자가 표면 장력의 작용에 의하여 형태가 변해야 한다. 따라서 라텍스 페인트용 고분자는 사용 온도가 유리 전이 온도 근처이거나 그보다 높아야 한다. 이것이 예전에는 본질적으로 세척성이 부족하고 보다 부드러운 페인트 필름을 형성하게 만들었다. 적당한 마모 저항성은 매우 큰 입자 크기를 가지는 $-CaCO_3$와 같은 안료인 무기 필러를 혼합하여 얻을 수 있다. 거친 페인트 필름은 반사된 빛을 산란시키므로, 모든 초기 라텍스 페인트의 특징인 '평평한' 마감을 가진다. 저휘발성의 레벨링(leveling) 용매를 투입하여 라텍스 '에나멜'(전통적인 의미에서 진정한 에나멜이 아니다)이 생산된다. 고분자는 사용 온도 이상의 유리 전이 온도를 가지도록 만들어진다. 용매에 의해 고분자가 가소화되어 유리 전이 온도가 페인트를 칠하는 온도 이하가 되고 입자들이 뭉쳐져서 필름을 형성하게 한다. 도포 후 며칠에 걸쳐서 용매가 증발하여 딱딱하고 벗겨지기 힘든, 높은 유리 전이 온도의 고분자 필름이 남게 되고, 필요한 경우 적당한 광택을 갖게 할 수 있다.

초기의 라텍스 페인트는 스타이렌-뷰타다이엔 공중합체나 폴리(바이닐 아세테이트)를 기반으로 하였다. 이들 고분자들은 아크릴계 고분자(아크릴레이트 $ROOCCH{=}CH_2$, 또는 메타크릴레이트 $ROOCC(CH_3){=}CH_2$)의 우수한 화학 안정성, 색상 변화와 열화에 대한 저항성 때문에, 주로 아크릴에 기반을 둔 페인트에 의해 대체되었다.

손쉬운 도포성과 함께, 높은 안료 함유량과 한 번의 코팅으로 두꺼운 필름을 가질 수 있도록 하기 위해 라텍스 페인트의 처방을 조절하는 많은 작업들이 이루어진다. 요구되는 주요 유변학적 성질은 **요변성**(*thixotropy*)(14장)으로, 이는 쉬운 도포를 위해 붓칠과 롤링의 전단하에서는 낮은 점도를 가지지만, 도포 후에는 안료의 침전을 막고 도포된 필름이 축 처지고 흘러내리는 것을 방지하기 위해 높은 점도를 갖게 한다. 이러한 성질들은 고운 무기 물질과 수용성 고분자를 첨가하여 얻어진다.

21.2 무용매 코팅

전통적으로 대부분의 표면 마감재 도포는 유기 용매의 증발을 동반한다. 이러한 증발된 용매들은 공기 오염의 주요 원인으로 인식되고 있다. 더구나 탄화수소 부족 사태 이후에 용매를 대기 중으로 날려 보내는 것은 경제적으로 바람직하지 않게 되었다. 비록 물에 기반한 라텍스 페인트는 이러한 문제들을 제거하는 것에서 많은 진전을 이루어 왔지만, 제조된 코팅제들은 때때로 두께, 균일성, 내구성에서 뒤떨어진다. 결과적으로 무용매의 100% **고체**(*solid*) 코팅에 상당한 관심이 있다.

용매 증발이 없는 표면 코팅을 생산하는 두 가지 기술인 플라스티졸 코팅과 유동층 코팅은 이전에 다루었다. 유동층과 유사하게 **정전기 스프레이**(*electrostatic spraying*)는 고분자 분말을 이용한다. 분말은 전극을 지나면서 분무되어 입자들을 대전시키고 반대 전하를 갖는 가열된 기재로 분무된다. 기재와 접촉하는 분말은 녹아서 연속적인 필름을 형성한다. 열경화성 고분자는 필요한 경우에 좀 더 오븐에서 경화될 수 있다. 이렇게 얻어진 필름은 보통 매우 균일하다. 이 공정이 전통적인 라텍스 스프레이나 용매 기반 스프레이 공정보다 좋은 또 다른 장점은, 분무되었지만 실제 표면에 도포되지 않은(**오버스프레이**(*overspray*)) 재료는 회수될 수 있고 같은 공정에 재활용될 수 있다는 것이다. 오버스프레이는 분무된 재료의 많은 부분을 차지하기 때문에 경제적으로 중요하다.

100% 고체 코팅의 다른 방법은 중합 반응을 표면에서 진행시키는 것이다. 반응성의 액체 단량체나 올리고머(저분자량의 고분자)를 표면 위에 도포하고 표면에서 중합하는 것이다. 반응물들은 도포 전에 혼합되고 표면에서 열경화되는 2성분이거나 축합 쌍일 수 있으며(예제 2.4O의 에폭시 또는 예제 2.4Q의 폴리우레테인), 또는 반응 물질들은 부가 중합이 되는 불포화 재료일 수 있다(아크릴레이트 $ROOC{-}CH{=}CH_2$는 높은 반응성을 가지기 때문에 여기에 선호된다).

조사 경화(*radiation curing*) 공정에서는 부가 반응이 적외선, 마이크로파, 라디오 주파수, 감마선, 자외선(UV), 전자빔과 같은 다양한 형태의 조사에 의해 활성화된다[2, 3]. 기본적으로 처음 3개의 에너지들은 단순히 열로 시스템을 활성화시키는 것으로, 보통의 자유 라디칼 개시제와 함께 사용된다.

감마선은 고분자 용액에서(혹은 어떤 용액에서든지) 자유 라디칼을 발생시키며, 코발트와 같은 특정 원소의 방사능 붕괴에 의해 생긴다. 방사능 때문에 이들 시스템은 자주 쓰이지는 않지만, 새로 형성된 자유 라디칼들은 용액에서 고분자를 효과적으로 가교시킬 수 있다. 그러나 감마선은 또한 약간의 열화를 초래할 수 있어 결과적으로 얻어진 재료는 다른 경화 방법과 비교하여 감소된 기계적 성질을 가진다.

UV 경화 시스템들은 코팅뿐만 아니라 인쇄 잉크에서 에너지를 적게 소모하고 공해에서 자유롭기 때문에(열경화 시스템과 비교하여) 상당한 상업적 중요성을 이룩하였다. UV 경화 시스템은 다작용기의 프리폴리머가 UV 빛에 의해 경화되는 치아 충전에서도 이용된다. UV 경화 시스템은 매우 잘 가교되기 때문에 치아 안에서 수축을 방지한다. 대표적인 UV 경화 코팅용 고분자는 3개의 주요 성분으로 구성된다. (1) 반응성 올리고머, (2) 다작용성 아크릴레이트 단량체, (3) 광개시제. 반응성 올리고머는 적어도 몇 개의 알켄 이중 결합을 포함하는 작은 분자량을 가지는 중합체일 수 있다. 아크릴레이트 이중 결합은 높은 반응성 때문에 선호될 수 있다. 하나의 간단한 예는 과량의 1,6-헥세인다이올 HO$-$(CH$_2$)$_6$$-$OH과 아디프산 HOOC$-$(CH$_2$)$_4$$-$COOH을 반응시켜 얻은 시스템이다. 결과로서 얻은 하이드록시기 말단을 가지는 폴리에스터는 아크릴산 HOOC$-$CH$=$CH$_2$과 축합되어 다이아크릴레이트(diacrylate) 폴리에스터를 만든다.

$$H_2C{=}\overset{H}{\underset{}{C}}{-}\overset{O}{\overset{\|}{C}}{-}O{+}CH_2{+}_6\left[O{-}\overset{O}{\overset{\|}{C}}{+}CH_2{+}_4\overset{O}{\overset{\|}{C}}{-}O{+}CH_2{+}_6\right]_x O{-}\overset{O}{\overset{\|}{C}}{-}\overset{H}{C}{=}CH_2$$

4작용기(2개의 이중 결합)를 가지는 이 재료는 부가 중합에 의해 경화되지만 가교 밀도는 너무 낮은 경향이 있으며, 비록 x는 작게 유지되더라도 점도는 많은 응용에 있어서 매우 높기 때문에, 트라이메틸올 프로페인 트라이아크릴레이트(trimethylol propane triacrylate)와 같은 다작용기 아크릴레이트 단량체로 희석된다.

$$H_3C{-}CH_2{-}C{+}CH_2{-}OOC{-}CH{=}CH_2{+}_3$$

이는 쉬운 처방을 위하여 혼합물의 점도를 낮추고 경화된 필름에서 가교 밀도를 증가시킨다.

필름은 벤조인 메틸 에터(benzoin methyl ether)와 같은 광개시제의 UV 유도 분해에 의해 생성되는 자유 라디칼에 의해 경화된다.

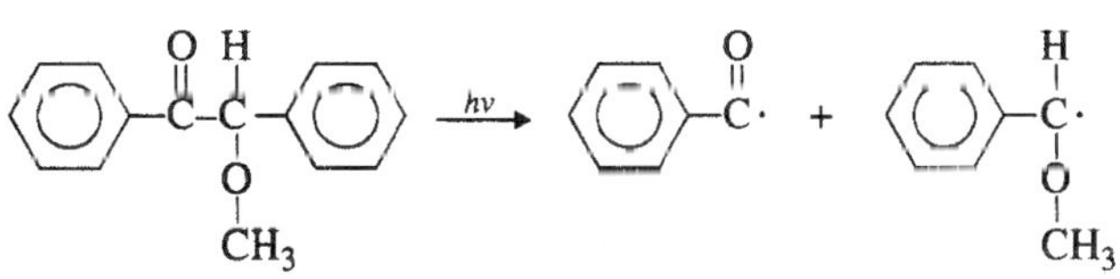

또 하나의 일반적인 UV 경화제는 다이메톡시 페닐 아세토페논(dimethoxy phenyl acetophenone)이다.

전자빔 경화 시스템은 조성에서 유사하다. 전자빔 경화는 비록 오랜 세월 동안 사용되어 왔으나, 전자를 만들기 위한 큰 자본 투자와 장비를 차폐할 필요(누설 X-선이 발생함)가 있다는 단점을 가지고 있다. 그럼에도 불구하고 안료가 고충전된 시스템에서 UV 조사는 표면에서 선택적으로 흡수되는 경향이 있어, 전자빔 경화는 보다 균일한 경화를 제공한다. 경제성은 대량 생산 적용에 있어서 적정하다. 따라서 장비가 계속적으로 개선됨에 따라 전자빔 시스템의 중요성이 커질 것이다.

고체 함유량이 높은 코팅의 고분자 화학은 폭넓게 검토되고 있다[4].

21.3 전착[5, 6]

전착(electrodeposition) 공정은 특히 자동차 산업에서 균일하고 높은 접착성과 내부식성의 프라이머 코팅을 제공하기 위하여 개발되었다(부식에 있어 궁극적인 해결책은 많은 응용에서 그러했던 것처럼 간단하게 금속을 플라스틱으로 대체하는 것이다). 가장 흔한 형태의 공정에서는 카복실산기를 포함하는 고분자들이 만들어진다. 이들 고분자들은 염기와의 부분적인 중화에 의해서 거대 음이온(P는 고분자 골격을 나타낸다)을 만들기 위하여 수성 매개체에서 '가용화'된다: 거대 음이온은 마이셀(micelle)로 존재하는 것으로 알려져 있다.

$$\underset{\text{거대 카복실산}}{\mathrm{P\!\left(\overset{O}{\overset{\|}{C}}\!-\!OH\right)_{\!n}}} + \underset{\text{염기}}{m\mathrm{BOH}} \rightarrow \underset{\text{거대 음이온}}{\mathrm{\left(HO\!-\!\overset{O}{\overset{\|}{C}}\right)_{\!n-m}\!P\!\left(\overset{O}{\overset{\|}{C}}\!-\!O^-\right)_{\!m}}} + m\mathrm{B^+} + m\mathrm{H_2O}$$

코팅될 부품은 양극이 되고, 거대 음이온 용액과 염료, 가소제, 경화제 및 다른 첨가제들을 포함하는 탱크 속에 담근다. 가해진 전기장은 거대 음이온을 표면으로 끌어당기며, 거대 음이온은 전하를 잃고 필름으로 증착된다. 연속적이고 균일하며 높은 내부식성의 필름을 형성하는 관점에서 전착법은 커다란 장점을 가진다. 가해진 전기장은 부품의 구석구석까지 입자들을 끌어당긴다(좋은 '균일 전착성'). 모서리에서 재료를 끌어당기는 표면 장력 때문에, 다른 공정들에서 얇게 칠해지는 외부의 뾰족한 모서리는 강한 전기장을 생성하여 보다 더 고분자를 끌어당긴다. 증착된 코팅은 유전체이기 때문에 전기장은 필름의 구멍에서 강해지며, 따라서 우선적으로 고분자를 잡아당겨 구멍을 메운다. 더구나 이 공정은 공해와 화재 위험이 최소화되며 낭비되는 재료가 아주 적어(스프레이와는 다르게) 경제적 장점을 준다.

양이온 공정도 사용될 수 있다. 이론적으로 양이온 공정은 녹 방지에 최고의 가능성을 제공한다. 이 공정은 산으로 처리된 아민 작용기의 고분자에 기초한다.

$$\mathrm{P\!\left(NR_2\right)_n} + \underset{\text{산}}{m\mathrm{HX}} \rightarrow \underset{\text{거대 양이온}}{\mathrm{\left(R_2N\right)_{n-m}\!P\!\left(NR_2H^+\right)_m}} + m\mathrm{X^-}$$

거대 양이온은 음극 기재 위에 증착된다.

전착 후에 물체들은 보통 부착되지 않은 재료들을 제거하기 위하여 세척된 후, 필름을 건조, 용융 혹은 가교시키기 위해 구워진다.

21.4 마이크로캡슐화

마이크로캡슐화(microencapsulation)는 분말이나 매우 고운 입자들이 만들어지는 동안 재료를 코팅하는 방법이다. 고분자는 액체 상태 있는 동안 연속적인 얇은 필름을 형성하고 냉각 과정이나 용매의 건조 과정에서 굳어지기 때문에 특히 유용하다. 마이크로캡슐은 아마도 제약 분야에서 가장 잘 알려져 있는데, 약물은 최고의 약학적 효과를 위하여 원하는 부위에 캡슐이 도달할 때까지 약물이 방출되지 않도록 하는 고분자 껍질 안에 갇혀 있다. 마이크로캡슐화는 농업(비료나 살충제의 제어된 방출), 음식 산업(오메가-3 지방산과 같은 성분들을 냉장고에 넣지 않아도 소비 전에 상하지 않게 하기 위하여), 화장품 및 산업 공정에서도 흔히 이용된다.

비록 음식과 제약 분야에서는 적은 수의 재료들이 인간이 섭취할 수 있는 것으로 승인되었지만, 대부분의 어떤 고분자도 코팅을 형성하기 위하여 이용될 수 있다. 대다수의 마이

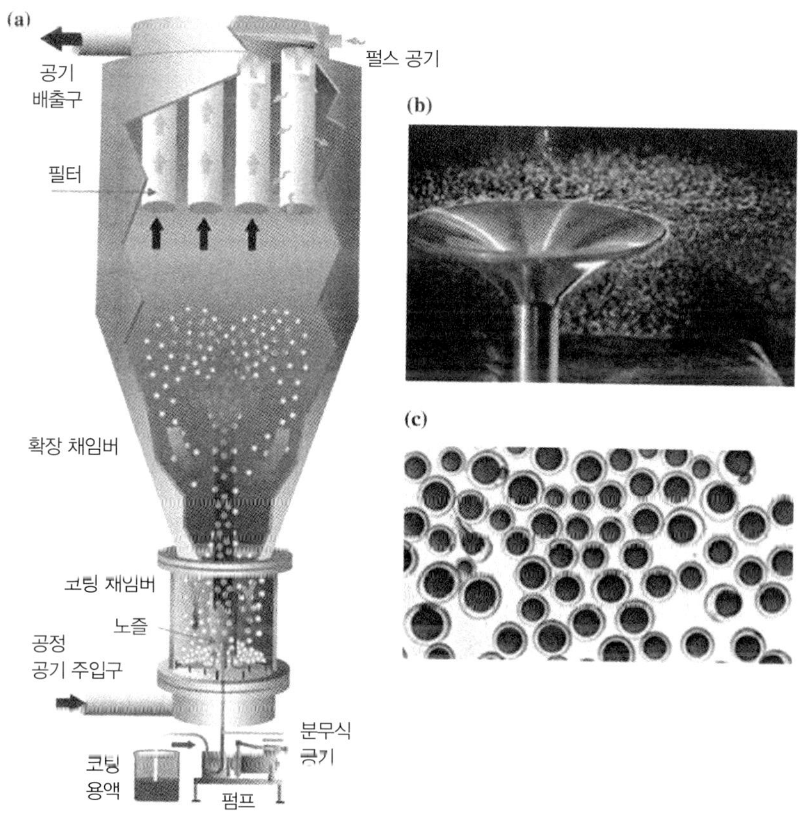

그림 21.1 마이크로캡슐화 방법은 (a) 유동층 코팅과 (b) 회전 디스크 분산을 포함한다. (c)에서 코어의 균일한 코팅을 볼 수 있다. Image in (a), courtesty of Coating Place, Inc. Images in (b) and (c), courtesy of Southwest Research Institute®.

크로캡슐은 천연 고분자나 젤라틴, 셀룰로스 유도체, 알긴산염(해초에서 추출된)과 같은 천연 고분자 유도체를 이용하여 만든다. 마이크로캡슐을 형성하기 위한 공정은 3가지 주요 단계를 필요로 한다.

- 분산
- 필름 코팅
- 경화

분산 단계에서, 캡슐화될 코어 원료는 높은 전단 혼합, 가스를 이용한 분무화, 작은 액적을 형성하기 위한 회전 에너지 이용과 같은 방법들을 통하여 작은 액적 또는 고체 입자로 분리되어야 한다. 고체 코어 재료를 코팅하는 한 가지 방법은 유동층 코팅(그림 21.1a)으로, 고체 입자들이 공기 기류에 의해 분산된 후에 고분자 용액이 장치 안으로 분무된다. 고분자는 입자들의 표면에 달라붙고 공기(주로 가열된)가 용매를 증발시켜서 코팅을 단단하게 한다. 고분자를 유동층 코팅기 안에서 오랫동안 분무할수록 더욱 두꺼운 코팅이 형성된다(그림 21.1c에 나타난 것처럼). 분산 단계는 회전 디스크 캡슐화 시스템(그림 21.1b)에서 보이는 것처럼 필름 코팅과 동시에 진행될 수도 있다. 회전 디스크 캡슐화 시스템에서 보통 녹은 고분자는 코어를 둘러싸고, 고분자는 분말로 수집되기 전에 공기 냉각에 의해 단단해진 후에 고속 회전판에서 떨어져 나간다. 유동층 코팅과 회전 디스크 기술 이외에도 스프레이 건조, 코어세르베이션(coacervation), 고전단 혼합 과정 중의 용매 증발, 공압출, 팬코팅과 같은 마이크로캡슐화를 위한 다른 방법들이 사용된다[7].

문제

1 마이크로캡슐을 만드는 하나의 방법은 유동층 코팅이다. 만약에 25 μm의 지름을 가지는 10 kg의 산화 철(Fe_3O_4) 자석이 공기로 유동화되고 10 wt% 젤라틴 용액이 50 g/min으로 일정하게 분무된다면, 모든 자석 입자들이 1 μm 두께의 젤라틴으로 코팅되는 데(건조되었을 때) 걸리는 시간은 얼마인가? (물질들의 밀도를 찾아볼 필요가 있으며, 고체 물질의 기하학적 구조에 대한 지식을 이용해야 함을 명심하시오.)

참고문헌

[1] Morgans, W.M., *Outlines of Paint Technology*, 3rd ed., Wiley, New York, 1990.

[2] McGinnis, V.D. and G.W. Gruber, Curing methods for coating, Chapter 35 in *Applied Polymer Science*, 2nd ed., R.W. Tess and G.W. Poehlein (eds), American Chemical Society, Washington, DC, 1985.

[3] Randell, D.R. (ed.), *Radiation Curing of Polymers*, The Royal Society of Chemistry, London, 1987.

[4] Athey, R.D., Jr., *Prog. Org. Coatings* **7**, 289 (1979).

[5] Beck, F., *Prog. Org. Coatings* **4**, 1 (1976).

[6] Brewer, G.E.F., Electrodeposition of paint, Chapter 34 in *Applied Polymer Science*, 2nd ed., R.W. Tess and G.W. Poehlein (eds.), American Chemical Society, Washington, DC, 1985.

[7] Deasy, P.B., *Microencapsulation and Related Drug, Processes*, Marcel Dekker, New York, 1984.

22장

고분자 응용: 접착제

22.1 접착제

접착제(adhesive)는 수천 년 동안 기술적으로 중요한 고분자의 응용 분야였다. 대다수의 초기 천연 접착제들이 여전히 사용되고 있다. 천연 접착제는 녹말과 단백질을 기반으로 한 배합으로, 동물의 가죽, 발굽, 뼈로 만든 가수 분해된 콜라겐과 우유에서 얻은 카세인이 있다. 합성 고분자(보통 다른 응용 분야에서도 사용되는 같은 고분자들)를 기반으로 하는 신규 접착제 배합은 계속적으로 개발되고 있으며, 접착제의 응용 범위는 극적으로 확장되었다[1~7].

접착제는 표면 부착에 의해 피착재(부착물)를 잡을 수 있는 재료로 정의된다. 접착제는 결합 수단의 하나로 몇 개의 중요한 장점을 가지고 있다. (1) 접착제는 보통 특별히 작은 피착재의 경우에 있어서 이용 가능한 유일한 실제적인 수단이다. 예를 들어 종이 안감에 연마 입자를 붙여서 사포를 만들거나 입자들을 볼트로 접합하여 연마휠을 만드는 것을 상상하기는 어렵다. (2) 넓은 피착재의 접착 결합에 있어서, 힘은 피착재의 넓은 면적에 매우 균일하게 분포되어 낮은 응력을 가지게 되고, 피착재에서 항상 응력 집중점으로 작용하는 구멍(리벳 작업과 볼트 작업에 필요한)이 제거되어 피착재의 파괴 가능성을 낮춘다. (3) 결합 효과 이외에, 접착제는 액체의 침투에 대하여 밀봉 물질로도 작용한다. 부식성 액체의 경우, 부식이 생기기 시작하는 장소가 되는 구멍이 존재하지 않아 부식 문제를 최소화시킬 수 있다. (4) 중량의 측면에서, 더 넓은 피착재를 결합하기 위하여 많은 접착제가 필요한 것이 아니다. 보통 분자 두께 정도의 접착제면 충분하다. 따라서 많은 고성능 접착제들이 원래 항공우주산업 적용을 위해 개발되었다는 것은 놀라운 일이 아니다. (5) 접착제에 의한 결합은 보통 다른 결합 기술에 필요한 수작업을 감소시키는 경제적인 장점이 있다.

Fundamental Principles of Polymeric Materials, Third Edition. Christophe S. Brazel and Stephen L. Rosen.

접착 과학의 상세한 논의는 이 장의 범위를 벗어난다. 그럼에도 불구하고 몇 가지 중요한 논의는 끌어낼 수 있다[8, 9]. 접착은 (1) 접착제와 피착재 사이의 기계적 결합, (2) 두 표면 사이의 화학적 힘–1차 공유 결합이나 극성의 2차 결합–에 의해 이루어진다. 2차 결합이 보다 중요한 것으로 생각되며, 이것은 폴리에틸렌이나 폴리테트라플루우오로에틸렌(PTFE)과 같은 불활성의 무극성 고분자 기재들이 접착 결합을 형성하기 어려운 이유이기도 하다(조리 기구에 PTFE를 결합하는 공정은 DuPont사의 빈틈없이 보호된 상업 비밀이다). 표면에 이러한 종류의 고분자를 접착하기 위해서는, 고분자들을 우선 화학적 처리를 하여 표면에 극성 자리를 도입해야 한다. 기계적 결합력을 촉진시키기 위해서 결합하기 전에 보통 피착재 표면을 거칠게 하지만, 이것은 역효과를 낼 수도 있다. 거칠어진 피착재 표면은 응력 집중부로 작용하는 틈새의 아랫부분에 기포를 가두어서 단단한 접착제의 파괴를 촉진시킨다.

접착 강도는 16장에서 서술된 자동화된 시험 시스템으로 측정될 수 있다. 접착된 부분을 잡아당겨 따로따로 분리시킴으로써(예를 들어 축방향 인장을 가함으로써) 접착 일을 측정할 수 있다. 박리 시험 또한 흔히 행해지는데, 이는 표면에서 테이프(또는 Brand–Aid®) 조각을 붙인 뒤 잡아당기는 것과 대체로 유사하다.

접착제와 피착재 사이의 결합이 양호하면 접합 파괴는 응집 파괴(접착제 자체나 기재가 파괴되는)이다. 접착제가 기재보다 약할 경우에는, 대략적으로 접착제 고분자의 성질에 의해 접착 접합의 특성이 결정된다. 즉 결합은 접착층보다 강할 수 없다. 취성 고분자는 취성 접합을 가지게 하고, 높은 전단 강도를 가지는 고분자들은 높은 전단 강도의 결합을 가지게 하며, 내열 고분자들은 내열성이 좋은 결합을 만든다.

성공적인 접합을 형성하기 위해서는 접착제는 반드시 피착재 표면에 밀착 접촉해야 한다. 첫째로 이것은 표면을 적시는 것을 필요로 한다. 젖음성과 관련된 주제는 표면 화학에 대한 여러 출처에서 자세히 검토되어 있다[10,11]. 일반적으로 젖음성은 접착제와 기재 사이의 극성 2차 결합력에 의해 촉진된다. 이것은 폴리에틸렌이나 PTFE와 같은 극성이 낮은 고분자 피착재가 접착제와 결합을 하기 어려운 또 다른 이유이다. 적절한 젖음성과 계면 결합을 확보하기 위해, 보통 접합 전에 피착재의 표면을 주의해서 닦아야 한다[12]. 좋은 접촉을 위해서는 또한 도포 조건에서 접착제가 표면 위를 구석구석 흘러 들어갈 수 있도록 충분히 낮은 점도가 필요하다. 일단 접촉이 되면 접착제는 필요한 접합 강도를 주기 위해 굳어져야 한다. 이와 같은 목표들을 서로 다른 방법으로 달성하는 5개의 일반 유기 접착제 부류가 존재한다.

22.1.1 용매 기반 접착제

용매 기반(solvent-based) 접착제에서 접착제 고분자는 적절한 용매에 용해되어 흐르도록 만들어진다. 따라서 용액을 만들기 위해 사용되는 고분자는 반드시 선형 또는 가지형이어야 하며, 형성된 접착은 처음에 고분자를 녹이는 데 사용한 용매 타입에 저항하지 못할 것이다. 좋은 결합을 얻기 위해서는 용매가 피착재를 공격하는 것이 도움이 된다. 실제로 보통 용매만으로 일부의 피착재 표면을 녹여서 끈적거리게 하고, 부착할 때 접착제 역할이 되게 하여 고분자들을 '용매 접합(solvent weld)'하는 데 이용된다.

강직한 고분자를 기반으로 하는 용매 기반 접착제의 단점 중 하나는 용매가 증발할 때 발생하는 수축이다. 수축은 응력을 생기게 하여 접합을 약하게 한다. 이러한 접착제의 예는 친숙한 모형 비행기의 접착제로, 기본적으로 셀룰로스 질산염 용액이며 아마도 약간의 가소제를 포함할 것이다. 물론 고무 접착제는 유연성을 유지하지만 커다란 응력을 버티지 못한다. 상용화된 고무 접착제는 천연 고무인 SBR(폴리(뷰타다이엔-스타이렌) 공중합체), 나이트릴(폴리(뷰타다이엔-아크릴로나이트릴) 공중합체), 클로로프렌(폴리(2-클로로뷰타다이엔)), 재생(탈황) 고무들이다. 예로는 가정용 고무 접착제와 Pliobond®가 있다. 고무 접착제는 도포 및 용매 증발 후에 고분자를 가교시키는 경화제를 포함할 수 있다. 이는 용매 저항성과 강도를 크게 향상시킨다.

22.1.2 라텍스 접착제

라텍스(latex) 접착제들은 유화 중합에 의해 만들어진 고분자 라텍스에 기반하고 있다. 라텍스 접착제는 연속상인 물이 존재하는 동안에는 쉽게 흐르고, 물이 증발되고 건조되어 고분자 층을 남긴다. 고분자 입자들이 뭉쳐서 연속적인 접합을 형성하고 피착재 표면에 접촉하도록 흐를 수 있게 하기 위해서는, 사용 온도가 고분자의 유리 전이 온도보다 높아야 한다. 이런 요구 조건들은 라텍스 페인트와 유사하며, 스타이렌-뷰타다이엔 공중합체와 폴리(바이닐 아세테이드)와 같이 몇 개의 같은 고분자들이 두 가지 용도에서 사용되는 것은 놀랄 일이 아니다. 나이트릴과 네오프렌 고무는 증가된 극성을 위해 사용된다. 라텍스 접착제의 친숙한 예는 'white glue[1]'로 기본적으로 가소화된 폴리(바이닐 아세테이트) 라텍스이다. 라텍스 접착제는 공해 및 화재 위험이 적기 때문에 많은 용도에서 용매 기반 접착제를 대체하였다. 라텍스 접착제는 카펫에서 뒤판과 보풀을 접착시키는 데 광범위하게 사용된다.

[1]미국에서 사용하는 용어로서, 폴리(바이닐 아세테이트)로 만든 접착제는 white glue, wood glue, school glue 등으로 알려져 있다.

22.1.3 감압 접착제[13]

감압(pressure-sensitive) 접착제는 실제로 상온에서 녹는 점성의 고분자로, 고분자들은 유리 전이 온도 이상에서 사용되어야 한다. 감압 접착제들은 가해진 압력에 의해서 흘러 피착재에 접촉하게 되며, 압력이 제거되면 점도는 피착재에 의해 생성된 그리 크지 않은 응력을 견디기에 충분할 정도로 높다. 이러한 용도에 사용되는 고분자의 주요 성질은 점착성(tack)이다. 접착제의 40 wt%까지 구성하는 낮은 분자량 첨가제로 점착성을 증가시키는 것을 점착 부여제(tackifier)라고 한다. 아마도 탄성도 역할을 하겠지만, 점착성이란 기본적으로 고분자가 양호한 표면 접촉을 가능하게 하는 대략 10^4~10^6 cp 정도의 충분히 낮은 점도를 가지는데, 이 점도는 또한 분리시키는 응력을 받았을 때 견디기에 충분히 높은 것임을 의미한다. 비록 약한 접착제들이 하나의 중요한 용도로서 Post-it® 메모지를 찾았지만, 천연 고무, SBR 고무, 재생 고무는 감압 접착제 용도에 일반적이다. 다양한 감압 테이프가 이러한 종류의 접착제로 입혀져 있다.

접촉 접착제는 일종의 변형으로, 고무상 고분자가 피착재 표면에 용액이나 라텍스의 형태로 도포된다. 용매나 물이 증발하게 되면 접촉 접착제와 피착재를 압착하였을 때 피착재를 잡거나 유지시키는 데 필요한 점착성을 가지는 고분자 필름이 남는다.

22.1.4 핫 멜트 접착제

열가소성 고분자는 보통 단순히 흐르도록 하기 위해 녹여지고, 적당한 압력하에서 표면에 접촉한 후에 냉각되면서 고화되어 양호한 접착제를 만든다. 폴리아마이드나 폴리(에틸렌-바이닐 아세테이트 공중합체)는 핫 멜트(hot-melt) 접착제로 자주 사용된다. 전기 '글루 건'은 이와 같은 원리로 작동되는데, 철물점이나 슈퍼에서 쉽게 구할 수 있다.

22.1.5 반응성 접착제

반응성(reactive) 접착제 컴파운드의 단량체들은 낮은 분자량을 가지는 고분자들로, 도포 후에 중합 및/또는 가교 반응에 의해 굳게 된다. 반응성 접착제는 매우 높은 결합 강도를 발현시킬 수 있으며, 양호한 용매 저항성과 양호한(어쨌든 고분자치고는) 고온 성질을 가진다. 가장 익숙한 반응성 접착제의 예는 에폭시(예제 2.4O)로 다작용기의 아민에 의해 경화된다. 이들은 보통 2액형 에폭시로 판매되며, 두 가지 성분들은 물리적으로 분리된 용기에 보관되고 표면에 도포된 후 서로 반응하기 시작한다. 폴리유레테인(예제 2.4Q)도 탁월한 반응성 접착제를 만든다.

α-알킬 사이아노아크릴레이트인 '순간 접착제'(한 방울로 5000 lbs를 지탱할 수 있는)는 이제 소비자들에게 친숙한 품목이다. 원래 단량체들은 매우 낮은 점도를 가져서 좁은 틈

사이로 침투하여 피착재의 표면을 빠르게 적실 수 있었다. 반면에, 순간 접착제는 틈 사이를 메울 수 없고 다공성의 피착재 사이로 흡수되어서 좋지 않은 결합을 나타낸다. 이러한 단점을 극복하기 위한, 높은 점도를 가지는 새로운 버전의 순간 접착제들이 이용될 수 있다. 사이아노아크릴레이트는 피착재의 표면에 흡착되어 있는 물의 하이드록시 이온에 의해 개시되는 것으로 여겨지는 음이온 첨가 반응에 의해 순식간에 중합된다.

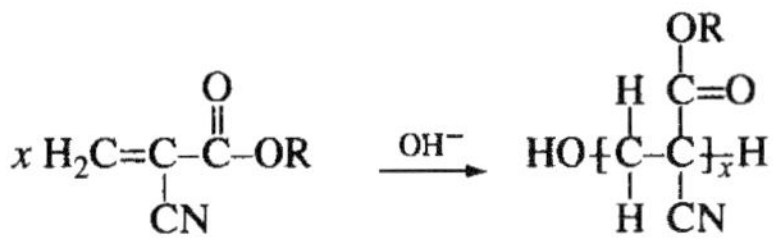

불행하게도(혹은 만약에 당신의 손가락이 붙은 경우에는 운이 좋게도), 순간 접착제는 선형이고 극성이므로 극성 용매에 약하고(아세톤은 좋은 용매이다), 가수 분해될 수 있으며 따라서 환경 안정성이 좋지 않다. R그룹이 C_8H_{17}인 옥틸 사이아노아크릴레이트는 Dermabond®로 더 잘 알려져 있는데, 이는 의료 분야에서 회복 과정 중에 상처를 감염시키는 박테리아에 대한 차단막을 만드는 동시에 강한 결합으로 상처를 봉합하는 데 사용되어 왔다. 여기서 접착 결합은 서서히 용해되거나 닳아 없어져서 치료된 조직에 의해 대체되는 것을 의미한다. 피브린 접착제와 같은 반응성 외과용 접착제들은 혈액 응고 단계 반응의 일부인 천연 단백질에 기반하고 있으며, 내상을 봉합하는 데 이용된다.

페놀과 기타 폼알데하이드 응축 고분자들도 중요한 반응성 접착제이다. 분말의 페놀 수지는 연마 입자와 혼합되고, 혼합물은 연마휠을 만들기 위해 압축 성형된다. 용매 안에 있는 B-단계 페놀(18.4절의 고분자 첨가제, 경화제 참조)은 박엽지에 스며들게 하기 위해 사용된다. 용매가 기화되고 건조된 박엽지 시트는 가열 프레스에서 나무층들 사이에 놓이게 된다. 가열 프레스에서 수지가 먼저 녹은 후에 경화하여 나무를 붙여 합판으로 만든다. 이와 유사하게, B-단계 멜라민-폼알데하이드 수지로 함침된 종이 시트들은 얇은 판으로 포개어지고 경화되어 익숙한 Fomica 조리대를 형성한다.

이전의 반응성 접착제 예들과는 다르게, 페놀과 기타 폼알데하이드 응축 고분자들은 경화되면서 물을 방출한다. 물이 접합 부분에 갇히게 되면 심각한 약점을 초래할 수 있고, 페놀과 기타 폼알데하이드 응축 고분자들의 접착제 적용을 제한한다.

반응성 접착제의 이러한 모든 예들은 보통 곁가지에 강한 쌍극자를 가지는 높은 극성 고분자임을 주목하라. 주로 극성과 2차 결합이 반응성 접착제들의 우수한 결합력을 설명한다.

참고문헌

[1] Temin, S.C., Adhesive compositions, p. 547 in *Encyclopedia of Polymer Science and Engineering*, 2nd ed., Vol. 1, J. Kroschwitz (ed.), Wiley, New York, 1985.

[2] Patrick, R.L., Chemistry and technology of adhesives, Chapter 34 in *Applied Polymer Science*, J.K. Craver and R.W. Tess (eds), American Chemical Society, Washington, DC, 1975.

[3] Shields, J., *Adhesives Handbook*, 3rd ed., Butterworths, London, 1984.

[4] Hartshorne, S.R. (ed.), *Structural Adhesives: Chemistry and Technology*, Plenum, New York, 1986.

[5] Wake, W.C., *Adhesion and the Formulation of Adhesives*, 2nd ed., Applied Science, London, 1982.

[6] Wake, W.C. (ed.), *Synthetic Adhesives and Sealants*, Wiley, New York, 1987.

[7] Landrock, A.H., *Adhesives Technology Handbook*, Noyes, Park Ridge, NJ, 1985.

[8] Gent, A.N. and G. R. Hamed, Adhesion, p. 476 in *Encyclopedia of Polymer Science and Engineering*, 2nd ed., Vol. 1, J. Kroschwitz (ed.), Wiley, New York, 1985.

[9] Meyer, F.J., Bonding, p. 518 in *Encyclopedia of Polymer Science and Engineering*, 2nd ed., Vol. 1, J. Kroschwitz (ed.), Wiley, New York, 1985.

[10] Adamson, A.W., *Physical Chemistry of Surfaces*, 5th ed., Wiley, New York, 1990.

[11] Hiemenz, P.C., *Principles of Colloid and Surface Chemistry*, 2nd ed., Dekker, NewYork, 1986.

[12] Wegman, R.F., *Surface Preparation Techniques for Adhesive Bonding*, Noyes, Park Ridge, NJ, 1989.

[13] Sates, D.(ed.), *Handbook of Pressure-Sensitive Adhesives*, 2nd ed., Van Nostrand Reinhold, New York, 1987.

[14] Skeist, I., Adhesive compositions, p. 482 in *Encyclopedia of Polymer Science and Technology*, Vol. 1, N. Bikales (ed.), Wiley, New York, 1971.

찾아보기

Fundamental Principles of Polymeric Materials, Third Edition. Christopher S. Brazel and Stephen L. Rosen.

ㄴ

ㄷ

ㄹ

ㅁ

ㅂ

ㅈ

ㅊ

ㅋ

ㅌ

ㅍ

ㅎ

역자 소개

이영관
성균관대학교 화학공학과 학사
남미시시피대학교 고분자학과 박사
현) 성균관대학교 화학공학부 교수

윤호규
고려대학교 재료공학과 학사
나고야공업대학 물질공학 박사
현) 고려대학교 신소재공학부 교수

김성룡
고려대학교 재료공학과 학사
University of Utah (미국) 재료공학과 박사
현) 한국교통대학교 나노화학소재공학과 교수

김종학
연세대학교 화학공학과 학사
연세대학교 화학공학과 박사
현) 연세대학교 화공생명공학과 교수

고분자 재료의 기본 원리 제3판

저 자 Christopher S. Brazel · Stephen L. Rosen
역 자 이영관 · 윤호규 · 김성룡 · 김종학
발 행 인 김지영
발 행 처 자유아카데미
주 소 경기도 파주시 회동길 37-42
파주출판도시
전 화 031-955-1321
팩 스 031-955-1322
홈페이지 www.freeaca.com
전자우편 main@freeaca.com (대표)
editor@freeaca.com (편집)
crm@freeaca.com (영업)
등 록 제406-2003-017호, 1980. 7. 12
제 3 판 2016년 6월 30일 발행
정 가 32,000원

역자와의 협의하에 인지생략

ISBN 979-11-5808-079-2 93430